デルタシグマ
# ΔΣ型
第2版

# アナログ/デジタル
# 変換器入門

和保 孝夫 [監訳]
安田 彰

# Understanding Delta-Sigma
# Data Converters

## Second Edition [IEEE PRSS/WILEY]

*by* Shanthi Pavan, Richard Schreier, Gabor C. Temes

丸善出版

# Understanding Delta-Sigma Data Converters
## Second Edition

Shanthi Pavan
Richard Schreier
Gabor C. Temes

Copyright © 2017 by The Institute of Electrical and Electronics Engineers, Inc. All rights reserved.

Japanese copyright © 2019 by Maruzen Publishing Co., Ltd.

This translation published under license with the original publisher John Wiley & Sons, Inc., through Japan UNI Agency, Inc.

# 序　言

　この本の初版[1] を出版した目的は，アナログ/デジタル（A/D）変換器および
デジタル/アナログ（D/A）変換器で使用されているデルタシグマ（ΔΣ）変調
器の原理と動作を，複雑な数式ではなく，易しい言葉で説明することであった．
同時に，産業界や学界で ΔΣ 変換器の設計に携わる研究者やエンジニアに対し
ては，数多くの実用的な情報を提供してきた．それは「緑色の本」と呼ばれ，多
くの国々で受け入れられた．日本では訳本[2] が出版され，中国でもリプリントが
出版された．現在でも，被引用件数は年間約 170 件を数える．このように，引き
続き好評であるのに，なぜ新版の作成に着手したのか？

　答えは，初版が出版されてから 12 年が経過したことにある．この間に，デー
タ変換器の応用は超低周波から超高周波まで広い周波数帯域に広がり，ΔΣ 変換
器設計者の興味の対象も大きく変化した．無線通信応用では，ローパスあるいは
バンドパス特性をもつ GHz 級連続時間 ΔΣ 型 A/D 変換器が必要になった．こ
れと正反対に，例えば生体計測や環境モニタの分野では，ときには 10 Hz とい
う超低周波帯域で，しかも多入力に対応可能な高分解能 A/D 変換器が必要に
なった．これらの仕様を満足する A/D 変換器がインクリメンタル A/D 変換器
で，それは基本的には周期的にリセットされる ΔΣ 型 A/D 変換器である．

　これらのニーズの変化に設計者が対応できるように，この改訂版では理論と設
計手法の両面で多くの新しい題材を取り上げた．初版で記載された話題に対して
も，説明内容を改めて見直した．MASH と呼ばれる多段方式，および，DAC
ミスマッチに起因する性能劣化と対策に関しては新しい章を設けた．さらに，連
続時間 ΔΣ 型 A/D 変換器と，そこで考慮すべき非理想的要因，離散時間/連続
時間の回路設計手法，インクリメンタル A/D 変換器に関連した章を拡張した．

　ここ 10 年で，ΔΣ 型 A/D 変換器に関連した本が何冊か出版された．de la
Rosa と del Rio による最近の本[3] では，実用的な観点から ΔΣ 型 A/D 変換器に
関する多くの情報が網羅的に記述されている．本書を補完する重要な情報を含

---

[1] "Understanding Delta-Sigma Data Converters," R. Schreier and G. C. Temes, IEEE Press and Wiley-Interscience, 2005.

[2] 『ΔΣ 型アナログ/デジタル変換器入門』和保孝夫，安田彰（監訳），丸善出版，2007.

み，回路設計者に是非薦めたい本である．それに対して本書の目的は，その副題が示す通り，これらの変換器の動作の基本を説明し，一般的な設計手法を提供することにある．この本を講義で使うときには幾つかの方法が考えられる．1章から6章までは理論的な基盤である．離散時間 $\Delta\Sigma$ 型 A/D 変換器に焦点を当てた1セメスタのコースでは，これらに加えて，7章，12章，13章，14章を取り上げるのが良い．連続時間 $\Delta\Sigma$ 型 A/D 変換器を主内容とするならば，1〜6章，8〜11章，14章を取り上げることが良いだろう．

学界および産業界で活躍する幾人かの方々には，いろいろな段階で，この本の原稿に目を通していただいた．皆様の協力に大変感謝している．特に，Trevor Caldwell（Analog Devices），Rakshit Datta（Texas Instruments），Ian Galton（University of California at San Diego），John Khoury（Silicon Laboratories），Victor Kozlov（Analog Devices），Saurabh Saxena（Indian Institute of Technology Madras），Nan Sun（University of Texas at Austin）の各氏からは，細心の注意を払った，的確なコメントをいただき，本書の質を高めるうえで大変役立った．編集でお世話になった Amrith Sukumaran 氏にも感謝している．

限られたスペースと時間のため，全面的に省略せざるを得ない話題もあり，記述の短縮化を余儀なくされたのもあったが，教育現場や自己啓発の場面で，この本が役立つことを願っている．

SHANTHI PAVAN
*Chennai, India*

RICHARD SCHREIER
*Toronto, Canada*

GABOR C. TEMES
*Corvallis, USA*

---

[3] "CMOS Delta-Sigma Converters," J. M. de la Rosa and R. del Rio, IEEE Press and Wiley-Interscience, 2013.

# 目　　　次

序　言 ……………………………………………………………………… i

## 1章　ΔΣ 変調器の魅力 ……………………………………………… 1
1.1　オーバーサンプリング変換器の必要性 …………………………… 1
1.2　ナイキスト型変換とオーバーサンプリング型変換の例 ………… 3
　1.2.1　コーヒー購入問題 …………………………………………… 4
　1.2.2　辞書問題 ……………………………………………………… 6
1.3　1段高次ノイズシェイピング ΔΣ 変調器 ………………………… 12
1.4　多段/多量子化器をもつ ΔΣ 変調器 ……………………………… 14
1.5　多ビット ΔΣ 変調器におけるミスマッチシェイピング ……… 15
1.6　連続時間 ΔΣ 変調器 ………………………………………………… 17
1.7　バンドパス ΔΣ 変調器 ……………………………………………… 19
1.8　インクリメンタル ΔΣ 型変換器 …………………………………… 20
1.9　ΔΣ 型 DAC …………………………………………………………… 21
1.10　間引きと内挿 ………………………………………………………… 21
1.11　仕様と性能指標 ……………………………………………………… 22
1.12　簡単な歴史，技術動向 ……………………………………………… 24

## 2章　サンプリング, オーバーサンプリング, ノイズシェイピング … 31
2.1　サンプリングの復習 ………………………………………………… 32
2.2　量子化 ………………………………………………………………… 34
　2.2.1　量子化器のモデル化 ………………………………………… 38
　2.2.2　過負荷の量子化器 …………………………………………… 41
　2.2.3　2入力の量子化器モデル …………………………………… 42

2.3　オーバーサンプリングによる量子化雑音の低減 ……………………… 44

2.4　ノイズシェイピング ………………………………………………………… 47

　2.4.1　積分器の有限 dc 利得の影響 ……………………………………… 55

　2.4.2　量子化器の非線形性の影響 ………………………………………… 56

　2.4.3　1 ビット 1 次 $\Delta\Sigma$ 変調器 ……………………………………… 57

2.5　1 次 $\Delta\Sigma$ 変調器の非線形性 …………………………………………… 59

2.6　直流入力時の 1 次 $\Delta\Sigma$ 変調器 ………………………………………… 61

　2.6.1　アイドルトーンの発生 ……………………………………………… 61

　2.6.2　MOD1 の安定性 ……………………………………………………… 64

　2.6.3　デッドゾーン ………………………………………………………… 65

2.7　別の構成方法：エラーフィードバック変調器 …………………………… 68

2.8　これからの展開 ……………………………………………………………… 69

# 3　2 次 $\Delta\Sigma$ 変調器 ……………………………………………………………… 70

3.1　MOD2 のシミュレーション ……………………………………………… 74

3.2　MOD2 における非線形効果 ……………………………………………… 78

　3.2.1　信号依存量子化ゲイン ……………………………………………… 78

3.3　MOD2 安定性 ……………………………………………………………… 80

　3.3.1　デッドゾーン ………………………………………………………… 82

3.4　その他の 2 次 $\Delta\Sigma$ 変調器の構成 ……………………………………… 85

　3.4.1　Boser-Wooley 変調器 ……………………………………………… 85

　3.4.2　Silva-Steensgaard 変調器 ………………………………………… 86

　3.4.3　誤差フィードバック変調器 ………………………………………… 86

　3.4.4　雑音結合型変調器 …………………………………………………… 087

3.5　一般化した 2 次変調器 …………………………………………………… 88

　3.5.1　最適化構成 …………………………………………………………… 89

3.6　まとめ ………………………………………………………………………… 90

# 4 章　高次の $\Delta\Sigma$ 変調器 ………………………………………………………… 92

4.1　信号に依存した $\Delta\Sigma$ 変調器の不安定性 ……………………………… 94

　4.1.1　最大安定振幅の見積もり …………………………………………… 101

目　　次　　v

4.2　高次 $\Delta\Sigma$ 変調器の MSA 改善 ··················································· 102

4.3　NTF のシステマチックな設計 ··············································· 106

4.4　最適な零点配置を有する雑音伝達関数 ··································· 108

4.5　雑音伝達関数の基本的な様相 ··············································· 110

　　4.5.1　ボードの感度積分 ··················································· 110

4.6　高次の 1 ビット $\Delta\Sigma$ 変換器 ················································ 113

4.7　離散時間 $\Delta\Sigma$ 変換器のためのループフィルタのトポロジ ············ 116

　　4.7.1　分散したフィードバックを有するループフィルタ：CIFB および
　　　　　CRFB ファミリー ··················································· 116

　　4.7.2　分散したフィードフォワードおよび入力との結合を有するループ
　　　　　フィルタ：CIFF および CRFF 構造 ······························ 125

　　4.7.3　フィードフォワードと多重フィードバックを有するループフィル
　　　　　タ：CIFF-B 構造 ··················································· 127

4.8　$\Delta\Sigma$ ループの状態空間による記述 ········································· 128

4.9　まとめ ········································································· 130

## 5 章　多段/多量子化器 $\Delta\Sigma$ 変調器 ·············································· 131

5.1　多段変調器 ··································································· 131

　　5.1.1　レズリー・シン構成 ··············································· 131

5.2　縦続接続型（MASH）変調器 ··············································· 134

5.3　縦続接続変調器における雑音リーク ······································· 138

5.4　スターディ MASH 構成 ····················································· 142

5.5　ノイズカップリング構成 ··················································· 144

5.6　クロスカップル型構成 ······················································· 147

5.7　まとめ ········································································· 147

## 6 章　ミスマッチシェイピング ······················································ 151

6.1　ミスマッチ問題 ······························································· 151

6.2　ランダム選択と循環選択法 ················································· 152

6.3　循環法の実装 ································································· 158

6.4　ミスマッチシェイピングの別のトポロジー ······························ 162

|  |  |  |
|---|---|---|
| 6.4.1 | バタフライシャッフラ | 162 |
| 6.4.2 | A-DWA と Bi-DWA | 163 |
| 6.4.3 | ツリー構造 ESL | 164 |
| 6.5 | 高次ミスマッチシェイピング | 167 |
| 6.5.1 | ベクトル型のミスマッチシェイピング | 167 |
| 6.5.2 | ツリー構造 | 171 |
| 6.6 | 一般化 | 173 |
| 6.6.1 | 3レベル DAC 素子 | 173 |
| 6.6.2 | 非単一 DAC 素子 | 174 |
| 6.7 | 遷移誤差シェイピング | 175 |
| 6.8 | まとめ | 180 |

## 7章　離散時間 $\Delta\Sigma$ 型 ADC の回路設計　183

|  |  |  |
|---|---|---|
| 7.1 | SCMOD2：2次スイッチトキャパシタ ADC | 183 |
| 7.2 | ハイレベル設計 | 184 |
| 7.2.1 | NTF の選択 | 184 |
| 7.2.2 | ダイナミックスケーリングの実現 | 184 |
| 7.3 | スイッチトキャパシタ積分器 | 186 |
| 7.3.1 | さまざまな積分器 | 189 |
| 7.4 | 容量のサイジング | 193 |
| 7.5 | 初期検証 | 194 |
| 7.6 | 増幅器の設計 | 197 |
| 7.6.1 | 増幅器の利得 | 200 |
| 7.6.2 | 増幅器の周辺回路 | 203 |
| 7.7 | 中間検証 | 205 |
| 7.8 | スイッチの設計 | 210 |
| 7.9 | 比較器の設計 | 211 |
| 7.10 | クロック動作 | 214 |
| 7.11 | 全システムの検証 | 216 |
| 7.12 | 高次変調器 | 220 |
| 7.12.1 | アーキテクチャ | 220 |

7.12.2 キャパシタのサイジング ······················································ 221

7.12.3 SC 分岐からの雑音の組み合わせ ········································ 223

7.13 マルチビット量子化 ····································································· 224

7.14 スイッチ設計の再考 ····································································· 227

7.15 ダブルサンプリング ····································································· 229

7.16 ゲインブーストと利得二乗化 ······················································ 231

7.17 スプリットステアリング型と増幅器スタッキング ··························· 232

7.18 スイッチトキャパシタ回路での雑音 ············································· 236

7.19 まとめ ······················································································ 242

# 8 章 連続時間 $\Delta\Sigma$ 変調器 ······················································ 244

8.1 1 次連続時間 $\Delta\Sigma$ 変調器（CT-MOD1） ···································· 244

8.2 CT-MOD1 の信号伝達関数 ·························································· 250

8.2.1 CT-MOD1 のまとめ ····························································· 253

8.3 2 次連続時間 $\Delta\Sigma$ 変調器 ······················································ 254

8.3.1 DAC パルス形状の影響 ························································ 258

8.4 高次連続時間 $\Delta\Sigma$ 変調器 ······················································ 260

8.4.1 DAC パルス形状の影響 ························································ 262

8.5 ループフィルタのトポロジー ······················································· 268

8.5.1 CIFB ファミリー ································································· 268

8.5.2 CIFF ファミリー ································································· 269

8.5.3 CIFF-B ファミリー ······························································ 271

8.6 NTF が複素零点を持つ連続時間 $\Delta\Sigma$ 変調器 ······························· 271

8.7 シミュレーションのための連続時間 $\Delta\Sigma$ 変調器のモデル化 ··········· 272

8.8 ダイナミックレンジのスケーリング ·············································· 275

8.9 設計事例 ···················································································· 278

8.10 まとめ ······················································································ 281

# 9 章 連続時間 $\Delta\Sigma$ 変調器における非理想要因 ························· 283

9.1 過剰ループ遅延 ··········································································· 283

9.1.1 CT-MOD1：1 次連続時間 $\Delta\Sigma$ 変調器 ··································· 284

viii

  9.1.2 2次連続時間 $\Delta\Sigma$ 変調器 ······················································· 287

  9.1.3 任意 DAC パルス形状における高次連続時間 $\Delta\Sigma$ 変調器の過剰遅延

     補償 ······················································································· 290

  9.1.4 まとめ ··················································································· 295

 9.2 ループフィルタ内の時定数変動 ··················································· 296

 9.3 クロックジッタ ········································································· 298

  9.3.1 離散時間の場合 ······································································ 298

  9.3.2 連続時間 $\Delta\Sigma$ 変調器におけるクロックジッタ ···························· 300

  9.3.3 1 ビット連続時間 $\Delta\Sigma$ 変調器におけるクロックジッタ ··········· 303

  9.3.4 RZ DAC を用いた連続時間 $\Delta\Sigma$ 変調器 ································· 305

  9.3.5 実際のクロック源の特性と位相雑音 ········································· 307

 9.4 連続時間 $\Delta\Sigma$ 変調器におけるクロックジッタへの対応方法 ··········· 311

 9.5 FIR フィードバックによるクロックジッタ効果抑止 ····················· 313

 9.6 コンパレータのメタスタビリティ ················································ 319

 9.7 まとめ ···················································································· 325

# 10 章 連続時間 $\Delta\Sigma$ 変調器の回路設計 ····································· 327

 10.1 積分器 ··················································································· 327

  10.1.1 1 段 OTA-RC 積分器 ··························································· 330

 10.2 ミラー補償された OTA-RC 積分器 ············································ 331

 10.3 フィードフォワード補償された OTA-RC 積分器 ························· 333

 10.4 フィードフォワード増幅器における安定性 ·································· 336

 10.5 素子からの熱雑音 ···································································· 339

  10.5.1 熱雑音と量子化雑音との比率 ················································ 342

 10.6 量子化器の設計 ······································································· 343

 10.7 フィードバック DAC の設計 ···················································· 348

  10.7.1 抵抗型 DAC ········································································ 348

  10.7.2 リターンゼロ（RZ）型とリターンオープン（RTO）型 DAC··· 353

  10.7.3 電流切替型 DAC ·································································· 354

  10.7.4 スイッチドキャパシタ型 DAC ·············································· 356

 10.8 基本ブロックの統合化 ······························································ 361

目　次　ix

10.8.1　閉ループフィッティング ……………………………………… 365

10.9　ループフィルタの非線形性 ………………………………………… 368

10.9.1　ループフィルタの線型性を改善するための回路設計手法 …… 375

10.10　16 ビットオーディオ用 $\Delta\Sigma$ 変調器の設計事例 …………………… 376

10.10.1　FIR DAC におけるタップ数 ………………………………… 380

10.10.2　FIR DAC を用いた変調器での状態空間モデルとシミュレーション …………………………………………………………… 381

10.10.3　時定数ばらつきの影響 ………………………………………… 383

10.10.4　変調器アーキテクチャ ………………………………………… 384

10.10.5　オペアンプの設計 ……………………………………………… 385

10.10.6　ADC と FIR DAC の設計 ……………………………………… 388

10.10.7　デシメーションフィルタ ……………………………………… 389

10.11　測定結果 ……………………………………………………………… 389

10.12　まとめ ………………………………………………………………… 391

# 11 章　バンドパス/直交 $\Delta\Sigma$ 変調器 …………………………………… 393

11.1　バンドパス型変換器の必要性 ……………………………………… 393

11.2　バンドパス型 ADC の構成 ………………………………………… 395

11.3　バンドパス雑音伝達関数 …………………………………………… 398

11.3.1　$N$ 経路変換 ……………………………………………………… 399

11.4　バンドパス変調器の構成 …………………………………………… 402

11.4.1　トポロジー選択 ………………………………………………… 402

11.4.2　共振器の実装 …………………………………………………… 405

11.5　バンドパス変調器の設計事例 ……………………………………… 411

11.5.1　LNA ……………………………………………………………… 413

11.5.2　減衰器 …………………………………………………………… 414

11.5.3　増幅器 …………………………………………………………… 416

11.5.4　測定結果 ………………………………………………………… 418

11.6　直交信号 ……………………………………………………………… 421

11.6.1　直交ミキシング ………………………………………………… 422

11.6.2　直交フィルタ …………………………………………………… 423

x

| 11.7 | 直交 $\Delta\Sigma$ 変調 | 428 |
| 11.8 | ポリフェーズ信号処理 | 434 |
| 11.9 | まとめ | 436 |

## 12 章　インクリメンタル ADC … 439

| 12.1 | 目的と得失 | 439 |
| 12.2 | 1 段 IADC の解析と設計 | 441 |
| 12.3 | 1 段 IADC のためのデジタルフィルタ設計 | 443 |
| 12.4 | 多段 IADC と拡張計数型 ADC | 447 |
| 12.5 | IADC 設計事例 | 449 |
| 12.5.1 | 3 次 1 ビット IADC | 449 |
| 12.5.2 | 2 ステップ IADC | 453 |
| 12.6 | まとめ | 445 |

## 13 章　$\Delta\Sigma$ 型 DAC … 457

| 13.1 | $\Delta\Sigma$ 型 DAC のシステムアーキテクチャ | 457 |
| 13.2 | $\Delta\Sigma$ 型 DAC のループ構成 | 460 |
| 13.2.1 | シングルステージ $\Delta\Sigma$ 型ループ | 460 |
| 13.2.2 | エラーフィードバック構造 | 461 |
| 13.2.3 | カスケード（MASH）構造 | 463 |
| 13.3 | マルチビット内蔵 DAC を用いた $\Delta\Sigma$ 型 DAC | 464 |
| 13.3.1 | 2 重量子化 DAC の構造 | 465 |
| 13.3.2 | ミスマッチエラーシェイピングを使用したマルチビットデルタシグマ DAC | 468 |
| 13.3.3 | マルチビット・デルタシグマ DAC のデジタル補正 | 470 |
| 13.3.4 | 1 ビットとマルチビットの $\Delta\Sigma$ 型 DAC の比較 | 472 |
| 13.4 | $\Delta\Sigma$ 型 DAC におけるインタポレーション（内挿）フィルタリング | 473 |
| 13.5 | $\Delta\Sigma$ 型 DAC 用のアナログ後置フィルタ | 476 |
| 13.5.1 | 1 ビット・$\Delta\Sigma$ 型 DAC のアナログ後置フィルタ | 476 |
| 13.5.2 | マルチビット $\Delta\Sigma$ 型 DAC におけるアナログ後置フィルタリング | 482 |

目　次　xi

13.6　まとめ ……………………………………………………… 484

# 14章　内挿と間引き …………………………………… 487
14.1　内挿フィルタ ……………………………………………… 488
14.2　内挿フィルタの例 ………………………………………… 492
14.3　間引きフィルタ …………………………………………… 498
14.4　間引きフィルタの例 ……………………………………… 501
14.5　ハーフバンドフィルタ …………………………………… 505
　　14.5.1　サラマキ・ハーフバンドフィルタ ………………… 507
14.6　バンドパス型 ADC の間引きフィルタ ………………… 509
14.7　分数レート変換 …………………………………………… 510
　　14.7.1　1.5 倍の間引き …………………………………… 510
　　14.7.2　サンプルレート変換 ……………………………… 513
14.8　まとめ ……………………………………………………… 519

# 付録A　スペクトル評価 …………………………… 521
A.1　窓掛け ……………………………………………………… 522
A.2　スケーリングと雑音バンド幅 …………………………… 526
A.3　平均化 ……………………………………………………… 529
A.4　事例紹介 …………………………………………………… 531
A.5　数学的背景 ………………………………………………… 534

# 付録B　線形周期時変システム ………………… 538
B.1　線形性および時変性（時不変性） ……………………… 538
B.2　線形時変システム ………………………………………… 540
B.3　線形周期時変（LPTV）システム ……………………… 542
B.4　サンプルされた出力を有する LPTV システム ……… 547
　　B.4.1　複数の入力がある場合 …………………………… 556
　　B.4.2　連続時間デルタ-シグマ変調器における折り返し除去再訪 ……… 557

# 初版への「推薦のことば」 …………………………… 563

監訳者あとがき ……………………………………………………… 566

監訳者・訳者一覧 ………………………………………………… 568

索　　引 …………………………………………………………… 569

---

【ΔΣ ツールボックスについて】原書では，付録Bとして THE DELTA-SIGMA TOOL-BOX が掲載されているが，本書では割愛した．なお，ΔΣ ツールボックスは，原著者の一人 Richard Schreier が作成した MATLAB® 用のプログラムであり，説明書を含むファイル一式は MathWorks® ウェブサイト：https://jp.mathworks.com/matlabcentral/file exchange から delsig をキーワードとして検索し，ダウンロードすることができる．また，丸善出版のウェブサイト：https://www.maruzen-publishing.co.jp/info/n19700.html にも原書付録Bの PDF 版を掲載している．

# 1章 ΔΣ 変調器の魅力

この章の目的は，オーバーサンプリング型データ変換器の必要性を述べるとともに，この本で取り上げる話題を俯瞰的に提供することである．この章の最後では，ΔΣ 型データ変換器に関して，これまでの発展の歴史と，現在の技術動向について簡単に説明する．

## 1.1 オーバーサンプリング変換器の必要性

堅牢で，微小で，構造が単純なデジタル回路を組み合わせることで，高速で正確に動作する非常に複雑なシステムが実現できるため，今や，複雑な計算や信号処理の殆どがデジタル領域で実行される．年々，デジタル集積回路（IC）の高速化と高集積化が進み，通信装置や電化製品の分野でも広くデジタル方式が採用されている．しかしながら，その一方で，物理的な世界は相変わらずアナログであるため，デジタル信号処理装置（DSP）とのインターフェースとなるデータ変換器が不可欠である．DSP の速度と能力が向上するにつれて，それと一緒に使われるデータ変換器に対しても，一層の高速化と高精度化が要求されている．その結果，人数はあまり多くないものの，データ変換器の設計に携わる幸運なエンジニアに，次から次へと課題が突きつけられることになった．

図1.1 は，アナログ入出力と，その間にデジタルプロセッサがある信号処理システムのブロック図を示す．（通常，何らかの増幅器とフィルタを通過した後に）アナログ信号はアナログ/デジタル変換器（ADC：analog-to-digital converter）でデジタルデータ列に変換される．それが DSP で処理された後に，その出力がデジタル/アナログ変換器（DAC：digital-to-analog converter）によりアナログ値に戻る．DAC 出力は，通常，増幅器とフィルタを通り，最終的なアナログ出力になる．

データ変換器（ADC と DAC）は，ナイキスト型とオーバーサンプリング型の 2 つに大別される．前者では，入力値と出力値が 1 対 1 に対応する．個々の入力は，それ以前の入力とは関係なく個別に処理される．すなわち，変換器にはメモリ効果がない，ともいえる．理想的なナイキスト型 DAC でデジタル入力値

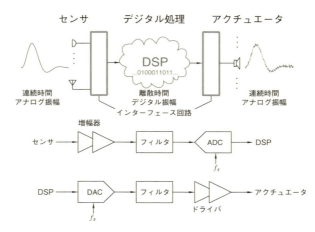

図 1.1 現実アナログ世界と仮想デジタル世界のインターフェースとしての A/D 変換器および D/A 変換器

が $b_1, b_2, \cdots, b_N$ であるとき，アナログ出力

$$V_{out} = V_{ref}(b_1 2^{-1} + b_2 2^{-2} + \cdots + b_N 2^{-N}) \tag{1.1}$$

が得られる．$V_{ref}$ は参照電圧で，$V_{out}$ はそれ以前の出力に依存しない．DAC の実際の出力と式（1.1）から得られる理想値を比較することで変換精度を評価できる．

　名前から分かる通り，ナイキスト型変換器のサンプリングレート $f_s$ は，ナイキスト条件を満足する最低の周波数，つまり，入力信号帯域幅 $B$ の 2 倍である（実用上の理由から，実際のレートはこの最低値よりやや高い）．

　多くの場合，実際に使われる抵抗，電流源，容量などのアナログ素子のマッチング精度がナイキスト型変換器の線形性と精度を決める．例えば，図 1.2 に示す $N$ ビット抵抗ラダー DAC で 0.5 LSB 以下の積分線形性（INL：integral non-linearity）[1] を保証するためには，$2^{-N}$ 以下の相対的なマッチング精度が必要である．電流源やスイッチトキャパシタ回路で構成される ADC や DAC でも，同様のマッチング条件が課せられる．実際に実現可能なマッチング精度は 0.02 % 程度のため，このような変換器の実効分解能（ENOB：effective number of bits）は 12 ビット程度である．

　デジタルオーディオなど，多くの応用では 18〜20 ビットといった高い分解能と線形性が必要である．ナイキスト型変換器でそれを実現できるのは，積分型

---

[1] INL は単に理想出力と実際の出力の差のことである．

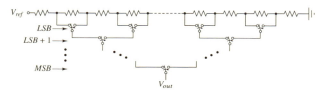

図 1.2 抵抗ラダー D/A 変換器．LSB は最下位ビット，MSB は最上位ビットをそれぞれ意味する

（計数型）変換器だけである．しかし，1 サンプル当たり少なくとも $2^N$ クロックが必要で，多くの信号処理に応用するには遅すぎる．

オーバーサンプリング型データ変換器は，ある部分には目をつむることで，適度に速い変換速度で 20 ENOB 以上の分解能を実現できる．ナイキストレートより遥かに高い（普通，8 倍から 512 倍）レートで，過去に遡って多くの入力をサンプルすることで，1 つひとつの出力を得る．これを実現するために，変換器は内部にメモリを持つ．入力値と出力値の 1 対 1 対応はない．時間/周波数領域におけるオーバーサンプリング型の変換精度は，全体の入力波形と出力波形を比較することで決める．

変換器の精度の指標としては，正弦波入力に対する信号対雑音比（SNR：signal-to-noise ratio）がよく使われる．フルスケールの正弦波を入力に用いたナイキスト型変換器では，ENOB と dB 表示の SNR の間に $SNR = 6.02\,ENOB + 1.76$ が成り立つ．この式を用いて，オーバーサンプリング型変換器でも SNR から ENOB を求めることができる．

以下の章で説明するように，オーバーサンプリング型変換器を実装するためには，アナログ回路に加えて多くのデジタル回路が必要で，しかも，その両方がナイキストレートより高速で動作する必要がある．一方で，アナログ素子に要求される精度条件は，ナイキスト型変換器の場合と比較して緩和される．すなわち，高精度変換を実現する代償として高速動作とデジタル回路が必要になる．デジタル IC 製造技術の進歩により，これらは容易に実現できるようになり，ΔΣ 型変換器におけるトレードオフは好ましい方向に動き続けてきた．その結果，多くの応用分野で，従来から使われてきたナイキスト型変換器が，次第にオーバーサンプリング型変換器に置き換えられている．

## 1.2 ナイキスト型変換とオーバーサンプリング型変換の例

ナイキスト型とオーバーサンプリング型の違いをよく理解するために，以下の例を考えてみよう．

## 1.2.1 コーヒー購入問題

学生がキャンパス内のコーヒー店に毎朝行き，3.47 ドルのコーヒーを買うことを考える．この店ではクレジットカードが使えないとしたら，どのような支払い方法が考えられるだろうか？「ナイキスト的」な支払い方は，学生が毎朝正しい金額の硬貨を持ち込むことである．5 ドル札でお釣りをもらうことも考えられるが，小銭不足が深刻なコーヒー店の店員はこの方法を好まない．そこで学生と店員が相談した結果，5 ドル札だけで過不足なくコーヒー代金を支払える方法に合意した．ただし，毎日，店に行くことが条件である．これが「$\Delta\Sigma$ 的」な支払方法である．

両者で合意した方法は次のとおりである．学生の負債が 2.5 ドル以上になったら直ちに 5 ドル札を店員に渡す．2.5 ドル以下ならば支払いはしない．学生は店に対する貸し借りを記録する．図 1.3 は最初の 3 日間の経緯を示す．

初日は約束に従って学生が 5 ドル支払い，店から −1.53 ドル借りていることをその日の終わりに記録する．負号は学生が過剰に支払ったことを意味する．2 日目にコーヒー店で注文するとき，学生は店員に初日の過剰支払いについて申告する．この日は，本来なら，3.47 ドルと 1.53 ドルの差額である 1.94 ドルを支払う必要があるが，取り決めに従い，支払い行為はなく，1.94 ドルの借りを記録する．3 日目には学生は 5.41 ドル支払う必要がある．そこで取り決めどおり，学生は 5 ドル札を店員に渡し，0.41 ドルの借りを記録する．これが毎日続けられる．

これを流れ図にまとめると図 1.4 のようになる．図で，$u$ はコーヒーの値段，量子化器への入力 $y[n]$ は学生が $n$ 日目に借りている金額を表す．量子化器の

図 1.3　5 ドル札だけ使って 3.47 ドルのコーヒーを買う $\Delta\Sigma$ 的な方法

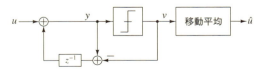

図 1.4　図 1.3 のアルゴリズム．$u$ はコーヒーの値段，$v[n]$ は $n$ 日目の支払額

出力 $v[n]$ は学生が $n$ 日目に支払うべき金額を表し，0 または 5 である．したがって，$(y[n] - v[n])$ は学生が $n$ 日目に学生が支払いをした後の学生の借りている金額を示す．$z^{-1}$ と書かれたブロックは 1 日分の遅れを表す．

図 1.5 は $v$ の移動平均

$$\frac{1}{n}\sum_{k=1}^{n} v[k] \tag{1.2}$$

を示す．この移動平均はそれまでに学生がコーヒー 1 杯当たりに支払った金額を意味する．$n$ が大きくなれば，平均は $u$，つまり 3.47 ドル，に等しくなることが分かる．

最初は，3.47 ドルという中途半端な金額を 5 ドル札だけで支払えるということに学生は疑問に感じたに違いない．この $\Delta\Sigma$ 的な方法は，$u$ が日によって変化しないことに基づく．フィードバックにより $v$ が平均として $u$ に近づくことを利用している．$v$ の個々の値には意味がなく，たくさん集めて平均化したときに始めて $v$ から $u$ を決めることができる．この方法はなぜ有効なのだろうか？ 図 1.4 を図 1.6 のように書き直すと分かりやすくなるかもしれない．$y[n]$ は学生がその日のコーヒーを受け取った後で，始めから累積した学生の借りを意味する．それが有限である限り，累積器への入力を十分に長い期間で平均した値は零に近づくはずである．入力とフィードバック信号との差（$\Delta$）が累積器（$\Sigma$）に

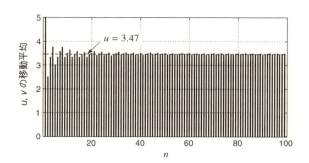

図 1.5　$n$ を大きくすると $v$ の移動平均は $u$ に近づく

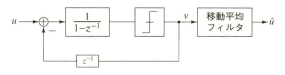

図 1.6　図 1.4 を書き直した図

入力されるため，$u$ と $v$ は平均として等しくなるはずである．すなわち，非常に粗い2値量子化器を負フィードバック経路に使ったとしても，十分に多くの数の出力の平均を取れば，デジタル的に評価した値 $\hat{u}$ を用いて $u$ を高い精度で表現できることになる．

図 1.4 と図 1.6 のフィードバックループは等価で，1次の $\Delta\Sigma$ 変調器となっている．前者はエラーフィードバック構成と呼ばれる．後者が良く使われている誤差蓄積構成と呼ばれる表記である．

### 1.2.2 辞書問題

学生が書店で有名な『ウェブスター国際英語辞典』の厚さに興味を持った．図 1.7 に示すように，直接，定規で厚さを測るのが手っ取り早い方法である．定規の目盛が 1/8 インチだったとすると，最悪の測定誤差は 1/16 インチである．これが「ナイキスト的」な測り方で，1目盛の間隔が 1 LSB に相当する．測定にかかわる不確定性，データ変換の言葉で言えば量子化誤差，を小さくする唯一の方法は，より細かい目盛を定規に付けることである．しかし，それは容易でないし，辞典の厚さに対応する目盛を正確に読み取ることも困難である．ただし，測定は1回で済む，言い換えれば，定規を1回使うだけで十分である．

細かい目盛を読み取ることは目に大きな負担がかかるため，定規の目盛を読み取る代わりに，他の方法がないか考えた．つまり，例えば，定規の代わりに間隔 6 インチの目盛を使うだけで，1/16 インチ以上の精度で厚さを測ることはできないか，である．そんなことは不可能に思えるかもしれない．6インチの目盛しかないのに 1/16 インチの精度でものを測るなんて……．

この学生は，賢いことに，書店には何冊かの『ウェブスター辞典』があり，彼が自由にそれを使えることに気づいた．彼は本の厚さを任意の精度で測定するための，次のようなアルゴリズムを考案した．それは図 1.8 に示すとおり，何回かの手順を踏む必要がある．

まず，床から6インチ間隔の目盛を壁に描き，1冊のウェブスター辞典を床の上に置く．その結果，積みあがった高さは，壁の目盛の最小値（つまり床のレベル）を超えることになる．この結果を $v[1] = 6$ で表す．

次に，2冊目の本を1冊目に重ねる．その結果，積み上げた本の上端は 6 と書

図 1.7　ナイキスト的な方法で辞書の厚さを測定する例

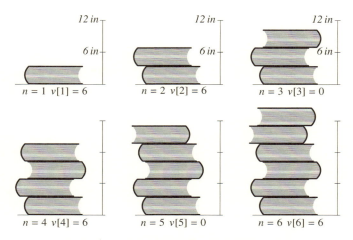

図1.8 ΔΣ 的な方法で辞書の厚さを測定する例

かれた壁の目盛を越えることになる．これを次々と繰り返す．n 冊目を積んだとき，新たに 6 の目盛を越えれば $v[n] = 6$，越えなければ $v[n] = 0$ とする．本の厚さを $u$ とすれば，$n$ 回目の高さは

$$\sum_{k=1}^{n} u = nu \tag{1.3}$$

で与えられる．これと次の 6 インチ目盛の高さ

$$\sum_{k=1}^{n-1} v[k] \tag{1.4}$$

と比較する．すなわち，$v[n]$ は次式で表せる．

$$v[n] = \begin{cases} 6, & \sum_{k=1}^{n} u \geq \sum_{k=1}^{n-1} v[k] \\ 0, & \text{上記以外の場合} \end{cases}$$

学生は $n$ 回行えば

$$0 < \sum_{k=1}^{n} v[k] - \sum_{k=1}^{n} u < 6 \tag{1.5}$$

が成り立つと考えた．なぜなら，積み上げた高さと，そのすぐ上にある 6 の目盛までの長さは最大で 6 インチだからである．これを変形すると

$$\frac{1}{n}\sum_{k=1}^{n}v[k] - \frac{6}{n} < u < \frac{1}{n}\sum_{k=1}^{n}v[k] \tag{1.6}$$

を得る．したがって，$v[n]$ を平均することで，$u$ の推定値を求めることができる．$n$ を限りなく大きくすれば，出力の平均値は辞典の真の厚さ3.42インチに限りなく近づく．

学生の手法を電気工学の言葉で表せば図1.9に示す図になる．入力 $u$ は無遅延積分器で加算される．判定値がそれまでの判定結果の総和に依存することを表すために，出力を遅延積分器で加算（Σ）する．これらの2つの加算値の差（Δ）を0または6と量子化する．その結果得られる $v$ の平均をとること（移動平均フィルタを通過すること）で $u$ の推定値が求まる．移動平均フィルタはデジタルフィルタである．

図1.10は最初から100個目までの64タップ移動平均フィルタの出力 $\hat{u}$ を示す．安定状態において $\hat{u}$ は0.05インチ以内で $u$ と等しくなっている．一見したところでは，6インチの目盛しかない定規で1インチ以下の分解精度が得られることに驚くかもしれない．

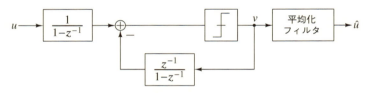

図1.9　図1.8のアルゴリズムを示すブロック図

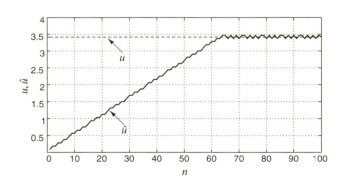

図1.10　$u = 3.42$ のときの最初から100個目までの図1.11の移動平均フィルタ出力．すべて等しい64個のタップを仮定

ナイキスト的な測定方法と $\Delta\Sigma$ 式を比較してみることは有用である．前者は1回限りの過程であり，定規の目盛の正確さと読み取りの正確さで測定精度が決まる．それに対して，後者は繰り返し過程である．それ以前の測定結果に応じて$n$回目の出力 $v[n]$ が決まる，という意味でフィードバック過程を含んでいる．$\Delta\Sigma$ 式測定では，一連の測定の間で$u$が変化しないことを前提にしている．言い換えれば，$u$が極端にオーバーサンプリングされている．さらに，$v[n]$は$u$を表現していない．多数の反復の結果を平均することによって始めて$u$を推測できる．$n$を増加させることで測定精度が向上する．1000 個の測定値を平均すれば，誤差は 0.006 インチに改善される．

図 1.9 を実現しようとしたときの問題点は，2 つの積分器の出力が $n$ とともに増加し続けることである．図 1.8 で示した本屋の例では，辞典を積み上げるといずれ天井に達し，空間的な余裕がなくなってしまう．同様に，電子的に実現した積分器でも，許容可能な出力には上限がある．図 1.11 に示すように，積分器をループ内に移動することでこれを回避できる．この図で $\hat{u}$ は $u$ のデジタル表示で，このシステムが連続値である入力 $u$ を量子化した出力に変換する．これは負フィードバックループに荒い量子化器（前の例では 0 インチと 6 インチの 2 レベルしかなかった）を組み込むことで実現されている．図 1.11 のフィードバックループは $\Delta\Sigma$ 変調器（または $\Delta\Sigma$ 変換器）と呼ばれる．より正確には，1 次 2 レベル $\Delta\Sigma$ 変調器である．量子化器の前に置かれた積分器は，しばしば，ループフィルタと呼ばれる．

この節では，$\Delta\Sigma$ 変調の基本的な考え方を分かりやすく説明した（と考えている）．1 次 $\Delta\Sigma$ ループ，および，その解析，同じ機能を実現するための幾つかの方法に関する詳細は第 2 章で説明する．

図 1.8 で示したように，なぜ積み上げるたびに測定を繰り返さなければならないのか，疑問に思うかもしれない．64 冊の辞典を積み上げて，その高さを 6 インチ目盛の定規で測り，64 で割ればよいのではないかと．これを理解するために，図 1.11 で示した量子化器により生じる $n$ 回目の誤差を $e[n]$ と表そう．容

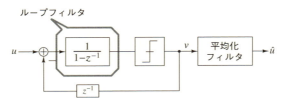

図 1.11　図 1.9 に示したシステムで積分器をループ内に移動したときの「ヘッドルーム問題」．$v$ を平均することで $u$ の推定値 $\hat{u}$ を求める

易に次式が成り立つことが分かる．

$$v[n] = u[n] + e[n] - e[n-1] \qquad (1.7)$$

$M$ タップ移動平均フィルタ（重み一定）の出力は

$$\hat{u} = \frac{1}{M}\sum_{k=r+1}^{M+r} v[k] = u + \frac{1}{M}(e[r+M+1] - e[r]) \qquad (1.8)$$

で与えられる．$M$ 冊の辞典を積み上げ，6インチ目盛の定規でその高さ測定し，その結果を $M$ で割った値が $\hat{u}$ であることが容易に分かる．上式から，$\hat{u}$ を評価するときの誤差は，移動平均フィルタで処理された64個（$M=64$ とすれば）の測定値の中の，最初と最後の測定誤差に起因することが分かる．もし，v[n] の重み付けを均一でなくしたら，具体的には，一連の測定値の中で端より中央付近の重み付けを増せば，量子化誤差を小さくできることが示唆される．三角形のインパルス応答をもつ64タップ移動平均フィルタを用いて変調器出力を処理することで，この直感が正しいことを検証できる．図1.12から，このようなフィルタを使ったときは，等しい重み付けフィルタを使ったときよりも，出力の変化範囲が格段に狭くなることが確認できる．このように，辞典を1冊積み上げるたびに測定することのメリットは，任意の移動平均フィルタを使うことができることにある．64冊を重ねて6インチ目盛で高さを測り，64で割るのは，$v$ を同じ重み付けすることと等価である．要約すると，出力の単なる平均化だけでなく，ポストフィルタの選び方も重要だといえる．ポストフィルタの設計には，これから説明するように，$\Delta\Sigma$ 変調器を周波数領域で調べることが役立つ．その前に，次のことに注目してほしい．

上の説明では変調器入力 $u$ が一定であると考えていた．実際には，デジタル化したい入力は0でない（サンプリングレートより十分に狭い）信号帯域をもって

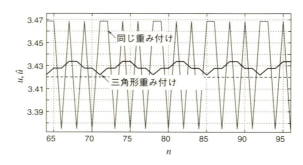

図1.12 同じ重み付け平均と三角形重み付け平均を用いたときの出力

いる．したがって，（サンプリングレートのデータ列である）デジタル・ポストフィルタ出力をダウンサンプリングし，入力信号のナイキストレートに等しい出力データレートにする．図 1.13 に 1 次 ΔΣ 変調器を用いた ADC のモデルを示す．この図で，変調器のフィードバック経路にあった遅延素子は順方向経路内に移動した．この結果，入力は 1 サンプル分だけ遅延される．デジタル・ポストフィルタとダウンサンプラの組み合わせは，デシメーションフィルタまたはデシメータと呼ばれる．

ΔΣ 変調器における量子化誤差に起因する出力雑音は $q[n] = e[n] - e[n-1]$ である．$z$ 領域では $Q(z) = (1 - z^{-1})E(z)$ となる．周波数領域で考えるには $z$ を $e^{j\omega}$ に置き換えればよく，出力雑音のパワースペクトル密度（PSD）は

$$S_q(\omega) = 4\sin^2\left(\frac{\omega}{2}\right) S_e(\omega) \tag{1.9}$$

となる．ここで，$S_e(\omega)$ は内部 ADC の量子化誤差（雑音）の片側 PSD である．ビジーな（急速にランダム的な変化をする）入力信号に対しては，二乗平均が $\Delta^2/12$ である白色雑音で $e$ を近似できる．ここで $\Delta$ は量子化器のステップ幅である．したがって次式を得る．

$$S_e(\omega) = \frac{\Delta^2}{12\pi} \tag{1.10}$$

フィルタ関数 $(1 - z^{-1})$ は雑音伝達関数（NTF：noise transfer function）と呼ばれる．図 1.14 に NTF 強度の二乗を周波数の関数として示す．この図が示す通り，ΔΣ 変調器の NTF はハイパスフィルタ関数である．周波数 0 付近の $e$ を抑止する一方で，$\omega = \pi$ 付近の $e$ を強調する．

次にオーバーサンプリング比（OSR：oversampling ratio）

$$OSR = \frac{f_s}{2f_B} \tag{1.11}$$

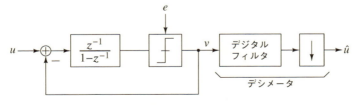

図 1.13　1 次 ΔΣ 変調器を用いた ADC のシステムモデル

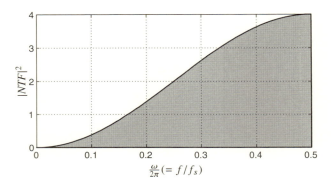

図 1.14　図 1.13 に示す ΔΣ 変調器のノイズシェイピング関数

を導入する．ここで $f_B$ は最大信号周波数，つまり信号帯域幅，である．OSR は，オーバーサンプリング変調器において，ナイキストレート変換器よりどれだけ高速でサンプリングを行っているかを表す．

変調器出力の量子化雑音の内，信号帯域内成分は

$$q_{rms}^2 = \frac{\pi^2}{3} \frac{e_{rms}^2}{OSR^3} \tag{1.12}$$

で与えられる．予想通り，OSR が増加すると帯域内雑音は減少する．しかし，減少の仕方は遅い．OSR を 2 倍にしたとき雑音は 9 dB しか低下しない．ENOB 換算では，およそ 1.5 ビットの改善に相当する．

この章での説明は，興味を喚起するための紹介を意図している．サンプリング，そして，オーバーサンプリング，1 次変調器に関する詳細については 2 章で説明する．

## 1.3　1 段高次ノイズシェイピング ΔΣ 変調器

ΔΣ 変調器の分解能（すなわち ENOB）を改善する方法として，高次のループフィルタを使うことは想像できるだろう．図 1.13 に示した変調器に別の積分器とフィードバック経路を追加することで，図 1.15 に示す構造が得られる．線形化した解析の結果，次式を得る．

$$V(z) = z^{-1}U(z) + (1 - z^{-1})^2 E(z) \tag{1.13}$$

この式から，$z$ 領域での NTF は $(1 - z^{-1})^2$ であり，量子化誤差の PSD に対するシェイピング関数が $(2\sin(\omega/2))^4$ であることが分かる．したがって，

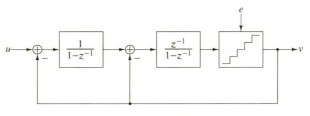

図1.15 2次 ΔΣ 変調器

($OSR \gg 1$ における良い近似として) 信号帯域内雑音パワーは

$$q_{rms}^2 = \frac{\pi^4 e_{rms}^2}{5\, OSR^5} \tag{1.14}$$

と書ける．OSR を2倍にするとき改善される分解能はおよそ2.5ビットとなる．1次変調器と比較して，これは大変有利なトレードオフである[2]．2次 ΔΣ 変調器についての解析，および，構成方法については第3章で詳しく説明する．

理屈の上ではループに多くの積分器とフィードバック経路を追加すれば，高次の NTF を得ることができる．NTF が $(1 - z^{-1})^L$ となる $L$ 次ループフィルタに対して，信号帯域内雑音パワーは近似的に

$$q_{rms}^2 = \frac{\pi^{2L} e_{rms}^2}{(2L+1)\, OSR^{2L+1}} \tag{1.15}$$

となる．OSR を2倍にすると $(L + 0.5)$ ビットだけ分解能が向上する．

以上の説明から，適切に選んだ（とても高い次数の）NTF をもつ ΔΣ ループを使えば，例え OSR が小さくても，いくらでも高い SNR が得られるように思える．これでは話が上手すぎるのであって，賢明な読者諸氏は，上手すぎる話が真実であると考えるのはあまりにも虫が良すぎる，と疑うべきである．これまで無視していた安定性を考えると，高次ループで実現できる分解能は，上で述べた式で与えられる値より下がってしまうことが分かる．高次の1ビット変調器ではその差が大きく，5次変調器では 60 dB 以上になる．高次 ΔΣ 変調器，および，その安定性，設計における兼ね合い，実現方法についての詳細は第4章で説明する．

---

[2] (訳者注) 積分器とフィードバック経路の追加に伴う回路の複雑化というデメリットがあったとしても，分解能改善というメリットの方が大きい．

## 1.4 多段/多量子化器をもつ ΔΣ 変調器

　高次ループを用いて信号帯域内雑音を抑止する背景にある考え方は，多くの積分器をループ内に組み込むことで得られる大きなゲインのため雑音を低減化できることである．同じ目的を達成するための別の戦略は，内部信号を操作して量子化雑音を相殺することである．このアプローチによれば，高次変調器に課せられる安定化の要求を緩和できることが分かる．その構成はカスケード変調器と呼ばれ，多段変調器，または MASH（Multi-stAge noise-SHaping）変調器とも呼ばれる．このような基本的な考え方と，そこから派生した手法が第 5 章の話題である．

　図 1.16 にカスケード変調器の基本的な考え方を示す．初段の出力信号は

$$V_1(z) = STF_1(z)U(z) + NTF_1(z)E_1(z) \tag{1.16}$$

で与えられる．ここで，$STF_1$ および $NTF_1$ は初段の信号伝達関数と雑音伝達関数である．$NTF_1$ で得られる SNR を超えるために 2 段目が付加されている．

　図 1.16 で示すように，初段の量子化雑音 $e_1$ は，内部量子化器の出力からその入力を差し引いたアナログ量である．$e_1$ は 2 段目を構成する別の ΔΣ ループの入力となり，デジタル値に変換される．$z$ 領域では 2 段目出力信号が

$$V_2(z) = STF_2(z)E_1(z) + NTF_2(z)E_2(z) \tag{1.17}$$

で与えられる．ここで，$STF_2$ および $NTF_2$ は 2 段目の信号伝達関数と雑音伝達関数である．2 つの変調器ループの出力にあるデジタルフィルタ $H_1$ と $H_2$ は，全体の出力 $v$ において初段の誤差 $e_1$ を相殺するように決められる．上に述べた式から，そのためには

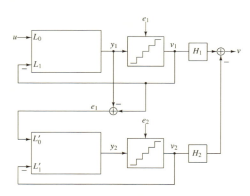

図 1.16　多段 ΔΣ 変調器

$$H_1(z)NTF_1(z) = H_2(z)STF_2(z) \tag{1.18}$$

であればよいことが分かる．式（1.18）を満足する $H_1$ と $H_2$ として最も簡単なもの（そして実際によく利用されているもの）は $H_1 = k \cdot STF_2$ および $H_2 = k \cdot NTF_1$ である．ここで $k$ は信号ゲインを1にするために選ばれる定数である．$STF_2$ はしばしば簡単な1遅延素子であるため，$H_1$ は容易に実現できる．そこで，全体の出力は次式で与えられる．

$$V(z) = k \cdot STF_1(z)STF_2(z)U(z) + k \cdot NTF_1(z)NTF_2(z)E_2(z) \tag{1.19}$$

典型的な例として，各段が2次ループを含む MASH 変調器を考える．伝達関数は $STF_1 = z^{-1}$, $STF_2 = 0.5z^{-2}$, $NTF_1 = NTF_2 = (1-z^{-1})^2$ で与えられ，$k = 2$ とすると，以下の式を得る．

$$V(z) = z^{-2}U(z) + 2(1-z^{-1})^4 E_2(z) \tag{1.20}$$

したがって，ノイズシェイピング特性は4次の単一ループ変換器と同じになる．一方，安定性に関する振る舞いは2次変調器と同じである．

例えばアナログフィルタの伝達関数に含まれる非理想要因のために，式（1.18）が厳密には満足されないと，$k \cdot [STF_2 NTF_{1a} - NTF_1 STF_{2a}]$ が掛けられた $E_1(z)$ が出力に現れる．ここで，下付き添え字 $a$ は実際のアナログ伝達関数を意味する．相殺に基づく手法の有効性は常にミスマッチによって低下する可能性があり，これは驚くことではない．第5章に示すように，ミスマッチは変換器のノイズ性能を著しく低下させる可能性がある．

## 1.5 多ビット $\Delta\Sigma$ 変調器におけるミスマッチシェイピング

図 1.17 で示すように，量子化器は ADC と DAC の縦続接続で実現される．DAC は $\Delta\Sigma$ 変調器のフィードバック経路にあり，その非線形性は変換器全体に対して同程度の非線形性をもたらす．これは，フィードバックループにより，

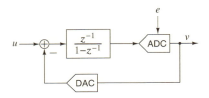

図 1.17　量子化器を ADC と DAC で実現した $\Delta\Sigma$ 変調器

DAC 出力信号の低周波成分が入力信号 $u$ に正確に追従するためである. したがって, もし DAC に非線形があり, しかも, DAC 出力が入力に正確に一致するとすれば, DAC 入力が歪んでいることになる. DAC 入力は変換器の出力であるから, 変換器出力も歪むことになる.

初期の $\Delta\Sigma$ 変調器の設計で, $\Delta\Sigma$ ループに 1 ビット内部 DAC を使わざるを得なかった理由がここにある. 1 ビット DAC には, 本質的に線形であるという非常に大事な長所がある. 1 ビット DAC への入力は 2 つの値しか取らないので, DAC の伝達特性は入出力平面上の 2 点で表現できる. そこで, これらの 2 点を通る直線が 1 ビット DAC の正確なモデルになる. 言い換えれば, DAC は正確に $v_d = kv + offset$ という方程式で記述できる. ここで, $k$ と $offset$ は定数である. このようなモデルに従うシステムでは歪が導入されないため, 1 ビット DAC は固有の線形性をもつといえる.

一方で, 第 2 章で示すように, (本質的にはコンパレータである) 1 ビット ADC ではゲインが明確には定義できない. また, 第 3 章および第 4 章に示す通り, 1 ビット量子化器を含むループは広いループゲイン範囲で安定していなければならない. これらを考慮すると, 許容入力信号振幅は減少し, したがって達成可能な SNR も減少する.

多ビット量子化器を用いると量子化器のゲインが明確に決まるため, ループはより安定化し, 過負荷にならない領域が広がる. 実際, 変調器の設計に線形化解析を使うことができ, 安定性が保証される. さらに, 量子化器のビット数が 1 だけ増えるたびに, 量子化雑音は 6 dB だけ低下すること, および, 高次ノイズシェイピング関数を積極的に使うことができることから, 多ビット量子化器を用いると低い OSR でも高い ENOB を得ることが可能になる. それ故, マルチビット量子化を採用するために, 固有の DAC 非線形性の問題の解決が強く望まれる. トリミングのような技法が以前は使われていたが, 現在では, デジタル回路の支援を得て DAC の構成要素を操作し, DAC 非線形性によって導入される誤差信号の信号帯域内成分を減らす手法が好まれるようになった. これらの技術は, 変調器で使用されるノイズシェイピングと概念的に非常によく似ており, しばしばミスマッチシェイピングという用語で呼ばれる. ノイズシェイピングの場合と同様に, OSR の増加とともにミスマッチシェイピングの有効性は増加する. 非常に低い OSR 値 ($OSR < 8$) の場合は, デジタル技術を使用して DAC の非線形性を決定し, それを利用して非線形性を補正できる.

多ビット $\Delta\Sigma$ 変調器の DAC ミスマッチに対処するための基本原理については, 第 6 章で詳しく説明する.

## 1.6 連続時間 ΔΣ 変調器

この章の冒頭で，ADC は（時間と振幅で連続的な）連続時間アナログ信号を（時間と振幅が離散化された）デジタル信号に変換することを述べた．離散時間 ΔΣ 変調器はサンプリングされたアナログ信号に作用し，それを量子化する役割をもつ．これに対して，連続時間 ΔΣ 変調器（CTΔΣ 変調器）は連続時間入力 $u(t)$ を処理対象とする．CTΔΣ 変調器について理解する方法は多くあり，ここは序論であるので，それに相応しい説明をする．先行する章で説明する離散時間 ΔΣ 変調器に基づき，より一般的な説明を第 8 章で展開する．

図 1.18(a) は 1 次ローパスフィルタを示す．理想オペアンプを仮定する．（連続時間）入力 $u(t)$ とは無関係に，容量に流れる平均電流 $\overline{i_c(t)}$ は 0 である．そうでないと容量端子間の電圧が無限に大きくなってしまう．したがって，$\overline{i_1(t)} = \overline{i_2(t)}$ であるから，$\overline{u(t)} = -\overline{v(t)}$ となる．

次に，図 1.18(b) に示すように，オペアンプ出力をレート $f_s$ でサンプリングすることを考える．得られるデータ列 $v[n]$ は 0 次ホールド（ZOH：zero-order hold）されてから，抵抗を通してフィードバックされる．フィードバックループが機能しているとすれば，容量を流れる電流の平均値は依然として 0 であり，これは $u(t)$ の平均が $v(t)$ の平均と等しいことを意味する．今の場合，$v(t)$ は ZOH された出力である．一方，$\overline{v(t)}$ はデータ列 $v[n]$ の平均に等しい．したがって，ループにサンプリング回路を挿入することで，入力波形 $u(t)$

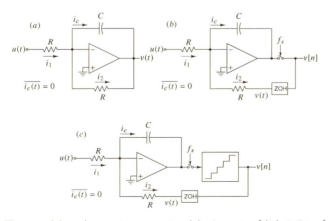

図 1.18 (a) 1 次ローパスフィルタ．(b) オペアンプ出力のサンプリングと 0 次ホールド（ZOH：zero-order hold）したサンプル値のフィードバック．(c) フィードバック前の量子化

を出力データ列の平均と関係づけることができるようになった．入力信号の変化が（サンプリング周期と比較して）非常に緩やかであるとすれば，$u(t)$ と狭い範囲での平均とはほぼ等しい．この状況では，$u(t) \approx -\overline{v[n]}$ である．これでアナログ/デジタル変換の半分，すなわち時間領域の離散化が実現できた．

次にすることは，$v[n]$ を量子化してから，ZOH を通してフィードバックすることである．ループが依然として安定であること，そして，$u(t)$ が緩やかに変化することを仮定すれば，$u(t)$ は近似的に $-\overline{v[n]}$ と等しい．$v[n]$ は時間だけでなく，振幅でも離散化されている．したがって，それはデジタル形式で表されている．離散時間の場合と同じで，$v[n]$ を個別に取り出してもそれには意味がなく，その平均だけが $u$ を近似的に表す．図 1.18 (c) に 1 次 CTΔΣ 変調器を示す．$v[n]$ の平均を取り $u(t)$ の評価値を得るために，適切に選択したデジタルフィルタで出力を処理する必要がある．離散時間の場合と同様に，高次ループフィルタを使えば，より効果的に信号帯域内の量子化雑音を除去できる．

周波数がサンプリングレートに等しい正弦波 $u(t) = \cos(2\pi f_s t)$ を入力としたときの 1 次 ΔΣ 変調器の出力を考察することは有用である[3]．仮想接地電圧は 0 であり，$\overline{u(t)} = 0$ のため，$\overline{i_1(t)} = 0$ である．これは，$\overline{i_2(t)}$ も 0 でなければならないことを意味する．したがって，$\overline{v[n]} = 0$ となり，CTΔΣ 変調器はサンプリング周波数に等しい入力に反応しないことが分かる．他の全ての ADC では $f_s$ の入力を dc 入力と区別できないことを考えると，この驚くべき CTΔΣ 変調器の特性は際立ったものである．dc 入力と $f_s$ 入力に対して違った応答をする CTΔΣ 変調器の機能は，暗黙のアンチエリアシングと呼ばれる．第 8 章では，連続時間 ΔΣ 変調器の基本に関して詳細に説明する．

しかし，CTΔΣ 変調器は，量子化器の過剰遅延，ループフィルタ時定数の変化，クロックジッタなど，多くの非理想要因の影響を受ける．第 9 章ではこれらの非理想要因の影響と回避方法について解析する．第 10 章では CTΔΣ 変調器を構成する回路ブロック設計について説明する．

一般的な単一ループ CTΔΣ 変調器のブロック図を図 1.19 に示す．様々な機能を持つブロックが組み合わされている．$u(t)$ と $v(t)$ を処理するループフィルタは線形で時不変（time-invariant）でなければならない．フィルタ出力はサンプリングされ，量子化される．サンプリングは時変（time-varying）操作である．伝達曲線が急激にステップ的に変化する量子化は，典型的な非線形操作である．これら全てが負フィードバックループで囲まれているのは驚くべきことである．このように，CTΔΣ 変調器は部分的に線形，非線形，時不変，時変，離散時間，連続時間であり，かつ，負フィードバックを含むシステムであるといえ

---

[3] アンチエイリアシングフィルタを付けないナイキスト変換器で，サンプリング周波数と等しい周波数の正弦波入力を考えると，$f_s$ の信号が dc に折り返され，出力は dc 列となる．

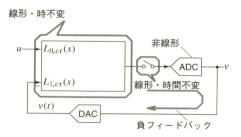

図 1.19　一般的な単一ループ CTΔΣ 変調器のブロック図

る．すなわち，CTΔΣ 変調器を理解することは，信号処理から，システム理論，高精度回路設計に至る様々な話題を相手にすることになる．CTΔΣ 変調器の教育的価値はもちろんであるが，それだけでなく，実用的にも非常に重要である．それは，どんなときにも使える有用なシステム（a system for all seasons）とでも言いたいものである．

## 1.7 バンドパス ΔΣ 変調器

これまで信号のエネルギーは dc を中心とした狭い周波数帯域に集中していると考えてきた．無線通信システムなどの応用分野では，信号が $f_0$ を中心とする狭い帯域幅 $f_B$ に集中している．ここで，$f_B$ はサンプリング周波数 $f_S$ よりずっと小さいが $f_0$ はそうではない．このような事例でも，ΔΣ 変調器は効果的である．ただし，雑音伝達関数 NTF をハイパスではなく，$f_0$ 近傍に零点をもつバンドストップ特性にする必要がある．

図 1.20 はローパスとバンドパス ΔΣ 変調器の概念的な出力スペクトルを示す．バンドパス ΔΣ 変調器の NTF を得るための簡便な方法は，最初に適当なローパス NTF を決め，次にそれに対して $z$ 領域写像を行うことである．例え

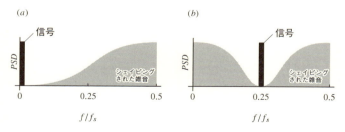

図 1.20　(a) ローパスと (b) $f_s/4$ バンドパス変調器の出力スペクトルの概略図

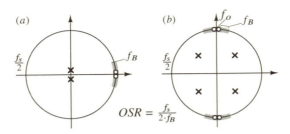

図 1.21 (a) ローパス NTF と (b) バンドパス NTF のゼロ点と極の位置

ば，変換 $z \to -z^2$ により dc（つまり $z = 1$）近傍の周波数領域が $\pm f_s/4$（つまり $z = \pm j$）近傍に移る．したがって，得られた NTF は $f_o = f_s/4$ で小さくなり，そこでの量子化雑音を抑止する．このバンドストップ型のノイズシェイピングにより，$f_s/4$ 近傍に制限されたエネルギーをもつ信号に対して高い SNR を得ることができる．

写像によりローパス NTF の次数が 2 倍になり，図 1.21 に示すように，NTF の零点が $z = 1$ の近傍から $z = \pm j$ の近傍に移動することに注意する．第 11 章では，バンドパス $\Delta\Sigma$ 変調器の NTF を決める別の方法，および，バンドパス $\Delta\Sigma$ 変調器のための回路設計手法について詳しく説明する．

## 1.8 インクリメンタル $\Delta\Sigma$ 型変換器

以上の説明では，信号帯域でスペクトル密度を積分することにより，$\Delta\Sigma$ 変調器の信号帯域内の量子化雑音を評価していた．変調器の後段に付加するデジタルフィルタがレンガ壁（brick wall）特性をもつ限り，この方法は正しい．実際には，このような条件が近似的に満足されるものであって，急峻な特性をもつフィルタが全てそうであるように，インパルス応答が非常に長く続く可能性がある．これは，$\Delta\Sigma$ 変調器とそれに続くポストフィルタが十分な容量のメモリを持っていることを意味する．このため，ADC で多くのセンサからの多重化信号を処理する用途や ADC を断続的に動作させる用途には，従来の $\Delta\Sigma$ 変調器は不向きであった．

ナイキストレート ADC のように，$\Delta\Sigma$ 変調器のノイズシェイピング手法をサンプリングのたびに使う ADC がインクリメンタル ADC である．この種の ADC は，従来の関連技術と密接に関連しており，第 12 章の主題となる．

## 1.9 ΔΣ 型 DAC

ΔΣ 変調器を用いて高性能 DAC を構成する理由は，ADC の場合と同じである．トリミングによる線形化を使わずに 14 ビット DAC をナイキストレートで実現することは，不可能ではないにしても困難である．ΔΣ 変調器を使うとこれを比較的容易に実現できる．図 1.22 に ΔΣ 型 DAC を示す．全てデジタルで構成した ΔΣ 変調器ループをオーバーサンプリングレートで動作させ，ベースバンド信号情報は変えずに，（例えば）語長 18 ビットのデータ列を 1 ビットの高速デジタル信号に変換する．ループで発生する打切り誤差の大部分はシェイピングされ，信号帯域内雑音は無視できるほど小さくできる．簡単な 2 レベル DAC を用いて，1 ビットデジタル出力信号を高い（理想的な，完全な）線形性でアナログ信号に変換する．最終段で，信号帯域外の打切り雑音はアナログ・ローパスフィルタで除去される．

アナログ ΔΣ ループと同様に，1 ビットへの打切りにより系が不安定になる可能性があり，ノイズシェイピングの有効性が制限される．多ビット（通常，2～5 ビット）打切りでノイズシェイピング特性が改善でき，アナログ後置フィルタへの負担も軽減できる．多ビット ΔΣ 型 ADC における内部 DAC に適用したものと同じミスマッチシェイピングにより，帯域内信号に対する DAC の線形性が改善できる．

さらに，ADC と同様に，バンドパス ΔΣ 型 DAC も設計できる．その場合，クロック周波数 $f_s$ より十分に小さい必要はない 0 でない中心周波数 $f_0$ 近傍の狭帯域で，ノイズシェイピングにより打ち切り雑音を抑止する．

ΔΣ 型 DAC は第 13 章で詳しく説明される．

図 1.22　ΔΣ 型 DAC システム

## 1.10　間引きと内挿

ΔΣ 変調器の後段に続くデジタルフィルタは，シェイピングされた雑音を除去するという重要な機能をもつ．理想的なレンガ壁フィルタを想定すると，デジタルフィルタ出力の周波数帯域幅はサンプリングレートと比較して小さい．このため，デジタル出力をダウンサンプリングして，ナイキストレートの出力信号を得

ることができる．実際にはレンガ壁特性は近似に過ぎず，ダウンサンプリングするときの折り返しによる信号帯域内 SQNR（訳注：信号対量子化雑音比〔signal-to-quantization-noise ratio〕）の劣化を防ぐために，フィルタ特性は十分に急峻にする必要がある．デジタルフィルタ機能をダウンサンプリングと一緒に実現したのがデシメーションフィルタである．同様の要件を持つフィルタ（内挿フィルタと呼ばれる）が DAC 信号処理系の初段では使われる．デシメーションフィルタと内挿フィルタについての設計手法については第 14 章で説明される．

## 1.11　仕様と性能指標

すべての ADC で基本的な仕様は消費電力 $P$ と信号帯域幅（$BW$），有効ビット数（$ENOB$）である．明らかに，$P$，$BW$，$ENOB$ の組み合わせの中には実現困難な，あるいは不可能なものもあり，比較的容易なものもある．難しさの程度を定量化するために，ADC の電力効率を反映した性能指標（FoM：figure of merit）を計算するのが普通である．よく用いられる 2 つの FoM がある．Walden の FoM[1]は

$$FoM_W = \frac{P}{2^{ENOB} \cdot f_N} \qquad (1.21)$$

と定義される．ここで $P$ は ADC に必要な電力，$ENOB$ は有効ビット数，$f_N$ はナイキスト周波数である．$FoM_W$ の単位はジュールで，1 変換唱（LSB 幅）に分解するために必要なエネルギーを与える．$FoM_W$ が小さいことは ADC の効率が良いことを示すことを意味する．

もう一つは，Rabii と Wooley によって最初に提案され[2]，この本の初版で変形された形で示された．それは Schreier の FoM と呼ばれている．それは

$$FoM_S = \frac{DR \cdot BW}{P} \qquad (1.22)$$

または

$$FoM_S\,(dB) = DR\,(dB) + 10 \cdot \log_{10}\left(\frac{BW}{P}\right) \qquad (1.23)$$

と定義される．ここで $DR$ は ADC のダイナミックレンジである．$FoM_S$ が大きいほど ADC の効率が良いことを示す．

$FoM_S$ を定義した理由を以下に説明する．フルスケール信号パワーは製造技術で決まり，$DR$ は信号帯域内の雑音パワー $q_{rms}^2$ で決まると仮定する．さらに，白色雑音を想定し，$q_{rms}^2$ が信号帯域幅に比例すると仮定すると，$DR$ は $1/BW$

に比例する．その結果，$P$ が与えられた ADC では，$DR \cdot BW$ が一定になる．

$BW$ が一定とすると，必要な消費電力 $P$ は必要とされる $DR$ に比例する．これを説明するために，図 1.23 に示すように，複数の経路をもつ ADC を考えてみる．要素 ADC はすべて同じであり，$ADC_i$ は信号 $v_i[n]$ と雑音 $q_i[n]$ を出力する．信号は完全に相関がとれていて，出力信号パワーは $k^2 v_{rms}^2$ である．雑音は無相関であり，全出力雑音パワーは $k q_{rms}^2$ となる．したがって ADC のダイナミックレンジは，個別の ADC の $DR$ の $k$ 倍になる．それぞれの ADC が必要とする消費出力を $P$ とすれば，全体の消費電力は $k \cdot P$ となる．$DR$ と $P$ がいずれも $k$ に比例するため，両者は互いに比例するはずである．この結果は，回路のインピーダンスを小さくすると熱雑音パワーも減少することと一致していることに注意する．したがって，$C$，$g_m$，$1/R$ を $k (> 1)$ 倍にすると，$DR$ は $k \cdot DR$ となるが，すべての電流が増加し，電圧が一定とすると $P$ も $k$ 倍に増加する．

$DR$ が一定とすると，必要な消費電力 $P$ は要求された $BW$ に比例する．これを説明するために，まず消費電力を一定に保ち，$BW$ を $l$ 倍にすること考えてみよう．$P$ が一定のとき，積 $DR \cdot BW$ も一定であるから，新しいダイナミックレンジは $DR/l$ となる．先に述べた議論に従えば，$DR$ を元の値に戻すには，$P$ を $l \cdot P$ にしなければならない（図 1.23 の構成を使って，$P$ と $BW$ の比例関係を説明することもできる．全帯域を $BW/l$ に分けて，それぞれのサブ ADC が分担することを考えると良い）．

最後に，$DR$ と $BW$ が両方とも変化したときどうなるか考えよう．もし $DR$ が $k \cdot DR$，$BW$ が $l \cdot BW$ となったとき，上述の議論に従って，消費電力 $P$ は $k \cdot l \cdot P$ になる必要がある．これは，$DR \cdot BW/P$ が，与えられた変換器に特有の一定量であり，競合する回路や方式の効率を比較するために使うことができるこ

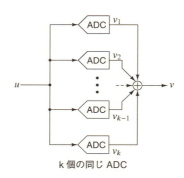

図 1.23　マルチパス $\Delta\Sigma$ ADC システム

とを示す.

ここで導入した FoM は ADC のエネルギー効率を評価するときに使うことができるが，その ADC の有用性の全てを示すわけではない．表現できていない重要なパラメタとして，選択した方式のコストとシステムから見たメリットがある．コストには，実装に必要な製造技術，Si ウェハ上の専有面積，パッケージに必要なピン数，必要な製造試験，製造歩留まり，が含まれる．システムの側面からは，必要な信号前処理（プレフィルタ，アンチエリアシング），帯域外信号の ADC 透過率などが挙げられる．後者は，ブロッカ（blocker）と呼ばれる入力信号に含まれる強力な帯域外信号を ADC がどの程度効率よく阻止できるかを決める．利用可能な ADC アルゴリズムと構成の比較を意味のあるものにするためには，これらの特性も考慮する必要がある.

## 1.12　簡単な歴史，技術動向

この本で $\Delta\Sigma$ 変調を説明する手順は歴史を追ったものではない．その起源は $\Delta$ 変調に遡ることができる．それは，電信に電子スイッチが使えるよう，音声信号をデジタル信号に符号化するときに使う手法であった．当時広く使われていた技術は，音声をナイキストレートでサンプリングし，必要な 8 ビット分解能でそれを量子化することだった．8 ビット ADC を構築するのは難しかったため，（連続するサンプイング値の間の相関を引き出すために）オーバーサンプリングを使用して量子化器の設計を単純化できないか考え始めた.

$\Delta$ 変調の基本的な考え方は以下のとおりである．デジタル化しようとする入力信号がサンプリングレートより緩やかに変化するならば，連続するサンプル値の間で大きな違いはないので，量子化した差（$\Delta$）だけを送信すればよい．こうすることで，送信信号のダイナミックレンジを元の信号のそれより格段に小さくでき，量子化器に必要なレベル数も減らすことができる．$\Delta$ 変調器における量子化器は最も簡単もの，すなわち 2 レベル量子化器である.

図 1.24 (a) に量子化した差分を送信する単純な仕組みを示す．送信機は $\pm\Delta$ からなる 2 レベルを送信する．入力信号の傾きで符号が決まる．$v$ は $u$ の差分（第一階差）を含んでいるので，受信機は積分器でなければならない．図 1.24 (b) は正弦波入力 $u$ と受信機で再現した推定値 $\hat{u}$ を示す．$OSR = 512$ とした.2 つの波形には大きな違いがある．量子化雑音の低周波成分が受信機の積分器で大きく増幅されるためである．$v$ が 2 レベルなので，送信機は一種の ADC と考えられるが，図 1.24 (b) から分かる通り，所望の性能からはかけ離れている.

$\Delta$ 変調器では，図 1.25 (a) に示すように $v$ を積分することで入力の遅延を導入し，前述の考え方を大幅に改善した．その結果，量子化誤差 $e$ はフィードバック

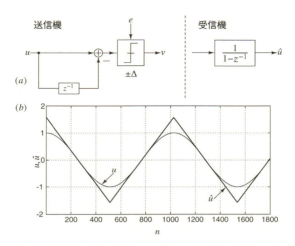

図1.24 (a) オーバーサンプルした信号間の差を量子化するための単純な構成と(b) 入力と復元した波形. 復元誤差は大きな低周波成分を含む

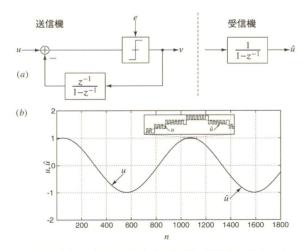

図1.25 (a) Δ変調器と(b) 復元波形. 量子化誤差をノイズシェイピングした結果, 復元誤差が大幅に減少した

ループに入る. 入力とその予測値の差を量子化すると考えることができる. 実際, Δ変調器の名前の由来は, 入力とその入力に対する予測値との差 (Δ) に基づき出力を決めることにある. 一般的な場合, ループフィルタは高次の回路でよく, そうすることで実際の入力 $u[n]$ から差し引く予測値の精度が高まる. こ

の型の変調器のことを予測符号化器（predictive encoder）と呼ぶこともある．

図 1.25 から

$$v[n] = u[n] - u[n - 1] + e[n] - e[n - 1] \tag{1.24}$$

を得る．量子化雑音が 1 次シェイピングされることから，受信機で再現するときの誤差は小さいことが分かる．これは図 1.25(b) の波形から確認できる．すなわち，図 1.24(a) に示したシステムと比較して，同じ入力とステップ幅に対して，$\hat{u}$ が $u$ の格段に良い近似になっている．$u$ の再現に用いる $v$ は 2 レベルデータ列なので，$\Delta$ 変調器を一種の ADC と考えることができる．ただ，いくつかの欠点がある．ループフィルタ（ここで示した 1 次ループでは積分器）がフィードバック経路にあるため，その非理想要因が線形性と正確性を制限する．受信の積分器には大きなゲインが必要であり，そのために，変調器と復調器の間で信号に混入する雑音だけでなく，送信波形の非線形歪を増幅してしまう．また，出力に不確定な dc オフセットが発生する．したがって，dc 入力に対する $\Delta$ 変調器動作の信頼性は低い．

図 1.25 の $\Delta$ 変調器はエラーフィードバック構成とも呼ばれる．1952 年に de Jager[3] により，また違った形で Cutler[4] により提案された．

図 1.13 の $\Delta\Sigma$ 変調器は $\Delta$ 変調器の不都合な点を回避した，もう 1 つのオーバーサンプリング構成である．$\Delta\Sigma$ 変調器も低分解能量子化器とループフィルタを含むフィードバックループであるが，ループフィルタがループの中の順方向経路にある．先に説明したように，$\Delta\Sigma$ 変調器の出力は

$$v[n] = u[n - 1] + e[n] - e[n - 1] \tag{1.25}$$

で与えられる．

したがって，デジタル出力には，遅延しているが入力信号と変わらない $u$ の複製と，量子化誤差 $e$ の差分とが含まれる．変調過程で信号には変化がないので，$\Delta$ 変調器のときのような，復調するための積分器は必要ない．したがって，受信機で信号帯域内雑音や歪が増幅されることはない．さらに，誤差 $e$ の差分をとっているので，サンプリングレート $f_s$ と比べて小さい周波数領域では誤差が小さくなる．一般的には，信号帯域でループフィルタのゲインが高ければ，そこでの量子化雑音は大幅に減衰する．現在，一般にノイズシェイピングと呼ばれる過程である．

$\Delta\Sigma$ 変調器は，積分器または加算ブロックと $\Delta$ 変調器を縦続接続することで構成することもできる．このため，図 1.13 で示した構成はシグマデルタ（$\Sigma\Delta$）変調器と呼ばれる．それとは別に，入力で差をとり，ループフィルタで累積しているので，デルタシグマ（$\Delta\Sigma$）変調器とも呼ばれる．高次のループフィルタや多

ビット量子化器などをもつシステムに対しては，ノイズシェイピング変調器という名称が相応しいが，これらのシステムに対しても，ΔΣ 変調器（または ΣΔ 変調器）という用語を拡張して使っている．

フィードバックを使ってデータ変換器の精度を上げるという基本的な着想は既に 50 年ほど前からあったが，ノイズシェイピングという概念は 1962 年に Inose らの提案[5]が最初であろう．彼らは，ループフィルタとして連続時間積分器を，ADC としてシュミットトリガを，それぞれ含むシステムを提案し，5 kHz ほどの信号帯域幅でおよそ 40 dB の SNR を実現した．当時としては，アナログ精度と高速動作，デジタル回路のトレードオフが特段魅力的なものではなく，しばらくの間は目立った動きがなかった．

20 年後，Ritchie が高次ループフィルタの使用を提案した[6]．Candy とベル研究所の共同研究者らは，解析と設計手法だけでなく，有用な理論を展開した[7,8,9,10,11]．Candy と Huynh は ΔΣ 型 DAC に使うデジタル変調器のための MASH の概念を提案した[12]．1986 年には，Adams が 3 次連続時間ループフィルタとトリミング抵抗付き 4 ビット量子化器を使った 18 ビット ΔΣ 変調器を発表した[13]．同じ年に，Hayashi らによって MASH 構造が初めてΔΣ型 ADC に適用された．

1988 年，Larson らは，デジタル的に線形化補正した多ビット量子化器を ΔΣ ループに使ことを提案した[15]．同じ年に，Carley と Kenney が ΔΣ 変調器の内部 DAC 動的マッチング（無作為化）を採用することを提案した[16]．引き続き，Leung と Sutarja[17]，および，Story[18]，Redman-White と Bourner[19]，Jackson[20]，Adams と Kwan[21]，Baird と Fiez[22]，Schreier と Zhang[23]，Galton[24]により，様々なミスマッチシェイピングのアルゴリズムが提案された．

バンドパス ΔΣ 変調器は無線通信における潜在的な用途が注目され，1980 年代後半に登場した[25,26,27]．

現在の ΔΣ 変換器設計トレンドは SNR を低下させずに信号帯域を広げることを指向している．これにより，デジタルビデオ，無線/有線通信，レーダーなどへの応用分野が広がるであろう．高速動作の実現には，高分解能（例えば 5 ビット）内部量子化器，および，多段（2 段または 3 段）MASH 方式がしばしば使われる．ΔΣ 型 ADC における内部 DAC の非線形性補正，および，量子化雑音漏れ補正には，デジタル補正アルゴリズムが提案されている[28]．バンドパス ΔΣ 型 ADC の性能向上に対しても，精力的な研究が進んでいる[29,30,31,32,33]．

ここ 10 年は，連続時間 ΔΣADC に関する研究と商用展開が著しく進展した．連続時間 ΔΣADC には多くのメリットがある．この章の初めに説明したように，それは特有のアンチエリアシング特性をもっている．基板雑音が大きい大規

模デジタルチップの一部に組み込むとき堅牢性を発揮する．これらの ADC の入力インピーダンスは（多くの場合）抵抗性なので，駆動が容易である．ナイキスト型 ADC の場合に必要な労力と比較して，参照発生回路の設計も一般的に容易である．

テクノロジーのトレンド（加工線幅の微細化とそれに伴うブレークダウン電圧低下）に沿って，低電源電圧で動作可能な ΔΣ 変調器の研究が活発化している[34]．また，携帯端末への応用拡大が，ΔΣ 型変換器に対する低消費電力化手法開発の引き金になっている．さらに，生体センサ用インターフェースを含む，計測や測定への応用に向けて，低周波/高分解能 ADC の開発が進められている．（インクリメンタル型のデータ変換器として先に説明した）定期的にリセットする ΔΣ 型 ADC がしばしば使われている．

理論面および実用面でノイズシェイピングは進化し続けており，ΔΣ 型データ変換器の応用分野は今後さらに広がっていくと期待できる．

## 【参考文献】

[1] R. H. Walden, "Analog-to-digital converter survey and analysis," *IEEE Journal on Selected Areas in Communications*, vol. 17, no. 4, pp. 539–550, 1999.

[2] S. Rabii and B. A. Wooley, "A 1.8-V digital-audio sigma-delta modulator in 0.8-$\mu$m CMOS," *IEEE Journal of Solid-State Circuits*, vol. 32, no. 6, pp. 783–796, 1997.

[3] F. De Jager, "Delta modulation: A method of PCM transmission using the one unit code," *Phillips Research Reports*, vol. 7, pp. 542–546, 1952.

[4] C. C. Cutler, "Transmission systems employing quantization," Mar. 8, 1960. US Patent 2,927,962.

[5] H. Inose, Y. Yasuda, and J. Murakami, "A telemetering system by code modulation-ΔΣ modulation," *IRE Transactions on Space Electronics and Telemetry*, vol. 3, no. SET-8, pp. 204–209, 1962.

[6] G. Ritchie, J. C. Candy, and W. H. Ninke, "Interpolative digital-to-analog converters," *IEEE Transactions on Communications*, vol. 22, no. 11, pp. 1797–1806, 1974.

[7] J. C. Candy, "A use of limit cycle oscillations to obtain robust analog-to-digital converters," *IEEE Transactions on Communications*, vol. 22, no. 3, pp. 298–305, 1974.

[8] J. C. Candy and O. J. Benjamin, "The structure of quantization noise from sigma-delta modulation," *IEEE Transactions on Communications*, vol. 29, no. 9, pp. 1316–1323, 1981.

[9] J. C. Candy, "A use of double integration in sigma delta modulation," *IEEE Transactions on Communications*, vol. 33, no. 3, pp. 249–258, 1985.

[10] J. C. Candy, B. A. Wooley, and O. J. Benjamin, "A voiceband codec with digital filtering," *IEEE Transactions on Communications*, vol. 29, no. 6, pp. 815–830, 1981.

[11] J. C. Candy, "Decimation for sigma delta modulation," *IEEE Transactions on Communications*, vol. 34, no. 1, pp. 72–76, 1986.

[12] J. C. Candy and A.-N. Huynh, "Double interpolation for digital-to-analog conversion," *IEEE Transactions on Communications*, vol. 34, no. 1, pp. 77–81, 1986.

[13] R. W. Adams, "Design and implementation of an audio 18-bit analog-to-digital converter using oversampling techniques," *Journal of the Audio Engineering Society*, vol. 34, no. 3, pp. 153–166, 1986.

[14] T. Hayashi, Y. Inabe, K. Uchimura, and T. Kimura, "A multistage delta-sigma modulator without double integration loop," in *Digest of Technical Papers, IEEE International Solid-State Circuits Conference*, vol. 29, pp. 182–183, IEEE, 1986.

[15] L. E. Larson, T. Cataltepe, and G. C. Temes, "Multibit oversampled $\Sigma$-$\Delta$ A/D convertor with digital error correction," *Electronics Letters*, vol. 24, no. 16, pp. 1051–1052, 1988.

[16] L. R. Carley and J. Kenney, "A 16-bit 4th order noise-shaping D/A converter," in *Proceedings of the IEEE Custom Integrated Circuits Conference*, pp. 21–7, IEEE, 1988.

[17] B. H. Leung and S. Sutarja, "Multibit $\Sigma$-$\Delta$ A/D converter incorporating a novel class of dynamic element matching techniques," *IEEE Transactions on Circuits and Systems II: Analog and Digital Signal Processing*, vol. 39, no. 1, pp. 35–51, 1992.

[18] M. J. Story, "Digital to analogue converter adapted to select input sources based on a preselected algorithm once per cycle of a sampling signal," Aug. 11, 1992. US Patent 5,138,317.

[19] W. Redman-White and D. Bourner, "Improved dynamic linearity in multi-level $\Sigma$-$\Delta$ converters by spectral dispersion of D/A distortion products," in *European Conference on Circuit Theory and Design*, pp. 205–208, IET, 1989.

[20] H. S. Jackson, "Circuit and method for cancelling nonlinearity error associated with component value mismatches in a data converter," June 22, 1993. US Patent 5,221,926.

[21] R. W. Adams and T. W. Kwan, "Data-directed scrambler for multi-bit noise shaping D/A converters," Apr. 4, 1995. US Patent 5,404,142.

[22] R. T. Baird and T. S. Fiez, "Linearity enhancement of multibit $\Delta\Sigma$ A/D and D/A converters using data weighted averaging," *IEEE Transactions on Circuits and Systems II: Analog and Digital Signal Processing*, vol. 42, no. 12, pp. 753–762, 1995.

[23] R. Schreier and B. Zhang, "Noise-shaped multbit D/A convertor employing unit elements," *Electronics Letters*, vol. 31, no. 20, pp. 1712–1713, 1995.

[24] I. Galton, "Noise-shaping D/A converters for $\Delta\Sigma$ modulation," in *Proceedings of the IEEE International Symposium on Circuits and Systems*, vol. 1, pp. 441–444, IEEE, 1996.

[25] T. Pearce and A. Baker, "Analogue to digital conversion requirements for HF radio receivers," in *Proceedings of the IEE Colloquium on System Aspects and Applications of ADCs for Radar, Sonar, and Communications*, 1987.

[26] P. H. Gailus, W. J. Turney, and F. R. Yester Jr, "Method and arrangement for a sigma delta converter for bandpass signals," Aug. 15, 1989. US Patent 4,857,928.

[27] R. Schreier and M. Snelgrove, "Bandpass sigma-delta modulation," *Electronics Letters*, vol. 25, no. 23, pp. 1560–1561, 1989.

[28] X. Wang, U. Moon, M. Liu, and G. C. Temes, "Digital correlation technique for the estimation and correction of DAC errors in multibit MASH $\Delta\Sigma$ ADCs," in *Proceedings of the IEEE International Symposium on Circuits and Systems*, vol. 4, pp. IV–691, IEEE, 2002.

[29] W. Gao and W. M. Snelgrove, "A 950 MHz second-order integrated LC bandpass sigma–delta

modulators," in *Digest of Technical Papers, IEEE Symposium on VLSI Circuits*, 1997.

[30] G. Raghavan, J. Jensen, J. Laskowski, M. Kardos, M. G. Case, M. Sokolich, and S. Thomas III, "Architecture, design, and test of continuous-time tunable intermediate-frequency bandpass delta-sigma modulators," *IEEE Journal of Solid-State Circuits*, vol. 36, no. 1, pp. 5–13, 2001.

[31] P. Cusinato, D. Tonietto, F. Stefani, and A. Baschirotto, "A 3.3-V CMOS 10.7-MHz sixth-order bandpass $\Sigma\Delta$ modulator with 74-dB dynamic range," *IEEE Journal of Solid-State Circuits*, vol. 36, no. 4, pp. 629–638, 2001.

[32] R. Schreier, J. Lloyd, L. Singer, D. Paterson, M. Timko, M. Hensley, G. Patterson, K. Behel, J. Zhou, and W. J. Martin, "A 50 mW bandpass $\Delta\Sigma$ ADC with 333 kHz BW and 90 dB DR," in *Digest of Technical Papers, IEEE International Solid-State Circuits Conference*, vol. 1, pp. 216–217, IEEE, 2002.

[33] H. Shibata, R. Schreier, W. Yang, A. Shaikh, D. Paterson, T. C. Caldwell, D. Alldred, and P. W. Lai, "A dc-to-1 GHz tunable RF $\Delta\Sigma$ ADC achieving DR=74 dB and BW=150 MHz at $f_0$ = 450 MHz using 550 mW," *IEEE Journal of Solid-State Circuits*, vol. 47, pp. 2888–2897, Dec 2012.

[34] M. Keskin, U.-K. Moon, and G. C. Temes, "A 1-V 10-MHz clock-rate 13-bit CMOS $\Delta\Sigma$ modulator using unity-gain-reset op amps," *IEEE Journal of Solid-State Circuits*, vol. 37, no. 7, pp. 817–824, 2002.

# 2章 サンプリング，オーバーサンプリング，ノイズシェイピング

アナログ–デジタル変換器（ADC）やデジタル–アナログ変換器（DAC）は，現実世界とインターフェイスをとるため信号を調整する際に非常に重要な役割を演じる．ここでアナログ信号は，時間および振幅に対して連続で，一方デジタルの仮想世界では，時間および振幅を離散量で表わす．

典型的なアナログフロントエンドの信号チェーンのブロックダイアグラムを図2.1に示す．入力信号 $x_{in}(t)$ は $B\,\mathrm{Hz}$ の帯域幅を持っている．理論的には，サンプリング周波数 $f_s$ が少なくとも $2B$ であれば，信号はそのサンプルから完全に再現することができる．実際には，入力は雑音の影響を受ける．この雑音は，周波数範囲 $[0\ B]$ 外の周波数成分を持つ可能性がある．このため，$x_{in}(t)$ はサンプリングの前に，折り返し除去（アンチエリアシング）雑音フィルタでフィルタされる必要がある．サンプリング後に信号帯域に折り返し，$x_{in}(t)$ をサンプルした信号の精度を劣化させる雑音をこのフィルタで除去する．

フィルタ出力 $x[n] = x(nT_s)$ （ここで，$T_s = 1/f_s$）のサンプルを，振幅を離散的なレベル数に量子化し $x_q[n]$ を得る．デジタルコードを各レベルにそれぞれ割り当てられることができ，これによってデジタル信号が得られる．デジタル信号は，時間（サンプリングによる）と振幅（量子化による）の両方とも離散

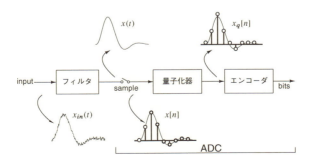

図2.1　アナログ・フロントエンドの代表的な信号チェーン

32

的である.

## 2.1 サンプリングの復習

$x[n]$ は $x(t)$ をサンプリングした結果なので,$x[n]$ のフーリエ変換は $x(t)$ のフーリエ変換に関係しているはずである.この関係を決定するために次のように進める.まず最初に,$x(t)$ に($T_s$ で繰り返す)ディラックのデルタ(dirac delta)列 $\sum_n \delta(t - nT_s)$ を掛けることで連続時間信号 $x_s(t)$ を形成する.これより,

$$x_s(t) = x(t) \sum_{n=-\infty}^{\infty} \delta(t - nT_s) = \sum_{n=-\infty}^{\infty} \underbrace{x(nT_s)}_{\equiv x[n]} \delta(t - nT_s) \tag{2.1}$$

$x_s(t)$ のフーリエ変換を得る一つの方法は,$x(t)$ の変換($X_c(f)$ と記す)と上記のデルタ列を畳み込むことである[1].

$$\mathcal{F}\{\sum_{k=-\infty}^{\infty} \delta(t - kT_s)\} = \frac{1}{T_s} \sum_{n=-\infty}^{\infty} \delta(f - nf_s) \tag{2.2}$$

ただし,$f_s = 1/T_s$ を再度用いて,

$$\mathcal{F}\{x_s(t)\} = X_s(f) = \frac{1}{T_s} \sum_{n=-\infty}^{\infty} X_c(f - nf_s) \tag{2.3}$$

を得る.フーリエ変換を(2.1)の両辺に適用するが,今度は右辺を項別に変換し,$X_s(f)$ を次のように表すこともできる.

$$X_s(f) = \sum_{n=-\infty}^{\infty} x[n]e^{-j2\pi f T_s n} \tag{2.4}$$

(2.3)と(2.4)から,

$$\sum_{n=-\infty}^{\infty} x[n]e^{-j2\pi f T_s n} = \frac{1}{T_s} \sum_{n=-\infty}^{\infty} X_c(f - nf_s) \tag{2.5}$$

を得る.$X_d(e^{j\omega})$ で表される $x[n]$ 列の離散時間フーリエ変換は,上記の関係において $2\pi f T_s$ を $\omega$ に置き換えることによって得られる.これより,

$$X_d(e^{j\omega}) = \mathcal{F}\{x[n]\} = \sum_{n=-\infty}^{\infty} x[n]e^{-j\omega n} = f_s \sum_{n=-\infty}^{\infty} X_c\left(\frac{f_s\omega}{2\pi} - nf_s\right) \tag{2.6}$$

明らかに,$X_d(e^{j\omega})$ は周期 $2\pi$ で周期的である.

$X_c(f)$ が与えられると, $x[n]$ の離散時間フーリエ変換 $X_d(e^{j\omega})$ は, 図 2.2 に示すように, 以下の過程で得ることができる.

- $f_s$ の整数倍でシフトした $X_c(f)$ の複製を作成する
- これらの複製を加え結果を $f_s$ でスケールする (図 2.2(b))
- $f_s$ が $2\pi$ に対応するように周波数軸をスケーリングし, 軸に $\omega$ でラベルを付ける (図 2.2(c)).

上の図から, $f_s < 2B$ を選択すると, $X_c(f)$ のシフトしたコピーが重なり, 折り返しが発生することが分かる. したがって, 折り返しを防止する最低サンプリング周波数は, $f_{s,min} = 2B$ で, これはナイキストレート (Nyquist rate) と呼ばれる.

$f$ Hz の連続時間トーン (単一周波数正弦波 **訳者注釈) は, サンプリング後 $\omega = 2\pi f T_s$ の離散時間トーンとして現れる. $X_d(e^{j\omega})$ の周期性により, 周波数 $f$ および $\pm f + m f_s$ ($m$ は整数) の周波数を持つ 2 つの連続時間トーンは, $f_s$ でサンプリングされた後は互いに区別できない.

信号が $2B$ よりも高いレートでサンプリングされた場合, あるとすればどのような利点が生じるのか疑問に思うのは当然である. 実際のサンプリングレート $f_s$ とナイキストレート $2B$ との比は, オーバーサンプリング比 (OSR) と呼ばれ, 次のように定義される.

$$OSR \equiv \frac{f_s}{2B} \tag{2.7}$$

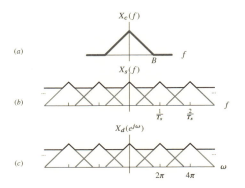

図 2.2 (a) $x(t)$, (b) $x_s(t)$, (c) $x[n]$ のフーリエ変換

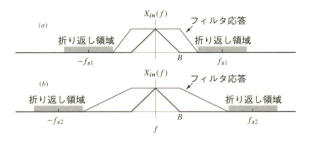

図2.3 2つのサンプリングレートにおける，折り返し除去フィルタの応答特性に対する制約

図2.3は，折り返し除去フィルタ（anti-alias filter）に関し，より大きな OSR を使用することによって得られる利点を示している．このフィルタがないと，周波数範囲 $[f_s - B, f_s + B]$ の信号は，サンプリング後に所望の信号帯域 $|\omega| < 2\pi(B/f_s)$ に折り返される．したがって，このフィルタは折り返し周波数領域のすべての信号を減衰させる必要がある．フィルタの振幅応答は，$|f| < B$ の場合は1，$|f - f_s| < B$ の場合は0としなければならない．OSR を増大させることによって，フィルタの遷移帯域がより広くなり，これによりフィルタ特性が緩和されることが分かる．非常に高い OSR では，折り返し除去フィルタ処理を行うことは簡単である．

本書の残りの部分で説明するように，折り返し除去フィルタ特性の緩和とは別に，高い OSR は帯域内量子化雑音の低減に重要な役割を果たす．図2.1に示すように，折り返し除去フィルタおよびサンプリングに続く操作は量子化である．

## 2.2 量子化

量子化は，非線形の記憶機能を持たない操作で，図2.4(a)にその記号を示す．本書における表記法では，量子化器の入力を $y$，出力を $v$ で表す[1]．伝達曲線は通常一様な階段特性であるため，隣接する2つの出力レベルは一定の間隔 $\Delta$ だけ異なる．この階段はある範囲の入力で傾き $k$ の直線[2]をまたぎその後飽和する．

実際には，量子化器はバイポーラ入力型として実装され，伝達曲線は $y$ の奇関数となる．図2.4(b)と(c)に示すように，$M$ で示されるステップ数に応じて，2種類の伝達曲線が可能である．1つ目は，$y = 0$ が $v$ のステップ（立ち上がり）

---

[1] $y$ が量子化器の入力で，$v$ が量子化器の出力とする簡略表記法は，量子化器が情報を損失させるものと考えると，文字 $y$ から下の部分を取り除くと $v$ と描けるというところからきている．
[2] 数学的な取り扱いが容易なことから通常 $k = 1$ とする．

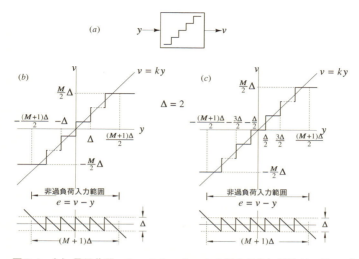

図2-4 (a) 量子化器, $\Delta = 2$ かつ $k = 1$ の場合の (b) 対称$M$ステップミッドライズ型量子化器の伝達特性および誤差関数, (c) 対称$M$ステップミッドトレッド型量子化器の伝達特性および誤差関数

と一致する場合, これをミッドライズ型と呼ぶ. 2番目のケースでは, $y = 0$ が曲線の平坦部分 (トレッド) の中央で発生するため, この量子化器をミッドトレッド量子化器と呼ぶ. 特に断りのない限り, 本書で取り扱う量子化器は, $\Delta = 2$ の対称バイポーラ量子化器とする. $\Delta$に対するこの共通の値は, 2種類の量子化器の量子化レベルをいずれも整数にし, ミッドライズ型では奇数, ミッドトレッド型では偶数となる. 差分 $e = v - y$ は, 量子化誤差, または (完全には正しくないが) 量子化雑音と呼ばれる. 入力に対する誤差に関する伝達曲線を図2.4(b)(c)に示す. 図から, $y$ が $-(M+1)$ と $(M+1)$ の間にある限り, 誤差 $e$ は $-1$ と $1$ の間にあることが分かる. この条件が満たされる $y$ の範囲を非過負荷入力範囲, または単に入力範囲と呼ぶ. また, 最低と最高レベルの差を量子化器のフルスケール ($FS$で表す) と呼ぶ. 図2-4(b), (c)に示した量子化器の特性の要約を表2-1に示す.

理想的な量子化器は, 決定論的な入出力特性を持っていて, $v$ と誤差 $e$ は, 入力 $y$ によって完全に決定される. しかし, 図2.4に示すように, $e$ は $y$ の「複雑な」関数である. 量子化器の強い非線形性に関連する難しさは, 技術者に量子化誤差の性質に関していくつかの仮定を立てるように促している. おおまかに言って, これらの仮定は, $y$ が量子化器の入力範囲内にあり, サンプルごとに十分に大きく変化して量子化間隔内のその位置が基本的にランダムになるとき許容され

表 2-1　図 2.4(b) および (c) に示した対称型量子化器の特性 （Δ ＝ 2 の場合）

| パラメータ | 値 |
|---|---|
| 入力ステップサイズ(LSBサイズ) | 2 |
| ステップ数 | $M$ |
| レベル数 | $M + 1$ |
| ビット数 | $\lceil \log_2(M + 1) \rceil$ |
| 非飽和入力範囲 | $[-(M + 1), (M + 1)]$ |
| フルスケール | $2M$ |
| 入力閾値 | $0, \pm 2, \cdots, \pm(M - 1)$, $M$ 奇数（ミッドライズ）<br>$\pm 1, \pm 3, \cdots, \pm(M - 1)$, $M$ 偶数（ミッドトレッド） |
| 出力レベル | $\pm 1, \pm 3, \cdots, \pm M$, $M$ 奇数（ミッドライズ）<br>$0, \pm 2, \pm 4, \cdots, \pm M$, $M$ 偶数（ミッドトレッド） |

る（そのような信号はビジー信号（busy signal）とも呼ばれる）．量子化に関する詳細な（そしてより適切な）議論，量子化誤差の性質に対する様々な近似，およびそれらの背後にある仮定は[2]に示されている．簡約化した過程は次の通りである．

1．$e$ は加法的な「雑音」列と仮定する．

2．$e$ は，$y$ と独立と仮定する．

3．$e$ は，$[-1, 1]$ に一様分布していると仮定する．

4．$e$ について 3 つの若干疑わしい仮定をしたので，$e$ が白色系列であるという仮定をしても許容されるだろう．

上の仮定のいずれもが正しいと保証されていなくても，これらの仮定により解析をより進められることは驚きに値する．まず，上記の仮定 3 を使用して $e$ の平均と分散を計算しよう．

$$\overline{e} = \frac{1}{2} \int_{-1}^{1} e \, de = 0 \tag{2.8}$$

$$\overline{e^2} = \frac{1}{2} \int_{-1}^{1} e^2 \, de = \frac{1}{3} \tag{2.9}$$

仮定 4 から図 2.5 の周波数領域における関係が示される．入力はナイキストレートでサンプリングされ，$y[n]$ のスペクトルは $[-\pi, \pi]$ に広がる．量子化後，$y$ は $e$ によって汚染され，その（両側）スペクトル密度は平坦で $\Delta^2/(24\pi)$ に等しい．

まとめると，量子化器の入力と出力の関係は，

$$v = y + e \tag{2.10}$$

と表される．ここで，$y$ がビジーの場合，$e$ は一様分布の確率変数とみなせる．

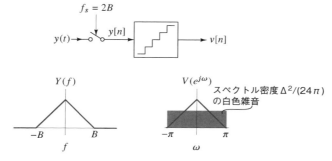

図 2.5 加法的量子化雑音を仮定したスペクトル図. $y(t)$ はナイキストレート（$OSR = 1$）でサンプリングしている

フルレンジの正弦波で駆動される $N$ ビット（$2^N$ レベル）量子化器出力の SNR はどうなるであろうか．このような正弦波のピーク・トゥ・ピーク振幅は $2^N \Delta$ であり，これより信号電力は $2^{2N-3} \Delta^2$ となる．量子化による二乗平均雑音は $\Delta^2/12$（誤差が一様に分布していると仮定した場合）である．したがって，最大 SQNR（dB 単位）は $10 \log(2^{2N}(12/8)) = 6.02N + 1.72 \,\mathrm{dB}$ で与えられる．

（2.10）は常に成立するが，一様分布や白色スペクトルなどの特定の特性を $e$ に仮定した場合にのみ伝達特性の近似になることに注意が必要である．繰り返すが，このような近似は上に述べた条件下でのみ正しい．

これらの条件が満たされていない入力，すなわち近似が著しく誤った結果を与えるような入力を考えることは簡単である．一定の $y$ や $f_s$ と整数比関係にある周波数を持つ周期的な $y$ は，すぐに思い浮かぶ例である．

これらの点を図示するために，サンプリングされた後 $\Delta = 2$ の 16 ステップ対称バイポーラ量子化器によって量子化されたフルスケールの正弦波を図 2-6 に示す．$f_s$ と比較して入力の周波数 $f$ は適度に低く，$f_s$ との単純な整数比関係がない．その結果，ピーク付近の入力に対する誤差列を注意深く観察すると隣接したサンプル間に多少相関性があることに気付くが，図 2-6(b) にプロットされた量子化誤差列はかなりランダムに見える．この例における誤差の 2 乗平均値は 0.30 であり，これは予想値 $\Delta^2/12 = 1/3$ に近い．

$v$ の高速フーリエ変換（FFT）を図 2-7 にプロットする．スペクトルは，入力正弦波を表す 1 つのピークに加え，量子化誤差の周波数成分を表す全周波数軸上に分布した小さなピークよりなる．これらの結果から判断して，白色雑音近似はこの場合には適当であると考えられる．

次に，図 2.8 に示される周波数 $f = f_s/8$ のフルスケールの正弦波が，同じ 16 ステップの量子化器によって量子化される場合，何が起こるか考える．図の下部

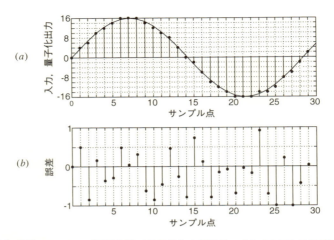

図 2.6　(a) 対称 16 ステップ量子化器で量子化した正弦波，(b) (a)における量子化誤差列

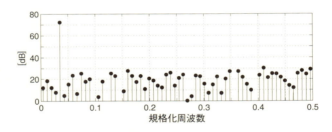

図 2.7　図 2.6 の量子化された正弦波の 256 点 FFT

(b)に示される量子化誤差列は周期的であり，また，サンプル値はわずか 3 つの値しかとらず，その分布は一様分布からかけ離れたものとなっている．この誤差列の 2 乗平均値は 0.23 で，これは予想される値の約 70% でしかない．図 2.9 に示される FFT スペクトルには 2 つのピークしか存在せず，我々の通常の仮定とはまったく異なっているのである！　量子化雑音エネルギーは，第 1 のトーン $f_s/8$（信号自身）および第 2 のトーン $3f_s/8$（信号の第 3 高調波）に集中している．

### 2.2.1　量子化器のモデル化

図 2.10 に示すように，量子化器の伝達曲線は傾き $k = 1$ の直線と交差する．したがって，量子化器（過負荷状態でなく，$y$ がビジーで $e$ が一様分布であると仮定する）を，利得 $k$ が 1 で，入力が量子化雑音によって汚染されるシステムと

2章 サンプリング，オーバーサンプリング，ノイズシェイピング　　39

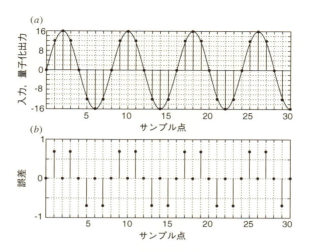

図 2.8 (a) 16 ステップ対称量子化器で量子化した $f = f_s/8$ の正弦波，(b) (a) の量子化誤差列

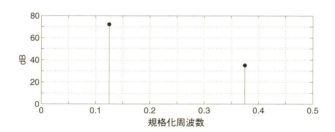

図 2.9 図 2.8 の量子化された正弦波の 256 点 FFT

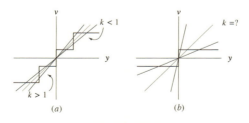

図 2.10 (a) 多くの直線が量子化器の特性に「フィット」している (b) 2 レベル量子化器に最適な直線はどれか？

してモデル化した．ここで，$k = 1$ とするのは自然の流れのようである．しかし，これは適切であろうか？　なぜなら，図 2.10(a) に示すように，量子化特性の「内側」に多数の直線を引くことができるのである．

この疑問は，量子化ステップの数が減るにつれてさらに問題となる．図 2.10(b) に示すように，2 レベルの量子化器では任意の数の「最適な」線を引くことができる．最大過負荷範囲は異なるが，図中の 3 本の線はすべて同じ最大誤差 $\Delta/2$ となる．明らかに，利得を決定するためのより体系的な方法が必要である．

量子化器の利得を決定する自然な方法は――量子化器の出力 $v$ と $k \cdot y$ との差の平均二乗誤差が最小となる直線の傾き $k$ は何か？――という問いに答えることである．言い換えると，我々は，

$$\sigma_e^2 = \lim_{N \to \infty} \frac{1}{N} \sum_{n=0}^{N} e^2[n] = \lim_{N \to \infty} \frac{1}{N} \sum_{n=0}^{N} (v[n] - ky[n])^2 \tag{2.11}$$

の最小化を試みる必要がある．

$k$ を決定するために，最初に内積またはスカラー積の表記法を導入する．実数列 $a$ と $b$ に対し，内積は次のように定義される．

$$\langle a, b \rangle = \lim_{N \to \infty} \left[ \frac{1}{N} \sum_{n=0}^{N} a[n]b[n] \right] = E[ab] \tag{2.12}$$

$e = v - ky$ であるので，$e$ の平均電力は

$$\begin{aligned} \sigma_e^2 &= \langle e, e \rangle \\ &= \langle v - ky, v - ky \rangle \\ &= \langle v, v \rangle - 2k \langle v, y \rangle + k^2 \langle y, y \rangle \end{aligned} \tag{2.13}$$

と書ける．

これは，

$$k = \frac{\langle v, y \rangle}{\langle y, y \rangle} \tag{2.14}$$

のとき最小化される．

図 2.11 に，2 種類の入力に対する $\Delta = 2$ のミッドトレッド量子化器の $k$ および $\sigma_e^2$ の計算結果を示す．$f/f_s = 7/256$ の正弦波を入力とした場合に生成された結果を図の (a) に示す．振幅が大きい場合（量子化器が過負荷にならない限り），利得は 1 に近づき，$\sigma_e^2 = \Delta^2/12$ になる．$A < 1$ で 0 に近づくとき，振幅が小さいとき $k$ は 1 から外れる．量子化器がミッドトレッド型であることを考えると，これはもっともな結果である．$y$ が平均値が 0 で標準偏差が $\sigma$ の白色ガウ

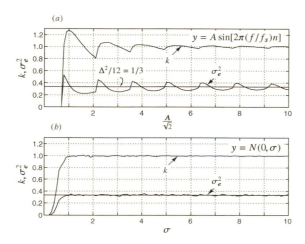

図 2.11 ミッドトレッド量子化器（$\Delta = 2$）における，入力強度に対する利得と分散の計算値：(a) 正弦波入力，(b) 分散 $\sigma^2$ のガウス雑音入力

ス分布に従う信号列の場合は，状況は少し異なる．$y$ が「ビジー」であるため，$k$ と $\sigma_e^2$ は $\sigma > 1$ においては，それぞれほぼ 1 と 1/3 になる．ガウス分布の分布は，平均値を中心に $\pm 3\sigma$ であることを考慮すると，これはもっともな結果である．したがって，$\sigma = 1$ の場合でも，$v$ は 4 レベルの信号列である．

### 2.2.2 過負荷の量子化器

入力が非常に大きく量子化器が過負荷になり始めたとき，$k$ と $\sigma_e^2$ に何が起こると予想すべきであろうか？ $y$ が入力範囲を超えると $v$ が飽和するので，$k$ は減少するはずだ．さらに，量子化器が過負荷になると，$e$ は $\Delta/2$ を超える．このため，$k$ の減少とともに $\sigma_e^2$ の増加を伴うと考えるべきであろう．

この直感は，図 2.12 に示すシミュレーション結果から確認できる．量子化器の入力範囲は $[-5\ 5]$ とする．正弦波入力の場合，$k$ と $\sigma_e^2$ は，$A/\sqrt{2} = 3.5$ から図 2.11(a) の曲線から離れ始める．ガウス入力の場合は，$\sigma \approx 3/5 = 1.67$ でこの現象が発生します．

2 レベル（バイナリ）量子化器の利得は幾らであろうか？ この場合，(2.14) は，

$$k = \frac{\langle v, y \rangle}{\langle y, y \rangle} = \frac{E[|y|]}{E[y^2]} \tag{2.15}$$

のように簡略化できる．

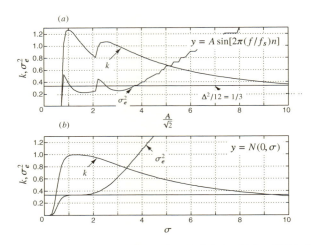

図2.12 5レベル量子化器 ($\Delta = 2$) の入力強度に対する利得と分散の計算値：(a) 正弦波入力, (b) 分散 $\sigma^2$ のガウス雑音入力

2レベル量子化器の線形モデルに対する $k$ の最適値は，明らかにその入力 $y$ の統計量に依存する．これが正しいかチェックするため，(2.15) に従って入力に関連する利得 $k$ を決めてみよう．入力が $\hat{y} = 10y$ に変更された場合，$E[|\hat{y}|] = 10E[|y|]$ となる．したがって，$E[|\hat{y}^2|] = 100E[|y^2|]$ であるので，$\hat{k} = k/10$ となる．$y$ が10倍になっても $v$ は変わらないので，これは物理的に理にかなっている．

2レベル量子化器を含むシステムの，2レベル量子化器をその線形モデルで置き換えた場合，量子化器の利得 $k$ の推定値は広範囲の数値シミュレーションから求めなくてはならない．そうしない場合，誤った結果が線形モデルから得られる可能性がある．

### 2.2.3 2入力の量子化器モデル

図2.13 に示すような2つの入力 $y_1$ と $y_2$ を持つ量子化器をどのようにモデル化すべきか．単一入力の場合と同様に，

$$v = k_1 y_1 + k_2 y_2 + e \tag{2.16}$$

と書き，二乗平均の観点から，$v$ と $k_1 y_1 + k_2 y_2$ との間の誤差 $e$ を最小にする $k_1$ および $k_2$ を決定してみる．最も良く適合した $k_1$ および $k_2$（$< y_1, y_2 \geq 0$ を仮定）は，

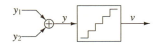

図2.13　$v$ は $y_1+y_2$ の量子化結果

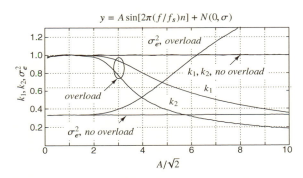

図2.14　$y = A\sin[2\pi(f/f_s)n] + N(0, 1)$ で $A$ が変化するときの量子化器（$\Delta = 2$）利得と雑音の分散の計算値．（過負荷がない場合（∞レベル）と過負荷がある場合（5レベル））

$$k_1 = \frac{\langle v, y_1 \rangle}{\langle y_1, y_1 \rangle}, \quad k_2 = \frac{\langle v, y_2 \rangle}{\langle y_2, y_2 \rangle} \tag{2.17}$$

によって与えられる．

量子化器のレベル数が非常に多く飽和せず $y$ がビジーの場合，$k_1$ と $k_2$ は両方とも等しく1に近いと予測できる．同様に，二乗平均誤差は $\Delta^2/12$ にならなくてはならない．この見通しは，$\Delta = 2$ の量子化器に対する $k_1$，$k_2$ および $\sigma_e^2$ を示した図2.14の結果から確認することができる．入力は，

$$y = \underbrace{A\sin[2\pi(f/f_s)n]}_{y_1} + \underbrace{N(0, \sigma)}_{y_2} \tag{2.18}$$

で与えられ，ここで，$y_1$ は $f/f_s = 7/256$ の正弦波，$y_2$ は $\sigma = 1$ のガウス雑音である．図では，$A/\sqrt{2}$ は 0.1 から 10 まで掃引されている．$k_1 \approx k_2 \approx 1$，$\sigma_e^2 \approx (1/3)$（$= \Delta^2/12$）であることがわかる．

レベル数が5に減少すると，量子化器は飽和し始め，$A$ が小さいときは時折，より大きな値の $A$ に対してますます頻繁に飽和する．これにより，$k_1$ と $k_2$ が減少し，$\sigma_e^2$ が増加する．これが起こり始める $A$ の推定値は $5 - 3\sigma = 2$ である．興味深いことに，量子化器が過負荷になると，$k_1$ と $k_2$ は等しくないことが見て取れる．また，$k_1 > k_2$ であることもわかる．これはどういうことであろうか．

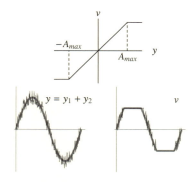

図 2.15　正弦波と雑音が飽和非線形性を通過した場合．
正弦波の実効利得は雑音の利得よりも高くなる

図 2.15 に示したように，正弦波（$y_1 = A\sin(2\pi(f/f_s)n)$）と雑音（$y_2 = N(0, 1)$）の和が飽和による非線形性を引き起こしていることを考えよう．$A > A_{max} \gg 1$ なので，出力は正弦波の周期の一部で飽和する．この期間，雑音 $y_2$ に対する「増分利得」はゼロである．したがって，$y_2$ の平均利得は 1 よりも小さくなければならない．

飽和時の出力は飽和していない場合の出力よりも小さいため，$y_1$ の平均利得も 1 より小さくなる．ただし，完全に抑圧されている $y_2$ とは対照的に，$y_1$ のごく一部だけが飽和により「消失」している．したがって，正弦波に対する実効利得 $k_1$ は 1 より小さくなるが，雑音に対する利得 $k_2$ より大きくなる[3]．

## 2.3　オーバーサンプリングによる量子化雑音の低減

量子化器の出力は符号化後，処理のために DSP で使用されるデジタル信号となる．そして，DSP は（$e$ の範囲内で）$y$ の近似表現としてこれを使用する．言い換えると，DSP の $y[n]$ の推定値 $\hat{y}[n]$ は $v[n]$ である．したがって，前の節で見たように，推定値 $\hat{y}[n]$ と $y[n]$ 間の誤差の二乗平均値は $\Delta^2/12$ となる．

ここで，図 2.16 に示すように，$v[n]$ はゆっくり変化する信号列 $y[n]$ を量

---

[3] 2 つの信号が非線形デバイスを通過するときに，一方の信号の利得が他方の信号の影響を受けるというこの現象は，よく知られていないというわけではない．これは，非常に大きな不要な干渉信号が存在する場合，所望信号に対する増幅器の利得が低下される，RF アンプでの感度抑圧と似ている．干渉波が周期信号に飽和特性を持った増幅器をその伝達曲線の低利得領域に駆動するために発生し，その結果，所望信号の平均利得が小さくなる．

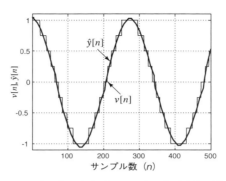

図 2.16　量子化器出力列からの量子化器入力の推定

子化した結果であると仮定する．これは，大きなオーバーサンプリング比 ($OSR \gg 1$) でのサンプリングに相当する．$\Delta^2/12$ より小さい二乗平均誤差で $v$ から $y$ を推定できるだろうか．言い換えれば，私たちは $y$ が何であるかについてより良い推測をすることができるだろうか．これは実際に可能なはずである——直感的な見通しは次のようになる．

入力はオーバーサンプリングされているため，連続するサンプル間の差は小さいはずである．一方，$v$ はステップジャンプ特性を示し，これは $y$ が量子化器の閾値を超えるときに生じなくてはならない．これより，図 2.16 の黒太線で示すように，$v$ の出力列を「平滑化」することにより，より良い推定値 $\hat{y}$ を得ることができる．数学的には，これはデジタル列 $v$ をフィルタ処理することと同じである．

図 2.16 と図 2.17(b) の数値実験の結果はこの考え方を示している．低周波の正弦波 $y$ はステップサイズ $\Delta = 0.25$ で量子化され，$v$ となる．$v$ と $y$ との二乗平均の差は $4 \times 10^{-3}$ で，$\Delta^2/12$ ($=5.2 \times 10^{-3}$) に近い．$v$ から $y$ を推定するには，$v$ をカットオフ周波数 $\pi/5$ のシャープなデジタルローパスフィルタでフィルタ処理する．図 2.17(b) に示すように，フィルタ処理された出力 $\hat{y}$ と $y$ を比較すると，誤差 $\hat{y} - y$ は大幅に減少する．$(\hat{y} - y)^2$ は $7 \times 10^{-5}$ で，フィルタ処理なしの場合の約 5.5 分の 1 である．これは理にかなっている——量子化雑音が白色の場合，デジタルフィルタは量子化雑音の 20% を通過させことになる．実際には，「白色」の仮定はそれほどは成り立たず，平均二乗誤差は多少低くなる．

図 2.18 に，オーバーサンプリングを利用して量子化雑音を低減するシステムのスペクトル図を示す．$y$ のスペクトルは $[-\pi/OSR, \pi/OSR]$ を占有し，量子化雑音は $[-\pi, \pi]$ の範囲に広がり，（両側）スペクトル密度は $\Delta^2/(24\pi)$ と

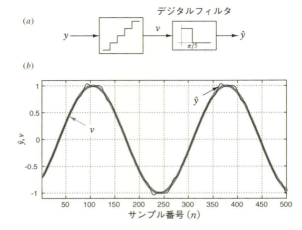

図 2.17 (a) $v$ をデジタルフィルタリングすることによる
改善された $y$ の推定値 (b) $y$ と $\hat{y}$ の比較

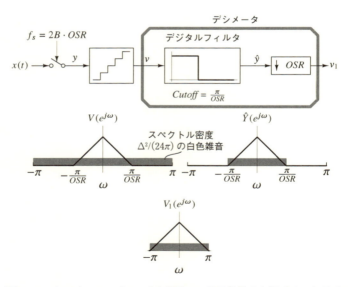

図 2.18 オーバーサンプリングを使用して量子化雑音を低減する信号系
のブロック図と，$v$, $\hat{y}$ のスペクトル

なる．デジタルフィルタは信号帯域外の雑音を除去し，これれにより $\hat{y}$ の量子化雑音の電力を $OSR$ 分の 1 に減少させる．

それだけではない．$\hat{y}$ は $[-\pi/OSR,\ \pi/OSR]$ の範囲を占めているので，$OSR$ 分の 1 にダウンサンプリングすることができ，その結果 $v_1$ の出力列はナイキストレートになる．デジタルフィルタとダウンサンプラの組み合わせは，デシメーションフィルタと呼ばれる．ただし，ナイキストサンプリングで同じ量子化器を使用する場合と比較すると，オーバーサンプリングを用いた ADC は，量子化雑音を低減する．

上記の説明をまとめると，帯域制限された信号を単純にオーバーサンプリングし，これを量子化し，カットオフ周波数 $OSR$ の理想的なローパスフィルタでデジタル出力列をフィルタ処理することによって，帯域内量子化雑音電力を $OSR$ 分の 1 に低減することができるということである．ピーク SQNR が $10\log_{10}(OSR)$ dB 増加したため，実質的な効果として，量子化器の分解能が向上したように見える．

したがって，$OSR$ を 2 倍にすると，量子化器の分解能が 3 dB（または半ビット）改善される．ただし，解像度を上げるためのコストとして，デシメーションフィルタという形での高速デジタル処理が必要となることに留意する必要がある．

この方法で味を占めたので——$OSR$ を 2 倍にする度に半ビットよりも少しでも分解能を良くすることができないか？——という色気を出すのは自然だろう．それは我々ができることであり，インスピレーションを涌かせる我々の親友たる負帰還に目を向けよう．

## 2.4 ノイズシェイピング

図 2.19 に示した増幅器を用いた負帰還回路について考えよう．増幅器の雑音 $e$ について考える．図の考察から，

$$v = \left(\frac{A}{1+A}\right)u + \left(\frac{1}{1+A}\right)e \tag{2.19}$$

を得る．増幅器の利得が増加すると，$v$ は $u$ に漸近していき，$e$ から $v$ への伝達関数は減衰することがわかる．$A \to \infty$ の極限をとると，$v = u$ となり $e$ は出力に影響を与えない．

ここで，$e$ を量子化雑音と仮定したらどうなるであろうか．別の言い方をすると，増幅器は雑音を発生させない場合，図 2.20 に示したように $e$ を量子化雑音に置き換えたとする．量子化器を負帰還ループ内に入れ，$A$ を十分に大きくする

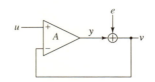

図 2.19　基本的な負帰還増幅器

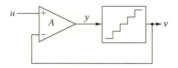

図 2.20　$e$ と量子化誤差の関連

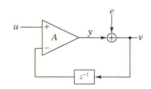

図 2.21　物理的に実現可能な離散時間フィードバックループは少なくとも 1 サンプル遅延を持つ必要がある．$e$ は量子化誤差

ことで，量子化雑音を完全に抑圧できるだろうか？　大きい $A$ を実現するのは簡単に思われる——アナログ回路設計者のように，我々は高利得アンプの設計に精通している．量子化雑音の除去はそんなに簡単だろうか？

　残念ながら，本当とは思えないほどうまい話は，通常真実としてはあまりにもうますぎるものであり，図 2.20 のシステムもその例外ではない．その理由を見るため，実際の量子化器を考えてみよう．そのような物理的に実現可能な装置はどれも動作するのに有限の時間がかかるであろう——言い換えれば，量子化された出力は量子化器が入力を「見た」後，少しの時間をおいてから利用可能になるだろう．これは言い換えれば，増幅器は次のサンプルにおいてのみ量子化器出力を使用することができる（そして，$u$ と $v$ の間の誤差を減少させるように増幅器自身の出力を調整する）．したがって，数学的には，図 2.21 に示すように，増幅器出力に 1 サンプルの遅延を挿入する必要がある．これは，次のサイクルでのみ量子化器の出力が回路の他の部分から「見える」ためである．この概念は，私たちにまったくなじみがないわけではない——「無遅延ループ」が存在できないという事実は，デジタルステートマシン設計では一般的な考え方である．

$z$ 領域で図 2.21 を解析すると，

$$V(z) = (U(z) - z^{-1}V(z))A + E(z)$$

が得られる．これは，次のように簡単化できる．

$$V(z) = \underbrace{\left(\frac{A}{1+Az^{-1}}\right)}_{\text{信号伝達関数(STF)}} U(z) + \underbrace{\left(\frac{1}{1+Az^{-1}}\right)}_{\text{雑音伝達関数(NTF)}} E(z) \quad (2.20)$$

これから起こることを見越して，$u$ から $v$ への伝達関数を信号伝達関数（STF）と呼び，$e$ から $v$ への伝達関数を雑音伝達関数（NTF）と呼ぶ．$A \to \infty$ とすると，STF は 1 に近づくが，NTF はゼロになる．通常の単一システムに関連する伝達関数の場合のように，STF と NTF は同じ分母を持ち，これはシステムの特性多項式である．分母多項式の根を求めることによって得られる系の極の位置は，$z = -A$ で与えられる．

離散時間システムを安定させるためには，そのすべての極が単位円内になければならない．私たちのシステムで，安定性を保証する唯一の方法は，図 2.22 に示すように $|A| < 1$ とすることである．

私たちは catch-22（絶体絶命）の状況——NTF の大きさが小さくなるように $|A| \gg 1$ が必要な状況——にある．もしこのようにすると，極が単位円の外側になり，システムは不安定になる．ループを安定化させようとすると，雑音抑圧特性が失われる．

上記の議論から，すべての周波数で $A$ を大きくすることはうまくいかないことは明らかである——量子化雑音を完全に除去しようとすることはやり過ぎのように思われる．我々がこれまで利用していない特性として，入力列 $u$ のスペクトルはオーバーサンプリングしているため低周波数に限定されていることがある．そ

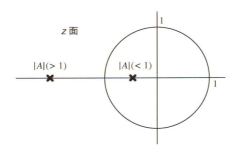

図 2.22　小さい $A$ および大きい $A$ に対する図 2.21 のシステムの極の位置

こで，すべての周波数で量子化ノイズを抑圧しようとするのではなく，信号帯域幅 $[0, \pi/OSR]$ のみの抑圧で十分とする場合はどうであろうか．等価的には，すべての周波数で$A$を高くするのではなく，低い周波数でのみ$A$を高くするのはどうか．これは，周波数に依存しない利得$A$を，周波数に依存した利得を持つブロックで置き換えることを要請する．NTF の大きさが低周波数で小さくなる必要があるため，この利得は低周波数では無限大でなければならない．これらの特性を持つ最低次数のシステムは積分器である．

この結果得られるシステムを図 2.23 に示す．(2.20) で $A = 1/(1-z^{-1})$ を使うと，

$$V(z) = \underbrace{1}_{STF} U(z) + \underbrace{(1-z^{-1})}_{NTF} E(z) \qquad (2.21)$$

STF は 1 となる．NTF は $(1-z^{-1})$ であり，伝達零点が dc ($\omega = 0$ もしくは $z = 1$) にある 1 次のハイパス応答となる．「前置増幅器」の利得が dc で無限大なので，これは納得のいく結果である．

図 2.24 に，線形および対数目盛での NTF の振幅応答を示す．図の(a)部分の網掛け部分は，雑音の帯域内成分を表しており，dc から $\omega = \pi/OSR$ まで分布している．対数プロットは，20 dB/decade で増加する 1 次ハイパス応答特性

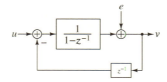

図 2.23　出力量子化雑音が低周波数で抑圧される負帰還システム

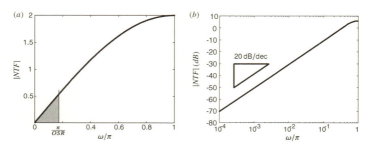

図 2.24　1 次ノイズシェイピング量子化器の NTF の大きさ　(a) 線形上スケール，(b) 対数スケール

の証拠を示している.

帯域内量子化雑音の分散を求めよう.

$$IBN = \frac{\Delta^2}{24\pi}\int_{-\frac{\pi}{OSR}}^{\frac{\pi}{OSR}}|(1-e^{-j\omega})|^2\,d\omega = \frac{\Delta^2}{12\pi}\int_0^{\frac{\pi}{OSR}}4\sin^2\left(\frac{\omega}{2}\right)d\omega$$

$$\approx \frac{\Delta^2}{12\pi}\int_0^{\frac{\pi}{OSR}}\omega^2\,d\omega = \frac{\Delta^2}{36\pi}\frac{\pi^3}{OSR^3}$$

これより,帯域内雑音電力は $OSR^{-3}$ に比例することがわかる.$OSR$ を 2 倍にすると,帯域内雑音電力が 9 dB 減少する.これは,実質的に 1.5 ビットの分解能が向上したことに相当する.単にオーバーサンプリング(ただしノイズシェイピングなし)した場合,$OSR$ が 2 倍になったとき分解能は 0.5 ビットしか向上しない.いずれの場合も,原則として十分高い値の $OSR$ を用いることによって任意の高い精度を達成できるが,オーバーサンプリングとノイズシェイピングと組み合わせると,必要な $OSR$ 値は,はるかに低くてすむ.スペクトル的には,量子化雑音はハイパスフィルタ処理される,もしくは,信号帯域外に「シェイプ(形成)」されている.これは 1 次の $\Delta\Sigma$ 変換器としても知られる 1 次ノイズシェイプ変換器である.本書では,私達はまた親しみを込め(言い換えて)このシステムを MOD1 と呼ぶ.

図 2.26 に 1 次 $\Delta\Sigma$ 変換器のシステムブロック図を示す.それは「アナログ」

## $\Sigma\Delta$ それとも $\Delta\Sigma$?

設計界における(ホッとできる)話題は,用語の使い方である.これを $\Delta\Sigma$ 変調器,それとも $\Sigma\Delta$ 変調器と呼ぶべきだろうか.設計者の中には,$\Sigma\Delta$ は以下の理由で適していると主張する人もいる.図 2.25(a) から,$\Delta$ 演算が最初に発生し,次に $\Sigma$ が発生することが分かる.科学と工学では,複合操作は個々の操作の逆の順序で命名される.たとえば,波形の二乗平均平方根値(root mean-square)を求めるには,まず二乗し,その平均値を求めてから,結果の平方根を計算する.これと同様に,これは $\Sigma\Delta$ 変調器と呼ばれるべきである.$\Delta\Sigma$ の支持者は,変調器は歴史的に積分器($\Sigma$)と $\Delta$ 変調器を縦続接続することから実現されたと主張している.逆順の慣習に従って,これを $\Delta\Sigma$ 変調器と呼ぶことは理にかなっている.別の慣習は,文献で使用される最初の名前が使用されるべきものであるということであり,Inose と Yasuda[3] が名称として $\Delta\Sigma$ を選択しており,これが,我々が採用している慣習である.そのうえ,$\Delta\Sigma$ は耳に心地良い.

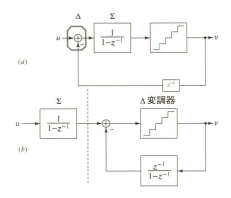

図 2.25 (a) ΣΔ 変調器と(b) ΔΣ 変調器の名称の由来

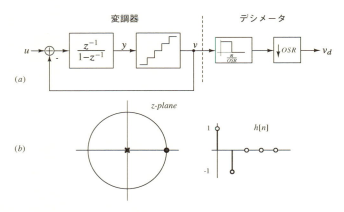

図 2.26 (a) 1 次ループを持つシグナルチェーン (b) システムの
極-零点プロットと NTF に対応するインパルス応答

部分（しばしば変調器と呼ばれる）から成り，これは積分器，量子化器および減算器を組み込んだ負帰還ループである．デシメータは，「シャープな」デジタルローパスフィルタで構成され，その出力は $OSR$ 分の 1 にダウンサンプリングされ，ナイキストレートのデジタル信号 $v_d$ を生成する．

変調器の動作を支配する式は次のとおりである．

$$\begin{aligned} y[n] &= y[n-1] + u[n-1] - v[n-1] \\ v[n] &= Q\{y[n]\} \end{aligned} \quad (2.22)$$

出力は，入力 u と量子化誤差 $e = v - y$ の和として表すことができる．したがっ

て,

$$V(z) = z^{-1}U(z) + (1 - z^{-1})E(z)$$

となる. 上記の式には近似は含まれていない. 近似は, $e[n]$ が白色過程であると仮定している点である.

- 量子化誤差は, 伝達関数 $(1 - z^{-1})$ で, 信号帯域外に「1次シェイプ」されている. この伝達関数は, dc でゼロになる.
- 白色量子化雑音を仮定すると, 帯域内雑音電力は $OSR^{-3}$ に比例する. したがって, $OSR$ を2倍にすると, 分解能が $9\,\mathrm{dB}$ 向上する. $M$ ステップ量子化器の場合, フルスケール入力に対するピーク $SQNR$ は,

$$SQNR_{peak} = \frac{9M^2 OSR^3}{2\pi^2} \tag{2.23}$$

によって与えられる. これは, 多くの設計選択肢が所望のピーク $SQNR$ を達成するために使用することができることを示している. 多値量子化器を, 低い $OSR$ でサンプリングする $\Delta\Sigma$ ループ内で使用することができる. あるいは, $OSR$ を上げることで, $M$ を低減することができる. 後者のアプローチの魅力的な点は, $M$ を減少させることにより量子化器 (およびそれに続く $\Delta\Sigma$ ループ) の複雑さを非常に単純化できるところにある.

極限では, $M = 1$ であり, その結果, 2レベルすなわち2値もしくは1ビット量子化器になる. 一見したところでは, 1ビット量子化器を使用して入力量を高精度でデジタル化できるとはほとんど信じられないでしょう. ここまで, オーバーサンプリング, 帰還, および適切なデジタル処理 (デシメーションフィルタ型) により, これがどのように実現可能であるかを見てきた. これが帰還の不思議である.

- NTF に対応するインパルス応答を $h[n]$ で表すと, $h[0] = 1$ であることがわかる. これは, 以下の理由から理解できる. $n = 0$ における $e$ インパルスよる $v$ は, $e[0] = 1$ と $y[0]$ からの2つから生成される. 前述したように, 遅延のないループを実装することはできない. これは, $n = 0$ でのループフィルタの出力 $(y)$ がゼロでなければならないことを意味し, その結果 $h[0] = 1$ になる. $z$ 変換領域では, この制約は次のように変換される.

$$NTF(z) = h[0] + h[1]z^{-1} + h[2]z^{-2} + \cdots + h[n]z^{-n} + \cdots \tag{2.24}$$

初期値の定理から $z \to \infty$ とすると,

$$NTF(\infty) = h[0] = 1$$

となる．これ（またはこれに相当する時間領域表現）は，実現可能な $\Delta\Sigma$ ループに適用される基本的な制約である．dc にゼロがある任意の NTF に対しては，$NTF(1) = 0$ であることを考慮し，$z = 1$ として（2.24）を評価すると，$\sum_{n=0}^{\infty} h[n] = 0$ であることが分かる．

- 帯域内雑音が減少する一方，$v$ における総量子化雑音電力は量子化器によって生じた（$\Delta^2/12$）よりも大きい．パーシバル（Parseval）の定理を使用すると，全量子化雑音電力（つまり，$[0, \pi]$ 全体帯域）の計算が簡単になり，

$$\frac{\Delta^2}{12\pi}\int_0^\pi |NTF(e^{j\omega})|^2\, d\omega = \frac{\Delta^2}{12}\sum_{n=0}^{\infty} h^2[n] = 2\frac{\Delta^2}{12} \tag{2.25}$$

（訳者注：$NTF = (1 - z^{-1})$ より $h = \{1,\ -1\}$．これより $\sum_{n=0}^{1} h^2[n] = 2$）

を得る．

オーバーサンプリング変換器（ノイズシェイピングなし）の出力列を 1 次 $\Delta\Sigma$

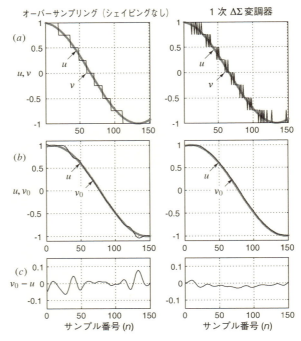

図 2.27 (a) $u$ と $v$，(b) $u$ と $v$ をデジタルローパスフィルタでフィルタ処理した後の信号，(c) 入力とフィルタ処理された出力の間の誤差

変調器の出力列と比較することは有益である．図2.27(a)は両方の場合の量子化器の出力を示している．$\Delta\Sigma$ 変調器の出力は，レベル間の遷移がより多くなっているように見える．これは，高周波での量子化雑音の利得（$\omega = \pi$）が2であるためで，（単純なオーバーサンプリングでの1である場合とは対照的である）．図の(b)は出力列をデジタルでフィルタ処理した後の波形を示している．図2.27(c)からわかるように，ノイズシェイピングによって量子化誤差が大幅に抑制されていることは明らかである．

## ADC，DAC，量子化器

図2.1では，ADC が概念的に入力をサンプリングし，量子化して量子化出力の各レベルにデジタルコードを割り当てていることがわかる．このADC のブロック図は解析には便利だが，実際の ADC はこのようには実装されていない．もっと正確に言えば，特定の ADC アーキテクチャに依存し，量子化と符号化が混在している．言い換えると，入力のサンプリングされた信号および量子化された（図2.1の $x_q[n]$）信号はそのまま現れない．場合によっては，入力も量子化される前に明示的にはサンプリングされていない．理論的には，サンプリングと量子化の順序を入れ替えても ADC 出力には影響がないため，これは理解できる．また，入力には次元（通常は電圧または電流）があり，出力には次元がない．

これと反対に，DAC はデジタル信号列に応じて連続時間波形を生成する．入力は無次元であるが，出力の次元は，物理量（例えば，電圧，電流，または電荷）に対応する．

図2.26のような量子化器は，入力と出力が次元を持った量であるデバイスである．そうすると，図2.26の量子化器をどうやって実現するだろうか．これを行う一般的な方法を図2.28(a)に示す．ここでは ADC とDAC が直列接続されている．得られた1次 $\Delta\Sigma$ 変調器を図2.28(b)に示す．ADC の出力はデジタル符号で，デシメーションフィルタで処理され，一方，DAC 出力は $u$ から減算され，積分器によって処理される．

### 2.4.1 積分器の有限 dc 利得の影響

理想的には，$\Delta\Sigma$ ループ内の積分器の dc 利得（ゲイン）は無限大でなければならない．しかしながら，回路の非理想性から，我々は $A$ によって示される大きな（しかし無限ではない）dc 利得を保証できるだけである．図2.26において，実際の積分器の伝達関数は，

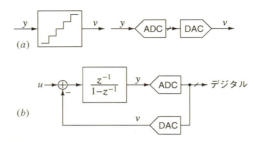

図 2.28 (a) ADC-DAC 直列接続による量子化器の実用的な実現法 (b) 実際の 1 次変調器

$$L_0(z) = \frac{pz^{-1}}{1-pz^{-1}} \tag{2.26}$$

に修正される[4]．ここで，$p = A/(1+A)$ である．したがって，NTF は，

$$NTF(z) = 1 - pz^{-1} \tag{2.27}$$

となる．この式から，単位円の内側で NTF の零点が $z=1$ から $z=p$ に移動することは明らかである．したがって，dc での NTF の利得は，理想値の零点から $(1-p) = 1/(A+1)$ に変わり，変調器は dc 信号に対して無限精度を実現する能力を失う．ビジーな入力信号の場合，低周波数での雑音ノッチの「埋まり」により生じる追加される雑音電力は，対象の帯域にわたって $|NTF(e^{j\omega})|^2 \approx A^{-2} + \omega^2$ を積分し，その結果を $A = \infty$ の場合と比較することによって評価できる．$A > OSR$ の場合，雑音の増加は 1.2 dB 未満であり，この影響はほとんど問題ではない．この議論は，高いオペアンプ利得が重要な要件ではないことを示唆しているが，読者は上記の議論が線形なオペアンプ利得を仮定し，不感帯の現象を無視しているということを知っておく必要がある．利得が多分に非線形である場合，低いオペアンプ利得は問題になる可能性がある．また，有限利得の影響は，第 5 章で説明するカスケード（MASH）アーキテクチャにも深刻な影響を及ぼす．

### 2.4.2 量子化器の非線形性の影響

図 2.29 に示すように，実用的な量子化器は ADC と DAC の直列接続として実現される．これらの構成ブロックの非理想性は，量子化器および MOD1 自体にどのように影響するのだろうか．

---
[4] この特別な形式の積分器の伝達関数は，$(1-pz^{-1})$ という形の「きれいな」な形の NTF を持つように選んでいる．

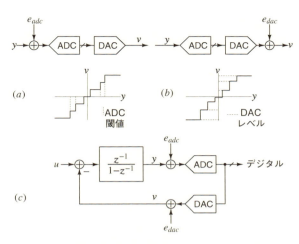

図 2.29 (a) ADC の非理想性（しきい値シフト）は，$e_{adc}$ を加算することでモデル化できる (b) DAC の不均等なレベルは，その出力での誤差 $e_{dac}$ としてモデル化できる. (c) MOD1 の ADC および DAC 誤差のモデル

理想的な ADC は，等間隔のしきい値を持つべきである．しかし実際には，これらは理想的な値からずれているため，トレッドの幅が変わる．図 2.29(a) に示すように，この非理想性は ADC の入力における誤差信号 $e_{adc}$ としてモデル化することができる．

DAC のすべての出力ステップは理想的には等しくなければならない．実際には，DAC で使用される部品のばらつきにより，このようにならない．この非理想性は，図 2.29(b) に示すように，ADC と同様に DAC 出力に誤差信号 $e_{dac}$ を加算する形でモデル化される．

これらの誤差を含む MOD1 のモデルを図 2.29(c) に示す．図から，$e_{adc}$ は問題の原因にならないことは明らかである．結局のところ，$e_{adc}$ は ADC で生じる量子化誤差に加算され，量子化誤差と同じように負帰還ループによってシェイピングされる．

しかし，$e_{dac}$ は入力 $u$ と区別できず，帯域内 SQNR が低下するため，問題となる．これは，負帰還システムの伝達関数は主に帰還経路の素子によって決まるという一般常識（ループ利得が大きい場合）と一致している．ΔΣ では，$e_{adc}$ はノイズシェイピングされるが，$e_{dac}$ はされない．

### 2.4.3　1ビット1次 ΔΣ 変調器

1ビット変調器の場合，ADC スレッショルドエラー（$e_{off1}$）は dc オフセッ

トと同じである．理想的には ±1 と想定される DAC レベルは，$-(1 + \epsilon_1)$ および $(1 + \epsilon_2)$ となる．これより得られた量子化特性を図 2.30(a) に示す．したがって，$v$ は $y$ により次のように関連付けられる．

$$v = \hat{k}\left[sign(y - e_{off1})\right] + e_{off2} \tag{2.28}$$

ここで，

$$\hat{k} = 1 + \frac{\epsilon_1 + \epsilon_2}{2} \tag{2.29}$$

$$e_{off2} = \frac{\epsilon_2 - \epsilon_1}{2} \tag{2.30}$$

である．

得られた MOD1 モデルを図 2.30(b) に示す．$e_{off1}$ はそれほど重要ではなく，入力に換算にするとゼロに減少する（積分器の無限 dc 利得による）．

$e_{off2}$ は，$u$ に追加され，入力のオフセットとして現れる．$|\epsilon_1, \epsilon_2| \ll 1$ であるので，$\hat{k}$ は 1 に近く，STF の帯域内利得を $1/\hat{k}$ に変化させる．

上記の議論から，1 ビット $\Delta\Sigma$ における構成要素のばらつきは，オフセットと利得誤差を生じさせるが，どちらも（2 レベル以上の場合とは異なり）無害である．これは，2 レベルの量子化器を用いることが支持される大きな動機付けの要因となっている．また，この特性は非常に特殊で，固有の線形性（inherent linearity）という用語はそれを説明するために作られた．他の利点もある．$v = sign(y)$ なので，積分器の出力をスケーリングしても $v$ には影響しない．しかしながら欠点は，2 レベルの量子化で所望の帯域内 SQNR を達成するために

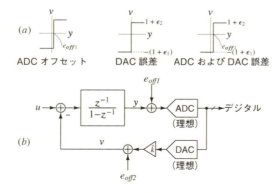

図 2.30 (a) 2 レベル変調器における ADC および DAC の非理想性による量子化特性 (b) 実際の非理想性を含む MOD1

は，2レベル以上の量子化を用いる場合よりも，より高い OSR が必要とされることである．通常これは，狭い信号帯域幅では問題にならない．1ビット量子化器を使用して設計する際に，留意する必要があるトレードオフの詳細な説明は，第4章で行う．

## 2.5  1次 ΔΣ 変調器の非線形性

これまで，1次 ΔΣ ループの線形性について直感的に説明してきた．しかし，実際には，量子化雑音モデルはそれほど正確ではないため，線形解析で予想される動作からの逸脱を見ても驚かないはずだ．これらの奇妙な特性のいくつかを次に議論する．MOD1 の真の振る舞いは，差分方程式（2.22）の時間領域シミュレーションによって容易に決定される．線形モデルは不完全であり，変調プロセスの真の非線形性を考慮したときに初めて明らかになる重要な効果を隠す可能性があるため，シミュレーションは ΔΣ 変調器設計において重要なツールである．

このような計算を実行するために必要なのは，入力信号のサンプルと積分器の初期条件だけである．出力列を計算すると，そのスペクトルは FFT を使用して見ることができる．しかし，必要とされる高い数値精度を得るには，いくつかの予防策を講じなければならない．これらについては付録Aで議論する．

MOD1 が実際に量子化雑音をシェイピングすることを実証するために，フルスケールの正弦波入力でシミュレーションした場合の，2レベル量子化器を使用した MOD1 の出力のスペクトルを図2.31 に示す．この図は，ΔΣ 変調の顕著な特徴であるノイズシェイピング特性を明確に示しており，雑音の 20 dB/decade の傾きは1次ノイズシェイピングの理論値と一致している．しかし，$OSR = 128$ に対してシミュレーションで得られた 55 dB の SQNR は，線形モデルによって予測された 60 dB の値より 5 dB 低い．以下のこの節での議

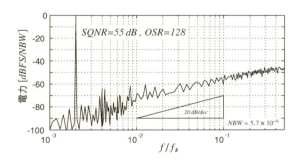

図2.31  MOD1 出力スペクトルのシミュレーション結果（フルスケールの正弦波入力時）

論では，特に明記しない限り $M=1$ とする．

図 2.32 は，2 つの異なる入力周波数に対して，入力振幅対 SQNR 特性のシミュレーション結果をプロットしたもので，これは SQNR が一致しない原因に関する手がかりを示している．この図が示すように，シミュレーションで得られた MOD1 の SQNR は，入力振幅および周波数に対して不規則な関係にある．明らかに，MOD1 の動的特性は，線形モデルから我々が連想するような単純なものではない．

さらに MOD1 に潜む複雑性を示すものとして，図 2.33 に直流入力値の関数として求めた帯域内雑音パワーを 2 つの OSR に対してプロットする．また，すべての入力値に対して平均した帯域内雑音の 2 乗平均の値も図に示した．ある入

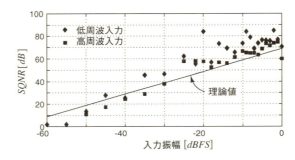

図 2.32　MOD1 の SQRN のシミュレーション結果（OSR = 256）

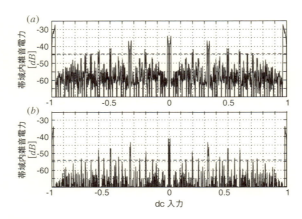

図 2.33　MOD1 の dc 入力レベル対帯域内量子化雑音電力特性　点線は，すべての入力値に渡って平均化した雑音電力を示す．(a) $OSR=32$ および (b) $OSR=64$

力値の近く特に ±1 および 0 において MOD1 の帯域内雑音が増大することを両方のプロットは示している．図 2.33 (a) を図 2.33 (b) と比較すると，OSR が増加すると，この帯域内雑音が増大した特異な領域の幅と，絶対値の高さが低下することが見てとれる．一方，平均雑音レベルと比較したこの雑音ピークの相対レベルはより高くなっている．Candy と Benjamin[4] は，中央部の雑音のピークが，高さが $-20\log(\sqrt{2}OSR)$ dB，幅が $OSR^{-1}$ であることを示した．その後，Friedman[5] は，複数のより小さなスパイク状の山を囲む，2 つの大きなピークから基本パターンが構成され，このパターンが，隣接したより小さなスパイクの対の間で再帰的に無限に繰り返されていることを示した．

上述の結果およびそれ以外の奇妙な振る舞いは，MOD1 を支配する非線形の差分方程式からの直接の帰結である．詳細な検討はこのテキストの範囲外であるが，いくつかの重要な結果を述べ，また，その原因になっているメカニズムを指摘しておくことは可能である．

## 2.6　直流入力時の 1 次 $\Delta\Sigma$ 変調器

これまでに述べたように，線形モデルは量子化器の入力 $y$ が特定の条件（大きくかつ速い不規則変動）の下でのみ有効である．ループへの入力 $u$ が同様の条件を満たす場合のみ，これを満たすことが可能である．本節では，これらの条件が満足されない重要な場合（特に入力が一定値の場合）の MOD1 の振る舞いについて議論する．

### 2.6.1　アイドルトーンの発生

図 2.34 に示すように，dc 入力 $u$ を入力とする，2 レベルの量子化器を用いた MOD1 を考える．非線形量子化器にもかかわらず，我々はこれまで $y$ は，$u$ および $e = v - y$ と線形関係にあるとみなしたので，

$$Y(z) = STF(z)U(z) + (NTF(z) - 1)E(z)$$

と書くことができる．ここで，$STF(z) = z^{-1}$，$NTF(z) = (1 - z^{-1})$ である．時間領域では，$v[n] = sign(y[n])$ とすると，

$$y[n] = u[n-1] + (y[n-1] - sign(y[n-1])) \tag{2.31}$$

と書き換えられる．MOD1 のエキゾチックな振る舞いは，上記の単一の 1 次非線形差分方程式で捉えることができる．

MOD1 が安定ならば，$n \to \infty$ のとき $y[n]$ は $\pm\infty$ にならないことから，$\bar{u} = \bar{v}$ とならなくてはならない．もしそうでなければ，$u$ と $v$ の平均の差は累

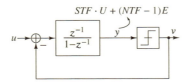

図2.34　$y$ は $u$ と線形関係にあり，$e = v - y$ と表せる

表2.2　$u = 1/2$ に対する MOD1 の動作

| $n$ | 0 | 1 | 2 | 3 | 4 |
|---|---|---|---|---|---|
| $y[n]$ | 0.1 | −0.4 | 1.1 | 0.6 | 0.1 |
| $v[n]$ | 1 | −1 | 1 | 1 | 1 |

積し続け，最終的には無限大になる．

　例として，$u = 1/2$ を仮定する．$y[n]$ が正であれば，$v[n] = 1$ となり，$y$ は $-(u - v) = 1/2$ だけ減少される．$y[n]$ が負の場合は，$v[n] = -1$ となり，$y$ は，1.5 増加する．$y[0] = 0.1$ から始め，$u = 0.5$ の場合の MOD1 の動作を以下の表にまとめる．明らかに，$n = 4$ のとき $n = 0$ のときと同じ状態となる．したがって，出力は周期 4 で周期的になる．

　全期間の平均値は $(1 - 1 + 1 + 1)/4 = 1/2$ であり，これは入力 $u$ と同じである．MOD1 は無制限の時間で動作することが許容され，かつ完全なローパスフィルタが後置された場合，MOD1 は無限の精度で dc 入力信号を変換することが可能なため，これは予想されることである．この条件の下での入力に対し，出力は周期が 4 の周期信号で，$f_s/4$ のトーンおよびその高調波を含んでいる．これはローパスフィルタで除去される．

　読者は，異なる値の $y[0]$ に対して計算を繰り返して，出力が再び周期 4 で $|y[n]| \leq 2$ の周期信号になることを確認して欲しい．1 周期内の 4 つの出力は常に 3 つの $+1$ および 1 つの $-1$ を含むであろう．1 および $-1$ の順序は，$y(0)$ に依存する．

　入力が有理数（$u = a/b$）であるような，より一般的な場合を場合と考える．$0 < a < b$ を仮定し，$a$ および $b$ は共通の因数を持たない奇数の正整数とする．$y[0]$ を与えられた初期値とし，$|y[0]| < 1$ とする．$v$ の最初の $b$ 個の出力サンプルが $(a + b)/2$ 個の $+1$ と $(b - a)/2$ 個の $-1$ を含むとしよう．このとき $v$ の平均値は $a/b$ で，$u$ と等しい．最初の $b$ 個の出力サンプルの積分器への入力の合計は 0 である．このため，$b$ 回のサンプルの後，$y$ の値は再び $y(b) = y(0)$ に戻ることになる．そして，$v$ の系列は次の $b$ 回のサンプルで繰り返される．したがって，周期 $b$ の周期的系列が生成されることになる．

　$(a + b)$ が奇数であり，$a$ もしくは $b$ のいずれかが偶数で入力 $u = a/b$ の場

合も，出力が周期的系列になるという結果を容易に示すことができる．この系列は，周期が $2b$ で，$(a + b)$ の $+1$ と $(b - a)$ の $-1$ からなる．負の入力 $u$ については，入力を正の入力 $-u$ として上記で得られた結果の符号を変えればよい．

MOD1 が，周期 $p$ で $m$ 個のサンプルの $+1$ および $(p - m)$ 個のサンプルの $-1$ から成る周期的出力を持つものと仮定する．各周期の平均出力は（有理数）$(2m - p)/p$ になる．したがって，（一定の）入力値は，この値と等しくなければならなく，また有理数でなければならない．

このことから，一定の入力 $u$（$|u| < 1$）の場合に出力が周期的であることは，$u$ が有理数であることを意味している．したがって，$u$ が一定であるが無理数の場合，MOD1 の出力が周期的になりえないことがわかる．

有理数値の直流入力によって生成された周期的系列はパターン雑音（pattern noise），あるいはアイドルトーン（idle tone），リミットサイクル（limit cycle）とよばれる．それらは，ループの不安定性を表わすものではなく，それらの振幅は時間とともに変化しないが，$u$ の複雑な関数になっている．上で議論されるたように，それらの周波数は入力にも依存する．

MOD1 の帯域内雑音に与えるリミットサイクルの影響を考察することが重要である．上に議論された数値例では，出力スペクトルの直流部分に $v$ のサンプルの平均値に対応した線スペクトルを含んでいる．これは，直流入力 $u$ をデジタルで表現した値であり，所望の信号である．また，$f_s/4$，$2f_s/4$ および $3f_s/4$ に雑音を表わす線スペクトルが生じる．通常ループに後置されたデジタル・ローパス・フィルタの遮断周波数 $f_B$ は，$f_B = f_s/2(OSR) \ll f_s$ を満たすので，これらの線スペクトルはフィルタの阻止域にあり，悪影響はない．

残念ながら，状況は必ずしもそれほどバラ色だとは限らない．入力が有理数の直流値 $u = 1/100$ であると仮定する．上に示された議論は，出力信号が $f_s/200$ のトーンおよびその高調波を含むことを示している．これらのいくつかのものは，通常デジタルフィルタの通過帯域内にあり，したがって，SNR を劣化させる（詳細な解析によれば，出力系列は 101 期間の $+1$ および $-1$ の値を交互に繰り返すことがわかる．積分器における $u$ の累積和により，サンプル 102 で生じるはずの $-1$ は，$+1$ に置き換わり 2 つの連続した $+1$ が生じる．次に，サンプル 199 まで値の交互の繰り返しが再開され，再び $-1$ が $+1$ に変わって，2 個の $+1$ が連続して出力される．簡単な計算から，200 サンプルに対する出力の平均は予想通り $(101 - 99)/200 = u$ となることが確認できる．出力スペクトルは，サンプリングされた周波数 $f_s/2$ の正弦波が，周波数 $f_s/200$ でデューティ比が 50.5% の方形波により変調されたものであるとみなすことが可能である）．

上述したように，トーンの周波数および電力は直流入力 $u$ の関数である．よっ

て，トーンがもたらす帯域内雑音も $u$ の関数である．図 2.22 は，$OSR = 32$ および $OSR = 64$ の $u$ を用いた MOD1 の帯域内雑音パワーの変化を示す．図が示すように，大きなピークが，$u = 0$，$+1/2$，$+1/3$ などのような単純な有理数値の近くで生じる．

人間の聴覚器官は，出力された任意の白色雑音レベルよりも 20 dB 下のトーンを検知することが可能なので，デジタル・オーディオのようないくつかのアプリケーションでは，このアイドル・トーンを許容することができない．したがって，トーンの発生を抑圧することは $\Delta\Sigma$ 変調器設計において重要で，しばしば高次の変調器やディザが使用されたり，疑似乱数信号を印可したりすることの理由となっている．

アイドル・トーンは，ゆっくりと入力電圧が変化する信号を加えたときにも発生する可能性が高い．このゆっくり変化する信号は，単純な有理数になるような値に長くとどまるため，リミット・サイクルが現れてしまうからである．これは，MOD1 のような低次の変調器において特に生じやすい．

## 2.6.2 MOD1 の安定性

システムの極は $z = 0$ に位置し単位円内にあるため，線形解析からは MOD1 は絶対安定であるように見える．しかしながら，この予測は量子化器によって行われる実際の信号処理を考慮に入れていない．したがって，非線形性を考慮に入れた時間領域での考察が必要である．

2 レベル量子化器（$M = 1$）とした場合の，dc を入力した際のループの安定性を考えてみよう．$|u| > 1$ の場合，ループが不安定になることは明白である．特に，$y$ は発散する．例えば，$u = 1.3$ の場合，DAC が常に $+1$ の信号を帰還することにより，なんとか $u$ と平衡を保とうとする．それでも，正味の入力となる 0.3 が各クロックごとに積分器に入力されるため，やがて $y$ は非常に大きくなり回路が正常に機能しなくなる．

反対に，$|u| < 1$ および $y$ の初期値が $|y[0]| < 2$ を満たす場合，ループは安定状態にとどまり $|y|$ の値は 2 位内に収まる．$u$ が時間に対して変化する場合も，これが安定であるための十分条件であることが以下のように容易に確認される．非線形量子化器にもかかわらず，$y$ は $u$ および $e = y - v$ と線形関係にあるとみなしており，次式を得る．

$$Y(z) = STF(z)U(z) + (NTF(z) - 1)E(z)$$

ここで，$STF(z) = z^{-1}$，$NTF(z) = (1 - z^{-1})$ である．時間領域では，$v[n] = sign(y[n])$ とすると，

$$y[n] = u[n-1] + (y[n-1] - sign(y[n-1])) \tag{2.32}$$

と書き換えることができる．また，これから

$$|y[n]| \leq |u[n-1]| + |y[n-1] - sign(y[n-1])| \tag{2.33}$$

がわかる．

$|y[0]| < 2$ の場合，$|y[0] - sign(y[0])| < 1$ となる．したがって，$|u| < 1$ であれば，$|y[1]| < 2$ となる．これを続けると，すべての $n$ に対し，$|y[n]| < 2$ となる．

$|y[0]| > 2$ かつ $|u| < 1$ 場合，変調器の出力は，$+1$（$y[0] > 2$ の場合）もしくは $-1$（$y[0] < -2$ の場合）の連続値からなり，$|y|$ はその値が 2 以下になるまで単調に減少する．この時点で，上で述べた条件が成立し，$|y|$ は 2 以下の領域にとどまることになる．したがって，MOD1 は絶対値が 1 以下の任意の入力に対し安定で，任意の初期条件から安定状態へ回復することが可能であることが明らかになった．

### 2.6.3 デッドゾーン

有限の積分器利得および量子化器の非線形性による別の興味深い（そして望ましくない）現象は，$\bar{v}$ における小さい値の $u$ に対するデッドゾーンの発生である．

まず理想積分器を用いた MOD1 を解析し，ここで湧いたイメージを漏れのある積分器を用いた場合に拡張する．2 レベル量子化器を仮定する．図 2.35 (a) に，$u = 0$ の場合の MOD1 を示す．また，$y[0] = -1/2$ とする．最初は 0 とする $y_{off}$ は，積分器の出力に意図的に加えたオフセットである．$u = 0$ であるので，$\bar{v}$ はゼロでなければならない．そうでないと $y$ は最終的には $\pm\infty$ になる．$v$ が繰り返し系列 $\cdots, 1, -1, 1, -1, \cdots$，であることは容易にわかり，これは $-\cos(\pi n)$ と表すことができる．帰還されているので，$y$ の定常状態は，

$$y[n] = \left.\frac{z^{-1}}{1 - z^{-1}}\right|_{z=e^{j\pi}} \cos(\pi n) = -\frac{1}{2}\cos(\pi n)$$

となる．

$sign(y[n]) = v[n]$ であるので，これは MOD1 を記述する方程式の解を表す．図に示したように，$y_{off}$ を大きくしてみよう．$v$ は $y + y_{off}$ の符号であるので，$|y_{off}| < 0.5$ である限り $v$ は変化しないことは明らかである．

次に，図 2.35 (b) に示したように，漏れのある積分器を用いた場合の MOD1 を検討する．ここで，$u = 0$，$y[0] = 0$ とする．また，$y_{off}$ は最初ゼロである

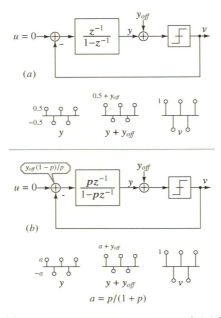

図 2.35 (a) $u = 0$ のときの MOD1, $y_{off}$ による大きな影響はない, (b) 漏れのある積分器では, $y_{off}$ は入力換算できる

ものとする. 上記の説明と同様に, $v$ が繰り返し系列…, $1$, $-1$, $1$, $-1$, …であることがわかる. 定常状態の $y$ は,

$$y[n] = \left.\frac{pz^{-1}}{1-pz^{-1}}\right|_{z=e^{j\pi}} \cos(\pi n) = -\frac{p}{1+p}\cos(\pi n)$$

となる. また, $sign(y[n]) = v[n]$ であるので, これは解となる. $|y_{off}| < p/(1+p)$ である場合, $v$ は $y + y_{off}$ の符号であるので, $v$ の系列は変化せず, $\bar{v}$ はゼロのままとなる.

ただし, 積分器には漏れがあり, dc 利得 $A = p/(1-p)$ である. これは, 積分器の出力に $y_{off}$ を印可することは, MOD1 の入力に $y_{off}(1-p)/p$ を印可することと等価であることを意味する. $|y_{off}| < p/(1+p)$ は $\bar{v}$ に影響を与えないため, 小さい dc 入力

$$|u| < \frac{1-p}{1+p} \approx \frac{1}{2A}$$

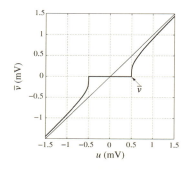

図 2.36　MOD1 に小さな dc の $u$ を入力した際のの $\bar{v}$, デッドゾーンの幅は，$1/A$

に対して，$\bar{v} = 0$ となる．

　結論としては，オペアンプの利得が有限だと，規格化した入力が $1/(2A)$ 以下の場合，出力がまったく変化しない．例えば，$A = 1000$ かつ $V_{ref} = 1\,\text{V}$ だとすると[5]，$0.5\,\text{mV}$ 未満の直流信号では，出力が変化しない．このように，MOD1 に漏れのある積分器を使用する場合，$u = 0$ のまわりにデッドゾーンが存在する．同様のデッドゾーンが $u$ のすべての有理数のまわりに存在し，$\pm 1$ のまわりのデッドゾーンを例外として，これら以外のデッドゾーンが，$u = 0$ のまわりのものより狭いことを示すことができる．図 2.36 は $A = 1000$ の場合に，0 付近の直流値を入力した MOD1 の平均出力 $v$ のシミュレーション値をプロットしたものである．この図はデッドゾーンの幅が予測されたとおりで，デッドゾーンの外側の入力に対しては誤差が $0.5\,\text{mV}$ よりもはるかに小さい値に早く収束することを示している．

　有限なオペアンプ利得による別の影響は，MOD1 のリミットサイクルに現れる．任意の小さな入力の変化が積分器の状態を大きく変化させ，そしてその結果，最終的に大きな出力パターンの変化させる．このため，直流入力時の理想的な MOD1 が現すリミットサイクルは安定ではなくノンアトラクティングである．しかしながら NTF の零点が単位円の内部にある場合，十分小さな入力の変化は，積分器の状態への小さな変化を与えるが，出力パターンの変化に影響を与えないため，生じるリミットサイクルは安定している．リミットサイクルは通常望ましくないので，これは好ましくない効果である．

---

[5] 帰還値は $\pm V_{ref}$．

## 2.7 別の構成方法：エラーフィードバック変調器

一見単純であるがゆえに魅力的な回路であるが，アナログの $\Delta\Sigma$ ループに向かない回路の例として，エラーフィードバックとよばれる構造を図 2.37 に示す．これは，第 1 章のコーヒーショップの例として見た．この構造では，DAC 出力から内部 ADC の入力の値を減算して量子化雑音 $e$ をアナログ形式で得る．$e$ はフィルタ $H_f$ を通って入力側にフィードバックされる．$z$ 領域における出力信号は，

$$V(z) = E(z) + U(z) + H_f(z)E(z) \qquad (2.34)$$

のように表される．そのため，$STF(z) = 1$ で $NTF(z) = 1 + H_f(z)$ となる．$NTF(z) = (1 - z^{-1})$ を得るには，$H_f(z) = (1 - z^{-1}) - 1 = -z^{-1}$ とすればよいことがすぐにわかる．これは，図 2.37 に示した構造で容易に実現できる．

このように単純さでは魅力的であるが，この構成はパラメータの変化に対してきわめて敏感であるため，アナログ回路で実現するのは困難である．$(v - y)$ を実現する減算器が $+1\%$ の誤差を有すると仮定すると，$1.01e$ が帰還される．非常に低い周波数において $e$ の振幅は，$0.01$ もしくは $-40\,\mathrm{dB}$ となる．したがって，慎重なアナログ設計を行っても，$OSR \approx 1000$ の場合でも，1 ビット量子化器を用いた ADC の場合，達成可能な ENOB は通常 12 ビット未満になる．それとは対照的に，$OSR = 1000$ の場合，図 2.26 の構成では，同等のパラメータ変化があっても 15 ビットの分解能が得られる．このように，エラーフィードバック型の構成は ADC での用途は限られているが，雑音結合 ADC ではこの原理が用いられている．この原理については，第 3 章と第 5 章で説明する．エラーフィードバック構造は非常に有用であり，減算を正確に実現できる $\Delta\Sigma$DAC ではデジタルループに頻繁に利用される．この話題については第 13 章で詳しく述べる．

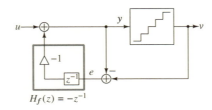

図 2.37　エラーフィードバック型 MOD1

## 2.8 これからの展開

ここまで，信号をオーバーサンプリングすることで帯域内量子化雑音をどのように減らすことができるかを考察してきた．オーバーサンプリングのみの場合の恩恵はさほどでなく，$OSR$ を2倍にするごとに0.5ビットである．我々は，負帰還を利用することによって，量子化雑音を信号帯域外にシェイピングする，より良い方法を見つけた．この結果，1次 $\Delta\Sigma$ 変調器（MOD1）が得られ，$OSR$ が2倍になるごとに精度が1.5ビット増加する．そうなると，MOD1 よりも改善することができないか，という疑問が自然にわくだろう．これは我々を次の章で議論する2次 $\Delta\Sigma$ 変調器に導くことになる．

## 【参考文献】

[1] A. V. Oppenheim, R. W. Schafer, and J. R. Buck, *Discrete-Time Signal Processing*. Prentice-Hall, 1989.

[2] R. M. Gray and D. L. Neuhoff, "Quantization," *IEEE Transactions on Information Theory*, vol. 44, no. 6, pp. 2325–2383, 1998.

[3] H. Inose, Y. Yasuda, and J. Murakami, "A telemetering system by code modulation-$\Delta\Sigma$ modulation," *IRE Transactions on Space Electronics and Telemetry*, vol. 3, no. SET-8, pp. 204–209, 1962.

[4] J. C. Candy and O. J. Benjamin, "The structure of quantization noise from sigma-delta modulation," *IEEE Transactions on Communications*, vol. 29, no. 9, pp. 1316–1323, 1981.

[5] V. Friedman, "The structure of the limit cycles in sigma delta modulation," *IEEE Transactions on Communications*, vol. 36, no. 8, pp. 972–979, 1988.

# 3章 2次 ΔΣ 変調器

MOD1 の解析により，量子化器で離散化できるレベル数を増やすことで，信号帯域内の SQNR を改善できることを示した．これは，フルスケールに対してステップ幅を細かくすることであった．周波数領域でいえば，レベル数を増やすことにより全周波数領域において量子化雑音のスペクトル密度が減少し，その結果，SNQR が改善できることになる．

MOD1 の分解能を改善するための別の方法がある．それは，量子化器のレベル数を増やして全周波数領域で雑音スペクトル密度を低くするのではなく，信号帯域内の雑音スペクトル密度が小さい量子化器を使うことである．それができる最も簡単な量子化器が，実は MOD1 である．そこで，もし MOD1 を量子化器として，その内部に含む MOD1 を作れば，ノイズシェイピングをより強化できるに違いない．そのようにして構成した変調器を図 3.1(a) に示す．灰色の枠で囲った部分が MOD1 で，量子化器として用いられている．

MOD1 では

$$V(z) = Y_1(z) + (1 - z^{-1})E(z) \tag{3.1}$$

が満足されていた．図 3.1 では上式の $E(z)$ を 1 次のノイズシェイピング $(1 - z^{-1})E(z)$ で置き換える必要がある．すなわち，入出力と量子化雑音の間に

$$V(z) = U(z) + (1 - z^{-1})^2 E(z) \tag{3.2}$$

の関係式が成り立つ．2 次のハイパスフィルタにより量子化雑音がシェイピングされていることが分かる．この ΔΣ ループのことを 2 次 ΔΣ 変調器と呼び，以下では MOD2 と略記することにする．遅延積分器を用いて表した等価な変調器を図 3.2 に示す．

図 3.2 から

$$\begin{aligned} STF &= z^{-1} \\ NTF(z) &= (1 - z^{-1})^2 \end{aligned} \tag{3.3}$$

が成り立つことが分かる．遅延なしループは実行できないことを 2.4 節で述べ

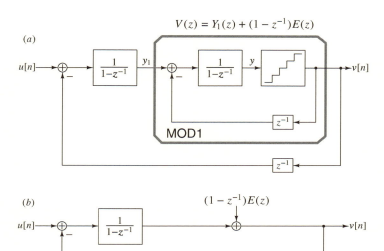

図3.1 (a) 1次 $\Delta\Sigma$ 変調器から合成した2次 $\Delta\Sigma$ 変調器と(b) 等価ブロック図

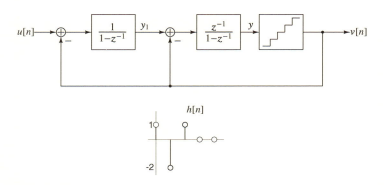

図3.2 遅延積分器を用いたフィードバックをもつ MOD2 と NTF を表すインパルス応答

た．同様の理由で $NTF$ のインパルス応答における最初の項 $h[0]$ は 1 である．$z = 1$ にゼロ点があるため，$\sum_{n=0}^{\infty} h[n] = 1 - 2 + 1 = 0$ である．

　低周波領域では $NTF$ の強度を $\omega^2$ で近似できる．したがって，信号帯域内の雑音は

$$IBN \approx \frac{\Delta^2}{12\pi} \int_0^{\frac{\pi}{OSR}} \omega^4 d\omega = \frac{\Delta^2}{60\pi} \left(\frac{\pi}{OSR}\right)^5 \tag{3.4}$$

で与えられ，$OSR^{-5}$ に比例する．$OSR$ を 2 倍にすると SQNR は 15 dB（2.5 ビット）だけ増加する．1 次 ΔΣ 変調器では 1.5 ビット，ノイズシェイピングがないと 0.5 ビットだったことを思い出せば，効果が大きいことが分かる．

$M$ レベル量子化器を用いれば信号帯域での SQNR は

$$SQNR = \frac{15M^2(OSR)^5}{2\pi^4} \tag{3.5}$$

と求まる．

図 3.3 は MOD1 と MOD2 の NTF 強度を比較して示す．対数表示すると MOD2 の NFT の性質，すなわち 40 dB/dec の傾き，を確認することができる．

MOD1 と比較して，MOD2 では信号帯域外で NTF のゲインが大きい代わり，信号帯域でのゲインが小さい．$\omega = \pi$ での NFT のゲインは MOD1 で 2，MOD2 で 4 である．したがって，MOD2 の出力変動が MOD1 と比べて大きいことが予想される．図 3.4 で実際にそれが確認できる．

MOD2 では MOD1 と比較して信号帯域内の量子化雑音が減る．一方，全信号帯域 $[0, \pi]$ で積分した全量子化雑音は増加する．それは

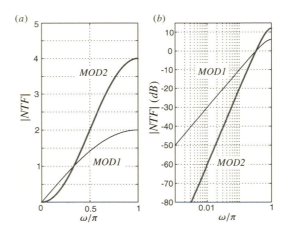

図 3.3　MOD1 と MOD2 の NTF 強度の (a) 線形軸表示と (b) 対数軸表示

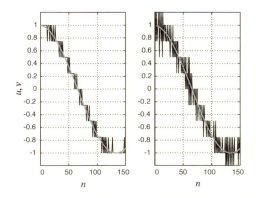

図3.4　Δ = 1/8 のときの(a) MOD1 と(b) MOD2 の典型的な入出力結果

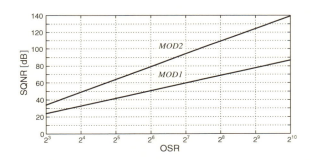

図3.5　1ビット量子化器 ($M = 1$) を用いた MOD1 と MOD2 の SQNR と OSR の理論値

$$\frac{\Delta^2}{12\pi} \int_0^\pi |NTF(e^{j\omega})|^2 \, d\omega = \frac{\Delta^2}{12} \sum_{n=0}^{\infty} h^2[n] = 6\frac{\Delta^2}{12} \tag{3.6}$$

で与えられる．

図3.5は，2レベル量子化器を持つ MOD1 と MOD2 の SQNR の計算値を OSR の関数として示す．式 (3.5) で $OSR = 128$ として実現可能な ENOB を求めると，$SQNR = 94.2$ dB となり，ほぼ 16 ビットの分解能に相当する．オーディオ信号を変換する ADC を考えると $f_B = 20$ kHz であるから，クロックレートとしては $f_s = 2 \cdot OSR \cdot f_B = 5.12$ MHz と十分実現可能な値となる．もし同じ分解能を MOD1 で実現しようとすると，式 (2.23) から $OSR = 1800$ が必要になる．クロックレートに換算すると $f_s = 72$ MHz となり，回路実装が難しくなり，無駄なことである．

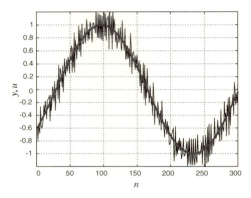

図 3.6　シェイピングされた雑音と $u$ からなる MOD2 量子化器入力（$\Delta = 1/8$ のとき）

MOD2 に使われる量子化器を駆動するために必要な信号について調べてみよう．図 3.2 によれば $y$ は $v[n] - e[n]$ に等しいように見える．低周波領域での STF は 1 なので $v[n]$ は入力に $NTF(z)$ でシェイピングされた量子化雑音を加えたものである．したがって $Y(z)$ は

$$\begin{aligned}
V(z) &= \underbrace{STF(z)}_{=z^{-1}} U(z) + NTF(z)E(z) \\
Y(z) &= V(z) - E(z) \\
&= z^{-1}U(z) + (NTF(z) - 1)E(z)
\end{aligned} \tag{3.7}$$

で与えられる．$NTF(z) - 1 = -2z^{-1} + z^{-2}$ であるから，$y$ に加算される雑音の 2 乗平均は $(\Delta^2/12)[1^2 + 2^2] = 5(\Delta^2/12)$ となる．図 3.6 に代表的な波形を示す．

2 値量子化を用いる場合，MOD1 と同様の MOD2 でも固有な線形特性を持つ．オフセットやヒステリシスなどのコンパレータの非理想的要因によって MOD2 の直線性が失われることはない．これらは，ループ内で量子化雑音と同じように加えられるため，NTF によって減衰する．ループフィルタの係数が若干変化したとしてもこの状況に変わりはない．その変化により NTF と STF の極の位置は変化するが，非線形性には関与しないためである．

## 3.1　MOD2 のシミュレーション

MOD1 の場合と同様に，MOD2 においても，SQNR 予測に用いた解析式導出の前提が妥当であることを検証するためには，変調器の差分方程式に基づくシ

ミュレーションを行う必要がある．多レベル量子化器を用いると，図3.4に示したように，出力は入力 $u$ の値の前後を行き来する．2レベル量子化器を用いると，図3.7に示すような2値出力が得られる．$\Delta\Sigma$ 変調器に共通して言えることだが，このような時間領域で示す波形からは，その特性に関するわずかな情報しか得られない．入力が大きいと $+1$ が，小さいと $-1$ がそれぞれ高い頻度で出現する，といったことしか分からない．これに対して周波数領域で解析すると，豊富な情報が得られる．

図3.8に示すスペクトルでは，明確なノイズシェイピングが示され，傾きが 40 dB/dec であることから2次シェイピングが得られたことが分かる．オーバーサンプリング比が128のとき，PSDを積分することで 86 dB の SQNR が得られる．これはフルスケールの半分の振幅の正弦波入力に対する値なので，フルスケール入力に外挿すると 92 dB のピーク SQNR が得られることになる．この値は式（3.5）に基づく予測値 94 dB とほぼ一致する．一方で図3.8には理論モデルと一致しない特徴が2つある．第一に，2次と3次の高調波が明らかに見て取れる．それぞれの SFDR は $-88$ dBFS と $-90$ dBFS である．白色量子化

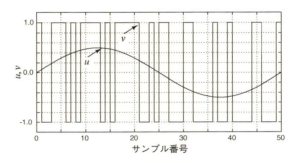

図3.7　1ビット量子化器を用いた MOD2 の入出力波形

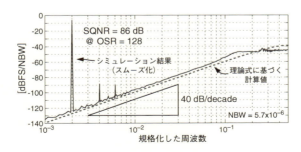

図3.8　$-6$ dBFS 正弦波入力に対する MOD2 出力スペクトル

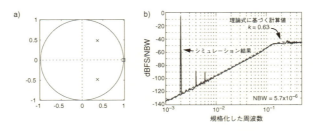

図 3.9 (a) MOD2 で量子化器ゲイン ($k$) が 0.63 のときの NTF の極-零点プロット，および，(b) PSD に関するシミュレーションとの比較

雑音から高調波が発生することはないため，この点でシミュレーション結果は白色雑音モデルと一致しない．第二は，高周波領域での PSD の折れ曲がり周波数（コーナー周波数）における不一致である．この図の理論計算により NTF は，$(\Delta^2/12) \cdot 2NBW$ でスケールされているため，シミュレーション結果と一致するはずである[1]．計算値はシミュレーション値と似ているが，コーナー周波数が高い．そのため，低周波領域では計算値がシミュレーション値より幾分小さくなっている．

高調波の発生について説明するためには，次の節で述べる非線形量子化器のモデルが必要になる．NFT のコーナー周波数の違いを説明するためには，量子化器の実効ゲインをシミュレーションで評価すればよい．式（2.14）をシミュレーション結果に適用すると $k = 0.63$ となる．そこでこの値を用いて求めた NTF の極-零点プロットを図 3.9 に示す．この値を用いて NFT を計算すると，シミュレーション値とよく一致した値を得る．

入力振幅が小さくなると量子化器ゲイン $k$ の最適値がわずかに変化し，入力振幅が $-12\,\text{dBFS}$ 以下では，ほぼ 0.75 となる．したがって，シミュレーション結果からは，小さい入力に対して MOD2 の正確な NTF を導出するには，$k = 1$ ではなく $k = 0.75$ とする必要があることが分かる．$k \neq 1$ のときの実効的な NTF とは何であろうか？

量子化器のゲインが 1 のときと $k$ のときの NTF を，それぞれ $NTF_1$, $NTF_k$ と書くことにする．$v$ から $y$ への伝達関数を $-L_1(z)$ とすれば，

$$NTF_1(z) = \frac{1}{1 + L_1(z)} \tag{3.8}$$

が成り立つ．量子化器のゲインが $k$ のときには，量子化雑音は信号がゲイン倍さ

---
[1] NBW は雑音帯域である．付録 A で説明するように，PSD をプロットする上で NBW は重要である．

れた後に加えられるものであるため，

$$NTF_k(z) = \frac{1}{1 + kL_1(z)} \tag{3.9}$$

となる．式 (3.8) と式 (3.9) から

$$NTF_k(z) = \frac{NTF_1(z)}{k + (1-k)NTF_1(z)} \tag{3.10}$$

を得る．式 (3.10) で $k = 0.75$ とすれば，MOD2 の改善された NTF として

$$NTF(z) = \frac{(1-z^{-1})^2}{1 - 0.5z^{-1} + 0.25z^{-2}} \tag{3.11}$$

が得られる．

この NTF の信号帯域内のゲインは $NTF_1(z) = (1-z^{-1})^2$ より 2.5 dB 大きい．これは，シミュレーションで求めた信号帯域雑音パワーが $NTF_1$ から求められた値より 2.5 dB だけ高いことと一致する．

入力振幅がフルスケールの半分を超えると量子化器ゲインの最適値が減少し，ノイズシェイピング特性が劣化するとともに，SNQR の理論予測値とシミュレーション値との差が大きくなる．図 3.10 は，異なる 2 つの入力周波数に対する MOD2 の SQNR を入力振幅の関数としてプロットし，ゲインが 1 の白色雑音量子化器モデルを用いた時の理論予測値と比較したものである．入力振幅が小さいとき SQNR のシミュレーション値は理論予測値よりやや低く，0 dB となる周波数のシミュレーション値は高い．入力振幅が大きくなると MOD2 の SQNR は飽和し，−5 dBFS 前後でピークとなった後に，振幅がフルスケールに近づくと急激に低下する．低周波入力に対する低下が特に著しい．周波数が低いと長い時間大きな入力が MOD2 に加わり続けるためである．中間の振幅領域

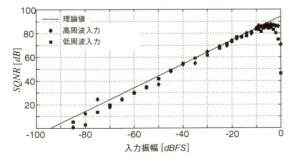

図 3.10 $OSR = 128$ のときの MOD2 の SQNR のシミュレーション結果

ではシミュレーションと理論予測とはよく一致している．図 2.32 に示した MOD1 と図 3.10 を比較すると，大振幅入力で低下することを除けば，ばらつきは MOD2 の SQNR の方が小さいことがわかる．

## 3.2 MOD2 における非線形効果

MOD2 に関する上述のシミュレーション結果は，線形モデルで導出された特性を検証できたものの，非線形モデルでなければ説明できない変則的な振る舞いも示していた．2 値量子化器を用いた MOD2 の挙動は MOD1 と比較してかなり複雑で，残念ながら，正確な理論的解析は困難である．このため，MOD2 のシミュレーション結果を説明するには，近似的，経験的な手法が用いられる．

### 3.2.1 信号依存量子化ゲイン

2.2.1 項で説明したように，2 値量子化器のゲインは任意に決めることができる．さらに，前節のシミュレーション結果から分かったように，MOD2 の場合には量子化器のゲインに信号依存性がある．この効果，すなわち非線形性，を組み込んだ MOD2 のモデルを図 3.11 に示す．

この図では，量子化器曲線（QTC：quantizer transfer curve）であらわされた弱い非線形特性と加算性雑音で量子化器を表現した．QTC は，dc 入力を掃引しながら，量子化器への平均入力の関数としての平均出力を計算することで求めることができる．図 3.12 はシミュレーションで求めた QTC である．この図から QTC は圧縮性であること，すなわち，振幅が大きくなるとゲインが低下することが分かる．また，図 3.12 は量子化器の非線形特性を近似した 3 次曲線 $v = k_1 y + k_3 y^3$ と係数 ($k_1$, $k_3$) を示す．以下では，QTC に起因する歪の評価にこれらの係数を用いることにする．

まず，量子化器のゲインを $k = k_1$ として量子化器のゲインを

$$NTF_{k_1} = \frac{(1-z^{-1})^2}{1 - 0.775z^{-1} + 0.3875z^{-2}} \tag{3.12}$$

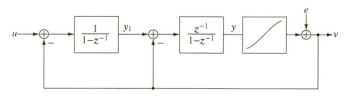

図 3.11　量子化器の非線形性を考慮した MOD2 のモデル

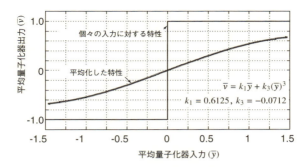

図3.12 $\bar{y}$ の関数として $\bar{v}$ をプロットすることで得られる量子化器の「平均化」伝達特性

とする．次に，ループ中の量子化雑音と同じ場所に歪をあらわす項 $k_1\bar{y}^3$ が追加されているため，この歪のスペクトルも量子化雑音と同様に $NTF_{k1}$ でノイズシェイピングされるとする．このため，NTF による雑音抑止が効かない通過領域で歪が最大になる．図3.9のスペクトルで言えば，入力周波数は $f = f_s/500$ であるため，$f_s$ で規格化した周波数で表せば3次高調波は $3f = 0.006$ の場所にあり，$NTF_{k1}$ による減衰効果はおよそ 53 dB となる．

小さな振幅 $A$ の低周波正弦波入力に対する出力を局所的に平均したものは入力信号に追従するため，線形モデルに従えば，量子化器入力の局所的平均も正弦波であり，振幅が $A/k_1$ となっているはずである．QTC に起因する3次高調波の振幅は $k_3(A/k_1)^3/4$ であるから，3次高調波歪は

$$HD_3 = \left| \frac{k_3 A^2}{4k_1^3} NTF_{k_1}(z) \right| \tag{3.13}$$

となる．ここで，$z = e^{j2\pi(3f)}$ である．図3.9の条件（$A = 0.5$，$f = 1/500$）で式（3.13）を計算すると $HD_3 = -87$ dB を得る．この計算値はシミュレーション結果 $-82$ dB と比べて 5 dB だけ小さい．上で示した歪評価に関する計算は粗い近似であると考えたほうが良い．入力振幅が大きく歪が大きい場合，この不一致はより深刻になる．

入力が変化するときの MOD2 の振舞いに関する経験的な知見の話題に戻ろう．図3.13は2値量子化器を用いた MOD2 に信号帯域内の雑音パワーを入力 dc 値の関数としてプロットしたものである．OSR は 32 および 64 とした．直ちに分かるように，図2.33に示したように MOD1 にあった多くのスパイク状の変動がこの図にはない．MOD2 は MOD1 と比較してトーンが立ちにくいと言える．しかし，図3.13で $u = 0$ 付近を拡大すると，この好ましくない挙動の痕

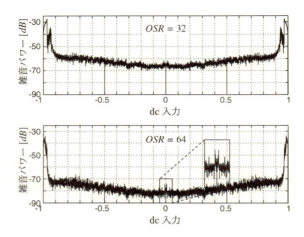

図 3.13 dc 入力に対する MOD2 の信号帯域内雑音パワーのシミュレーション結果

跡が残っていることが分かる.

さらに図 3.13 から分かることは，信号帯域内雑音パワーが U 字型をしていることである．$|u| \to 1$ のとき雑音が大きくなることを意味する．$|u| < 0.7$（$-3\,\text{dBFS}$ 以下の入力）であっても，信号帯域内雑音は 6 dB ほど変化する．この挙動の大半は，MOD2 における信号依存の量子化器ゲイン（すなわち信号依存の NTF）で説明できる．入力強度が増加するとき量子化器のゲインが低下し，ノイズシェイピングの機能が低下する．その結果，入力信号の増加に伴い MOD2 の雑音が増加する．確率過程の用語で言い換えれば，大きな決定論的な入力信号が MOD2 に印加されたとき量子化雑音が非定常的になる，といえる．具体的には，絶対値が大きい信号が入力されると，量子化雑音パワーも増加するため，量子化雑音の統計的性質が時間に依存する，ということである．

## 3.3 MOD2 の安定性

これまでの節では，シミュレーションと準線形モデルを組み合わせて，MOD2 のいくつかの非線形な挙動について説明してきた．この節では，dc 入力に対する MOD2 の安定性に関して，文献で紹介されている結果を説明する．

Hein と Zakhor は MOD2 が図 3.14 に示すように構成されているとき，差分方程式は

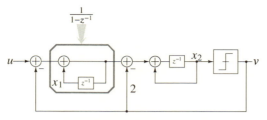

図 3.14 MOD2 の状態変数の変化限界を評価するために用いたモデル

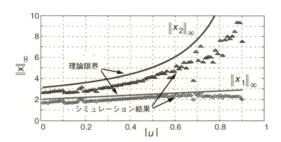

図 3.15 MOD2 における状態変数変化の上限の理論値とシミュレーション値の比較

$$v[n] = sign(y[n]) = sign(x_2[n])$$

$$x_1[n+1] = x_1[n] - v[n] + u$$

$$x_2[n+1] = x_1[n] + x_2[n] - 2v[n] + u$$

で表され，$|u[n]| < 1$ が満足されるなら，変化の上限が

$$|x_1| \leq |u| + 2 \tag{3.14}$$

$$|x_2| \leq \frac{(5-|u|)^2}{8(1-|u|)} \tag{3.15}$$

であることを示した[1]．

図 3.15 はこれらの上限とシミュレーション結果と比較して示した．この図で示すように，$|u| < 0.7$ のとき理論予測はほぼ妥当であるが，$|u| \to 1$ のとき $x_2$ に関する予測値がシミュレーション値と比較して急激に増加してしまう．$x_2$ は量子化器への（1 遅延分を含む）入力であり，図 3.15 は，入力がフルスケールに近づくとき，それが増大することを示している．

式（3.14）と式（3.15）によれば，$|u| \to 1$ のとき $x_2$ は増大するものの，強度が 1 以下の dc 入力に対して MOD2 の内部状態変数は有限であることが保証

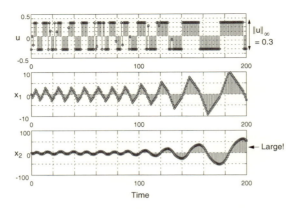

図 3.16 $|u| \leq 0.3$ でも MOD2 が不安定になる危険な入力

されている．MOD2 はその入力の低周波成分に追従するため，すべての $n$ に対して $|u[n]| < 1$ を満足しながら時間変化する任意の入力でも，dc 入力に対するのと同じように有限状態を維持できると考えるかもしれない．しかし，図 3.16 に示す通り，$|u| \leq 0.3$ であっても入力の波形により内部状態変数の極端な増加を引き起こす可能性がある．図 3.16 では，入力が $-0.3$ と $0.3$ の間で，位相と振動数が出力と合うように振動していて，状態変数が増大し続ける．さらに，$-0.3$ と $0.3$ の間で変化する途中の値は内部発振範囲が最大になるように選んでいる．幸いなことに，実際の使用状況でこのような波形に遭遇することは考えにくい．もしあったとしても，図 3.16 で示したように，入力が変調器の内部状態の振る舞いと同期することはあり得ないといってよい．強度が 0.1 以下なら，任意の入力に対して MOD2 は安定であることが知られている．しかし，安定動作を保証する入力強度の上限については分かっていない．

このように，MOD2 は MOD1 より安定性で劣る．dc 入力強度が 1 以下なら MOD2 は安定であることは厳密に証明されているが，$|u| \to 1$ のとき状態変数は限りなく増大する．2 段目の積分器の状態変数が過度に大きくなるのを防ぐには，可能なら，MOD2 の入力強度を 0.9 以内に抑えるのが賢明である．不幸なことに，入力範囲をこのように制限して dc 入力や低周波入力で変調器の状態が極端に増大しない場合でも，それが想定値をはるかに超えて大きくなることはあり得る．したがって，過度に大きくなった状態変数を検知して，変調器を良い状態に保つための仕掛けを組み込むことが重要である．

### 3.3.1　デッドゾーン

2.4.1 節で積分器の dc ゲインが有限のとき，MOD1 の NTF の零点が $z = 1$

から $z = p$ に移動することを示した．ここで $1 - p$ は（近似的に）積分器の dc ゲイン $A$ の逆数に比例する．NTF の零点の位置変化により MOD1 の dc 応答でデッドゾーンが出現する．中でも最も厄介なのが，$u = 0$ を中心に出現するもので，計算によるとその幅は $2/A$ であった．

積分器の有限 dc ゲインが MOD2 ではどのように影響するだろうか？ 図 3.17 を用いて MOD1 と同様の解析を行ってみよう．$y_{off}$ は外部から与えたオフセットで，最初は 0 である．$v$ から $y$ への伝達関数は

$$-L_1(z) = -\frac{p^2 z^{-1}}{(1-pz^{-1})^2} - \frac{pz^{-1}}{1-pz^{-1}} \tag{3.16}$$

である．もし $u = 0$ ならば，$v$ は $\cdots, -1, 1, -1, 1, \cdots (= \cos[\pi n])$ と周期的に繰り返す数列となり

$$y[n] = -L_1(z)|_{z=-1} \cos[\pi n] = \frac{p(2p+1)}{(p+1)^2} \cos[\pi n] \approx \frac{3}{4} \cos[\pi n] \tag{3.17}$$

が得られる．近似は $p \approx 1$ を想定している．$y_{off} = 0$ であるから，量子化器への入力は $(3/4)\cos[\pi n]$ で，出力は $v[n] = \text{sign}(y[n])$ となり，閉ループに課せられた条件を満足している．

次に 0 でないオフセット $y_{off}$ を考えてみよう．もし $|y_{off}| < (3/4)$ であれば，式 (3.17) から分かるように，出力 $v$ に変化はない．量子化器入力に $y_{off}$ を加えることは，変調器入力に

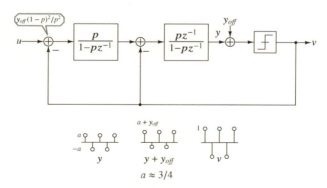

図 3.17 MOD2 で有限積分器ゲイン（$A = p/(1-p)$）を想定したとき $u = 0$ 周囲に発生するデッドゾーンの起源

$$u_{eq} = \underbrace{\frac{y_{off}}{\frac{p^2}{(1-p)^2}}}_{u \text{ から } y \text{ への dc ゲイン}} \quad (3.18)$$

を加えることと等価である．$p/(1-p) = A$ であるから，

$$|u_{eq}| < \frac{3}{4}\frac{1}{A^2} \quad (3.19)$$

である限り，MOD2 の平均出力は 0 のままとなる．ループフィルタの開ループゲインは $A^2$ に比例するため，積分器の有限ゲインの影響は極めて小さくなる．

計算結果を検証するため，図 3.18 に dc 入力が小さい時の MOD2 のシミュレーション出力をプロットした．ループフィルタの極は $z = 0.99$（$A \approx 100$）にあるとした．現れたデッドゾーンの幅は計算結果と一致する．また，MOD1 のときと同様に，デッドゾーンの外側では入力値が正確に出力値に反映されていることが分かる．

MOD2 には 2 個の積分器が縦続接続されていてゲインが 2 乗されるため，有限オペアンプゲインに対する許容度を大きくし，MOD1 で見られたトーンの影響を低減している．さらに，先にも指摘した通り，MOD2 では小さい OSR で大きな SQNR が得られる．一方，MOD2 の欠点としては，アナログ部分が複雑になることのほかに，安定性に劣ることが挙げられる．そのため，フルスケールの 80 % から 90 % 程度に入力範囲を狭くする必要がある．

以下の節では，MOD2 の別の構成方法，および，SNR と安定性を改善するための施策について述べる．

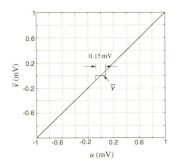

図 3.18　小さな dc 入力に対して MOD2 で発生した幅 $1.5/A^2$ のデッドゾーン

## 3.4 その他の 2 次 ΔΣ 変調器の構成

2次変調を実現するために数多くの構成が存在する．それらの STF には 1 ～ 2 クロックの遅延はあるものの，ゲインは 1 で，NTF は図 3.1 に示した構成で得られるものと同じである．このような構成を考えるとき，現実的ではない無遅延ループは避けなければならない．また，素子ばらつきや有限オペアンプなどの避けがたい非理想要因に対する強靭性（robustness）が必要である．

ローパス特性を持つ STF，および，通常の 2 次差分特性とは異なる特性を持つ NTF を実装した 2 次変調器もある．これらの NTF を取り扱うには，得られた変調器の安定性を吟味する必要がある．例えば，図 3.1 の無遅延積分器を遅延積分器に換え，フィードバック経路の遅延器を取り去ることで NTF が変化し，安定性が低下する．

### 3.4.1 Boser-Wooley 変調器

図 3.19 に 2 個の遅延積分器をもつ 2 次変調器[2]を示す．この構成は，それぞれの積分器のオペアンプが互いに無関係にセトリングすることを可能とし，動作速度への要求条件を緩和できる[3]，という好ましい特徴を有する．

量子化器のゲインを 1 とすると，線形モデルを用いた解析から

$$\begin{align}STF(z) &= \frac{a_1 a_2 z^{-2}}{D(z)} \\ NTF(z) &= \frac{(1-z^{-1})^2}{D(z)}\end{align} \quad (3.20)$$

を示すことができる．ここで，

$$D(z) = (1-z^{-1})^2 + a_2 b z^{-1}(1-z^{-1}) + a_1 a_2 z^{-2} \quad (3.21)$$

である．

$STF = z^{-2}$，および，$NTF(z) = (1-z^{-1})^2$ とするためには，$a_1 a_2 = 1$，お

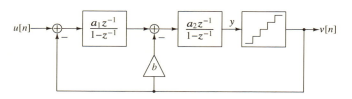

図 3.19 積分器に遅延がある 2 次 ΔΣ 変調器

よび，$a_2b = 2$ となる必要がある．3個のパラメタに対して式は2つしかないため，可能な組み合わせは1通りではない．例えば，$a_1 = a_2 = 1$, $b = 2$, または，$a_1 = 0.5$, $a_2 = 2$, $b = 1$ を使うことができる．実際の設計では 4.7 節で説明するダイナミックレンジのスケーリングを行うことで任意性はなくなり，与えられた NTF と STF を実装するためのパラメタを決定できる．

### 3.4.2 Silva-Steensgaard 変調器

図 3.20 には有用な別の2次構成[4,5]を示す．この回路の特徴的な点は入力から量子化器入力へのフィードフォワード経路があること，および，デジタル出力からのフィードバック経路が1つしかないことである．線形モデルを用いた解析により $z$ 領域での出力は，これまでと同様に

$$V(z) = U(z) + (1 - z^{-1})^2 E(z) \tag{3.22}$$

と求められる．しかし，ループフィルタへの入力は異なる．それはシェイピングされた量子化雑音しか含まない．すなわち

$$U(z) - V(z) = -(1 - z^{-1})^2 E(z) \tag{3.23}$$

である．

また，式 (3.23) から分かる通り，2段目の積分器からは $-z^2 E(z)$ が直接出力される．5章で説明する MASH 構造の入力段に使うと，この特徴を生かすことができる．

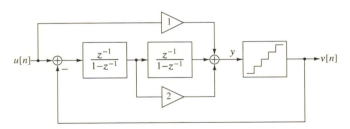

図 3.20　フィードフォワード経路を持つ2次 $\Delta\Sigma$ 変調器

### 3.4.3 誤差フィードバック変調器

図 3.21 に示す誤差フィードバック構成は，図 2.37 に示した MOD1 に対応する2次構成である．$z$ 領域での出力信号は

$$V(z) = E(z) + U(z) + H_f(z)E(z) \tag{3.24}$$

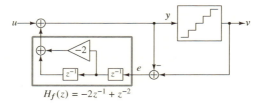

図 3.21　エラーフィードバック型 MOD2

となる．したがって，$STF = 1$, $NTF(z) = 1 + H_f(z)$ である．$NTF(z) = (1 - z^{-1})^2$ とするには，$H_f(z) = (1 - z^{-1})^2 - 1 = z^{-2} - 2z^{-1}$ とする必要がある．図 2.37 で説明したように，アナログ回路でこれを実装するのは得策ではないが，デジタル ΔΣ ループではよく使われている．

### 3.4.4　雑音結合型変調器

MOD2 は MOD1 における量子化器を 1 次ノイズシェイピング量子化器，すなわち MOD1，に置き換えることで実現した．図 3.22 に示すように，MOD1 の量子化器を誤差フィードバック構造で置き換えたものが雑音結合型 MOD2 である．図 3.21 のアナログ構成と比較すると，初段の量子化器の後にあるため，実際の非理想要因に対する耐性が高い．同時に，誤差フィードバック構成に特有の簡素な構成を引き継いでいる．この手法は，高次変調器において能動回路を付加することなく，ノイズシェイピング次数を 1 つ高めるために使われる．

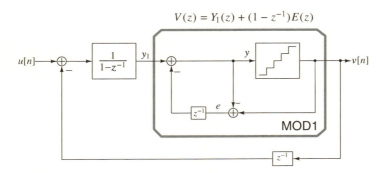

図 3.22　雑音結合型 MOD2

## 3.5 一般化した2次変調器

図 3.1 に示した構造では $STF = 1$, $NTF(z) = (1 - z^{-1})^2$ であった．図 3.23 に示すように，初段の積分器だけでなく2段目の積分器と量子化器にも $u$ を供給することで，次式で示すような，より一般的な STF が得られる．

$$STF(z) = b_1 + b_2(1 - z^{-1}) + b_3(1 - z^{-1})^2 \tag{3.25}$$

この STF は2個の零点と $z = 0$ に2重極を持つ．この方法で，「無償で」2次 FIR フィルタを ADC の中に組み込み，信号プレフィルタとして利用できる．

同様に出力信号 $v$ を信号経路のすべてのノードにフィードバックすることで，STF と NTF に2個のゼロでない極を追加できる．したがって，一般化した STFs と NTFs として

$$\begin{aligned} STF(z) &= \frac{B(z)}{A(z)} \\ NTF(z) &= \frac{(1-z^{-1})^2}{A(z)} \end{aligned} \tag{3.26}$$

が得られる．ここで

$$B(z) = b_1 + b_2(1 - z^{-1}) + b_3(1 - z^{-1})^2 \tag{3.27}$$

$$A(z) = 1 + (a_1 + a_2 + a_3 - 2)z^{-1} + (1 - a_2 - 2a_3)z^{-2} + a_3 z^{-3} \tag{3.28}$$

である．フィードバック項の中の $a_3$ のため，NTF の次数は3となる．しかし信号帯域内の零点の数は増えないため，この項が使われることはまれである．

2次変調器に複数のフィードバックおよびフィードフォワード経路を含めることで，良好な安定性と広いダイナミックレンジを確保するための設計自由度が増

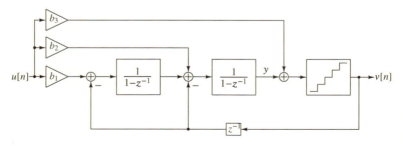

図 3.23　フィードイン経路を持つ2次 $\Delta\Sigma$ 変調器

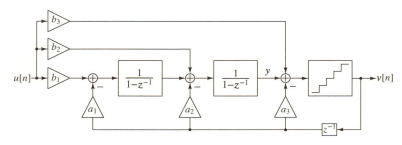

図 3.24 フィードイン/フィードバック経路を持つ 2 次 ΔΣ 変調器

す．

### 3.5.1 最適化構成

上述の通り，複数の変調器方式が提案されているため，ベストな方式はどれか，と考えるかもしれない．この質問に対する第一の答えは最適化 NTF に関わるもので，第二の答えは最適化構成に関わるものである．STF に関する考察は NTF より優先度が低い．それは STF が入力信号に対するフィルタの役割を果たすだけで，ピーク SQNR の決定には関与しないためである．また，方式の決定には数式的な限界より実用的な要因がより深く関係するため，この節では NTF の最適化に関して説明する．

2 次変調器を最適化するため最初のステップは，SQNR を最大にする NTF を見出すこと，言い換えれば，信号帯域内雑音を最小にする NTF を見出すことである．OSR が大きいとき，$NTF(z) = (1-z^{-1})^2/A(z)$ の強度は $K\omega^2$ と近似できる．ただし，$K = A(1)$ である．NTF の零点を $z = 1$ から $z = e^{\pm j\alpha}$ にすると通過帯域の NTF 強度は $|K(\omega-\alpha)(\omega+\alpha)| = |K(\omega^2 - \alpha^2)|$ となる．この 2 乗を通過帯域で積分した量が信号帯域内雑音を表す目安になる．したがって

$$I(\alpha) = \int_0^{\frac{\pi}{OSR}} (\omega^2 - \alpha^2)^2 \, d\omega \tag{3.29}$$

を最小にする $\alpha$ を求める．$I(\alpha)$ を $\alpha$ で微分してそれを 0 とすることで

$$\alpha_{opt} = \frac{1}{\sqrt{3}} \frac{\pi}{OSR} \tag{3.30}$$

を得る．$I(0)/I(\alpha_{opt}) = 9/4$ であるから，SNQR は $10\log(9/4) = 3.5$ dB だけ改善できる．この導出では量子化雑音が白色であることを仮定している．また，

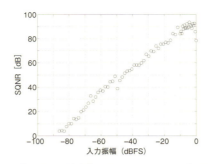

図 3.25 2 次 NTF を最適化したときの SQNR ($OSR = 256$)

周波数範囲 $[0, \pi/OSR]$ で $|A(e^{j\omega})| = 1$ を仮定している．

ピーク SQNR を最大にするための NTF を求めるために，NTF パラメタを徹底的に調べた結果を図 3.25 に示す．最適化された NTF の分母は

$$A_{opt}(z) = 1 - 0.5z^{-1} + 0.16z^{-2} \tag{3.31}$$

である．図 3.10 に示した MOD2 の SQNR と比較して，この NTF を用いた場合の SQNR はより直線的に変化し，フルスケールに近い入力に対しても飽和傾向がみられない．その結果，$OSR = 128$ のときのピーク SQNR は 94 dB 近くになり，図 3.10 の MOD2 より 6 dB 程度高い．

## 3.6 まとめ

この章では，2 次変調器 MOD2 といくつかの実現例について説明した．MOD1 と同様に，dc 入力に対しては MOD2 でも理論的には任意に高い分解能が得られ，様々な不完全性の影響も受けない．OSR を 2 倍にしたときに SQNR が 9 dB で増加する MOD1 とは対照的に，MOD2 ではそれが 15 dB で増加する．その結果，MOD2 は MOD1 よりも低いサンプリングレートで同じ性能を達成できる．2 個の積分器が縦続接続されゲインが 2 乗倍されたため，MOD1 より有限オペアンプゲインの影響を受けにくい．さらに，MOD2 の出力における量子化雑音は，MOD1 の出力よりトーンを含む可能性が低い．これらのことから MOD2 は MOD1 より著しく優れているといえる．MOD2 の欠点としては，第 1 に，アナログとデジタルともにハードウェアが複雑化することを挙げることができる．許容入力範囲が少し狭くなることも欠点である．NTF の次数を高くするメリットは大きいと考えられるため，高次の NTF を得るための ΔΣ ループを探究することは自然の成り行きであり，次の章の主題である．

**【参考文献】**

[1] S. Hein and A. Zakhor, "On the stability of sigma delta modulators," *IEEE Transactions on Signal Processing*, vol. 41, no. 7, pp. 2322–2348, 1993.

[2] B. E. Boser and B. Wooley, "The design of sigma-delta modulation analog-to-digital converters," *IEEE Journal of Solid-State Circuits*, vol. 23, no. 6, pp. 1298–1308, 1988.

[3] R. Gregorian and G. C. Temes, *Analog MOS Integrated Circuits for Signal Processing*. Wiley-Interscience, 1986.

[4] J. Silva, U. Moon, J. Steensgaard, and G. Temes, "Wideband low-distortion delta-sigma ADC topology," *Electronics Letters*, vol. 37, no. 12, pp. 737–738, 2001.

[5] J. Steensgaard-Madsen, *High-Performance Data Converters*. Ph.D. dissertation, The Technical University of Denmark, 1999.

# 4章 高次の ΔΣ 変調器

2次の ΔΣ 変調器は，1次の変調器の構造中の MOD1 の量子化器を自分自身（MOD1）で置き換えることによって得られた．同じ考えに基づいて，MOD2 中の量子化器の代わりに MOD1 を使うことにより3次の変調器が得られる．その NTF は図 4.1(a) に示すとおり $(1-z^{-1})^3$ である．NTF が $(1-z^{-1})^L$ の形をした高次の変調器は同様のやり方で得られる．

高次の変調器の一般的なブロック図を図 4.1(b) に示す．ループフィルタは2つの入力を処理する．すなわち，量子化すべき入力信号 $u$ および変調器の出力 $v$ である．このフィルタの出力 $y$ が量子化器を駆動する．$u$ と $v$ から $y$ までの伝達関数をそれぞれ $L_0(z)$ と $-L_1(z)$ とする．$z$ 変換で表せば，

$$Y(z) = L_0(z)U(z) - L_1(z)V(z) \tag{4.1}$$

$$V(z) = Y(z) + E(z) \tag{4.2}$$

$V(z)$ が次式のように表されるなら

$$V(z) = STF(z)U(z) + NTF(z)E(z) \tag{4.3}$$

次の関係が成り立つのは容易にわかる．

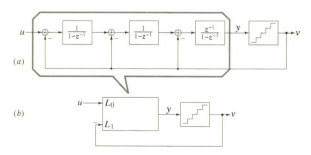

図 4.1 (a) MOD2 の量子化器を MOD1 で置き換えることによって得られた，$(1-z^{-1})^3$ の3次変調器，(b) 高次の ΔΣ 変調器の一般的な表現

$$STF(z) \quad = \quad \frac{L_0(z)}{1 + L_1(z)} \tag{4.4}$$

$$NTF(z) \quad = \quad \frac{1}{1 + L_1(z)} \tag{4.5}$$

いくつかの観察を順に並べる.

a. 遅延なしでは，変調器が物理的に実現可能にはならない．したがって，MOD1 と MOD2 の場合のように，$NTF(z)$ に対応するインパルス応答の最初のサンプルは 1 でなければならない．これは周波数領域では次のような制約となる.

$$NTF(z = \infty) = 1 \tag{4.6}$$

あるいは等価的には，（4.5）より

$$L_1(z = \infty) = 0 \tag{4.7}$$

となるが，これはインパルス応答 $L_1(z)$ の最初のサンプルがゼロでなければならないことを意味する.

b. この STF と NTF は同じ分母を持つが，それは考えているシステムの特性方程式である.

c. （4.5）から，$L_1(z)$ が無限大のとき NTF はゼロとなることが分かる．これはループフィルタの極が NTF の零点であることを意味している．変調器のループフィルタが $L$ 次の NTF で $(1 - z^{-1})^L$ の形である場合，その極は $z = 1$ になければならない．このことは，ループ内には $L$ 個の積分器がなければならないこと，そして低周波数（$z \to 1$）では $L_1(z)$ が $1/(1 - z^{-1})^L$ に近づくことを示している.

d. dc（$z \to 1$）における STF は通常 1 となるように選ばれる．よって，（4.4）より $\lim_{z \to 1} L_0(z) = \lim_{z \to 1} L_1(z)$ を得る.

e. $STF(1) = 1$ の関係を用い，さらに低周波の入力を仮定すると，量子化器への入力は $Y(z) \approx U(s) + (NTF(z) - 1)E(z)$ であると見ることができる．量子化雑音に対して通常の仮定（加法的白色雑音）を設けると，$y$ に含まれる雑音の分散は $(\Delta^2/12)(\|h\|_2^2 - 1)$ であることがわかる．ここで

$$\|h\|_2^2 = \left( \sum_{n=0}^{\infty} h^2[n] \right) \tag{4.8}$$

である．$L$ 次の NTF である $(1 - z^{-1})^L$ に対する帯域内の量子化雑音は
次式で与えられる．

$$IBN \approx \frac{\Delta^2}{12\pi} \int_0^{\frac{\pi}{OSR}} \omega^{2L} d\omega = \frac{\Delta^2}{12\pi(2L+1)} \left( \frac{\pi}{OSR} \right)^{2L+1} \tag{4.9}$$

このような変調器の OSR を 2 倍にすると，その分解能は $(L + 0.5)$ ビット
だけ増加する．したがって，$NTF(z) = (1 - z^{-1})^L$ の $L$ に十分大きい値を使え
ば，いくらでも大きな SNR が得られるように見える．さて，このことが正しい
とすれば話がうますぎる——うますぎる話にはたいてい落とし穴がある．驚くに
はあたらないが，$\Delta\Sigma$ 変調器もその例外ではない．じつは，上で議論してきた $L$
次の NTF は小さな入力に対してさえ不安定になることがわかる．このことは
$\Delta\Sigma$ 変調器の信号に依存する不安定性という問題を突き付ける．これについて次
に議論しよう．

## 4.1 信号に依存した $\Delta\Sigma$ 変調器の不安定性

詳細な議論に入る前に次のことを思い起こそう：

a．帯域内雑音に関する表現（4.9）は量子化雑音が一様分布で，加法的で，
白色であるとしてモデル化できるという仮定に基づいていた．2.2.1 節で
見たように，このことは量子化器への入力が過負荷を起こさない場合には
ほぼ正しい．これは，$M$-レベルの量子化器については入力が範囲
$[-M，M]$ を超えてはいけないという意味である．

b．$\Delta\Sigma$ ループ内の量子化器への入力は 2 つの部分から成っている——（低周
波の）入力 $u$，および $(NTF(z) - 1)$ でシェイピングされて入力に重畳
される量子化誤差である（図 4.2）．

さて，NTF が $(1 - z^{-1})^L$ という形で $L$ が大きい場合について，dc 信号 $u$ で
駆動されている図 4.2 の変調器を考えよう．量子化器の入力 $y$ の分散は
$(\Delta^2/12)(\|h_2^2\| - 1)$ で与えられ，$L = 1$，$\cdots$，4 の場合が表 4.1 にまとめてあ
る．分散が高周波における利得とともに（急激に）増加することがわかる．これ
はもっともなことであって，$\omega = \pi$ における NTF の増加は量子化雑音がルー

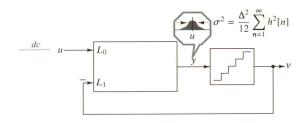

図 4.2 dc 入力に対して，$y$ は dc および分散が $(\Delta^2/12)\sum_{n=1}^{\infty} h^2[n]$ のシェイピングされた雑音から成る

表 4.1 NTF が $(1-z^{-1})^L$ という形の $\Delta\Sigma$ 変調器の量子化器入力に対する，$\pi$ における利得とシェイピングされた雑音の分散（$\Delta = 2$）

| 次数 ($L$) | NTF | $\omega = \pi$ での利得 | $\|h\|_2^2 - 1$ |
|---|---|---|---|
| 1 | $(1-z^{-1})$ | 2 | 1 |
| 2 | $(1-z^{-1})^2$ | 4 | 5 |
| 3 | $(1-z^{-1})^3$ | 8 | 19 |
| 4 | $(1-z^{-1})^4$ | 16 | 69 |

プを巡るにつれて大きく増幅されることを意味する．

$u$（dc であると仮定する）がゆっくりと増加するにつれて，量子化器が飽和する点が来る——最初は頻繁ではないが，$u$ が増加するにつれてどんどん飽和が頻繁になる．量子化器が飽和すると，$u$ に対する等価的な利得とシェイピングされた量子化雑音が共に低下し，$y$ と $v$ の間の近似誤差の分散は $\Delta^2/12 = 1/3$ を超えて増加する．ループに何が起こっているのだろうか？ 洞察を得るため，量子化ステップ数（$M$）は大きいと仮定しよう．

形式的に述べたように，問題は次のようなものである：図 4.3(a) の変調器において，dc 入力 $u$ がゼロから増加するときの振舞いを調べたい．量子化器は $M$ ステップであり，それへの入力が範囲 $[-(M+1), (M+1)]$ を超えると飽和するものと仮定する．我々は次のような観察をする．

a．飽和する量子化器を無限の入力範囲を有する量子化器の後ろに飽和のある非線形性が縦続されたものと考えることにより，飽和の効果は量子化のプロセスと分離することができる（図 4.3(b) 参照）．飽和しない量子化器の（仮想的な）出力を $\hat{y}$ と表す．

b．2.2.1 の議論から，$\hat{y}$ は $y + e$ と考えることができる．ここで，$e$ は一様分布する白色雑音の系列で，その分散が $\Delta^2/12 = 1/3$ である．結果とし

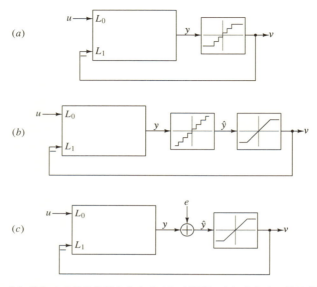

図4.3 (a) 飽和する量子化器を有する $\Delta\Sigma$ 変調器；(b) 飽和する量子化器の影響を無限大の入力範囲を持つ量子化器と利得1の飽和要素の縦続接続でモデル化する；(c) 量子化雑音を一様分布する白色の系列 $e$ ($|e| < \Delta/2$) でモデル化する．$|u|$ が大きければ，飽和は追加の誤差をもたらす

て得られるシステムを図 4.3(c) に示す．ここで行った唯一の仮定は $e$ の性質に関することだけである．

したがって，我々が理解したい現象は等価的に次のように書き直すことができる：図 4.3(c) のシステムは $u$（dc であると仮定する）の関数としてどのように振舞うか？ ただし，$e$ は平均がゼロで分散が 1/3 の一様分布する雑音である．

まず $e = 0$ の場合から考えよう．このループが「うまくゆく」（つまり，$u = v$ となる）ために許容される $u$ の範囲はいかほどか？ 出力を飽和させない入力に対して，すなわち $|u| \leq M$ に対しては，$v = u$ かつ $\hat{y} = y = u$ であることがすぐわかる．このシステムは安定である．なぜか？ NTF は設計により $(1 - z^{-1})^L$ であるから，これは変調器が $L$ 個の極を $z = 0$ に有することを意味している．

$|u|$ が $M$ を超えたら何が起こるだろうか（$e$ が相変わらずゼロのままで）？ 大きな正の $u$ に対して，負帰還ループが $u$ と $v$ を等しくさせようとするにつれて，$v$ は $M$ へと飽和する．$v$ は $M$ を超えることができないので，帰還が闇雲に

$y$ を無限大へと追いやる. 数学的には, 低い周波数において $L_0(z) = L_1(z) \propto z^{-1}/(1 - z^{-1})^L$ で あ る. し た が っ て, $z \to 1$ で は, $Y(z) \approx (U(z) - V(z))/(1 - z^{-1})^L$ だから, $(u - v)$ が $L$ 回積分されることを示している. $(u - v)$ はゼロではないので, もしも $v$ が飽和したら, $y$ は $\infty$ へと到る. かくして, 利用可能な $u$ の範囲は, $e = 0$ のときでさえ, $|u| < M$ で与えられる. $e$ がゼロでないときは, この範囲は以下で説明するように, さらに減少する.

図 4.3 (c) のシステムを, $|u| < M$ であるように選んだ dc の $u$ に対して考えよう. いま, 同図に示すような加法的雑音 $e$ を導入する. $e$ はループ内を巡回するので, もしも $|u|$ が十分小さくて量子化器が過負荷とならなければ, $e$ から $v$ までの伝達関数は単に NTF となる. どのような $u$ の範囲に対して飽和が避けられるだろうか? 図 4.3 (c) を 参 照 し て $Y(z) = STF(z)U(z) + (NTF(z) - 1)(V(z) - Y(z))$ を用いれば,

$$
\begin{aligned}
y[n] &= u + (h[n] - \delta[n]) * (v[n] - y[n]) \\
&= u + \sum_{k=-\infty}^{n} (v[n-k] - y[n-k]) \cdot (h[k] - \delta[k])
\end{aligned}
\tag{4.10}
$$

飽和のない $M$-ステップの量子化器に対して, $|v[n-k] - y[n-k]|$ (これは量子化誤差である) は $(\Delta/2) = 1$ よりも小さくなければならない. したがって,

$$
\max_n y = \max_n \{u + \sum_{k=-\infty}^{n} (|v[n-k] - y[n-k]|) \cdot |h[k] - \delta[k]|\} \leq \max_n u + \sum_{k=1}^{\infty} |h[k]|
\tag{4.11}
$$

よって, 過負荷を避ける十分 (であるが必要ではない) 条件は, $\max_n\{y\}$ を $(M+1)$ に制限することである. なぜなら, 量子化器が過負荷となるのは $y$ が範囲 $[-(M+1), (M+1)]$ を超えるときだからである. この条件は, もしも

$$
|u|_{max} = \max_n |u[n]| \leq M + 2 - \underbrace{\sum_{k=0}^{\infty} |h[k]|}_{\triangleq \|h\|_1}
\tag{4.12}
$$

が成り立てば保証される[1]. ここで, $\|h\|_1$ は $h[n]$ の 1-ノルムと呼ばれる.

$NTF(z) = (1 - z^{-1})^L$ に対して, $\|h\|_1 = 2^L$ である. したがって, (4.12) から $L$-ビット $((2^L - 1)$-ステップ) の量子化器では $|u|_{max} = 1$ である! しかし, もしも $(L+1)$-ビットの量子化器を使っていれば, $|u|_{max} = 2^L + 1$ だったはずであり, このとき量子化器を過負荷にさせることなく使える範囲は量子化器の範囲のおよそ半分であることを示している.

dc, 正弦波, および雑音の入力信号に対する大量のシミュレーションの結果

から，$L=5$ かつ $M>2^5$ に対しては，(4.12) の条件は非常にタイトなものであることが示された[2]．よって，(4.12) で与えられるよりわずかに大きい信号レベルだと不安定をひき起こす可能性がある．これはこの条件の実用上の価値を示している．

小さな $M$ については，(4.12) の条件は制限がきつすぎる．たとえば，おなじみの MOD2 は 2 値の量子化でも $|u|<0.9$ の dc 入力に対して安定であることが知られている．しかし，MOD2 については $\|h\|_1 = 4$ であり，したがって (4.12) は $|u|_{max} = 3 - 4 = -1$ となり，(4.12) はどんな入力に対しても MOD2 の安定性を保証できないことを示している．(4.12) の問題点は，その条件が量子化器が絶対に過負荷を起こさないことを要求しているところにあるのに，現実には量子化器がたまに過負荷となっても正しく動作することができる点にある．

このことをより良く理解するため，図 4.3(c) が dc 入力 $u$ と雑音 $e$ で駆動される非線形システムであることを認識することから始める．次に，アナログ設計者が使い慣れている道具である小信号解析を利用する．$u$ がシステムの動作点を決め，$e$ は増分入力 (incremental input) であると仮定する．

$u$ は dc であり，かつ $|u| \leq M$ を満足するので，非線形素子の入出力はどちらも $u$ である．動作点の出力が $v_q[n] = u$ となるのは図 4.4(a) に示すとおりである．図 4.4(b) に示す増加分に対するモデルでは，$u$ はゼロに設定されており（これが「バイアス」である），飽和する非線形性は利得 $k$ で置き換えられる．飽和する非線形性の入力と出力はそれぞれ $\hat{y}_i$ と $v_i[n]$ で示される．$k$ の値を決めるため，非線形要素を動作点 $u$ の付近で線形化しなければならない．図 4.4(c)

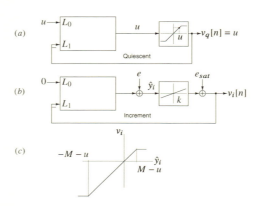

図 4.4 (a) $u$ は動作点を決める．(b) $e$ は増分入力である．飽和要素の等価利得 $k$ は動作点 $u$ と $e$ の性質に依存する．(c) 動作点付近における飽和要素の線形化

はこの目的のために用いる，ずらした特性である．どのようにして $k$ を決めればよいだろうか？ 2.2.1 節で議論したように，$k$ は非線形性の出力 $v_i$ が $\hat{y}_i$ の最良の線形近似となるように選ばなければならない．すなわち，$k = \langle \hat{y}_i, v_i \rangle / \langle \hat{y}_i, \hat{y}_i \rangle$ に選ぶ．この過程に関係したフィッテングの誤差は $e_{sat}$ で表す．

変調器が飽和すると，$k$ は 1 より小さくなる．これには直感的な意味がある：飽和があるときの $v_i$ は飽和がないときに得られたはずの値に比べて小さい．$e$ から $v_i$ までの伝達関数は次のように見える．

$$NTF_k(z) = \frac{k}{1 + kL_1(z)} = \frac{NTF(z)}{k + (1-k)NTF(z)} \qquad (4.13)$$

我々の例では $NTF(z) = (1 - z^{-1})^3$ である．$k$ が変化するから，極は特性多項式 $(1-k)(z-1)^3 + kz^3$ の根で与えられる．図 4.5 は $k$ が 1 からゼロへ低下するときの根の軌跡を示している．飽和がなく，$k = 1$ であれば，このシステムは $z = 0$ に 3 個の極がある．これらの極は $k = 0$ のときは $z = 1$ に存在しなければならない．利得が $k = 0.5$ に向かって減少するにつれて，システムは不安定になる．大概の高次負帰還システムは条件付安定であるに過ぎないので，このことは驚くにあたらない．

線形モデルの振る舞いは，$u$ が増加するにつれて変調器がどうなるかについての洞察を与えてくれる．$|u|$ が $M$ に十分近くて量子化器が飽和するときは，シェイピングされた雑音に対する有効利得は減少する．これは線形化されたシステム（図 4.4b）の極を動かして単位円に近づける．さらに，$e_{sat}$ はもはやゼロではない．$u$ がさらに増加すると，これら両方の効果が目立つようになって $k$ はさらに

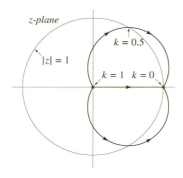

図 4.5 $k$ が 1 から 0 へと減少する際の，$NTF = (1 - z^{-1})^3$ である 3 次の $\Delta\Sigma$ 変調器に対する根軌跡プロット．このシステムは $k < 0.5$ に対して不安定になる

減少し，$e_{sat}$ の分散はさらに増大する．これらは両方とも $\hat{y}_i$ の動きを増大させて，$\hat{y}_i$ やループ中の他の状態が無限大になるという意味においてシステムが不安定になるまで，ループをさらに飽和させる（このことは $k$ を減少させる）．さて，$u$ が $\bar{v}$ に等しくない場合に限りループフィルタの出力は無限大になる可能性があり，それはノイズシェイピングが失われていることを意味する．上記の議論をまとめると次のようになる：

a．非常に大雑把な $|u|$ の上限は量子化器の最大出力 $M$ である．なぜなら，この場合は，量子化器の出力が決して入力とバランスを取ることができないからである．

b．変調器の動作が安定な $|u|$ の範囲は，$M$-ステップの量子化器を仮定すると，高々 $M + 2 - \|h\|_1$ である．この範囲の $u$ に対して量子化器は飽和しない．しかし，これは非常に限定付きの限界である．

c．量子化器が時々飽和するくらいまでは，$|u|$ がこの限界を超えて増加しても変調器は安定なままである．$|u|$ が $M + 2 - \|h\|_1$ を超えることができる量がどれくらいかは，$M$ と（$\|h\|_1$ を介して）NTF に依存する．

このように，安定性は信号に依存するものと覚悟しなければならないことが明らかである．安定動作のための最大入力は，量子化器のフルスケール出力で正規化したものを，$\Delta\Sigma$ 変調器の最大安定振幅（maximum stable amplitude；MSA）と呼び，次のように定義される．

$$MSA \triangleq \frac{\max |u|}{M} \tag{4.14}$$

不安定性の根本的な理由は飽和であり，量子化のプロセスにあるのではない：無限レベルの量子化器を使えば，状態変数が過度に大きくなるという意味で変調器を不安定化させることはない．

前に議論したが，MSA は量子化器を駆動するシェイピングされた雑音の分散に依存し，それはまた NTF の最大利得に依存している．したがって，NTF が $(1 - z^{-1})^L$ という形であって $M$-ステップの量子化器を有する $\Delta\Sigma$ ループに対しては，$L$ が増加すると MSA は減少しなければならない．本節では dc 入力について議論したが，MSA は入力の周波数にも依存すると予想される．類似の効果は 2 次の変調器について 3.3 節で既に見た．

本節を終わるにあたって再度繰り返しておくが，高次のデルタ-シグマ変調器の安定性に関する印象的な研究結果があるけれども，実装する前に広範なビヘイビアシミュレーションをすることが賢明である．使用する量子化器の分解能が低いほど，設計者は不測の不安定性についてより疑い深くあるべきである！

### 4.1.1 最大安定振幅の見積もり

ΔΣ 変調器の最大安定振幅を見積もるにはどうすればよいだろうか？ 変調器を記述する差分方程式をシミュレーションするのが最善のアプローチである．ひとつのシミュレーションのアプローチは次のようなものである．$u$ は帯域内の正弦波で，その振幅は段階的に変化する．それぞれの振幅に対して帯域内の SQNR が計算される．振幅が MSA を超えると，量子化器の入力は無限大に近づく．その結果としてノイズシェイピングが行われなくなり，SQNR が劇的に悪化する．この正弦波を入力する方法の欠点は，MSA を見積もるにあたって複数の長いシミュレーションが（それぞれの振幅に対して1回ずつ）必要となることである．

これに代わる手法[3]は，変調器を 0 からフルスケールに向かって，たとえば，図 4.6(a) に示すように 100 万サンプル以上にわたって，緩やかに変化するランプ波形で駆動する方法である．量子化器への入力はモニターしておく．$u$ が MSA を超えたとき変調器は不安定になり，$y$ は無限大へ近づく．これが起こったときの $u$ の値が MSA である．

図 4.6(b) は 3 次の変調器で $NTF(z) = (1 - z^{-1})^3$ かつ 9 値の量子化器を有するものについて $20\log|y|$ を $u$ の関数としてプロットしたものである．同図か

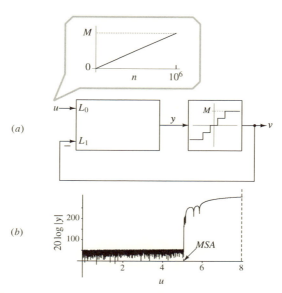

図 4.6 (a) ΔΣ 変調器を緩慢なランプ波で駆動して MSA を見積もる．(b) 3 次のループで $NTF(z) = (1 - z^{-1})^3$ かつ 9 値の量子化器を持つ変調器の $20\log|y|$

ら，MSA がおよそ $-4\,\mathrm{dBFS}$ であることが明らかである．シミュレーションは，この手法が正弦波に対して得られる結果に近い結果をより短時間で与えることを示している．さらに，この MSA が（少なくとも遅い入力に対して），(4.12) から得られた 1/8（$=-18\,\mathrm{dBFS}$）よりも非常に大きいことにも注意しよう．

## 4.2 高次 $\Delta\Sigma$ 変調器の MSA 改善

前節で NTF が $(1-z^{-1})^L$ という形をした $\Delta\Sigma$ ループは，その変調器のフルスケールと比較してかなり小さいレベルで不安定になることが分かった．これは高周波における NTF の大きな利得（$2^L$）によって量子化雑音がループを巡る間に大きく増幅されるからである．その結果として，量子化器は小さな入力に対してさえ過負荷となり，実効的な利得が下がって不安定に至る．どうしたら，ノイズシェイピングの次数を維持したまま安定な入力範囲を改善できるだろうか？

高域で利得が高すぎる，NTF が $(1-z^{-1})^3$ の振幅応答を考えよう．これは前節で長々と議論したように，変調器の入力範囲を制限する．我々は低域における $\omega^3$ のノイズシェイピングを保ったまま MSA を改善したい．MSA は量子化器の過負荷を妨げることによってのみ改善できるが，そのことは高域における NTF の利得を下げることによって達成しなければならない．それは概念的には NTF を低域通過型の伝達関数 $G$（その dc における利得は $\omega=\pi$ における利得よりもはるかに大きい）を乗ずることによって達成できる（図 4.7 参照）．

そのような低域通過フィルタの極の位置はどこであろうか？ これについて直感を働かせるため，図 4.8 のようにして

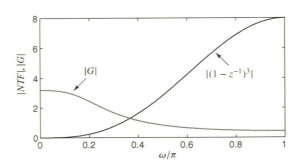

図 4.7 $(1-z^{-1})^3$ の振幅応答と低域通過特性 $G$ の一般的な形．
$|G\cdot NTF|$ は $|NTF|$ と比べて $\omega=\pi$ では利得が低い

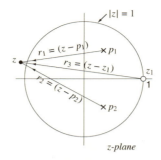

図 4.8 伝達関数が (4.15) の形の場合の, $H(z)$ の幾何学的な解釈

$$H(z) = \frac{(z-z_1)}{(z-p_1)(z-p_2)} \tag{4.15}$$

なる伝達関数の,複素周波数 $z$ における振幅応答を図式的に求める方法を思い出そう.ベクトル $r_1$, $r_2$ および $r_3$ をそれぞれ $p_1$, $p_2$, $z_1$ から $z$ へ向かって描き,さらに式

$$H(z) = \frac{r_3}{r_1 r_2} \tag{4.16}$$

を使うことにより, $H(z)$ が決定できることはすぐにわかる.はじめの問題に戻って, $G(z)$ は 2 次の低域通過フィルタで,伝達関数が $1/[(1-p_1 z^{-1})(1-p_1^* z^{-1})]$ の形であると仮定しよう.したがって,変化した NTF は $(1-z^{-1})^3 G(z)$ である. $G(z)$ の極は $p_1$ と $p_1^*$ にある.どうしてこの特定の $G(z)$ の形に意味があるのかだって? それは変化した NTF が物理的に実現可能であること(それには $(1-z^{-1})^3 G(z)$ が $z \to \infty$ のとき 1 でなければならない)を保証するために必要なのである.

$G(z)$ の利得は $z = -1$ のときよりも $z = 1$ のときの方が大きい必要があるので,図 4.9(a) に示すように, $p_1$ (および $p_1^*$) が $z = -1$ よりも $z = 1$ に近くなければならない.低域通過フィルタがあるおかげで,変化した NTF の $\omega = \pi$ における利得は今や 8 から $8(1/|r_\pi|)^2$ へと減少している.NTF をよりよい形にするため,より高次の $G(z)$ を使うことも原理的には可能である.

$G(z)$ は通過帯域の特性にどう影響するだろうか? 極 $p_1$, $p_1^*$ は $z = 1$ に近いから, $G(1) = (1/|r_0|)^2 > 1$ が成り立つ.さらに,ノイズシェイピングの次数が保存されるのに対して,通過帯域内の NTF は $\omega^3$ から $k_1 \omega^3$ へ増大する.ここで, $k_1 = (1/|r_0|)^2 > 1$ である.こうして,安定な範囲は(NTF の高域の利得が減少するので)拡大される一方,これには通過帯域内の雑音増加が伴う.

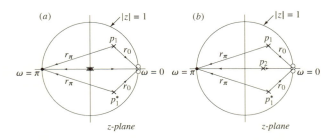

図 4.9 (a) $(1-z^{-1})^3 G(z)$ の極-零点配置. $\omega = \pi$ における利得が 1 よりも小さくなるためには,$p_1$ と $p_1^*$ は $z = -1$ よりも $z = 1$ に近くなければならない. (b) 低域通過フィルタは次数を増やすことなく NTF の極を $z$-平面上の適切な場所に移動させることで実現できる

NTF に補助的な低域通過の伝達関数を乗ずるというアイデアはたしかに安定な入力範囲を拡大するが,変調器の次数が増えるという欠点を伴う.これは以下に記述するように簡単に直すことができる.我々が行ったように,低域通過フィルタを実現するために新しい極(この例では $p_1$ と $p_1^*$ である)を導入するのではなく,図 4.9(b) に示すように,$z = 0$ にある NTF の既存の 3 つの極を $z$-平面の適切な場所へ移動させることができたはずである.言い換えれば,NTF を

$$NTF(z) = \frac{(1-z^{-1})^N}{D(z)} \tag{4.17}$$

に選べばよい.ここで,$D(z)$ は NTF の極が $z = 0$ から離れた $z$-平面上の適切な位置($z = 1$ に近い)へ移動させるようなものである.したがって,低域通過フィルタの伝達関数は $1/D(z)$ であり,$D(z)$ の根はちょうど前に出てきた $G(z)$ の根がそうであったように,帯域外の利得を低減するように選ばれる.「遅延なしのループ禁止」の規則から,$D(z)$ の形は $D(z) = \prod_k (1 - z^{-1} p_k)$ なる形であることが決まる.

本節のはじめの方で議論したように,$|D(e^{j\pi})| > 1$ であるためには $D(z)$ の根が $z = -1$ よりも $z = 1$ の方に近くなければならない.結果として,帯域内のノイズシェイピングは少し劣化するが(図 4.10 参照),安定な入力範囲が増加している.MSA の改善はもちろん NTF のために実際に選ばれた極の位置に依存して色々な可能性がある——本節では,そのいくつかを調べよう.

高次の ΔΣ ループに関するキーポイントをまとめておこう.

a. 量子化器を過負荷にすると ΔΣ ループは不安定になる.
b. 量子化器の入力は変調器の入力とシェイピングされた雑音の和であるか

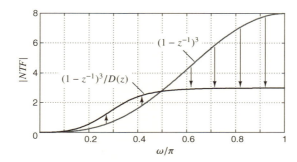

図 4.10 低域通過フィルタは，帯域内の量子化雑音の増加と引き換えに，高域における NTF の利得を低下させる

ら，変調器の安定な入力範囲は量子化器の入力範囲より狭くなければならない．
c．安定な変調器において雑音にもっと急峻なシェイピングを掛けると，不安定を招く可能性と安定な入力範囲が狭まる可能性が高い．
d．より急峻にシェイピングされた雑音に対する NTF（帯域外の利得が高い）は，帯域内の雑音をより少なくするであろう．上記の観察から，アグレッシブな NTF（すなわち，帯域内の雑音を大幅に減衰させようとするもの）は安定な入力範囲がより狭いであろうことがわかる．

この際，全部の議論において繰り返し出てくる話題へと読者の注意を引きたいと思う．これを考えてみよ——MOD1 と MOD2 を比較すると，帯域内の性能は後者の方がずっと良かった（$\omega^2$ に対して $\omega$）．しかし，$\omega = \pi$ における利得はより悪い（4 に対して 2）．この傾向は本章のはじめの方で NTF の形が $(1-z^{-1})^L$ である高次の $\Delta\Sigma$ 変調器を考えたときにも続いた．本節では極の位置を移動させることによって高次の NTF の高域における利得を矯正すると，帯域内の性能が劣化した！　あたかも NTF の帯域内と帯域外の性能がいつも逆方向に変化するように見える：これは我々が検討してきた NTF に対してたまたまそうなるのか，それとも根本的な何かが潜んでいるのか？　これはあとで後者であることが明らかになるが，その問題は 4.5 節で扱う．

高次の変調器に関係した安定性と NTF のトレードオフについての直感を得たので，次に雑音伝達関数をシステマチックに選ぶという話題に進もう．言い換えれば，我々は次の疑問に答えようとしている：所望の帯域内 SQNR を達成するには，NTF をどう決めればよいか？

## 4.3 NTF のシステマチックな設計

　先に見てきたように，NTF は高域通過の伝達関数であって，所望の帯域内 SQNR を達成するように設計しなければならない．典型的な応用では，信号帯域幅，サンプリングレート（通常，システムに応じた制約がある）および所望の SQNR が既知である．量子化器のレベル数を増加させることには現実的な実装上の困難が伴うので，設計者はふつう量子化器を 16 レベルに制限する．設計はどうすればよいか？　これは例題による説明が最も分かり易い．3 次の NTF で $OSR = 64$ の場合でピーク SQNR が 115 dB 以上を 16 レベルの量子化器で達成する設計を考えよう．次のようなステップを踏んで進める[4]．

a．プロトタイプの高域通過フィルタをひとつ選ぶ——ここでは豊富な IIR デジタルフィルタの文献から借りてこよう．よく使われるフィルタのファミリーにはバタワース，チェビシェフ，逆チェビシェフ，および楕円フィルタがある．こういった既製の高域通過フィルタを使う実用上の利点は，自家製のフィルタを工夫するのと比べると，これらの近似によるフィルタ係数が直ちに MATLAB から得られることである．この例題では，3-dB コーナーが $\pi/8$ のバタワースフィルタを（任意に）選択する．バタワースフィルタでは設計がコーナー周波数だけで指定されることを思い出そう．

b．伝達関数は MATLAB から入手する．必要なコードの一部と出力は次のようになる：

```
[b,a] = butter(3,1/8,'high')
```

$$H(z) = \frac{0.6735 - 2.0204z^{-1} + 2.0204z^{-2} - 0.6735z^{-3}}{1 - 2.2192z^{-1} + 1.7151z^{-2} - 0.4535z^{-3}}$$

標準的なやり方に従って，このフィルタの係数は，高域通過フィルタの通過域利得が 1 となるようにスケーリングされている．考えるべき問題は次のようである．NTF は高域通過フィルタであるが，どんな高域通過フィルタでも NTF になり得るのか？　この問題については以前取りあげた——物理的に実現可能な NTF ならば，$z = \infty$ で評価したときに 1 にならないといけない．これは「遅延なしループの禁止」によって課される周波数領域における制約である．

上の例題において，$H(z = \infty) = 0.6735$ は物理的に実現不可能であることを示している．したがって，これは 1/0.6736 でスケーリングしなければならない．結果として得られる NTF は

$$NTF(z) = \frac{(1 - 3z^{-1} + 3z^{-2} - z^{-3})}{1 - 2.2192z^{-1} + 1.7151z^{-2} - 0.4535z^{-3}} \quad (4.18)$$

で与えられる．NTF の高域における（一定の）利得は帯域外利得（out-of-band gain；OBG）と呼ばれる．この例題では $OBG = 1/0.6735 = 1.48$ である．図 4.11 は $H(z)$ と $NTF(z)$ の振幅応答を示している．

(4.18) で与えられる NTF の帯域内利得は $NTF(z) = (1 - z^{-1})^3$ のそれと比較してどうであろうか？ $z \to 1$ につれて，(4.18) の分母は 0.0424 に近づく：我々の NTF の帯域内利得は $\omega^3/0.0424$ であり，$(1 - z^{-1})^3$ のそれの約 24 倍大きい．OBG がずっと小さいのだから，これは驚くにあたらない．

c．次に，ループフィルタの伝達関数を $1/(1 + L_1(z)) = NTF(z)$ の関係から見つける．結果は

$$L_1(z) = \frac{0.7808z^{-1} - 1.285z^{-2} + 0.5465z^{-3}}{1 - 3z^{-1} + 3z^{-2} - z^{-3}} \quad (4.19)$$

所望の NTF を持つ ΔΣ 変調器を実現するひとつの方法は，図 4.1 において $L_0 = L_1 = L$ の特別な場合を使うことである（図 4.12 参照）．

d．つづいて変調器を記述する式をシミュレーションして，MSA を決定し，これによりピーク SQNR が決まる．我々の例題では，フルスケールの約 85% の MSA が得られ，102 dB のピーク SQNR が得られる．これは設計目標に 13 dB ほど足りない．

e．SQNR が十分でないので，この高域通過フィルタは低周波を十分減衰さ

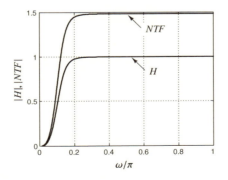

図 4.11　$H$ と $NTF$ の振幅応答．$NTF$ の OBG は 1.48 で，得られる SQNR は約 102 dB である

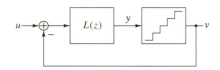

図 4.12　$L_0 = L_1 = L$ である $\Delta\Sigma$ 変調器の構造

せるという仕事を十分行っていないと結論される．したがって，このバターワース高域通過フィルタのカットオフ周波数を増加させなければならない．この例題ではフィルタの 3 dB コーナー周波数を $\pi/8$ から $\pi/4$ へ増加させよう．上記のステップ（b）を再度行うと，得られる NTF の OBG は前に得た値よりも大きくなるであろう．OBG が増加するので，MSA は減少しなければならない．

f．ステップ（c）と（d）を済ませた後，OBG と MSA はそれぞれ 2.25 およびフルスケールの 80% となることがわかる．また，ピーク SQNR は約 116 dB である．このようにして我々は設計目標を達成できた．

## 4.4　最適な零点配置を有する雑音伝達関数

前節までで，$(1 - z^{-1})^N / D(z)$ という形をした NTF を扱った．この NTF は零点が全部 $z = 1$ にある．信号帯域においては $|NTF|^2 \approx k_1 \omega^{2N}$ であり，先に見たように $k_1 > 1$ である．

$$\text{帯域内雑音} = \frac{\Delta^2}{12\pi} \int_0^{\frac{\pi}{OSR}} k_1 \omega^{2N} \, d\omega \tag{4.20}$$

図 4.13(a) は信号帯域における 2 次の NTF の振幅の 2 乗を示している．明ら

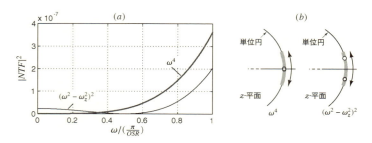

図 4.13　(a) 零点が 2 個とも $z = 1$ にある場合と最適化された零点を持つ場合の，2 次の NTF の振幅の 2 乗，および (b) $z$-平面におけるそれぞれの零点の位置

かに，帯域内雑音に対する寄与の大部分は帯域端の付近から来る成分である．
もっと上手くやることができる．図 4.13 のように NTF の零点を（$e^{\pm j\omega_z}$ の形
の）複素数にすればよい．これに対応する振幅の 2 乗応答は図 4.13 に示すよう
に，$k_1(\omega^2 - \omega_z^2)^2$ で与えられる．しかし，最良の結果を得るには $\omega_z$ をどう選べ
ばよいのか？　最適な $\omega_z$ は次の積分を最小化する値である．

$$\frac{\Delta^2}{12\pi} \int_0^{\frac{\pi}{OSR}} k_1(\omega^2 - \omega_z^2)^2 \, d\omega \tag{4.21}$$

簡単な解析により，最適値は

$$\omega_z = \frac{\pi}{OSR} \frac{1}{\sqrt{3}} \tag{4.22}$$

であることが示される．これにより帯域内雑音は 3.5 dB 低下する．

　上記の議論から，より高次の NTF を使って零点の位置を最適化すればより
大きな利益が見込まれる．しかし，最適化の原理は変わらない：正規化した雑音
電力は信号帯域に渡る NTF 振幅の 2 乗積分値で与えられ，それは全部の零点
の値に関して最小化される．最適な零点は，この積分の偏微分がゼロに等しいと
置いて得られる．

　結果として得られる（信号帯域の端に対して正規化された）零点の値を，1 か
ら 8 次の NTF に対して，表 4.2 に与えた．これらの零点を与える最適化のプ
ロセスは，量子化雑音が白色であり，NTF の極が帯域内雑音に大きな影響を与
えないことを仮定している．もしもこれらの条件が成り立たないならば，あるい
は，例えばオーディオ信号における A-カーブ補正のように周波数によって雑音
の重み付けを変えなければならないならば，これらの要素を積分の重み係数とい
う形で最適化のプロセスに取り込んでさらに最適化を行えばよい．

表 4.2　帯域内雑音を最小化する零点の配置

| 次数 | 零点の位置<br>（帯域端に対する相対値） | SQNR の改善<br>[dB] |
|:---:|:---:|:---:|
| 1 | 0 | 0 |
| 2 | $\pm 1/\sqrt{3} = \pm 0.577$ | 3.5 |
| 3 | $0, \pm\sqrt{3/5} = \pm 0.775$ | 8 |
| 4 | $\pm 0.340, \pm 0.861$ | 13 |
| 5 | $0, \pm 0.539, \pm 0.906$ | 18 |
| 6 | $\pm 0.23862, \pm 0.66121, \pm 0.93247$ | 23 |
| 7 | $0, \pm 0.40585, \pm 0.74153, \pm 0.94911$ | 28 |
| 8 | $0, \pm 0.18343, \pm 0.52553, \pm 0.79667, \pm 0.96029$ | 34 |

## 4.5 雑音伝達関数の基本的な様相

これまでのところ本書では，$(1 - z^{-1})/D(z)$ の形の NTF と，その零点を最適化したものについて見てきた．また，良好な帯域内特性は高い帯域外利得を伴うことを，繰り返し見た．これはたまたまそうなったのか，あるいは，より根本的な何かが潜んでいるのか？ 注意深い読者なら薄々感づいていたかもしれないが，それは後者であることが明らかになる．本節ではこの関連性をより詳しく調べよう．

### 4.5.1 ボードの感度積分

ΔΣ 変調器の NTF に関して議論する前に，制御理論における次の事実をおさらいしよう．図 4.14 に示す離散時間のフィードバックシステムを考える．$x$ が入力で $v$ が出力である．$e$ はループフィルタ $L$ の出力において注入される外乱である．

$$V(z) = \frac{L(z)}{1 + L(z)} X(z) + \frac{1}{1 + L(z)} E(z) \tag{4.23}$$

もしも $L(z) = \infty$ であれば，$V(z) = X(z)$ でありループは $E(z)$ を抑圧する．言い換えれば，このループは $E(z)$ に対して鈍感（insensitive）である．$L(z)$ はどの周波数でも ∞ ではありえないから，ループが外乱 $e$ を効果的に排除できるのはループ利得が大きい周波数においてだけである．感度関数（sensitivity function）は次のように定義される．

$$S(e^{j\omega}) = \frac{1}{1 + L(e^{j\omega})} \tag{4.24}$$

この式はループがどれほど効果的に $e$ を抑圧するかを定量化する．ΔΣ ループの中では，感度は NTF と等しい．前の議論から，$NTF(z)$ に対応するインパルス応答の最初のサンプルは 1 でなければならない．このことは，周波数領域においては $NTF(\infty) = 1$ と等価である．さらに，NTF の分母分子の多項式が 1 次

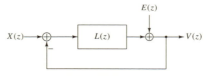

図 4.14 フィードバックループの感度は外乱 $e$ から出力 $y$ までの伝達関数として定義される

と 2 次の因子の積として表現できることから，$NTF(z)$ は次のように書ける．

$$NTF(z) = \frac{(1 + b_1 z^{-1})(1 + b_2 z^{-1} + b_3 z^{-2}) \cdots}{(1 + a_1 z^{-1})(1 + a_2 z^{-1} + a_3 z^{-3}) \cdots} \tag{4.25}$$

安定な変調器に対しては，極は単位円の内側になければならない．NTF の零点は単位円の上にある．$\log[z/(z + a_1)]$ を単位円上で積分することにより，$|a_1| \leq 1$ ならば

$$\int_0^\pi \log(|1 + a_1 e^{-j\omega}|) \, d\omega = 0 \tag{4.26}$$

であることを示すのは簡単である．(4.26) は $(1 + a_1 e^{-j\omega})$ の対数振幅プロットがゼロ以上であるところの面積とゼロ以下の面積が等しいことを示している（図 4.15 参照）．(4.26) を受け入れれば，$1 + a_2 z^{-1} + a_3 z^{-2}$ の根が単位円の中（あるいは上）にあるとき

$$\int_0^\pi \log(|1 + a_2 e^{-j\omega} + a_3 e^{-j2\omega}|) \, d\omega = 0 \tag{4.27}$$

であることはすぐにわかる．

この NTF は (4.25) に示したように 1 次と 2 次の多項式の比に展開できて，NTF の対数振幅の積分が

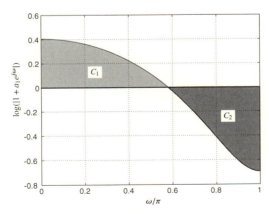

図 4.15　$|a_1| < 1$ の場合，ゼロの上の面積（$C_1$）とゼロの下の面積（$C_2$）は等しい

$$\int_0^\pi \log|NTF(e^{j\omega})|d\omega = \int_0^\pi \log\left|\frac{(1+b_1e^{-j\omega})(1+b_2e^{-j\omega}+b_3e^{-2j\omega})\cdots}{(1+a_1e^{-j\omega})(1+a_2e^{-j\omega}+a_3e^{-3j\omega})\cdots}\right|d\omega = 0 \tag{4.28}$$

となることがわかる．ΔΣ ループ中の NTF はフィードバックループの感度と同じであるから，上の式は次の式と等価である．

$$\int_0^\pi \log(|S(e^{j\omega})|)d\omega = 0 \tag{4.29}$$

この積分の式は制御理論でよく知られており，ボードの感度積分（Bode sensitivity integral）と呼ばれている．これは遅延無しのフィードバックループが物理的に実現不可能であるという事実の直接の帰結である[5]．

したがって，ΔΣ 変調器では，貧弱な帯域外性能というツケを支払ってはじめて，良好な帯域内性能を得ることができる．帯域内利得を減らそうとすれば，どうしても高域における利得の増大を惹き起こすのである．

ボードの感度積分は，高次の NTF を使うとなぜ帯域内の量子化雑音をより効果的に低減できるのか，別の洞察を与えてくれる．図 4.16 は帯域外利得が同じだが次数の異なる 2 つの NTF の対数振幅を示している．信号帯域は破線で示してある．高次の NTF ではより狭い遷移帯域が可能である．これは 0 dB の線の上にある面積を増やし，これによって，より大きな「負の面積」が使えるようになる．さらに，遷移帯域がより狭いので，この帯域で「無駄に」費やされる負の面積が少ないことになる．このことが帯域内利得を低下させることを可能にし，結果として，より良い帯域内特性がえられることにつながる．

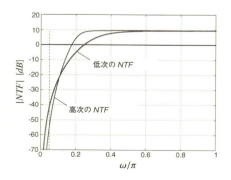

図 4.16　高次の NTF は大きな「正の面積」と急峻な遷移帯を持っている

## 4.6 高次の1ビット ΔΣ 変換器

本書ではこれまでのところ，オーバーサンプリングと負帰還を組み合わせることによって，ループ内に埋め込まれた粗い量子化器の実効分解能を劇的に増加できることを見てきた．信号帯域において必要とされる SQNR をもたらすことができるいくつかのアプローチがある．サンプリングレートの増加（より高い OSR に等価）によって，あるいはノイズシェイピング次数の増加によって量子化器の量子化レベル数を減らすことができる．量子化レベル数の少ない量子化器を使うことの利点は，変調器を実現するために必要なハードウェア量が少なくできるところにある．使うことのできる量子化器で最も簡単なものは2つのレベルを持つもので，1ビット量子化器とも呼ばれている．

非常に実現容易であるということを別にしても，1ビット量子化器は 2.4.1 節で議論したような意味において元来線形であり，その閾値あるいはレベルの誤差が引き起こすのは，ループ内におけるオフセットと利得という（良性の）誤差である．量子化器の出力は単に入力の符号であるから，ループフィルタの出力は変調器の出力に影響を与えることなくスケーリングできる（図 4.17 参照）．というわけで，このことはループ中の積分器で使われている演算増幅器の設計を簡単化できる可能性を持っている．

加法的な量子化雑音というモデルに基づいたこれまでの経験から，何がわかるだろうか？　マルチレベルの設計と比較して，同じ帯域内 SQNR を達成するためにはより大きな OSR が必要となるはずだと知るべきである．なぜなら，1ビット量子化器によって加算される量子化雑音はずっと大きいのだから．同じ理由で，同じ NTF のマルチビットループと比べると，2値の場合 MSA は減少するはずである．さらに，ループフィルタで処理すべき誤差の波形は振幅がずっと大きくなる．このことは，同レベルの総合的性能を得るためには，ループフィルタはマルチビットの設計と比べてずっと線形でなければならないことを意味している．

上記の1ビット変調器に関する結論は我々が学んだマルチビット ΔΣ 変調器

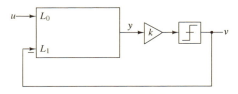

図 4.17　1ビット量子化器の出力の信号系列はループフィルタの出力にある正の係数 $k$ によるスケーリングの影響を受けない

から得られた洞察に基づくものであった．これらは大体正しいが，1ビット $\Delta\Sigma$ 変調器が予期しない振る舞いをするとしても驚いてはいけない．いずれにせよ，1ビット量子化器はいつでも飽和しており，このことは加法的な白色の量子化雑音というモデルが特に怪しいことを意味している．

マルチビット変調器の安定性に関する議論では，安定性を知るために必要なのは NTF だけだということだった．1ビット変調器の場合については，重要な疑問は「安定な動作のためにはどんな性質の NTF が必要かつ十分なのか？」というものだ．残念ながら，この疑問に対する簡単かつ確実な答えは知られていない．検証済みの結果は一般に厳しすぎる（控えめに過ぎる）か，一定入力の状態にある特定の変調器にだけ適用できるもののどちらかだ．広く用いられている近似的な判定基準は（変形された）リーの規則（modified Lee's rule）である[6.7]．

1ビット変調器は $\max_{\omega}(|NTF(e^{j\omega})|) < 1.5$ であれば安定である可能性が高い．

量 $\max_{\omega}(|NTF(e^{j\omega})|)$ は NTF の全周波数における利得の最大値であり，$NTF$ の無限大ノルムとも呼ばれ，数学的記法では $\|NTF\|_{\infty}$ と書く．この条件のオリジナルの陳述では，$\|NTF\|_{\infty}$ の限界が2と与えられていたが，高次の変調器に対する経験が得られるに従い，この経験則は限界が1.5に改訂された．中程度の次数の変調器（3ないし4次）に対しては，もう少し大きな値でもよいが，非常に高次の変調器（7次あるいはそれ以上）ではもっと保守的な $\|NTF\|_{\infty} = 1.4$ がより適切であろう．

この条件は必要でも（$\|NTF\|_{\infty} = 4$ でも大丈夫だった $NTF(z) = (1 - z^{-1})^2$ の安定な MOD2 で見たように），十分でもない（この条件は入力信号についての制限について何も述べていない）ことに注意せよ．それにもかかわらず，その簡単さゆえ，いくらか利用されている．リーの規則は1ビット変調器に対して先験的に不安定を予測するための役に立つ経験則ではあるが，しっかりした理論的基礎があるものではないので，多数のシミュレーションによって確かめる必要がある．

$NTF(e^{j\omega})$ の最大値は通常 $\omega = \pi$ において生ずる．なぜなら，この点は零点（これらは $z = 1$ 周辺にかたまって存在する）から最も離れており，かつ極に最も近いからである．例外は $NTF(z)$ が高い Q の極を持つ場合で，この場合ピーク値は主要極（Q が最大の極）の近くで生ずるだろう．

図 4.18 から図 4.20 は追加の設計情報を提供するものである[8]．これらのカーブは変調器次数 $N = 1 \sim 8$ について最適な零点配置を適用した場合に達成

4 章　高次の ΔΣ 変調器　　115

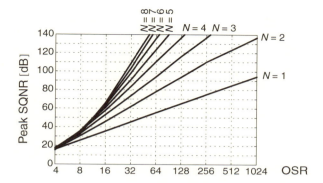

図 4.18　N 次の 1 ビット変調器に対する経験的な SQNR の限界

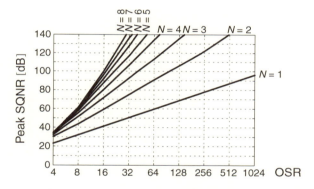

図 4.19　N 次の 2 ビット量子化器による変調器の経験的な SQNR の限界

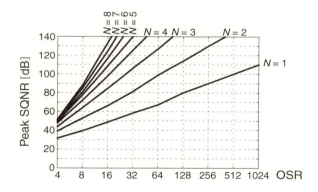

図 4.20　N 次の 3 ビット量子化器による変調器の経験的な SQNR の限界

可能な信号対雑音比（SQNR）のピーク値を示したものである（内部の量子化は 1 ビットないし 3 ビットである）．これらのカーブは安定性を確保するために必要な入力 $u$ の低減の効果を含んでいる．したがって，これらは現実の（線形化していない非線形の）変調器に対する，実際の性能を正確に予測する．

## 4.7 離散時間 $\Delta\Sigma$ 変換器のためのループフィルタのトポロジ

NTF の選択に関する種々のトレードオフがわかったところで，つぎは図 4.2 におけるループフィルタ $L_0(z)$ と $L_1(z)$ を実現する番だ．本節ではいくつかの基本的な構成を述べよう：いくつかの構成が第 3 章で議論した 2 次の変調器 MOD2 をそのまま一般化したものであるのに対して，その他の構成はそうではない．所望の NTF は色々なやり方で実現できるから，このことは次の疑問を呼び起こす：どのトポロジを選択すべきか，それはなぜか？ 我々は以下でこの疑問に対して光を投げかけてみたい[4,9,10]．

### 4.7.1 分散したフィードバックを有するループフィルタ：CIFB および CRFB ファミリー

図 4.21 は図 4.1 と同じ路線に沿って導出された 3 次の $\Delta\Sigma$ 変調器を示している．このループフィルタは 3 個の遅延付き積分器を縦続したものからできていて，量子化器の出力がそれぞれの積分器に異なる重みでフィードバックされている．これが CIFB 構造であり，より高次への拡張も簡単である．次のことがすぐわかる．

$$L_0(z) = \frac{b_1 z^{-3}}{(1-z^{-1})^3}, \quad L_1(z) = \frac{a_1 z^{-3}}{(1-z^{-1})^3} + \frac{a_2 z^{-2}}{(1-z^{-1})^2} + \frac{a_3 z^{-1}}{(1-z^{-1})} \quad (4.30)$$

$L_0$ と $L_1$ は 3 個の極を dc（$z=1$）に持っている．この NTF と STF は次のように与えられる．

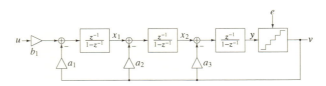

図 4.21 3 次 NTF のフィードバック付き縦続積分器（CIFB：cascade of integrators with feedback）構造による実現．NTF の零点はすべて $z=1$ にある

$$NTF(z) \quad = \quad \frac{(1 - z^{-1})^3}{(1 - z^{-1})^3 + a_3 z^{-1}(1 - z^{-1})^2 + a_2 z^{-2}(1 - z^{-1}) + a_1 z^{-3}} \qquad (4.31)$$

$$STF(z) \quad = \quad \frac{b_1 z^{-3}}{(1 - z^{-1})^3 + a_3 z^{-1}(1 - z^{-1})^2 + a_2 z^{-2}(1 - z^{-1}) + a_1 z^{-3}} \qquad (4.32)$$

両方の伝達関数の分母は同一である．なぜなら，これらは両方とも同一のシステムに関係付けられているからである．この NTF は物理的実現性のための条件である $NTF(z = \infty) = 1$ を満足する．この NTF は $L_1(z)$ の dc にある 3 個の極に対応して，dc に 3 個の零点を持つ．$a_1$, $\cdots$, $a_3$ は（NTF から規定される）所望の極ができるように選ぶ．

STF の dc 利得（ゲイン）は $STF(1)$ で与えられ，$(b_1/a_1)$ である．このことは上の式から明らかであるのに対して，その利得は図 4.21 から次のようにして直観的に推定できる．安定な負帰還ループの中では，どの積分器に対しても入力の平均値はゼロでなくてはならない．なぜか？　もしこれが正しくなかったとすると，ゼロでない dc が積算されて積分器の出力を無限大にするから，安定なシステムであるという仮定に反する．この原理を図 4.21 の最初の積分器に適用すると，dc において $b_1\overline{u} = a_1\overline{v}$ であるから，結果として dc 利得は $(b_1/a_1)$ になる．

STF の dc 利得が 1 になるよう $b_1$ と $a_1$ を等しく選び，さらに入力 $u$ がゆっくり変化するものとすれば，$Y(z) \approx U(z) + (NTF(z) - 1)E(z)$ が成り立つ．前に見たように，$y$ は入力信号にシェイピングされた量子化雑音が乗っかったものから成る．$u$ の振幅が MSA に等しいとき，$y$ のピークツーピークの振れ幅は近似的に量子化器の過負荷にならない範囲である．これらの条件下において，2 番目と 3 番目の出力（$x_1$ と $x_2$）の振れ幅はどれくらいになるか？

例題：3 次の最大平坦の NTF で OBG = 2.25 の場合
NTF（4.3 節の手法で見つける）は次式で与えられる．

$$NTF = \frac{(1 - z^{-1})^3}{1 - 1.467z^{-1} + 0.8917z^{-2} - 0.1967z^{-3}}$$

上の NTF の分母の $z^{-1}$ と同じ冪の係数が，一般形の式（4.31）のそれと等しいと置くと，$a_1 = 0.228$, $a_2 = 0.957$, $a_3 = 1.533$ を得る．この NTF の帯域内の RMS 量子化雑音は，$(1 - z^{-1})^3$ という NTF で得られるそれと比べてどうか？　図 4.21 からわかるように，$a_1$ は $L_1(z)$ の「3 重積分」経路の利得を表している——すなわち，$z^{-3}/(1 - z^{-1})^3$ の係数である．したがって，NTF は $1/(1 + L_1(z))$ だから，低周波で

はこれは近似的に $1/L_1(e^{j\omega}) \approx \omega^3/a_1$ となる．かくして，信号帯域における NTF の大きさはループフィルタ経路の積分の最大次数でおよそ推定できることがわかった．この例では，OBG を 2.25 に下げることにより NTF の低周波利得（および帯域内 RMS 雑音）が係数 $1/a_1 = 4.4$ 倍だけ大きくなった．

もし帯域内の NTF が $a_1$ だけに依存するというのなら，一体全体，どうして $L_1(z)$ に 2 次と 1 次の経路が必要なのかといぶかるかもしれない．これらの経路は負帰還ループを安定化するために必要なものである．また，$a_3$ は $a_2$ よりも大きく，さらに $a_1$ よりかなり大きい．どうしてこれに直観的な意味があるのだろうか？　安定な負帰還ループには「間に合わせの」高速経路が含まれているものだが，それはループに対して大まかな誤差に関する良い感覚を与えてコース修正をするために必要なのである．「精密な経路」は定常状態における精度（$\Delta\Sigma$ の文脈では NTF の低域における利得のことである）を保証するために必要であり，それは高い利得をもつほうがよく，積分器を縦続して達成される．この縦続接続により，高次の経路は遅くならざるを得ない．十分な量のすばやいフィードバックを提供する高速な経路がないと，利得は高いが遅い経路によって不安定が生ずるに違いない．このことは，1 次の経路は十分な利得を持たなければならないことを意味する．これこそ $a_3$（これは 1 次の経路の利得である）が大きな値を持つことに意味がある理由である．

これを決めるには重ねあわせを利用する．$u$ だけがあったとすると（$e = 0$ とする），$v = u$ である．$x_1$ と $x_2$ はそれぞれ $a_2u$ と $a_3u$ である．なぜか？　安定な負帰還システム中の積分器に対する dc の入力はゼロでなければならないことを思い起こせ．この議論を敷衍すると，どの積分器の入力における低周波成分も極めて小さくなければならない．したがって，$x_1 = a_2v = a_2u$ かつ $x_2 = a_3v = a_3u$ である．なぜなら，$e$ がなければ $v = u$ だからである．$e$ だけがある場合は，$v$ は $e$ が 3 次のシェイピングを受けたものである．$x_1$ は $v$ が累積されたものであり，これは 2 次のシェイピングを受けている．$x_2$ は 1 次と 2 次にシェイピングされた雑音から成っている．同様にして，$x_3 (= y)$ は全部の次数でシェイピングされた雑音から成る．まとめると，

$x_1 = a_2u + $ 2 次のシェイピングを受けた雑音，

$x_2 = a_3u + $ 1 次と 2 次のシェイピングを受けた雑音，

$x_3 = y = u + $ 全次数のシェイピングを受けた雑音．

$u$ は安定な最大の振幅を持つ正弦波であるから，$y$ のピークツーピーク振れ幅は事実上の量子化器が過負荷にならない範囲のことである．実際には後者が変調

器の設計で使われる電源電圧にちょうど適合することのできる最大の範囲に選ばれる．この選択はADCのステップサイズを最大化し，その設計を簡単にするから，役に立つものである．MSAは典型的には量子化範囲の大きな割合（約85%）を占める．これが意味するのは，$\Delta\Sigma$変調器を図4.21のように実現することは潜在的に$x_1$と$x_2$の範囲が量子化器の範囲（与えられた電源電圧で可能な最大値だと仮定していた範囲）を超え得るということだ．上記の変調器の例において，$a_3 = 1.53$と$a_2 = 0.95$で正弦波入力の振幅がフルスケールの85%）だとすると，シミュレーション結果によれば$x_2$は$x_3$よりもかなり振れ幅が大きい（$x_{2,\max} \approx 21$および$x_{3,\max} \approx 15$となる）．

現実的には内部で大振幅が生ずることは問題がある．というのは，積分器を実現するオペアンプを飽和させ，それが大幅な性能低下を惹き起こし，変調器を不安定化させかねないからだ．内部状態の早すぎる飽和を防ぐには，ループフィルタの伝達関数$L_0$と$L_1$に影響を与えないようにしつつ内部状態をスケーリングしなければならない．このプロセスはダイナミックレンジ・スケーリングと呼ばれている．

図4.22(a)は入力$v_1$と$v_2$の重み付き加算を行う，シングルエンドの遅延ありスイッチトキャパシタ積分器である．この積分器の$v_1$と$v_2$から$v_o$までの伝達関数はそれぞれ$(C_1/C_A)z^{-1}/(1-z^{-1})$および$(C_2/C_A)z^{-1}/(1-z^{-1})$である．この積分器のマクロモデルを図4.22(b)に示す．したがって，出力は$C_A$，ある

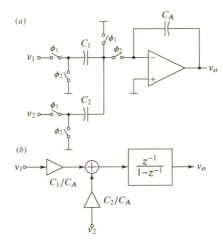

図4.22 (a) 遅延のあるスイッチトキャパシタ積分器を仮定する；(b) それに等価なマクロモデル

いは $C_1$ と $C_2$ を変化させることによってスケーリングできる.解析結果(第7章参照)によれば入力の経路は二乗平均値がそれぞれ $C_1$ と $C_2$ に比例する雑音によって汚染されている.

図 4.23(a) において網掛けで示した変調器の一部を考えよう.変調器の STF の dc 利得が 1 に設定されていたとすると,$b_1 = a_1$ である.次に,入力の積分器は $v_i$ と表される $(u - v)$ を処理する.この利得 $a_1 (= b_1)$ は次段の加算器に繰り入れることができる.スイッチトキャパシタ積分器で作った回路のマクロモデルを図 4.23(b) に示す.$\overline{v_{ni}^2}$ は入力に換算した最初の積分器の 2 乗平均雑音を表わす.$C_1/C_A$ で $b_1$ を実現する.第 2 の積分器は $x_1$ と $v$ を重み付き加算したものを処理する.この積分器の入力キャパシタは $C_2$ と $C_3$ と表記されており,積分キャパシタは $C_B$ と表記されている.2 つの入力経路からの入力換算した熱雑音は $\overline{v_{n1}^2}$ と $\overline{v_{n2}^2}$ で表してある.

我々は,$v_i$ から $x_2$ までの伝達関数が変わらないように保ったまま,$x_1$ を係数 $\alpha$ でスケーリングしたいものとしよう.積分器の帰還キャパシタ $C_A$ を係数 $\alpha$ だ

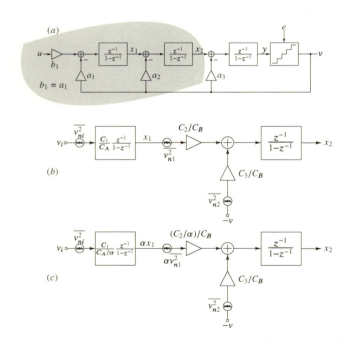

図 4.23 (a) シグナルフローグラフの一部; (b) $x_1$ は $\alpha$ 倍にスケーリングされるが,$v_i$ から $x_1$ と $x_2$ までの伝達関数は変わらずそのままである

け減少させると，$x_1$ が係数 $\alpha$ でスケーリングされる．$x_2$ を同じに保つには，($x_1$ をセンスする) 次段の入力キャパシタ $C_2$ を $\alpha$ 倍だけ減少させなければならない (図 4.23(c) 参照).

$x_1$ をスケーリングすると，$x_2$ における雑音には興味深い結果がもたらされる．$C_2$ が低減されているので，$\overline{v_{n1}^2}$ は $\alpha$ 倍になるが，雑音源から $x_2$ までの伝達関数は同じ係数分だけ低減している．したがって，$v_o$ における二乗平均雑音に対する $v_{n1}$ の寄与は $\alpha$ 倍だけ減少する．$x_1$ を $\alpha > 1$ でスケーリングすることは，回路中の総容量値の低減だけでなく，雑音の低減に対しても望ましい結果をもたらす．しかし，$\alpha$ が過大であると，初段の積分器は飽和することになる——これは避けなくてはならないことだ．こうして，$\alpha$ は飽和を起こさない範囲で，できるだけ大きく選ぶべきであることがわかる．低雑音かつ面積効率のよい設計を達成するには，全てのオペアンプの出力に対してこの練習（エクササイズ）を適用すべきである．前に述べたように，この手続きはダイナミックレンジ・スケーリングと呼ばれており，設計の過程において本質的な部分である．

図 4.24(a) と (b) は，ダイナミックレンジ・スケーリングのない場合とある場合について図 4.21 の CIFB 変調器の構造を示している．後者では，スケーリングは係数 $c_1$ と $c_2$ によって行われている．dc における STF は 1 である．図 4.25(a) は図 4.24(a) の CIFB 変調器の出力を示している．量子化器は 16 のレベル (ステップサイズは 2) を持つと仮定している．入力はフルスケールの 80% の振幅の正弦波である．以前に導いたように，各積分器の出力は入力の成分を含んでいる．$x_2$ は実際の実現において飽和し得ることが見て取れる．ダイナミックレンジ・スケーリングのあと (図 4.25(b) 参照) では，$x_1$ と $x_2$ のピーク

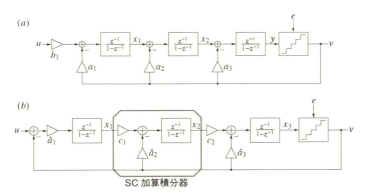

図 4.24 (a) CIFB 変調器のプロトタイプ，および (b) ダイナミックレンジ・スケーリングの取り込み．STF の dc 利得は 1 に制約されている

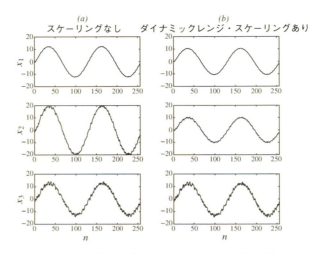

図 4.25 CIFB 変調器（図 4.21）における積分器の出力．(a) ダイナミックレンジ・スケーリング前，および(b) ダイナミックレンジ・スケーリング後．入力はフルスケールの 80%の振幅の正弦波である

振幅が 12 に制限されており，飽和する危険性はない．

図 4.24(b) の STF はどうなっているだろうか？ 視察により $L_0(z) = \hat{a}_1 c_1 c_2 z^{-3}/(1-z^{-1})^3$ である．したがって，

$$STF(z) = \frac{L_0(z)}{1+L_1(z)} = \frac{\hat{a}_1 c_1 c_2 z^{-3}}{D(z)} \tag{4.33}$$

ここで，$D(z)$ は NTF の分母多項式である．本章の前のほうで議論したように，$1/D(z)$ は低域通過の応答であり，高域の利得を手なづけて $(1-z^{-1})^3$ となるように選ばれたものである．よって，STF の振幅応答は低域通過型でなければならず，その詳細は $D(z)$ を具体的にどう選んだかで決まってしまう．大切なことは，いったんアーキテクチャ（今の場合は CIFB）と NTF が固定されると，STF に関する自由度はないということである——(4.33) から得られる形がどんなものであれ，それを受け入れるしかないのである．

ループフィルタを実現する他の手法を模索させるような，CIFB 設計手法における問題点とは何であろうか？ 第一に，CIFB ループはループフィルタ自身の中へ多重の帰還経路を持っていることが挙げられる．このことは，$N$ 次の $\Delta\Sigma$ 変調器は $N$ 個の帰還用 DAC が必要であることを意味する．もうひとつの CIFB アーキテクチャにおける問題は，面積効率である．特に，量子化器が多くのレベ

ルを持つ場合にそうである．このことは，直観的に次のように考えられる．その変調器が安定な最大振幅よりも少し小さい振幅の dc 入力 $u$ を考える．量子化器のレベル数が多いので，シェイピングされた雑音の p-p 値は $u$ と比べて小さく，この解析では無視する．図 4.24(a) と (b) を参照すると，$a_3$ と $\hat{a}_3$ は等しいことが分かる．$x_2$ は振れ幅が $x_3$ と同じになるようスケーリングされているので，$x_2$ に乗っているシェイピングされた雑音を無視すると，次段の積分器への dc 入力がゼロになることを保証するためには $c_2$ は $\hat{a}_3$ に等しくなければならない．$c_2 = \hat{a}_3 = a_3$ であるから，$L_1$ 中の二重積分経路の利得は $\hat{a}_2 \hat{a}_3$ であり，これは $a_2$ に等しくなければならない．したがって，$\hat{a}_2 = a_2/a_3$ である．上記と同様の理由により，$c_1 = \hat{a}_2 = a_2/a_3$ および $\hat{a}_1 c_1 c_2 = a_1$ であり，結局 $\hat{a}_1 = a_1/a_2$ である．4.2 節で見たように，NTF を安定化するためには $\hat{a}_1$ が 1 よりも十分に小さくなければならなかったことを思い起こそう．結論として，必然的に $\hat{a}_1$ は小さい．

第 7 章で見ることになるが，$\Delta\Sigma$ 変調器の入力換算雑音は大部分が初段の積分器で使用されている入力キャパシタのサイズから予想が付き，高分解能の設計ほど大きな入力キャパシタが必要になる．したがって，小さな $\hat{a}_1$ はより大きな積分キャパシタを必要とするので，変調器の占有面積を大幅に増大させる．初段の積分器における小さな $\hat{a}_1$ がもたらすもうひとつの好ましくない結果は，ループフィルタに付け加えられる雑音と歪を変調器の入力に換算したときに適切に減衰させないことである．さらに，各積分器の出力に存在する大きな入力の成分が，不可避的に存在する積分器の非線形性によって，$\Delta\Sigma$ 変調器の出力で高調波歪を引き起こすことである．

「状態が入力の成分から成る」ことが CIFB の諸悪の根源であるとはっきりしてみれば，状態が入力に関係しないようにする方法をいくつか構想することができる．ひとつの方法は，図 4.26 に示すように，各積分器の出力に対して $u$ からフィードフォワードを追加することである．$y$ は $u$ とシェイピングされた雑音から出来ているので，ループフィルタは $u$ を生成する重労働を，利得が 1 の利得を有するフィードフォワード経路 $b_4$ を介して手伝ってやることができる．このや

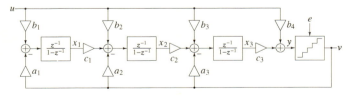

図 4.26　フィードフォワードを伴う CIFB 構造

り方で，$x_3$ は $u$ を含まなくなる．同様にして，$b_3 = a_3$ および $b_2 = a_2$ とすることによりフィードバック経路から注入される信号中の入力成分はフィードフォワード経路から供給されることになる．したがって，フィードイン経路を図 4.21 のスケーリングされていない変調器に追加することで，積分器の出力スイングが劇的に低減するだけでなく，そのスイングが（変調器が安定な限り）$u$ の振幅とほとんど独立になる．このことは，$x_1$，$x_2$，$x_3$ はフィードバック・キャパシタのサイズを小さくすることによって 1 以上のスケーリング・ファクタでスケーリングできることを意味する．このことは本節の前の方で議論したとおり，キャパシタの面積を低減し，2 段目 3 段目の積分器の雑音に対する寄与を低減する．

フィードフォワードの追加で STF は次のように変化することになる．

$$\frac{L_0(z)}{1+L_1(z)} = \frac{b_4(1-z^{-1})^3 + b_3 c_3 z^{-1}(1-z^{-1})^2 + b_2 c_2 c_3 z^{-2}(1-z^{-1}) + b_1 c_1 c_2 c_3 z^{-3}}{D(z)}$$

(4.34)

期待したとおり，分子多項式はフィードイン経路によって変更されており，STF にピークができる．このことは，その STF によって配分された利得が $\Delta\Sigma$ ループを不安定化する可能性があるという意味において，入力が大きな帯域外の振幅から成る場合に問題となり得る．

これまで議論してきた CIFB 構造では NTF の零点が dc だけに実現できる．既に見たように，零点を単位円上のゼロ以外の周波数に配置することで，大幅に高い SQNR が実現できる．それには $L_0(z)$ が複素極を持つようにすることが求められるが，これは CIFB 構造を図 4.27 に示すように変更することで容易に達成できる．このループは NTF に 3 個の零点を実現することができる．ひとつは dc に，残りは単位円上の複素共軛ペアとして実現できる．初段の積分器は $L_1(z)$ の dc にある極に寄与する．第 2 および第 3 の積分器は利得が $-g_1$ のフィードバック経路と共に 2 個の複素極を有する共振器を構成し，これらは $z^2 - (2-g_1)z + 1$ の零点である．これらの極は単位円上の周波数が $\pm\omega_1$ のところに生ずることになる．ここで，$\omega_1$ は $\cos(\omega_1) = 1 - (g_1/2)$ を満足する．

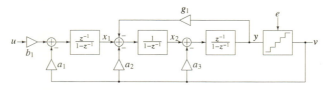

図 4.27　CRFB$\Delta\Sigma$ 変調器の構造．フィードイン経路とスケーリング係数は示していない

普通は $\omega_1 \ll 1$ であるから，$\omega_1 \approx \sqrt{g_1}$ となる．このモジュール的な形は分散したフィードバックを有する共振器の縦続（cascade of resonators with distributed feedback，CRFB）構造と呼ばれる．CIFB の場合同様，入力のフィードイン経路は全ての積分器の出力に追加できる．図 4.27 には示していないが，$x_1$，$x_2$，$x_3$ はダイナミックレンジの観点から，図 4.24 のように係数 $c_i$ を通じてスケーリングしておく必要がある．

明敏な読者なら気づいていたかもしれないが，この図 4.27 の共振器のループは遅延無しの積分器を含んでいる．これは，共振器の極が単位円上に存在するために必要なことである．速いサンプリングレート（広い信号帯域のために必要である）の $\Delta\Sigma$ADC では，使用するアンプのスピードに対する要求が緩和されるため，それぞれの積分器が遅延を有することは有利である．このような状況では，共振器中の（2個の）積分器ブロックは $z^{-1}/(1 - z^{-1})$ なる伝達関数を有する．したがって，共振器の伝達関数は次のようになる．

$$R(z) = \frac{z^{-2}}{1 - 2z^{-1} + (1 + g_1)z^{-2}} \tag{4.35}$$

この極は，今度は単位円の外側の $z = 1 \pm j\sqrt{g_1}$ に位置する．$\omega_1 \ll 1$ に対しては，$\omega_1 \approx \sqrt{g_1}$ となる．極の位置から推測されるように，この共振器自体は不安定である．しかし，共振器は強い負帰還がかかった系の中に埋め込まれているために，局部的な発振は妨げられる．

CRFB 回路を設計するに当たり，上で示したように $g_1$ の値は $\omega_1$ から直ちに決定することができる．残りのパラメータ（$a_i$ と $b_i$）は，まず指定された STF と NTF から $L_0(z)$ と $L_1(z)$ を計算し，次に回路図から $a_i$，$b_i$，$g_i$ を用いてそれらを計算し，それから両者の $z^{-1}$ の同じ冪の係数を比較することにより，簡単に見つかる．より労力の少ない方法は付録Bに記述されているソフトウェアツールを使うことである．

## 4.7.2　分散したフィードフォワードおよび入力との結合を有するループフィルタ：CIFF および CRFF 構造

図 4.21 の CIFB 構造によって実現された 3 次の NTF 伝達関数はまた，ループフィルタ中のフィードフォワードによっても実現することができる（図4.28）．視察により $L_1(z)$ は次のようになる．

$$L_1(z) = a_1 \left( \frac{z^{-1}}{1 - z^{-1}} \right) + a_2 \left( \frac{z^{-1}}{1 - z^{-1}} \right)^2 + a_3 \left( \frac{z^{-1}}{1 - z^{-1}} \right)^3 \tag{4.36}$$

もしも STF が dc において 1 でなければならないとすると，（最初の積分器

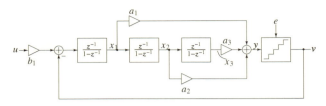

図 4.28 フィードフォワードを有する積分器の縦続（CIFF）構造によって実現された 3 次の NTF

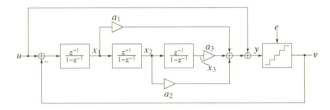

図 4.29 入力のフィードフォワードを用いることで達成された低歪の CIFF 構造

への dc 入力がゼロになるように）$b_1 = 1$ である．係数 $a_1$, $a_2$, $a_3$ は所望の $L_1(z)$ から決定される．

MOD2 のフィードフォワードによる実現のところ（3.4.2 節）で議論したように，$x_1$ と $x_2$ の dc 成分はゼロである．なぜなら，これらの状態は直接後続の積分器に接続されているからである．$y$ は $u$ およびシェイピングされた雑音から成っているので，$y$ の入力成分は $x_3$ の寄与でなければならない．このことはしたがってキャパシタの面積増加を意味する．これを避けるために，図 4.29 のようにループフィルタの出力に $u$ を供給して手伝ってやることができる．このようにして，全ての積分器はシェイピングされた量子化雑音だけを扱うことになるので，高調波歪が低減される．$L_0(z) = 1 + L_1(z)$ であることは簡単に分かるが，これは STF が全周波数において 1 であることを意味している．

量子化器周辺の「速い経路」は積分の次数が最も低い経路である．CIFF の場合，これは最初の積分器に対応する．ダイナミックレンジ・スケーリング後には最初の積分器の利得が大きいことが分かる（最初の積分器はシェイピングされた量子化雑音だけを処理するので，その出力が信号の成分を持たないから）．後続の段で追加される雑音と歪は入力換算すると小さいから，このことは都合がよい．CIFF による実現の別の利点は何か？ そのような変調器はフィードバックの DAC を 1 個だけしか必要としないだろうから，設計が簡単になる．

CIFF ループフィルタのひとつの特徴は，変調器のフィードバック経路が，

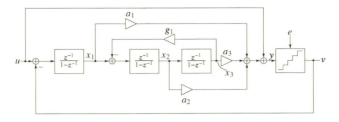

図 4.30 低歪 CRFF 構造. $g_1$ を介する内部フィードバックが NTF の複素零点を実現している

フィードバック経路において「速い」経路であるだけでなく「精密」な経路の一部であるということだ. ループフィルタが連続時間で実現されている場合に特に当てはまるが, これは高速な設計の実現をチャレンジングなものにする.

(4.36) が示すように, 図 4.28 と 4.29 の構造については $L_1(z)$ の 3 つの極が全て dc にある. したがって, NTF の零点も全て同じところにある. 最適化された零点を得るためには, 共振器はループフィルタ内における内部フィードバックで作らなければならない. 結果として得られる変調器は図 4.30 にて説明される. これはフィードフォワードを有する共振器の縦続 (cascade of resonators with feedforward, CRFF) 構造と呼ばれる.

### 4.7.3 フィードフォワードと多重フィードバックを有するループフィルタ: CIFF-B 構造

CIFB および CIFF ループフィルタに関係する種々のトレードオフを理解したところで, 今や我々は多重のフィードバックとフィードフォワードを組み合わせる所に来た. この訓練の目的は, その親たちの利点を受け継ぐトポロジ (これをフィードフォワードとフィードバックを有する縦続積分器, あるいは CIFF-B と呼ぶ) を創り出すことである. 図 4.31 は CIFF-B ループフィルタを用いた 3 次の $\Delta\Sigma$ 変調器を示す. これには 2 個の DAC が用いられており, CIFF ループの 1 個および CIFB ループの 3 個とは違っている. これはまた係数 $a_1$ と

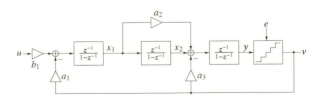

図 4.31 フィードフォワードと多重フィードバック経路を有する $\Delta\Sigma$ 変調器

$a_3$ による多重フィードバック経路を持っている．量子化器の周りの速いフィードバックは $a_3$ を介しているのに対して，$a_1$ は 2 次および 3 次の経路の利得を制御している．この利点は，フィードバックループの速く精密な経路に結合がなく，そのことが CIFB ループ同様，速度と精密度に対してそれぞれ最適化できる点にある．これはループフィルタが連続時間で実装されている場合に特に重要であり，この点については第 8 章で再論する．2 次の経路は第 1 と第 3 の積分器を介し，フィードフォワードを用いて実現されている．$x_1$ は第 2 の積分器への入力であるから，それは非常に小さな入力成分しか含んではならない．これの意味するところは，その利得が変調器のダイナミックレンジをスケーリングした後では大きくなるということである．これは CIFF ループフィルタに関連して見たように，有用な性質である．これは第 1 の積分器のフィードバック・キャパシタの値を小さくするだけでなく，ループフィルタの後続段によって付加される雑音と歪の効果を低減する．$x_1$ は $u$ とは殆ど独立であるが，$x_2$ は入力の成分を含むことになり，それは第 3 の積分器への低周波の入力が小さくなることを保証するために必要である．dc の入力 $u$ に対して，$x_2$ は $a_3u$ の値の dc の上に乗った 1 次シェイピングされた雑音から成っていることが容易に分かる．NTF の複素零点は CIFF や CIFB の場合のように 2 つの積分器の間に内部フィードバックを加えることで実現できる．

本節の議論から，いくつかのループフィルタ実装の方法が構想できることは明らかである．どのトポロジも長所と短所を持っており，工学とは全てトレードオフに関することなのだ，タダメシなどないのだ，という考えを強化する．

## 4.8 ΔΣ ループの状態空間による記述

伝達関数の形で記述されたループフィルタを扱うのは，解析を行ったり洞察を行うためには手軽である．しかし，変調器の振る舞いをコンピュータでシミュレーションするなら，ループフィルタのモデルを状態空間の形式で行うのがベストである．このアプローチは他のところで広範囲にわたって行われているので[11]，本節の目的は ΔΣ 変調器のシミュレーションに関するいくつかの側面について読者の注意を喚起することである．このあとの議論では，説明のために 2 次の構造を使う．

図 4.32 は MOD2 を示しているが，各遅延積分器のブロックダイアグラムが明示的に表してある．各遅延要素の出力は状態（state）である．この図から，遅延要素への入力は出力と次のように関係付けられることが分かる．

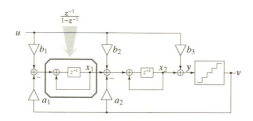

図 4.32　MOD2：積分器は遅延器で実現されている

$$
\begin{aligned}
x_1[n+1] &= x_1[n] \phantom{+x_2[n]} + b_1 u[n] - a_1 v[n] \\
x_2[n+1] &= x_1[n] + x_2[n] + b_2 u[n] - a_2 v[n] \\
y[n] &= \phantom{x_1[n]+{}} x_2[n] + b_3 u[n]
\end{aligned}
$$

行列形式では

$$
\underbrace{\begin{bmatrix} x_1[n+1] \\ x_2[n+1] \end{bmatrix}}_{\text{次の状態}} = \underbrace{\begin{bmatrix} 1 & 0 \\ 1 & 1 \end{bmatrix}}_{A_d} \underbrace{\begin{bmatrix} x_1[n] \\ x_2[n] \end{bmatrix}}_{\text{現在の状態}} + \underbrace{\begin{bmatrix} b_1 & -a_1 \\ b_2 & -a_2 \end{bmatrix}}_{B_d} \underbrace{\begin{bmatrix} u[n] \\ v[n] \end{bmatrix}}_{\text{入力}} \tag{4.37}
$$

$$
y[n] = \underbrace{\begin{bmatrix} 0 & 1 \end{bmatrix}}_{C_d} \begin{bmatrix} x_1[n] \\ x_2[n] \end{bmatrix} + \underbrace{\begin{bmatrix} b_3 & 0 \end{bmatrix}}_{D_d} \begin{bmatrix} u[n] \\ v[n] \end{bmatrix} \tag{4.38}
$$

ここで，$A_d$, $B_d$, $C_d$, $D_d$ は離散時間の状態空間行列である．一般の $n$ 次変調器の場合は，$A_d$, $B_d$, $C_d$, $D_d$ の行列のサイズはそれぞれ $n \times n$，$n \times 2$，$1 \times n$，$1 \times 2$ である．$D_d[1, 2] = 0$ であることは，現在のループフィルタの出力 $y[n]$ が現在の量子化器の出力 $v[n]$ に依存しないことを意味している．これは「遅延なしループがない」ことの状態空間における等価な表現である．

この情報を伝える簡略な記法が $\Delta\Sigma$ ツールボックス（目次の最後の頁：xii ページ参照）において広く使われているが，それは全部の状態行列をひとつの $(n+1) \times (n+2)$ 行列 $ABCD$ にまとめることである．

$$
ABCD = \left[ \begin{array}{c|c} A_d & B_d \\ \hline C_d & D_d \end{array} \right] \tag{4.39}
$$

いったん状態空間の表現がわかれば，シミュレーションは次のように進む．時刻 $n$ における入力の状態 $u$ を知って，(4.38) により $y[n]$ を得る．変調器の出力 $v[n]$ は $y[n]$ を量子化して得られる．次の時刻 $(n+1)$ における状態は (4.37) を用いて決定され，以下このプロセスを繰り返す．

## 4.9 まとめ

本章では高次の変調器について議論した．マルチビットの量子化器，およびシングルビットの量子化器で構成された両方の高次のデルタシグマループについて，安定性に関する特別な注意を払った．マルチビットのループに関しては，量子化器の利得は入力信号に依存してほんの少ししか変化しないので，ループの安定な動作を保証する信号範囲に対するタイトな理論的限界を見つけることができる．

1ビットのループに関しては，量子化器の利得が入力信号に依存して大きく変動する．そのため，線形化による安定性解析は難しい．

雑音伝達関数における零点と極の最適化は，2次のループについて既に第3章で行ったが，高次の変調器に対して一般化した．殆どの一般的に使用されているループアーキテクチャについて説明，解析，比較した．

**【参考文献】**

[1] J. G. Kenney and L. R. Carley, "Design of multibit noise-shaping data converters," *Analog Integrated Circuits and Signal Processing*, vol. 3, no. 3, pp. 259–272, 1993.

[2] Y. Yang, R. Schreier, and G. Temes, "A tight sufficient condition for the stability of high order multibit delta-sigma modulators," *Oregon State University Research Report*, 1991.

[3] L. Risbo, *Sigma-Delta Modulators: Stability Analysis and Optimization*. Ph.D. dissertation, Technical University of Denmark, 1994.

[4] S. R. Norsworthy, R. Schreier, and G. Temes, *Delta-Sigma Data Converters: Theory, Design, and Simulation*. IEEE Press, New York, 1997.

[5] C. Mohtadi, "Bode's integral theorem for discrete-time systems," *IEE Proceedings on Control Theory and Applications*, vol. 137, no. 2, pp. 57–66, 1990.

[6] W. Lee, *A Novel Higher Order Interpolative Modulator Topology for High Resolution Oversampling A/D Converters*. Ph.D. dissertation, Massachusetts Institute of Technology, 1987.

[7] K. C. Chao, S. Nadeem, W. L. Lee, and C. G. Sodini, "A higher order topology for interpolative modulators for oversampling A/D converters," *IEEE Transactions on Circuits and Systems*, vol. 37, no. 3, pp. 309–318, 1990.

[8] R. Schreier, "An empirical study of high-order single-bit delta-sigma modulators," *IEEE Transactions on Circuits and Systems II: Analog and Digital Signal Processing*, vol. 40, no. 8, pp. 461–466, 1993.

[9] J. Steensgaard-Madsen, *High-Performance Data Converters*. Ph.D. dissertation, The Technical University of Denmark, 1999.

[10] J. Silva, U. Moon, J. Steensgaard, and G. Temes, "Wideband low-distortion delta-sigma ADC topology," *Electronics Letters*, vol. 37, no. 12, pp. 737–738, 2001.

[11] B. C. Kuo, *Digital Control Systems*. Holt, Rinehart and Winston, 1980.

# 5章 多段/多量子化器 $\Delta\Sigma$ 変調器

$\Delta\Sigma$ 変換器は信号帯域内の量子化雑音電力を低減する手法として，オーバーサンプリングとノイズシェイピングを利用している．SQNR（信号対量子化雑音比，signal-to-quantization noise ratio）は，OSR（オーバーサンプリング比，oversampling ratio），量子化器のビット数，ループフィルタの次数や安定度の変更によって向上させることができる．この章ではこれらの方法の代わりとなり得るノイズシェイピングと量子化雑音の相殺とを同時に行う方法を検討する．

## 5.1 多段変調器

前章で議論したように，$\Delta\Sigma$ 変調器の SQNR は，OSR，および，ループフィルタの次数 $L$，量子化器のレベル数 $M$ の増加によって向上させることができる．しかし，これらの増加には実用的な限界がある．高い OSR はより多くの電力を必要とし，IC 製造技術によっても制限される．ループフィルタの次数を増加するとループの安定性が影響されて，最大入力振幅が制限される．この最大入力振幅の低下は，高次ループによる量子化雑音の低減を相殺してしまう．そのほかに，内部量子化器の量子化レベルの増加によっても SQNR を向上させることができるが，これはフラッシュ ADC を必要とし，さらに内部 DAC の線形性を向上するための回路も必要になる（この話題については第 6 章で扱う）．必要となるビット数に応じて量子化器の複雑さが指数的に増加するため，量子化器のビット数を 4 または 5 ビットより大きくすることは現実的ではない．

これらとは別に，量子化雑音のフィルタリングと打ち消しを多段構成の変調器で行うこともできる．複数の量子化器による出力は合計の雑音電力が少なくなるように合成される．この章では，このような量子化雑音の打ち消しを行う多段変調器について議論する．

### 5.1.1 レズリー・シン構成

図 5.1 に簡単な構成の 2 段 $\Delta\Sigma$ 型 ADC を示す．これは $L$ 次の $\Delta\Sigma$ 変調器を入力段とし，内部状態を持たない（つまり 0 次の）ADC を 2 段目に含む構成と

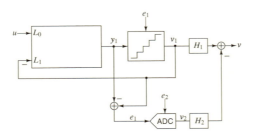

図 5.1 L-0 縦続接続型（レズリー・シン）構成

なっている．2つの段からの出力 $v_1$ と $v_2$ はデジタルフィルタを通った後で加算され ADC の出力 $v$ となる．

図に示されるように入力段の量子化誤差 $e_1[n]$ は，量子化器の出力信号 $v_1$ から量子化器の入力信号 $y_1$ を減算することによりアナログ信号として得られる．この誤差 $e_1$ は2段目のマルチビット（例えば 10 ビット）ADC により，デジタル信号へと変換される．この2段目でのさらなる量子化により量子化雑音 $e_2[n]$ が加算されるが，2段目に使用する ADC には（フィードバックループ外にありレイテンシが問題にならないため），比較的単純な多ビットのパイプライン構成を用いることができ，誤差信号 $e_2[n]$ は $e_1[n]$ よりも非常に小さくすることができる．

次に，2つの段の出力 $v_1$ および $v_2$ をそれぞれデジタルフィルタ $H_1$ および $H_2$ で処理して加算する．通常 $H_1(z) = z^{-k}$ となる．これは，2段目の ADC のレイテンシに等しい遅延を単純に実装したものである．また，$H_2$ は1段目の NTF と等価となるように設計する．さらに $H_1$ の出力から $H_2$ の出力を減算すると，出力 $V(z)$ が下記のように得られる．

$$\begin{aligned} V(z) &= H_1(z)V_1(z) - H_2(z)V_2(z) \\ &= z^{-k}[STF_1(z)U(z) + NTF_1(z)E_1(z)] - NTF_1(z)z^{-k}[E_1(z) + E_2(z)] \\ &= z^{-k}[STF_1(z)U(z) - NTF_1(z)E_2(z)] \end{aligned} \quad (5.1)$$

出力 $V(z)$ を1段目出力 $V_1(z)$ と比較すると，違いは（$k$ クロック周期の遅延を除いて）$E_1(z)$ が $E_2(z)$ によって置き換えられていることである．上述のように，1段目にマルチビット・ループ量子化器を使用するよりも，マルチビット・パイプライン ADC を構成する方が容易であり，$E_2(z)$ は $E_1(z)$ よりかなり小さくすることができる．そのため，この技術を使うと SQNR を 25 から 30 dB ほど高めることができる．

単なる減算によって $e_1[n]$ を得るためには，量子化器は遅延なしでなければ

ならず，現実的ではない．この場合，信号 $y_1$ は，減算が実行される前に遅延されなければならない．減算を避けるためには2段目の入力信号として，$e_1[n]$ の代わりに1段目の量子化器の入力信号である $y_1[n]$ を使用することができる．この $Y_1(z)$ は

$$Y_1(z) = V_1(z) - E_1(z) = STF_1(z)U(z) + [NTF_1(z) - 1]E_1(z) \tag{5.2}$$

として与えられる．$H_1(z) = z^{-k}$ は変更せずに，$H_2(z) = NTF_1(z)/(NTF_1(z) - 1)$[1] とすると，全体の出力は

$$\begin{aligned}
V(z) &= z^{-k}[STF_1(z)U(z) + NTF_1(z)E_1(z)] \\
&\quad - \frac{NTF_1(z)}{NTF_1(z) - 1}z^{-k}\{STF_1(z)U(z) + [NTF_1(z) - 1]E_1(z) + E_2(z)\}
\end{aligned} \tag{5.3}$$

となる．さらに項の完全な相殺を仮定すると

$$V(z) = \frac{z^{-k}STF_1(z)}{1 - NTF_1(z)}U(z) + \frac{z^{-k}NTF_1(z)}{1 - NTF_1(z)}E_2(z) \tag{5.4}$$

が成り立つ．信号帯域では $|NTF \ll 1|$ なので，(5.1) の $V(z)$ で得られる SQNR に非常に近い SQNR が (5.4) による $V(z)$ によって得られる．2段目への入力として $y_1[n]$ を使用することの問題点は，それが $u[n]$ と $e_1[n]$ を含むことである．したがって2段目はより大きな入力信号を処理できなければならない．さらに，$u[n]$ の高調波を発生させないために低歪でもなければならない．

4.7節で説明した低歪構造の1つを1段目として使用すると仮定する．図4.26の CIFB 変調器において，すべての $i \leq N$ について $b_i = a_i$ とし，かつ $b_{N+1} = 1$ とすると $STF(z) = 1$ となり，最終段の積分器出力は

$$\begin{aligned}
X_N(z) = Y(z) - b_N U(z) &= STF(z)U(z) - [1 - NTF(z)]E(z) - b_n U(z) \\
&= [1 - NTF_1(z)]E(z)
\end{aligned} \tag{5.5}$$

となる．この信号は，2段目の ADC の入力信号として使用できる．これは $u$ を含まないため，2段目の入力信号振幅は小さくなり，線形性への要求も緩和される．ただし，時間領域信号 $x_N[n]$ は $e[n]$ の遅延を線形結合したものを含み，$e[n]$ より振幅が大きくなる可能性があるため，適切にスケーリングする必要がある．

同様の結論は他の低歪構造にも当てはまる．つまり $y_1[n] - u[n] \approx e[n]$ を

---

[1] $H_2(z)$ はこのままでは因果律を満たさない．$H_2(z)$ と $H_1(z)$ の両方に $z^{-1}$ をかけると望ましい雑音除去特性を保ちつつ，因果律を満たす実現可能なフィルタとすることができる．

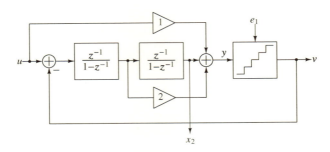

図 5.2 MASH 構成の 1 段目として利用する低歪 CIFF 変調器

抽出し，それを 2 段目への入力として使用することが可能である．一例として，図 5.2 に 2 次低歪 CIFF 変調器を示す．簡単な解析によりその雑音伝達関数 NTF が $(1-z^{-1})^2$，その信号伝達関数 STF が 1，そして第 2 積分器の出力信号が $X_2(z) = z^{-2}E_1(z)$ となることを示すことができる．したがって，$X_2(z)$ を 2 段目への入力として利用できる．

ここで，雑音 $e_1[n]$ をフィルタリングするのではなく打ち消す操作は，本質的に筋の悪い操作であることに注意すべきである．つまり，伝達関数間の小さな誤差が，$e_1[n]$ 雑音の大きなリーク（漏れ）をもたらす可能性がある．また，2 段目に送られる信号のスケーリングも慎重に検討する必要がある．スケーリングは 2 段目を飽和させないように，かつダイナミックレンジを確保するように行うべきである．

## 5.2 縦続接続型（MASH）変調器

レズリー・シン変調器を拡張したもの（ただし，歴史的には先に発表されている）が縦続接続型変調器であり，多段変調器または MASH（Multi-stAge noise-SHaping）変調器とも呼ばれる[2,3,4]．この変調器では 2 段目がもう一つ別の $\Delta\Sigma$ 変調器によって実現される．基本概念を図 5.3 に示す．1 段目の出力信号は

$$V_1(z) = STF_1(z)U(z) + NTF_1(z)E_1(z) \tag{5.6}$$

と与えられる．ここで，$STF_1$ および $NTF_1$ は 1 段目の信号伝達関数および雑音伝達関数である．

図 5.3 に示すように，入力段の量子化誤差 $e_1$ は，内部量子化器の出力から量子化器への入力を減算することによってアナログ信号として得られる．その信号

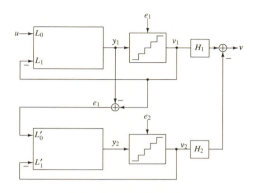

図 5.3　2 段 MASH 構成

は変調器全体の 2 段目を形成する別の $\Delta\Sigma$ ループに供給され，そこでデジタル信号に変換される．したがって，$z$ 領域における 2 段目の出力信号は

$$V_2(z) = STF_2(z)E_1(z) + NTF_2(z)E_2(z) \tag{5.7}$$

と与えられる．ここで $STF_2$ および $NTF_2$ は，それぞれ 2 段目の信号伝達関数および雑音伝達関数である．2 つの変調器ループの出力に接続されたデジタルフィルタ段 $H_1$ および $H_2$ は，システムの全出力 $V(z)$ において 1 段目のエラー状態 $E_1(z)$ が打ち消されるように設計される．(5.6) と (5.7) を使うと，この打ち消しは

$$H_1 \cdot NTF_1 - H_2 \cdot STF_2 = 0 \tag{5.8}$$

が成り立つときに得られる．(5.8) を満たす $H_1$ と $H_2$ の最も単純な（そして通常最も実用的な）選択は，$H_1 = STF_2$ と $H_2 = NTF_1$ である．$STF_2$ は多くの場合で単なる遅延であるため，$H_1$ は容易に実現される．全体の出力は，理想的には

$$V = H_1V_1 - H_2V_2 = STF_1 \cdot STF_2 \cdot U - NTF_1 \cdot NTF_2 \cdot E_2 \tag{5.9}$$

で与えられる．典型的な場合では，MASH の 2 つの段は 2 次ループを含み，それらの伝達関数は

$$STF_1(z) = STF_2(z) = z^{-2} \tag{5.10}$$

および

$$NTF_1(z) = NTF_2(z) = (1 - z^{-1})^{-2} \tag{5.11}$$

によって与えられる.

この結果, 全体の出力は

$$V(z) = z^{-4} \cdot U(z) - (1 - z^{-1})^4 E_2(z) \tag{5.12}$$

となる. このように, ノイズシェイピング性能は4次単一ループ変換器と同等となるが, 安定性については2次の変換器と同等となる. これは, 両方の内部フィードバックループが2次のためである[2].

アナログ伝達関数の実装における不完全性のために, 条件 (5.8) が正確に満たされない場合は $E_1$ の $STF_2NTF_{1a} - NTF_1STF_{2a}$ 倍が出力にあらわれる. ここで, 下付き文字 $a$ は, アナログ伝達関数の実際の値を表わす. 5.3節に示すように, これは変換器の雑音性能の深刻な悪化をもたらす可能性がある.

前節で説明したように, MASH システムにおいても, すべての段で低歪ループフィルタ構成を使用することが有効である. これにより, 1段目の誤差 $e_1[n]$ を減算なしで得ることができ, 2段目の入力として使うことができる. さらに, 低歪特性により個々の段の特性も向上する.

MASH 構成の利点は, 出力 $V$ に残る量子化雑音が2段目のノイズシェイピング後の量子化誤差 $e_2[n]$ であり, 雑音に似た $e_1[n]$ を入力として2段目が動作することである. したがって, 2段目の量子化誤差 $e_2[n]$ は, さらに白色化された雑音になる. これは1段目の量子化雑音にトーンが含まれていても成り立つ. 図5.4に, シングルビット量子化を使用した2-2 MASH の入力段 ($V_1$) と変調器全体 ($V$) のシミュレーションによる出力スペクトラムを示す. $V_1$ は $f = 0.01$ の近傍に3次高調波を含むが, これは $V$ において大幅に低減されている. したがって, MASH 変調器は, 単段変調器よりもディザリングの必要性が低い.

MASH 構造のもう1つの有用な特性は, 2段目でマルチビット量子化器を使用する場合に, 2段目の DAC の非線形性を動的にまたはその他の方法で補正する必要性が低いことである[5]. これは, $V_2$ に含まれる2段目の DAC の非線形性誤差が, 出力信号 $V$ に加算される前に $-H_2(z)$ で乗算されるためである. 前述のように $H_2(z)$ は1段目の NTF を含む. この $NTF_1(z)$ はハイパスフィ

---

[2] 実際には, 2段目の変調器への入力 $e_1$ は, 変調器が安定な入力範囲内に収まるようにスケーリングする必要がある. 2次の1ビット変調器が1段目に使われる場合には, 通常使用されるスケーリング倍率は1/4である. 1段目でマルチビット量子化が使用される場合, スケーリング倍率は1より大きくなり得る. $e_1$ を打ち消すために, スケーリング倍率の逆数 $1/k$ が $H_2$ に含まれる必要がある. $k > 1$ の場合は出力において $e_2$ が減少して SQNR が向上する.

5章 多段/多量子化器 ΔΣ 変調器　　137

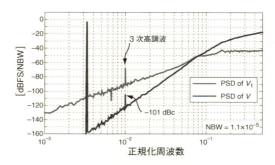

図 5.4　2-2 MASH 変調器の出力スペクトラム

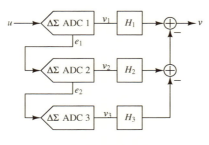

図 5.5　3段 MASH ADC

ルタ関数であるため，信号帯域において2段目の DAC の非線形誤差が低減される．

また，2段目への入力は変調器全体への入力信号ではなく1段目の量子化誤差 $e_1[n]$ であるため，2段目では変調器全体の入力信号に対する高調波歪は発生しない．また（特に OSR が高い場合や非線形誤差が小さい場合には）2段目の DAC の非線形性による雑音は小さく，許容範囲に収まる．

図 5.3 の2段 MASH 構造によって実装される量子化誤差打ち消しの原理はさらなる拡張が可能である．1段目の量子化誤差 $e_1[n]$ を MASH の2段目により打ち消すのと同様に，3段目を追加して2段目の量子化誤差 $e_2[n]$ を打ち消すことができる（図 5.5）．打ち消し条件は，2段 MASH の場合と同様に得られ

$$\begin{aligned} H_1 \cdot NTF_1 - H_2 \cdot STF_2 &= 0 \\ H_2 \cdot NTF_2 - H_3 \cdot STF_3 &= 0 \end{aligned} \quad (5.13)$$

となる．この条件を当てはめると，$e_1$ および $e_2$ は，全体の出力信号において下

記のように打ち消される.

$$V = [STF_1 \cdot U + NTF_1 \cdot E_1] \cdot H_1 - [STF_2 \cdot E_1 + NTF_2 \cdot E_2] \cdot H_2$$
$$+ [STF_3 \cdot E_2 + NTF_3 \cdot E_3] \cdot H_3 \qquad (5.14)$$
$$= STF_1 \cdot H_1 \cdot U + NTF_3 \cdot H_3 \cdot E_3$$

$H_3$ を（5.13）を使って表すと $V$ を

$$V = STF_1 \cdot H_1 \cdot U + \frac{H_1 \cdot NTF_1 \cdot NTF_2 \cdot NTF_3}{STF_2 \cdot STF_3} \cdot E_3 \qquad (5.15)$$

と表すことができる．前述のように，$H_1$ と信号伝達関数は通常，単純な遅延のみを含むか信号帯域内で平坦な利得を持つ．したがって，信号，雑音のどちらもフィルタリングされない．しかし，NTF は信号帯域では大きなフィルタリング効果がある．そのため，理想的な条件下では，最初の 2 段の量子化誤差は打ち消され，3 段目の量子化誤差は 3 段すべての NTF の積でフィルタリングされる．3 段すべてが 2 次ループフィルタを含む場合，この構成全体の NTF は，6 次変調器と等価になるが，そのような高次ループに固有の面倒な安定性の問題は生じない．

3 段 MASH は通常，非常に高い SQNR 性能を必要とする場合にのみ使用される．そのため，アナログ伝達関数 $NTF_{1,2,3}$, $STF_{1,2,3}$ に対応するデジタル伝達関数 $H_{1,2,3}$ に対する近似誤差によって引き起こされる，1 段目の量子化雑音打ち消しの不完全性による雑音のリークは非常に重要な問題である．実際に，そのようなリークによって実現可能な解像度が制限される．雑音リークについては次節で説明する．

## 5.3 縦続接続型変調器における雑音リーク

高次の単段変調器では，受動素子（通常はコンデンサ）の値のばらつきや，能動素子（通常はオペアンプ）の有限の利得によって，NTF と STF の係数が変化するが，SQNR は通常は大きな影響を受けない．これは，フィルタリングによって量子化誤差が抑制され，ループフィルタの利得 $L_1$ が信号帯域内で十分に大きいままであれば，$|NTF| \approx |1/L_1| \ll 1$ が成り立つためである．例えば利得が $OSR/\pi$ と低いオペアンプであっても，SQNR の低下は高次単一ステージ ADC の理想値から数 dB だけである．

対照的に 2 段 MASH 構造では，量子化誤差 $e_1$ を正確に打ち消すことによって大きな SQNR を達成している．ここで $e_1$ は低次の $NTF_1$ によってのみノイズシェイプされている．（5.8）が示すように，打ち消しが正確に行われるために

は，アナログおよびデジタルの伝達関数 $H_1 \, NTF_1$ と $H_2 \, STF_2$ が等しい必要がある．したがって，縦続接続を使って良好な性能を得るためにアナログ回路への要求精度を知ることが設計者にとって重要である．つまり，$e_1$ のリークを許容できるほど低くするためには，素子値をどの程度正確に合わせる必要があるか，オペアンプの最小許容利得はどの程度必要かということである．3 段 MASH の場合，$e_2$ のリークについても検討する必要がある．比較的単純な構成でも，リークを表す方程式は非常に複雑になり得る．

ΔΣ 変調器で通常行われるように，精密なビヘイビアシミュレーションが MASH 変調器の SQNR に対するすべての非理想性の影響を予測するための最も信頼性の高い手法である．ただし，いくつかの（通常は有効な）条件下では，次に示すように線形解析と近似を使用して有用で単純な結果を得ることができる．

（5.14）によると，$e_1$ および $e_2$ から全体出力への伝達関数はそれぞれ

$$\begin{aligned} H_{I1} &= H_1 \cdot NTF_1 - H_2 \cdot STF_2 \\ H_{I2} &= H_2 \cdot NTF_2 - H_3 \cdot STF_3 \end{aligned} \tag{5.16}$$

である．理想的には，これら両方のリーク伝達関数はゼロになるが，NTF と STF は不完全なアナログ部品を使って実現されているため，STF と NTF は不正確になり得る．したがって，$H_{I1}$ と $H_{I2}$ はゼロ以外の値になり，$e_1$ と $e_2$ が $v$ にリークする．通常の議論では，以下の単純化を仮定してよい：

1）$e_2$ のリークは $e_1$ のリークほど重要ではない．これは，$H_{I2}$ が $H_{I1}$ よりも高次のノイズシェイピングを表すためである．例として，2-2-1 MASH では，$H_{I1}$ によるノイズシェイピングは 2 次であり，$H_{I2}$ は 4 次である．さらに 2 段目でマルチビット量子化が行われている場合には，$e_2$ は $e_1$ よりも小さくなる．

2）$H_{I1}$ では，たとえゲイン誤差が $NTF_1$ と $STF_2$ の両方で等しい場合でも，不完全な $NTF_1$ の影響が不完全な $STF_2$ の影響よりも大きくなる．これは，ノイズシェイピングを行うブロック $H_2 = NTF_1$ が 2 段目の出力に接続されるためである．したがって，不完全な $STF_2$ による誤差信号は本質的にノイズシェイピングされる．これに対して，$H_1$ は信号帯域で 1 の利得を持つため，不完全な $NTF_1$ によるエラーはノイズシェイプされない．

3）2 番目の仮定により，（5.16）において $STF_2 = H_1 = 1$ を一次近似として考えることができる．すると

$$|H_{l1}| \approx |NTF_1 - H_2| = |NTF_{1a} - NTF_{1i}| \tag{5.17}$$

が成り立つ．下付き文字 $a$ と $i$ はそれぞれ実際と理想の伝達関数を表す．

4) (5.3) より $NTF_1 = 1/(1 + L_1)$ であり，ここで $L_1$ は量子化器出力からその入力へのループフィルタの利得である．誤差が十分小さいと仮定すると，$|L_1| \gg 1$ が理想的な場合と実際の場合の伝達関数の両方について成り立つ．そのため，(5.17) は

$$|H_{l1}| \approx \left| \frac{1}{L_{1i}} - \frac{1}{L_{1a}} \right| \tag{5.18}$$

とさらに簡略化される．(5.18) は，(5.14) や (5.16) よりも評価するのがずっと簡単である．これは2段と3段の両方の MASH 変調器に適用できる．

例として，簡単な 1-1 または 1-1-1 MASH 変調器を考えてみよう．1段目のループフィルタは，下記の理想的な伝達関数を持つ単なる遅延付き積分器である．

$$I_1(z) = \frac{az^{-1}}{1 - z^{-1}} \tag{5.19}$$

積分器が図 5.6 に示すようなスイッチトキャパシタ回路を使用して実現されている場合，容量比 $C_1/C_2$ の相対誤差 $D$ は係数 $a$ に影響する．オペアンプの有限 dc ゲイン $A$ は $a$ と極の値（理想的には $p = 1$）に影響する．結果として得られる実際の伝達関数は

$$I_a(z) = \frac{a'z^{-1}}{1 - p'z^{-1}} \tag{5.20}$$

である．ここで $D \ll 1$ および $(a/A) \ll 1$ を仮定して整理すると

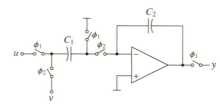

図 5.6　1 次 $\Delta\Sigma$ 変調器に使用される遅延ありスイッチトキャパシタ積分器

$$a' \approx a \left[ 1 - D - \frac{(1+a)}{A} \right] \tag{5.21}$$

および

$$p' \approx 1 - \frac{a}{A} \tag{5.22}$$

が得られる．ここで $L_1(z) = -I(z)$ なので，（5.18）を使うとリーク伝達関数は

$$
\begin{aligned}
|H_{l1}| &= \left| \frac{z-1}{a} - \frac{z-p'}{a'} \right| \\
&\approx \left| \frac{1}{a'} \right| \cdot \left| \frac{a}{A} + (z-1) \cdot \left[ D + \frac{1+a}{A} \right] \right| \\
&\approx \left| \frac{1}{A} + (z-1) \cdot \left[ \frac{D}{a} + \frac{1+(1/a)}{A} \right] \right|
\end{aligned}
\tag{5.23}
$$

となる．（5.23）が示すように，$E_1/A$ にほぼ等しいフィルタリングされていないリーク項と，$(z-1)\left[\frac{D}{a} + (1+1/a)/A\right]E_1$ によって近似的に与えられる一次フィルタリングされた項が残る．高い SQNR を実現するには，フィルタリングされていないリーク項を十分に低いレベルまで減らすために，高速セトリングを備えた高利得オペアンプが必要となる．OSR が低いと，第 2 項も無視できなくなり $D \ll 1$ が必要とされる．つまり，容量に非常に高いマッチング精度が要求される．

1 段目と 2 段目を結合する経路における誤差もまた $H_{l1}E_1$ に加算される．しかし，この誤差信号は $H_2$ フィルタを通過するため，出力 $V$ に対するこの誤差の影響は少なくとも 1 次フィルタリングされる．

1 段目が 2 次の場合にも $e_1$ のリークは低減される．しかし，計算はずっと複雑になる．（5.1）で与えられる理想的な出力を有する図 5.1 の 2-0 MASH（レズリー・シン）変調器を例に考える．1 段目は，2 つの積分器の縦続接続を使った図 5.2 の低歪変調器によって実現されると仮定する．積分器の理想伝達関数は（5.19），実際の伝達関数は（5.20）から（5.22）で与えられる．

これらの理想と実際の差，およびループ内の他の係数 $b_i$ の不正確さにより，ADC システム全体の出力 $V$ への 1 段目の量子化誤差 $E_1$ のリークが起こる．$z = 1$ の近傍でリーク伝達関数をテイラー級数展開に近似すると[6]：

$$H_{l1}(z) = A_0 + A_1(1-z^{-1}) + A_2(1-z^{-1})^2 + \cdots \tag{5.24}$$

ここで各係数は $A \gg 1$ および $D \ll 1$ を仮定すると下記のように得られる．

$$A_0 = \frac{1}{A^2}$$

$$A_1 = \left(\frac{1}{a_1} + \frac{1}{a_2}\right)\frac{1}{A}$$

$$A_2 = \frac{1}{a_1 a_2} - 1 + 2\left(1 - \frac{1}{a_1 a_2} - \frac{1}{a_2^2}\right)A + \frac{2D}{a_1 a_2}$$

(5.25)

$H_{t1}$ の級数展開の初項 $A_0$ は，フィルタ処理されていないリークを表わす．この項は $A^2$ に反比例するため，多くの場合で非常に小さくなる．第2項は1次フィルタ処理された誤差リーク，第3項は2次フィルタ処理されたリークを表わす．$OSR \gg 1$ と一般的なオペアンプゲインおよびマッチング誤差が仮定できる場合は，$A_0$ は通常は非常に小さいことと，さらに高次フィルタリングが2次を超える高次項を抑制するため，$H_{t1}$ において $A_1$ と $A_2$ を含む1次および2次項が支配的となる．

上記の導出では1段目と2段目の結合部および2段目におけるリークを無視している．上記の例では $H_2$ が2次のハイパスフィルタであるため，これらの誤差が $A_2$, $A_3$ などの2次および高次の項としてあらわれる．

実例を示すと，$A = 1000$ および $D = 0.5\%$ に対して，$A_0 = 10^{-6}$ であり，$A_1$ から $A_4$ の値は 0.001 から 0.2 の間であることが分かる．乗算係数 $(1 - z^{-1})^L$ は，$H_{t1}$ の各項にハイパスフィルタ処理を行う．これにより，これらの項による雑音の信号帯域への影響が減少する．これらの低減効果は $L$ と $OSR$ が増加すると急速に向上する．例えば，$OSR = 64$ では，1次項（$L = 1$）は約 1/30，2次項は約 1/1000，そして3次項は約 1/30,000 に減少する．したがって，最初の3項だけが重要である．

## 5.4　スターディ MASH 構成

MASH 構成を変更することによって，縦続接続 ADC のアナログ回路の不完全性に対する感度を低減し，雑音打ち消しフィルタを取り除くことが可能である．この修正された変調器のブロック図を図 5.7 に示す[7,8]．図から明らかなように，MASH 構造とスターディ（堅牢な）MASH 構造との間には下記の2つの違いがある．（1）修正 MASH 構成では2段目の出力が1段目のループに帰還されている．（2）雑音打ち消しフィルタ（$H_1$ および $H_2$）が修正 MASH 構成では取り除かれている．

これらの変更により，変調器の出力は次式で与えられる．

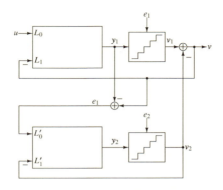

図5.7 スターディ MASH 変調器のブロック図

$$V = STF_1 \cdot U - NTF_1 \cdot NTF_2 \cdot E_2 + NTF_1 \cdot (1 - STF_2) \cdot E_1 \quad (5.26)$$

この式を(5.8)および(5.9)と比較すると,出力中の $e_1$ を消去するための条件(5.8)は $(1 - STF_2) = 0$ に置き換えられている.$STF_2$ は遅延なし伝達関数として実現することはできないため,理想素子を使ったとしてもこの条件を完全に満足することは不可能である.しかし,信号帯域だけに限れば,誤差項の係数 $|1 - STF_2|$ の大きさを,雑音伝達関数と似た特性の伝達関数を用いることで減少することはできる.ここで $STF_2$ として $STF_2 = 1 - NTF_2$ を選ぶと

$$V = STF_1 \cdot U - NTF_1 \cdot NTF_2 \cdot (E_1 + E_2) \quad (5.27)$$

が得られる.結果として,MASH 方式の利点である安定性を維持しながら,誤差感度の高い雑音打ち消しが,誤差感度の低いノイズシェイピングシェイピングによって置き換えられる.この堅牢性のために,この方式はスターディ(堅牢な) MASH または SMASH と命名された.図5.8に $NTF_1 = NTF_2 = (1 - z^{-1})^2$ を持つ 2-2 SMASH 構成を示す.

式(5.9)と式(5.27)の比較からわかるように,SMASH ADC では $E_2$ が $E_1 + E_2$ に置き換えられている.$e_1$ と $e_2$ は無相関の雑音であるため,それらの電力が加算される.したがって $e_1 \approx e_2$ の場合,雑音の増分は約 3 dB である.また,追加された雑音 $e_2$ は最初の量子化器 $Q_1$ の出力に加わるため,$Q_1$ の入力に到達する前にループフィルタによって低減される.したがって,この追加の雑音は $Q_1$ の飽和にはほとんど寄与しない.文献[8]では,35 dB のオペアンプを使用して OSR = 16 で SNDR = 74 dB を達成する SMASH 変調器の実現例が示されている.[9]と[10]は SMASH の性能を向上させるさらなる手法につい

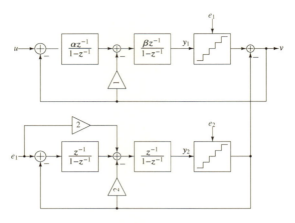

図 5.8　2-2 SMASH 変調器

て説明している．

## 5.5　ノイズカップリング構成

ADC のノイズシェイピング性能を向上させるもう 1 つの方法は，図 5.9 に示すノイズカップリングである[11,12]．(a) は一つの実現例を示し，(b) は別の構成例を示す．量子化誤差 $e$ は，量子化器の D/A 変換出力から量子化器の入力を減算することによって得られる．誤差 $e$ は遅延され，そして量子化器の入力にフィードバックされる．この結果，$E(z)$ は $(1 - z^{-1})E(z)$ に置き換えられる．図 5.9(b) は，追加の積分器をループフィルタに挿入することと同等であることを示している．図 5.9(b) の構成では，量子化器の入力に高速な多入力加算器を必要としない．この変形は，通常，複数の信号を加算するために低フィードバック係数の追加のオペアンプを必要とする低歪フィードフォワード変調器で役に立つ．

量子化器への入力信号は，量子化誤差 $e[n]$ の差分 $e[n] - e[n-1]$ が加わることによって，若干増加する．しかし，$e[n]$ と $e[n-1]$ は弱い相関しかないため，量子化器の線形範囲は最大で約 3 dB 減少する．利点としては，このフィルタ処理された誤差は量子化器の入力でディザ信号としても機能することがある．このディザはトーンと高調波をランダム雑音に変換し，SFDR と THD パラメータを大幅に改善する．したがって，ノイズカップリング型変換器は 100 dB を超える SFDR 値を達成することでき，直線性が重要な要件となる応用に適している．

5章 多段/多量子化器 ΔΣ 変調器    145

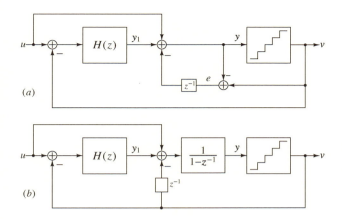

図5.9 デルタシグマにおけるノイズカップリングの(a) 構成例, および(b) 別の構成例

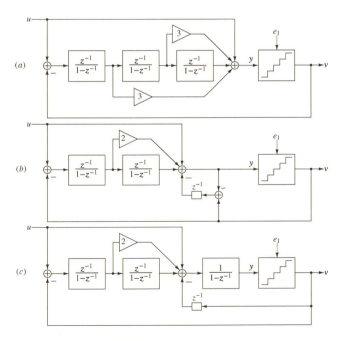

図5.10 3次 ΔΣ 型 ADC, (a)はノイズカップリングなし, (b)および(c)は1次ノイズカップリングあり

カップリング経路においてより複雑な回路を使用することによってノイズカップリングの効果を高めることは可能である．例として，図 5.10(a) にノイズカップリングのない 3 次フィードフォワード変調器を示し，図 5.10(b) および (c) に 1 次ノイズカップリングのある変調器を示す．

図 5.11 は，2 次のノイズカップリングを持つ変調器を示す．ノイズカップリングはオペアンプの数を減らすことを可能にして消費電力を低減する．1 次および 2 次ノイズカップリングによって，能動素子の段数を 1 つおよび 2 つ減らすことができる．

ノイズカップリング回路はループフィルタの後段部にあるため，素子値の変動やオフセット誤差に対する感度は低い．シミュレーションによると，オペアンプの dc ゲインが 30 dB，素子値の誤差が 5 % の場合でも変調器の性能への影響は最小限に抑えられる．

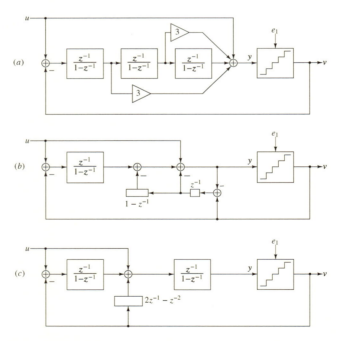

図 5.11　3 次 ΔΣ 型 ADC．(a) はノイズカップリングなし，(b) および (c) は 2 次ノイズカップリングあり

## 5.6 クロスカップル型構成

ノイズカップリングは，スプリット型 ADC と時間インターリーブ型 ADC の性能を向上させる効果的な方法でもある．図 5.12(a) にスプリット型変調器を示す．この構成は ADC のデジタル校正を可能にするために使用されている[13]．2 つに分かれた回路は同じ入力信号 $u$ を受け取り，それらの出力は加算される．$STF_1 = STF_2 = 1$ かつ $NTF_1 = NTF_2 = NTF$ と仮定すると，全体の出力は (5.28) によって与えられる．

$$V = U + NTF \cdot \frac{E_1 + E_2}{2} \tag{5.28}$$

$e_1$ と $e_2$ は，2 つの半回路間のミスマッチと雑音により相関関係がないため，全体の回路の SQNR は半回路の SQNR よりも 3 dB 改善される．つまり，ある SQNR 目標が与えられた場合には半回路のキャパシタンスおよびトランス・コンダクタンス値を全回路の半分とすればよい．このようにすると同じスプリット型は通常の ADC と同程度の電力を必要とする．

図 5.12(a) の量子化誤差 $e_1$ と $e_2$ をクロスカップリングすると，図 5.12(b) の構成となり，出力は

$$V = U + NTF \cdot (1 - z^{-1}) \frac{E_1 + E_2}{2} \tag{5.29}$$

となる．したがって，追加の 1 次ノイズシェイピングが得られる．

さらなる改善は，2 つの半回路を半クロック周期ずらして時間インターリーブすることで達成できる（図 5.12(c)）．この変調器の出力信号は

$$V = U + NTF \cdot (1 - z^{-1/2}) \frac{E_1 + E_2}{2} \tag{5.30}$$

で与えられる．

クロック周波数よりかなり低い周波数領域では $|1 - z^{-1/2}| \approx |1 - z^{-1}|/2$ という近似が成り立つために，時間インターリーブ型 ADC の SQNR は図 5.12(b) のクロスカップル型変調器の SQNR よりも約 6 dB 高くなる．図 5.12 の 3 つの変調器の雑音伝達関数の比較を図 5.13 に示す．

シングルパスおよび時間インタリーブ・ノイズカップル型変調器については，参考文献[15]および[14]で詳しく説明されている．

## 5.7 まとめ

この章では，多段変調器および複数の量子化器を持つ変調器について説明し，単一段変調器に対するそれらの長所と短所を解析した．これらの変調器に固有の

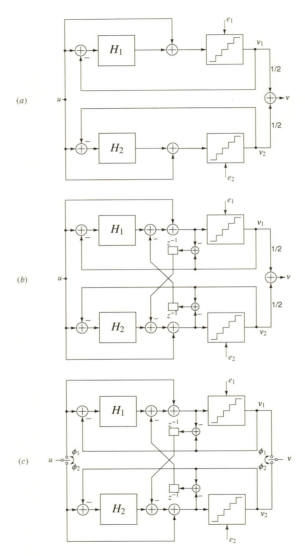

図 5.12 (a) スプリット型変調器. (b) ノイズカップル化スプリット型変調器. (c) ノイズカップル化時間インターリービング型変調器

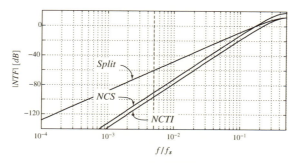

図5.13 スプリット型変調器の雑音伝達関数

問題点を議論し,アナログ素子の不完全性による雑音のリークを低減する手法を紹介した.この分野での最近の研究では,1段目が状態記憶機能がない変換器で,2段目の $\Delta\Sigma$ 変調器が最初の量子化誤差を変換する 0-L MASH など,他の構成も検討されている[16,17,18].

**【参考文献】**

[1] T. Leslie and B. Singh, "An improved sigma-delta modulator architecture," in *IEEE International Symposium on Circuits and Systems*, pp. 372–375, IEEE, 1990.

[2] T. Hayashi, Y. Inabe, K. Uchimura, and T. Kimura, "A multistage delta-sigma modulator without double integration loop," in *Digest of Technical Papers, IEEE International Solid-State Circuits Conference*, vol. 29, pp. 182–183, IEEE, 1986.

[3] Y. Matsuya, K. Uchimura, A. Iwata, T. Kobayashi, M. Ishikawa, and T. Yoshitome, "A 16-bit oversampling A-to-D conversion technology using triple-integration noise shaping," *IEEE Journal of Solid-State Circuits*, vol. 22, no. 6, pp. 921–929, 1987.

[4] J. C. Candy and A.-N. Huynh, "Double interpolation for digital-to-analog conversion," *IEEE Transactions on Communications*, vol. 34, no. 1, pp. 77–81, 1986.

[5] B. P. Brandt and B. Wooley, "A 50-MHz multibit sigma-delta modulator for 12-b 2-MHz A/D conversion," *IEEE Journal of Solid-State Circuits*, vol. 26, no. 12, pp. 1746–1756, 1991.

[6] P. Kiss, J. Silva, A. Wiesbauer, T. Sun, U.-K. Moon, J. T. Stonick, and G. C. Temes, "Adaptive digital correction of analog errors in MASH ADCs. II. Correction using test-signal injection," *IEEE Transactions on Circuits and Systems II: Analog and Digital Signal Processing*, vol. 47, no. 7, pp. 629–638, 2000.

[7] N. Maghari, S. Kwon, G. Temes, and U. Moon, "Sturdy mash $\Delta$-$\Sigma$ modulator," *Electronics Letters*, vol. 42, no. 22, pp. 1269–1270, 2006.

[8] N. Maghari, S. Kwon, and U.-K. Moon, "74 dB SNDR multi-loop sturdy-MASH delta-sigma modulator using 35 dB open-loop opamp gain," *IEEE Journal of Solid-State Circuits*, vol. 44, no. 8, pp. 2212–2221, 2009.

[9] N. Maghari and U.-K. Moon, "Multi-loop efficient sturdy MASH delta-sigma modulators," in *IEEE International Symposium on Circuits and Systems*, pp. 1216–1219, IEEE, 2008.

[10] N. Maghari, S. Kwon, G. C. Temes, and U. Moon, "Mixed-order sturdy MASH $\Delta$-$\Sigma$ modulator," in *IEEE International Symposium on Circuits and Systems*, pp. 257–260, IEEE, 2007.

[11] K. Lee, M. Bonu, and G. Temes, "Noise-coupled $\Delta\Sigma$ ADCs," *Electronics Letters*, vol. 42, no. 24, pp. 1381–1382, 2006.

[12] K. Lee and G. C. Temes, "Enhanced split-architecture $\Delta$-$\Sigma$ ADC," *Electronics Letters*, vol. 42, no. 13, pp. 737–739, 2006.

[13] J. McNeill, M. C. Coln, and B. J. Larivee, "Split ADC architecture for deterministic digital background calibration of a 16-bit 1-MS/s ADC," *IEEE Journal of Solid-State Circuits*, vol. 40, no. 12, pp. 2437–2445, 2005.

[14] K. Lee, J. Chae, M. Aniya, K. Hamashita, K. Takasuka, S. Takeuchi, and G. C. Temes, "A noise-coupled time-interleaved delta-sigma ADC with 4.2 MHz bandwidth, 98 dB THD, and 79 dB SNDR," *IEEE Journal of Solid-State Circuits*, vol. 43, no. 12, pp. 2601–2612, 2008.

[15] K. Lee, M. R. Miller, and G. C. Temes, "An 8.1 mW, 82 dB delta-sigma ADC with 1.9 MHz BW and 98 dB THD," *IEEE Journal of Solid-State Circuits*, vol. 44, no. 8, pp. 2202–2211, 2009.

[16] A. Gharbiya and D. Johns, "A 12-bit 3.125 MHz bandwidth 0–3 MASH $\Delta\Sigma$ modulator," *IEEE Journal of Solid-State Circuits*, vol. 44, no. 7, pp. 2010–2018, 2009.

[17] Y. Chae, K. Souri, and K. Makinwa, "A 6.3 $\mu$W 20 bit incremental zoom-ADC with 6 ppm INL and 1 $\mu$V offset," *IEEE Journal of Solid-State Circuits*, vol. 48, no. 12, pp. 3019–3027, 2013.

[18] Y. Dong, R. Schreier, W. Yang, S. Korrapati, and A. Sheikholeslami, "A 235 mW CT 0-3 MASH ADC achieving -167 dBFS/Hz NSD with 53 MHz BW," in *Digest of Technical Papers, IEEE International Solid-State Circuits Conference (ISSCC)*, pp. 480–481, 2014.

# 6章 ミスマッチシェイピング

## 6.1 ミスマッチ問題

　1ビットDACが元来持っている直線性により，高精度の部品を使用せずに，直線性の高いADCとDACを実現することができる．残念ながら，1ビット量子化は中程度のOSRで達成可能なSQNRを大きく制限し，また連続時間変調器をジッタに対し非常に敏感する．多ビット量子化は，この両方の問題を解決することができるが，マルチビットDACが素子のミスマッチに敏感になる．例えば，3レベルDACを構成する2素子は，90 dBcより低い歪みを達成するために0.01%以下のマッチングが必要なことをシミュレーションは示している．ここまでのマッチングを得ることは困難であるので，素子がミスマッチを有してもマルチビットDACを線形にする効率的な手法は，実用的価値が非常に高い．
　ミスマッチの問題を解決する1つの方法は，校正である．製造時に工場にて薄膜抵抗をレーザートリミングする校正は，必要なマッチングを達成することが出来るが，経年変化やパッケージによる変動に対して脆弱である．電流源のバックグラウンドまたはフォアグラウンド（オンデマンド）キャリブレーションはパッケージングストレスの問題を回避するが，アナログキャリブレーション回路が必要である．これとは対照的に，デジタル補正（図6.1）はアナログ校正ハードウェアを不要にする．代わりにルックアップテーブル（LUT）を使ってDACエラーを補正し，デシメーションフィルタに送られるデジタルデータがDACのアナログ出力を正確に反映するようにする．図6.1に示すように，LUTと

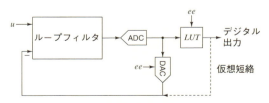

図6.1　ΔΣADCにおけるDAC誤差のデジタル補正[1]

152

DAC の出力は等しくなり，この手法では DAC がループの順方向経路に配置されたのと同じ効果をもつ．この結果，DAC 素子の誤差（$ee$）は NTF によってシェイピングされる．アナログ校正とデジタル補正の両方の欠点は，DAC 誤差を正確に測定する必要があることと，それらの誤差がドリフトするとシステム性能が低下することである．

この章では，ミスマッチによる誤差をシェイピングする手法について説明する．これらの方法の顕著な特徴は，実際のエラーについての知識は必要としないブラインド（blind）法であるということである．したがって，ゆっくり変化する誤差は自動的に適合することができる．

## 6.2 ランダム選択と循環選択法

2 つの公称値が等しい 2 素子で構成された 3 レベル DAC を考える．一般性を失うことなく，DAC はユニポーラであり，2 つの素子の平均値は 1 であると仮定できる[1]．これらの仮定のもとで，入力コード 0，1 および 2 に対応するDAC の公称出力は，同様に 0，1 および 2 である．一方が $1 + \epsilon$，もう一方が $1 - \epsilon$ の値を持つように素子値が一致しない場合，両端の値は影響を受けないが，中間レベルは $\epsilon$ だけ高いか $\epsilon$ だけ低い．同じ素子を常に中間レベル再現に使用すると，DAC は静的な非線形性として機能し，その結果歪みが生じる（3 レベル DAC の伝達特性は 2 次式で正確に表すことができるので，歪みは純粋に 2 次特性である）．ただし，中間レベルの構築に使用された素子がランダムに選択された場合，素子のミスマッチは白色雑音になる．2 素子 DAC の素子値ミスマッチによって引き起こされる誤差を白色化することができることが分かったので，$\Delta\Sigma$ を信仰するものとしての自然な疑問は「それをシェイピングができるか？」でしょう．

$\Delta\Sigma$ 福音書の一つの解釈は，「後でそれを償うのであれば，今は誤りを犯すことが許される」ということである．中央のコードを出力するとき，素子 1 を選択すると $\epsilon$ の誤差が発生し，素子 2 を選択すると $-\epsilon$ のエラーが発生する．したがって，中央のコードを出力するときは，素子 1 を選択した後に素子 2 を選択する必要がある．誤差がシェイピングされていることを確認するため，仮定の入力列

$$\text{DAC 入力} = \{0, 0, 1, 0, 2, 1, 1, 1, 2, \ldots\} \tag{6.1}$$

---

[1] 本質的には，DAC の 2 つの素子の平均として「1」を定義する．もちろん，この平均値は DAC ごとに異なるが，そのような変動は DAC のフルスケールの変動に相当する．1 ビット DAC の場合と同じように，DAC の直線性を考える場合，この変動を無視できる．

を考える.
上記の交互選択規則に従うと, 誤差列は,

$$\text{DAC 誤差} = \{0, 0, \epsilon, 0, 0, -\epsilon, \epsilon, -\epsilon, 0, ...\} \tag{6.2}$$

になり, 積分誤差は,

$$\text{積分誤差} = \{0, 0, \epsilon, \epsilon, \epsilon, 0, \epsilon, 0, 0, ...\} \tag{6.3}$$

となる.
積分誤差の連続する $\epsilon$ 値は, コード1に対応して素子1が使用されたときに生じ, 次のコード1で素子2が使用されたときに終了することに注意しよう. この積分誤差列は有界であるので, 積分誤差を微分することによって得られる実際の誤差は (少なくとも) 1次シェイピングされると結論付けることができる.

　図6.2に, $\|H\|_\infty = 1.5$ の3レベル5次 $\Delta\Sigma$ 変調器で駆動され, $OSR = 32$ で動作する2素子 DAC のにおける前述の素子選択方式の比較を示す. 理想的な DAC を用い $-3\,\text{dBFS}$ 入力時のシミュレーションでの SNDR は 85 dB である. 図6.2(a)は, 素子に $\sigma = 1\%$ のバラツキがあり, 標準的な静的選択方法が使用されている場合, SNDR が 50 dB に低下することを示している. スペクトルには, 高い ($-53\,\text{dBFS}$) の2次高調波など, 偶数次高調波もいくつか含まれている. ランダム選択 (図6.2(b)) は歪みの項を取り除くが, SNDR は理想的な SQNR よりも 30 dB 悪い. 図6.2(c)は, 我々の交互選択方式が SNDR を理想値の2 dB 以内に回復させ, DAC に起因する高調波を完全に除去することを示している (小さな3次高調波は変調器データ自体に存在している). この2素子の例では, 動的素子選択は非常にうまく機能しているように見える.

　$M$ 素子の場合を調べるために, 16に低減した OSR で動作させる $\|H\|_\infty = 2.5$ のより攻撃的 (アグレッシブ) な5次デジタル変調器を使おう. $\Delta\Sigma$DAC の構成法を図6.3に示し, 1%の DAC 素子値のバラツキの影響について評価する.

　図6.4から始めると, 静的素子選択の戦略を用いた場合, ミスマッチによって SNDR が理想値 101 dB から 55 dB に低下し, 多くの高調波が発生することがわかる. ランダム選択 (図6.5) を用いると, DAC のミスマッチによる歪みが除去され, フラットなノイズフロアが得られる. しかし, $-62\,\text{dBFS}$ の帯域内雑音電力は理想的な場合よりも 40 dB 高い.

　このシミュレーション結果と理論的推定値とを比較してみよう. 素子が標準偏差 $\sigma_{ee}$ の独立した誤差を持つ $M$ 素子 DAC の場合, コード $m$ の DAC 出力と DAC 出力の両端 (最大値と最小値) を結ぶ直線との差の分散は

$$\sigma_m^2 = \frac{2m(M-m)}{M}\sigma_{ee}^2 \tag{6.4}$$

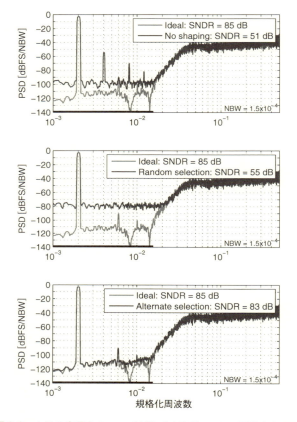

図 6.2　1％の素子ミスマッチがある 2 素子 DAC の平均出力 PSD

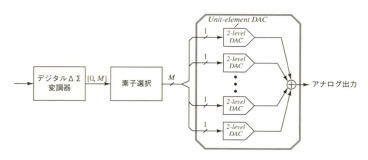

図 6.3　ΔΣDAC システム

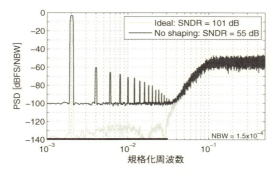

図 6.4　1％の素子ミスマッチを持つ 16 エレメント DAC の平均 PSD：シェイピングなし

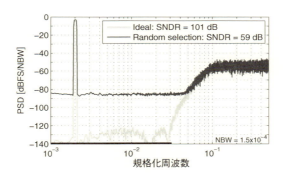

図 6.5　1％の素子ミスマッチを持つ 16 エレメント DAC の平均 PSD：ランダム選択

となる[2]．信号が多くのレベルにわたる場合，$\sigma^2_m$ の平均値

$$\frac{1}{M+1}\sum_{m=0}^{M}\sigma^2_m = \frac{(M-1)}{3}\sigma^2_{ee} \approx M\sigma^2_{ee}/3 \tag{6.5}$$

を使用してミスマッチ雑音の電力を推定できる．$\sigma_{ee} = 1\%$，$M = 16$，$OSR = 16$ の場合，ミスマッチ雑音が白色であると仮定すると，素子のミスマッチによる雑音により，フルスケールの正弦波電力と比較して次の帯域内電力を持つ．

---

[2] $i$ 番目の素子の値を $e_i$ と定義すると，コード $m$ のエラーは

$$\sum_{i=1}^{m}\left(e_i - \frac{1}{M}\sum_{i=1}^{M}e_i\right) = \left(1 - \frac{m}{M}\right)\sum_{i=1}^{m}e_i - \frac{m}{M}\sum_{i=m+1}^{M}e_i$$

となる．(6.4) は，これより導かれる．

$$MNP = \frac{M\sigma_{ee}^2/3}{(OSR)(M/2)^2/2} = \frac{8\sigma_{ee}^2}{3(M)(OSR)} = -60\,\mathrm{dBFS} \qquad (6.6)$$

信号電力は $-3\,\mathrm{dBFS}$ なので,SNDR の推定値は $57\,\mathrm{dB}$ となり,図 6.5 の $59\,\mathrm{dB}$ の結果に近い.

$M$ 個の素子のミスマッチをどのようにシェイピングするかを理解するために,$\Delta\Sigma$ 哲学を「現在のサイクルで誤りを犯したら,次のサイクルでその誤差を負にするように努めよ」と解釈しよう.DAC はコード 0 と $M$ に対して誤差がないので,特定の素子を使用することに関連する負の誤差は,他の素子を全て使用することによる誤差と同じである.したがって,$t=0$ で素子 1 から $v[0]$ までを選択した場合,$t=1$ で残りの素子を選択する必要がある.しかし,$v[1]$ 個の素子を選択することだけが許可されている.したがって,$v[0]+1$ から $v[0]+v[1]$ までの素子を選択する.その際,残りの素子を選択しないという誤りを犯す.その誤差を補うため,素子 1 から $M$ までのすべてが一度使用されるまで,その後のサイクルで素子の選択を続ける.その時点で累積誤差はゼロになり,選択は素子配列の先頭に戻る.図 6.6 に示すこの素子循環選択法は,1 次シェイピングされた雑音を生成すると予想される.この予想は図 6.7 で確認でき,グラフからミスマッチによる雑音が一次シェイピング特性の $20\,\mathrm{dB/decade}$ の傾きを持っていることがわかる.

図 6.7 には,信号の高調波と 1 次の傾きに沿う傾向をもったスプリアスも示されている.図 6.7 のスプリアスはすべて $-100\,\mathrm{dBFS}$ を下回っているが,$f \approx 1/64$ 付近の小さな $(-30\,\mathrm{dBFS})$ 入力でのシミュレーションでは,$-80\,\mathrm{dBFS}$ に近いミスマッチによる 2 次高調波 $(H_2)$ が観測された.OSR を小さくすると高調波がさらに大きくなるため,OSR が小さいと素子循環法はあまり魅力的ではない.さらに,前述のスペクトルはアンサンブル平均であるため,設計者は適

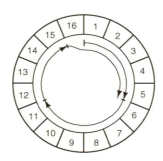

図 6.6 {5,6,4,6} 列に対する素子循環選択法

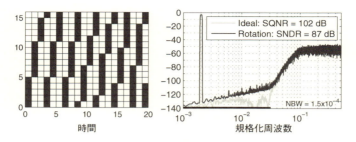

図 6.7　ローテーション法での使用パターンとスペクトルの例

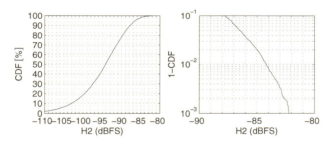

図 6.8　$f_s/(4OSR)$ の $-3$ dBFS 信号に対する $H_2$ 累積分布関数
（$OSR = 16$，$M = 16$，$\sigma_{ee} = 1\%$，素子循環選択法）

切な製造歩留まりを達成するために十分なマージンをとっておく必要がある．

必要なマージンを定量化するために，図 6.8 にモンテカルロシミュレーションで得られた $H_2$ の累積分布関数（CDF）をプロットする．その結果，99.9%の歩留まりでは，中央値 $H_2$ に対し 12 dB のマージンが必要であることがわかる．このように，ミスマッチに起因するスプリアスを減らすことができる方式は明らかに興味深い．

スプリアスの問題に取り組む前に，ノイズを定量化してみよう．図 6.7 によると，16 個の素子で 1% のバラツキの場合，素子循環選択法は $OSR = 16$ で $-90$ dBFS の帯域内ミスマッチ雑音電力（MNP）を実現する．MNP の理論的推定値を得るために，まず，一次シェイピングされた電力 $P$ を持つ白色雑音の帯域内電力は，

$$\frac{P}{\pi}\int_0^{\frac{\pi}{OSR}} \omega^2 d\omega = \frac{\pi^2 P}{3(OSR)^3} \tag{6.7}$$

であることを思い出そう．

各瞬間において，積分されたミスマッチ誤差は，他の素子よりも一回多く選択された $m$ 個の素子のミスマッチ誤差の合計に等しい．したがって，この信号の電力は，(6.5) と同じ結果を得るために，$m$ 個に渡って (6.4) を平均することによって与えられ，すなわち $P = M\sigma_{ee}^2/3$ である．積分誤差が白色雑音であるという疑わしい仮定をすると，フルスケールの正弦波の電力（$M^2/8$）に対する帯域内ミスマッチ雑音電力（MNP）は

$$MNP = \frac{\pi^2 M \sigma_{ee}^2}{9(OSR)^3(M^2/8)} = \frac{8\pi^2 \sigma_{ee}^2}{9M(OSR)^3} = -76\,\text{dBFS} \tag{6.8}$$

になり，これはシミュレートションされた値と比較し 14 dB 過剰な推定となっている．明らかに，この解析的計算は設計目的にはあまりにも厳しく，したがって適切な精度を得るにはシミュレーションが必要である．

1995 年の技術文献[2]に素子循環選択法が提案され，それは効果的でない個別レベル平均化（ILA）[3]素子選択法と対比するためにデータ重み付け平均化（DWA）と呼ばれた．DWA という用語は現在一般的に使用されており，エンジニアの TLA（3 文字の頭字語）好きに訴えているが，「循環」よりもうまく説明できていないと考えている．さらに，素子循環法はこの 2 年前の特許で説明されているため[4]，最初の発明者を優先して命名するという慣習に違反することはない．

## 6.3　循環法の実装

$\Delta\Sigma$DAC システムでは，回路遅延はさほど問題にならないので，素子選択論理回路（ESL）の複雑さはあまり問題とならない．しかし，$\Delta\Sigma$ 型 ADC システムでは，DAC 帰還の遅延時間は一般にクロック周期の数分の 1 である必要があるため，高速アプリケーションでは ESL はシンプルでなければならない．幸い，循環法の実装は容易である．

フラッシュ ADC の温度計符号化された出力が循環シフタに接続され，デジタル積分器の出力をシフト符号とした素子循環法の実装方法を図 6.9 に示す．積分器の出力を，未使用の素子の始まりを指すポインタと考える．各サイクルの終わりに素子が選択された数をポインタに加算し，これを $M$ で割った余りをとる（modulo $M$）．これにより，ポインタが常に未使用の素子の先頭を指すようになる．現在のポインタ値は現在のデータとは独立しているので，ポインタの更新処理は処理速度を制限させる主立った要因とはならない．

シフタの遅延は，コンパレータの判定に利用可能な時間を食い潰すため，高速用の設計では速度制限要因になる可能性がある．図 6.10 は遅延が $t_d\lceil\log_2 M\rceil$ で

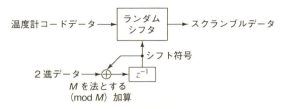

図 6.9　素子循環法の実装

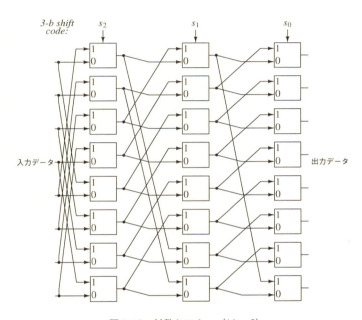

図 6.10　対数シフター（$M = 8$）

ある高速循環器の構造を示している．ここで，$t_d$ は 2 入力 MUX の遅延を表している．MUX 自体の遅延を減らすために，2 つの最適化手法を使用できる．第 1 に，図 6.11 に示すように，非反転 MUX を作るために必要なインバータを削除する．第 2 に，シフト符号（すなわちポインタ）は通常は入力データの前に利用可能になるので，S および $\overline{\text{S}}$ 信号に接続されたデバイス（トランジスタ）には大きなものを使用する．この構成は，後続の MUX によって生じる負荷容量を増大させることなく MUX の駆動強度を増大させ，これによりシフタの遅延を最小にする．

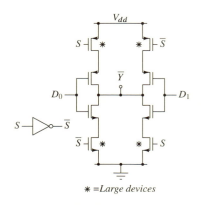

図 6.11 D-Y 遅延を削減した MUX

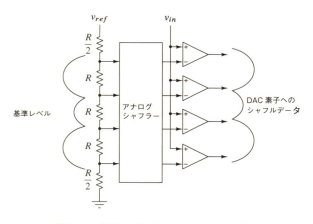

図 6.12 参照レベルのシャッフリング ($M = 4$)

　このような最適化を行っても，シフターはクリティカルなコンパレータの判定と DAC のセットアップ時間に遅延を付加するため，動作速度の障害になる．判定再生後にコンパレータ出力を回転させる代わりに，図 6.12 に示すように，コンパレータ入力（つまり，基準レベル）を反転開始前に回転させることができる[7]．この参照電圧シャフリング技術は判定に利用できる時間を最大にするが，アナログシフターを必要とする．アナログシフターは，対数シフタートポロジを使用して構築できる．これは，任意に接続切り替え可能な配列構造スイッチ（図 6.13(a)）またはハードワイヤードの回転回路（図 6.13(b)）を使った $M$ 個の $M$ 入力アナログ MUX を用いるが，通常動作は速い．

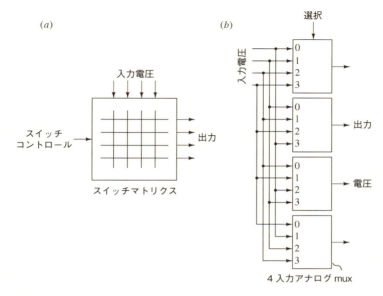

図 6.13 アナログシャフラー（$M = 4$）：(a) 任意接続切り替え可能な配列構造スイッチ (b) ハードワイヤードのローテーション回路

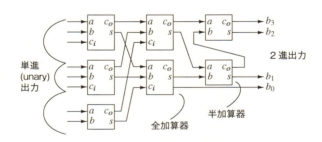

図 6.14 単進（unary）- 2 進符号変換器（$M = 8$）

　参照電圧シャッフリングでは，バイナリへの変換はシャッフルされたデータに対して行わなければならず，温度計- 2 進符号変換器ではなく，単進（unary）- 2 進符号変換器を使用する必要がある．単進- 2 進符号変換器は，単純に $M$ 個の 1 ビット入力の加算器であり，図 6.14 に示すように全加算器と半加算器のセルのツリーで実装するのが最も便利である．

　循環構造の実装が，効果の低いランダム選択法よりも簡単であることはかなり幸運である．その理由を考える．循環法では $M$ 個の切り換えのみを使用するの

に対し，完全にランダムな選択にはすべての $M!$ 通りの可能切り替えをサポートする回路が必要である．もし前者の数字$M$を代わりに用いてなんとか満足するとすれば，ランダムポインタを持つ前述の構造を用いることで，部分的にランダムな選択を実装することができる．

## 6.4 ミスマッチシェイピングの別のトポロジー

このセクションでは，複雑さの増加とミスマッチの影響の抑圧の減少を犠牲にしてトーンの振る舞いを減らし，厳密にトーンフリーであることが証明されている構成として，循環法に代わるいくつかの方法を簡単に説明する．

### 6.4.1 バタフライシャッフラ

図 6.15 に示すバタフライシャッフラは，FFT のバタフライ演算と同様に配置された $\log_2 M$ 列の $M/2$ 個の交換セル（swapper cell）から構成される[8]．各交換セルは，次の2つの規則に従って独立して動作する．

a．2つの入ってくるビットが同じ場合，それらをそのまま通す．
b．入力ビットが異なる場合，最新の唯一の「1」が上出力の経路に接続されている場合は「1」を下出力の経路に切換え接続する．逆の場合も同様にする．

この方式では，セルの2つの出力の1の平均密度が均等化され，複数層の交換セルによって，すべてのシャッフラの出力間で等しい1の密度が保証され，これにより1次シェイピングが実現される．

$\log_2 M$ ビットの状態を有する循環シャッフラとは対照的に，バタフライ

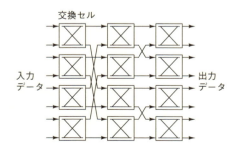

図 6.15　バタフライシャッフラ

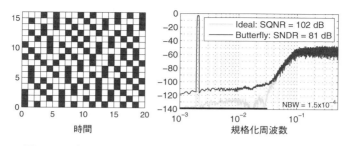

図 6.16 バタフライシャッフラの使用パターンとスペクトルの例

シャッフラには $M/2\log_2 M$ ビットの状態がある．この余剰の状態情報は，単なる循環法と比較して，より珍しい素子の使用パターン（図 6.16）利用を実現し，周期的な振る舞いの可能性の減少をもたらす．この周期性の低下は際だった高調波の低下を実現する．

### 6.4.2 A-DWA と Bi-DWA

単純な巡回がスプリアスを生み出す理由は，それが決定論的だからである．素子がすべて等しく使用されている場合はいつでも素子の番号を付け直すことによってランダム性を追加することを予測できるが，そのような方式をハードウェアで実施すると複雑となる．代わりに，改良型データ重み付け平均化（A-DWA）[9] では，ポインタが 1 回転するごとにポインタの開始値を増加させる．図 6.17 に，推奨されている増分 $\lfloor M/3 \rfloor = 5$ を使用してシミュレーションした使用パターンとスペクトルを示す．シミュレーションされたスペクトルは巡回法よりトーンははっきりしないが，トーンと SNDR はバタフライシャッフラのものよりも悪い．

他のアイデアも試みられたが，特に単純で効果的な，双方向データ重み付け平

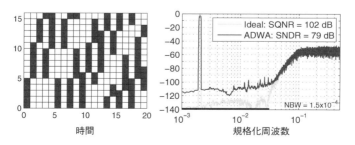

図 6.17 A-DWA の使用パターンとスペクトルの例（増分 = 5）

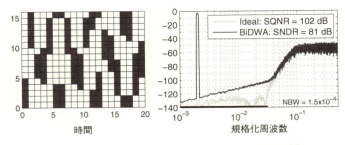

図 6.18 Bi-DWA の使用パターンとスペクトルの例

均化（Bi-DWA）[10] と呼ばれるものは，図 6.18 に示すように順方向と逆方向の循環を交互に行う．図 6.18 のミスマッチスペクトルは，綺麗なシェイピングと，トーンのない優れた特性を示しており，またさらなるシミュレーションによりこれらの特性がロバストであることが示される．これより単純な循環法と比較した場合の 6 dB の SNDR のペナルティは支払う価値があると言えるだろう．

### 6.4.3 ツリー構造 ESL

図 6.19 に検討する最後の 1 次ミスマッチシェイピングシステムを示す．このシステムでは，$[0, 2^m]$ の値を表す $(m+1)$ ビットのデータは，ビット幅が 1 になるまで 2 つのビット幅を減らしたデータ列に逐次分割される．結果として得られる $2^m$ 個の 1 ビット $sv_i$ 信号は，$2^m$ 個の DAC 素子のどれを有効にするか

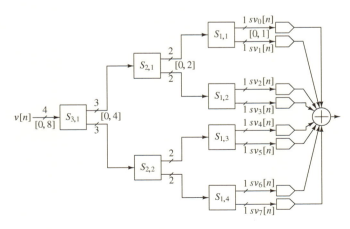

図 6.19 ツリー構造の 8 素子ミスマッチシェイピング DAC

を選択する（$sv$ は選択ベクトルを表す）．

図 6.19 の各スイッチングブロック $S_{k,r}$ は，図 6.20 に示す信号処理を実装したものである（$k$ の添字はブロックのレイヤ番号を示し，$r$ は $k$ 番目のレイヤ内のブロック位置を示す．レイヤ番号 $k$ は右から左に向かって振ってあるので，$S_{k,r}$ の出力のビット幅は $k$ になる）．図 6.20 から，各ブロックの2つの出力の合計はその入力と等しいことがわかる．$s_{k,r}[n]$ 信号は，2による除算結果が整数になるように選択され，またシェイピング系列となるように選択される．具体的には，$s_{k,r}[n]$ を $s[n]$ と省略して書くと，

$$s[n] = \begin{cases} 0, & x[n] \text{ が偶数の場合} \\ +1, & x[n] \text{ が奇数で，直前の非ゼロの } s \text{ が } s=-1 \text{ の場合} \\ -1, & x[n] \text{ が奇数で，直前の非ゼロの } s \text{ が } s=1 \text{ の場合} \end{cases} \quad (6.9)$$

これは，2素子 DAC の交互選択方式で使用したものと同じ規則である．

図 6.21 は，(6.9) に従ったスイッチングブロックの実装例を示している[11]．この図では，($k+1$) ビットのデジタル信号は $[0, 2^k]$ の値を表し，これは $[0, 2^k-1]$ の値を表す $k$ ビットの信号と 0, 1 の値を表す 1 ビットの信号で構成されている．この冗長 LSB 表現法により，図 6.20 に示す加算器が不要になり，簡単化と高速化の両方を達成できる．

スイッチングブロックの出力の合計はその入力に等しいので，$sv$ の成分の合

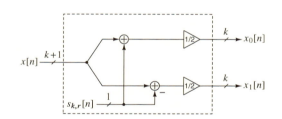

図 6.20　スイッチングブロックの等価信号処理ブロック

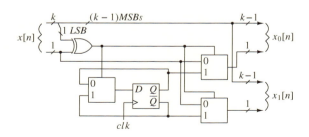

図 6.21　スイッチングブロックの実装例

計はシャッフラ入力 $v$ に等しく，したがって DAC の公称出力は $v$ である．また，$sv$ の各成分は，$v/M$ にスイッチングブロック内で使用される $s$ 系列の線形結合を加えたものに等しく，また $s$ 系列は一次シェイピングされているので，ミスマッチによる雑音は一次シェイピングされる．図 6.22 に使用パターンとスペクトルの例を示す．素子の使用プロットでは，循環法との初期の類似性を強調するため，素子はビットを反転させた 2 進数の順番（bit-reversed order）で番号付けしている．スペクトルを見ると，高調波と SNDR が循環法より 7 dB 悪い様子が見られる．

しかし，これで話は終わりではない．素子 1 を選択した後に交互選択法が素子 2 を選択し，その逆もまた同様であることを思い出そう．私たちの循環法の理解は，循環を完了した後，つまり両方の素子を等しく使用した後に，素子の番号を付け直すことが許容されることを示唆している．このような番号の付け替えは，素子数が多い場合には実装が困難だが，素子が 2 つしかない場合，ハードウェアは簡単である．ツリー構造のミスマッチシェイパーの場合，$s$ の系列は

$$s[n] = \begin{cases} 0, & x[n] \text{ が偶数の場合} \\ +1, & x[n] \text{ が奇数で，} ss = -1 \text{ の場合} \\ -1, & x[n] \text{ が奇数で，} ss = +1 \text{ の場合} \\ r[n], & x[n] \text{ が奇数で，} ss = 0 \text{ の場合} \end{cases} \quad (6.10)$$

に従って選択される．ここで，$ss[n] = \sum_{i=0}^{n-1} s[i]$ で，$r[n]$ は 50%の確率で $\pm 1$ の値をとるランダムビットである（$r$, $s$ および $ss$ は各スイッチングブロックでローカルな変数であることに注意せよ）．読者は，これらの規則が和系列 $ss$ の大きさが 1 で制限されている，すなわち $|ss[n]| \leq 1$ であることを検証することができる．また，我々は $s$ は 1 次シェイピングを受けることを知っている．より印象的なのは，PSD が滑らかであることが証明されており，ミスマッチノイズにはトーンががないことが保証されていることである[12]．

図 6.23 からこの驚くべき特性を確認できるが，その価格は同様に効果的な

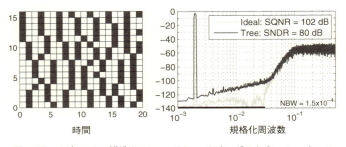

図 6.22　1 次ツリー構造ミスマッチシェイピングのシミュレーション

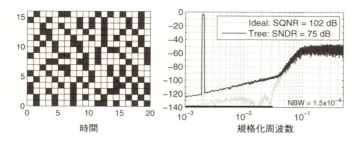

図 6.23 ディザを用いた 1 次ツリー構造ミスマッチシェイピング

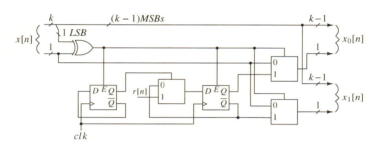

図 6.24 ディザを用いたスイッチングブロックを実装する論理

Bi-DWA 方式と比較して 6 dB の SNR 劣化であることも示している．(6.10) に従って動作するスイッチングブロックを実装するロジックを図 6.24 に示す[11]．

## 6.5 高次ミスマッチシェイピング

ミスマッチに起因する雑音に対する 1 次シェイピングのいくつかの手法を見たので，読者は高次のシェイピングも可能ではないかと思うだろう．この節では，高次のミスマッチシェイピングが実際に可能であることを示しているが，少なくとも 2 値 $\Delta\Sigma$ 変調器と同じくらい厳しい安定性制約を受ける．

### 6.5.1 ベクトル型のミスマッチシェイピング

図 6.25 は，任意の伝達関数 $MTF(z)$ を用いてミスマッチによる雑音にシェイピングをかけられるシステムを示している[13]．このシステムは，$M$ 個の同一のフィルタからなり，その $M$ 個の出力は $M$ 個の 1 ビット信号 $sv_i$ に量子化され，それらは $M$ 個のフィルタにフィードバックされる．各ループは共通の入力 $SU$

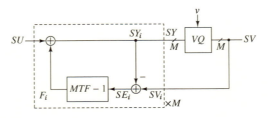

図 6.25　ベクトル型のミスマッチシェイピング

を持つエラーフィードバック型変調器であるため，ΔΣ 理論から，

$$SV(z) = SU(z) + MTF(z)SE(z) \qquad (6.11)$$

となり，ここで，太字は（行）ベクトルである信号を表す．また，

$$sv[n] \cdot [1\ 1 \ldots 1] = \sum_{i=1}^{M} sv_i[n] = v[n] \qquad (6.12)$$

に従う $M$ 入力量子化器が必要であり，以後これをベクトル量子化器（VQ）と呼ぶ．ここで，・はドット積[3]を表し，DAC の名目上の出力は $v$ である（この制約は，図 6.25 では VQ への入力 $v$ によって図式的に示されている）．前と同様に，一般性を失うことなく，素子の平均値を 1 であるとみなせる．したがって，DAC 出力は，

$$D(z) = SV(z) \cdot ([1\ 1 \ldots 1] + ee) \qquad (6.13)$$

ここで，ee（素子値誤差ベクトル）は，個々の素子の平均からの偏差を含み，以下の条件を満たす．

$$ee \cdot [1\ 1 \ldots 1] = 0 \qquad (6.14)$$

さて，(6.12) により

$$SV(z) \cdot [1\ 1 \ldots 1] = V(z) \qquad (6.15)$$

であり，(6.11) と (6.14) から

$$\begin{aligned} SV(z) \cdot ee &= SU(z)([1\ 1 \ldots 1] \cdot ee) + MTF(z)(SE(z) \cdot ee) \\ &= MTF(z)(SE(z) \cdot ee) \end{aligned} \qquad (6.16)$$

---

[3] $sv[n] \cdot [1\ 1 \ldots 1] = sv[n][1\ 1 \ldots 1]^T = \sum_i sv_i$

6章　ミスマッチシェイピング　　169

となる．したがって，DAC 出力は次式で与えられる．

$$D(z) = V(z) + MTF(z)(\textbf{\textit{SE}}(z) \cdot \textbf{\textit{ee}}) \tag{6.17}$$

これは，DAC の出力が目的の信号と $MTF(z)$ でシェイピングされた項からなることを示している．$se$ が有界である限り，素子値誤差は $MTF(z)$ でシェイピングされた雑音になる．

$se$ が有界となる可能性を最大にするために，$sy$ を（6.12）に従って $sv$ に量子化する方式は，$se$ 信号の瞬時値を最小にするように選択される．具体的には，$sy[n]$ の値の大きい順に $v[n]$ 個の要素を 1 に設定し，その他の要素を 0 に設定する．$sy$ の要素間の共通性（全要素の最小値）を取り除くために，$su[n]$ を $f[n]$ の最小値の負数に設定し，$sy[n]$ が正数と少なくとも 1 つの 0 になるようにすることができる．この $su$ には任意のものを選択できる．別の選択として，$f[n]$ の平均値の負の値を選択するのも各項の共通性を取り除く目的に役立つだろう．

上記の説明をより具体的にするために，$MTF(z) = 1 - z^{-1}$ を用いた素子選択論理回路の動作を進めてみよう．ここで，入力列は $v[n] = 1,1,2,3,4$ とし，$sy[0] = [00000000]$ から始めるものとする．

$sy[0]$ のすべての要素は等しいので，特定の素子を他の素子よりも優先的に用いるような優先順位はない．したがって，$\sum_i sv_i[0] = v[0] = 1$ を満たすように，最初の素子として

$$sv[0] = [1\,0\,0\,0\,0\,0\,0\,0] \tag{6.18}$$

を選択する．$MTF(z) - 1 = -z^{-1}$ であるので，再帰方程式は $su = 0$ として，

$$sy[n+1] = -\textbf{\textit{se}}[n] = sy[n] - sv[n] \tag{6.19}$$

となり，

$$sy[1] = [\,-1\,0\,0\,0\,0\,0\,0\,0\,] \tag{6.20}$$

となる．

$v[1] = 1$ では，前回同様に 2 番目から 8 番目の素子からの素子選択において優先順位がないことに直面するため，これらの最初の要素を選択する．

$$sv[1] = [0\,1\,0\,0\,0\,0\,0\,0] \tag{6.21}$$

これを続けて，

$$
\begin{array}{llccccccccc}
sy[2] & = & [ & -1 & -1 & 0 & 0 & 0 & 0 & 0 & 0 & ] \\
sv[2] & = & [ & 0 & 0 & 1 & 1 & 0 & 0 & 0 & 0 & ] \\
sy[3] & = & [ & -1 & -1 & -1 & -1 & 0 & 0 & 0 & 0 & ] \\
sv[3] & = & [ & 0 & 0 & 0 & 0 & 1 & 1 & 1 & 0 & ] \\
sy[4] & = & [ & -1 & -1 & -1 & -1 & -1 & -1 & -1 & 0 & ] \\
sv[4] & = & [ & 1 & 1 & 1 & 0 & 0 & 0 & 0 & 1 & ] \\
\end{array}
$$

を得る．この結果得られた使用パターンは，素子循環法と同じであることを示している．この例からも明らかなように，$sy$ の要素の最小値の符号を反転した値を $su$ に用いると，$sy$ のすべての要素が正になり，$sy$ すべての要素の絶対値が同時に大きくなるのを防ぐことができる．実際，$MTF(z) = 1 - z^{-1}$ の場合，$sy$ の成分は 0 または 1 のどちらかであり，これらの信号は 1 ビットで十分であることを意味する．

今度は（6.17）を使って帯域内ミスマッチ雑音を推定しよう[4]．$se$ の $M$ 個の成分のそれぞれは，1 ビット変調器の量子化誤差列である．現在の構成では，量子化レベルは 0 と 1 である．量子化誤差が $[-0.5, 0.5]$ で一様分布していると仮定すると，量子化誤差電力は 1/12 である．ここでさらに，これらの誤差列が白色であり，互いに無相関であると仮定すると，$(SE(z) \cdot ee)$ 項の電力は $M\sigma_{ee}^2/12$ となる．（6.8）の導出に従うと，フルスケール正弦波の電力に対する帯域内ミスマッチ電力は，

$$
MNP = \left( \frac{M\sigma_{ee}^2}{12} \right) \left( \frac{\pi^2/3}{OSR^3} \right) \frac{8}{M^2} = \frac{2\pi^2 \sigma_{ee}^2}{9M(OSR)^3} = -82\,\text{dBFS} \tag{6.22}
$$

となる．この推定値は（6.8）の推定値よりもシミュレーション値の $-90\,\text{dBFS}$ に 6 dB 近く近づいている．ただし，推定値は 8 dB 高いため，循環法の有効性を定量化するためにはシミュレーションを実行することをお勧めする．

どのように素子循環法を導き出すことができるかを示すことに加え，前の例は素子選択プロセスにディザを追加するための安全な方法を示唆する．$sy$ の各要素にランダムな値を加算するだけで，素子間の結びつきをランダムにばらすことができる．残念ながら，この方式または高次 MTF を使用すると，素子の使用パターンは通常解読できなくなり，図 6.25 に示す構造をそのまま実装する必要がある（素子循環法はポインタで実装できたことを思い出せ）．

このシステムで最も複雑なブロックはベクトル量子化器である．$\Delta\Sigma$ ツールボックス関数 simulateMS はソート操作を使用して要素の優先順位を決定している．ソートは標準的なソフトウェア操作だが，ハードウェアのソート回路は非常に複雑になる可能性がある．ハードウェアは部分的なソートを用いることで扱い

---

[4] 著者は，この改善された方法を提案してくれた Nan Sun に感謝します．

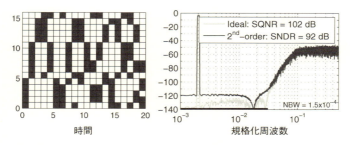

図 6.26 2次ミスマッチシェイピングの使用パターンとスペクトルの例

易くなる[14]. $sy[n]$ 値の大きなものから $v[n]$ 個の選択は，ソートの代わりに，$r[n]$ よりも大きな $sy[n]$ の数が $v[n]$ 個になる閾値 $r[n]$ を，$sy[n]$ の各要素と $r[n]$ との間の $M$ 個のデジタル比較から見つけることによって実現することができる．この方法はソート操作を避けるが，$r[n]$ を見つけるために反復が必要である．

ESL は実質的には，1 ビット量子化器に対して通常よりも追加的な制約を有する $M$ 個の 1 ビット $\Delta\Sigma$ 変調器ループからなり，通常 ESL の安定性は普通の 1 ビット $\Delta\Sigma$ 変調器よりも悪い．したがって，高次のミスマッチシェイピングが必要な場合は，飽和とリセットロジックの他，DAC の入力を DAC のフルスケールよりも小さく制限するなどの対策を講じる（たとえば，追加の素子で DAC フルスケールを補う）ことをお勧めする．

高次ミスマッチシェイピングの有効性を実証するために，$\|MTF\|_\infty = 1.5$ で $OSR = 16$ に最適化された零点配置の 2 次 MTF を用いた，1 ％の素子値バラツキを持つ 16 素子の DAC の予測性能を図 6.26 に示す．SNDR は循環法よりも 4 dB 高く，スペクトルにはスプリアスがないことがわかる．高い OSR では，高次ミスマッチシェイピングは，一次シェイピングと比較して雑音抑圧量を増加させるが，低い OSR では，改善は限定的である．

### 6.5.2 ツリー構造

前と同様に，図 6.20 の $s_{k,r}[n]$ 信号は，2 での除算が $2^{k-1}$ 未満の非負整数になるという制約条件を満たし，さらに

$$S_{k,r}(z) = MTF(z)E_{k,r}(z) \tag{6.23}$$

を満たす場合，高次ミスマッチシェイピングは，図 6.19 のツリー構造で実現できる．ここで，$MTF(z)$ は所望のミスマッチ伝達関数であり，$e_{k,r}[n]$ は有界の系列である．

ベクトル型と同様に，$s_{k,r}$信号は，変更を加えた量子化器を含むデジタル$\Delta\Sigma$変調器によって生成することができる．たとえば，図6.27は，$x[n]$が偶数の場合は量子化器が偶数値を生成し，$x[n]$が奇数の場合は奇数値を生成する2次変調器を示している．スイッチングブロックの出力が$[0, 2^{k-1}]$の範囲に収まるようにするために，$s$の値はさらに$[-L, L]$の範囲に制限される．ここで，$L = min(x[n], 2^{k-1} - x[n])$．量子化器のゲインが1であると仮定すると，この構造によって実装されるミスマッチ伝達関数は，

$$MTF(z) = \frac{(z-1)^2}{z^2 - 1.25z + 0.5} \tag{6.24}$$

である．上式で，$\|MTF\|_\infty \approx 1.5$である．

図6.28からミスマッチの2次シェイピングを確認できるが，残念ながらSNDRは期待外れに低い．

全体像を見るため，図6.29に3種類のミスマッチシェイピングについて，シミュレーションした帯域内ミスマッチ雑音電力（MNP）を信号レベルの関数として示す．循環法については，信号レベルが増加するにつれてMNPが減少する傾向があるのに対し，両方の2次ミスマッチシェーパではMNPは臨界信号レベル（ツリー構造では$-6\,\text{dBFS}$，ベクトル型シェーパでは$-1\,\text{dBFS}$）を超

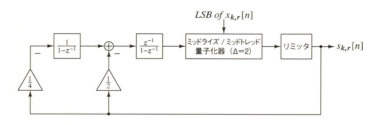

図6.27　2次スイッチング系列発生器

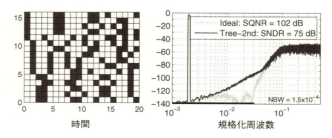

図6.28　ツリー構造2次ミスマッチシェイピングの使用パターンとスペクトルの例

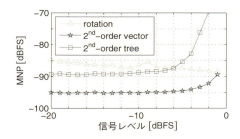

図 6.29 信号レベル対帯域内ミスマッチ雑音電力（MNP）のシミュレーション結果（OSR = 16）

えると急激に増加する.) したがって，上記の比較に $-3\,\mathrm{dBFS}$ の入力レベルを使用した場合，2 次のツリー構造が過度に好ましくない光の下にさらされていることになる．低い信号レベルで考えると，2 次のツリー構造のミスマッチシェーパーを用いた場合の MNP は，循環法の場合よりも数 dB 低くなる．ベクトル型のシェーパーはさらに 5 dB の改善が見られる．2 つの 2 次ノイズシェーパー間の違いの多くはそれらの MTF の違いによるものだが，ベクトル型のアプローチは，同じ MTF が使用されている場合でも少し良いように見える．循環法の MNP の改善率が 9 dB/オクターブにすぎないのに対し，2 つの 2 次シェーパーでは MNP はオクターブあたり 15 dB/オクターブの割合で OSR の増加と共に改善されることを思いだそう．したがって，$OSR > 16$ の場合，2 次シェーパーはどちらもとても魅力的である．

## 6.6 一般化

これまでの焦点は，名目上等しい $M$ 個の 1 ビット DAC 素子を用いて構成された DAC に向けられてきた．この節では，ミスマッチシェイピングの 2 つの一般化，3 レベル素子と単一素子以外への適用について簡単に説明する．

### 6.6.1 3 レベル DAC 素子

図 6.30(a) に示すような構造を使用して，それぞれワンホット制御信号 $n$, $z$, および $p$ に応答してレベル $-1$，0 および 1 を生成する 3 レベル DAC 素子を考えてみよう．このような 3 レベル素子は次の 2 つの理由で役に立つ．第 1 に，3 レベル DAC 素子を使用する量子化器における量子化レベルの間隔は，2 レベル DAC 素子を用いて実現されるものの半分であり（すなわち，$\Delta = 1$ 対 $\Delta = 2$），したがって，DAC 素子が同じ数の場合，量子化雑音は 6 dB 減少する．第

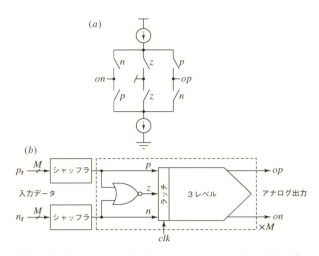

図 6.30　3 レベル DAC と 3 レベルミスマッチシェイピング

2 に，より基本的なことは，z レベルの信号がアクティブなときに 3 レベル DAC 素子の熱雑音がゼロになるという事実である．

3 レベル DAC 素子とミスマッチシェイピングの利点を組み合わせるために，図 6.30(b) の構成を用いることができる[15]．このシステムでは，正のデータは $n_t = 0$ かつ $M$ ビットサーモメータコード $p_t$ としてエンコードし，負のデータの場合はその逆とする．$p_t$ と $n_t$ のデータは，DAC 素子を駆動する P と N のデータを生成するためにシャッフルされる．z の各ビットは，対応する n ビットと p ビットの NOR 演算によって生成される．

### 6.6.2　非単一 DAC 素子

$M$ が大きいと，素子選択ロジック内のデジタルハードウェアの量も多くなる．ハードウェアへの要求件は，セグメント化スクランブリング技術を使用することにより減らすことができる[8]．図 6.31 に，重み 16 の 16 素子（DAC1）と重み 1 の 32 素子（DAC2）で出力が構成される 257 レベル DAC のコンセプトを示す．入力データ $V$ は，$V = V_1 + V_2$ に分解される．ここで，$V_1$ は 1 次の $\Delta\Sigma$ 変調器（MOD1）によって 16 の倍数に量子化された信号で，$V_2$ は MOD1 の入力と出力の差である．MOD1 の特性は，$V \in [-128, 128]$ に対して $|V_2| \leq 16$ を保証するため，32 素子 DAC2 は，$V_2$ をアナログ形式に変換するのに十分な範囲を持っている．DAC1 と DAC2 でミスマッチシェイピングを用いることで，DAC 内のミスマッチをシェイピングする．DAC 間のミスマッチはシステムの

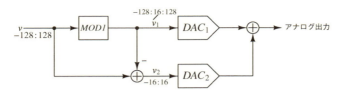

図 6.31 セグメント化スクランブリング

表 6.1 1 ビット DAC の出力波形とそのモデル

| $v[n-1]$ | $v[n]$ | DAC 出力 | モデル出力 |
|---|---|---|---|
| $-1$ | $-1$ | $w_{LL}$ | $w_0 - w_1 - w_2 + w_e$ |
| $-1$ | $+1$ | $w_{LH}$ | $w_0 + w_1 - w_2 - w_e$ |
| $+1$ | $+1$ | $w_{HH}$ | $w_0 + w_1 + w_2 + w_e$ |
| $+1$ | $-1$ | $w_{HL}$ | $w_0 - w_1 + w_2 - w_e$ |

出力を $V_1 + (1+\epsilon)V_2 = V + \epsilon V_2$ にするが，$V_2 = (1-z^{-1})E_1$ であるので，DAC 間のミスマッチはやはりシェイピングされる．ここで，$E_1$ は MOD1 の量子化誤差である．

セグメント化スクランブリング技術は再帰的に適用することができる．例えば，[16]では，重みが $\{2^{13}, 2^{13}, 2^{12}, 2^{12}, \cdots, 2, 2, 1, 1\}$ である 28 個の素子のミスマッチをシェイピングするため，14 レベルの再帰処理により完全にセグメント化された DAC を用いた極端なアプローチを提案している．この DAC は 28 素子のみを使用して $2^{14}$ レベルを構成することができる．しかし，要素の総重みは $2^{15}$ なので，使用可能な出力範囲は理論上使用可能な範囲の半分になる．ディザ処理の使用（特に最初の変調器における）や高次変調器の使用などの別の改良法を，2 番目の DAC の範囲が適切に拡大されていれば適用することができる．

## 6.7 遷移誤差シェイピング

これまで，離散時間（DT）と連続時間（CT）の両方の DAC で問題となる DAC エラーを検討してきた．この節では，非線形遷移ダイナミクスから生じる誤差について考察する．このような誤差は CT DAC では非常に重要だが，出力が各クロック周期で完全に安定する DT DAC では重要でない．ここでは，遷移誤差のモデルを構築することから始め，次に前述の技術の拡張によりどのようにこの誤差をシェイピングできるかを示す．

図 6.32(a) は，low-high，high-high などに対する 1 ビット DAC の出力波形として，$w_{LH}(t)$，$w_{HH}(t)$，$w_{HL}(t)$，$w_{LL}(t)$ を定義している．これらの波形は

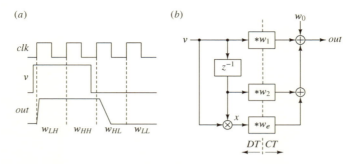

図 6.32　1 ビット CT DAC の波形と関連する信号処理モデル（＊はモデル内の畳み込みを表す）

1 クロック周期にわたる時間の関数である．DAC の内部ノードが各クロック周期の終わりまでに安定すると，DAC の出力は $w_{LH}(t)$，$w_{HH}(t)$ などの波形をつなぎ合わせることによって再現することができる．したがって，これらの波形は潜在的に非線形である DAC の完全な表現をすることができる．非線形性を定量化する最初のステップとして，図 6.32(b) に 1 ビット CT DAC のモデルを示す．このモデルの 4 つの波形パラメータ（$w_0(t)$，$w_1(t)$，$w_2(t)$ and $w_e(t)$）は，モデルが入力データに応じて正しい出力波形を生成するように選択される[5]．

表 6.1 は，入力可能な 4 つの 1 ビット入力対に対応した DAC とモデルの出力をまとめたものである．前の章で使用されている規則に従い，入力は $\{-1, +1\}$ と表すものとする．モデル出力を実際の DAC 出力と一致させるには，

$$\begin{bmatrix} +1 & -1 & -1 & +1 \\ +1 & +1 & -1 & -1 \\ +1 & +1 & +1 & +1 \\ +1 & -1 & +1 & -1 \end{bmatrix} \begin{bmatrix} w_0 \\ w_1 \\ w_2 \\ w_e \end{bmatrix} = \begin{bmatrix} w_{LL} \\ w_{LH} \\ w_{HH} \\ w_{HL} \end{bmatrix} \quad (6.25)$$

とする必要がある．上式を DAC 波形からモデル波形を求めると

$$\begin{bmatrix} w_0 \\ w_1 \\ w_2 \\ w_e \end{bmatrix} = \frac{1}{4} \begin{bmatrix} +1 & +1 & +1 & +1 \\ -1 & +1 & +1 & -1 \\ -1 & -1 & +1 & +1 \\ +1 & -1 & +1 & -1 \end{bmatrix} \begin{bmatrix} w_{LL} \\ w_{LH} \\ w_{HH} \\ w_{HL} \end{bmatrix} \quad (6.26)$$

---

[5] 図 6.32(b) のモデルは，$w_{LH}(t)$，$w_{HH}(t)$，$w_{HL}(t)$ および $w_{LL}(t)$ の応答を線形モデル $w_{lin} = w_0 + w_1 v[n] + w_2 v[n-1]$ を用いて最小二乗近似し，残余 $w_{actual} - w_{lin}$ を計算することで求める．モデル作成から始めそれを $w_{xx}$ 波形に一致させる，これらの詳細に関しては読者にゆだねる．

を得ることができる.

DAC の出力波形の観点からモデルパラメータを計算したので, CT DAC の非線形性の性質を議論することができる. まず, DAC モデルは2つの項, 具体的には $w_0$ と $w_e$ を除いて, 数学的には線形である. DT の場合の dc オフセットに似た $w_0$ 項は, dc およびクロック周波数の倍数にスプリアスを発生させる. このようなオフセットおよびクロックフィードスルーの項は, 信号の情報を持っている成分を壊さないため, 通常は無視できる. $w_e$ の項は, より問題のある非線形項である. DAC を線形にするには, $w_e = 0$ が必要となる. これは, (6.26) の最後の行から, 次の要求

$$w_{LL} + w_{HH} = w_{LH} + w_{HL} \tag{6.27}$$

と同等である. この結果の1つの解釈は, 線形 CT DAC は重ね合わせの原理に従わなければならないということである. (6.27) からの別の有用な洞察は, そのような DAC では $w_{LL} = -w_{HH}$ および $w_{LH} = -w_{HL}$ であるため, バランス型差動 DAC は自動的に線形であるということである. 差動電流モード DAC の重要なミスマッチの原因には, スイッチの $V_T$ ミスマッチやスイッチ制御信号のミスマッチ遅延がある. したがって, DAC 設計者の仕事は, これらの誤差源を十分に小さくする DAC 回路を設計することである.

DAC の出力の非線形成分のスペクトルは, 離散時間系列

$$x[n] = v[n] \cdot v[n-1] \tag{6.28}$$

と $w_e(t)$ を畳み込むことによって得られる. DAC が切り替わらない場合は $x[n]$ が $+1$ になり, DAC が切り替わる場合は $x[n]$ が $-1$ に切り替わるため, x系列はスイッチングイベントまたは遷移の発生を反映する. そこで, $x$ と $w_e$ を畳み込むことによって得られる誤差を遷移誤差と呼ぶ. 時間領域での畳み込みは周波数領域での乗算であるため, 遷移誤差のスペクトルは, $x$ 系列のスペクトルに $w_e$ のフーリエ変換を掛けたものに等しくなる. このため, 遷移誤差は, $x$ 系列をシェイピングすることによってシェイピングできる.

図 6.33 に示す構成を使用して, マルチエレメント DAC の x系列をシェイピングすることができる. ベクトル型のミスマッチシェイピングと同様に, $v$ を除くすべてのラベル付き信号は M要素ベクトルで, ベクトル量子化器は $\sum_i sv_i = v$ に従う. このシステムは破線の四角で示すように, 線形ループフィルタと非線形「量子化器」に分けることができる. この分割により, このシステムは, 入力が $xu$, 出力が $xv$ で, 特別な量子化器をもった MOD1 を M個並列実装したシステムと解釈することができる. ループが安定している場合 ΔΣ 理論から, 入力 $xu$ が一定とすると, 出力 $xv$ には $xu$ に等しい dc 成分に1次シェイピングされた雑音が含まれることがわかる. $xv$ は遷移 $(x)$ 系列のベクトルなので,

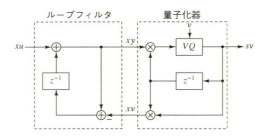

図 6.33　一次遷移誤差シェイピングのための素子選択論理回路

遷移誤差は一次シェイピングを受けることになる．安定動作の妥当性を検証するために，$xy_i$ が高い場合（これは要素 $i$ の遷移が多いことを示す），接続された比較器は対応するビットが同じ値に留まるように偏らせることに注意せよ．

　ベクトル型のミスマッチシェイピングと同様に，この遷移誤差シェイピングループの安定性は，シェイピング関数と入力データ $v$ に依存する．ただし，ベクトル型のミスマッチシェイピングと比較すると，$xu$ 入力はやはりループの安定性に影響を与えるが，ベクトル型のミスマッチシェイピングの時変スカラー $su$ 信号とは異なり，$xu$ はベクトルであり，かつ一定でなければならない．$xu$ に適切な値を選択することは未解決の問題である．$xu = 0$ を使用すると，ターゲット遷移頻度が 50% に設定される．ただしこの設定では，$v$ が $[-M, M]$ の範囲の端に近い場合は，少数の要素しか切り替えられないため対応できない．$xu$ が負の場合は，問題はさらに悪化する．これは，このような設定は目標スイッチング頻度を増加させるためである．一方，$xu$ を正にすると，ターゲットのスイッチング頻度は低下するが，システムが変化の速い信号を追跡するのは困難になる．

　図 6.34 は，入力が $-3\,\mathrm{dBFS}$ の低周波数（$f = 0.002$）の正弦波で，$xu = 0.7$ の場合のシミュレーション結果である．素子使用頻度のプロットは，$xu$ の正の値が大きいと斑状の使用量パターンになることを示している．これは，サイクルごとに切り替わる素子の平均数が比較的小さい値 $M(1 - xu)/2 = 2.4$ であるためである．スペクトルは，遷移誤差がシェイピングされていることを示している．このシミュレーション結果で最も期待できる点は，2 次高調波が通常の温度計符号駆動の場合と比較して $30\,\mathrm{dB}$ 以上減衰される点である．さらなるシミュレーションでは，このシステムは $f \approx 0.1$ までの $-3\,\mathrm{dBFS}$ 入力を許容することを示しており，我々の $xu = 0.7$ の選択は妥当であることを示している．それほど期待できない面としては，シェイピングされた遷移誤差が，シェイピングされない場合の誤差と交差する周波数は $f \approx 0.03$ であり，遷移誤差シェイピ

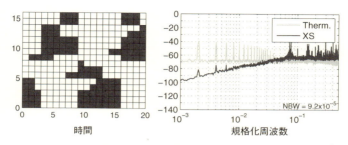

図 6.34 一次遷移誤差シェイピング（XS）の使用パターンの例と遷移ベクトルスペクトルの比較（−3 dBFS 入力，$xu = 0.7$）

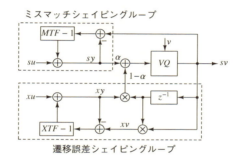

図 6.35 ミスマッチシェイピングと遷移誤差シェイピングの組み合わせ

ングは OSR < 16 ではほとんど恩恵がないことが挙げられる．また，$f \approx 0.07$ 付近の大きなスプリアスエネルギーも気になる点である．

最後にミスマッチシェイピングシステムの技術の最前線の例として，図 6.35 に，ミスマッチシェイピングと遷移誤差シェイピングの両方を組み合わせたシステムを示す[17]．このシステムでは，ミスマッチシェイピング・ループの出力と遷移誤差シェイピング・ループの出力は，それぞれ重み $\alpha$ と $(1 - \alpha)$ で加算される．設計者は，2 つの誤差源の相対的な大きさに応じて $\alpha$ を選択する．

この構成が実行可能であることを実証するために，一次遷移誤差シェイピングと二次ミスマッチシェイピングを組み合わせたシステムの $sv$ および $xv$ 信号の使用パターンとスペクトルを図 6.36 に示す．$xu$ が正であるので，使用パターンは再び斑模様を示すが，今度は選択ベクトルと遷移ベクトルの両方のスペクトルがシェイピングされている．

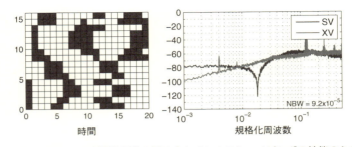

図 6.36 ミスマッチと遷移誤差の組み合わせによるシェイピングの性能のシミュレーション結果 ($\alpha = 0.5$; $xu = 0.5$; $f = 0.002$ の $-3\,\mathrm{dBFS}$ 入力)

## 6.8 まとめ

この章では，$M$個の 1 ビット DAC 素子で構成されるマルチビット DAC の線形性を向上させるためのさまざまな手法について検討した．これらのミスマッチシェイピング法の重要な特徴は，それらが実際の素子誤差の知識なしに動作するということである．素子をランダム選択すると，静的な素子のバラツキによる誤差が白色雑音に変わるのに対して，循環式に素子を選択すると 1 次シェイピングが実現されることがわかった．

ミスマッチ抑圧を犠牲にして Bi-DWA または一次ミスマッチシェイピングの変形としてディザー付きツリー構造を使用すると，それぞれトーンを低減または除去できることがわかった．我々は，複数の変形した $\Delta\Sigma$ ループを用いたより複雑なハードウェアで高次シェイピングが可能であることを示した．

静的な素子のミスマッチに加え，1 ビット CT DAC のダイナミクスについても検討し，遷移誤差もシェイピングできることを確認した．遷移誤差およびミスマッチ誤差の同時シェイピングは，ミスマッチシェイピング・ループと遷移誤差シェイピング・ループと組み合わせることによって達成することができる．遷移誤差シェイピングはまだ研究が始まったばかりであり，野心的な読者にこれをさらに発展させて欲しい．そのような技術の最近の概説，そしてより広範囲の参考文献については，[18] を参照されたい．

$\Delta\Sigma$ ツールボックスには，素子選択に関連するいくつかの機能が含まれている．`ds_therm`（温度計符号選択法），`simulateMS`（循環法を含むベクトル型のミスマッチシェイピング），`simulateSwap`（バタフライシャッフラ），`simulateTSMS`（ツリー構造シェイピング），`simulateBiDWA`（双方向データ重み付け平均化法），`simulateXS`（遷移誤差シェイピング），そして `simulateMXS`（ミスマッチと遷移誤差シェイピングの組み合わせ）がある．

6章 ミスマッチシェイピング    181

**【参考文献】**

[1] M. Sarhang-Nejad and G. C. Temes, "A high-resolution multibit ΣΔ ADC with digital correction and relaxed amplifier requirements," *IEEE Journal of Solid-State Circuits*, vol. 28, pp. 648–660, June 1993.

[2] R. T. Baird and T. S. Fiez, "Improved ΔΣ DAC linearity using data weighted averaging," *Proceedings of the 1995 IEEE International Symposium on Circuits and Systems*, vol. 1, pp. 13–16, May 1995.

[3] B. H. Leung and S. Sutarja, "Multi-bit Σ-Δ A/D converter incorporating a novel class of dynamic element matching," *IEEE Transactions on Circuits and Systems II*, vol. 39, pp. 35–51, Jan. 1992.

[4] H. S. Jackson, "Circuit and method for cancelling nonlinearity error associated with component value mismatches in a data converter," U.S. patent number 5221926, June 22, 1993 (filed July 1, 1992).

[5] M. J. Story, "Digital to analogue converter adapted to select input sources based on a preselected algorithm once per cycle of a sampling signal," U.S. patent number 5138317, Aug. 11, 1992 (filed Feb. 10, 1989).

[6] W. Redman-White and D. J. L. Bourner, "Improved dynamic linearity in multi-level ΣΔ converters by spectral dispersion of D/A distortion products," *IEE Conference Publication European Conference on Circuit Theory and Design*, pp. 205–208, Sept. 5-8, 1989.

[7] Yang, W. Schofield, H. Shibata, S. Korrapati, A. Shaikh, N. Abaskharoun, and D. Ribner, "A 100mW 10MHz-BW CT ΔΣ modulator with 87dB DR and 91dBc IMD," *Proceedings of the 2008 IEEE International Solid-State Circuits Conference*, pp. 498–499, Feb. 2008.

[8] R. W. Adams and T. W. Kwan, "Data-directed scrambler for multi-bit noise-shaping D/A converters," U.S. patent number 5404142, April 4, 1995 (filed Aug. 1993).

[9] D-H. Lee and T-H. Kuo, "Advancing data weighted averaging technique for multi-bit sigma-delta modulators," *IEEE Transactions on Circuits and Systems II*, vol. 54, no. 10, pp. 838–842, Oct. 2007.

[10] I. Fujimori, L. Longo, A. Hairapetian, K. Seiyama, S. Kosic, J. Cao, and S. L. Chan, "A 90-dB SNR 2.5-MHz output-rate ADC using cascaded multibit delta-sigma modulation at 8× oversampling ratio," *IEEE Journal of Solid-State Circuits*, vol. 35, no.12, pp. 1820–1828, Dec. 2000.

[11] J. Welz and I. Galton, "Simplified logic for first-order and second-order mismatch-shaping digital-to-analog converters," *IEEE Transactions on Circuits and Systems II*, vol. 48, no. 11, pp. 1014–1027, Nov. 2001.

[12] J. Welz and I. Galton, "A tight signal-band power bound on mismatch noise in a mismatch-shaping digital-to-analog converter," *IEEE Transactions on Information Theory*, vol. 50, no. 4, pp. 593–607, Apr. 2004.

[13] R. Schreier and B. Zhang, "Noise-shaped multibit D/A convertor employing unit elements," *Electronics Letters*, vol. 31, no. 20, pp. 1712–1713, Sept. 28, 1995.

[14] A. Yasuda, H. Tanimoto, and T. Iida, "A third-order Δ − Σ modulator using second-order noise-shaping dynamic element matching," *IEEE Journal of Solid-State Circuits*, vol. 33, pp.

1879–1886, Dec. 1998.

[15] K.Q. Nguyen and R. Schreier, "System and method for tri-level logic data shuffling for over-sampling data conversion," U.S. patent number 07079063, July 18, 2006 (filed Apr. 18 2005).

[16] K. L. Chan and I. Galton, "A 14b 100 MS/s DAC with fully segmented dynamic element matching," in *Proceedings of the IEEE International Solid-State Circuits Conference*, pp. 2390–2399, Feb. 2006.

[17] L. Risbo, R. Hezar, B. Kelleci, H. Kiper, and M. Fares, "Digital approaches to ISI-mitigation in high-resolution oversampled multi-level D/A converters," *IEEE Journal of Solid-State Circuits*, vol. 46, no.12, pp. 2892–2903, Dec. 2011.

[18] A. Sanyal and N. Sun, "Dynamic element matching techniques for static and dynamic errors in continuous-time multi-bit $\Delta\Sigma$ modulators," *IEEE Journal on Emerging and Selected Topics in Circuits and Systems*, vol. 5, no. 4, pp. 598–611, Dec. 2015.

# 7章 離散時間 ΔΣ 型 ADC の回路設計

この章では，スイッチトキャパシタ型の ΔΣ 型 ADC について考察する．シンプルな低速 1 ビット 2 次変調器用いて，基本的な設計検討手法を解説する．さらに高度な回路技術の解析に続ける．

## 7.1 SCMOD2：2 次スイッチトキャパシタ ADC

図 7.1 のような標準的なブロック構成 MOD2 を実現するためには，積分器，サミング（加算）回路，1 ビット量子化器と 1 ビットフィードバック部を必要とする．これらの回路の動作を学ぶ前に，目標とする ADC のいくつかの仕様について考える．

表 7.1 に今回の目標をリストアップする．帯域幅 1 kHz をもつこの ADC は，チップ内蔵の電圧モニタ，もしくは低速の補正回路のエンジンなどに用いられる．オーバーサンプリング比 500 まで得られるクロックレート 1 MHz を選んでいるので，2 次変調器で実現可能な SQNR は約 120 dB となり，これより 100 dB の SNR の目標は現実的である．回路設計を簡単化するため，ここでは，

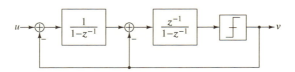

図 7.1　標準的な MOD2 のブロック図

表 7.1　SCMOD2 の設計仕様

| パラメータ | シンボル | 値 | 単位 |
|---|---|---|---|
| 帯域幅 | $f_B$ | 1 | kHz |
| サンプリング周波数 | $f_s$ | 1 | MHz |
| 信号雑音比 | SNR | 100 | dB |
| 電源電圧 | $V_{dd}$ | 1.8 | V |

184

電源電圧を 1.8 V とする．現在のナノメートルの CMOS プロセス技術の主要電源電圧は 1.0 V もしくはそれ以下であるが，多くのプロセス技術では IO 電源から動作する 1.8 V 用デバイスにも対応している[1]．この理由から，最新の CMOS プロセスであっても今回の設計例は現実的である．

## 7.2 ハイレベル設計

### 7.2.1 NTF の選択

$NTF(z) = (1 - z^{-1})^2$ の標準的な MOD2 が一般的に用いられるが，入力がフルスケールに近づいたときにもその変調器が正しく振舞うように，余裕を持った NTF を使うことを推奨する．以下のコード記述を用いて NTF を生成し，その性能を入力振幅対 SQNR のカーブを使って評価する（図 7.2）．理想のピーク SQNR は 120 dB であり，量子化雑音は目標の雑音レベルから 20 dB 下である．十分に余裕を持った 10〜20 dB のこのマージンは，目標の SNR に対して理想の SQNR を通常無視することができる値である．

```
% Create a second-order NTF
order = 2;
osr = 500;
M = 1;
ntf = synthesizeNTF(order,osr);
% Plot the SQNR vs. amplitude curve
[sqnr, amp] = simulateSNR(ntf,osr,[],[],M+1);
plot(amp,sqnr,'-o','Linewidth',1);
...
```

### 7.2.2 ダイナミックスケーリングの実現

ブロック図から回路に変換する際，各接点の振幅が増幅器の動作の範囲内であることを確認しなければならない．残念ながら，図 7.1 のブロック図では，積分器の出力での信号振幅に関する情報は提供できない．この情報があったとしても，これらの振幅が回路と互換性を持っていると確証できない．この欠落を埋めるため，各積分器の出力振幅を決定する必要があり，その出力がオペアンプの許容できる範囲となるよう各ステージをスケーリングする．

4.7.1 節で記述，図 7.3 に図示したように，特定の状態 ($x$) を $k$ の係数でスケールダウンするため，入力側の係数を $k$ で割り，出力側の係数に $k$ を掛ける．

---

[1] IO（Input/Output）電源のような第 2 の電源電圧をもつ CMOS IC において，他の IC とのインターフェースを利用することは一般的なことである．アナログ設計者はしばしば IO 電源を利用している．

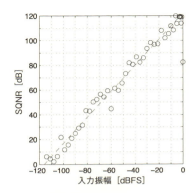

図 7.2 入力振幅対 SQNR のシミュレーション結果

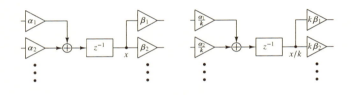

図 7.3 状態スケーリング

下のコード記述は，前述した CIFB 構成の NTF を実現し，ΔΣ ツールボックスの機能を使って，上記したダイナミックスケーリングを実行する．図 7.4 にそれ関連したブロック構成を示す．この図において，$c_2$ を除く全ての係数は容量の比へと変換される．1 ビット量子化器はその入力の符号を気にするだけであるので，係数 $c_2$ はあまり重要でないことが分かる．ここで $c_2$ は正の値である．

```
...
form = 'CIFB';
swing = 0.5;      %Amplifier output swing, Vp
umax = 0.9*M;     %Scale system for inputs up to 0.9 of full-scale
[a,g,b,c] = realizeNTF(ntf,form);
b(2:end) = 0;
ABCD = stuffABCD(a,g,b,c,form);
ABCD = scaleABCD(ABCD,M+1,[],swing,[],umax);
[a,g,b,c] = mapABCD(ABCD,form);
% Yields a = [0.1131 0.1829]; b = 0.1131; c=[0.4517 4.2369]
```

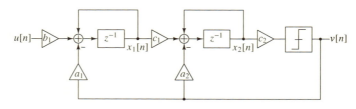

図7.4　2次 CIFB 変調器

## 7.3　スイッチトキャパシタ積分器

図7.5に，最初の構成ブロックであるスイッチトキャパシタ（SC）積分器を示す．この図において，各クロック周期は2つの位相に分けられ，この回路は，位相スイッチによって定義された2つの構成間を交互に切り替える．第1相では，"1"とラベルされたスイッチがオン，"2"とラベルされたスイッチがオフである．第2相ではその論理が反転する．また，第1相のスイッチが第2相のスイッチと同時にオンすることはない．

この回路がどのように動くかを理解するため，図7.6に示した2つの構成を検討する．第1相において，$C_1$ は入力電圧 $v_i[n]$ を充電し，$C_2$ は第2相での電荷を保持する．第2相では，$C_1$ の左側が接地，右側は仮想接地となる．もし，オペアンプの利得が無限であれば，$C_1$ の電荷はゼロとなる．この回路の構成の特徴として，$C_1$ からの電荷は $C_2$ に蓄積される．それ故，

$$q_2[n+1] = q_2[n] + q_1[n] \tag{7.1}$$

となる．式（7.1）に $z$ 変換を適用して，

$$\frac{Q_2(z)}{Q_1(z)} = \frac{z^{-1}}{1 - z^{-1}} \tag{7.2}$$

を得る．$Q_1(z) = C_1 V_i(z)$，$Q_2(z) = C_2 V_o(z)$ であるので，図7.5の回路は，

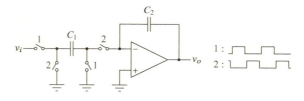

図7.5　スイッチトキャパシタ積分器

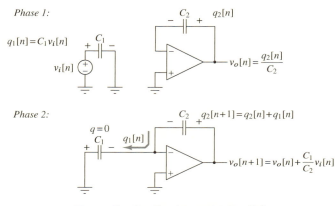

図7.6　第1相と第2相での積分器の構成

$C_1/C_2$ のスケールファクターを持った遅延積分器を実現しているおり，

$$\frac{V_o(z)}{V_i(z)} = \frac{C_1}{C_2} \frac{z^{-1}}{1-z^{-1}} \tag{7.3}$$

となる．

　図7.5の回路は，スイッチの接点からグランドへの寄生容量が伝達関数に影響を与えないことから，しばしば，"*parasitic-insensitive*"と表現される．この特性を理解するため，$C_1$ の左から接地への寄生容量をはじめに考える．この寄生容量は，第1相で $v_1$ により充電され，第2相で接地へ放電する．放電経路は第2相のスイッチを通してだけであり，それゆえ，この寄生容量での電荷が $C_2$ へ伝送されることはない．したがって，$C_1$ の左側の寄生容量は積分器の伝達関数を変えることはない．

　次に $C_1$ の右側の寄生容量について検討する．この容量の上部は，接地と仮想接地とを交互に接続されている．結果として，寄生容量は何かしら電荷を保持することはなく，積分器の伝達関数に寄与しない．この回路の他の節点でも同様の論法を続けることによって，他の節点から接地への寄生容量が式（7.3）を変えることないと検証することが可能である．

　図7.7で示されている回路に話を進めてみよう．この回路は同じ増幅器につながる2つのスイッチトキャパシタによって構成されている．重ね合わせの原理をこの回路に適用することによって，簡単に次の関係式に辿りつく．

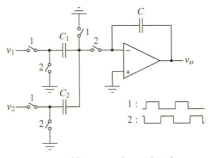

図 7.7　2 入力型 SC 積分器

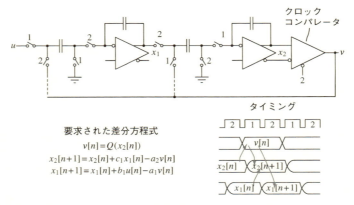

図 7.8　MOD2 の構成とそのタイミグクロック

$$V_o(z) = \left( \frac{C_1}{C} V_1(z) + \frac{C_2}{C} V_2(z) \right) \frac{z^{-1}}{1 - z^{-1}} \tag{7.4}$$

図 7.7 の回路は，加算動作と積分動作を実現する．$v[n]$ が $-1$ のときは $+V_{ref}$，$V[n]$ が $+1$ のときは $-V_{ref}$ に $v_2$ を接続することによって，2 段目の分岐が，図 7.1 での極性を持つ 1 ビットのフィードバック DAC を実現する．したがって図 7.7 の回路は，量子化器を除いて MOD2 で必要となるすべての機能を実現している！

図 7.8 に示すのは，対象となるスイッチトキャパシタ構成と図 7.4 の差分方程式に沿ったそのタイミング図である（$v$ からスイッチへ接続している破線は，$\pm V_{ref}$ に接続されたスイッチと $v$ により制御される 1 ビット DAC を表現して

いる). 1行目の差分方程式は, $v[n]$ が $x_2[n]$ に依存していることを意味している. これは, $x_2[n]$ は第2相の終わりでの値, $v[n]$ は第2相のクロックの立下りエッジでの比較により生成されていることから, 回路とタイミング図の両方が意味するところが一致していることがわかる. 次の式は $x_2[n+1]$ と, $x_1[n]$ および $v[n]$ との依存関係を示している. 図示されているように, $v[n]$ が次の第1相で確定し, $x_2[n]$ は次に続く第2相でサンプルされることから, やはり回路とタイミング図は合致している. 最後に, $x_1[n+1]$ が $v[n]$ に依存していることがわかる. $v[n]$ が安定しているときに, $x_1[n+1]$ が作りだされることから, これも回路とタイミング図が整合している (ここで, $x_1[n+1]$ の $u[n]$ への依存性に関しては重要ではない. というのは, $u$ は初段の積分器に接続されているだけであり, $u$ の波形は任意でタイミングを割り当てることができるからである[2]).

### 7.3.1 さまざまな積分器

図7.9に積分器, 加算, フィードバック DAC を組み合わせた差動型回路を示す. この図では, 3つの異なるコモンモードのノードの電圧 $i_{cm}$, $u_{cm}$ と $v_{cm}$ を示している. これらの電圧は, 設計者の自由度を意味している. 例として, $i_{cm}$ は増幅器の入力コモンモード電圧であり, 増幅器の必要な電圧を設計者が自由に選ぶことができる. 同様に, $u_{cm}$ は入力信号 $u$ のコモンモード電圧, $v_{cm}$ は参照電圧のコモンモード電圧である. 以下の式で与えられる以下の2つの電圧は回路の動作に影響を与えない.

$$u_{cm} = (u_p + u_n)/2 \tag{7.5}$$

$$v_{cm} = (v_{refp} + v_{refn})/2 \tag{7.6}$$

$u_{cm}$ で与えられる電圧と入力の実際のコモンモード, もしくは $v_{cm}$ で与えられる電圧と実際の参照電圧のコモンモードとの差分は増幅器の入力へコモンモード

---

[2] この方法論は, スイッチトキャパシタフィルタの標準的な実際例からは逸脱している. 標準的な方法論において, 設計者は第1相か第2相いずれかの終端を時刻 $n$ と $n+1$ の境目と選び, 各ブロックを $z$ 領域の表現で扱う. 図7.8の回路は, その標準的な方法論へ2つの課題を提示している. まず, $v[n]$ と $x_2[n]$ が同時に存在する時刻はないので, 時刻 $n$ と $n+1$ の間を分割することはできない. 次に各ブロックの $z$ 領域の表現に固有のものがない. 例として, 第2相の終端を時刻 $n$ と $n+1$ の境界線とすると, 2段目の積分器は遅延型の伝達関数で表現される. 一方で, 第1相の終端を時刻 $n$ と $n+1$ の境界線とすると, その伝達関数は無遅延型になる. 実際には, 積分器が, ある入力では遅延, もう一方の入力では無遅延となると考えられるかもしれない. これら理由から, ここでは標準的な方法論を使わず, 直接に差分方程式を検証することを選択している.

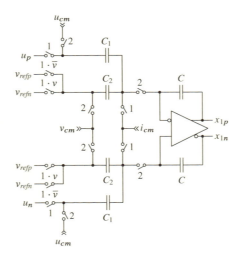

図 7.9 入力と DAC キャパシタ分離した差動積分器

誤差をもたらす．設計者は，増幅器がこの誤差に適応できる十分なコモンモード範囲持っていることを確認する必要がある．

次に，スイッチトキャパシタ回路内のオペアンプが容量だけを駆動していることに注目する．位相の変化で回路の応答が落ち着くように，オペアンプの出力電流はゼロに減衰する．この特性は，オペアンプに任意の大きな出力抵抗を持たせることを許容し，高出力抵抗を伴ったトランスコンダクタンスを，スイッチトキャパシタ回路用途の理想的な高利得オペアンプとして用いることを可能とする．*Operational Transconductance Amplifier* の頭文字からこの種類の増幅器はOTA といわれる．

入力のサンプリング（第 1 相）とフィードバック（第 2 相）を同一の容量で行う積分器の簡易版を図 7.10 に示す．この配置は，図 7.9 の回路から約 3 dB 雑音が下がるが（雑音については 7.18 節で説明する），入力のフルスケール電圧と参照電圧が等しくなることが要求され，コモンモード電圧のミスマッチにも敏感である．

フィードバック DAC と入力をサンプルする容量が同じ積分器を図 7.11 に示す．さらに，この回路は $V_{ref} = V_{dd}$ としている[3]．アプリケーションの一つとし

---

[3] 実際に電源電圧を参照電圧として使うためには，高精度の変換精度を達成するため，強力な電源雑音のフィルタリング処理が必要となる．2 ステップの Coarse/Fine（粗/微細）による電荷注入と 2 Hz の低域通過型で電源電圧の効果的なフィルタリングをする外部容量を用いた回路が [1] に示されている．

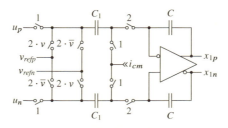

図 7.10　入力と DAC 容量を共用化した差動積分器

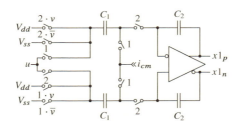

図 7.11　シングル-差動変換をもつ差動積分器

て，この ADC が電圧モニタとして用いられることを想定すると，$[V_{ss}, V_{dd}]$ の範囲のシングルエンド入力に完全に適合するように見える．この理由から，この構成を初段積分器として選んでいる．

しかし，図 7.11 の回路では図 7.8 での仮定と少し違ったタイミングを使っていることを注意しなければならない．具体的に言うと，図 7.8 の回路では，$v[n]$ が第 2 相の間に初段積分器にフィードバックしている．一方で，図 7.11 において，$v[n]$ を第 2 相とそれに続く第 1 相でサンプリングしている．幸いに，図 7.8 のタイミングで示されているように，$v[n]$ は両方の時刻で有効であり，それ故，図 7.11 の回路をシステムの初段積分器として使うことができる．余談ではあるが，CRFB 構成を選んだ場合，この状況はうまくいかないということを記載する．

図 7.12 は，図 7.9 をもとに入力のコモンモードと差動のコモンモードのスイッチを差動の短絡スイッチで置き換えた簡易版である．このシンプルな接続により要求されるコモンモード電圧を自動的に見つけ出すことができる．そして，2 つのスイッチを一つに置き換えているので，そのスイッチの抵抗値を元の 2 つのスイッチから 2 倍にすることができる．今回の変調器の例題における 2 段目の積分器は係数 $a_2$ と $c_1$ は独立であり，入力とフィードバックの重み付けが分離できるこのこの回路構成は，2 段目の積分器として用いることができる．

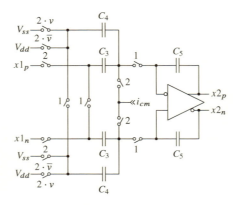

図 7.12 SCMOD2 の 2 段目の積分器

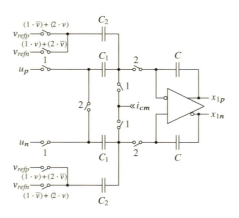

図 7.13 ダブルサンプルされた参照をもつ積分器

DAC 容量が第 2 相でお互いが短絡しない，もしくは $v_{cm}$ にも接続しない積分器を図 7.13 に示す．その代わり，DAC 容量は反対の極性の参照電圧側に接続される．それにより，参照電圧は実効的に 2 倍となり，図 7.9 の回路よりも低雑音化される．

最後に積分器の変数について話を進める．変調器の過負荷動作を防ぐため，入力を 20%減衰する入力構造を図 7.14 に示す．その代価は 2 dB の SNR 劣化と，$V_{fullscale}/V_{ref}$ の比が容量ミスマッチに依存していることによる dc 精度の損失である．

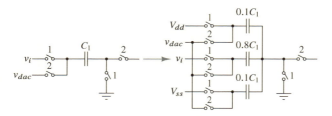

図 7.14 入力電圧のスケーリングと移動

## 7.4 容量のサイジング

初段の積分器の容量比はそれぞれ以下の式を使って計算できる．

$$a_1 = \frac{C_1 V_{ref}}{C_2} = \frac{C_1 V_{dd}}{C_2} \tag{7.7}$$

$$b_1 = \frac{C_1 V_{FS}}{M C_2} = \frac{C_1 V_{dd}}{C_2} \tag{7.8}$$

$a_1 = b_1$ であるので，両方の計算式は同じ結果となる[4]．

$C_1$ の絶対値は熱雑音の制約によって決定される．フルスケールの正弦波の電力に対して 103 dB の SNR（100 dB とそのマージン 3 dB）を得られる平均二乗雑音電圧は，

$$\overline{v_n^2} = \frac{(V_{dd}/2)^2/2}{10^{SNR/10}} = \frac{(0.9)^2/2}{10^{(103/10)}} = (4.5\,\mu V)^2 \tag{7.9}$$

となる．初段積分器における帯域内の入力換算平均二乗雑音電圧は近似的[5]に

$$v_n^2 = \frac{kT}{OSR \cdot C_1} \tag{7.10}$$

となる．式（7.9）と（7.10）から $C_1 = 0.4 pF$ が与えられ，（7.8）と組み合わ

---

[4] 信号 $v$ は単位を持たないので，$a_1$ のような DAC の係数は DAC の参照電圧を含んでいる．それに対して，状態変数の落とし込みでは信号 $x_1$ は電圧の次元を与えている．ΔΣ ツールボックスの慣例では，$u$ もまた $v$ に合わせるよう正規化される．それ故，（$u$ を乗じる）$b_1$ に容量比を関連付ける式はフルスケールの電圧を含んでいる．

[5] 7.18 節では，差動積分器の雑音は近似的に $4kT/C_1$ となると示している．帯域内の雑音に着目しているので，OSR の項が式（7.10）に現れ，また，図 7.11 の回路はシングルエンドから差動への変換をしているので，この 4 の項が消去されている．

せ $C_2 = 6.5pF$ となる．これにより，初段積分器内に必要な容量値が決まる．
係数 $C_1$ は初段と2段目を繋ぐ重み付け係数で

$$c_1 = \frac{C_3}{C_5} \tag{7.11}$$

と表せる．そして，係数 $a_1$ ための式（7.7）と同様，$a_2$ はフィードバック容量 $C_4$ に関係しており，1ビット DAC の差動参照電圧（$\pm V_{dd}$）を使って，

$$a_2 = \frac{C_4 V_{dd}}{C_5} \tag{7.12}$$

となる．

しかしながら，オーバーサンプル比が高いので，2段目の積分器の熱雑音は初段の積分器の利得によって大きく減衰されるため，2段目の雑音に対する制約は重要でない．代わりに最小容量（$C_4$）を 10 fF に設定して，（7.11）と（7.12）を使って他の容量を計算する．ここで，この 10 fF は任意の値である．もしプロセス技術が適当な精度をもってより小さい値をサポートするなら，より小さい容量値はいくらの電力を抑えることになる．が，その省電力の効果は小さい．各容量の容量値は以下のコード記述でまとめられている．

```
% Compute capacitor sizes
Vdd = 1.8;
Vref = Vdd;
FullScale  = Vdd;
DR = 100 +3;    % Dynamic range in dB, plus 3-dB margin
k = 1.38e-23; T = 300; kT = k*T;
% First stage values based on kT/C noise
v_n2 = (FullScale/2)^2/2 / undbp(DR); % = kT/(osr*C1)
C1 = kT/(osr*v_n2);
C2 = C_1/b(1)*FullScale/M;
% Second-stage values based on C4 = 10f
C4 = 10e-15;
C5 = C4 * Vref / a(2);
C3 = C5 * c(1);
% Yields C1=410f, C2=6.49p, C3=44f, C4=10f, C5=98f
```

## 7.5　初期検証

これまで選択した構成の実現可能性を手動で検証してきたが，次に所望の差分方程式を満足しているか確認するため，図 7.15 の回路図でシミュレーションする必要がある．$\Delta\Sigma$ 変調器は閉ループシミュレーションでデバッグするのが難し

7章 離散時間 ΔΣ 型 ADC の回路設計　195

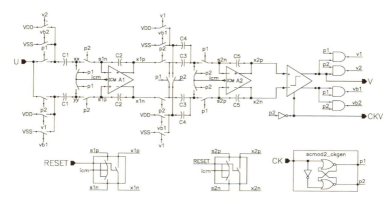

図 7.15　MOD の回路図

いので，ループを閉じて変調器全体を検証する前に，開ループでシミュレーションするのが賢明である．

ループフィルタを検証するために，そのインパルス応答と期待する応答との一致をチェックすることを推奨する．それは，ΔΣ ツールボックスの機能の impL1 で計算できる．ここで回路のチェックを実行するにあたり，量子化器がインパルス $v = \{1, 0, 0, \ldots\}$ をフィードバックパスに供給するブロックに置き換える必要がある．残念ながら，1 ビットの DAC は $v = \pm 1$ の値しか受け付けられない．この制限を乗り越えるため，代わりにループフィルタを再度シミュレーションする．DAC 入力シーケンスとして最初に，

$$v_1 = \{-1, +1, -1, +1, -1, +1, \ldots\} \tag{7.13}$$

そして，次に

$$v_2 = \{+1, +1, -1, +1, -1, +1, \ldots\} \tag{7.14}$$

を用いる．

ループフィルタは線形であるので，インパルス $(\delta = (v_2 - v_1)/2)$ の応答は，$v_2$ による応答から $v_1$ による応答を引き算し 2 で割ることにより与えられる．図 7.16 はこのチェックからの結果と予期された応答との比較である．シミュレーション結果（実線）は予期されたポイント（X のマーク）を通過しているので，ループフィルタとフィードバック DAC が適切に動作していることが確認できる．

閉ループの最初の確認は，dc 入力での短時間の過渡シミュレーションである．図 7.17 が示すのは，$V_{dd}$ の 90% の dc 値での，40 周期を超える入力，出力

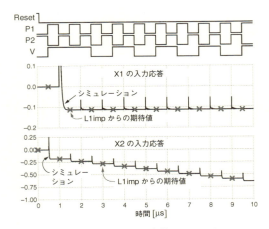

図7.16 インパルス応答のチェック

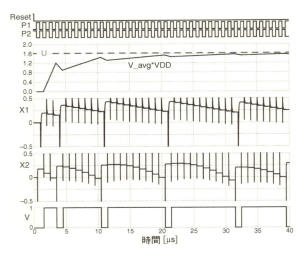

図7.17 dc入力時の短時間過渡解析結果

と内部信号である．ここで明記しなければいけないのは，安定した積分器の出力は規定された $\pm 0.5\,\mathrm{V}$ 以内に制限されていること，$V_{dd}$ にスケールされた $v$ の平均値が入力信号に接近していることである[6]．これら観測により，意図されたように回路が振舞っていることが確認できる．

---

[6] 入力は単極性であるので，このプロットにおいて，$\{-1,\ +1\}$ ではなく $\{0,\ 1\}$ として，$v$ の 2つの値を解釈している．

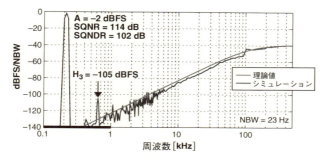

図 7.18 ビヘイビアシミュレーションからのスペクトル

変調器が実際に動作しているという基本的な確証は，正弦波入力での閉ループでのシミュレーションである．OSR が十分に高いので，変調器の SQNR を正確に決定するためには，このようなシミュレーションはかなり長い時間が必要である．よい予行演習としては，長時間のシミュレーションを実行する前に，変調器の安定性，ノイズシェイピング動作の検証を短時間のシミュレーションで行うことである．図 7.18 に，（$2^{16}$ のクロック周期の）長時間のシミュレーション結果を示す．2 次の 40 dB/decade のスロープ特性をもつノイズシェイピングが明確に示されている．また，図 7.18 には，シミュレーションデータから計算された SQNR（114 dB）と 3 次高調波のレベル（$H_3 = -105$ dBFS）も示されている．この SQNR は ΔΣ ツールボックスから得られた値から 6 dB 低くなっているが，この SQNR は十分に高く，100 dB より十分に上の SQNR を観測しているため，このシミュレーションの精度が適切あることが確認できる．同様に，$H_3$ の値が意味しているのは，−105 dBFS より大きな歪み項はシミュレーション設定によっては起こりえないということである．次にトランジスタレベルでの回路に話を進める．

## 7.6 増幅器の設計

NMOS と PMOS それぞれの入力対を持っているフォールデッドカスコード回路を図 7.19 に示す．差動対の出力と反対の極性のカスコード段の折り返し（フォールデッド）接続は，広い入力コモンモード範囲をもたらす．一方で，出力の両端のカスコード接続された電流源は高出力インピーダンスであり，高いオペアンプの利得を持つ．次にこの回路の設計ポイントをいくつか説明する．

0.5 V ピークの差動出力をサポートするため，$o_p$ と $o_n$ の両方は 0.5 V を超える振幅幅にする必要がある．電源電圧は 1.8 V であるので，各 NMOS と

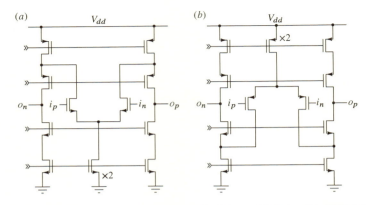

図 7.19　フォーデッドカスコードオペアンプ：(a) NMOS 入力；(b) PMOS 入力

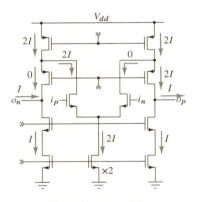

図 7.20　スルー電流

PMOS カスコード電流源に 0.65 V ずつ残す．電流源によって寄与する雑音を最小化するため，この電圧のほとんど（400 mV）を電流源素子に配分し，残り 250 mV をカスコード段の素子用とする．

　次に検討するのはスルーレートである．一般に，それぞれの電荷転送し始めるタイミングでは，差動対の電流が完全に一方にスイッチするように，増幅器の入力端子電圧は十分に離れて駆動される．この状態での電流を $I$ とする．ここで，$I$ は差動対の半回路のバイアス電流である（$I$ はまた，出力カスコード段の静止電流とも仮定される）．明らかに，入力容量から積分容量へ割り当てられた時間で電荷を転送するために，十分に大きな電流にする必要がある．スルーに動作時間確保のため位相クロックの半分（システム全体のクロック周期の 1/4）を配分

してみる．入力容量 $C_1$ の片側の電圧は $V_{dd} = 1.8\,\text{V}$ まで変化するので，必要な電流量は，

$$I > \frac{C_1 V_{dd}}{T/4} = \frac{0.4\,\text{pF} \cdot 1.8\,\text{V}}{0.25\,\mu\text{s}} = 3\,\mu\text{A} \tag{7.15}$$

となる．

位相クロックの半分をスルーに使っているので，残りの半分は線形のセトリング用に残る．図 7.21 は電荷転送フェーズでの積分器の小信号等価モデルであり，この等価回路からわかるように，時定数は以下の式となる．

$$\tau = RC = \frac{C_1 + C_3 + C_1 C_3 / C_2}{g_m} \tag{7.16}$$

初期状態から 100 dB 分の減衰をさせるために線形なセトリングが要求されるとすれば

$$T/4 = \tau \ln(10^5) \approx 12\tau \tag{7.17}$$

である必要があり，

$$g_m = \frac{C_1 + C_3 + C_1 C_3 / C_2}{T/48} = 20\,\mu\text{A/V} \tag{7.18}$$

が得られる．

ここで着目すべきは，上の式の $g_m$ が増幅器の半回路に関連し，かつ差動対の個々のトランジスタのトランスコンダクタンスということである．これらのトランジスタの最小電流は $I_d = 3\,\mu\text{A}$ としてすでに計算されているので，入力トランジスタ対の必要となる比 $g_m/I_d$ は，$20/3 = 7\,\text{V}^{-1}$ である．これは適当な反転領域でバイアスされたトランジスタで実用的な大きさである．今回使用したプロ

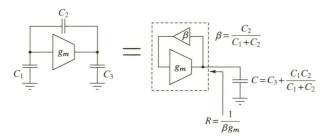

図 7.21　時定数の計算

セス技術では，個々のトランジスタのシミュレーションでは，$18\,\mathrm{V}^{-1}$ の $g_m/I_d$ 比を示している．このため，線形のセトリングに費やす時間を短くし，スルー動作に対してより長い時間が許容することで，より最適化した目標に辿りつくはずである．しかし，この設計フェーズの初期段階であるので，後々の予期しないことを見越して余裕を残しておく．

### 7.6.1 増幅器の利得

増幅器の最後の検討事項は，その利得である．スイッチトキャパシタ積分器における有限利得の影響の解析を図 7.22 に示す．第 1 相の間，$C_1$ は入力電圧を充電し $C_2$ は $q_2[n]$ を保持する．しかし，$C_2$ の左側の電圧は $-v_o[n]/A$ であり，一方 $C_1$ の右側の電圧は $v_o[n]$ である．したがって，$q_2$ と $v_o$ の関係は以下の式となる．

$$q_2 = C_2(1 + 1/A)v_o \tag{7.19}$$

第 2 相において電荷 $q$ は図に示すように流れ，$C_1$ の充電電荷が減少し，

$$q_1[n] - q = C_1 v_o[n+1]/A \tag{7.20}$$

これより，

$$q = q_1[n] - C_1 v_o[n+1]/A \tag{7.21}$$

となる．この充電電荷は $C_2$ へ次の式となるよう追加される．

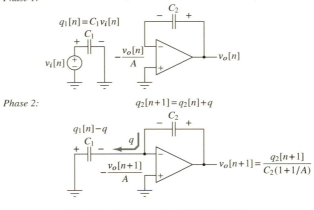

図 7.22 オペアンプの有限利得の解析

$$\begin{aligned}
q_2[n+1] &= q_2[n] + q \\
&= q_2[n] + q_1[n] - \frac{C_1 v_o[n+1]}{A} \\
&= q_2[n] + q_1[n] - \frac{C_1 q_2[n+1]}{C_2(A+1)}
\end{aligned} \quad (7.22)$$

結果として,

$$q_2[n+1] = \frac{q_2[n] + q_1[n]}{1+\epsilon} \quad (7.23)$$

ここで,

$$\epsilon = \frac{C_1}{C_2(A+1)} \quad (7.24)$$

式 (7.19) を (7.23) に代入し, $z$ 変換を使って,

$$\frac{V_o(z)}{V_i(z)} = \frac{C_1/C_2}{\left(1+\frac{1}{A}\right)(1+\epsilon)} \frac{1}{\left(z - \frac{1}{1+\epsilon}\right)} \quad (7.25)$$

となる.

式 (7.25) から有限の増幅器の利得は 2 つの影響, すなわち積分器のゲイン定数の微小な変化と積分器の極の内部への移動 ($z_p = 1 - \epsilon$) である. 積分器のゲイン定数の変化は係数誤差と等価であり, この変化は一般に NTF による帯域内の減衰において無視できる. 反対に, 極移動はより深刻な問題となる, というのも積分器の極が NTF のゼロになるからである. 図 7.23 に示すように, NTF ゼロの移動が $\sim \pi/OSR$ のとき, 帯域の端での NTF の減衰量の減少は $\sim 3\,\mathrm{dB}$ である. この根拠に沿って, オペアンプの利得は以下の式を満たすことが要求さ

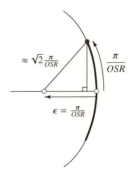

図 7.23　NTF ゼロ移動

れる.

$$A > \left(\frac{OSR}{\pi}\right)\left(\frac{C_1}{C_2}\right) - 1 = 19\,\text{dB} \tag{7.26}$$

この利得への要求仕様では明らかに緩い.残念ながら,この事は2つの楽観的な仮定から予測される.一つ目の仮定は,変調器が完全な線形システムとして扱われているということである.今回のような低い次数の変調器はデッドバンドでの非線形な現象に影響を受けやすい.3.3.1節で議論したように,デッドバンドとは,周期的な出力生成およびその間引きした値も同じ出力を生成する入力の範囲である.大抵の場合,デッドゾーンの最悪値は,出力パターン $\{+1,\ -1\}$ と関連している.0を入力した今回の変調器では,フィードバックのパターンは2段目の積分器の出力で周期的なシーケンス $x_2 = \{+80\,\text{mV},\ -80\,\text{mV}\}$ を生成する[7].3.3.1節の方法論に従って,微小入力 $\delta$ で $x_2$ のシーケンスは $A^2\delta$ まで上昇し以下の式であれば出力シーケンスは変化がないのということがわかる.

$$\delta < \frac{80\,\text{mV}}{A^2} \tag{7.27}$$

出力シーケンスは平均値が0となるので,$\delta$ もしくはそれより小さい入力では,入力が0の場合と区別がつかない.このことを解決するため,例えば $10\,\mu\text{V}$ の入力では,以下の式のような値が必要となる.

$$A > \sqrt{\frac{80\,\text{mV}}{10\,\mu\text{V}}} = 39\,\text{dB} \tag{7.28}$$

2つ目のより密接に関係する仮定とは,オペアンプの利得が一定ということである.実際には,オペアンプの利得は入力電圧により変動し,この変動が歪みの原因となる.ビヘイビアモデルでは与えられた利得のカーブに起因した歪みを定量的に見積もることができたが,変調器との関連においては増幅器のトランジスタレベルのシミュレーションがより直接的かつ大抵簡単で信頼できる.

ここで,有限利得は入力容量の不完全な電荷転送の原因となることに着目しながら,要求利得の上限を見積る.入力換算した誤差の大きさは $v_{o.\text{max}}/A$ 未満であるので,安定な範囲(今回では $0.9V_{dd} = 1.6\,\text{V}$)での信号の歪みは,$0.5\,\text{V}/A$ である.もし増幅器が $80\,\text{dB}$ 以上であれば,増幅器がいくら歪んでいても,全ての歪み項が $0.5\,\text{V}/(1.6\,\text{V} \times 10^{-80/20}) = -90\,\text{dBc}$ 以下となると確信できる.

今回の ADC に明確な歪みの要求がないとしても,歪んだ帯域外の量子雑音

---

[7] 図7.4の構成では,$x_2$ での定常状態の信号は,$v = \{+1,\ -1\}$ から $\pm(a_2 - a_1c_1/2)/2$.

で雑音のノッチが埋まらないように，ループフィルタが十分に線形であることを確認することが必要である．要求された線形性の見積りとして，図 7.18 のスペクトルを観測する．帯域外雑音の密度は帯域内より 90 dB 近く上であり，したがって，この $-90$ dB レベルの歪みは，帯域内雑音にかなりの影響を与える．

これらの検討に基づき，増幅器の利得は少なくとも 80 dB を目標にすべきであり，この増幅器の線形性が適当である検証をするため変調器のシミュレーションを引き続き実行すべきである．繰り返しになるが，完全な線形理論に基づく増幅器の利得の見積もりでは全く不十分である．

### 7.6.2 増幅器の周辺回路

図 7.24 に示す回路図は，バイアス電流と一部の接点電圧を表示された初段積分器向けの増幅器である．トランジスタはスロー/ホットのプロセスコーナーで 100 mV のマージンを持って目標の飽和電圧を達成するようサイジングされている．そして入力対のゲートエリアと電流源の素子は $1/f$ 雑音のコーナー周波数が 100 Hz 以下になる十分なサイズで作られている．この増幅器の全消費電流は 12 μA である．

この種類の増幅器が変調器に使われる際，図 7.25 に示されるスイッチトキャパシタネットワークによるコモンモードフィードバック（CMFB）が一般的に用いられる．この回路において，スイッチした容量がメインの CMFB 容量に dc 電圧をセットし，CMFB の経路の高い利得が出力のコモンモードを mV のばらつきに抑えることを保証する．しかしながら，このネットワークはセトリングのため，いくらかのクロック周期が掛かるので，増幅器の利得と安定性を

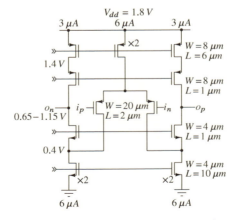

図 7.24　トランジスタサイズとバイアス点

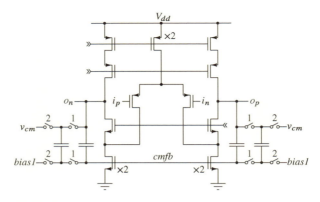

図 7.25　スイッチトキャパシタ型コモンモードフィードバック

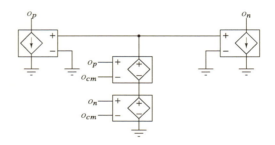

図 7.26　理想コモンフィードバック

チェックするため，図 7.26 に示した理想のコモンモードフィードバックを使って AC シミュレーションすることを推奨する．

　図 7.27 では，定常条件とスローホットのプロセスコーナー両方での増幅器の利得対差動出力電圧を示している．定常条件では，増幅器の利得は $|V_o| <= 0.5\,\mathrm{V}$ の範囲で 83 dB より大きくなる．一方でスローホットのプロセスコーナーではこの出力範囲を超える範囲で最小利得は約 5 dB 低くなる．

　0.5 pF の出力負荷容量を伴った増幅器のボード線図を図 7.28 に示す．10 MHz のユニティゲイン周波数（UGF）は，1 MHz のクロックの 4 分の 1 でセトリングの $2\pi(10\,\mathrm{MHz})/(1\,\mathrm{MHz}/4) \approx 16$ 倍となり，この増幅器は分担された期間でのセトリングで問題が起きないはずである[8]．また，位相余裕は 80° あるので，セトリング動作もまたリンギングから回避できるはずである．

　2 段目の増幅器は初段の増幅器のスケールダウンしたものである．2 段目の容量は初段よりも大幅に小さく 10x のスケールファクターが妥当と言える．しか

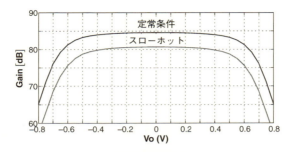

図7.27 増幅器の利得対出力電圧

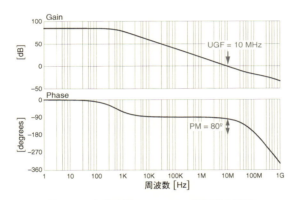

図7.28 負荷容量 0.5 pF での増幅器の利得

し,そのようなアグレッシブなスケーリングは無駄が発生する.例えば,4xでの初段のスケーリングは,この製造プロセスが許可する最小値に接近するような有効な素子サイズを生成し,もし 10x のスケーリング要素を適用した場合と比べて,2つの増幅器の合わせた消費電力が 15% より高くなることはない.

## 7.7 中間検証

トランジスタ化した初段積分器を用いていくつかチェックを行う.図7.29が

---

[8] この簡易な計算は,増幅器が単一ゲインフィードバックに接続され,0.5 pF を出力容量を駆動していることを仮定している.それ故,10 MHz UGF は $1/(2\pi(10\,\mathrm{MHz}))$ のセトリング時定数に相当する.実際の動作では,いくらかの差分(フィードバックファクターが 0.94 からの $C_L = 0.4\,\mathrm{pF}$ と CMFB の容量の和となる)があるが,増幅器が十分に速いので結論がこの要素で変わることはない.

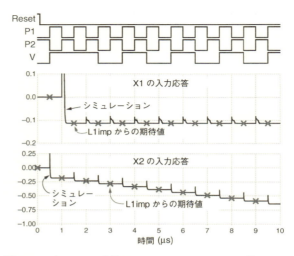

図7.29 インパルス応答のチェック―トランジスタ化したA1

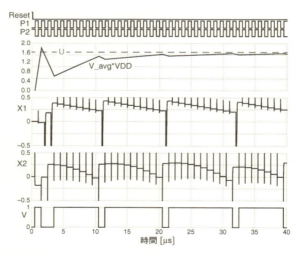

図7.30 dc入力時の短時間シミュレーション：トランジスタ化したA1

示しているのは，インパルス応答が予期していた点を通過しているということであり，図7.30が示しているのは，変調器がdc入力で適切に動作していることである．このような簡易なチェックはシステム全体の詳細なシミュレーションを構築する助けとなる．

このようなシミュレーションをする前に，初段積分器の出力電圧をより接近して観察してみる．図7.31は，フィードバックが$v[n] = -1$のときシングルエンド化した初段積分器出力の拡大表示したものである．これら波形の2つの特徴を次に述べる．

着目すべき一つ目は，クロック周期の進みに合わせて$x_{1p}$が0.9Vから0.8Vへ変化するとき，この$-0.1$Vの推移が0.6V近くの上昇をしてから始まることである！　このような反直感的な振る舞いがなぜ起きるのかを理解するため，図7.32の半回路で検討する．この図は，$v[n] = -1$, $u[n] = V_{dd}$のとき，第1相から第2相への変遷を示したものである．この過程において，$C_1$の左側の電圧は$V_{dd}$まで増加し，この正極に向かうステップは，電圧の分圧によって，回路網内の全ての容量へ（スイッチのコンダクタンスにより制限されるが）瞬間的に伝搬する．この初期の電荷再分配の後，増幅器は動作を引き継ぎ，$v_1$をゼロへ，$v_o$を$-0.11$Vへ駆動する．注目すべきは，最初の$x_{1p}$の電圧，つまり図7.31での約1.5Vが増幅器の線形範囲外のであるとしても，増幅器が

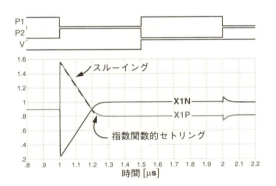

図7.31　A1の出力波形

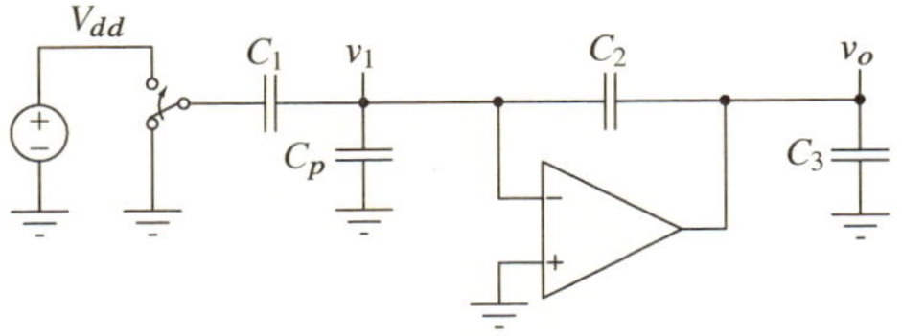

$$\Delta v_1 = \frac{C_1 V_{dd}}{C_1 + C_p'}, \text{ここで } C_p' = C_p + \frac{C_2 C_3}{C_2 + C_3}$$

$$\Delta v_o = \frac{C_2 \Delta v_1}{C_2 + C_3}$$

図7.32　$V_{ss}$から$V_{dd}$へのスイッチング動作

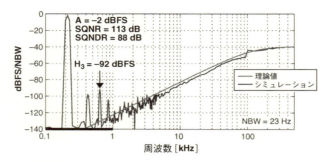

図 7.33　トランジスタ化した初段積分器でのスペクトル

セトリングする限りこのような過度な偏位は重要でないということである．

電荷転送動作のスルー部分は差動対の 3 μA のバイアス電流によって制御され，1/4 のクロック周期の配分内で収まる．一度，増幅器の入力が差動対の線形範囲内に入ると，増幅器の出力は最終値に向かって指数関数的に収束する．

初段積分器とコモンモードフィードバック部をトランジスタ化した変調器の長時間シミュレーションの結果を図 7.33 に示す．量子化雑音はここでも鋭く形成されているので，SQNR の劣化による帯域外雑音の歪みを抑えるための十分な線形性を増幅器が有していると結論できる．しかしながら，増幅器は入力信号の高調波が無視できるほど線形ではない．それであっても −92 dBFS の 3 次高調波で十分であると判断する．スローホットのプロセスコーナーの同様のシミュレーションでは SNDR の 2 dB の劣化となり，増幅器の目標利得 80 dB は妥当である．

増幅器の雑音が許容できることを検証するため，図 7.34 に示す回路図で節点 $x$ の AC 雑音解析をすることができる．節点 $x$ は入力容量を横切る電圧の結合を測定しており，以下の式となる[9]．

$$v(x) = \frac{v(a) - v(b)}{2} - \frac{v(c) - v(d)}{2} \tag{7.29}$$

つまり，節点 $x$ での雑音は，これらの容量のサンプルで得られる雑音である．この雑音はサンプリングされるので，全エイリアス周波数における $n_x$ の二乗の値を加算した後，サンプリングデータの雑音密度を得るため平方根をとる．これを図 7.35(a) に示す．これらを積分した（一旦二乗し積分後平方根をとった）雑音密度は，図 7.35(b) のようにカーブを描く．ここで，これらシミュレーション結果と $kT/C$ に基づく理論と比較をしてみる．

---

[9] 2 で割っているのは，シングルエンド入力のダブルサンプリングをカウントしているためである．

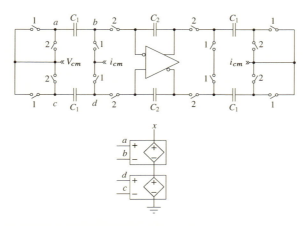

図 7.34　容量 $C_1$ を横切る雑音測定のためのシミュレーションテストベンチ

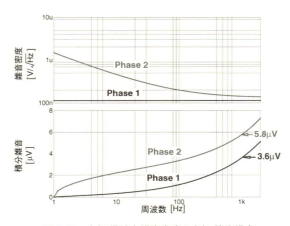

図 7.35　(a) 帯域内雑音密度と (b) 積分雑音

　第 1 相，つまり増幅器が動作に寄与しないとき，その雑音はシングルエンド入力で換算して，$0.5kT/(OSR \cdot C_1) = 3.3\,\mu V_{rms}$ と見積もりできる[10]．シミュレートされた値はこの見積もりの 10% 以内である．第 2 相において，増幅器の雑音は，直接的な $kT/C$ 雑音から 4 dB 高くなる．この増加のおおよそ 1 dB 分は増幅器の $1/f$ 雑音によるものである．第 1 相と第 2 相との雑音の合計は，$\sqrt{3.6^2 + 5.8^2} = 6.8\,\mu V_{rms}$ であり，これは $-99.4$ dBFS のレベルに相当する．

---

[10] IC 内は大抵常温より暖かい環境なので，この計算では，$T = 55\,°C = 328\,K$ である．

3 dB の SNR マージンを取り去ったとしても，今，100 dB SNR の目標から 1.6 dB ほど足りない（変調器は −1 dBFS 以下の入力で保障されているので）．もし SNR の目標を目指すとすると，容量と増幅器が少なくとも undbp(1.6) = 1.4[11] の係数でスケーリングしなければならない．また，もし $1/f$ 雑音について懸念があるなら，チョッピング[2]のような技術を適用すればよい．設計工程を先に進めるため，容量と増幅器の話はこれまでとする．

## 7.8 スイッチの設計

$V_{dd}$ に接続するスイッチには PMOS 素子が必要であり，$V_{ss}$ に接続するスイッチには NMOS 素子が必要であるのは明らかである．高電圧と低電圧の両方を通過するスイッチには伝送ゲートが必要である．図 7.36 では，1 μm 幅の NMOS と並列に 4 μm 幅の PMOS を接続したスイッチのワーストケースでのコンダクタンスをプロットしている．この 4 : 1 の比は入力電圧が最大，最小時の NMOS と PMOS のコンダクタンスのバランスとるため選択している．

このプロットから，$V_i = 0.8\,\mathrm{V}$ 以下では，PMOS 素子がスイッチのコンダクタンスへの寄与が少なくなるのがわかる．増幅器に 0.5 V のような低いコモンモード電圧を選択した場合，仮想接地でのスイッチは NMOS 素子だけで実現できる（PMOS 入力対による増幅器を選択しているという別のメリットもある）．また，スイッチのコンダクタンスが 5 : 1 の範囲を超える変化があることがわかる．読者は，このような過度な非線形特性が変調器の非線形性の要因と心配になるかもしれない．しかし，スイッチの抵抗の非線形性は抵抗が回路のセトリング

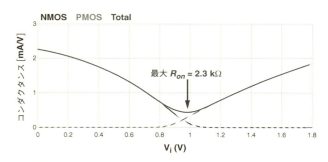

図 7.36 サイズ $W_n = 1$ μm, $W_p = 4$ μm のスイッチのコンダクタンス対入力電圧（スローコールドコーナー）

---

[11] undbp(x) = $10^{x/10}$ は ΔΣ ツールボックスの機能である．

7章 離散時間 ΔΣ 型 ADC の回路設計　　211

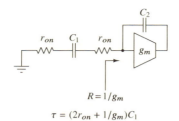

図 7.37　セトリング時間におけるスイッチ抵抗の影響

をするような低い値である限り問題とはならない．

図 7.37 はセトリング時間におけるスイッチ抵抗の影響を定量化している．セトリング時間への影響を無視できるようにするためには，$2r_{on} \ll 1/g_m$ が必要である．4/1 の伝送ゲートのワースト抵抗値（2.3 kΩ）と $V_i = 0.5$ V での 1-μm NMOS のワースト抵抗値（0.6 kΩ）は $1/g_m = 50$ kΩ の僅かなばらつき程度なので，この組み合わせは入力サンプリング用のスイッチとして使うことができる．製造プロセスで規定された最小幅 0.5 μm を条件として，他のスイッチの寸法も同様に決められる．

## 7.9　比較器の設計

図 7.38 はよく知られている比較器の回路図である．この StrongARM 型のこの比較器は以下にしたがって動作する[3]．$ck$ がローレベルの時，この比較器はリセット状態に入り，このとき差動対はターンオフし，差動対より上の全ての節点はすべて $V_{dd}$ の電圧に引き上げられる．$ck$ が上昇すると，差動対の電流は $p$

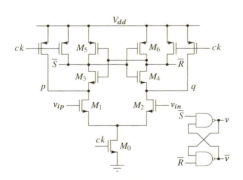

図 7.38　StrongARM 型比較器と RS ラッチ

と $q$ の節点を引き下げ，このとき，$\overline{R}$ と $\overline{S}$ の節点を順番に引き下げる $M_3$ と $M_4$ の素子が活性化している．差動対からの引き下げ電流の不均等分が，$\overline{R}$ か $\overline{S}$ のいずれかが下がるまで，$M_5$ と $M_6$ による正帰還により増幅される．結果として，順番に比較器の結果が RS ラッチにセットされる．この RS ラッチは図 7.38 に描写しているような NAND ゲートのクロスカップルで構成される．もしくは，図 3.39 に示すような形で実現される．

図 7.40 はシミュレーションを通して検討するための比較器の回路図である．図 7.41 では 1 mV の入力に応答する比較器の内部波形をプロットしている．信号 P と Q が急速に落ちているのが分かるが，信号 Rb と Sb はどちらか片方がローに落ちるまで約 100 ps 間，$V_{dd}/2$ 付近を漂っている．この立ち上がり遷移がクロスカップル型 NAND ゲートによりに立ち下がり遷移を生じさせ，ラッチの出力は，約 100 ps 後に変化する．このシミュレートされた比較器の消費電力は 1 MHz のクロック動作で 0.2 μW である．

図 7.42 は入力をより小さくしていった複数回のシミュレーション結果を重ね

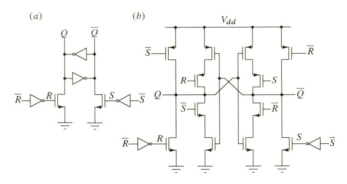

図 7.39　そのほかの RS ラッチ：(a) ジャムラッチ　(b) 対称型ラッチ

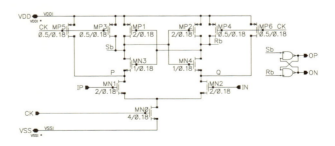

図 7.40　比較器のシミュレーション用回路

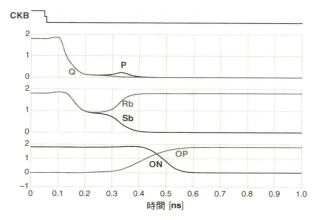

図 7.41　1-mV 入力での比較器の応答

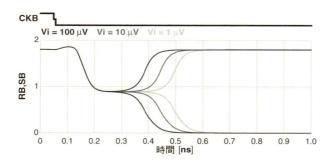

図 7.42　微小信号入力での比較器の過渡シミュレーション

たものである．これらのカーブから，微小差動入力は，大信号に比べ判定をするに長い時間を要することが分かる．また，$v_i$ が 10 分の 1 に減少するごとに，必要な時間が一定量増加することもわかる．このメタステーブル挙動は重要な現象であり，さらに続けて説明する．

図 7.43 は，メタステーブル付近で動作しているクロスカップル・インバータ対の小信号等価回路の簡易解析を包括している．この解析に沿うと，初期条件は指数的に増幅されている．時定数は以下の式となる．

$$\tau_{\text{regen}} = \frac{C}{g_m} \tag{7.30}$$

これより，差動入力電圧の $k$ 倍の減少は，比較器の遅延を $(\tau_{\text{regen}})(\ln k)$ だけ増

$$\dot{v}_x = -g_m v_y / C$$
$$\dot{v}_y = -g_m v_x / C$$
$$v_d = v_x - v_y$$
$$\dot{v}_d = g_m v_d / C$$

$$\rightarrow v_d(t) = v_o \exp\left(\frac{t}{\tau}\right),\ (\tau = C/g_m)$$

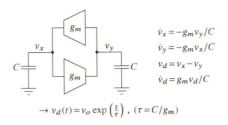

図 7.43　再生成時定数の導出

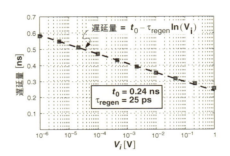

図 7.44　比較器の遅延対 $V_i$

加させることが予想できる．この予想をチェックするため，図 7.44 に入力電圧の関数として比較器の通常の遅延をプロットし，そして小信号の線に沿って得られた再生成する時定数の値を表示している．このフィッティングの特性はこの解析に定性的裏付けを与えている．

最後に着目すべきこととして，比較器が判定するまでラッチ出力の変化を防ぐため，スイッチング点が $\overline{\mathrm{R}}/\overline{\mathrm{S}}$ のメタステーブル電圧以下となるように，$\overline{\mathrm{R}}/\overline{\mathrm{S}}$ に接続されているゲートのサイズをきめるのが一般的な方法である．

一般的に想定される他の比較器のパラメータは，オフセット，ヒステリシスと雑音である．しかし，1 ビットの変調器において，比較器のオフセットは問題とならない．というのは，単に 2 段目の積分器の出力でのオフセットとなるだけである．同様に比較器の雑音も大抵の場合，量子化雑音に比較して重要なものではなく無視できる．最後にヒステリシスは変調器のダイナミクスを変化させる原因となるが，信号帯域内の性能に対してヒステリシスの影響は大抵無視できる．

## 7.10　クロック動作

図 7.45 はシンプル化したノンオーバーラップクロック生成器の回路図を示し

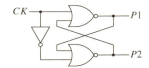

図 7.45　シンプル化したノンオーバーラップクロック生成器

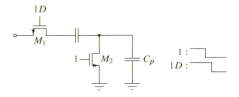

図 7.46　遅延クロック位相

ている．この回路図でのクロスカップルの NOR ゲートは，P2 がハイレベルとなる前に P1 がローレベルになり，その逆の動作も保証している．しかし，ただ単にオーバーラップしないことを保証することよりも重要なことがスイッチをクロックすることにはある．

図 7.46 は，よくあるスイッチトキャパシタ回路でのサンプリング動作である．ここで，スイッチ $M_1$ と $M_2$ からのチャージインジェクションの影響を考察する．$M_2$ のドレインとソース電圧は信号と依存性がないため，$M_2$ のチャネル電荷も信号と依存性がない．それに対して，$M_1$ のチャネル電荷は信号依存性がある．このスイッチトキャパシタ回路の理想的な考え方としては，$M_1$ と $M_2$ は同時にターンオフする．しかし，$M_1$ がターンオフしたときに $M_2$ がまだオンであれば，$M_1$ のチャネル電荷の一部がサンプリング容量に転送され，続く第 2 相で積分容量に付加されることになる．この電荷は信号と非線形な関係があり，歪みを生じる．一方，$M_2$ がターンオフするとき $M_1$ がオンであれば，固定の電荷量が注入される．この場合，単に dc オフセットとなるだけである．その結果として，$M_2$ がターンオフするまで $M_1$ のターンオフするのを遅延させるのが一般的な方法である．

図 7.47 に容量の縦構造（断面図）を示す．この図が示すように，ボトムプレートでの寄生容量はトッププレートのそれよりかなり大きい．図 7.47(a) に示すキャパシタの方向は，サミングノード（オペアンプへの接続節）につく容量を最小化し，基板からサミングノードをシールドしている．積分容量のトッププレートは同じ理由で大抵サミングノードに接続される．

図 7.48 は要求されたクロック位相を生成する，より精巧なクロック生成器の

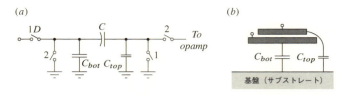

図7.47 (a) ボトムプレートサンプリング (b) キャパシタ素子の寄生容量

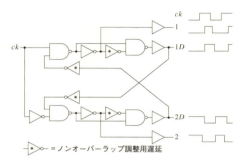

図7.48 実践的なクロック生成器

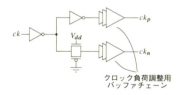

図7.49 相補性クロックの調整

回路図である．この回路において，ノンオーバーラップと遅延時間はアスタリスク＊でマークされたインバータで調整できる．

伝送ゲートは相補性クロック信号を必要としており，これらの制御信号が有効となる部分と他の位相のスイッチの制御信号の間のノンオーバーラップは保証されるべきである．高速回路の設計においては，セトリングの有効時間を最大化する目的で，図7.49の構成を用いて相補性クロックを調整することが有効である．

## 7.11 全システム検証

まずビヘイビアモデルを構築，検証することによって設計工程を開始した後，より良い実装の戦略としては，設計と検証を個々のブロックを切り離して遂行

し，次に変調器のビヘイビアモデルと組み合わせ，最後に他のブロックと組み合わせて行うことである．そして長時間が必要なスペクトルのシミュレーションを実行する前に，短時間のシミュレーション（インパルス応答チェック，dc 入力）を実行すべきである．全てのブロックを組み込んで変調器全体としてデバッグすることは，時間に追われているときには特に魅力的かもしれない．しかしながら，このアプローチは推奨できない，というのも，長時間の過渡シミュレーションを使って変調器全体のデバッグをしても，多くの場合かなりの時間を消耗してもほんの少し助けとなる情報が得られるだけである．今回のような簡単な設計で一般的な分類に入るようなものであっても，検証工程において予期しない問題が出てくることはよくあることである．

図 7.50 に示すのは，設計部分のほとんどをトランジスタとしたとき得られたスペクトルである（クロック生成器とバイアス回路はビヘイビアである）．このスペクトルには $-56$ dBFS レベルを最悪値とする数多くの高調波が存在し，明らかに大惨事が起きている．しかし，このスペクトルから幾つかヒントが得られる．例えば，ノイズシェイピングが期待したように低周波域までそのシェイピングが平らにならないので，増幅器が問題の原因ではないということが予想できる．しかし，このスペクトルだけで推測し結論づけられない．個々の素子をトランジスタにした変調器の短時間のシミュレーションをシステマティックに行うことにより，この問題が容量 $C_1$ の右側に接続しているスイッチ（図 7.15 の節点 XX と YY）にあると突き止められた．

図 7.51 (a) に示すのは，入力とフィードバックの差が大きなときの節点 XX と YY での電圧をクローズアップしたものである．これらの節点で大きなグリッジが確認できる．それは，第 1 相の NMOS スイッチが一部ターンオンするのに十分な負の電圧となっており，それにより積分容量に向かうべき電荷のいくらかが失われているためである．全てのスイッチトキャパシタ回路はスイッチが

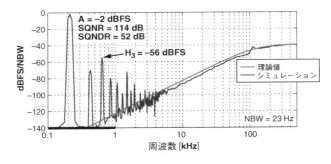

図 7.50　問題となっているスペクトル

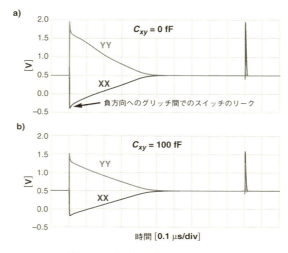

図 7.51　容量 C1 右側の電圧波形

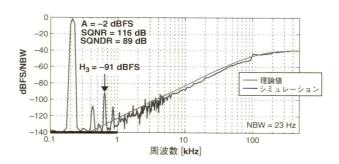

図 7.52　ほとんどのブロックをトランジスタ化したスペクトル

オフしているときに電荷を失わないことにより，その動作が保証されているという事実があるが，このグリッジは通常小さく，オフすべきスイッチのオフ状態が保持されるため，この問題が起きるのは稀である．今回の場合，$V_{dd} - V_{ss}$ への大きな遷移，ICM の低い値，およびスイッチトキャパシタのサイズに比べて小さな寄生成分の組み合わせにより，この普通でない状況が起きた．

この問題を抑えるには，接点 XX と YY の間に 100 fF の容量を付加することで十分である．図 7.51 (b) は負電圧に向かうグリッジが数 100 mV 減少していることを示しており，図 7.52 はスペクトルの改善を示している．この修正は実現可能な方法であるが，ノイズの増加とオペアンプの負荷の増加というコスト

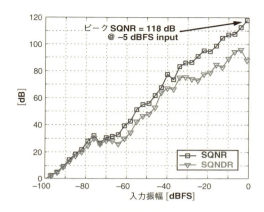

図7.53 トランジスタ化した変調器のSQNRシミュレーション

を支払うことになる．これらの問題を避ける他の手法としては，問題が起きているスイッチを負のゲート電圧でターンオフすることであるが，この解決策には負電圧を生成することが必要である．最終的には，入力とフィードバックの差が $V_{dd}$ までにならないという，マルチビット構成がこの問題を避けることになる．

この稀に生じる問題に対して，やや力づくではあるがその解決策を選び，そのSQNR と SQNDR のシミュレーション結果を図7.53に示す．シミュレーションから，変調器により消費する電力は $P = 40\,\mu W$ である．40μW の消費電力と 1 kHz の帯域幅と 98 dB DR から 172 dB の性能指標（Figure-Of-Merit）を得る．数値としては相当な大きさであるが，この帯域幅での先端技術より明らかに 10 dB 以上は低い．

一連の設計過程を経験した現時点で，産業界の標準的な設計にステップアップするために必要なことを列挙する．製品設計では消費電力削減とデバッグ機能の追加が必要であり，製造プロセス，温度，電圧それぞれのコーナーでのシミュレーションが必要となる．また，信頼性と経年劣化と同様にモンテカルロでのチェック（特にバイアス部）も推奨される．そして，もちろん，他の設計者がその仕様に合わせて改変できるように，ドキュメント化することも必要である．幸運なことに，読者はここで止めることもできるし，次の新しい領域にいくという選択肢もある．

## 7.12 高次変調器

### 7.12.1 アーキテクチャ

高次変調器の設計工程は，これまでの低次の例の設計工程とほぼ同様である．ここでは，図 7.54 に示した 4 次 CRFB システムを検討する．この構成での差分方程式は図 7.55 にリスト化されている．また図 7.55 では簡略化した変調器のスイッチレベルの実装を示している．2 次の例で適用したと同様に，この回路図が差動方程式を具現化しているかを検証する．

まず始めに，第 1 相の終わりで $x_4[n]$ を量子化することによって $v[n]$ を生成していることがわかる．次に，$x_1[n+1]$ と $x_3[n+1]$ が第 2 相の間で評価される．これは，先行する第 1 相の間にサンプルされた $x_2[n]$ と $x_4[n]$ の値と，第 2 相で確定する $v[n]$ が基になっている．そして，$x_2[n+1]$ と $x_4[n+1]$ が第 1 相で評価される．これらは $v[n]$ の確定した値と先行する第 2 相の間にサンプルした $x_1[n+1]$ と $x_3[n+1]$ の値に基づく．そして，このプロセスが繰り返される．注目すべきは，各増幅器が個別にセトリングする，つまり，高次変調器だとしても直列的なセトリングを必要としない．

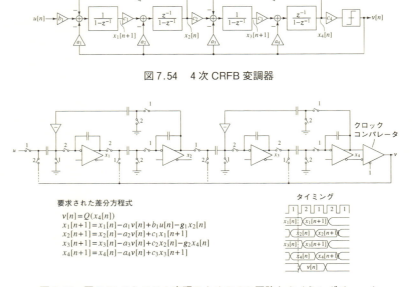

図 7.55 図 7.54 のシステム実現のための SC 回路とタイミングチャート

## 7.12.2 キャパシタのサイジング

先の低次の例のように，ダイナミックレンジのスケーリングの後に計算された係数が容量の比に対応する．一方で容量のサイズは雑音により決定される．しかし，高次変調器は低次の例のように高いオーバーサンプリング比を使うことはないので，後段へ生じる熱雑音を必ずしも無視することができない．例えば，$C_1 = 1\,\text{pF}$, $C_2 = 2\,\text{pF}$, $OSR = 30$ と仮定し，図 7.56 での $C_3$ の入力換算雑音を決めるにあたり，通過域端での $C_1$ と $C_3$ の組み合わされた入力換算雑音が，$C_1$ だけの寄与により 1 dB 以上にならないようにすると仮定する．この目標を達成するために，$C_3$ の入力換算雑音は，$C_1$ での雑音の udnbp(1) − 1 = 0.25 倍以下となるとすべきである．通過帯域端での初段積分器のゲインは，以下の式となるので，

$$A = \left| \frac{C_1/C_2}{e^{j\pi/OSR} - 1} \right| \approx \frac{C_1}{C_2} \frac{OSR}{\pi} \approx 5 \qquad (7.31)$$

これから以下の値が要求される．

$$C_3 = \frac{C_1}{(0.25)(5^2)} \approx \frac{C_1}{6} \qquad (7.32)$$

積分器での消費電力は容量負荷に大抵比例するので，この仮定のもとの 2 段目の積分器での消費電力は，初段積分器に必要な電力は近似的に 1/6 になる．もし，INT2 の雑音配分を無理に小さく割り当てたとすると，$C_3$ のサイズにより INT2 で消費する電力は必要以上に大きくなるはずである．反対に，INT2 の雑

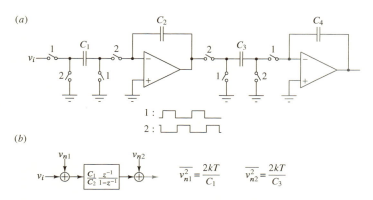

図 7.56　フロントエンドの一部例　(a) 簡略化した回路図　(b) 雑音源をともなったブロック図

音配分を無理に大きく割り当てることは，INT1 の方の雑音配分を小さくすることになるが，その電力は増加する．最適な雑音配分を見つけるため，次に話を進める．

INT1 での消費電力が $C_1$ に比例し，かつ INT2 での消費電力が $C_3$ に比例すると仮定する．比例係数が同じとさらに仮定すると，目的関数は以下の式となる．

$$f(C_1, C_3) = C_1 + C_3 \tag{7.33}$$

この式は全体の消費電力の評価式である．

全体の帯域内の雑音の仕様は以下の式で与えられる．

$$g(C_1, C_3) = \frac{1}{C_1} + \frac{\alpha^2}{C_3} \tag{7.34}$$

ここで，$\alpha^2$ は定数であり INT2 の雑音電力を INT1 の入力に換算している．もし，通過帯域端での INT1 のゲイン $A_p$ を INT2 の入力換算雑音に用いる前述した戦略に従うとすると，$\alpha^2 = 1/A_p{}^2$ となる．対象となるアプリケーションが帯域内でのピーク雑音密度に敏感なとき，このアプローチは妥当である．しかしながら，もし積分雑音がスポットの雑音より重要であるなら，INT1 により生じる減衰関数の平均二乗の値を使うのがより適切であり，この場合 $\alpha^2 = 1/(3A_p{}^2)$ となる．

この最適化問題は $g$ と等しい制約条件のもと $f$ を最小化する $C_1$ と $C_3$ を見つけることである．2 ステージ以上を含む一般的な問題と同様，ラグランジュの未定乗数法を使ってすぐに解決できる．

$$\nabla f + \lambda(\nabla g) = 0 \tag{7.35}$$

$$(1, 1) - \lambda\left(\frac{1}{C_1^2}, \frac{\alpha^2}{C_3^2}\right) = 0 \tag{7.36}$$

ここから以下が与えられる．

$$\begin{aligned}
C_1 &= \sqrt{\lambda} \\
C_3 &= \alpha\sqrt{\lambda}
\end{aligned} \tag{7.37}$$

したがって，雑音を制約する値は無く，$C_3/C_1$ の比が $\alpha$ のとき最小の電力消費を達成する．有用な方法は，指定された容量の比を決め，要求された雑音を達成するように，これらをそろえてスケーリングをすることである．例として，$C_1 = 1$ pF と先の全体の雑音の割当を占める例と同じく仮定する（雑音の制約条

件 $g = 1\,(\text{pF})^{-1}$，この時，2段目を構成するため，はじめに次の式と設定する．

$$C_3 = \alpha C_1 = 0.2 C_1 = 0.2\,\text{pF} \tag{7.38}$$

そして，ここから計算し，

$$g = \frac{1}{C_1} + \frac{\alpha^2}{C_3} = \frac{1}{1\,\text{pF}} + \frac{0.2^2}{0.2\,\text{pF}} = 1.2\,(\text{pF})^{-1} \tag{7.39}$$

雑音のターゲットを達成するため，$C_1$ と $C_3$ は 1.2 でスケールする必要があり，以下の式で与えられる．

$$C_1 = 1.2\,\text{pF} \tag{7.40}$$

$$C_3 = 0.24\,\text{pF} \tag{7.41}$$

### 7.12.3 SC 分岐からの雑音の組み合わせ

図 7.57 での重要な工程は，複数の SC 枝分岐から一つの枝へ雑音の換算をすることである．図 7.57 はスイッチトキャパシタの分岐と入力対とそれぞれに関連する雑音源を示している．全ての雑音源を先端にある一つの雑音源へ組み合わせるため，始めに雑音電圧を雑音電荷に変換し，それらを加算する．

$$\overline{q^2} = \overline{q_1^2} + \overline{q_2^2} = 2kTC_1 + 2kTC_2 \tag{7.42}$$

次に，図 7.57 に図示されているように，この雑音電荷を入力側の $C_1$ に戻って換算する．

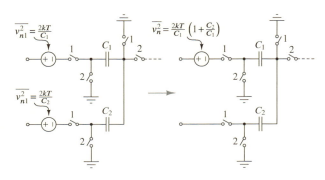

図 7.57　2 段目の SC 分岐から初段へのノイズの換算方法

$$\overline{v_n^2} = \overline{q^2}/C_1^2 = \frac{2kT}{C_1}\left(1 + \frac{C_2}{C_1}\right) \tag{7.43}$$

## 7.13 マルチビット量子化

1ビット量子化では，量子化器はただ1ビットの比較器であり，各 DAC は1ビットのスイッチトキャパシタの分岐である．マルチビットの量子化を実現するためには，ループフィルタの出力は複数の比較器か比較操作を使ってデジタル化することになる．

量子化の伝達関数の中でステップの数を $M$ とする．一度のクロックで量子化を実行する場合，ループフィルタの出力を $M$ 個の参照電圧で比較するための $M$ 個の比較器が必要となる．ループフィルタの出力と参照レベルは差動信号であるので，$M$ 個のデュアル差動比較器が必要となる（図7.58）．

図 7.58(a) の回路は SrongARM 型の差動対を並列化した2つの差動対に置き換えている．一つの差動ペアは $in$ と $v_{refn}$ を比較し，もう一方は $ip$ と $v_{refp}$ を比較する．これらの信号のコモンモード電圧間の差動成分は，差動対の線形範囲

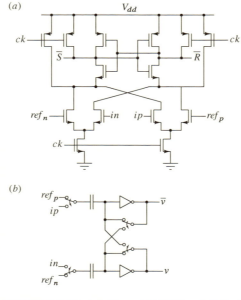

図 7.58　デュアル差動比較器：(a) StrongARM 型ラッチ方式，(b) オートゼロ

内とすべきである．他の組み合わせとして，一方が $ip$ と $in$ を一つの差動対に接続，他方が $v_{refp}$ と $v_{refn}$ に接続することであるが，これは大抵悲惨な結果となる．というのも，これら2つの差動成分はよく差動対の線形範囲を超えるからである．

図7.58(b)の回路はインバータ対を使った方式である．参照電圧のサンプリング期間中にトリップ点（インバータの入出力を接続した際の動作点）にバイアスし，サンプリング容量が入力信号に接続されたと同時に正帰還の接続となる．先の手法と同じく，ベストな性能を得るためには，$v_{refp}$ と $ip$，$v_{refn}$ と $in$ を比較することである．この回路の魅力的な特性は，オートゼロ（auto-zeroing）であり，回路のオフセットがインバータのオープンループ利得により抑制されている．

図7.59 は $M=4$ のデュアル差動比較器を使ったフラッシュ型量子化器の実装法を示している．アナログ入力信号は全ての比較器の入力対に印加される一方で，差動参照電圧は各々の入力対に接続される．参照電圧は $v_{refp}$ と $v_{refn}$ の電

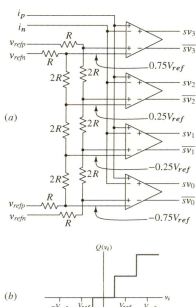

図7.59 4ステップ量子化器

圧を両端とする抵抗ストリングを使って生成される（図7.59では図示を分かりやすくするため2つの抵抗ストリングであるが，実際には，一つのストリングで十分である）．

図7.60はフラッシュ型量子化器へ対応するDAC部を示している．この単進（unary）符号のDACは$M$個のスイッチトキャパシタ分岐により構成され，各分岐が$M$個の比較器の一つ一つにより制御される．二進符号でのDACを実現するためには，容量は2の倍数で重みづけることになる．

1クロックで$M$個の比較器を使って$M+1$のレベルの変換を行うフラッシュADCとは対照的に，逐次比較型（successive-approximation register，SAR）ADCは単一の比較器と$m+1$のクロック周期を用いて$2^m$のレベルの変換を行う．図7.61は3 bitのSAR ADCのシングルエンドでの実現方法を示している．この回路は，バイナリの重みをもつ容量アレイ，比較器，制御ロジック部で構成する．その動作を次に説明する．

サンプリング相において，比較器はオートゼロ化（オフセットキャンセル）し，入力電圧は容量アレイにサンプルされる．次に，サンプリングとオートゼロのスイッチを開放し，SARロジックはMSB容量を$V_{ref}$に接続，他の容量は接地になるよう，DACのスイッチをセットする．もし，サンプルされた値$v_i$が$V_{ref}/2$以上であれば，節点$x$での電圧は比較器の閾値以下となり，比較器はこの結果を判断し，SARロジックはMSBのデータワードを1にセットする．

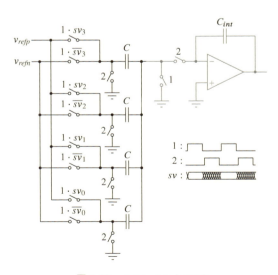

図7.60　4エレメントDAC

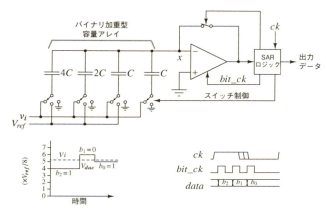

図 7.61　3 ビット SAR 量子化器（シングルエンド版）

MSB（$b_2$）が 1 であれば，4C の容量はそのまま $V_{ref}$ へ接続される．そうでない場合は，4C の容量が接地，2C の容量が $V_{ref}$ に接続される．比較器は再び，クロックが与えられ，次のデータビットが決定する．このビット（$b_1$）により，2C の容量は $V_{ref}$ か，接地（このとき LSB は $V_{ref}$ に接続）のどちらかに接続される．最後の比較は LSB（$b_0$）を決定する．

過去に実現された SAR ADC には SAR ロジックを駆動するため高レートクロックが使われていたが，今日での SAR ロジックでは，比較器の決定ごとに対応した非同期のビットクロックを生成している．近年多くの技術的な改善がなされており，aF の静電容量を使ったものもある[4]-[7]．

SAR アーキテクチャはかなり電力効率の良い ADC を実現できる．特に，分解能が低いとき，$\Delta\Sigma$ADC の量子化部の用途としては相性が良い．しかし，SAR ADC のスピードはフラッシュ ADC より低いので，サンプリングレートが最重要課題となるときには，いまだフラッシュ ADC が必要とされている．これらの 2 つのアーキテクチャの特徴を補完した手法が，マルチビット SAR[8]，2-ステップ ADC[9] などとして提案されている．

## 7.14　スイッチ設計の再考

7.8 節では，単純な NMOS，PMOS スイッチ/トランスミッション・ゲートスイッチを検討した．そこでは，広い入力電圧範囲を持つスイッチは高い非線形コンダクタンスを示し，この影響は回路がセトリングしている限り歪みの原因にはならないと言及した．この主張の中で隠された前提とは，入力がサンプル・

ホールドの波形であること，つまり，ADC の内部での全ての信号に対しては当てはまることであるが，ADC への入力には当てはまらない．もし ADC の入力が連続時間の信号であれば，入力スイッチの非線形コンダクタンスは ADC の高周波の線形性を制限することになる．

図 7.62 は入力依存があるスイッチの抵抗の問題を解決するためのコンセプトを図示している．このブーツストラップスイッチでは，NMOS スイッチの $V_{gs}$ は $V_{dd}$ に固定され，それによりスイッチのオンコンダクタンスを入力電圧から独立させている．図 7.63 はあらゆる素子における過度なストレスを防ぐ実現方法を示している[10]．

この技法の効果を実証するため，図 7.64 はスイッチトキャパシタを横切る電圧の $IMD_3$ のシミュレーション結果を示している．ここでスイッチトキャパシタ回路は $V_{dd}/2 = 0.9\,\mathrm{V}$ を中心とする 1 組の $0.25\,\mathrm{V_p}$ のサイン波で駆動されている．カーブの一組は $1\,\mu\mathrm{m}$ NMOS と $4\,\mu\mathrm{m}$ PMOS を並列化した伝送ゲートを使ったもの，もう一方は $1\,\mu\mathrm{m}$ NMOS にブーツストラップを適用したものである．両方の場合において，サンプリング容量のサイズをスイッチに対して小さくすることにより歪みは低減する．ブーツストラップスイッチに比べて伝送ゲートはかなり劣っているのがわかる．高域で高性能，例えば $10\,\mathrm{MHz}$ で $-90\,\mathrm{dBc}$

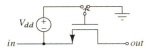

図 7.62　ブーツストラップスイッチ原理

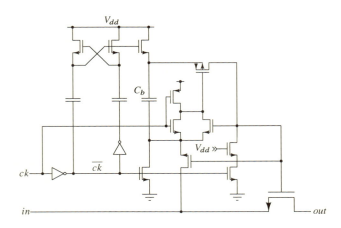

図 7.63　Abo によるブーツストラップスイッチの実現

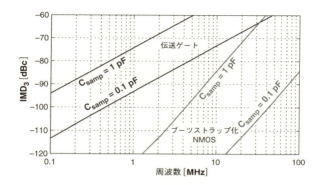

図 7.64 標準的なスイッチとブーツストラップスイッチでの歪み

$IMD_3$ を実現するためには，伝送ゲートにはブーツストラップスイッチの 100 倍以上のサイズが必要である．

スイッチに関する他の技法としては，バックゲートのスイッチング（$C_{db}$ の非線形性の減少のため），もしくはバックゲートのブーツストラップ方法（$C_{db}$ を無視するため）がある[11]．

## 7.15 ダブルサンプリング

図 7.65 にダブルサンプリング積分器[12]の構成を示す．この回路は第 1 相と第 2 相の両方で積分動作をするので，サンプリングレートはクロックレートの 2 倍

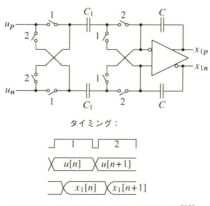

図 7.65 ダブルサンプリング積分器[12]

である．ΔΣADC の共通することとして，（帯域幅から与えられた）サンプリングレートを2倍にすることは大きな SQNR の改善となり，ダブルサンプリングは魅力的である．さらに，ダブルサンプリングはオペアンプのアイドリングの相を使うので，ダブルサンプリングされた ADC はダブルサンプリングを使わない方式より効率的である．

　この積分器の伝達関数を導出するため，まず始めに着目すべきは，回路が第1相から第2相への遷移に何が起きるかを解析することだけで十分ということである．というのも，もう一方の遷移でも同じことが起きているからである．次に着目すべきは，増幅器の入力コモンモード電圧（$v_{icm}$）の影響は無視できることで，$v_{icm} = 0$ と仮定できる．図7.66はこの解析をまとめている．第1相におい

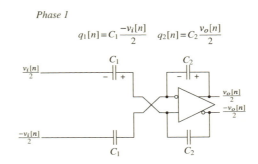

図7.66　ダブルサンプリング積分器の解析

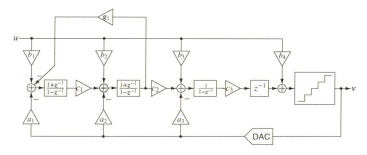

図 7.67　ダブルサンプリング積分器を伴ったループフィルタ

て入力容量は $v_i[n]$ をサンプルし，第 2 相で $v_i[n]$ と $v_i[n+1]$ の合計は $C_1/C_2$ の要素でフィードバック容量に蓄積する．その結果，この積分器の伝達関数は以下の式となる．

$$\frac{V_o(z)}{V_i(z)} = \left(\frac{C_1}{C_2}\right)\left(\frac{1+z^{-1}}{1-z^{-1}}\right) \tag{7.44}$$

図 7.65 でのダブルサンプリング積分器の利点は重要ではあるが，図示した回路では入力コモンモード電圧を設定する手段を提供していない．しかし，小さな既存のスイッチトキャパシタ分岐を付加することでこの問題は解決される．

図 7.67 はダブルサンプリング積分器を採用したループフィルタをもつ $\Delta\Sigma$ ADC の構成を示している．ループフィルタ内の全ての積分器に図 7.65 のダブルサンプリング積分器を使うことは不可能であることに注目するべきである．それは，$L_1$ のループゲインは $L_1(-1) = 0$ となる必要があり，この制約は，任意の NTF を実現するループを許容しない．この制限を克服するには，最終段の積分器が既存の $1/(1-z^{-1})$ の積分伝達関数を持つことが重要となる．この積分器はピンポン方式の標準的な寄生不感型スイッチトキャパシタ回路のペアで実現できる．注目する点として，他の（複数の）積分器がこの積分器に前置されるので，ピンポン動作間でのミスマッチは問題とならないことが挙げられる．

## 7.16　ゲインブーストと利得二乗化

今回の設計例のような低速システムでの増幅器では，高い利得を得るため長チャネル素子を使う余裕があった．高速のアプリケーションでは，このような長チャネル素子での大きな寄生容量は，オペアンプが許容できない遅さになってしまう．この節ではその速度を譲歩することなくオペアンプの利得を増強する 2 つ

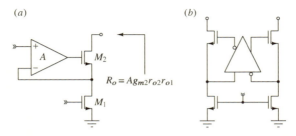

図7.68 ゲインブーストカスコード (a) シングルエンド (b) 差動構成[13]

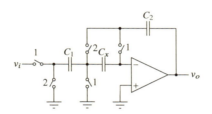

図7.69 利得二乗積分器[14]

の手法を説明する．

一つ目はトランジスタレベルでの方法である．図7.68(a)にゲインブーストカスコードを示す[13]．この回路では，補助のオペアンプを用い，そのオペアンプの利得と等しい倍数でカスコードの $g_m$ を強化する．補助オペアンプを用いた増幅器全体の利得はそれ故この倍数倍だけ増加する．図7.68(b)にこの手法の差動版を図示する．

2つ目は，増幅器とスイッチの階層での手法である．図7.69に示されている利得二乗回路は，容量 $C_x$ を第1相の期間でオペアンプの負端子の電圧をサンプルするために用い，積分する相でオペアンプと直列にこの容量を配置する．この増幅器の入力容量において $C_x$ が支配的であれば，増幅の実効的な利得は増加し，またオペアンプのオフセットと $1/f$ 雑音が消去される．

## 7.17 スプリットステアリング型と増幅器スタッキング

シミュレーションでは，今回の例題としての2次変調器が1kHzの帯域幅で172 dBのFOMを担保している．現在のFOM記録保持者は0.35 μmプロセスで実現した5次1ビットフィードフォワードΔΣ変調器である[15]．640 kHzでクロックされたとき，今回の設計のように同じ1kHzの帯域幅に対して，こ

の ADC は FOM = 185 dB を達成する．FOM において 13 dB の実現は，電力効率において 20 倍の改善に相当するので，この ADC の効率は実に卓越している．次にこの記録的な効率を達成するための回路技法を調べてみる．

図 7.70(a) は疑似差動のインバータ型増幅器の半回路である．この回路は，これまでの変調器の設計例で用いたフォールデッドカスコード増幅器より効率的なものとする 3 つの特性がある．一つ目として，入力は共通のバイアス電流を共有する NMOS と PMOS 両方に適用されるので，トランスコンダクタンスが，同じバイアス電流での単一素子の 2 倍となる．2 つ目として，バイアス電流の全てがトランスコンダクタンスを実現するために使われているので，オペアンプの他の機能，例えば振幅の増加，コモンモード入力範囲を拡大するための折り返し部分に費やす電流がない．最後に，フォールデッドカスコードのような A 級増幅と異なり，固定のバイアス電流によるスルーレート電流の制限がない．インバータ型の欠点は，増幅器としての利得が単一の MOS 素子自身の利得で制限されることである．というのは，可能な出力振幅が MOS 素子のしきい値の合計に制限され，電源，製造プロセス，入力コモンモードなどによりそのバイアスポイントが変動するからである．事実として，しきい値電圧が高く，電源電圧が低いとき，トランジスタはほぼオフとなるかもしれない．

カスコード段の追加，ゲインブーストにより，（出力振幅を犠牲にして）ゲインは改善することができる．一方で，他の 2 つの欠点は図 7.70(b) での手法によって説明できる．この回路では，レベルシフタ容量が NMOS と PMOS のバイアス電圧を独立に設定することを実現している．それにより製造プロセスと電源電圧とは独立してバイアス電流を設定することが可能となる．残念ながら，このレベルシフタ容量は，$kT/C$ 雑音を増加させ，信号の減衰を生じさせる．雑音のペナルティを避けるため，レベルシフタ容量は大きくする必要がある．

図 7.70(c) の回路は 2 つの入力ペアを持つ増幅器を使うことによりレベルシフタ容量を取り除いている．この増幅器は図 7.71 に示されているスプリットステアリング積分器に使うことができる．この積分器は，標準的な SC 積分器が任

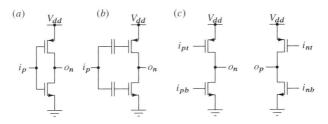

図 7.70 (a) インバータ型増幅器 (b) レベルシフト容量 (c) 分離入力型

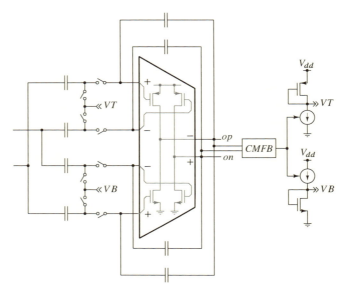

図 7.71　スプリットステアリング積分器[15]

意の入力コモンモードに対応できることを利用している．この積分器において，上側の入力対のコモンモードが $VT$ にセットされる，一方で下側では $VB$ にセットされる．製造プロセス，温度，電源電圧の変化によらず，要求された動作点が確立できるように，バイアス回路がこれら 2 つの電圧を生成する．低電源電圧では，$VT$ の電圧は $VB$ の電圧より一定の低い電圧となるはずである．コモンモードフィードバックはこれらバイアス電圧を介して構成される．

スイッチトキャパシタ回路では，信号電力は $(V_{dd})^2$ に比例し，雑音電力は $C$ に反比例する．つまり与えられた SNR に対し，係数 $k$ による $V_{dd}$ の増加は $C$ と $g_m$ を $k^2$ 倍に小さくできる．このトレードオフは FOM が高い電源電圧を使うことによって改善できることを意味している．図 7.71 のスプリットステアリング積分器が必要なトランスコンダクタンスを実現するにあたり，電源電流を効率的に利用しているのを見てきたが，トランスコンダクタンスをより効率的にするため，より高い電源電圧の利用は可能だろうか？

図 7.72 に積分器対（簡単化のためシングルエンドで示されている．）が示されている．これらは，電源電流が両方の増幅器に流れるように積み重ねられている．合成したトランスコンダクタンスは単一の増幅器の 2 倍になるので，この手法は高電源電圧を有効に利用する方法である．しかし，増幅器を積み重ねることには 2 つのペナルティがある．一つは各積分器の出力振幅が二等分化されるとい

7章 離散時間 ΔΣ 型 ADC の回路設計　　235

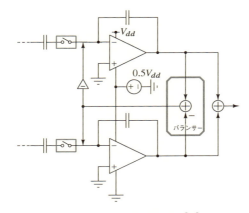

図 7.72　スタック型積分器[15]

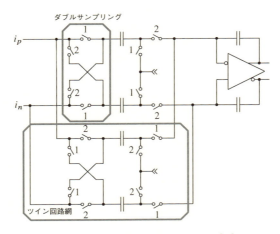

図 7.73　ツインダブルサンプリング[15]

うことであり，それゆえ積分容量が2倍必要となり，後段の入力換算雑音がより深刻なものとなる．OSR = 320 であれば，後段の消費電力が無視できるほど積分器の帯域内利得は十分に大きい．2つ目の欠点は，2つの積分器が1つの積分器として確実に振る舞うようにするため，図 7.22 でバランサーとして名付けられている回路の追加が必要となることである．文献[15]においては，バランサーは小さい受動のスイッチキャパシタの減算器と雑音に影響のない増幅器で実現されている．ここでの雑音の寄与は ADC の全雑音のたった1％である．

　この ADC への最後の仕掛けは図 7.73 に図示しているツインダブルサンプリ

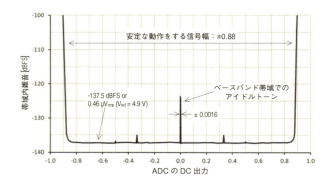

図 7.74　雑音電力対 DC 入力の測定結果[15]

ングである．容量の左側に配置されているダブルサンプリングスイッチは信号振幅を 2 倍にする．それによりサンプリング容量を削減することが可能となる．逆位相で動作するように 2 つの等分化したサンプリング容量に分けることで，両方のクロック位相で積分動作している．雑音解析が示すように，完全なダブルサンプリング積分器（図 7.65）での全サンプリング容量に対し，ツインダブルサンプリング構成は同等の低域入力換算雑音を達成し，積分容量は半分の大きさである[12]．

図 7.74 は dc 入力を使って帯域内の雑音電力を測定している．この測定データとサイン波のテストから，136 dB のダイナミックレンジが得られていることがわかる．5.4-V の電源電圧から消費する全消費電力は 13 mW である．この電力のほとんどは，初段積分器（55％）とクロック生成器（40％）で消費し，他の 3 つの積分器と比較器で残りの 5 ％を消費している．また，$1/f$ 雑音を抑制するためチョッピングが使われている．

## 7.18　スイッチトキャパシタ回路での雑音

この節では，スイッチトキャパシタ回路の雑音を詳細に調べる．参考のため，抵抗と飽和領域での MOS トランジスタの熱雑音モデルをそれぞれ図 7.75 と図 7.76 に示す．MOS トランジスタはスイッチとして使われるため，抵抗のノイズモデルが適用される．図 7.75 に図示したように，熱雑音は抵抗に直列な電圧源，

---

[12] この観察を共有してくれた偉大なる著者は Matthias Steiner である．完全ダブルサンプリング積分器の欠点を理解するため，サンプリング容量での雑音から出力への伝達関数が $1 + z^{-1}$ であることに注目する．この伝達関数は低域の雑音密度を 4 倍増幅する．

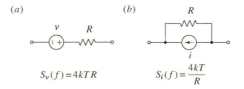

図 7.75　抵抗の熱雑音モデル

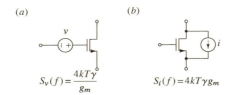

図 7.76　トランジスタの熱雑音モデル

または抵抗に並列な電流源としてモデル化ができる．トランジスタにも同様にこの二重性を適用すると，熱雑音は，ゲートに直列な電圧源，またはドレインソース端を通過する電流源としてモデル化ができる．それぞれの場合での雑音源は白色雑音，つまり電力スペクトル密度 $S_v(f)$ と $S_i(f)$ は，周波数 $f$ と独立である．抵抗の雑音電圧の片側電力スペクトル密度（PSD）は以下の式となる．

$$S_v(f) = 4kTR \tag{7.45}$$

ここで，$k = 1.38 \times 10^{-23}$ J/K はボルツマン定数であり，$T$ は絶対温度である．同様にトラジスタの電流雑音の PSD は，以下となる．

$$S_i(f) = 4kT\gamma g_m \tag{7.46}$$

ここで，$\gamma$ は素子に依存したフィッティングパラメータである．$\gamma$ の理論値は 2/3 であるが，幾つかの報告での測定値ではそれ以上の場合もある．

全ての周波数にわたる $S(f)$ の積分は無限であり，白色雑音は無限の電力をもつ．しかしながら，実際の回路においては，容量成分が雑音の帯域を制限し雑音電力を有限なものとしている．例として，図 7.77 では雑音を持つ抵抗が容量に接続され，これまでに 1 次の雑音解析での結果を導いてきた重要なステップを示しており，容量の両端の平均二乗電圧は，

$$\overline{v^2} = \frac{kT}{C} \tag{7.47}$$

となる[13]．

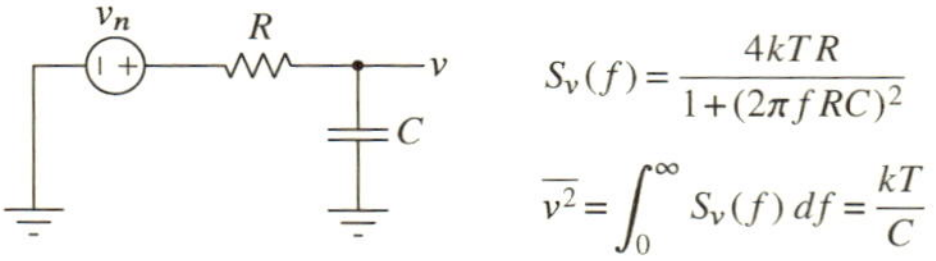

$$S_v(f) = \frac{4kTR}{1+(2\pi f RC)^2}$$

$$\overline{v^2} = \int_0^\infty S_v(f)\,df = \frac{kT}{C}$$

図7.77　容量を通過する雑音の解析

　上記の結果は，１つの極を持つフィルタの雑音帯域幅が次式になるという事実に帰結する．

$$NBW_1 = \frac{1}{4RC} \tag{7.48}$$

抵抗の雑音電圧が$R$に比例している一方で，雑音帯域が$R$に反比例しているので，$NBW_1$に抵抗の$4kTR$雑音密度を掛けると，抵抗に依存しない（7.47）という結果が得られる．

　容量を横切る電圧のサンプリング動作は，式（7.47）の電力を持つ離散時間シーケンスを生じる．もしサンプリングレートが低いとき（先のサンプル動作に関係する初期状態は少なくとも$2\pi$の時定数で減衰するので，$f_s < 1/RC$は十分に低い），連続するサンプル間の相関は0に近づき，離散時間のシーケンスは基本的に白色雑音となる．

　抵抗$R$を通過した容量$C$での電圧をサンプリングすることは，オン抵抗$R$のスイッチと等価であるので，スイッチトキャパシタでの容量$C$の充電期間での平均二乗雑音電圧は$kT/C$であるという結論に辿りつく．

　電荷転送フェーズでの雑音を解析するためには，増幅器の雑音モデルが必要である．図7.78(a)はシンプルな差動CMOSオペアンプとその内部の雑音源を示している．この回路が対称である，つまり$M_1$と$M_2$，$M_3$と$M_4$がマッチングしている，と仮定する．出力端を接地し，この結果を解析すると差動出力電流は以下の式となる．

$$i_d = \frac{i_{n1} + i_{n2} + i_{n3} + i_{n4}}{2} \tag{7.49}$$

（差動対での電流源$M_0$での雑音は$M_1$と$M_2$に等しく分離し，$i_d$には現れない．また注目する点としては，電流源がカスコードであれば，カスコード段での雑音は$g_m r_o$で減衰し無視できる．）$i_{n1}$と$i_{n2}$のPSDは$4kT\gamma g_{m1}$であり，$i_{n3}$と$i_{n4}$

---

[13] この結果は，エネルギー等配分の物理原理により明らかにできる．ある電圧$v$が充電されている容量$C$のエネルギーは$Cv^2/2$であるので，エネルギー等配分から$Cv^2/2 = kT/2$であり，これは式（7.47）と一致する．同等の結果はインダクタの平均二乗雑音電流，または，ばね質量系での平均二乗距離にも適用される．

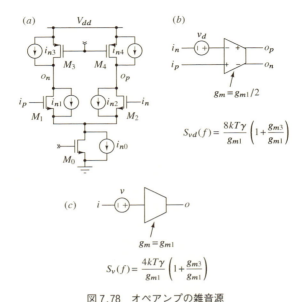

図 7.78　オペアンプの雑音源

での PSD は $4kT\gamma g_{m3}$ となるので，$i_d$ の PSD はそれぞれの PSD の合算の 4 分の 1 となる．

$$S_{i_d} = 2kT\gamma(g_{m1} + g_{m3}) \tag{7.50}$$

図 7.78(b) で図示しているように，このスペクトル密度を $g_m^2 = (g_{m1}/2)^2$ を割ることにより入力換算し以下の式が得られる．

$$S_{v_d} = \frac{8kT\gamma}{g_{m1}}\left(1 + \frac{g_{m3}}{g_{m1}}\right) \tag{7.51}$$

解析を簡単にするために，図 7.78(c) の半回路モデルはよく使用される．このとき，

$$S_v = \frac{4kT\gamma}{g_{m1}}\left(1 + \frac{g_{m3}}{g_{m1}}\right) \tag{7.52}$$

である．ただし，半回路での雑音解析を行った場合，差動の雑音電力を得るためにはシングルエンド雑音電力を 2 倍する必要がある．

式 (7.52) での括弧の項を $\gamma$ に取り込み，以下と定義する．

$$\gamma_{\text{amp}} \equiv \gamma \left(1 + \frac{g_{m3}}{g_{m1}}\right) \tag{7.53}$$

ベストケースでは，ここで $\gamma = 2/3$ であり，電流源素子の雑音が無視できると，$\gamma_{\text{amp}}$ は1以下となり，$\gamma_{\text{amp}} = \gamma = 2/3$ となる．しかし，

$$g_m = \frac{2I_d}{V_{\text{eff}}} \tag{7.54}$$

であるので，電流源デバイスからの雑音を無視できるようにするためには，電流源デバイスの $V_{\text{eff}}$ は，差動対のそれの何倍も大きくなければならない．より現実的な仮定は $V_{\text{eff}}$ の比が2であり，$g_{m3}/g_{m1} = 1/2$ から $\gamma_{\text{amp}} = 2/3(1 + 1/2) = 1$ となる．フォールディッドカスコード型オペアンプでは，全ての電流源素子が差動対の2倍にセットされるので $\gamma_{\text{amp}} = 5/3$ である．このように，一般的に $\gamma_{\text{amp}} \geqq 1$ となる．増幅器の雑音のモデルを使うことで，電荷転送フェーズでの増幅器の雑音の影響が解析可能である．

図7.79 はその工程を図示している．ここでの雑音は，スイッチ（図7.79(a)の $R_1$ と $R_2$）と増幅器から生じる．スイッチと増幅器の雑音源は独立なので，個々の影響をそれぞれ計算し，それらの平均二乗を加算することになる．

スイッチの雑音において，図7.79(b)のように $R_1$ と $R_2$ を結合し $R = R_1 + R_2$ とすることから始める．$R$ の右側から見たインピーダンスは $1/g_m$ であるので，この回路は $RC$ 回路と等価であり，この抵抗は $R_{\text{eq}} = R + 1/g_m$ と置換で

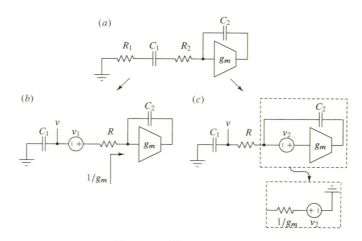

図7.79　2相でのノイズ解析

きる．この結果，このスイッチにより容量の両端に生じる積分雑音は以下の式となる．

$$\overline{v^2} = \frac{S_{v_1}}{4R_{\mathrm{eq}}C_1} = \frac{kTR}{(R + 1/g_m)C_1} \tag{7.55}$$

この結果から，$R \ll 1/g_m$ とすることにより，スイッチの雑音は最小になる．

次に，増幅器の雑音について検討する．図 7.79(c) に示すように，抵抗素子の右側を見ると，PSD が $S_{v2} = 4kT\gamma_{\mathrm{amp}}/g_m$ を持つ電圧源と直列の抵抗値 $1/g_m$ のテブナンの等価回路と見ることできることがわかる．再びこの回路を単一の抵抗素子と電圧源で駆動される容量に分解する．それにより，以下の式がすぐにわかる．

$$\overline{v^2} = \frac{S_{v_2}}{4R_{\mathrm{eq}}C_1} = \frac{kT\gamma_{\mathrm{amp}}/g_m}{(R + 1/g_m)C_1} \tag{7.56}$$

式（7.55）とは対照的に，増幅器の雑音を最小するには $R \gg 1/g_m$ が要求される．

式（7.55）と（7.56）の組み合わせにより，電荷転送フェーズ間での増幅器とスイッチの両方の雑音が与えられる．

$$\overline{v^2} = \left(\frac{kT}{C_1}\right)\left(1 + \frac{\gamma_{\mathrm{amp}} - 1}{1 + g_m R}\right) \tag{7.57}$$

もし $\gamma_{\mathrm{amp}} = 1$ であれば，電荷転送フェーズで平均二乗雑音は充電フェーズと同じ $kT/C_1$ となり，両フェーズでの合計は $2kT/C_1$ である．

最後の解析として消費電力を検討する．まず以下のように定義をする．

$$x \equiv g_m R \tag{7.58}$$

このとき第 1 相と第 2 相からの全雑音は

$$\overline{v^2} = \left(\frac{kT}{C_1}\right)\left(2 + \frac{\gamma_{\mathrm{amp}} - 1}{1 + x}\right) \tag{7.59}$$

となる．一方，セトリングの時定数は（図 7.37 から），

$$\tau = \frac{C_1}{g_m}(1 + x) \tag{7.60}$$

である．

ADC の仕様は $\overline{v^2}$ と $\tau$ の両方を制約する．つまり，ここで「$\overline{v^2}$ と $\tau$ を制約条件

として，消費電力を最小化する $x$ の値はいくつか？」と考える．この問題を簡単化するため，スイッチを駆動する電力を無視できると仮定する．それ故，消費電力は $g_m$ だけに関係し，式 (7.60) によって，

$$g_m = \frac{C_1}{\tau}(1 + x) \tag{7.61}$$

となる．式 (7.59) から，$C_1$ の値を代入することによって，

$$g_m = \left(\frac{kT}{\tau \overline{v}^2}\right)\left(2(1 + x) + \gamma_{amp} - 1\right) \tag{7.62}$$

を得る．明らかに，$g_m$ つまり消費電力は，$x = 0$，言い換えるとスイッチ抵抗値が $1/g_m$ となるとき，最小となる．実際には，スイッチの抵抗値を最小化するという要求は，大きいサイズのスイッチを駆動する消費電力とのバランスをとることになる．ここでは，始めの目標としての $R = 0.1/g_m$，つまり $x = 0.1$ が妥当なスタートポイントとなる．

## 7.19 まとめ

この節での前半部では，1ビット2次スイッチトキャパシタ $\Delta\Sigma$ADC の設計での初期検討を行った．増幅器，比較器，クロック生成器，そしてスイッチの設計検討を議論し，例題回路を与えシミュレーションで妥当性を確認した．これらのシミュレーションは，今回の設計が $DR = 98\,dB$，$BW = 1\,kHz$，$P = 40\,\mu W$ つまり $FoM = 172\,dB$ を達成していることを示した．この節の後半では，より様々なアプリケーションで利用できるアーキテクチャと回路技法について説明した．それらは，マルチビット量子化構成，高次ループフィルタ，ダブルサンプリング，ゲインブーストである．$FoM = 185\,dB$（$DB = 136\,dB$，$BW = 1\,kHz$，$P = 13\,mW$）という記録を達成している ADC で用いられているスプリットステアリングと増幅器スタッキング技法の議論も重ねた．節の締めとして，スイッチトキャパシタ回路の雑音についてのより詳細な検討をした．その解析では，スイッチの抵抗値を $1/g_m$ とする推奨値での $kT/C$ 雑音の見積もりの正当性を示した．

**【参考文献】**

[1] Y. Yang, A. Chokhawala, M. Alexander, J. Melanson, and D. Hester, "A 114 dB 68 mW chopper-stabilized stereo multi-bit audio A/D converter," *ISSCC Digest of Technical Papers*, pp. 64–65, Feb. 2003.

[2] C. Enz and G. C. Temes, "Circuit techniques for reducing the effects of opamp imperfection,"

## 7章　離散時間 $\Delta\Sigma$ 型 ADC の回路設計　　243

*Proceedings of the IEEE*, vol. 84, pp. 1584–1614, Nov. 1996.

[3]　J. Montanaro, R. Witek, K. Anne, A. Black, E. Cooper, D. Dobberpuhl, P. Donahue, and T. Lee, "A 160-MHz 32-b 0.5-W CMOS RISC microprocessor," *IEEE Journal of Solid-State Circuits*, vol. 31, pp. 1703–1714, Nov.1996.

[4]　P. J. A. Harpe, B. Busze, K. Philips, and H. de Groot, "A 0.47-1.6 mW 5-bit 0.5-1 GS/s time-interleaved SAR ADC for low-power UWB radios," *IEEE Journal of Solid-State Circuits*, vol. 47, pp. 1594–1602, July 2012.

[5]　D. Stepanović and B. Nikolic, "A 2.8 GS/s 44.6 mW time-interleaved ADC achieving 50.9 dB SNDR and 3 dB effective resolution bandwidth of 1.5 GHz in 65-nm CMOS," *IEEE Journal of Solid-State Circuits*, vol. 48, pp. 971–982, April 2013.

[6]　P. Harpe, E. Cantatore, and A. van Roermund, "A 10b/12b 40 kS/s SAR ADC with data-driven noise reduction achieving up to 10.1b ENOB at 2.2 fJ/conversion-step," *IEEE Journal of Solid-State Circuits*, vol. 48, pp. 3011–3018, Dec. 2013.

[7]　L. Kull, T. Toifl, M. Schmatz, P. Francese, C. Menolfi, M. Braendli, M. Kossel, T. Morf, T. Andersen, and Y. Leblebici, "A 3.1 mW 8b 1.2 GS/s single-channel asynchronous SAR ADC with alternative comparators for enhanced speed in 32 nm digital SOI CMOS," *IEEE Journal of Solid-State Circuits*, vol. 48, pp. 3049–3058, Dec. 2013.

[8]　C. H. Chan, Y. Zhu, S. W. Sin, U. Seng-Pan, and R. P. Martins, "A 5.5 mW 6-b 5GS/s 4-interleaved 3b/cycle SAR ADC in 65nm CMOS," *ISSCC Digest of Technical Papers*, pp. 1–3, Feb. 2015.

[9]　R. Jewett, K. Poulton, K. Hsieh, and J. Doernberg, "A 12b 128 MSample/s ADC with 0.05 LSB DNL," *ISSCC Digest of Technical Papers*, pp. 138–139, Feb. 1997.

[10]　A. M. Abo and P. R. Gray, "A 1.5-V, 10-bit, 14.3-MS/s CMOS pipeline analog-to-digital converter," *IEEE Journal of Solid-State Circuits*, vol. 34, pp. 599–606, May 1999.

[11]　J. Brunsilius, E. Siragusa, S. Kosic, F. Murden, E. Yetis, B. Luu, J. Bray, P. Brown, and A. Barlow, "A 16b 80MS/s 100mW 77.6dB SNR CMOS pipeline ADC," *ISSCC Digest of Technical Papers*, pp. 186–188, Feb. 2011.

[12]　D. Senderowicz, G. Nicollini, S. Pernici, A. Nagari, P. Confalonieri, and C. Dallavale, "Low-voltage double-sampled $\Sigma\Delta$ converters," *IEEE Journal of Solid-State Circuits*, vol. 32, pp. 1907–1919, Dec. 1997.

[13]　K. Bult and G. J. G. M. Geelen, "A fast-settling CMOS opamp for SC circuits with 90-dB dc gain," *IEEE Journal of Solid-State Circuits*, vol. 25, pp. 1379–1384, December 1990.

[14]　K. Nagaraj, T. R. Viswanathan, and K. Singhal, "Reduction of finite-gain effect in switched-capacitor filters," *Electronics Letters*, vol. 21, no. 15, pp. 644–645, July 1985.

[15]　M. Steiner and N. Greer, "A 22.3 b 1 kHz 12.7 mW switched-capacitor $\Delta\Sigma$ modulator with stacked split-steering amplifiers," *ISSCC Digest of Technical Papers*, pp. 284–286, Feb. 2016.

# 8章 連続時間 ΔΣ 変調器

　本書ではこれまで，ΔΣ 変調の背後にある基本的な概念に対して，洞察力を磨き，理解を深めてきた．具体的には，入力信号の帯域幅と目的の SQNR が与えられたとき，これらの仕様を実現するために必要な NTF と OSR を選択する方法について学んだ．また，NTF を実現するために使用できるループフィルタのさまざまなトポロジーに関するトレードオフを理解した．さらに，ループフィルタを実現するための多くの方法も詳細に見てきた．変調器への入力はオーバーサンプリングされた信号列のため，ループフィルタは離散時間回路を使って実現する必要があった．前の章で見たように，ループフィルタの基本的な構成要素は積分器である．大抵の場合，図 4.22 のようにオペアンプ，スイッチ，およびコンデンサを使用して実装される．そのようなスイッチトキャパシタ積分器は多くの利点を有する．すなわち，それらの係数はキャパシタ比によって決まり，プロセス/温度変動に対して強靭性（ロバスト性）を持ち，浮遊容量に対して敏感ではない．

　しかし残念なことに，いくつかの要因により，低電圧 CMOS プロセスを用いた積分器を設計すること次第に困難になってきた．低電源電圧では，スイッチのオン/オフが困難になる．第 4 章で見たように，半クロック周期で積分器出力が落ち着く必要があり，収束性の良い広帯域オペアンプが必要となる．したがって，広い信号帯域幅（言い換えれば高いクロックレート）で動作する変調器を実現しようとすると，電力消費が大きくなるか，与えられた製造技術では実現すらできない可能性がある．もし，連続時間回路でループフィルタを実現したらどうだろうか．これを詳しく理解するために，お馴染みの MOD1 に戻り，連続時間（CT：continuous-time）ループフィルタ[1,2,3]を実現することを考えてみよう．

## 8.1　1 次連続時間 ΔΣ 変調器（CT-MOD1）

　MOD1 に関して，離散時間と連続時間でのアプローチの違いを図 8.1 に示す．前者では，あらかじめサンプリングされた入力列とフィードバック列が DT ループフィルタで処理される．CT で実現するための考え方は以下の通りであ

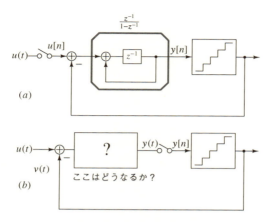

図8.1 (a) 入力 u がサンプリングされ，出力との差をループフィルタで処理する通常の MOD1，および，(b) ループフィルタ出力をサンプリングし，次いで量子化したものと入力とを比較するブロック図

る．入力は，サンプリングされないまま，量子化器の出力波形が差し引かれた後に連続時間ループフィルタで処理される．そのフィルタ出力がサンプリングされ，量子化され，フィードバックされる．量子化器は ADC と DAC の縦続接続で得られる．ADC で y をデジタル値に変換し変調器出力とする．一方で，DAC を用いてそのデジタルコードを連続時間フィードバック信号に変換する．NTF が $(1-z^{-1})$ となるためには，CT-MOD1 の CT ループフィルタの伝達関数をどうしたらよいだろうか？　それに答える前に，DAC の特性について説明しなければならない．

DAC にデータ列が入力されると，それに（線形に）対応する数値列を出力する．フィードバック信号となる DAC 出力は，パルス形状を表す関数 $p(t)$ を用いて

$$v(t) = \sum_n v[n]p(t - nT_s) \tag{8.1}$$

と表すことができる．よく用いられるパルス形状を以下に示す．

- NRZ DAC：$p(t) = 1,\ 0 < t < T_s$
- RZ DAC：$p(t) = 2,\ 0 < t < 0.5T_s$
- インパルス DAC：$p(t) = \delta(t)$

$v(t)$ のスペクトルは $v[n]$ のスペクトルとどのように関係しているのだろう

か？ それに答えるために，図 8.2(a) に示した手順で考える．まず，Dirac インパルス列を用いて連続時間波形 $v_1(t)$ を

$$v_1(t) = \sum_n v[n]\delta(t - nT_s) \tag{8.2}$$

と書くことにする．

$v[n]$ と $v(t)$ のフーリエ変換はそれぞれ

$$\begin{aligned} V(e^{j\omega}) &= \sum_n v[n]e^{-j\omega n} \\ V_1(f) &= \sum_n v[n]e^{-j2\pi fT_s n} \end{aligned} \tag{8.3}$$

となる．これらの式から $V_1(f) = V(e^{j2\pi fT_s})$ であることが分かる．DAC 出力 $v(t)$ は，インパルス応答 $p(t)$ をもつ線形時不変フィルタに $v_1(t)$ が入力したときの出力であると考えることができる．したがって，DAC 出力のフーリエ変換 $V(f)$ は

$$V(f) = P(f)V_1(f) = P(f)V(e^{j2\pi fT_s}) \tag{8.4}$$

で与えられる．

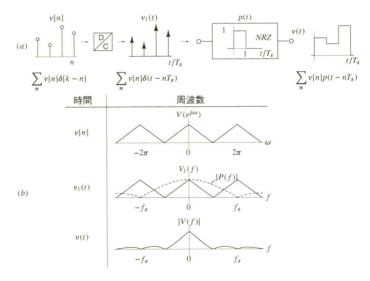

図 8.2 (a) $v[n]$，および，対応する Dirac インパルス列 $v_1(t)$，フィルタ $p(t)$ を通過後の連続時間波形 $v(t)$，および，(b) $v[n]$, $v_1(t)$, $v(t)$ のスペクトル

ADCとDACの縦続接続で表した量子化器のモデルを図8.3に示す．サンプリングは入力 $y(t)$ に Dirac パルス列を掛けることでモデル化できる．量子化誤差は $e(t) = \sum_n e[n]\delta(t - nT_s)$ と書くことができる．DACパルスはインパルス応答が $p(t)$ の連続時間フィルタとしてモデル化される．その結果，図8.4(a)に示す連続時間 $\Delta\Sigma$ 変調器のモデルが得られる．数式を用いて表現したモデ

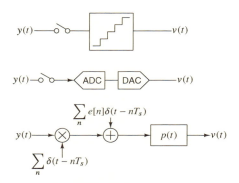

図8.3 CT$\Delta\Sigma$変調器を解析するための量子化器モデル

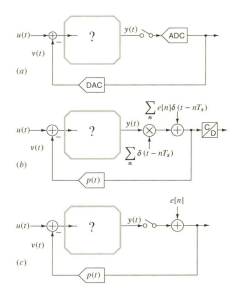

図8.4 (a) 1次 CT$\Delta\Sigma$ 変調器，および，(b) その数式表現（C/Dは連続時間/離散時間変換器），(c) (b)に対して通常用いられる記述様式

ルを図 8.4(b) に描く.通常,これを図 8.4(c) のように描く.

図 8.4(c) の CT 構成で NTF を実現するためには,DT-MOD1 の積分器を何で置き換えたらよいだろうか? 図 8.5 に示すように,我々は二つの方式でループのインパルス応答が等しいと考えて話を進める.簡単化のため,CT-MOD1 のサンプリング周期 $T_s$ を 1 とする.両者に対して量子化器入力の場所でループを切断する.DT ループフィルタに 1 個のインパルスを入力したときの出力列は

$$l_{dt}[n] = 0, 1, 1, 1, \cdots \tag{8.5}$$

となる.CT 構成において,対応する出力列は

$$l_{ct}(n) = p(t) * l(t)|_{t=n} \tag{8.6}$$

と書ける.ここで,$l(t)$ はループフィルタのインパルス応答,*は畳み込み(コンボリューション)を表す.$(1 - z^{-1})$ の NTF を得るためには,$l_{ct}(n) = l_{dt}(n)$ を満足するように $l(t)$ を選ばねばならない.$p(t)$ が NRZ パルスだとすれば,連続時間積分器を用いることで我々は目標(図 8.5(b))を実現できることが容易に分かる.

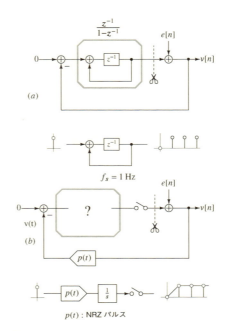

図 8.5 (a) DT および (b) CT の MOD1 における等価ループインパルス応答

このようにして得られた，離散時間 MOD1 に相当する連続時間変調器を図 8.6(a) に示す．これを CT-MOD1 と呼ぶことにする．サンプリングレートを $m$ Hz に増加させたとき，上記の議論をどう変えたら良いだろうか？ 同じ NTF を得るためには，図 8.6(b) に示すように，ループフィルタを $m$ で周波数スケールする必要がある．最初は規格化した変調器（$f_s = 1$ Hz）で検討を進め，最後に周波数スケールするのが便利であり，その方法を推奨する．

違う DAC パルスを使った場合，CT-MOD1 の NTF はどうなるだろうか？ 図 8.7 に示すように，NRZ ではなく RZ やインパルス信号が出力されるとすれ

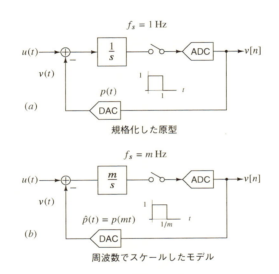

図 8.6 (a) $f_s = 1$ Hz で規格化した CT-MOD1，および，
(b) $f_s = m$ Hz でスケールした CT-MOD1

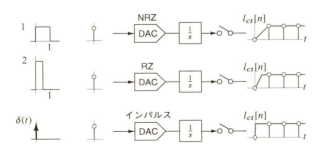

図 8.7 異なる DAC パルス波形に対する $l_{ct}(n)$

ば $l_{ct}(t)$ は変化する．しかし，

$$\int_0^1 p(t)\,dt = 1 \tag{8.7}$$

で，かつ，$t > 1$ で $p(t) = 0$ である限り，サンプリングされた $l_{ct}(n)$ に変化はない．これは，CT-MOD1 の NTF はパルス形状には依存しないことを意味する．

　繰り返しになるが，DAC パルス形状で CT-MOD1 の NTF に関係するのはパルス面積だけである．上記の説明から，NTF に関する限り，連続時間ループフィルタが離散時間構成と同じ動作をすることが分かる．（連続時間信号である）入力に関してはどうだろうか？　STF の解析は離散時間の場合ほど簡単ではない．$u(t)$ は連続時間信号であるが，$v[n]$ が離散時間列だからである．次節でこれについて説明する．

## 8.2　CT-MOD1 の信号伝達関数

　一般に線形システムを解析するために，我々は複素正弦波 $e^{j2\pi ft}$ を入力し，その出力を調べる．CT-MOD1 に対しても同じ手法を適用する．ただし，連続時間信号とサンプリングされた信号がフィードバック経路に混在するため，解析が複雑になる．簡単化のため，図 8.8 のように書き直してみる．一連の変形の考え方は，図 8.8 (c) に示すように，CT-MOD1 を連続時間部分と離散時間部分に分けることである．STF を求めるため，$u(t) = e^{j2\pi ft}$ を用いる．したがって，

$$y_1(t) = \frac{1}{j2\pi f} e^{j2\pi ft} \tag{8.8}$$

$$y_1[n] = \frac{1}{j2\pi f} e^{j2\pi fn} \tag{8.9}$$

と書ける．$y_1[n]$ から $v[n]$ への伝達関数は $e[n]$ から $v[n]$ へのそれに等しく，$(1 - z^{-1})$ で与えられるループの NTF である．

　したがって，$u(t) = e^{j2\pi ft}$ を入力したときの出力は

$$v[n] = \underbrace{\frac{1}{j2\pi f}}_{\text{loop-filter}} \underbrace{(1 - e^{-j2\pi f})}_{\text{NTF}} e^{j2\pi fn} \tag{8.10}$$

と書ける．この式は以下のように解釈できる．図 8.9 に示すように，伝達関数

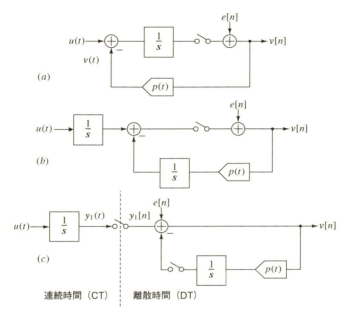

図 8.8 STF 評価のためのステップを示した図で，(a) CT-MOD1，および，(b) 積分器を前に出したもの，(c) CT と DT に区分けしたもの

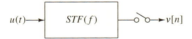

図 8.9 周波数特性 $STF(f)$ の連続時間フィルタを通過した後にサンプリングされると解釈できる CT-MOD1 における STF

$$STF(f) = \underbrace{\frac{1}{j2\pi f}}_{\text{ループフィルタ}} \underbrace{(1 - e^{-j2\pi f})}_{NTF} = e^{-j\pi f} sinc(f) \tag{8.11}$$

をもつ連続時間線形時不変（LTI）フィルタに $u[n]$ を印加し，1 Hz でサンプリングしたときに得られる出力が $v[n]$ である．$STF(f)$ は CT-MOD1 の信号伝達関数と呼ばれる．

図 8.10 にループフィルタ，および，NTF，STF の周波数特性を示す．STF の dc ゲインは予想される通り 1 であることが分かる．興味深いことに，STF はサンプリング周波数の整数倍の周波数で 0 となる．このことは，CT-MOD1

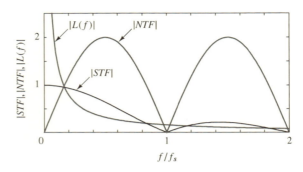

図 8.10　ループフィルタおよび NTF と STF のスペクトル

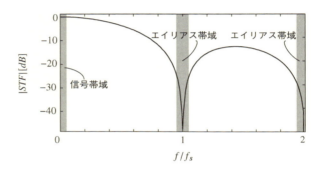

図 8.11　サンプリング周波数の整数倍の周波数でゼロとなる CT-MOD1 の STF

では，サンプリング後に dc に折り返される可能性があるすべての信号が除去可能であることを示す．図 8.11 に示す通り，すべてのエイリアス帯域で，0 ではないものの $STF(f)$ は小さい．これは CT-MOD1 に固有のアンチエイリアシング特性と呼ばれるもので，変調器がアンチエイリアシング・フィルタを併せ持っている．この驚くべき性質のため，CT-MOD1 の前段にアンチエイリアシング・フィルタを改めて置く必要はない．

加算性量子化雑音を想定した CT-MOD1 として考えられるモデルを図 8.12 に示す．入力は最初に伝達関数 $SFT(f) = \exp(-j\pi f)\mathrm{sinc}(f)$ をもつ連続時間フィルタを通過する．次にサンプリングされ，シェイピングされた量子化雑音が加わる．時間領域で考えると，図で示されたように，STF は矩形インパルス応答をもつフィルタである．

この節の分析から，$u$ はサンプリングに先だってフィルタ処理されていることが分った．CT-MOD1 のサンプリングはループフィルタの後で行われるため，

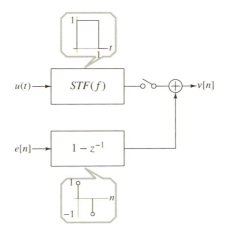

図 8.12　加算性量子化雑音を想定した CT-MOD1 モデル

これは理にかなっている.

> 1 Hz の整数倍の周波数で CT-MOD1 の STF がノッチを持つことを直感的に理解できる方法はないだろう？　図 8.13 に示すように，まず第一歩は，積分器への入力の平均が 0, すなわち，$\overline{v_x(t)} = 0$ に着目する (①). 入力は $u(t) = \cos(2\pi t)$ なので，$\overline{u(t)} = 0$ である. したがって，フィードバック信号の平均値も 0 ($\overline{v(t)} = 0$) でなければならない. すなわち，$\overline{v[n]} = 0$ も成り立つ. 一方，図 8.12 を見てみると，$u(t) = \cos(2\pi f_s t)$ に対して $\overline{v[n]} = 0$ であるためには，$STF(f)$ の出力における振幅も 0 でなければならない. なぜかというと，サンプリングした後で $f_s$ の正弦波の振幅が 0 でなければ，$\overline{v[n]}$ が 0 にならなくなるからである. したがって，ループフィルタのサンプリング周波数の整数倍の周波数を持つ入力信号に対して，CT-MOD1 は反応しないことが分かる.

### 8.2.1　CT-MOD1 のまとめ

連続時間ループフィルタを適切に選ぶことで，CT-MOD1 の NTF を DT-MOD1 の NTF と等しくできる. DAC パルス形状関数 $p(t)$ で畳み込み演算を行った後にサンプリングしたときのループフィルタのインパルス応答が，DT ループフィルタのインパルス応答と一致するように CT ループフィルタを選ばねばならない. これはインパルス不変性と呼ばれることもある. $p(t)$ の面積が 1 で，1 s 以降では 0 となる限り，NTF はパルス形状とは無関係である.

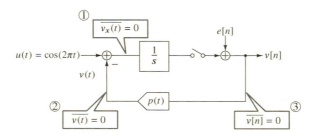

図 8.13　入力周波数がサンプリング周波数と等しいとき dc 出力が 0 となることを直感的に理解するためのモデル図

STF はサンプリングレートの整数倍の周波数で 0 となる．このため，CT-MOD1 は固有のアンチエイリアシングという素晴らしい特性を有する．

　DT の原型を基に CT-MOD1 を構成するとき，DT 積分器を CT 積分器に置き換えることで MOD1 に必要な NTF を得た．この偶然のことなのか，それとも，ここは基本的な原理が潜んでいるのだろうか？

　DT システムのインパルス応答は $z_l^k$ の形の複素指数関数列の和からなる．$z_l$ は極の配置を示す．これに対して，CT システムのインパルス応答は，$e^{s_l t}$ の形の複素指数関数列の和からなる．$s_l$ は極の配置を示す．インパルス応答をサンプリングしたとき，DT ループフィルタから得られる出力と等しくなるように CT ループフィルタを構成したので，$z_l^k = e^{s_l t k}$ が成り立つ．あるいは

$$s_l = \ln(z_l) \tag{8.12}$$

が成り立つ．MOD1 の極は $z_1 = 1$ にあった．CT-MOD1 のループフィルタの極は $s_1 = \ln(1) = 0$ にあるはずである．

　NTF が $(1 - z^{-1})^N/D(z)$ である高次 DT 変調器のループフィルタは $z = 1$ に $N$ 個の極を持つ．上述の説明によれば，CTΔΣ 変調器のループフィルタは $s = 0$ に $N$ 個の極を持つ，すなわち，$N$ 個の積分器からなることになる．

## 8.3　2 次連続時間 ΔΣ 変調器

　CT-MOD1 は MOD1 を連続時間方式で実現したものだった．一方，MOD1 のノイズシェイピング性能を改善したのが MOD2 だったので，MOD2 のループフィルタを連続時間にした CT-MOD2 が次の話題となるのが自然である．それを図 8.14 に示す．MOD2 は CIFF 形式で作られていると仮定している．

　MOD2 の NTF は $(1 - z^{-1})^2$ であるから，$L(z)$ は

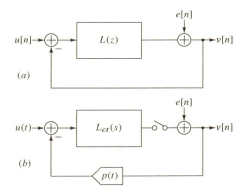

図 8.14 CIFF MOD2 の $L(z)$ の連続時間ループフィルタ
への置き換え（$p(t)$ は DAC パルス形状を示す）

$$L(z) = \frac{1}{NTF(z)} - 1 = \frac{1}{z-1} + \frac{z}{(z-1)^2} \tag{8.13}$$

で与えられる．$L(z)$ のインパルス応答は

$$\begin{aligned} l[n] &= \begin{bmatrix} 0 & 1 & 1 & 1 & \cdots \end{bmatrix} \\ &+ \begin{bmatrix} 0 & 1 & 2 & 3 & \cdots \end{bmatrix} \\ &= \begin{bmatrix} 0 & 2 & 3 & 4 & \cdots \end{bmatrix} \end{aligned}$$

である．
CT ループフィルタの構成を図 8.15(a) に示す．その伝達関数は

$$L_{ct}(s) = \frac{k_1 s + k_2}{s^2} \tag{8.14}$$

の形をしている．$p(t)$ が NRZ のパルスを表すとすれば，$1/s$，$1/s^2$ それぞれ
の経路のサンプリングされたインパルス応答は次のように書ける．

$$\frac{1}{s} \rightarrow \begin{bmatrix} 0 & 1 & 1 & 1 & \cdots \end{bmatrix}$$
$$\frac{1}{s^2} \rightarrow \begin{bmatrix} 0 & 0.5 & 1.5 & 2.5 & \cdots \end{bmatrix}$$

$l_{ct}(n) = l[n]$ から得られる $k_1$ と $k_2$ は

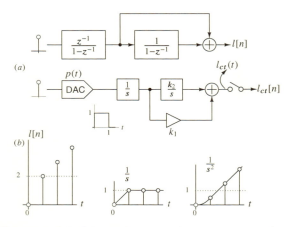

図 8.15 (a) 離散フィルタ出力 $l[n]$ と一致しなければならない CT ループフィルタパルス応答のサンプル値，および，(b) $l[n]$ と，$1/s$ と $1/s^2$ の経路のパルス応答のサンプル値

表 8.1 NDR DAC パルスに対する $1/s^l$ 型 CT 伝達関数パルス応答のサンプル値の $z$ 変換

| 連続時間伝達関数 | サンプリング後のパルス応答の $z$ 変換 |
|---|---|
| $1/s$ | $1/(z-1)$ |
| $1/s^2$ | $0.5(z+1)/(z-1)^2$ |
| $1/s^3$ | $(1/6)(z^2+4\ +1)/(z-1)^3$ |
| $1/s^4$ | $(1/24)(z^3+11z^2+11z+1)/(z-1)^4$ |

$$\begin{bmatrix} 0 & 0 \\ 1 & 0.5 \\ 1 & 1.5 \\ \vdots & \vdots \end{bmatrix} \begin{bmatrix} k_1 \\ k_2 \end{bmatrix} = \begin{bmatrix} 0 \\ 2 \\ 3 \\ \vdots \end{bmatrix} \tag{8.15}$$

を解くことによって求まる．明らかに，未知数に対して式の数が多い．しかし解は一つだけで

$k_1 = 1.5$ および $k_2 = 1$

と与えられる．$1/s$，$1/s^2$ からのインパルス応答をサンプリングし，重みづけ変換したものを $L(z)$ と等しくなるようにすることでからも同じ結果が得られる．

表 8.1 から必要な変換を抜き出すと

$$\frac{k_1 z^{-1}}{1-z^{-1}} + \frac{k_2(0.5z^{-1} + 0.5z^{-2})}{(1-z^{-1})^2} = \frac{z^{-1}}{1-z^{-1}} + \frac{z^{-1}}{(1-z^{-1})^2} \tag{8.16}$$

が得られる．上式の両辺に $(1-z^{-1})^N$ を掛け，$z^{-1}$ の冪の係数を比較することで $k_1$ と $k_2$ が求まる．

得られた CT-MOD2 を図 8.16(a) に示す．CT-MOD1 で行ったことを繰り返せば，STF を次のように求めることができる．

$$STF(f) = \underbrace{\left(\frac{1.5(j2\pi f) + 1}{(j2\pi f)^2}\right)}_{\text{ループフィルタ } L(s)} \underbrace{(1 - e^{-j2\pi f})^2}_{NTF} = (1 + 1.5(j2\pi f))e^{-j2\pi f} sinc^2(f) \tag{8.17}$$

STF の dc ゲインは 1 である．STF は NTF で $e^{j2\pi f}$ としたものと $L(s)$ との積である．CT-MOD1 と同様に，サンプリング周波数の整数倍の周波数で STF は 0 となる．すなわち，図 8.16(b) に示すように，アンチエイリアシングの効果がある．ループフィルタにはフィードフォワード経路があるため，$s = -2/3$ に STF の零点が発生する．このため，STF は高周波領域で $1/f$ に比例して減衰する．$STF(f)$ のインパルス応答を図 8.16(c) に示す．これは，高さ 1，底辺 2 s の三角パルスとその導関数の重み付け和である．

ここで大事なことは，CT-MOD2 のループフィルタが MOD2 の離散時間積

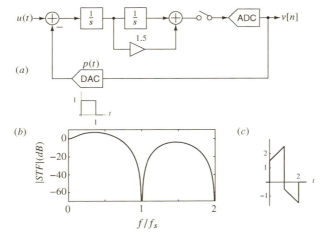

図 8.16 (a) NRZ フィードバック DAC を持つ CT-MOD2，および，
(b) STF 強度スペクトル，(c) $STF(f)$ のインパルス応答

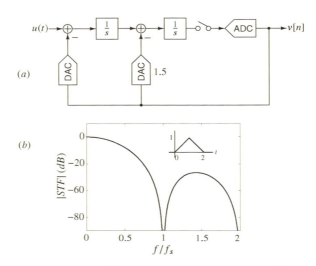

図 8.17 (a) CIFR ループフィルタを持つ CT-MOD2, および, (b) STF 強度スペクトル (挿入図は STF(f) のインパルス応答)

分器を連続時間積分器で置き換えたものではないことである. $1/s$ と $1/s^2$ を適切に重みづける必要があり, しかも, その係数が DAC パルス形状に依存する.

図 8.17(a) に示す通り, CT-MOD2 は CIFB 構成でも実現できる. このときの STF は次式で与えられる.

$$STF(f) = \underbrace{\frac{1}{(j2\pi f)^2}}_{\text{ループフィルタ}} \underbrace{(1 - e^{-j2\pi f})^2}_{NTF} = e^{-j2\pi f} sinc^2(f) \tag{8.18}$$

CIFF 変調器の場合と同様に, $f_s$ の整数倍の周波数で STF は 0 になり (図 8.17(b)), アンチエイリアシング特性をもつことが確認できる. さらに, 高周波領域では $1/f^2$ に比例して減衰する. $STF(f)$ のインパルス応答は挿入図に示すように三角パルスとなる.

## 8.3.1 DAC パルス形状の影響

CT-MOD1 の項では, DAC パルスが 1 s (訳注: 1 秒のこと. サンプリング周波数を 1 Hz と仮定している) 以上には広がらず, 面積が 1 である限り, NTF はそれに依存しないことを説明した. CT-MOD2 ではどうであろうか?

ループフィルタのパルス応答は, $1/s$ と $1/s^2$ の経路のパルス応答の和である.

DAC パルスが上述の条件を満足する限り，前者はパルス形状に依存しない．$1/s^2$ の経路からの応答は次式で与えられる．

$$l_2(t) = tu_1(t) * p(t) = \int_0^t p(\tau)(t-\tau)d\tau \tag{8.19}$$

ここで $u_1(t)$ は単位ステップ関数，* は畳み込みを表す．パルス長は 1 s なので，$t \geq 1$ で $l_2(t)$ は次のように書ける．

$$l_2(t) = \int_0^1 p(\tau)(t-\tau)d\tau = t\underbrace{\int_0^1 p(\tau)d\tau}_{=1} - \int_0^1 \tau p(\tau)d\tau \tag{8.20}$$

$p(t)$ の遅延の平均が

$$t_d = \frac{\int_0^1 \tau p(\tau)d\tau}{\underbrace{\int_0^1 p(\tau)d\tau}_{=1}} \tag{8.21}$$

と表せることから，次式を得る．

$$l_{ct}(n) = n - t_d, \ n \geq 1 \tag{8.22}$$

$1/s^2$ の経路からのパルス応答は，$p(t)$ の面積と遅延という 2 つの特性に依存することが分かる．言い換えれば，パルスの面積と遅延が同じである限り，CT-MOD2 の NTF は DAC パルスの詳細には依存しない．

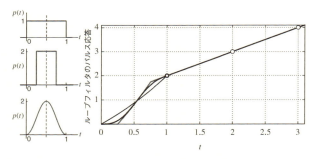

図 8.18 CT-MOD2 のループフィルタのパルス応答（面積と遅延が同じなら DAC パルス形状には依存しない）

図 8.18 は 3 通りの DAC パルス形状，すなわち NRZ，および，RZ，レイズドコサイン，に対する CT-MOD2 の $I_{ct}(t)$ を示す．$0 < t < 1$ で波形は異なるが，DAC パルスが 0 になった後は同じである．すなわち，3 つの DAC パルスで NTF は同じ，ということである．

## 8.4 高次連続時間 ΔΣ 変調器

MOD1 と MOD2 の連続時間構成について理解できたので，次の目標である高次 CTΔΣ 変調器に進もう．図 8.19(a) は連続時間の原型を考えるうえで基になる離散時間の原型を示す．これまでと同様に，$u$ と $v$ に関するループフィルタの伝達関数を $L_0(z)$ と $L_1(z)$ と書く．

$N$ 次 NTF は $(1 - z^{-1})^N / D(z)$ の形をしてほしい．通常，変調器の STF の低周波ゲインは 1 である．そうすると

$$STF(z = 1) = 1 = \frac{L_0(z = 1)}{1 + L_1(z = 1)} \tag{8.23}$$

において，$z \to 1$ のとき，$L_0(z)$ と $L_1(z)$ とは次の意味で互いに同じ振る舞いをする必要がある．NTF $(= 1/(1 + L_1(z)))$ は $z = 1$ で $N$ 個の零点を持つため，$L_1(z)$ は $N$ 個の極を持つ必要がある．dc で STF が 1 であることから，$L_0(z)$ も $N$ 個の極を dc に持つ必要がある．CT-MOD1 に関する説明で，CT ループフィルタの極 $(s_l)$ が DT の極 $(z_l)$ と $s_l = \ln(z_l)$ の関係があるときに限り，CT ループフィルタのパルス応答が DT ループフィルタのそれと一致する理由を述べた．したがって，$L_{0,ct}$ と $L_{1,ct}$ とは $s = 0$ で $N$ 個の極をもたなけれ

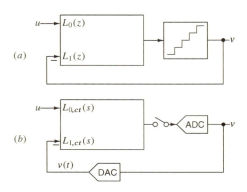

図 8.19 (a) 離散時間，および，(b) 連続時間の ΔΣ 変調器のブロック図

ばならない．つまり，$N$個の積分器が必要である．

図8.20に$L_{1,ct}(s)$を実現できる例を示す．それは$1/s^i$ $(i = 1, \cdots, N)$の経路を通過する信号の線形結合で表せる．それぞれの経路のゲイン係数$k_1, \cdots, k_N$は，DACパルス$p(t)$を用いた連続時間信号がフィルタを通過した後にサンプリングされたとき，それが$L_1(z)$から得られるパルス応答$l_{dt}[n]$と一致するように決める．係数を決める一連の手順を以下に示す．

a．所望のNTFから$L_1(z)$ $(= 1/NTF(z) - 1)$を求める．
b．$L_1(z)$から得られるインパルス応答$l_{dt}[n]$を求める．
c．$i = 1, \cdots, N$に対して$1/s^i$の経路のパルス応答$x_i[n] = x_i(t)|_{t=n}$を求める．
d．$\begin{bmatrix} x_1 & x_2 & \cdots & x_N \end{bmatrix} \begin{bmatrix} k_1 \\ k_2 \\ \vdots \\ k_N \end{bmatrix} = \begin{bmatrix} l_{dt} \end{bmatrix}$を解く．$x_i$と$l_{dt}$は列ベクトルである．

この連立方程式は未知数より式の数が多いが，CT-MOD2のときのように，解は一意的に求まる．

e．$L_{0,ct}$を決める一つの方法は，図8.21に示すように，$u$をDAC出力に加えることである．これにより，$s \to 0$のとき$L_{0,ct}$と$L_{1,ct}$がたがいに等しくなるという条件が満足される．ループフィルタ出力はサンプリングされ，量子化され，DACを介してフィードバックされる．ループフィルタは縦続接続した積分器にフィードフォワード経路をつけたものなので，$L_{0,ct} = L_{1,ct}$のCIFF CTΔΣ変調器に相当する．

図8.21の変調器のSTFはCT-MOD1で説明した手続きを使って求めることができる．それは予想通り

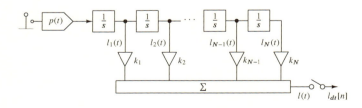

図8.20　$L_{1,ct}$の実現例

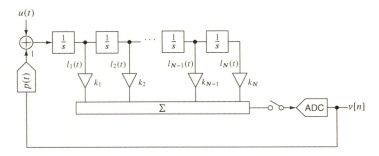

図 8.21 ループと $u$ を追加して完成させた $N$ 次 CIFF CTΔΣ 変調器

$$STF(f) = L_{0,ct}(j2\pi f)NTF(e^{j2\pi f}) \tag{8.24}$$

となる. dc ゲインは 1 で, NTF が 0 のため, STF はサンプリングレートの整数倍の周波数の周囲で信号を見事に遮断する. これは NTF による信号帯域の減衰と整合する.

### 8.4.1 DAC パルス形状の影響[4]

この章ではこれまでに, CT-MOD1 と CT-MOD2 の NTF に与える DAC パルス形状の影響について説明した. パルスは 1 s 以降は 0 になることを想定していた. CT-MOD1 の NTF は, パルス面積が関係し, それが 1 である限りパルス形状には無関係であった. CT-MOD2 の NTF では, 面積に加えて遅延にも依存していた. $N$ 次変調器ではどうであろうか?

簡単化のため, まず連結した 3 個の積分器を考える. $u_0(t)$ を単位ステップ関数とすると, そのインパルス応答は $(t^2/2)u_0(t)$ と書ける. $p(t)$ とインパルス応答の畳み込みにより, $t>1$ での出力 $x_3(t)$ は次のように得られる.

$$x_3(t) = p(t) * \frac{t^2}{2}u_0(t) = \int_0^1 p(\tau)\frac{(t-\tau)^2}{2}u_0(t-\tau)d\tau \ , \ t>1 \tag{8.25}$$

さらに簡単化すると

$$x_3(t) = \left[\int_0^1 p(\tau)d\tau\right]\frac{t^2}{2} - \left[\int_0^1 \tau p(\tau)d\tau\right]t + \frac{1}{2}\int_0^1 \tau^2 p(\tau)d\tau \ , \ t>1$$

となる.

この式から分かる通り, 連結した 3 個の積分器の出力における応答は $t$ の多項式となり, その係数が $p(t)$ の形状に依存する. それらはパルスのモーメントと

呼ばれるもので，以下のように定義される．

$$\underbrace{\mu_0}_{area} = \int_0^\infty p(\tau)d\tau$$

$$\underbrace{\mu_1}_{\mu_0 \cdot delay} = \int_0^\infty \tau p(\tau)d\tau$$

$$\mu_2 = \int_0^\infty \tau^2 p(\tau)d\tau$$

$$\vdots = \vdots$$

$$\mu_l = \int_0^\infty \tau^l p(\tau)d\tau$$

ここで，$\mu_0$ はパルス面積（質量ともいう），$\mu_1/\mu_0$ は平均遅延（重心），$\mu_2/\mu_0$ は慣性モーメントである．$p(t)$ の長さは 1 s なので，上式の積分の上限は 1 に置き換えることができる．よく使う DAC パルスのモーメントを表 8.2 に示す．

先の方程式を $p(t)$ のモーメントを使って書き直すと

$$x_3(t) = \frac{\mu_0}{2}t^2 - \mu_1 t + \frac{\mu_2}{2} \quad , \quad t > 1 \tag{8.26}$$

が得られる．これらの議論から，出力 $x_3(t)$（したがってサンプリングされた $x_3[n]$）は $t \geq 1$ で $p(t)$ の 3 つのモーメントにだけ依存することが分かる．

一般に，$1/s^N$ 経路のパルス応答を $x_N(t)$ と書くと，それは次式で与えられる．

表 8.2　よく使われるパルスのモーメント

| DAC タイプ | ラプラス変換 | $\mu_0$ | $\mu_1$ | $\mu_2$ | $\mu_3$ |
|---|---|---|---|---|---|
| インパルス | 1 | 1 | 0 | 0 | 0 |
| NRZ | $\frac{1-e^{-s}}{s}$ | 1 | $\frac{1}{2}$ | $\frac{1}{3}$ | $\frac{1}{4}$ |
| RZ | $2\frac{1-e^{-s/2}}{s}$ | 1 | $\frac{1}{4}$ | $\frac{1}{12}$ | $\frac{1}{32}$ |
| 指数関数的 | $\frac{1}{1+s\tau_d}$ | 1 | $\tau_d$ | $2\tau_d^2$ | $6\tau_d^3$ |

$$x_N(t) = \frac{t^{(N-1)}u_1(t)}{(N-1)!} * p(t) = \frac{1}{(N-1)!}\int_0^t p(\tau)(t-\tau)^{(N-1)}d\tau \qquad (8.27)$$

$t \geq 1$ では以下のように簡単化できる．

$$x_N(t) = \frac{1}{(N-1)!}\int_0^1 p(\tau)(t-\tau)^{(N-1)}d\tau = \sum_{l=0}^{N-1} \frac{(-1)^l}{(N-1)!}\binom{N-1}{l}\mu_l t^{N-l-1} \qquad (8.28)$$

この式は，サンプリングされたパルス応答は $p(t)$ に関わる $N$ 個の性質，つまり $0, \cdots, (N-1)$ モーメント，にだけ依存することを示している．

$N$ 次ループフィルタにおけるサンプリングされたパルス応答は

$$y[n] = \sum_{i=1}^N k_i x_i[n] \qquad (8.29)$$

と与えられるので，$N$ 次 NTF は $p(t)$ に関わる $N$ 個のモーメントで完全に記述できることになる．言い換えれば，$0, \cdots, (N-1)$ モーメントが変化しない限り，DAC パルス形状が変わったとしても $N$ 次 NTF は変わらない．実用的には，これはどのような意味を持つのだろうか？それを理解するために，次の問題を考えてみよう．与えられた DAC パルス形状 $p(t)$ に対して，所望の NTF を得るための連続時間ループフィルタの伝達関数が既知であるとする．図 8.22 で示すように，パルス形状が $q(t)$ のように変化したとき，同じ NTF を得るために，伝達関数をどのようにしたら良いだろうか？

この図で示すような 3 次の例で考えてみる．以下の説明では，DAC パルスが

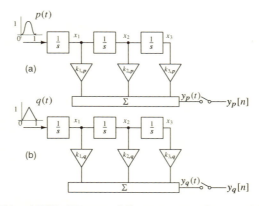

図 8.22　両方の変調器が同じ NTF を持つためのループフィルタ係数の決め方

$p(t)$ のときの係数を $k_{1p}$, $k_{2p}$, $k_{3p}$, 対応するモーメントを $\mu_{0,p}$, $\mu_{1,p}$, $\mu_{2,p}$, と書くことにする. $t \geq 1$ では以下の式を得る.

$$x_3(t) = \frac{\mu_{0,p}}{2}t^2 - \mu_{1,p}t + \frac{\mu_{2,p}}{2}$$

$$x_2(t) = \mu_{0,p}t - \mu_{1,p}$$

$$x_1(t) = \mu_{0,p}$$

ループフィルタ出力は以下の式で与えられる.

$$y_p(t) = \frac{k_{3,p}\mu_{0,p}}{2}t^2 + (k_{2,p}\mu_{0,p} - k_{3,p}\mu_{1,p})t + \left( k_{1,p}\mu_{0,p} - k_{2,p}\mu_{1,p} + \frac{k_{3,p}\mu_{2,p}}{2} \right)$$

パルスが $q(t)$ に変わったとすると次式が得られる.

$$y_q(t) = \frac{k_{3,q}\mu_{0,q}}{2}t^2 + (k_{2,q}\mu_{0,q} - k_{3,q}\mu_{1,q})t + \left( k_{1,q}\mu_{0,q} - k_{2,q}\mu_{1,q} + \frac{k_{3,q}\mu_{2,q}}{2} \right)$$

もしパルス面積を同じにしたとすると, $\mu_{0,p} = \mu_{0,q} = 1$ であり, 方程式は以下のように簡単化できる.

$$y_p(t) = \frac{k_{3,p}}{2}t^2 + (k_{2,p} - k_{3,p}\mu_{1,p})t + \left( k_{1,p} - k_{2,p}\mu_{1,p} + \frac{k_{3,p}\mu_{2,p}}{2} \right)$$

$$y_q(t) = \frac{k_{3,q}}{2}t^2 + (k_{2,q} - k_{3,q}\mu_{1,q})t + \left( k_{1,q} - k_{2,q}\mu_{1,q} + \frac{k_{3,q}\mu_{2,q}}{2} \right)$$

もし 2 つの NTS が同じであれば, $t \geq 1$ で $y_p(t) = y_q(t)$ であるから,

$$
\begin{aligned}
k_{3,q} &= k_{3,p} \\
k_{2,q} &= k_{2,p} + k_{3,p}\left( \mu_{1,q} - \mu_{1,p} \right) \\
k_{1,q} &= k_{1,p} + \left( \mu_{1,q} - \mu_{1,p} \right)\left( k_{2,p} + \mu_{1,q}k_{3,p} \right) - \frac{k_{3,p}}{2}\left( \mu_{2,q} - \mu_{2,p} \right)
\end{aligned}
\tag{8.30}
$$

が成り立つ. もし $p(t)$ と $q(t)$ と 0 次, および, 1 次, 2 次のモーメントが等しければ, 前述の通り, 両方の DAC パルスで同じ係数を使うことができる. 実用的な $N$ 次 NTF では信号帯域外のゲインが $2^N$ よりはるかに小さい値に制限されていて, $i \geq 3$ で $1/s^i$ の係数は小さいことが分かる. したがって, 上記の 3 次の例では $k_{3p} \ll k_{1p}$, $k_{2p}$ である. そこで, 式 (8.30) から 0 次と 1 次のモーメントが $p(t)$ と同じになるように $q(t)$ を選べば, 例え $\mu_{2,p} \neq \mu_{2,q}$ であったとしても, NTF はほぼ同じとなる.

> 上記の結果は，面積と遅延（「重心」）が同じである限り，実用的な高次 CTΔΣ 変調器の NTF はパルス形状の詳しい性質にほとんど影響されない，という重要な意味を持っている．

以下に示す4次変調器のシミュレーション結果により，これまでの解析で理解できたことを確認できる．図 8.23(a) と (b) は，離散時間の原型と CIFF 構成のCTΔΣ 変調器をそれぞれ示している．NRZ，および，遅延 RZ，レイズドコサイン，遅延パルスという4種類の DAC パルス形状に対して NTF を決定した．これらの全てのパルスで，面積と遅延は同じ（$\mu_0 = 1$，$\mu_1 = 0.5$）である．例として，最大限に平坦化した NTF の信号帯域外ゲインをそれぞれ 1.5 および 3 とした．これらの信号帯域外ゲイン（OBG）は実用上の限界を意味し，前者は1ビット構成，後者は多ビット構成で良く用いられる上限値である．離散時間変調器と対応する CTΔΣ 変調器の係数を表 3.3 に示す．DAC パルス形状は NRZ とした．

図 8.23 で示した全てのパルス形状に対する NTF を求めるために，NRZ

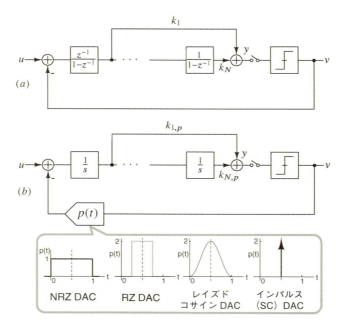

図 8.23 (a) 離散時間型の原型，および，(b) 面積と遅延は同じでパルス形状が異なるフィードバック DAC をもつ CTΔΣ 変調器

表 8.3 最大限に平坦化した NTF の 4 次変調器の係数（OBG が 1.5 および 3 のとき）

|  | パルス/OBG | $k_1$ | $k_2$ | $k_3$ | $k_4$ |
|---|---|---|---|---|---|
| DT (CRFF) | -/1.5 | 0.5556 | 0.2500 | 0.0524 | 0.0061 |
| CTΔΣM | NRZ/1.5 | 0.6713 | 0.2495 | 0.0555 | 0.0061 |
| DT (CRFF) | -/3.0 | 1.1994 | 0.8890 | 0.5423 | 0.1584 |
| CTΔΣM | NRZ/3.0 | 1.3851 | 1.1862 | 0.6215 | 0.1584 |

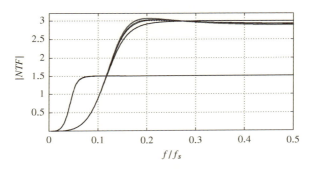

図 8.24 OBG が 1.5 および 3 のときの 4 次 CTΔΣ 変調器の NTF（すべてのパルス形状に対して NRZ DAC と同じ係数を使用）

DAC を想定して計算した CTΔΣ 変調器の係数を用いた．図 8.24 は NTF を示す．DAC パルス形状には大きな違いがあるものの，NTF にはほとんど差がないことが分かる．$OBG = 1.5$ の場合，NTF の強度に差はほとんど見られず，$OBG = 3$ では，わずかだが差が見られる．低周波領域での $N$ 次 NTF の強度は $\omega^N / k_N$ と近似できる．$k_N$ は $L_{1,ct}$ における $1/s^N$ 経路のゲインである．NTF の OBG が大きいと信号帯域ゲインは小さくなるため，OBG が増加すると $k_N$ も増加する．これは表 8.3 で確認できる．式 (8.30) から，$k_{1,q}$ を誤って $k_{1,p}$ と等しく選んでしまうと，$k_{4,p}$ に比例する量だけこの係数に誤差が発生する．一方で，$k_{4,p}$ は OBG に比例する．したがって，OBG が小さければ，NTF のパルス形状に対する依存性は小さくなる．

この節では，所望の NTF に対して，CTΔΣ 変調器のループフィルタの伝達関数を決める系統的な手順を説明した．CT-MOD1 と CT-MOD2 で説明したことから予想される通り，同じ NTF を実現するにも，多く方法でループフィルタを構成できる．これらに関して次に述べる．

## 8.5 ループフィルタのトポロジー

### 8.5.1 CIFB ファミリー

まず，図 8.25 に示すフィードバック付き縦続積分器（cascade of integrators with feedback，CIFB）構造の 3 次 CTΔΣ 変調器について説明する．離散時間のときと同様に 3 個の DAC が必要である．ループの中で速い経路は一番内側の DAC を介するもので，このときの係数が $k_1$ である．一方，ループの中で精度が必要な経路は係数が $k_3$ の DAC を介するものである．すなわち，CIFB 構造では速さと精度が分離されている．クロックレートが高いとき，これは有用な性質である．図 8.25 から，

$$L_{0,ct}(s) = \frac{k_3}{s^3}$$

$$L_{1,ct}(s) = \frac{k_3}{s^3} + \frac{k_2}{s^2} + \frac{k_1}{s}$$

が成り立つこと分かる．STF は $L_{0,ct}(j2\pi f)NTF(e^{j2\pi f})$ で与えられ，高周波領域では $1/f^3$ で減衰する．入力信号に大きな帯域外信号が混入するような無線送受信機への応用では，CIFB に固有の帯域制限特性は長所となる．後段として続くフィルタの設計が簡単化できる可能性があるためである．

CIFB 構造にはどんな欠点があり，別のループフィルタ実装方法が探索されるのだろうか？　離散時間の場合と同様に，すべての積分器の出力には入力成分が含まれている．その理由は以下の通りである．すべての積分器入力の低周波成分は非常に小さくなければならない．これは，残念ながら，フィードバック DAC によって注入された入力成分を打ち消すために，先行する積分器の出力が大きな入力成分を含まなければならないことを意味する．たとえば，2 番目の積分器の入力の dc 成分を非常に小さくすることができる唯一の方法は，初段の積分器の dc 出力で 2 番目の DAC の dc 出力（重みは $k_2$）を打ち消すことである．すなわち，初段積分器の出力には，シェイピングされた量子化雑音に加えて $k_2 \cdot u$ が含まれなければならない．同様に，2 番目の積分器の出力には $k_1 \cdot u$ が含まれな

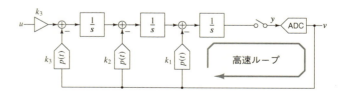

図 8.25　CIFB 構造の 3 次 CTΔΣ 変調器

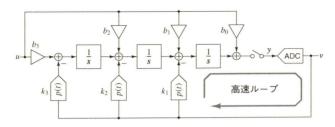

図 8.26 入力をもつ CIFB 構造

ければならない．これは 2 つの点で問題である．（離散時間の場合にその必要性を詳細に論じた）ダイナミックレンジ・スケーリングを行うと，初段積分器のユニティゲイン周波数は小さくなる．ユニティゲイン周波数が小さいと信号帯域の利得が減少するため，入力で参照したときの，ループフィルタの後段のノイズと歪みの影響の減衰が十分ではなくなる．また，ユニティゲイン周波数を低くするためには，初段積分器に大きな積分容量が必要になり，変調器の占有面積が増大する．

CIFB ループの問題の根本的な原因は，フィードバック DAC を介した入力成分が，初段と次段の積分器の出力に加わることであるから，これらの積分器を支援するために入力フィードイン経路を追加することによって問題が軽減されるはずである．図 8.26 にフィードインを含む CIFB CTΔΣ 変調器を示す．入力が dc であるとすれば，積分器の出力が入力を含まないためには，$b_0 = 1$，$b_1 = k_1$，および，$b_2 = k_2$ である必要がある．入力周波数が増加すると，$u$ に位相シフトが加わって DAC フィードバック波形としてフィードバックされるため，フィードイン経路によって提供される「支援」が完全ではなくなる．フィードインがあると次式が成り立つ．

$$L_{0,ct}(s) = \frac{b_3}{s^3} + \frac{b_2}{s^2} + \frac{b_1}{s} + b_0 \tag{8.31}$$

この場合，高周波領域での STF は $b_0 \cdot NTF(e^{j2\pi f})$ である．CIFB 構造の欠点を解決するための代償が，STF のフィルタリング特性の喪失にあることは明らかである．

## 8.5.2 CIFF ファミリー

図 8.27 に示すように，フィードフォワード（CIFF）構造をもつ積分器の縦続接続によりループフィルタを実現することもできる．この設計では，フィードバック DAC は 1 つだけでよい．さらに，最後の積分器を除く他の積分器の出力には入力の影響が殆どないため，対応する CIFB 構成と比べて出力振幅が小

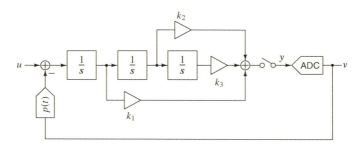

図 8.27　CIFF 構造ループフィルタをもつ 3 次 CTΔΣ 変調器

さくなる．そのため，ダイナミックレンジのスケーリングを行っても，入力積分器のユニティゲイン周波数を高くできる．したがって，変調器の入力で参照したときの，ループ後段で追加される雑音や歪みなどの非理想性を小さくできるという長所をもつ．また，積分器が高速であれば，ループフィルタ内の容量値を小さくでき，面積を節約できる．これらの長所を得るための代償がある．図 8.27 によれば，

$$L_{0,ct}(s) = L_{1,ct}(s) = \frac{k_3}{s^3} + \frac{k_2}{s^2} + \frac{k_1}{s} \tag{8.32}$$

であることが分かる．この式は，STF が高周波領域で $1/f$ でしか減衰しないことを示す．同じ NTF に対して，図 8.25 と図 8.27 に示す 2 つの CTΔΣ 変調器の STF は

$$STF_{CIFF}(s) = \left(1 + \frac{k_2}{k_3}s + \frac{k_1}{k_3}s^2\right) STF_{CIFB}(s) \tag{8.33}$$

のように関係づけられている．この式から直ぐに分かることは，フィードフォワード経路の追加により，伝達関数に零点が現れることである．したがって，CIFF 型変調器の STF は信号帯域外にピークを持ち，無線通信応用では問題になる可能性がある．さらに，DAC を 1 個しか使わないため，フィードバック DAC と初段積分器が，高速経路と高精度経路の構成要素として共有されている．このため，高速設計では問題になる可能性がある．すなわち，高速化のためには，閉ループを簡素な回路（例えば 1 段アンプと短遅延 DAC）で構成する必要がある．しかし，これは高い線形性を得る方法（多段・高利得アンプと線形化フィードバック DAC）とは両立しない．

### 8.5.3 CIFF-B ファミリー

CIFF と CIFB それぞれのループの長所を組み合わせることで，とても有用なトポロジーが得られる．それぞれの名称を引き継ぐ形で（やや想像力には乏しいネーミングではあるが）CIFF-B と呼ばれる．

その構成を図 8.28 に示す．この図から次式を得る．

$$L_{0,ct}(s) = \frac{k_3}{s^3} + \frac{k_2}{s^2} \tag{8.34}$$

この式から，高周波領域で STF が $1/f^2$ で減衰することが分かる．CIFB の場合と比較するとフィルタとしてはやや劣るが，CIFF 型 CT$\Delta\Sigma$ 変調器のようなピーク特性はない．CIFB と同様に高速経路と高精度経路は分離していて，高速回路設計に適している．フィードフォワード経路があるため，初段積分器出力の低周波振幅は小さい．したがって，ダイナミックレンジ・スケーリングをしても，初段積分器のユニティゲイン周波数を CIFB より高くできる．そのため，ループフィルタにおける次段以降で発生する歪や雑音を入力参照したとき，CIFF 型 CT$\Delta\Sigma$ 変調器のときと同様に小さくできる．

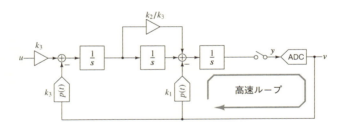

図 8.28 CIFF-B ループフィルタ

## 8.6 NTF が複素零点を持つ連続時間 $\Delta\Sigma$ 変調器

第 4 章で NTF の性質を説明したとき，NTF の零点を（すべて dc に集めるより）信号帯域内で分布させると信号帯域内 SQNR を改善できることを示した．それらの零点に関して帯域内雑音を最小化することで，零点配置を最適化できる．単位円上にある最適 NTF 零点は $z_k = e^{j\theta_k}$ と書ける．したがって，8.1 節で考察した結果から，連続時間ループフィルタの極は

$$p_k = \ln(z_k) = j\theta_k \tag{8.35}$$

に存在する．複素 NTF の零点は複素共役の対であるから，連続時間ループフィルタは $s$ 平面内の虚軸上に共役の極を持つ．これは 2 つの積分器に負フィー

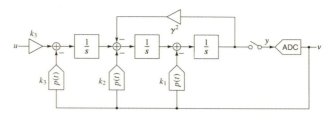

図 8.29　$\gamma^2$ のフィードバックの NTF が複素零点をもつ 3 次 CRFB CT$\Delta\Sigma$ 変調

ドバック経路を追加した共振器で実現できる．

図 8.29 に複素 NTF 零点を持つ多重フィードバック経路を用いた 3 次 CT$\Delta\Sigma$ 変調器を示す．このループフィルタは，フィードバックを有する共振器の縦続 (cascade of resonators with feedback, CRFB) 構造と呼ばれる．同様にして CRFF および CRFF-B を構成することができる．

## 8.7　シミュレーションのための連続時間 $\Delta\Sigma$ 変調器のモデル化

離散時間変調器の場合と同じように，ループフィルタの状態空間表現は，シミュレーションのために CT$\Delta\Sigma$ 変調器を表現するために最も適した方法であると考えられる．これは事実だが，見た目ほど単純ではない．これを図 8.30 に示す 2 次の例で説明する．2 つの積分器の出力を状態 $x_1$, $x_2$ とする．この図から次式が得られる．

$$\begin{aligned}
\dot{x}_1 &= x_2 + b_1 u - k_1 v \\
\dot{x}_2 &= b_2 u - k_2 v \\
y &= x_1 + b_0 u
\end{aligned}$$

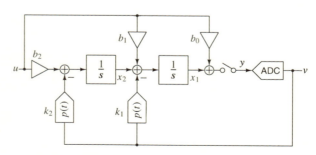

図 8.30　状態空間表現を説明するための 2 次 CT$\Delta\Sigma$ 変調

行列形式で書くと

$$\underbrace{\begin{bmatrix} \dot{x}_1 \\ \dot{x}_2 \end{bmatrix}}_{\text{状態変数の微分}} = \underbrace{\begin{bmatrix} 0 & 1 \\ 0 & 0 \end{bmatrix}}_{A_c} \underbrace{\begin{bmatrix} x_1 \\ x_2 \end{bmatrix}}_{\text{現在の状態変数}} + \underbrace{\begin{bmatrix} b_1 & -k_1 \\ b_2 & -k_2 \end{bmatrix}}_{B_c} \underbrace{\begin{bmatrix} u \\ v \end{bmatrix}}_{\text{入力}}$$

$$y = \underbrace{\begin{bmatrix} 1 & 0 \end{bmatrix}}_{C_c} \begin{bmatrix} x_1 \\ x_2 \end{bmatrix} + \underbrace{\begin{bmatrix} b_0 & 0 \end{bmatrix}}_{D_c} \begin{bmatrix} u \\ v \end{bmatrix}$$

となる.$N$次変調器に対する行列の次元は以下のようである.

$A_c : N \times N$,$B_c : N \times 2$,$C_c : 1 \times N$,$D_c : 1 \times 2$

　連続時間と離散時間の両方の領域で動作するループをどのようにシミュレーションしたらよいだろうか？ 一つの方法は,出力 $v$ が波形全体 $y(t)$ ではなくサンプリングされた値 $y[n]$ だけに依存することに着目することである.入力の変化が緩やかであれば,フィードバック DAC パルスが NRZ として,連続時間ループフィルタの動作を図 8.31 に示すように離散化できる.図 8.31(a) は緩やかに変化する $u(t)$ とその 0 次ホールド(zero-order-held, ZOH)近似を示す.後者は

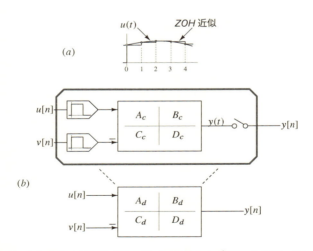

図 8.31　(a) 緩やかに変化する $u(t)$ と ZOH した $\hat{u}(t)$,および,(b) 連続時間ループフィルタと 2 つの NRZ DAC と等価な離散時間表現

$$\hat{u}(t) = \sum_n u[n]p(t-n) \tag{8.36}$$

と表せる．ここで，$p(t)$ は NRZ パルス，$u[n]$ は $u(t)$ を 1 Hz でサンプリングして得られた数値列である（変調器のサンプリングレートも 1 Hz としている）．$\hat{u}(t)$ はインパルス応答 $p(t)$ のフィルタに $u[n]$ を印加したときの出力と解釈できる．図 8.31(b) から，連続時間ループフィルタには 2 つの数値列 $u[n]$ と $v[n]$ が印加されていて，重要な量は出力 $y(t)$ をサンプリングした値であることが分かる．箱の中の系は明らかに線形であり，2 つの数値列が入力で，1 つ数値列が出力である．したがって，原理的には 4 つの状態行列 $A_d$, $B_d$, $C_d$, $D_d$ で記述される離散系で置き換えることができる．連続時間ループフィルタの状態行列が与えられれば，以下に示すように，DT 状態表現を求めることは難しいことではない．連続時間フィルタを表す式は

$$\dot{x}(t) = A_c x(t) + B_c \begin{bmatrix} u(t) \\ v(t) \end{bmatrix} \tag{8.37}$$

$$y(t) = C_c x(t) + D_c \begin{bmatrix} u(t) \\ v(t) \end{bmatrix} \tag{8.38}$$

である．系の自然応答（外部入力が 0 のときの応答）は $e^{A_c t}$ である．$u(t)$ を区分的に一定な $\hat{u}(t)$ で近似する．$v(t)$ は NRZ パルスのため区分的に一定である．そこで，時刻 $(n+1)$ における状態は $x[n]$ および $u[n]$, $v[n]$ と次のように関係づけることができる．

$$\begin{aligned}
x[n+1] &= e^{A_c} x[n] + \underbrace{\int_0^1 e^{A_c \tau} B_c \begin{bmatrix} u[n] \\ v[n] \end{bmatrix} d\tau}_{\text{畳み込み積分}} \\
&= e^{A_c} x[n] + A_c^{-1}(e^{A_c} - I) B_c \begin{bmatrix} u[n] \\ v[n] \end{bmatrix}
\end{aligned} \tag{8.39}$$

上式右辺の第 1 項は $n$ から $(n+1)$ への系の展開を表し，第 2 項は区分的に一定な入力と，$u$ および $v$ から状態へのインパルス応答との畳み込み積分を表す．$I$ は $N \times N$ の単位行列である．$n$ における出力は次式で与えられる．

$$y[n] = C_c x[n] + D_c \begin{bmatrix} u[n] \\ v[n] \end{bmatrix} \tag{8.40}$$

式（8.39）と式（8.40）から，等価離散系の状態行列は次のように与えられるこ

とが分かる.

$$
\begin{aligned}
A_d &= e^{A_c} \\
B_d &= A_c^{-1}(e^{A_c} - I)B_c \\
C_d &= C_c \\
D_d &= D_c
\end{aligned}
\tag{8.41}
$$

CT$\Delta\Sigma$ 変調器が離散化されたので，離散時間変調器で用いたのと全く同じ手順でシミュレーションを行うことができる.

フィードバック DAC のパルス形状が違うときには，これまでの議論のどこが変わるのだろうか？ 式（8.39）を次のように書き換える．ここで，$B_c$ は $[B_{c1}\ B_{c2}]$ と表されている．$B_{c1}$ と $B_{c2}$ はそれぞれ $B_c$ の第1列，第2列で，$u$ と $v$ からの状態伝達関数に関わっている．$p_{DAC}(t)$ は DAC パルス形状を表し，$t \geq 1$ で0と仮定している.

$$
\begin{aligned}
x[n+1] &= e^{A_c}x[n] + \underbrace{\int_0^1 e^{A_c\tau}B_{c1}u[n]\,d\tau}_{\text{畳み込み積分}} + \underbrace{\int_0^1 e^{A_c\tau}B_{c2}p_{dac}(1-\tau)v[n]\,d\tau}_{\text{畳み込み積分}} \\
&= e^{A_c}x[n] + \underbrace{A_c^{-1}(e^{A_c}-I)B_{c1}}_{B_{d1}}u[n] + \underbrace{\int_0^1 e^{A_c\tau}B_{c2}p_{dac}(1-\tau)\,d\tau}_{B_{d2}}v[n]
\end{aligned}
\tag{8.42}
$$

上式を用いれば，式（8.41）の $B_d$ を

$$
B_d = \begin{bmatrix} B_{d1} & B_{d2} \end{bmatrix}
\tag{8.43}
$$

とすることだけで，任意形状のフィードバック DAC パルスを取り扱うことが可能である．ここで，$B_d$ の第1列，第2列は

$$
\begin{aligned}
B_{d1} &= A_c^{-1}(e^{A_c}-I)B_{c1} \\
B_{d2} &= \int_0^1 e^{A_c\tau}B_{c2}p_{dac}(1-\tau)\,d\tau
\end{aligned}
$$

で与えられる[2.5].

## 8.8 ダイナミックレンジのスケーリング

図 8.32 に示した3次 CIFF 型 CT$\Delta\Sigma$ 変調器において，入力が低周波信号で，最大許容入力（MSA）に近い振幅をもつ場合を考えよう．量子化レベル数は多

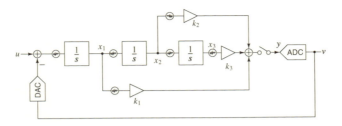

図 8.32 積分器の雑音を入力換算雑音で表した 3 次 CIFF$\Delta\Sigma$ 変調器

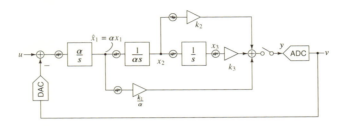

図 8.33 ループフィルタ伝達関数を変えない $\alpha$ による $x_1$ のスケーリング

いと仮定する．ループフィルタの出力 $y$ は $u$ とシェイピングされた雑音からなる．状態変数 $x_1$, $x_2$, $x_3$ に関してはどんなことが言えるだろうか？ $y$ の低周波成分は，ループフィルタの3次の経路で支配的である．つまり $k_3 x_3 \approx u$ である．（フルスケールに近い大きな MSA を確保するために）$k_3 \ll 1$ であるから，$x_3$ のピーク振幅は変調器のフルスケールを大きく超えているはずである．一方，シェイピングされた雑音を積分した $x_1$ のピーク振幅は，フルスケールよりかなり小さいはずである．その理由は次のようである．量子化レベル数が大きいと仮定したので，シェイピングされた雑音の振幅は数レベル程度であり，これがループフィルタの高速 ($1/s$) 経路で支配的である．$k_1$ は 1 程度であるから，$x_1$ の振幅は小さいはずである．（雑音がなく，電源電圧が限りなく大きい）理想的な状況の下では，状態変数のピーク振幅における大きな差は大きな問題ではない．

しかし，実装する上で 2 つの点を考慮する必要がある．第 1 に，図 8.32 において入力参照雑音源でモデル化したように，積分器の出力には熱雑音が含まれる．第 2 に，積分器出力が一定の閾値を超えると積分器は飽和する．（有限の）電源電圧により，出力範囲は強制的に制限されるためである．同じ入出力間伝達関数を実現するために，多くのループフィルタの内部状態の決め方がある．例えば，図 8.33 に示す CT$\Delta\Sigma$ 変調器の NTF と STF は図 8.32 に示したものと同じである．しかし，この $\hat{x}_1$ は図 8.32 に示した $x_1$ の $\alpha$ 倍にスケールされている．

初段積分器のゲインを増加させると同時に，$\hat{x}_1$ が入力となっているすべてのブロックのゲインを同じだけ減少させる．こうすると，伝達関数と残りのループフィルタの状態は変わらない．

αは任意であり，それを選ぶ方法があるのか，に答えねばならない．例えば，αを極めて小さくしたら何が起こるだろうか？　図 8.33 からは，$\hat{x}_1$ から $y$ へのゲイン $k_1/\alpha$ が大きくなることを意味する．この場合，増幅器の入力参照熱雑音が大きく増幅される．このことから，ループフィルタ出力における熱雑音を低減化するには，αを大きくしなければならないことが分かる．

それでは，αが大きすぎたらどうなるだろうか？　積分器出力が電源電圧で決まる制限値を超えて増加しようとすると，積分器が飽和してしまうため，これも問題である．積分器が飽和すると，入力の変化に応答できなくなり，実質的には変調器から積分器が切り離されてしまう．量子化器が飽和することによる有害な影響について考えると，飽和した積分器により変調器が不安定になる可能性が高いと予想すべきである．上記の議論からは，飽和を避けながら，常に状態変数をできるだけ大きくするように試みるべきだと結論できる．このようにして，ループフィルタにおける熱雑音の増幅を可能な限り最小限に抑えることができる．さらに，積分器の利得を増加させると，それらのユニティゲイン周波数が増加し，実装に必要な容量値を小さくできる．これにより，CTΔΣ 変調器が占める能動領域を縮小できる．状態変数をできるだけ大きくするように（しかし大きすぎないように）スケーリングすることは，ダイナミックレンジ・スケーリングと呼ばれ，設計において重要な部分である．

上述の通り，ダイナミックレンジ・スケーリングによってフィルタの入出力特性が変化することはない．状態空間の記述にはどのような影響があるだろうか？元の状態方程式は

$$\dot{x}(t) \quad = \quad A_c x(t) + B_c \begin{bmatrix} u(t) \\ v(t) \end{bmatrix} \tag{8.44}$$

$$y(t) \quad = \quad C_c x(t) + D_c \begin{bmatrix} u(t) \\ v(t) \end{bmatrix} \tag{8.45}$$

である．スケーリングされた状態変数を $\hat{x}$ と表すことにする．それぞれの状態変数は異なった倍率でスケールすることが可能なので，$\hat{x} = Tx$ とする．ここで $T$ は対角変換行列である．$x = T^{-1}\hat{x}$ と書けるから，これを上の方程式に代入すると

$$T^{-1}\dot{\hat{x}} = A_c T^{-1}\hat{x} + B_c \begin{bmatrix} u \\ v \end{bmatrix}$$

$$y = C_c T^{-1}\hat{x} + D_c \begin{bmatrix} u \\ v \end{bmatrix}$$

を得る．したがって，スケーリングされたループフィルタの状態行列は

$$\hat{A}_c = T A_c T^{-1}, \quad \hat{B}_c = T B_c, \quad \hat{C}_c = C_c T^{-1}, \quad \hat{D}_c = D_c \tag{8.46}$$

となる．

## 8.9 設計事例

　この節では，3 次 CTΔΣ 変調器を設計することで，これまで述べてきた考え方を具体的に説明しよう．NTF は $OBG = 2.5$ で最大限の平坦部分をもつとする．変調器には 16 レベル量子化器があり，$OSR = 64$ で動作する．CIFF ループフィルタと NRZ DAC を使うことにする．以下に示す手順に従って設計する．

　　a．NTF を決める
　　　`ntf = synthesizeNTF(3,64,0,2.5,0)`
　　　により

$$NTF(z) = \frac{(z-1)^3}{(z-0.417)(z^2 - 0.8778z + 0.3804)}$$

　　　を生成する．
　　b．次に $L_1(z) = 1/NTF - 1$ を決める．
　　　`L1 = 1/ntf - 1`
　　　から次式を得る．

$$L_1(z) = \frac{1.7052(z^2 - 1.322z + 0.4934)}{(z-1)^3}$$

　　c．次に DT ループフィルタのインパルス応答 1 を決める．
　　　`l = impulse(L1,10);`
　　d．$L_{1.ct}(s)$ は $\dfrac{k_1}{s} + \dfrac{k_2}{s^2} + \dfrac{k_3}{s^3}$ の形をしている．$k_1$, $k_2$, $k_3$ を決める必要がある．

e. まず $1/s$, $1/s^2$, $1/s^3$, の各経路のパルス応答列を求める.
```
x1 = impulse(c2d(tf([1],[1 0]),1),10);
x2 = impulse(c2d(tf([1],[1 0 0]),1),10) ;
x3 = impulse(c2d(tf([1],[1 0 0 0]),1),10);
```

f. $[x_1\ x_2\ x_3]\mathbf{K} = l$ を解くことで $\mathrm{K} = [k_1\ k_2\ k_3]^T$ を決める.
```
K = [x1 x2 x3]\l;
```
これにより $k_1 = 1.2244$, $k_2 = 0.8638$, $k_3 = 0.2930$ を得る.

g. 図 8.34 に示すようにループフィルタは CIFF 構成であり,状態空間形式では以下のように書ける.
$$A_c = \begin{bmatrix} 0 & 0 & 0 \\ 1 & 0 & 0 \\ 0 & 1 & 0 \end{bmatrix}, B_c = \begin{bmatrix} 1 & -1 \\ 0 & 0 \\ 0 & 0 \end{bmatrix}, C_c = \begin{bmatrix} k_1 & k_2 & k_3 \end{bmatrix}, D_c = \begin{bmatrix} 0 & 0 \end{bmatrix}$$

h. 次に CT フィルタを生成する.
```
sys_ct=ss(Ac,Bc,Cc,Dc);
```
さらに,対応する DT ループフィルタを決める.
```
sys_dt=c2d(sys_ct,1);
```
その結果,次式を得る.
$$A_d = \begin{bmatrix} 1 & 0 & 0 \\ 1 & 1 & 0 \\ 0.5 & 1 & 1 \end{bmatrix}, B_d = \begin{bmatrix} 1 & -1 \\ 0.5 & -0.5 \\ 0.1667 & -0.1667 \end{bmatrix}$$
$$C_d = \begin{bmatrix} 1.225 & 0.864 & 0.293 \end{bmatrix}, D_d = \begin{bmatrix} 0 & 0 \end{bmatrix}$$

i. 変調器を記述する差分方程式を用いてシミュレーションを行う.
正弦波入力の周波数を信号帯域周波数の 1/4 とし,振幅をフルスケールの 0.8 倍とする.

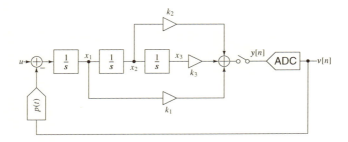

図 8.34　3 次 CT$\Delta\Sigma$ 変調器. $x_1$, $x_2$, $x_3$ は状態変数である

```
u = 0.8*15*sin(2*pi*(0.25/OSR)*(0:1:2^15));
ABCD = [Ad Bd; Cd Dd];
[v,xn,xmax,y] = simulateDSM(u,ABCD,16,zeros(3,1));
```
simulateDSM を実行することで，$v$，最終状態 $xn$，その最大値 $xmax$，ループフィルタ出力をサンプリングした $y$ が求まる.

j. $v$ のパワースペクトル密度（PSD）を図 8.35 に示す.
```
psd(v,Nfft, fs, hanning(Nfft,'periodic'));
```
この量子化雑音は予想通りシェイピングされたように見える．しかし，NTF が実際に実現しようとしているものであることを，どのようにして検証したらよいか？ PSD をじっと見つめることで，NTF（の形状と OBG）を推論するときの問題は，量子化誤差の雑音特性のために生じるデータバラツキが大きいことである．しかし，シミュレーションでは，$v$ と $y$ の両方を知ることができるため，このエラーは明示的に求めることができる．（シミュレーション中に）PSD における雑音を除去し，それによって NTF を検証するための有用な「トリック」は，$PSD(v)$ を $PSD(v-y)$ で除算することである．次に示すように，これにより雑音のない $|NTF(e^{j\omega})|^2$ が得られる.

k. NTF の検証
```
[P1,f]= psd(v,Nfft, fs, hanning(Nfft,'periodic'));
[P2,f]= psd((v-y),Nfft, fs, hanning(Nfft,'periodic'));
plot(f,10*log10(P1./P2);
```
図 8.36 に得られた NTF を dB 表示でプロットする．$|NTF(e^{j\omega})|^2$ を $PSD(v)/PSD(v-y)$ から求めることで，NTF の性質が証明され，OBG を正確に求めることが可能になる.

l. 最後にダイナミックレンジと周波数のスケーリングを行う

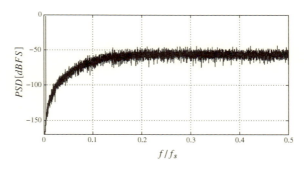

図 8.35　出力のパワースペクトル密度

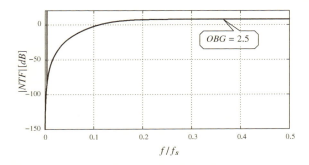

図 8.36 $PSD(v)/PSD(v-y)$ を計算することで求めた NTF

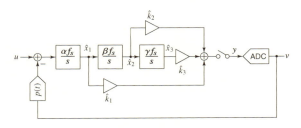

図 8.37 ダイナミックレンジと周波数をスケーリングした後の 3 次 CIFF 変調器

simulateDSM を実行することで，状態変数の最大値も得られる．それらは，$x_{1,max} = 2.605$，$x_{2,max} = 2.905$，$x_{3,max} = 43.32$ である（DAC 出力範囲は $-15$ から $15$ であることを思い出せ）．これらを 10，12，14 以下に抑えようとしたときには，積分器のユニティゲイン周波数を $\alpha = 4.6$，$\beta = 0.89$，$\gamma = 0.067$ とスケーリングすればよい．さらに，図 8.37 に示すように，積分器出力は $\hat{k}_1 = 0.26$，$\hat{k}_2 = 0.21$，$\hat{k}_3 = 1.05$ と重み付けする必要がある．最後に，サンプリング周波数 $f_s$ で動作させるために，すべての積分器の帯域幅を $f_s$ 倍する．

## 8.10 まとめ

この章では，連続時間 $\Delta\Sigma$ 変調器の基本的な考え方と性質について説明した．CT$\Delta\Sigma$ 変調器の背後にある考え方は，連続時間回路を用いて離散時間 $\Delta\Sigma$ 変調器におけるループフィルタの振る舞いを真似ることにある．これは，DT の原型に対してインパルス不変性をもつ CT ループフィルタを構成することで実現する．ループ内でサンプリングが実行されるため，CT$\Delta\Sigma$ 変調器にはアンチエイ

リアシング特性が備わっている．DT$\Delta\Sigma$変調器と同様に，ループフィルタを実現するための様々な方法が知られており，それぞれに長所と欠点がある．最後に，離散時間変換器をシミュレーションするために，連続時間ループフィルタを離散化することによって CT$\Delta\Sigma$変調器をシミュレーションする方法を説明した．すでに CT$\Delta\Sigma$変換器のシミュレーションのために設計されたツールを活用できる．

## 【参考文献】

[1] J. C. Candy, "A use of double integration in sigma delta modulation," *IEEE Transactions on Communications*, vol. 33, no. 3, pp. 249–258, 1985.

[2] R. Schreier and B. Zhang, "Delta-sigma modulators employing continuous-time circuitry," *IEEE Transactions on Circuits and Systems: Fundamental Theory and Applications*, vol. 43, no. 4, pp. 324–332, 1996.

[3] J. A. Cherry, *Theory, Practice, and Fundamental Performance Limits of High Speed Data Conversion Using Continuous-Time Delta-Sigma Modulators*. Ph.D. dissertation, Carleton University, 1998.

[4] S. Pavan, "Continuous-time delta-sigma modulator design using the method of moments," *IEEE Transactions on Circuits and Systems I: Regular Papers*, vol. 61, no. 6, pp. 1629–1637, 2014.

[5] S. R. Norsworthy, R. Schreier, and G. Temes, *Delta-Sigma Data Converters: Theory, Design, and Simulation*. IEEE Press, New York, 1997.

# 9章 連続時間 $\Delta\Sigma$ 変調器における非理想要因

前章では，連続時間 $\Delta\Sigma$ 変調器の基本原理について述べ，特に，目標とする NTF を実現するための連続時間ループフィルタの設計について学んだ．しかしながら，変調器における前章での仮定の多くは実際には成り立たない．たとえば，実際の量子化器出力は瞬時に決まるわけではなく，遅延が存在する．また，ADC の閾値や DAC のレベルは素子ミスマッチの影響を受ける．さらに，ループフィルタは理想とは異なる特性を持つ．最も楽観的なケースでは素子が持つ誤差はフィルタのユニティゲイン周波数をシフトさせるだけであるが，現実的には積分器は有限の dc ゲインを持ち，その伝達関数は寄生ポール（極）とゼロ（零点）を持っている．フィルタはトランジスタで構成されていることから，積分器の特性は非線形である．

クロックについても理想通りの特性ではなく，ジッタの影響を受けている．クロックジッタは「連続時間 $\Delta\Sigma$ の問題ではない」，との主張があるかもしれないが，変調器アーキテクチャの選択次第で大きな影響がある．したがって，詳細な検討が必要である．本章では，連続時間 $\Delta\Sigma$ 変調器で特に問題となる過剰ループ遅延，時定数誤差，クロックジッタについて検討し，これらの問題に対処する方法について議論する．

## 9.1 過剰ループ遅延

これまでの議論では量子化器の遅延はゼロであり，入力信号がサンプリングされると即座に量子化されると仮定していたが，実際には下記に示すとおり入出力間には遅延が存在する．図 9.1 に示すように，量子化器は ADC と DAC の直列接続で構成される．ADC ではクロック信号 $clk\_adc$ の立ち上がりエッジにおいてループフィルタ出力をサンプリングする．7.9 節で述べたとおり，ADC では入力アナログ信号を判定するためにある程度の時間が必要であり，ADC 出力はサンプリングタイミングよりも遅れる．したがって，ADC 出力シーケンスを再度連続時間波形に変換するための DAC においては，図に示すように ADC よりも遅れたクロックを使用せざるを得ない．6 章で見たとおり，ADC と

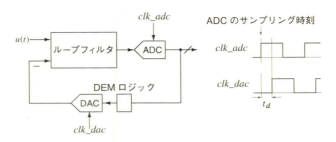

$t_d >$ ADC 遅延＋DEM ロジック遅延＋DAC セットアップ時間

図 9.1 連続時間 $\Delta\Sigma$ 変調器における過剰ループ遅延

DAC との間にはミスマッチ起因の雑音を信号帯域外にシェイピングするためのデジタル回路（ダイナミックエレメントマッチング（DEM）ロジック）が挿入されることがある．この場合，ADC クロックと DAC クロックとの間の遅延時間 $t_d$ は，ADC の遅延，DEM の遅延および DAC のセットアップ時間の和に対して十分大きな時間としなければならない．DAC おいて信号生成に要する時間と伝搬遅延時間はともにばらつくから，これらのばらつきに起因したジッタを生じさせないためにも DAC 部分には前記 $t_d$ を考慮したクロックを与える必要がある．

　過剰ループ遅延の影響について詳細な分析に入る前に，その影響について考えてみよう．一般的なフィードバックループの場合と同様に，遅延は変調器の安定性を低下させる．また，高次ループにおける遅延の影響は低次のループよりも大きいと予測される．最後に，ループゲインの大きさは遅延による影響を受けないことから，信号帯域内での量子化雑音の抑圧量は遅延の影響を受けないものと考えられる（もちろん変調器が安定であるという仮定が必要である）．

### 9.1.1　CT-MOD1：1 次連続時間 $\Delta\Sigma$ 変調器

　図 9.2 のような一般化した 1 次の連続時間 $\Delta\Sigma$ 変調器について考える．DAC 部分は NRZ を仮定する．ループフィルタのパルス応答は積分器出力部分でループを切断し，積分器出力をサンプリングすることにより得られる．

$$\begin{aligned} l[n] &= \{0, 1-t_d, 1, 1, \cdots\} \\ &= \underbrace{\{0, 1, 1, 1, \cdots\}}_{\text{理想的な応答}} - \underbrace{\{0, t_d, 0, 0, \cdots\}}_{\text{誤差}} \end{aligned} \quad (9.1)$$

ループ利得 $L(z) = Z\{l[n]\}$ と NTF は，以下のように求まる．

9章　連続時間 ΔΣ 変調器における非理想要因　　285

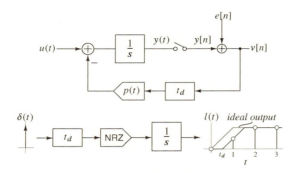

図 9.2　遅延 $c_d$ の CT-MOD1

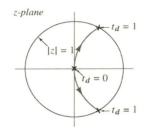

図 9.3　1 次連続時間 ΔΣ 変調器における過剰ループ遅延 ($t_d$) による根軌跡

$$L(z) = \frac{z^{-1}}{1 - z^{-1}} - t_d z^{-1}$$

$$NTF(z) = \frac{1}{1 + L(z)} = \frac{1 - z^{-1}}{1 - t_d z^{-1} + t_d z^{-2}}$$

上式より，システムの次数は 1 次ではなく 2 次であり，極の位置は $t_d$ に依存していることがわかる．解析によると，変調器の極は図 9.3 に示すように遅延が増加するにしたがって単位円に近づき，$t_d = 1$ のとき単位円に達することがわかる．このように，遅延が増加するにしたがって安定性が悪化することは驚くべきことではない．また，信号帯域内においては直感的に理解できるように NTF の大きさは（$t_d$ にかかわらず）$\omega$ のままである．

　CT-MOD1 への遅延の影響を分析することは有益だが，過剰ループ遅延の影響をどのように軽減できるかを理解することの方がより重要である．(9.1) から，サンプリングされたパルス応答が $\{0, t_d, 0, 0, 0, \cdots\}$ である経路を積分器と並列に追加すると，ループの NTF を復元できることがわかる．このよう

な並列経路を実現するためのひとつの方法は，図9.4のように単純に利得 $t_d$ を持たせることである．回路設計の経験から，この方法は驚くべきことではなく，フィードフォワード経路がループゲインに零点を追加することで位相余裕を改善しシステムを安定化していると理解できる．なお，補償されたループフィルタ出力のサンプリング値だけが理想的なサンプル値に（遅延なく）等しいことに注意が必要である．連続時間であるループフィルタ出力波形が過剰ループ遅延無しの場合と等しくなるわけではない．ダイレクト経路を変調器に組み込むと図9.5に示すシステムが得られる．

図9.5(b)で示した実装形態が一般的に使用されており，網掛け部分は「量子化器周辺のダイレクトフィードバック経路」と呼ばれている．ダイレクトフィードバック出力がサンプリングされるため，この経路中のDACはクロック動作させる必要はない．

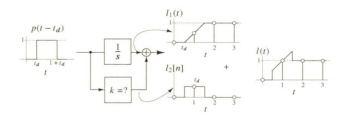

図9.4　過剰ループ遅延軽減のため積分器前後にダイレクト経路を追加する

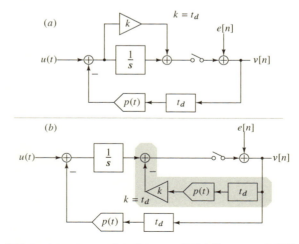

図9.5　CT-MOD1にけるダイレクト経路実装のための選択肢

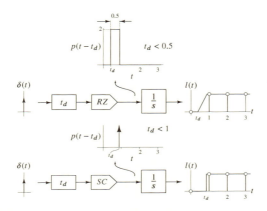

図 9.6 パルス形状 (a) RZ と (b) インパルスを用いた場合の過剰遅延に対する不感受性

DACパルスの形状は，ループフィルタのサンプリングされた応答に影響する．他の一般的に使用されるパルスは，リターンゼロ（RZ）およびインパルス形状である．図 9.6 のように，RZ DAC は半周期，インパルス DAC はほぼ 1 周期の遅延に耐えられる．

### 9.1.2 2次連続時間 ΔΣ 変調器

次に，図 9.7 のような NRZ DAC を使用した 2 次変調器における過剰遅延の影響を分析する．理想的には $t_d = 0$，$NTF(z) = (1 - z^{-1})^2$ であり，ループ利得関数 $L(z)$ は $L(z) = (2z - 1)/(z - 1)^2$ である．

ループフィルタの伝達関数は

$$L_c(s) = \frac{1.5}{s} + \frac{1}{s^2} \tag{9.2}$$

である．

過剰遅延がある場合，$1/s$，$1/s^2$ 経路のパルス応答をサンプリングしたパルス列における z 変換は，

$$\frac{1}{s} \rightarrow \frac{1 - t_d}{z - 1} + z^{-1} \frac{t_d}{z - 1} \tag{9.3}$$

$$\frac{1}{s^2} \rightarrow \frac{(0.5 - t_d + 0.5t_d^2)z + 0.5(1 - t_d^2)}{(z - 1)^2} + z^{-1} \frac{t_d(1 - 0.5t_d)z + 0.5t_d^2}{(z - 1)^2} \tag{9.4}$$

である．$L(z)$ と NTF は上記の式から $t_d$ の関数である．1次変調器の場合と同様に，過剰遅延はシステムの次数を 1 増加させる．図 9.8 の根軌跡よりクロッ

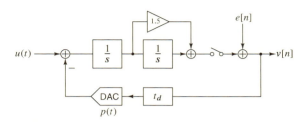

図 9.7　過剰遅延がある場合の 2 次連続時間 $\Delta\Sigma$ 変調器

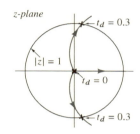

図 9.8　$t_d$ が変化した場合の 2 次連続時間 $\Delta\Sigma$ 変調器における根軌跡

ク周期の 30% を超える遅延に対して変調器が不安定となり，$t_d$ が 0.3 に近づくにつれて MSA が劇的に減少することがわかる．

上記の議論から，2 次変調器は 1 次変調器と比較してループ遅延の許容度がかなり低いことは明らかである．ではどのように 2 次変調器における NTF を補償すればよいのであろうか？　1 次変調器からの類推で，図 9.9 のように量子化器周辺に利得 $k_0$ のダイレクト経路を設けることを考える．これまでと同様に，ループフィルタのサンプリングされたパルス応答は，離散時間プロトタイプ $L(z)$ のインパルス応答に等しくなければならないことに注意する．

ダイレクト，$1/s$ および $1/s^2$ 経路におけるサンプリングされた応答は，

$$\text{ダイレクト経路} \rightarrow z^{-1}$$

$$\frac{1}{s} \rightarrow \frac{1-t_d}{z-1} + z^{-1}\frac{t_d}{z-1}$$

$$\frac{1}{s^2} \rightarrow \frac{(0.5 - t_d + 0.5t_d^2)z + 0.5(1 - t_d^2)}{(z-1)^2} + z^{-1}\frac{t_d(1 - 0.5t_d)z + 0.5t_d^2}{(z-1)^2}$$

である．

NTF を復元するためには[1]，

# 9章 連続時間 ΔΣ 変調器における非理想要因

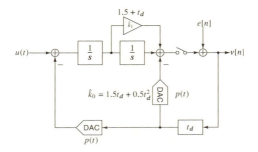

図 9.9 ダイレクト経路を用いた二次連続時間変調器における NTF の復元

$$\hat{k}_0 z^{-1} + \hat{k}_1 \left[ \frac{1-t_d}{z-1} + z^{-1} \frac{t_d}{z-1} \right] +$$
$$\hat{k}_2 \left[ \frac{(0.5 - t_d + 0.5t_d^2)z + 0.5(1 - t_d^2)}{(z-1)^2} + z^{-1} \frac{t_d(1 - 0.5t_d)z + 0.5t_d^2}{(z-1)^2} \right] = \frac{2z-1}{(z-1)^2}$$

となる.
両辺の係数を等しくすると, 以下の一連の式が得られる.

$$\begin{array}{rcl} 0.5t_d^2 \hat{k}_2 - t_d \hat{k}_1 + \hat{k}_0 & = & 0 \\ (0.5 - t_d + 0.5t_d^2)\hat{k}_2 + (1 - t_d)\hat{k}_1 + \hat{k}_0 & = & 2 \\ -(0.5 + t_d - t_d^2)\hat{k}_2 + (1 - 2t_d)\hat{k}_1 + 2\hat{k}_0 & = & 1 \end{array} \qquad (9.5)$$

したがって,

$$\begin{array}{rcl} \hat{k}_2 & = & 1 \\ \hat{k}_1 & = & 1.5 + t_d \\ \hat{k}_0 & = & 1.5t_d + 0.5t_d^2 \end{array} \qquad (9.6)$$

である.
　上記結果より, ダイレクト経路で必要とされる利得は $t_d$ とともに増加することがわかる. これは, 遅延が長くなるとループ利得関数の位相シフトが増加し, 安定化するために「強い」零点が必要になるから, と理解できる. 一方, $1/s^2$ 経路の利得は補償後も変化しない. この理由は, 帯域内 NTF (および低周波でのループ利得の大きさ) が $t_d$ の影響を受けないためである.
　$N$ 次連続時間変調器において過剰ループ遅延の影響を緩和するプロセスは 2 次の場合と同様であり, 以下に要約する.

a. 遅延した DAC パルスによって駆動される $1/s$, $1/s^2$, $\cdots$, $1/s^N$ 経路の離散時間等価伝達関数 $\widehat{L}_0(z)$, $\cdots$, $\widehat{L}_N(z)$ をそれぞれ求める.

b. これらの経路の計数 $\hat{k}_0$, $\hat{k}_1$, $\cdots$, $\hat{k}_N$ を $\hat{k}_0\widehat{L}_0(z) + \hat{k}_1\widehat{L}_1(z) + \cdots + \hat{k}_N\widehat{L}_N(z) = (1/NTF(z)) - 1$ となるように決定する. これにより $(N+1)$ 個の連立方程式が得られ, $\hat{k}_0$, $\hat{k}_1$, $\cdots$, $\hat{k}_N$ が求まる.

$\Delta\Sigma$ ツールボックスの関数 `realizeNTF_ct` を使用すればこの手順を自動で行うことができる. 1 次, 2 次変調器からの類推より, ダイレクト経路の利得は $t_d$ に応じて増加するはずである. また, $N$ 次の経路の利得は, 遅延とともに変化してはならない. 過剰遅延補償のアイディアは簡単ではあるが, 2 次変調器の場合でも計算は複雑である. さらに, DAC パルスの形状が変化すると計算をやり直す必要がある. したがって, 任意の DAC パルスについて高次連続時間 $\Delta\Sigma$ 変調器の過剰遅延問題について解くことは大変な勇気が必要であるように思える. しかしながら幸いにも, 次節で示すように式 (9.6) を導出した分析ほどは困難ではないことがわかる.

## 9.1.3 任意 DAC パルス形状における高次連続時間 $\Delta\Sigma$ 変調器の過剰遅延補償

3 次 CIFF 変調器を例として, 基本的な考え方を説明する. 図 9.10 のように, 量子化器部分をノイズ列 $e[n]$ でモデル化する. 図 (a) は利得 $k_1$, $k_2$, $k_3$ を有し, 所望の NTF を実現している. 図 (b) のように過剰遅延 $t_d$ がある場合, 同じ NTF にするためにはどのように $\hat{k}_0$, $\hat{k}_1$, $\hat{k}_2$ 選択すればよいのであろうか?

上記の問題は等価的に, 図 9.11 のようにループフィルタのパルス応答の問題に置き換えることができる. すなわち, 過剰遅延の有無にかかわらず両者の $y[n]$ が等しくなるよう, いかにして $\hat{k}_0$, $\hat{k}_1$, $\hat{k}_2$ を選択するか, という問題に帰着する.

ここで, 2 つの場合について考える. はじめに, 遅延 DAC パルス $p(t - t_d)$ が $t = 1$ を超えないと仮定する. この状況は, たとえば連続時間 $\Delta\Sigma$ 変調器に RZ DAC を適用し, かつ遅延が半サイクル以下であるか, あるいはインパルス DAC を適用し遅延が 1 サイクル以下である場合に相当する. 前記仮定が成り立つ限り $p(t)$ は任意である.

まず, 図 9.12 に示すように遅延がある場合とない場合での $1/s^3$ 経路の出力について考察する. NTF について考える場合, 連続時間波形 $y_3(t)$ と $y_3(t - t_d)$ を周期 1 でサンプリングした信号についてのみ調べればよい. 図 9.12 中の挿入図から, $t \geq 1$ においては $y_3(t)$ は $y_3(t - t_d)$ を $t_d$ だけ進めた信号に等しい.

9章 連続時間 ΔΣ 変調器における非理想要因　　291

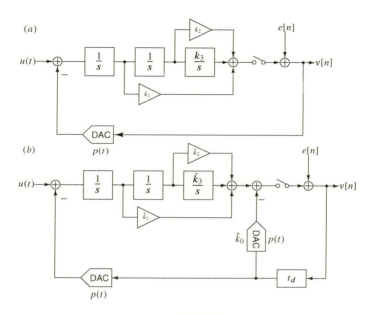

図 9.10　過剰遅延補償問題

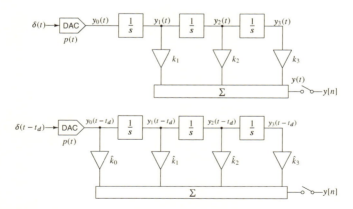

図 9.11　理想ループフィルタ出力と遅延ループフィルタ出力のパルス応答を等しく置く方法

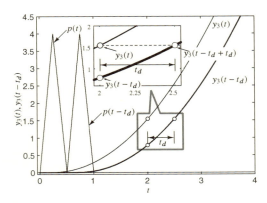

図 9.12 異なる n に対して式 (10.32) を解いて得た変調器の係数

このことから，$y_3(t - t_d)$ に対し $t$ を中心とするテイラー級数を求めると，

$$\begin{aligned}
y_3(t) &= y_3(t - t_d + t_d) \\
&= y_3(t - t_d) + t_d \underbrace{\frac{d}{dt} y_3(t - t_d)}_{y_2(t-t_d)} + \frac{t_d^2}{2} \underbrace{\frac{d^2}{dt^2} y_3(t - t_d)}_{y_1(t-t_d)} + \frac{t_d^3}{6} \underbrace{\frac{d^3}{dt^3} y_3(t - t_d)}_{y_0(t-t_d) \equiv 0} \\
&= y_3(t - t_d) + t_d y_2(t - t_d) + \frac{t_d^2}{2} y_1(t - t_d) \quad (9.7)
\end{aligned}$$

となる．ここで，$t \geq 1$ では $p(t - t_d) = 0$ であるから，上記の級数展開における 3 次以降の項は零となることに注意されたい．式 (9.7) の意味するところは，$t_d$ および $y_3(t - t_d)$ が得られれば，$y_3(t - t_d)$ の微分値を用いて $y_3(t)$ が表現できるということである．図 9.11 から，$y_3(t - t_d)$ の微分は前段の積分器出力から得ることができる．したがって，(9.7) から分かるように，遅延なしのときの $1/s^3$ 出力は，遅延ありの場合の $1/s^3$ 出力に，$1/s$ を定数倍したものおよび $1/s^2$ 出力を定数倍したものを加算すればよい．同様な方法で $1/s^2$, $1/s$ 経路についても遅延なしの場合の同じ出力を得ることができる．

図 9.11 (a) から，遅延がない場合のループフィルタ応答は $y(t) = k_3 y_3(t) + k_2 y_2(t) + k_1 y_1(t)$ となる．上記と同様な方法により遅延がある場合でも下記のように同じ応答を得ることができる．

$$\begin{aligned}
k_3 y_3(t) &= k_3 y_3(t - t_d) + k_3 t_d y_2(t - t_d) + 0.5 k_3 t_d^2 y_1(t - t_d) \\
+ k_2 y_2(t) &= k_2 y_2(t - t_d) + k_2 t_d y_1(t - t_d) \\
+ k_1 y_1(t) &= k_1 y_1(t - t_d)
\end{aligned}$$

$$y(t) = k_3 y_3(t - t_d) + (k_2 + k_3 t_d) y_2(t - t_d) + (k_1 + k_2 t_d + 0.5 k_3 t_d^2) y_1(t - t_d)$$

この式は $t \geq 1$ の全てのタイミングで成立することに注意されたい.

NTF について考える場合, サンプル信号 $y[n]$ について考慮すればよい. 遅延あり, なしどちらの場合でも $t = 0$ におけるフィルタ出力は 0 である. $t = 1, 2, \cdots, n$ のタイミングでは両者のフィルタ出力が一致する. このような考察により, 遅延ありの場合のループフィルタ係数は下記のようにすればよい.

$$
\begin{aligned}
\hat{k}_3 &= k_3 \\
\hat{k}_2 &= k_2 + k_3 t_d \\
\hat{k}_1 &= k_1 + k_2 t_d + 0.5 k_3 t_d^2 \\
\hat{k}_0 &= 0
\end{aligned}
$$

したがって, DAC パルスが $t = 1$ 以降に値を持たないという条件さえ成り立てば, どのような DAC パルス波形, 遅延量であっても積分器を経由しない直接経路は不要である. そして変調器の NTF は, 係数を適切に調整することによって, 遅延なしの場合と同じ NTF に復元することができる. 遅延補償式の導出に有用な方法と, その理論的根拠を以下に示す.

所望の NTF（遅延なしの場合）を実現するための連続時間ループゲインを以下のように仮定する.

$$
L_c(s) = \frac{k_3}{s^3} + \frac{k_2}{s^2} + \frac{k_1}{s}
$$

過剰遅延がある場合, ループゲインは $L_c(s) e^{-st_d}$ となる. 遅延を補償するには, $L_c(s)$ に $e^{st_d}$ を掛ければよい. これを実現するため, $t \geq 1$ において $p(t - t_d) = 0$ である DAC パルスでは, $1/s^l$ 経路を $e^{st_d}$ 倍する. 指数関数を $l - 1$ 次に展開すると,

$$
\frac{1}{s^l} \rightarrow \frac{1}{s^l} e^{st_d} = \frac{1}{s^l} + t_d \frac{1}{s^{l-1}} + \cdots + \frac{t_d^{l-1}}{(l-1)!} \frac{1}{s}
$$

となる. 3 次の場合, NTF を復元するための $\hat{L}_c(s)$ は

$$
\begin{aligned}
\hat{L}_c(s) = L_c(s) e^{st_d} &= \frac{k_3(1 + st_d + 0.5 s^2 t_d^2)}{s^3} + \frac{k_2(1 + st_d)}{s^2} + \frac{k_1}{s} \\
&= \frac{k_3}{s^3} + \frac{k_2 + k_3 t_d}{s^2} + \frac{k_1 + k_2 t_d + 0.5 k_3 t_d^2}{s}
\end{aligned}
\tag{9.8}
$$

と求まる.

ここで紹介した方法は $s$ 領域と $z$ 領域の間の変換が必要ないことが特徴である. 係数は複雑な計算なしで導出できる（(9.6) での導出と比較されたい）. また, 前節での分析とは対照的に, 得られた結果はパルス形状とは無関係（$t \geq 1$

のとき $p(t - t_d) = 0$ の条件は必要）である.

　では，より一般的に，$p(t - t_d)$ が $t = 1$ 以降で値を持つ場合はどうなるのであろうか？　この状況は，たとえば NRZ DAC において（1周期以内の）正のループ遅延がある場合に相当する.　本節のようなテイラー級数を用いた解析において（9.8）のように $\widehat{L_c}(s)$ を選べば，$t \geq 2$ において $p(t - t_d) = 0$ であるから $t \geq 2$ では $\widehat{L_c}(s)$ は $L(s)$ に一致する.　したがって，$L_c(s)$ と $\widehat{L_c}(s)$ との違いは $t = 1$ のときのみである.　その違いはダイレクト経路により補償する.

　ここで，図 9.9 に示す 2 次変調器について考える.　$(1 - z^{-1})^2$ なる NTF を得るためのループ利得伝達関数は

$$L_c(s) = \frac{1}{s^2} + \frac{1.5}{s} \Rightarrow k_2 = 1, k_1 = 1.5$$

である.　過剰遅延 $t_d$ による影響を補償するために，以下のような変更を施す.

$$\frac{1}{s^2} \quad \rightarrow \quad \frac{1}{s^2} + t_d \frac{1}{s}$$

$$\frac{1.5}{s} \quad \rightarrow \quad \frac{1.5}{s}$$

したがって，

$$\hat{L}_c(s) = \frac{1}{s^2} + \frac{1.5 + t_d}{s} \Rightarrow \hat{k}_2 = 1, \hat{k}_1 = 1.5 + t_d$$

NRZ DAC を $t_d < 1$ の条件で使用しているため，ダイレクト経路を用いた補償が必要である.　ダイレクト経路の利得を決めるには $L_c(s)$ のパルス応答と，$\widehat{L_c}(s)$ の遅延パルス応答とを用いればよく，

$$y[1] = k_1 + 0.5k_2 = 2 \quad , \quad \hat{y}[1] = (1 - t_d)\hat{k}_1 + 0.5(1 - t_d)^2 \hat{k}_2$$
$$\Rightarrow \hat{k}_0 = y[1] - \hat{y}[1] = 1.5t_d + 0.5t_d^2$$

と求まる.

　この章で説明しているテイラー級数を使用した導出により，$s$ と $z$ の領域間を行き来することが避けられる.　この方法は簡単に手計算が可能な定式化に基づいており，任意の DAC パルス形状に対して有効な遅延補償フィルタ係数が得られる.

### 設計例

　設計目標は帯域外利得が 1.5 の最大平坦 NTF を有する 4 次の変調器である.　遅延のない理想的な NRZ DAC に対応する係数は既知であると仮定する.　この章で述べた方法により，半クロックの過剰遅延が起きたときの変調器係数を決定しよう.　ΔΣ ツールボックスで得られる NTF は

9 章　連続時間 ΔΣ 変調器における非理想要因　　295

$$NTF(z) = \frac{(z-1)^4}{z^4 - 3.194z^3 + 3.892z^2 - 2.136z + 0.4444}$$

である.また，NRZ DAC を用いた場合の連続時間ループフィルタの伝達関数
は，

$$L_1(s) = \frac{0.6713s^3 + 0.2495s^2 + 0.0555s + 0.0061}{s^4} \tag{9.9}$$

である.CIFF トポロジを採用すれば，$k_1 = 0.6713$，$k_2 = 0.2495$，$k_3 = 0.0555$，$k_4 = 0.0061$ である.$t_d = 0.5$ の過剰遅延がある場合，ループフィルタ
係数は

$$\begin{aligned}
\hat{k}_4 = k_4 &= 0.0061, \quad \hat{k}_3 = k_3 + k_4 t_d &=& 0.0585 \\
\hat{k}_2 = k_2 + k_3 t_d + k_4(t_d^2/2) &=& 0.2780 \\
\hat{k}_1 = k_1 + k_2 t_d + k_3(t_d^2/2) + k_4(t_d^3/6) &=& 0.8031
\end{aligned} \tag{9.10}$$

と変更される.

　上記の係数を使用すると，$t = 1$ での遅延 DAC ループフィルタ出力は 0.423
になる.$(z-1)^N/B(z)$ なる NTF の場合 $t = 1$ でのパルス応答は $(N + (B(z)$ の $z^{N-1}$ の係数$))$ とならなければならない.この値は今回の NTF では
0.8060 であるから，ダイレクト経路の利得は $(0.8060 - 0.423) = 0.37$ と求ま
る.

## 9.1.4　まとめ

　この節では，過剰遅延が連続時間 ΔΣ 変調器を不安定にさせる可能性がある
ことを見いだした.また，変調器が安定であったとしても，過剰遅延により安定
入力範囲を減少させる可能性もある.高次変調器または帯域外利得が高い変調器
は過剰遅延に敏感に影響される.これら遅延の悪影響は，幸いなことに，ループ
フィルタ係数の調整や量子化器周りでのダイレクト経路の追加により容易に対処
可能である.係数調整とダイレクト経路の追加は，直感的にはアンプ設計におい
てループ利得に零点を追加（または既存の零点を移動）し安定性を回復させるこ
とに相当する.過剰遅延 $t_d$ が決まれば（NTF を修復するための）修正後の係
数は容易に求まる.ダイレクト経路についてはさまざまな方法で実装できるが，
そのうちのいくつかについては第 10 章で説明する.

## 9.2 ループフィルタ内の時定数変動

8章で述べたように，連続時間 ΔΣ 変調器の NTF は離散時間プロトタイプの NTF を元としてインパルス応答が不変となるように求められる．離散時間プロトタイプループフィルタのインパルス応答を $l_1[n]$ とすると，連続時間ループフィルタ $l_{ct,1}(t)$ のインパルス応答は，下記の条件から求められる．

$$p(t) * l_{ct,1}(t)|_{t=nT_s} = l_1[n] \tag{9.11}$$

これまでに，上式を満たすループフィルタ係数を求めるためのいくつかの方法を示した．しかしながら，実際には積分器のユニティゲイン周波数は素子の値に依存するためばらつく．図 9.13 は積分器によく用いられる 2 種類の回路，アクティブ RC と Gm-C 構成である．アクティブ RC において理想オペアンプを用いた場合，あるいは Gm-C において $g_m R \gg 1$ とした場合には

$$\frac{V_o(s)}{V_i(s)} = -\frac{1}{sCR} \tag{9.12}$$

が成り立つ．実際の回路においては $R$ と $C$ は製造プロセスや動作温度によりばらつくから，$l_{ct,1}(t)$ 波形も影響を受け，NTF は理想値からずれると予想される．本節は，RC の変動が変調器に及ぼす影響について直感的理解を得ることを目的とする．

ループフィルタの伝達関数を $L_1(s)$ としたとき，RC 積が $k_p$ 分の 1 に減少すると $L_1(s)$ は $L_1(s/k_p)$ に変化する．ただし $k_p > 1$ である．結果的に，信号帯域内での $L_1(s)$ の大きさは図 9.14 に示したように増加する．帯域内のループ利得が増加するため，NTF は低周波数で小さくなり，ノイズシェイピング特性が向上する．したがって，ボーデの感度積分から想定されるように帯域外 NTF は悪化する．これに伴い最大安定振幅は RC 積が定常値のときに比べ減少する

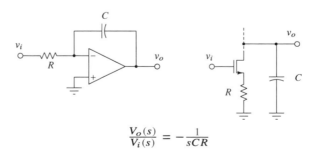

図 9.13　アクティブ RC および Gm-C を用いた積分器

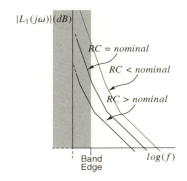

図 9.14 標準 RC，低 RC ($k_p > 1$)，高 RC ($k_p < 1$)
のときのループフィルタ伝達関数の大きさ

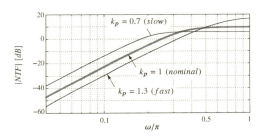

図 9.15 RC 積が変動した場合の 3 次連続時間 $\Delta\Sigma$ 変調器における
$|NTF|$．NTF 設計値は帯域外利得 3 で最大平坦とした

ことが予想される．同じように，時定数が増加すると帯域内の量子化雑音が増加し，高域での NTF 利得が減少する．

図 9.15 に，3 次連続時間 $\Delta\Sigma$ 変調器を構成する積分器のユニティゲイン周波数が ±30% 変化したときの NTF を示す．時間領域では，$k_p > 1$ により増加した帯域外利得により出力シーケンスは図 9.16 のように大きく揺れた波形となる．

高次の負帰還ループは条件的安定であるから，RC 積の値がその設計値からずれた場合に連続時間 $\Delta\Sigma$ 変調器が不安定となることはなんら不思議なことではない．したがって，プロセス，電圧，温度（PVT）変動に対して RC 時定数を一定に調整することが必要である．調整には多くの方法があり，そのうちの一つを図 9.17 に示す．電流 $I$ が $T_s$ の期間デジタル制御されたキャパシタバンクに流れ込む．キャパシタに保持された電圧は，抵抗 $R$ に同じ電流 $I$ を流したときに生ずる参照電圧と比較される．これより，コンパレータの判定結果は $RC/T_s$ が 1 より大きいか小さいかを示す．次にロジック回路は $RC/T_s$ が 1 に近づくよう

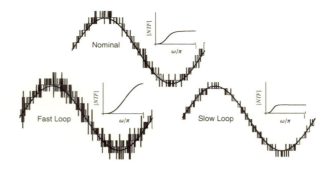

図 9.16　RC 変動の影響を受けた場合の時間領域波形

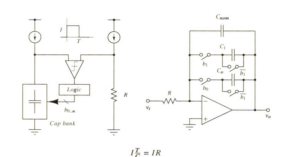

$I\frac{T}{C} = IR$

図 9.17　デジタルプログラム可能なキャパシタバンクを用いたレプリカ RC チューニングループの例

逐次比較動作によりキャパシタバンクのデジタルコードを制御する．連続時間 $\Delta\Sigma$ 変調器内の積分器で使用されるキャパシタは，チューニング回路で使用されるキャパシタと同じものであり，その大きさがスケーリングされている．チューニング回路で決まったデジタルコードは変調器内の全てのキャパシタバンクに与えられる．

## 9.3　クロックジッタ

### 9.3.1　離散時間の場合

　まず，離散時間変調器におけるクロックジッタの影響を調べる．連続時間入力 $u$ は図 9.18(a) に示すように変調器入力部においてサンプリングされる．理想的には，サンプリングクロックのエッジは $T_s$ の整数倍のタイミングで生じるはずであるが，実際には図 9.18(b) のように理想のタイミングからずれる．このよう

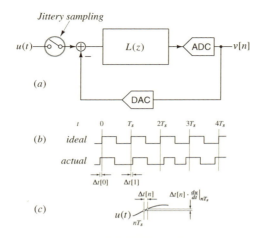

図 9.18 離散時間 $\Delta\Sigma$ 変調器におけるクロックジッタ

なタイミング誤差 $\Delta t[n]$ はジッタとよばれる．ここで，簡単のため $\Delta t[n]$ を実効値 $\sigma_{\Delta t}$ の白色雑音とする．また，ジッタの大きさが入力信号の周期よりも十分に小さいとすると，ジッタに起因する誤差列は

$$e_j[n] = \left.\frac{du}{dt}\right|_{nT_s} \Delta t[n] \tag{9.13}$$

と表される．$u$ が振幅 $A$，周波数 $f_{in}$ の正弦波であるとき，

$$e_j[n] = 2\pi A f_{in} \cos(2\pi f_{in} n T_s)\Delta t[n] \tag{9.14}$$

である．$\Delta t[n]$ が白色であるから[1]，$e_j[n]$ もまた白色でありその 2 乗平均値は $2(\pi A \sigma_{\Delta t} f_{in})^2$ である．このうち $1/OSR$ の部分のみが信号帯域内にある．ジッタ起因の誤差から信号帯域内の SNR を求めると，

$$SNR_{jitter} = \frac{OSR}{4\pi^2 (f_{in}\sigma_{\Delta t})^2} \tag{9.15}$$

となる．

上記のように，離散時間変調器におけるクロックジッタの影響は変換器で信号処理される前の入力信号を劣化させるのみである．変調器を構成する離散時間回路は通常半クロック周期内に処理が終わるように設計されているため，クロック

---
[1] さらに $\Delta t[n]$ は，定常過程，すなわち統計的性質が時間により変化しないという仮定を置いている．対照的に，$e_j[n]$ は白色ではあるが定常過程ではない．

ジッタは変調器そのものの性能には影響を与えない．しかし，連続時間 ΔΣ 変調器においては以下に示すように性能劣化のメカニズムは全く異なる．

### 9.3.2 連続時間 ΔΣ 変調器におけるクロックジッタ

図 9.19(a) に示す連続時間 ΔΣ 変調器について考える．ADC と DAC のクロックはそれぞれ $clk\_adc$, $clk\_dac$ である．この章の前半で説明したように，ADC 動作に十分な時間を与えるため $clk\_dac$ は $clk\_adc$ に対して遅らせる必要がある．クロックジッタは ADC，DAC どちらの性能にも影響を及ぼす．ジッタのあるクロックで動作する ADC は，図 9.19(b) に示すように入力部で誤差 $e_{adc}$ が加算され，ジッタのないクロックで動作するとしてモデル化できる．同様に，ジッタの影響のある DAC はジッタのない DAC の出力に誤差 $e_{dac}$ を加算するとしてモデル化できる．これらより，クロックジッタのある場合の連続時間 ΔΣ 変調器は図 9.20 のように表現できる．図より明らかなように，$e_{adc}$ は変調器の NTF でシェイピングされるから，変調器出力の信号帯域成分にはほとんど影響しない．

DAC 出力にジッタが存在する場合には ADC とは違った状況となる．図 9.20 からわかるとおり，$e_{dac}$ は変調器入力に加算される．$e_{dac}$ の低周波成分は変調

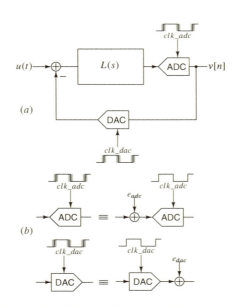

図 9.19　連続時間 ΔΣ 変調器におけるクロックジッタ

9章 連続時間 ΔΣ 変調器における非理想要因　　301

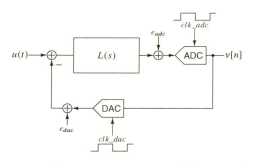

図 9.20　ジッタ起因の誤差をモデル化した連続時間 ΔΣ 変調器

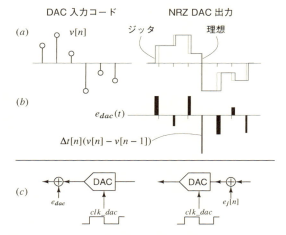

図 9.21　(a) クロックジッタがある場合とない場合での DAC 入力シーケンスと出力波形，(b) 誤差波形，(c) 低周波域で成り立つ等価モデル

器の帯域内 SNR を劣化させる原因となるから，より慎重な解析が求められる[4,5]．

はじめに図 9.21 のように NRZ DAC について考える．ジッタがない場合の DAC 出力波形は $T_s$ の整数倍のタイミングにおいて遷移する．ジッタがある場合とない場合の出力波形の差分は中段に図示されているような小片の列として見え，タイミング $nT_s$ における小片の幅と高さはそれぞれ $\Delta t[n]$，$(v[n] - v[n-1])$ である．特定のクロックエッジのジッタは，そのサイクルで変調器の出力が変化した場合にのみ誤差を発生させる．

クロックジッタに起因する帯域内雑音を求めるため，$e_{dac}$ を DAC 入力にお

ける等価的な離散時間誤差「列」に変換したい．ここで，幅 $\Delta t[n]$，高さ $(v[n] - v[n-1])$ の誤差パルスについて考える．$F_s = 1/T_s$ よりも十分に低い周波数では，そのスペクトルはパルス幅 $T_s$，パルス高さ $e_j[n] = (v[n] - v[n-1])(\Delta t/T_s)$ とは無相関と考えられる．したがって，図 9.21 (b) のように DAC 出力波形 $e_{dac}(t)$ は DAC 入力におけるノイズ列 $e_j[n]$ に置き換えることができる．

$v$ における帯域内雑音スペクトルは 2 つの要因に分けられる．すなわちノイズシェープされた量子化雑音と，クロックジッタが $(v[n] - v[n-1])$ とミキシングされた成分とである．$\Delta t[n]$ は白色と仮定したので，$e_j[n]$ もまた白色であり，その 2 乗平均値は

$$\sigma_{ej}^2 = \sigma_{dv}^2 \frac{\sigma_{\Delta t}^2}{T_s} \tag{9.16}$$

である．ただし $\sigma_{dv}^2$ は $(v[n] - v[n-1])$ の 2 乗平均値を示す．

$u$ が $|STF| \approx 1$ とみなせる信号帯域内にあるとすれば，

$$v[n] = u[n] + e[n] * h[n]$$

となる．ここで $e[n]$ は量子化雑音，$h[n]$ は NTF のインパルス応答である．ゆえに，

$$v[n] - v[n-1] = u[n] - u[n-1] + (e[n] - e[n-1]) * h[n]$$

である．$u$ は信号帯域内であるとの仮定から，$u[n] \approx u[n-1]$ であり，

$$v[n] - v[n-1] \approx (e[n] - e[n-1]) * h[n]$$

である．$\sigma_{dv}^2$ は周波数領域での解析により求められる．$e[n]$ を白色と仮定する．$e[n]$ のステップサイズは 2 であり，2 乗平均値は 1/3 であるから，

$$\sigma_{dv}^2 \approx \frac{1}{3\pi} \int_0^\pi |(1 - e^{-j\omega}) NTF(e^{j\omega})|^2 d\omega$$

である．$e_j$ は白色だから，$e_j$ の全電力のうち $(1/OSR)$ の部分のみが信号帯域内に存在する．したがってジッタ起因の信号帯域内雑音 $J$ は，

$$
\begin{aligned}
J &= \sigma_{dv}^2 \frac{\sigma_{\Delta t}^2}{T_s^2} \frac{1}{OSR} \\
&\approx \frac{\sigma_{\Delta t}^2}{T_s^2} \frac{1}{3\pi OSR} \int_0^\pi |(1 - e^{-j\omega}) NTF(e^{j\omega})|^2 d\omega
\end{aligned}
$$

となる.

この一見複雑に見える式は，以下のように 3 つの部分に分けて記述することができる．

$$J = \underbrace{\frac{\sigma_{\Delta t}^2}{T_s^2}}_{\text{ジッタ}} \underbrace{\frac{1}{OSR}}_{\text{信号帯域内成分}} \underbrace{\frac{1}{3\pi} \int_0^\pi |(1 - e^{-j\omega})NTF(e^{j\omega})|^2 d\omega}_{\text{遷移に係る 2 乗平均}} \qquad (9.17)$$

(9.17) より，$\omega = \pi$ 周辺の NTF 利得が帯域内雑音に重大な影響を及ぼすことがわかる．これは，NTF の高域での利得が時間領域信号 $v$ における $u$ の近辺での「揺れ」を決定している，と解釈できる．4 章において，高い帯域外利得を持つ変調器は帯域内量子化雑音が小さいことを示した．一方で本節での議論より，高い帯域外利得によりクロックジッタ起因の雑音は増加する．

ここで，量子化レベル（$M$）が増加した場合になにが起こるのであろうか？ $\alpha$ を NTF に依存する係数としたとき，最大安定入力振幅は $\alpha(M - 1)$ で表されるから，信号（signal）対ジッタ雑音（jitter noise）比 SJNR は $\alpha^2(M - 1)^2/J$ となる．すなわち，$M$ を増やせばクロックジッタの影響は軽減される．この効果は，$M$ に応じて DAC 出力波形における遷移が小さくなることからも理解できる．

クロックジッタが離散時間変調器と連続時間変調器の性能を低下させるメカニズムを比較する（NRZ DAC を想定）．離散時間変調器においてクロックジッタは入力信号の微分と「ミキシング」される．連続時間変調器ではジッタはフィードバック波形と「ミキシング」される．フィードバック波形は入力信号だけでなくノイズシェイプされた量子化雑音をも含むことに注意が必要である．

### 9.3.3 1 ビット連続時間 $\Delta\Sigma$ 変調器におけるクロックジッタ

(9.17) における $J$ の導出では，量子化誤差が白色雑音の加算としてモデル化できると仮定した．しかしながら，これまでの章で見てきたようにこの仮定は 1 ビット変調器では成り立たない．図 9.22 は 1 ビット連続時間 $\Delta\Sigma$ 変調器における NRZ DAC 波形の例であり，ジッタがある場合とない場合とを示している．遷移の高さは常に 2 であることに注意すると，$n$ サイクル目において $v[n - 1]$ と $v[n]$ とが異なる場合，ジッタに起因する誤差の幅は $\Delta t[n]$，高さは 2 である．マルチビットの場合と同様に，DAC 出力における誤差成分 $e_{dac}(t)$ は DAC 入力での等価誤差列 $e_j$ に換算でき，$e_j[n] = (\Delta t[n]/T_s)(v[n] - v[n - 1])$ である．$v$ が変化する確率を $p$ とすると，ジッタ起因の帯域内雑音は，

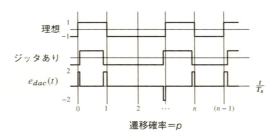

図 9.22 NRZ DAC を用いた 1 ビット連続時間 ΔΣ 変調器におけるジッタ起因誤差のモデル化

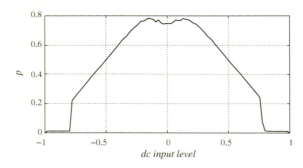

図 9.23 3 次 1 ビット連続時間 ΔΣ 変調器における DC 入力と出力変化確率との関係

$$J = \left(\frac{\sigma_{\Delta t}}{T_s}\right)^2 \frac{4p}{OSR} \tag{9.18}$$

で表される．

　では，$p$ としてどのような値を用いればよいのであろうか？　$u \approx 0$ のとき，$v$ が $u$ に一致するよう $v$ は $\pm 1$ の間を頻繁に遷移するから，$p$ は大きくなるはずである．$u$ が増加すると，$v$ には $-1$ ではなく 1 が出現することが多くなるため $v$ の遷移回数は減少する．変調器が不安定となるほど $u$ が増加すると，量子化誤差がフルスケールよりも大きくなり，$p$ は劇的に減少する．図 9.23 は 1 ビット 3 次連続時間 ΔΣ 変調器において DC 入力レベルに対して $p$ をプロットしたものであり，先の考察が正しいことを示している．$u$ が小さいときは $p \approx 0.8$ と高く，$|u| > 0.2$ の領域では $|u| \approx 0.8$ に達するまで $p$ は直線的に減少する．$|u| \approx 0.8$ を超えると，変調器は不安定となる．クロックジッタによる帯域内雑音を計算する場合，図 9.23 より $p = 0.8$ とすればよい．

9章 連続時間 ΔΣ 変調器における非理想要因　　305

> **例：1ビットおよび4ビット量子化器を用いた連続時間 ΔΣ 変調器に**
> **おるジッタ雑音**
>
> 帯域 25 kHz，帯域内 SQNR 110 dB の連続時間 ΔΣ 変調器を設計する．
> 所望 SQNR を達成するための次数，OSR，量子化器レベル数の組み合わ
> せはいくつか考えられる．ここでは1ビットと4ビット量子化器を持つ変
> 調器について考察する．両者の次数はともに3次とし，NTF は帯域外利
> 得 1.5 の最大平坦特性とする．クロックジッタは実効値 25 ps の白色雑
> 音と仮定する．2値量子化を用いた場合は16値の場合に比べ同じ SQNR
> を得るために2倍の OSR を必要とする．また，ジッタの影響により16
> 値の場合より SNR が 28 dB 悪化する．この特性は，2値量子化ではス
> テップサイズが 15 倍（23.5 dB）であり MSA が 2 dB 低いことに起因
> する．さらに，多値の場合のジッタと $T_s$ との比は2値の場合の半分
> （6 dB 差）であること，多値の OSR が2値の半分であることを考慮す
> る．これらの数値より，多値量子化にしたことで SJNR は（25.5＋6－
> 3）＝ 28.5 dB 向上する．
>
> |  | 2 値 | 16 値 |
> |---|---|---|
> | 次数 | 3 | 3 |
> | OBG の NTF | 1.5 | 1.5 |
> | OSR | 128 | 64 |
> | $f_s$ | 6.4 MHz | 3.2 MHz |
> | $T_s$ | 156.25 ns | 312.5 ns |
> | 最大安定振幅（MSA） | 0.8 FS | FS |
> | ピーク SQNR | 110 dB | 110 dB |
> | ピーク SJNR | 88 dB | 116 dB |

## 9.3.4 RZ DAC を用いた連続時間 ΔΣ 変調器

　この節の前半では，NRZ フィードバック DAC を用いた連続時間 ΔΣ 変調器
でのジッタの影響について述べた．ここでは，DAC が RZ の場合について解析
する．詳細に入る前に，RZ DAC が優れている点について考えてみたい．ここ
で，実際の DAC（NRZ または RZ）では立ち上がり，立ち下がり時間が有限
であることを思い出そう．さらに，立ち上がり時間と立ち下がり時間は必ずしも
等しくないことに注意する．
　6.7 節では，このような非対称性が非線形誤差に結びつくことを示した．図
9.24 (a) に示すように2種類の入力シーケンス…，1，−1，1，−1 …と1，1，
−1，−1，…とについて NRZ DAC 出力波形を考える．入力シーケンスの平均
はどちらの場合でも0である．DAC 出力の立ち上がり時間を $t_r$ とし，立ち下
がり時間は0と仮定する．DAC 出力波形の平均値は最初のシーケンスでは

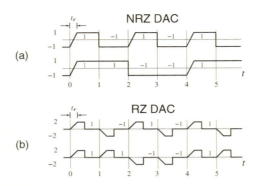

図 9.24 (a) NRZ DAC に入力信号…, 1, −1, 1, −1…および…1, 1, −1, −1, …を入力した場合の出力波形. 立ち上がり波形と立ち下がり波形との非対称性により両者の平均値は異なる. (b) 立ち上がり, 立ち下がりに非対称性がある場合の RZ DAC 波形

$-t_r/2$ であり, 2個目のシーケンスでは $-t_r/4$ である. すなわち, どちらのシーケンスでも入力平均値はともに0で等しいにもかかわらず出力波形の平均値が異なっていることがわかる. このことより, NRZ DAC において立ち上がり時間と立ち下がり時間との間に非対称性があると, 本質的に非線形誤差が生じることがわかる. 非線型性の発生原因について直感的な説明は以下のとおりである. 1ビット DAC においては立ち上がり遷移の後には必ず立ち下がり遷移が発生(次のクロックで発生するとは限らない)する. 両者の遷移中の波形が等しければ遷移に起因する誤差は大きさが同じで極性が互いに反転する. これらの誤差を平均すると信号帯域内(低周波)では誤差が打ち消すことから性能への影響がなくなる. もし立ち上がりと立ち下がりの波形が等しくなければ, 両者の誤差は打ち消さない. また, 遷移の発生は信号に依存する. したがって, 平均誤差は0にはならず, 信号に非線形に依存した誤差が発生することとなる.

図 9.24(b) に示した RZ DAC の出力波形では, 前述の非線形問題は起こらない. この理由は, 入力シーケンスとは無関係に全てのクロックごとに立ち上がり, 立ち下がり遷移が生じるからである. RZ DAC においては立ち上がり, 立ち下がりの非対称性に起因する誤差が起こらず, 本質的に線形である一方, ジッタに対する感度が高いというデメリットが存在する. 次にこの点について考察する.

図 9.25 は RZ DAC においてクロックジッタがある場合とない場合とでの出力波形である. $e_{dac}(t)$ は高さ2の小片で表されている. また, RZ DAC では全てのクロック周期ごとに立ち上がり, 立ち下がり遷移が生ずるから, 小片は1周期あたり2個ずつ存在する. ランダムジッタが白色であり, 全てのクロックエッ

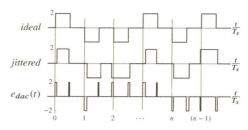

図 9.25　RZ DAC を用いた 1 ビット連続時間 ΔΣ 変調器におけるジッタ起因誤差

ジに影響すると（保守的に）仮定すると，ジッタ起因の帯域内雑音は，

$$J = \left(\frac{\sigma_{\Delta t}}{T_s}\right)^2 \frac{8}{OSR} \tag{9.19}$$

と求められる．

1 ビット変調器の場合，同じクロックジッタでも RZ DAC は NRZ DAC と比較して 4 dB 特性が劣化する．では多値量子化の場合はどうであろうか？　多値量子化で NRZ DAC を用いた場合は DAC 波形の遷移は数レベルであるが，RZ DAC では出力が毎回 0 から $2v[n]$ まで変化し 0 に再び戻る動作を繰り返す．このことから，これまで仮定してきたジッタの特性（すなわち白色ジッタ）の元では RZ DAC は非常に大きな影響を受ける．

さらに，RZ DAC 自体の線形性は良好であるものの，このような DAC はループフィルタの直線性に対して高い性能を要求する．この理由は以下のように考えられる．連続時間 ΔΣ 変調器におけるループフィルタは入力信号とフィードバック信号との「波形」の差分を処理する．RZ DAC 出力は NRZ DAC に対し 2 倍のピーク・ピーク出力振幅を持つことから，両者の低周波成分が等しくても RZ では誤差成分の振幅が大きくなる．したがって RZ を採用した場合ループフィルタにはより高い線型性が要求される．

文献[6]において Adams は，2 つの RZ DAC をインターリーブ動作させることでジッタに対する感度を下げつつ RZ DAC 特有の線型性を得ることができる方法について提案している．このような DAC をデュアル RZ DAC と呼ぶ．

### 9.3.5　実際のクロック源の特性と位相雑音

このセクションでは，クロックジッタが連続時間 ΔΣ 変調器の性能を低下させるメカニズムについて述べた．これまでの分析では白色雑音を仮定していたが，この仮定は必ずしも正しいとは限らない．実際のクロック源は微少な位相変動 $\phi(t)$ 用いて，

$$v_{clk} = \sin(2\pi f_s t + \phi(t)) \qquad (9.20)$$

と表される．ただし $\phi(t)$ が $2\pi f_s t$ と比べゆっくり変化する場合である．この $\phi(t)$ はクロック源に存在する雑音に起因し，クロック源の位相を理想値である $2\pi f_s t$ から変動させる．このことから，$\phi(t)$ は位相雑音と呼ばれる．

$\phi(t)$ が小さいとき，(9.20) は

$$v_{clk} \approx \sin(2\pi f_s t) + \phi(t)\cos(2\pi f_s t) \qquad (9.21)$$

と書き直せる．$v_{clk}$ のパワースペクトル密度は

$$P_{clk}(f) = \frac{1}{4}(\delta(f - f_s) + \delta(f + f_s)) + \frac{1}{4}(S_\phi(f - f_s) + S_\phi(f + f_s)) \qquad (9.22)$$

である．ただし $S_\phi(f)$ は $\phi(t)$ のパワースペクトル密度を表す．

上述の解析から，位相雑音が存在する場合，クロック源のスペクトルは電力 1/2 を有する搬送波と，$\pm f_s$ の周りに移動した $\phi(t)$ のスペクトルとから構成されることがわかる．$\phi(t)$ の成分の大部分は $2\pi f_s t$ よりもゆっくり変化するから $S_\phi(f)$ はローパス特性を有し，周波数とともに減少する．$v_{clk}$ をスペクトラムアナライザで観測すれば，負の周波数成分は正の周波数に折り返し，スペクトルの形状は図 9.26 で示すようなものとなる．$S_\phi(\Delta f)$ は $(f_s + \Delta f)$ における 1 Hz 帯域幅あたりの電力と，$v_{clk}$ の電力（= 1/2）との比である．実際には $S_\phi(\Delta f)$ は $f_s$ から $\Delta f$ だけ離れた周波数における $v_{clk}$ のパワースペクトル密度で定義され，通常は dBc で表される．

次に，時間領域で $\phi(t)$ がどのような特徴を有するのか考察していく．雑音がない場合，すなわち $\phi(t) = 0$ のときは $v_{clk}$ の立ち上がりエッジは正確に $1/f_s = T_s$ ごとに現れる．位相雑音が存在する場合は $v_{clk}$ のゼロクロスタイミングは雑音がない場合のタイミングからずれる．立ち上がりエッジの変動量は，

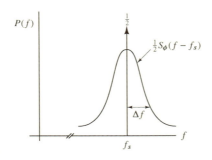

図 9.26　スペクトラムアナライザで $v_{clk}$ を測定した場合のパワースペクトル密度

$$\Delta t[n] = \frac{\phi[nT_s]}{2\pi}T_s \qquad (9.23)$$

である.

先に考察したように，NRZ フィードバック DAC を用いた連続時間 ΔΣ 変調器におけるクロックジッタの影響は，変調器出力に誤差シーケンス $e_j[n] = (v[n] - v[n-1])(\Delta t[n]T_s)$ を加えることによってモデル化することができる．入力信号を $u(t) = A\cos(2\pi f_{in}t)$，STF を $|STF| \approx 1$ とすれば，

$$v[n] - v[n-1] \approx 2\pi A f_{in}T_s \sin[2\pi f_{in}nT_s] + (e[n] - e[n-1]) * h[n] \qquad (9.24)$$

となる．ここで，$h[n]$ は NTF のインパルス応答を表す．(9.23) を用いて $e_j[n]$ を求めれば，

$$e_j[n] = \underbrace{A(f_{in}/f_s)\phi[nT_s]\sin[2\pi f_{in}T_s n]}_{e_{j1}=\text{入力信号成分}} + \underbrace{[(e[n] - e[n-1]) * h[n]] \cdot (\phi[nT_s]/2\pi)}_{e_{j2}=\text{シェイピングされた量子化雑音成分}}$$

$$(9.25)$$

となり，ジッタと入力信号との相互作用による $e_{j1}$ と，シェイピングされた量子化雑音とジッタとの積である $e_{j2}$ とで表される．$e_j$ のスペクトルを図 9.27 に示す．時間領域における乗算は周波数領域における畳み込みに対応するので，$e_{j1}$ のスペクトル密度は $\phi[nT_s]$ のスペクトル密度を $(A^2/2)(f_{in}/f_s)^2$ 倍して $f_{in}$ の近傍に移動した形となる．入力信号成分の振幅は $A$ であるから，$f_{in}$ から $\Delta f$ だけオフセットした周波数における $e_{j1}$ のパワースペクトル密度と入力成分 $(= A^2/2)$ との比は単純に $(f_{in}/f_s)^2 S_\phi(\Delta f)$ となる．したがって，クロック源近傍での位相雑音は，サイン波入力に相当する線スペクトルを太いスペクトルに

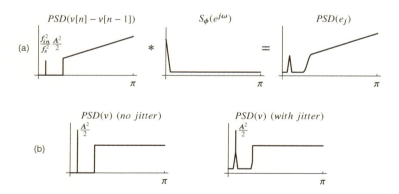

図 9.27　連続時間 ΔΣ 変調器におけるクロック源位相雑音の影響を示す簡略図

変化させる．

$e_{j2}$ の PSD は，シェイピングされた量子化雑音の1次の差分と，位相雑音との畳み込みで与えられる．図 9.27(a) から考えると，信号帯域内での（白色）雑音電力はクロック周波数から離れた箇所での位相雑音と，高域での量子化雑音との畳み込み成分が主要因である．図 9.17(b) のようにジッタがない場合の $PSD(v)$ は，信号帯域内での雑音が非常に小さく，信号帯域外にノイズシェープされた量子化雑音が存在する形状となる．これに対しジッタがある場合は，入力信号近傍で雑音起因のサイドバンドが出現するとともに，信号帯域内での雑音フロアの上昇も引き起こす．

図 9.28 に 6 GHz クロック源における位相雑音と周波数オフセットとの関係について示す．Source1 のクロック源では Source2 に比べオフセット周波数が大きな領域で位相雑音がおよそ 20 dB 低いから，連続時間 ΔΣ 変調器に使用した場合にジッタ起因での信号帯域内雑音が大幅に下がることが期待できる．では，これら2つのクロック源を1ビット，OSR = 50 の連続時間 ΔΣ 変調器に適用した場合 SNDR 75 dB を達成できるであろうか？

Source1 クロック源ではオフセット周波数が大であるときの雑音スペクトル密度は $-150$ dBc/Hz であり，6 GHz ($=f_s$) までの帯域全体では $-52.2$ dB に相当する．位相誤差の実効値は $\phi_{rms} = \sqrt{10^{-5.22}} = 2.45 \times 10^{-3}$ であり，時間に換算すると $\phi_{rms}/(2\pi f_s) = 65 \times 10^{-15}$ s である．(9.18) において $p = 0.8$ とし，MSA が $-3$ dBFS だとすれば，ピーク信号対ジッタ雑音比は 74 dB と求まる．ジッタ雑音の他に熱雑音と量子化雑音についても考慮が必要であるから，Source1，Source2 のどちらのクロック源を用いても NRZ DAC を用いた1ビット連続時間 ΔΣ 変調器では SNDR 75 dB は得られない．したがって，ジッタの影響を軽減する構成を考える必要がある．次節においてそのいくつかを紹介する．

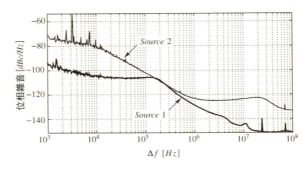

図 9.28　6 GHz クロック源における位相雑音と周波数オフセットとの関係

## 9.4 連続時間 ΔΣ 変調器におけるクロックジッタへの対応方法

RZ および NRZ DAC におけるジッタの影響に関する議論から，DAC パルスの形状は連続時間 ΔΣ 変調器のジッタ感度に大きく影響することが明らかである．したがって，ジッタの影響を緩和するためには，ジッタのあるクロックエッジがフィードバック DAC 波形の低周波成分にほとんど影響を与えないような DAC パルス形状であればよい．たとえば，インパルス DAC を使用すればよい．図 9.29(a) はジッタの影響がある場合とない場合とでの 1 ビットインパルス DAC の出力波形である．これら 2 つの波形の差分はジッタ起因の誤差を表し，その形状を (b) に示す．$e(t)$ の帯域内成分は変調器 SNR を劣化させる要因となる．$e(t)$ の低周波成分について考察するため，(c) のように $e(t)$ の積分を求める．積分によって得られたそれぞれのパルスの面積は $v[n]\Delta t[n]$ である．ジッタが白色であれば，$e(t)$ を積分したもののパワースペクトルもまた白色となる．したがって $e(t)$ の PSD は $\omega^2$ に比例し，ジッタ起因の雑音は信号帯域外において 1 次のノイズシェイピング特性となる．これより，インパルス DAC は NRZ DAC と比較してジッタの影響を受けにくいといえる．直感的には，パルスの面積（DAC 波形の低周波成分を表す）がジッタによる影響を受けないことから理解できる．インパルス DAC ではパルスの位置がジッタにより影響を受け，誤差成分はハイパス特性を有する．

実際には，インパルス波形の生成は不可能である．現実的な方法として，インパルス波形を指数的に減少するパルス波形により近似する方法[7]があり，その具体的な方法を図 9.30 に示す．変調器のサンプリング周波数を $f_s\,(=1/T_s)$ とする．$\phi_1$ においてキャパシタ $C_d$ は $v[n]$ まで充電される．$\phi_2$ では充電された

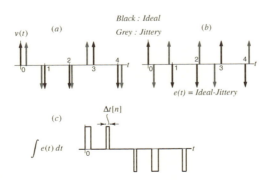

図 9.29　インパルス DAC におけるジッタの影響　(a) ジッタの影響がある場合とない場合での出力波形　(b) $e(t)$　(c) $e(t)$ の積分

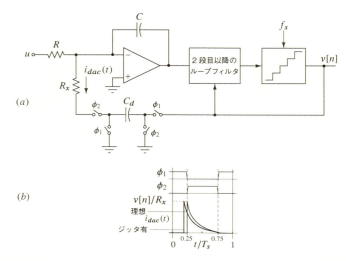

図9.30 (a) スイッチドキャパシタ型フィードバックDACを用いた連続時間 $\Delta\Sigma$ 変調器 (b) ジッタの影響がある場合とない場合での $i_{dac}(t)$

電荷が抵抗 $R_x$ を介してオペアンプの仮想接地点に流れ込む．理想オペアンプを仮定すると，（ジッタがない場合の）DAC出力電流は

$$i_{dac}(t) = \sum_n v[n]p(t - nT_s) \tag{9.26}$$

で与えられる．
ただし

$$p(t) = \frac{1}{R_x} \exp\left(\frac{-(t - \frac{1}{4})}{R_x C_d}\right), \quad \frac{1}{4} \leq t/T_s \leq \frac{3}{4} \tag{9.27}$$

であり，(9.27) 以外の条件では $p(t) = 0$ である．

このようなDACがジッタの影響を受けたクロックで駆動される場合の波形を図9.30(b)に示す．$\phi_1$ と $\phi_2$ のクロックエッジに白色ジッタが存在する場合，ジッタの有無で電流パルスの面積がどれだけ変化するかを求めると，

$$e(t) = \frac{v[n]}{R_x} \exp\left(\frac{-T_s}{2R_x C_d}\right)\left(\Delta t[n] - \Delta t\left[n + \frac{1}{2}\right]\right) \tag{9.28}$$

となる．この式から，ジッタ起因の誤差は放電時定数 $R_x C_d$ の指数関数で決まることがわかる．すなわち $R_x$ を小さく設定しキャパシタの放電が速く行われるようにすればよい．しかしながらこの方法には問題点が存在する．キャパシタは

$\phi_1$ において $v[n]$ にまで充電され，$\phi_2$ の初期において DAC 出力電流は $v[n]/R_x$ となる．この電流はオペアンプにより供給しなければならず，オペアンプには広い電流範囲での線型性が要求される（オペアンプの消費電力が増大する要因となる）．

---

### スイッチドキャパシタ型 DAC における $C_d$ の選定方法

dc ゲインが 1 の STF を実現するために，図 9.30 の連続時間 $\Delta\Sigma$ 変調器で $C_d$ をどのように選択すればよいのであろうか？ この条件は，dc 入力 $u$ に対し $\bar{v} = u$ であることに相当する．入力抵抗に流れる電流の平均値は $u/R$ である．積分容量に流れ込む電流の平均はゼロでなければならないから，$\overline{i_{dac}(t)} = u/R$ である．$\phi_2$ において $C_d$ が完全に放電されるとすれば，$\overline{i_{dac}(t)}$ は

$$\overline{i_{dac}(t)} = -\bar{v}f_s C_d \tag{9.29}$$

と表現できる．したがって，$|STF(0)| = 1$ を実現するためには $f_s C_d = 1/R$ の条件が必要である．このことは帰還経路にあるスイッチドキャパシタの等価抵抗が入力抵抗と等しくなければならないことを示している．

---

まとめると，スイッチドキャパシタ（SC）型フィードバック DAC は変調器の線型性を犠牲にすることでジッタの影響を緩和しているとみなせる．線型性悪化の理由は，指数的に減少する DAC パルスではピーク値と平均値との比が大きいからである．これにより，オペアンプが理想特性とは見なせない場合にエイリアス除去性能の低下をももたらす[8]．これらの弊害により，SC DAC はその登場当初ほど魅力的な技術ではなくなってきている．

## 9.5 FIR フィードバックによるクロックジッタ効果抑止

連続時間 $\Delta\Sigma$ 変調器のクロックジッタ問題に対処するために特に有効な方法は，FIR フィードバック[9,10]を使用することである．図 9.31 にシングルビットの例を示す．2 値出力シーケンス $v$ は，フィードバック DAC に入力される前に伝達関数 $F(z)$ を有する $N$ タップのローパス FIR フィルタによってフィルタリングされる．DAC パルス形状は NRZ である．簡単化のため，$F(z)$ のタップ係数は同一であると仮定する．$v = \pm 1$ であるから，$v$ の遷移の幅は 2 である．$F(z)$ を作用させることで遷移幅は $2/N$ に減少する．したがって，フィードバック DAC 波形（図 9.31 (a) では $v_1(t)$ で表す）のステップの大きさは $1/N$ 倍に減少する．クロックジッタに起因する雑音は DAC 出力の遷移の高さ

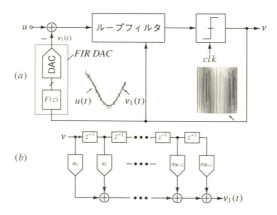

図 9.31　FIR フィードバック DAC を使用してシングルビット
変調器のクロックジッタ起因雑音を軽減する方法

に比例するため，ジッタによる帯域内 2 乗平均雑音は $20\log(N)$ dB だけ減少する．この議論は，ジッタが全ての DAC 素子に対して共通である場合に成り立つ．したがって，DAC を実装する場合クロックバッファをツリー構造するのではなく，全ての DAC 素子に対して共通のクロックとする必要がある．

FIR DAC にはさらに別の重要な利点が存在する．$F(z)$ はローパスフィルタであるため，$v$ における変調器入力信号成分はフィルタリングの影響を受けない一方，シェイピングされた雑音電力を減少させる．したがって，DAC 出力 $v_1(t)$ では高周波成分が低減され入力信号 $u$ に近い波形となる．これに伴い，ループフィルタで処理される誤差成分 $u(t) - v_1(t)$ が小さくなる．このことはマルチビット DAC を使用した連続時間 $\Delta\Sigma$ 変調器の場合と同様に，ループフィルタに対す線型性要求を緩和する．直感的には，$v_1(t)$ はマルチビット DAC 出力波形と似た波形になるため，クロックジッタおよびループフィルタの線型性に関してマルチビット DAC と同様の効果が期待できる．

図 9.31(a)に示す FIR DAC の実装は，DAC レベルが（素子間ミスマッチにより）等間隔でない場合に問題となる．そこで，$v[n]$ が 2 値であることを利用して，図 9.31(b)のようにセミデジタルアプローチ[11]により DAC とフィルタとの線形結合を実装する．ここでは，遅延はデジタル回路で実行され，個々の DAC 出力（ここでは電流と仮定）はアナログ領域で重み付け・加算される．このような構成では DAC ミスマッチが生じてもフィルタ伝達関数が変わるだけであり線型性の問題は生じない．

図 9.32 は，ジッタがある場合のシングルビット，マルチビット，およびシン

9章 連続時間 ΔΣ 変調器における非理想要因　315

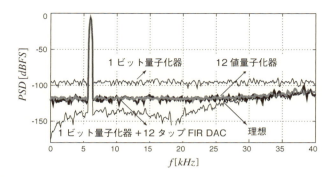

図 9.32　白色クロックジッタがある場合の連続時間 ΔΣ 変調器出力における PSD の比較（$f_s = 6.144\,\text{MHz}$, $\sigma_{\Delta t} = 160\,\text{ps}$）．比較のため理想（ジッタなし）のスペクトルも示す

グルビット + FIR DAC 3 次連続時間 ΔΣ 変調器出力 PSD の比較である．比較のためジッタがない場合のスペクトルも示す．変調器入力は $-6\,\text{dBFS}$ の正弦波である．マルチビット変調器は 12 値量子化器を使用し，シングルビットの 1/3 のクロック周波数で動作する．シングルビットと同じ帯域内量子化雑音を実現するため，NTF の帯域外利得は 2.8 にまで増加させている．シングルビットでは予想通りジッタの影響が大きく，マルチビットに比べ大幅に性能が悪くなる．一方，12 タップの FIR DAC を使用すると，ジッタによるノイズは $20\log 10(12) = 21.5\,\text{dB}$ 減少し，1 ビットおよびマルチビット設計の性能はほぼ同じになる．ここでは，次に説明するように，FIR DAC を組み込んだ後にシングルビット変調器の NTF が復元されたと仮定する．

　FIR DAC は確かにメリットがあるが，FIR フィルタがループに遅延をもたらし，変調器を不安定にする可能性が高いという事実には注意が必要である．したがって，FIR フィルタの影響をループで補償することが重要な設計課題の 1 つとなる．正確には，問題は以下のように言い表すことができる．まず，NRZ DAC を備えたプロトタイプ変調器が，既知の（所望の）NTF を有するとする．上述した FIR DAC による利点を得るため，FIR フィルタ $F(z)$ を DAC の前に挿入する．ここで，解決したい疑問は次のとおりである．

a　FIR フィルタ挿入後のループの NTF をプロトタイプの NTF に戻すことは可能か？
b　もし可能なら，NTF を復元するためにどのようにループフィルタを修正すればよいか？

幸いなことに，最初の質問に対しては肯定的な回答が可能である．実際に，FIR DAC を用いたループの NTF は正確に復元することができる．すなわち，過剰ループ遅延を補償するプロセスから類推できるとおり，ループフィルタ係数の変更と，量子化器周りにダイレクト経路 FIR フィルタを追加すればよい．

補償のプロセスを説明するため，NRZ DAC を備えた正規化 3 次 CIFF 変調器について考察する．8 章で議論したモーメント法[3]により，修正された係数を素早く簡単に決定することが可能である．プロトタイプ変調器の係数および DAC パルスモーメントをそれぞれ $k_1, \cdots, k_3$ および $\mu_0, \cdots, \mu_2$ で表す．先に述べたように，プロトタイプの係数は，所望の NTF を達成するように選択する．図 9.33(a) に示すように，プロトタイプのメインフィードバック DAC を，等しいタップ係数（それぞれ 0.25）を持つ 4 タップ FIR DAC に変更する．ループの補償は，係数を $\tilde{k}_1, \cdots, \tilde{k}_3$ に変更し，補償 FIR DAC（伝達関数 $F_c(z)$）を加えることによって行う．

図 9.33(a) の点 $\tilde{y}_1$ でのループフィルタのパルス応答について考察する．ループフィルタを駆動する FIR DAC は，図 (c) に示すように，高さ 0.25 の 4 秒幅のパルス形状を有する NRZ DAC と考えることができる．このパルスのモーメ

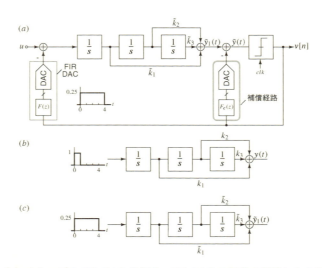

図 9.33 (a) 4 タップの FIR DAC を備え，FIR DAC の遅延を補償した 3 次連続時間 ΔΣ 変調器．$F_c(z)$ も 4 タップの FIR フィルタである．(b) FIR DAC なしの場合におけるループフィルタのパルス応答 $y(t)$ の導出．(c) $\tilde{y}_1(t)$ は，係数を変更することによって $t \geq 4$ に対して $y(t)$ と等しくすることができる．$t < 4$ でのパルス応答のサンプリング値の差を補償するために $F_c(z)$ が必要である

ントを $\tilde{\mu}_0, \cdots, \tilde{\mu}_2$ とする.変調器は 3 次であるから,DAC パルスに関連するモーメントは $\tilde{\mu}_0 = 1, \tilde{\mu}_1 = 2, \tilde{\mu}_2 = 16/3$ である.8 章で述べたモーメントについての法則から,$t \geq 4$ での $y_1(t)$ は次のように表される.

$$\tilde{y}_1(t) = \tilde{k}_3 \left( \frac{\tilde{\mu}_0}{2} t^2 - \tilde{\mu}_1 t + \frac{\tilde{\mu}_2}{2} \right) + \tilde{k}_2 (\tilde{\mu}_0 t - \tilde{\mu}_1) + \tilde{k}_1 \tilde{\mu}_0 , \quad t \geq 4 \quad (9.30)$$

プロトタイプループフィルタについては,$y(t)$(図 9.33(b))は

$$y(t) = k_3 \left( \frac{\mu_0}{2} t^2 - \mu_1 t + \frac{\mu_2}{2} \right) + k_2 (\mu_0 t - \mu_1 t) + k_1 \mu_0 , \quad t \geq 1 \quad (9.31)$$

と表される.ここで,$\mu_0 = 1, \mu_1 = 1/2, \mu_2 = 1/3$ である.$\tilde{k}$ を

$$\begin{aligned}
\tilde{k}_3 &= k_3 \\
\tilde{k}_2 &= k_2 + k_3 (\tilde{\mu}_1 - \mu_1) = k_2 + 1.5 k_3 \\
\tilde{k}_1 &= k_1 + (\tilde{\mu}_1 - \mu_1)(k_2 + \tilde{\mu}_1 k_3) - 0.5 k_3 (\tilde{\mu}_2 - \mu_2) = k_1 + 1.5 k_2 + 0.5 k_3
\end{aligned} \quad (9.32)$$

のように選べば,$t \geq 4$ の領域で $\tilde{y}_1(t)$ は $y(t)$ と一致する.

図 9.34 に 4 タップの例における $\tilde{y}_1(t)$ と $y(t)$ を示す.これより,$\tilde{k}_1, \cdots, \tilde{k}_3$ の調整は $t \geq 4$ の領域でのみパルス応答を一致させることがわかる.$t < 4$ の区間にて両者のパルス応答を一致させる設計自由度は存在しない.$t < 4$ の区間で所望のパルス応答を達成する 1 つの方法は,図 9.33(a)に示すように,量子化器のまわりのダイレクト経路で 4 タップ補償フィルタ($F_c(z)$)を使用することである.$F_c(z)$ のタップ係数は,以下のステップで計算できる.

a  プロトタイプからの $k_1, \cdots, k_3$,メイン FIR DAC の係数を使用して,(9.32) より $\tilde{k}_1, \cdots, \tilde{k}_3$ を計算する.

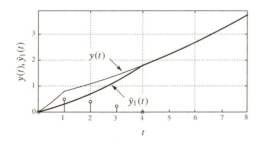

図 9.34 NRZ プロトタイプのループフィルタ,4 タップ FIR DAC を使用したときのループフィルタ(係数調整後),および補償フィルタのパルス応答.メイン FIR DAC のタップ係数はすべて等しいとした.ダイレクト経路 DAC と伝達関数 $F_c(z)$ の部分は,差分($\tilde{y}_1(t) - y(t)$)を補償するよう設計する必要がある

b　プロトタイプループフィルタと，FIR DAC を使用して係数調整を行った
ループフィルタのパルス応答を求める．$M$ を FIR DAC のタップ数とす
ると，パルス応答は $t = M$ 以降で一致する．

c　上記のステップ（b）におけるパルス応答の間に差が生じる区間の長さは
$M$ である．ダイレクト経路フィルタのタップ係数は，時刻 1, …, $(M -
1)$ においてパルス応答の差分をサンプルしたものある．

補償経路は必ずしも量子化器のまわりになくてもよく，第 3 または第 2 積分器の
入力に移動することができる．全てのタップ係数が等しい $M$ タップフィルタで
は，(9.32) は

$$
\begin{aligned}
\tilde{k}_3 &= k_3 \\
\tilde{k}_2 &= k_2 + \frac{(M-1)}{2} k_3 \\
\tilde{k}_1 &= k_1 + \frac{(M-1)}{2} k_2 + \frac{(M-1)(M-2)}{12} k_3
\end{aligned}
\tag{9.33}
$$

と書き直せる．

上記の議論から，多タップ FIR フィルタを用いればフィードバックシーケン
スに対してより良いフィルタリングをすることができるから，性能改善に効果が
あるように見える．多タップフィルタによりジッタ感度を低減するだけではな
く，ループフィルタに入力される誤差信号の大きさも低減し，線型性も改善す
る．では，FIR タップ数の上限はどこにあるのであろうか？　たとえば 200
タップのフィルタは使用できるのだろうか？　前述のようにフィルタ挿入に伴う
遅延については，係数の調整とダイレクト経路 FIR DAC によってその影響を
完全に補償できるから問題とはならない．

FIR フィードバックによって達成されたジッタ耐性の解析では，補償 DAC
によって注入されたジッタノイズの影響は考慮していなかった．補償 DAC に
起因するジッタの影響は，ループフィルタの構成や補償 DAC の位置に依存す
る．解析により，FIR DAC のタップ数を制限する要因がいくつかあることがわ
かっている．線型性については，$u$ と FIR DAC 出力 $v_1(t)$（図 9.31）の間の
位相シフトがタップの数とともに増加することが影響する．これにより，タップ
数が大きすぎると $(u - v_1(t))$ は逆に増加してしまう．FIR フィードバックに
よる別の影響として，STF の変化も挙げられる．(9.33) から分かるように，
ループフィルタ係数 $k_1$ および $k_2$ は，メイン FIR DAC の遅延を補償するため
に増加しなければならない．これは，高周波での $u$ から $y$ への伝達関数（$L_{0,ct}$）
の利得が上昇することを意味し，STF ピークを増加させる．最後に，実用的見

9章　連続時間 $\Delta\Sigma$ 変調器における非理想要因　　319

地からは，タップ数を増やすとより多くのフリップフロップが必要となり消費電力が増大し，単位 DAC が小さくなることで抵抗 DAC では面積が増大する．これらの制約を考慮すると，10-15 タップ以上の FIR DAC を選択してもメリットはほとんどない．

まとめると，FIR フィードバックを用いたシングルビット量子化器では，シングルビットとマルチビット双方の利点が得られる．コンパレータが 1 つで済むので，ADC は低消費電力である．FIR DAC は，フィルタ係数が所望値から逸脱した場合でも，本質的に線形である．したがって，素子ばらつきがあっても，マルチビット DAC とは異なり歪みを生じない．また，FIR DAC の出力波形はマルチビット DAC の出力波形に似ており，マルチビット連続時間 $\Delta\Sigma$ 変調器と同様に，ステップサイズが小さいことによるメリットがある．これまでタップ係数が全て等しい FIR フィードバックの利点について議論してきたが，ジッタによる帯域内雑音を最小化するように最適化されたタップ係数を用いれば，よりよい結果が得られる．FIR DAC はジッタに対する感度を低減する非常に効果的な方法となる．上で述べたように，与えられた $F(z)$ に対してループの NTF は完全に復元することができる．最後に，FIR DAC を用いたシングルビット ADC は特に有用であるが，FIR フィードバックはマルチビット ADC にも適用できる．

## 9.6　コンパレータのメタスタビリティ

連続時間 $\Delta\Sigma$ 変調器における過剰遅延に関する考察では，ADC の判定にはある程度の時間を要すると仮定してきたが，実際の振る舞いはより複雑である．ここではまず，1 ビット量子化器（コンパレータ）について考える．理想コンパレータの出力 $v$ は入力信号 $y$ の極性を表す．一方，実際のコンパレータにはオフセットと，入力電圧依存の遅延が存在する．オフセットの原因はトランジスタやキャパシタのミスマッチであり，ラッチの構成にも依存する．また，以下で述べるとおりコンパレータ出力が確定するまでに要する時間は差動入力信号の振幅に依存する．では，これらの特性は連続時間 $\Delta\Sigma$ 変調器にどのような影響を及ぼすのであろうか？

NRZ DAC を仮定すると，DAC パルス幅は ADC の遅延時間に依存する．その結果，ジッタクロックと同じように信号帯域内 SNR が悪化する．

図 9.35 はストロングアームラッチ[12]とよばれる形式のコンパレータ回路である．$clk$ がローのとき，$M_{7,8}$ は $v_{op}$ と $v_{om}$ を電源電圧まで上昇させる．$clk$ がハイとなると，$M_9$ がオンする．これに続き，$M_{1,2}$ がオンするが，オンした直後は飽和領域での動作である．差動電流 $g_m v_{dt}$ が生ずるから，$v_x$ と $v_y$ の平衡が崩

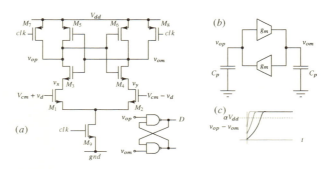

図 9.35 (a) ストロングアームラッチ (b) リジェネレーションの
等価回路 (c) リジェネレーション時の ($v_{op} - v_{om}$) 電圧

れる. $v_{op}$ と $v_{om}$ に付く寄生容量から電荷が引き抜かれ, $v_{x,y}$ には入力に対し極性が反転した信号が現れる. これにより, $v_{op,om}$ 間に大きな電圧差を生ずる. この間, $v_{op,om}$ と $v_{x,y}$ の同相電圧は低下を続ける. 最後に, $M_{5,6}$ がオンし $M_{1,2}$ が3極管領域となり, リジェネレーションが始まる. リジェネレーション時の等価回路を図 9.35(b) に示す. トランジスタが飽和領域で動作しているときは, インバータはトランスコンダクタでモデル化できる. $C_p$ はリジェネレーションノードにつく寄生容量を表す. $v_{op} - v_{om}$ は次式にしたがって上昇する.

$$v_{op}(t) - v_{om}(t) = (v_{op}(0) - v_{om}(0)) \exp\left(\frac{t}{\tau}\right) \tag{9.34}$$

ただし $\tau = C_p/g_m$ である. 最終的にインバータは飽和し, $v_{op}/v_{om}$ は $v_d$ の極性に応じて電源電圧/グラウンド電圧のいずれかになる.

ラッチでの判定結果を $clk$ がローの期間も保持するために, $v_{op}$ と $v_{om}$ は RS ラッチに入力する. したがって, ラッチの機能は $clk$ の立ち上がりエッジで差動入力 $2v_d$ をサンプリングし, その符号を決定することである.

RS ラッチが入力信号 $v_{op}$, $v_{om}$ の論理値を判定するために必要な差動電圧 ($v_{op} - v_{om}$) の値を $\alpha V_{dd}$ とする. $v_d$ が小さい場合コンパレータが論理出力を確定するまでにより時間がかかり, その遅延時間 $t_{delay}$ は,

$$t_{delay} = \tau \ln\left(\frac{\alpha V_{dd}}{2\beta v_d}\right) \tag{9.35}$$

と表される. ただし $\beta$ は $v_d$ から $v_{op}(0) - v_{om}(0)$ までの利得である.

図 9.36 に, 1 GS/s, 2 次シングルビット連続時間 $\Delta\Sigma$ 変調器内のコンパレータにおける遅延時間のシミュレーション結果を示す. $x$ 軸はサンプリングタイミングでの量子化器入力 ($2v_d$), $y$ 軸は判定までに要する遅延時間である. 予想通

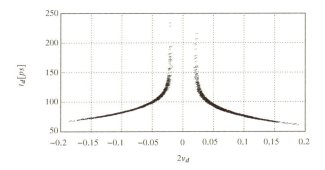

図 9.36 $v_d$ に対するコンパレータ遅延時間

り，$v_d$ が小さいほど遅延時間は増大する．さらに，$v_d$ が小さいほど遅延時間のばらつきが大きい．この理由は次のように考えられる．まず，ラッチが入力をトラッキングする際，$g_m v_d$ で決まる差動電流が素子の特性に依存した微小時間の間だけ寄生容量に積分される．次に，$v_d$ の積分値を元にリジェネレーションが行われる．$v_d$ はループフィルタ出力電圧であるから，時間とともに変化する．$v_d$ が大きければ，微小な積分時間の間の $v_d(t)$ の変化は $(v_{op}(0) - v_{om}(0))$ にほとんど影響しない．一方，$v_d$ が非常に小さい場合には，積分器間中のループフィルタ出力波形はラッチ寄生容量での電圧に大きな影響を与える．たとえば，$v_d$ が小さく，マイナス方向に大きな傾きをもつ場合，プラス方向に傾きを持つ場合に比べ $(v_{op}(0) - v_{om}(0))$ の値が小さくなる．このように，$(v_{op}(0) - v_{om}(0))$ に対する影響の違いがコンパレータ遅延のばらつきの要因となる．ここまで，特定のラッチ回路における入力依存遅延のメカニズムについて分析を行ってきたが，同様のメカニズムは全てのラッチに対して成り立つ．

図 9.35(a) において，RS ラッチの出力 D はシングルビット連続時間 $\Delta\Sigma$ 変調器の DAC を直接駆動できる．ADC の遅延 $t_d$ は $y$ に依存するから，DAC フィードバック波形のエッジはループフィルタ出力に依存し非線形に変調される．この影響は，NRZ DAC を使用する場合，DAC 出力部分に細いパルスを加算することでモデル化できる．パルスの高さと幅はそれぞれ DAC 遷移，$t_d$ に等しくすればよい．クロックジッタの場合と同様に，コンパレータ遅延に起因する誤差は図 9.37 のように DAC 入力部に以下のシーケンスを加算することで表現できる[5]．

$$e_m[n] = \frac{t_d}{T_s}(v[n] - v[n-1]) \tag{9.36}$$

信号帯域内での $e_m$ の電力は，

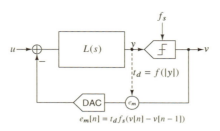

図 9.37　NRZ フィードバック DAC を用いた 1 ビット連続時間 ΔΣ 変調器．コンパレータにおける信号依存遅延のモデル化を表す

$$J_m = \frac{4p}{OSR}\left(\frac{\sigma_{td}}{T_s}\right)^2 \tag{9.37}$$

となる．ただし $p \approx 0.8$ は $D$ が変化する確率を表す．また，$\sigma_{td}^2$ は信号依存遅延の分散であり，フィードバック波形とは無相関と仮定した．図 9.35(a) で示したコンパレータにおいて，遅延と入力信号レベルとの関係は図 9.36 であり，$\sigma_{td}$ は約 18 ps と求められる．$u = A\cos(2\pi f_{in}t)$ とすれば，メタスタビリティに起因する信号帯域内 SNR は，

$$SNR_{metastability} = 10\log\left(\frac{A^2 OSR \cdot T_s^2}{8p\sigma_{td}^2}\right) \tag{9.38}$$

となる．図 9.35(a) に示したストロングアームコンパレータを 2 次連続時間 ΔΣ 変調器内で使用し，$u = 0.1\cos(2\pi f_{in}t)$ を入力したときの PSD を図 9.38 に示す．ループフィルタは理想特性である．比較のため理想コンパレータを用いた場合の PSD も示した．コンパレータの信号依存遅延により，低周波でのノイズフロアが上昇し信号帯域内 SNR は大幅に劣化する．シミュレーションの結果，SNR はわずか 27.9 dB である．(9.38) において $A = 0.1$，$\sigma_{td} = 18$ ps とすれば SNR は 27.8 dB であるから，図 9.38 の結果とよく一致する．

　これまで見てきたように，コンパレータの信号依存遅延は連続時間 ΔΣ 変調器の特性を大きく悪化させる．特に変調器が高速，高精度の場合に影響が大きい．また，シングルビット変調器では DAC パルスの高さが変調器フルスケールに等しいことから，パルス幅の変動により大きな誤差が生じる．

　信号依存遅延による問題を解決するためには，ADC 出力が確定してから DAC を動作させればよい．すなわち DAC クロックのタイミングを ADC に対して十分に遅らせればよい．これにより，DAC が ADC 出力をサンプリングするときには，ADC 出力は $V_{dd}$ またはグラウンドに非常に近い電圧にまで収束す

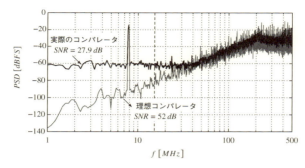

図 9.38 連続時間 ΔΣ 変調器において理想コンパレータと，遅延を考慮したコンパレータを用いた場合の PSD：$f_s = 1$ GHz，$OSR = 32$

る．したがって，DAC に使用しているラッチの遅延時間は最小となり，DAC 部分でのデータ依存ジッタをも軽減できる．なお，この方法は ΔΣ ループにわざと過剰遅延を導入していることに注意されたい．

この章の前半で説明したように，故意に導入された遅延は係数調整と量子化器周囲でのフィードバック経路の導入により補償でき，NTF は遅延導入前と全く同じに復元することができる．では，ADC のクロックタイミングの後どれだけ DAC の動作タイミングを遅らせれば良いのであろうか？ 簡単でロバストな方法は，図 9.39 のように DAC クロックを半周期遅らせるものである[13]．この方法により信号帯域内 SNR は，図 9.39 から分かるとおり理想コンパレータを用いた場合と比較してわずか 3 dB の劣化にとどまる．

コンパレータの信号依存遅延はクロックジッタと同じような影響を及ぼすことから，クロックジッタに対する対策を応用することもできる．ひとつの例として，マルチビット量子化器の採用について考察する．マルチビット量子化器を用いる 1 つ目のメリットは，所望 SQNR を得るための OSR が低くて済むことであり，この結果メタスタビリティ起因のジッタとクロック周期との比が小さくなることである．別のメリットとして，複数あるコンパレータのうち $y$ に近い参照電圧で動作するコンパレータの遅延のみが大きくなることから，フィードバック波形全体に対する影響が少なくなることが挙げられる．別の例として，インパルス DAC（スイッチドキャパシタ技術で実装する）を用いれば，ループフィルタに供給する電荷量が ADC 遅延と無関係となるから，やはり信号依存遅延の影響を軽減することが可能となる．

FIR フィードバック DAC もクロックジッタの影響を緩和するから，コンパレータメタスタビリティの軽減にも効果があると期待できる．図 9.40 に示したようなラッチの縦続接続について考える．まず，$v$ はシングルビット量子化器出

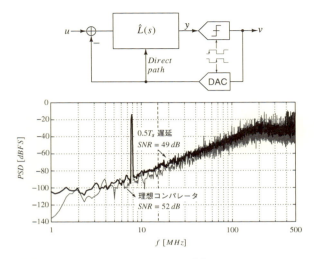

図 9.39　DAC を半クロック遅らせて動作させることによりコンパレータメタスタビリティの影響を軽減する構成

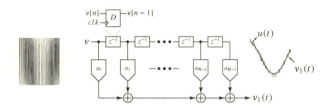

図 9.40　FIR DAC ではラッチが複数縦続接続されるから，1 つのラッチから $v_1(t)$ への影響が薄まる．これによりコンパレータのメタスタビリティの影響を緩和する

力であり，信号依存の遅延を有する．しかしながら，$v[n]$ は $a_0$（< 1）倍されることから，$v_1(t)$ における信号依存遅延の影響は $a_0$ の分だけ軽減される．$a_0 = 0$ とすることも可能であり，この場合ループに 1 周期の遅延を導入することに相当する．$v[n-1]$, …, $v[n-N+1]$ は，$v[n]$ がフリップフロップを通過することにより生成されるから，通過したフリップフロップの個数分だけリジェネレーションされている．したがって信号依存遅延によるジッタは無視できるレベルに軽減される．

## 9.7 まとめ

この章では，連続時間 $\Delta\Sigma$ 変調器の性能を劣化させる主要因である過剰ループ遅延，ループフィルタの時定数変動，クロックジッタ，およびコンパレータのメタスタビリティについて述べた．一般的なフィードバックループの場合と同様に過剰ループ遅延により変調器は不安定となる．しかしながら，ループ遅延は係数調整と量子化器周りでのダイレクト経路の追加により補償できる．

ループフィルタの時定数変動は NTF に影響し，問題を引き起こす可能性があるが，RC 時定数のチューニングループを用いれば（容易に）対処可能である．

クロックジッタは連続時間 $\Delta\Sigma$ 変調器に対し深刻な影響を与える（離散時間変調器と比較してより深刻である）．本章では，クロックジッタが連続時間 $\Delta\Sigma$ 変調器の性能を低下させるメカニズムについて直感的に理解し，さまざまな対処方法を検証した．この中で，FIR フィードバックを NRZ DAC とともに使用する方法が特に有効であることを示した．FIR DAC を採用したことによる遅延については，係数チューニングとダイレクト経路 FIR DAC の使用により補償することができ，FIR DAC を使用しないときと全く同じ NTF が復元できる．

コンパレータの信号依存遅延はクロックジッタと同じように信号帯域内 SNDR を悪化させるが，これに対処する方法についてもいくつかの例を示した．

### 【参考文献】

[1] J. Cherry and W. M. Snelgrove, "Excess loop delay in continuous-time delta-sigma modulators," *IEEE Transactions on Circuits and Systems II: Analog and Digital Signal Processing*, vol. 46, no. 4, pp. 376–389, 1999.

[2] S. Pavan, "Excess loop delay compensation in continuous-time delta-sigma modulators," *IEEE Transactions on Circuits and Systems II: Express Briefs*, vol. 55, no. 11, pp. 1119–1123, 2008.

[3] S. Pavan, "Continuous-time delta-sigma modulator design using the method of moments," *IEEE Transactions on Circuits and Systems I: Regular Papers*, vol. 61, no. 6, pp. 1629–1637, 2014.

[4] J. A. Cherry, *Theory, Practice, and Fundamental Performance Limits of High Speed Data Conversion using Continuous-time Delta-Sigma Modulators*. Ph.D. dissertation, Carleton University, 1998.

[5] J. Cherry and W. M. Snelgrove, "Clock jitter and quantizer metastability in continuous-time delta-sigma modulators," *IEEE Transactions on Circuits and Systems II: Analog and Digital Signal Processing*, vol. 46, no. 6, pp. 661–676, 1999.

[6] R. Adams and K. Q. Nguyen, "A 113-dB SNR oversampling DAC with segmented noise-shaped scrambling," *IEEE Journal of Solid-State Circuits*, vol. 33, no. 12, pp. 1871–1878, 1998.

[7] M. Ortmanns, F. Gerfers, and Y. Manoli, "A continuous-time $\Sigma\Delta$ modulator with reduced sensitivity to clock jitter through SCR feedback," *IEEE Transactions on Circuits and Systems I: Regular Papers*, vol. 52, no. 5, pp. 875–884, 2005.

[8] S. Pavan, "Alias rejection of continuous-time modulators with switched-capacitor feedback DACs," *IEEE Transactions on Circuits and Systems I: Regular Papers*, vol. 58, no. 2, pp. 233–243, 2011.

[9] B. M. Putter, "$\Sigma\Delta$ ADC with finite impulse response feedback DAC," in *Digest of Technical Papers, IEEE International Solid-State Circuits Conference (ISSCC)*, pp. 76–77, 2004.

[10] O. Oliaei, "Sigma-Delta modulator with spectrally shaped feedback," *IEEE Transactions on Circuits and Systems II: Analog and Digital Signal Processing*, vol. 50, no. 9, pp. 518–530, 2003.

[11] D. K. Su and B. A. Wooley, "A CMOS oversampling D/A converter with a current-mode semidigital reconstruction filter," *IEEE Journal of Solid-State Circuits*, vol. 28, no. 12, pp. 1224–1233, 1993.

[12] A. Abidi and H. Xu, "Understanding the regenerative comparator circuit," in *Proceedings of the IEEE Custom Integrated Circuits Conference (CICC)*, pp. 1–8, IEEE, 2014.

[13] G. Mitteregger, C. Ebner, S. Mechnig, T. Blon, C. Holuigue, and E. Romani, "A 20 mW 640 MHz CMOS continuous-time ADC with 20 MHz signal bandwidth, 80 dB dynamic range and 12 bit ENOB," *IEEE Journal of Solid-State Circuits*, vol. 41, no. 12, pp. 2641–2649, 2006.

# 10章 連続時間 $\Delta\Sigma$ 変調器の回路設計

　これまでの章では，連続時間 $\Delta\Sigma$ 変調器についてアーキテクチャレベルでの観点について説明してきた．その中で，所望の帯域内 SQNR を達成するための NTF とオーバーサンプリング比を選択する方法，および適切なループフィルタトポロジを選択する方法を理解した．また，過剰遅延，時定数変動，量子化器メタスタビリティなどの非理想要因が変調器の性能に及ぼす影響について調べるとともに，これらの問題を緩和する方法について考察した．この章では，連続時間 $\Delta\Sigma$ 変調器を構成するさまざまな回路ブロックの設計方法について考える．具体的な回路設計を進めることによりこれまで想定していなかった何らかの非理想要因が現れると考えられる．

　それぞれの回路ブロックはトランジスタを用いて実装されるが，トランジスタ回路は動作に有限の時間を必要とし，雑音を発生させ，さらに非線形特性を有する．トランジスタに起因する有限遅延はループフィルタ伝達関数に対して望ましくない極および零点を生じさせ，NTF に影響を及ぼす．また，変調器は量子化雑音以外にトランジスタの熱雑音とフリッカ雑音による影響を受ける．最後に，ループフィルタに関しては理想的には完全な線形特性であるが，実際には非線形性を有する．後に述べるとおり，非線形性は信号帯域での SNR を顕著に悪化させる．

　変調器動作の根底にある理論を徹底的に理解することを基本とした上で，回路実装における非理想性とその軽減方法を理解することは，意図したとおりに動作する連続時間 $\Delta\Sigma$ 変調器を実現するための鍵となる．この章では，連続時間 $\Delta\Sigma$ 変調器を実現するための回路ブロックの設計方法，主な非理想要因，およびその軽減方法について述べる．

## 10.1 積分器

　積分器は様々な方法で実装可能である．図 10.1 に反転型積分器を実現する上での主な選択肢を示す．図にはシングルエンド構成の積分器を示したが，実際には完全差動型を採ることが多い．図 10.1 は完全差動型積分器のシングルエンド

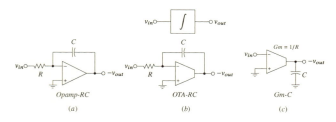

図 10.1 積分器を実装する 3 つの方法

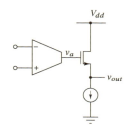

図 10.2 低出力インピーダンスを実現する CMOS オペアンプにおける振幅制限の問題

等価回路として理解してほしい．

図 10.1(a) はアクティブ RC 積分器である．理想オペアンプを仮定すると，

$$V_{out}(s) = -\frac{1}{sCR}V_{in}(s) \tag{10.1}$$

である．この構成の特徴は何であろうか？ オペアンプが理想特性だとすると，反転入力端子は仮想接地となる．これより $v_{in}$ は電流 $v_{in}/R$ に変換され，その変換特性の線型性は抵抗 $R$ の優れた線型性の恩恵を受ける．$C$ の線型性も良好であれば，$v_{out}$ と $v_{in}$ との間の線型性も良好である．言い換えれば，オペアンプが理想特性であれば線型性の高い積分器が実現できることとなる．各ノードに付く寄生容量は次に述べるとおり無害である．まず，オペアンプが電圧制御電圧源でありその出力インピーダンスがゼロであることから，オペアンプ出力端子に付く寄生容量は $v_{out}$ に影響しない．また，仮想接地ノードは電圧が変動しないから，このノードに付く寄生容量も何ら影響を及ぼさない．さらに，積分器の出力インピーダンスはゼロであるから，積分器が次段の回路を駆動する際の問題もない．

アクティブ RC 構成が積分器に必要な全ての用件を備えているのならば，図 10.1(b)，(c) のような構成は何のために必要なのだろうか？ 図 10.2 を用いてアクティブ RC 構成のオペアンプを実現するときに生ずる問題について説明する．図は，ドレイン接地出力段の使用により低出力インピーダンスを実現したオ

ペアンプの概念的な構成について示している．ここで，オペアンプに使用するトランジスタの閾値電圧とオーバードライブ電圧をそれぞれ $V_T$ と $\Delta V$ とする（全てのトランジスタで同じと仮定する）．トランジスタが3極間領域に入らない条件では，$v_a$ の最大値は $V_{dd} - \Delta V$ である．これより，全てのトランジスタを飽和領域で動作させる（高いゲインを実現するために必要な条件）ときの $v_{out}$ の最大値は $V_{dd} - V_T - 2\Delta V$ となる．同様に，$v_{out}$ の最小値は $\Delta V$ である．これ以下の出力電圧では出力段の電流源が線形領域に入ってしまう．したがって，$v_{out}$ のピーク・ピーク振幅は $V_{dd} - V_T - 3\Delta V$ となる．$V_{dd} = 1.2\,\text{V}$，$V_T = 0.5\,\text{V}$，$\Delta V = 100\,\text{mV}$ とすると，出力振幅は $400\,\text{mV}$ となる．すなわち，オペアンプの出力インピーダンスを低く保つためのドレイン接地段により出力振幅が大幅に制限されてしまう．積分器の出力振幅が小さいと，大きな容量を必要とする．さらに，ループフィルタ出力振幅が小さいと ADC のステップサイズを小さくする必要があり設計が難しくなる．このように，オペアンプ-RC 型の積分器ではいくつかの利点がある一方で致命的な欠点が存在するため，オペアンプをトランスコンダクタンスアンプ（OTA）で置き換えた OTA-RC 積分器の存在価値が出てくる．

理想 OTA は電圧制御電流源であり，そのトランスコンダクタンスは無限大である．したがって，図 10.1(b) に示した OTA-RC 積分器の仮想接地ノード電圧は（オペアンプ-RC 積分器の場合と同様に）ゼロである．これより，OTA-RC 積分器は線形特性である（受動素子が完全に線形である場合）．また，トランスコンダクタンスが無限大であることから強い負帰還がかかっており，積分器の出力インピーダンスはゼロである．このため寄生容量の影響を受けず，他の積分器の駆動にも問題はない．さらに，ドレイン接地アンプが不要であることから，電源，グラウンドに対してそれぞれ $\Delta V$ だけ離れた電圧まで出力可能である．ピーク・ピーク出力振幅は $V_{dd} - 2\Delta V$ であり，オペアンプ-RC 積分器にくらべ大幅に改善する[1]．

OTA-RC 積分器の優れた性能は負帰還によって達成されるが，負帰還を施すことは OTA が持つ速度を数分の1以下に制限することを意味する．これに対し，トランスコンダクタ-C（または Gm-C）積分器は，図 10.1(c) に示すように開ループ構造を使用して速度の問題を緩和する．ここでは，$v_{in}$ はトランスコンダクタ $G_m$（$1/R$ に設定されている）により電流に変換され，キャパシタ $C$ により積分される．積分器の入力インピーダンスは無限大であるから，継続接続は容易である．

---

[1] オペアンプ-RC 積分器は出力振幅の制限が厳しいため図 10.1(a) の意味でのオペアンプはほとんど使用されない．実際には「OTA」を使用しているのに「オペアンプ」という名前と記号が（誤って）使われることが多く，オペアンプと OTA の区別は曖昧になってしまっている．

残念ながら，Gm-C 構造はいくつかの面で問題がある．トランスコンダクタの実装には実に多くの方法が存在する．その中で，開ループ技術を使用するものは線形性に劣り，デバイス特性に強く依存した非線形性を有する．フィードバックを使用してトランスコンダクタを線形化するものも存在するが，動作速度を低下させてしまう．さらに，積分器は寄生容量に敏感である．Gm-C 積分器は，速度が第一の要求事項であり，線形性がそれほど重要ではない場合にのみ有用となる．

上記の議論から，OTA-RC 型が最善の選択であると思わることから，より詳細な考察を行うこととする．まず，最も単純な OTA，すなわち一段 OTA について考える．

### 10.1.1　1 段 OTA-RC 積分器

図 10.3(a) に，1 段 OTA を用いた OTA-RC 積分器を示す．OTA の利得は有限であり，$G_m$ で表す．入出力の寄生容量や有限の出力抵抗などのその他の非理想要因は無視する．理想 OTA を用いた場合とは異なり，仮想「接地」ノードはグラウンド電位ではない．簡単な解析により，以下の式が求まる．

$$v_x = \frac{v_{in}}{1 + G_m R} \tag{10.2}$$

$$\frac{V_{out}(s)}{V_{in}(s)} = -\underbrace{\frac{\alpha}{sCR}}_{\substack{\text{ユニティゲイン}\\\text{周波数の低下}}} \underbrace{\left(1 - \frac{sC}{G_m}\right)}_{\text{RHP 零点}} \tag{10.3}$$

ここで，$\alpha = G_m R / (G_m R + 1)$ である．有限の $G_m$ によりユニティゲイン周波数は $\alpha$ 倍に低下する．さらに，積分器の伝達関数は右半平面（RHP）において零点を有することが分かる．直観的には，零点の生成は入力から出力への経路が複数あることが原因である．経路の 1 つはトランスコンダクタであり，もう 1 つは積分容量である．RHP ゼロは位相遅れを引き起こし，過剰ループ遅延の原因となる．

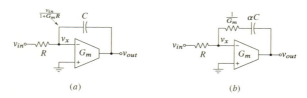

図 10.3　(a) 1 段 OTA-RC 積分器　(b) 右半平面零点をキャンセルするために抵抗を追加した 1 段 OTA-RC 積分器

10 章 連続時間 ΔΣ 変調器の回路設計　331

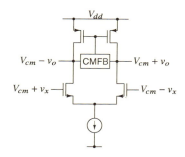

図 10.4　差動対を用いた完全作動 1 段 OTA

　ユニティゲイン周波数の変動には，コンデンサまたは抵抗の値を変更することで対応できる．また，RHP の零点は，積分コンデンサに $1/G_m$ の値の抵抗を直列に挿入することによってキャンセルすることができる．その結果，図 10.3(b) に示す構成により，伝達関数（$-1/sCR$）が実現する．

　1 段 OTA にはいくつかの実用上の問題が存在する．トランジスタの出力コンダクタンスにより積分器の dc 利得（ゲイン）は有限となり，その値は負荷によりさらに低下する．さらに，1 段 OTA の最も単純な実装方法である差動対回路では，出力振幅が制限される．図 10.4 に，差動対を用いた完全差動 1 段 OTA の簡略図を示す．変調器のループフィルタでは積分器を縦続接続する必要があるため，入力と出力の同相電圧は同じでなければならない．この条件は，電源電圧がどんなに高くても $v_o$ が NMOS トランジスタのス閾値電圧を超えることができないことを意味し，厳しい制約となる．さらに，この章の後半で説明するように，$G_m R$ が非常に大きい場合を除いて非線形性の問題が生じる．線形性を得るために単に $G_m$ を増加させるだけでは電力効率が悪くなる．このような 1 段 OTA での限界に対処する方法は，次に述べる 2 段構成を使用することである．

## 10.2　ミラー補償された OTA-RC 積分器

　図 10.5 に示すように，1 段 OTA の代わりにミラー補償された OTA を使用することができる．第 2 のトランスコンダクタ $G_{m2}$ は第 1 のトランスコンダクタと縦続接続されている．安定性のため，位相補償コンデンサ $C_c$ が $G_{m2}$ の入出力間に接続されるが，その結果生じる RHP 零点は $C_c$ と直列接続された $1/G_{m2}$ によりキャンセルする．

　ミラー補償された OTA を用いることで，積分器の dc 利得は 2 つの利得段で決定されるようになり，非常に高い値とすることができる．また，1 段 OTA

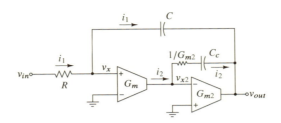

図 10.5 ミラー補償された 2 段 OTA を用いた OTA-RC 積分器

の場合とは異なり，内部ノードの同相電圧に制約がない．このため，出力は電源，グラウンドからオーバードライブ電圧分内側の電圧にまで振れることができる．さらに，1 段目の出力部分にカスコード構成を採用することで，2 段目の出力振幅に影響を与えることなく利得を増加できる．2 段 OTA での dc 利得は本質的に 1 段 OTA よりも大きいため，積分器の縦続接続はあまり問題とはならない．

ミラー補償された OTA を用いた積分器と，1 段 OTA を用いた積分器の性能について，以下に直感的な説明を行う．図 10.5 に示した $v_x$ と $v_{x2}$ は非常に小さい．これより，$C_c$ と $C$ の両端電圧はほぼ等しい．$C$ を流れる電流を $i_1$ とすれば，補償容量 $C_c$ を流れる電流 $i_2$ は，

$$i_2 = i_1 \frac{C_c}{C} \tag{10.4}$$

となる．$i_1 \approx v_{in}/R$ であり，$i_2$ は初段の出力電流であるから，

$$v_x \approx \frac{v_{in}}{G_m R} \frac{C_c}{C} \tag{10.5}$$

が成り立つ．1 段 OTA では $v_x \approx v_{in}/(G_m R)$ であったことを思い出すと，ミラー補償された OTA は $G_m$ が $C/C_c$ 倍だけ大きくなった 1 段 OTA と等価であると考えることができる．また，次のように別の解釈もできる．積分器が理想的であるためには，$v_x$ はゼロでなければならない．このとき，(10.5) から，$G_m R(C/C_c) \gg 1$ であるから，

$$\underbrace{\frac{G_m}{C_c}}_{\text{OTA の UGB}} \gg \underbrace{\frac{1}{RC}}_{\text{積分器の UGB}} \tag{10.6}$$

となり，直感的にも理解できる結果が得られる．

ここまでの近似解析から，ミラー補償された OTA のメリットは $C_c$ に反比例することがわかる．したがって，$C_c$ をゼロに設定すればよいと考えるかもしれない．しかしながら，近似解析は 1 段目，2 段目出力における寄生容量を無視し

た結果であり $C_c$ をなくすことは現実的ではない．寄生容量が存在すると，$C_c$ を十分に大きくしない限り位相余裕を低下させる（または積分器を不安定にする）．一次近似的には，ミラー補償された OTA を使用した積分器の伝達関数は，

$$\frac{V_{out}(s)}{V_{in}(s)} \approx -\frac{1}{sCR}\frac{1}{\left(1+\frac{sC_c}{G_m}\right)} \tag{10.7}$$

で与えられる．OTA の帯域幅が有限であることによる影響は，積分器伝達関数では極の増加となって現れる．さらに，図 10.5 でモデル化されていない寄生容量を考慮すると，より多くの極と零点が伝達関数に現れる．さらに，$G_m$ および $G_{m2}$ の出力抵抗により，積分器の直流利得は有限となる．このように，1段 OTA に関する問題を修正していくことで，積分器伝達関数は高次のものになることが分かる．ここで生ずる疑問は，これらのすべての極がループの NTF にどのように影響を与え，どのように対処すべきかということである．第 10.8 節において関連する問題について説明する．

## 10.3　フィードフォワード補償された OTA-RC 積分器

2 段 OTA は，フィードフォワードを使用して補償することもできる．基本的な構成を図 10.6 に示す．ミラー補償の場合には 2 段目の入出力間に補償用のコンデンサを接続したが，フィードフォワード補償では第 3 のトランスコンダクタ $G_{m3}$ が $v_x$ に応じた電流を出力ノードに流す．$G_{m3}$ の経路はフィードバックを施す上で「速い経路」として機能する．対照的に，$G_m$ と $G_{m2}$ からなる経路は高ゲイン（かつ遅い）経路である．フィードフォワード補償された OTA はミ

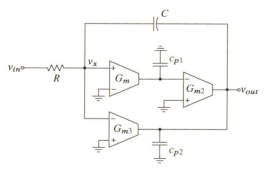

図 10.6　フィードフォワード補償型 OTA を用いたアクティブ RC 積分器

ラー補償された OTA と同様に $G_m$ 段を 2 段有するから，積分器の dc ゲインを高くできる．この構成では $G_{m3}$ の追加により消費電力が増加するように感じられるが，$G_{m2}$ のバイアス電流を $G_{m3}$ において再利用することで電力増加を最小限に抑えることが可能である．

ここで，フィードフォワード補償された OTA とミラー補償された OTA との比較を行う．補償を行わない場合の両者の周波数応答は等しく，ユニティゲイン周波数は図 10.7 のように $\sqrt{G_m G_{m2}/c_{p1}c_{p2}}$ である．ミラー補償における補償容量 $C_c$ によりユニティゲイン周波数は $G_m/C_c$ となるが，この値は 2 段目で生じる極周波数 $G_{m2}/(c_{p1}+c_{p2})$ に対して十分に低い必要がある．したがってミラー補償された OTA の開ループ利得は $G_m/C_c$ よりもずっと低い周波数から 20 dB/dec の割合で低下する．一方，フィードフォワード補償では，利得が 0 dB となる周波数での利得の傾きが 20 dB/dec となるように $G_{m3}$ を設定する．ユニティゲイン周波数は $G_{m3}/c_{p2}$ であり，$\sqrt{G_m G_{m2}/c_{p1}c_{p2}}$ よりも高い周波数となる．したがって図 10.7 からも明らかなようにフィードフォワード補償を用いることでミラー補償に比べ（同じ消費電力でも）大幅に広い帯域を得ることができる．ミラー補償は $C_c$ を付加することにより動作を遅くして安定性を得るものであると考えれば，ここでの結果は直感的に理解できる．また，大きな $C_c$ を充放電する必要から，ミラー補償では消費電力が大きくなる．

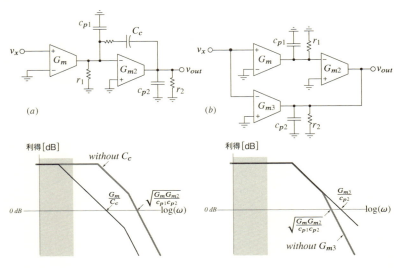

図 10.7 （a）ミラー補償された 2 段 OTA と，（b）フィードフォワード補償された OTA との比較．$r_1$ と $r_2$ はトランスコンダクタの出力抵抗を示す

10 章　連続時間 $\Delta\Sigma$ 変調器の回路設計　335

　消費電力を同じとした場合フィードフォワード補償の方がはるかに高い帯域幅を達成できる．にもかかわらず，フィードフォワード補償型の OTA はあまり使用されない．例えば，離散時間変調器に用いられるのはフィードフォワード補償ではなくミラー補償された OTA である．大学院におけるアナログ集積回路のコースではミラー補償について深く学ぶのに対し，フィードフォワード補償についてはほとんど触れない．商用ディスクリートオペアンプでもミラー補償が主流である．

　フィードフォワード補償があまり使用されない理由は積分器の伝達関数に零点を生じさせるためであり，結果としてセトリングが遅くなってしまうからである．このような特性は OTA 出力のサンプリング値が重要となるスイッチドキャパシタ回路では問題となる．ミラー補償された OTA はフィードフォワード補償よりも遅いものの，零点の影響がないため離散時間変調器に適している．一方，連続時間 $\Delta\Sigma$ 変調器では OTA 出力波形全体を使用するため，零点によるセトリング速度の低下はさほど問題にはならない．このためフィードフォワード補償された OTA は連続時間 $\Delta\Sigma$ 変調器に適していると言える．

　図 10.7 の応答から，OTA が負帰還ループに囲まれているときフィードバック係数が大きくなるほどミラー増幅器の安定性が低下することがわかる．ミラー補償では全量帰還が最も不安定である．一方，フィードフォワード補償ではフィードバック係数が小さくなると安定性が低くなり，全量帰還の場合が最も安定である．このような特性から，フィードフォワード補償されたオペアンプは汎用ディスクリートデバイスとしてはあまり適していない．

　これまで，フィードフォワード補償された 2 次 OTA について議論してきたが，高次の構造も考えられる[1]．図 10.8(a) に例を示す．伝達関数は

$$A(s) = \frac{G_{m1}}{sC_{p1}} + \frac{G_{m2}G_{m3}}{s^2C_{p1}C_{p2}} + \frac{G_{m2}G_{m4}G_{m5}}{s^3C_{p1}C_{p2}C_{p3}} + \cdots \tag{10.8}$$

である．安定性の観点から振幅応答は 2 次の場合と同様に 20 dB/decade で 0 dB を横切らなければならない．多段フィードフォワードの利点は振幅応答の遷移領域を狭くすることができることである．この結果，図 10.8(b) に示すようにロールオフに至るぎりぎりまで高い利得を維持するから，高利得の周波数範囲を広くできる．高次フィードフォワード OTA は，他の高次システムと同様に条件付き安定である．変調器振幅が過大となると OTA 内部段が飽和して不安定となる可能性がある．すべての動作条件で安定性を確保するためには慎重で広範なシミュレーションが必要となるが，有用な方法は 1 次の経路が最後に飽和するように設計することである．この方法により内部ノードが飽和したとしてもシステムは安定的に過負荷から回復する．

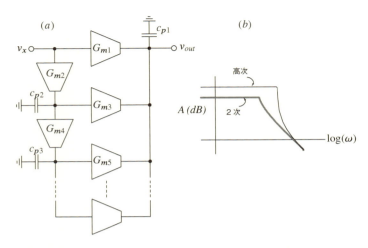

図 10.8 (a) マルチパスフィードフォワード OTA (b) 2 次および高次 OTA の振幅応答

## 10.4　フィードフォワード増幅器における安定性

フィードフォワード OTA を全量帰還の条件で使用したとき，ループ利得は

$$LG(s) = \frac{k_1}{s} + \frac{k_2}{s^2} + \cdots + \frac{k_n}{s^n} \tag{10.9}$$

と表現できる．例として，3 次（$k_1 = 2.5$, $k_2 = 0.5$, $k_3 = 0.1$）の場合のループ利得および位相特性を図 10.9 に示す．ユニティゲイン周波数付近では利得は 20 dB/decade の割合で低下しており，位相遅れは 90° である．したがって，この例では位相余裕はほぼ 90° である．$w_1 = 0.2\,\text{rad/s}$ において位相遅れは 180° であり，このときの利得は 12.5（1 より大幅に大きい）であることに注目してほしい．

$\angle LG = 180°$ のとき $|LG|$ が 1 より（非常に）大きいのにシステムが安定であることに違和感を感じるかもしれない．バルクハウゼンの発振条件より，フィードバックシステムは $|LG| = 1$ かつ $\angle LG = 180°$ で不安定である．図 10.9 ではループ利得における位相回転が 180° のとき $|LG| \gg 1$ であるから，非常に不安定に見える．しかしながら，閉ループシステムは安定していることがわかっている（ナイキスト安定判別法または根軌跡法を使用して保証できる）．このパラドックスを解決したい．

まず始めに，バルクハウゼンの発振条件について考える．図 10.10(a) のようなフィードバックループにおいて，$\omega_1$ のとき $LG(j\omega_1) = 1$, $\angle LG(j\omega_1) =$

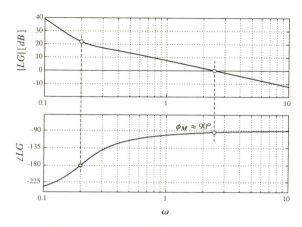

図 10.9　3 次フィードフォワード補償ループにおける振幅，位相応答

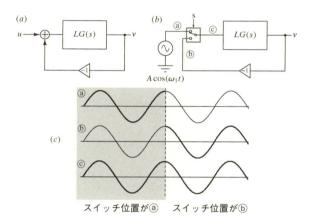

図 10.10　(a) フィードバックシステム，(b) はじめにループを切断し，周波数 $\omega_1$ の信号を印加する．ここで $|LG(j\omega_1)| = 1$，$\angle LG(j\omega_1) = 180°$ である．つぎにスイッチを操作しループを閉じる．このときシステムは周波数 $\omega_1$ で発振する，(c) ⓐ，ⓑ，ⓒでの波形

180° と仮定する．ここで，システムの不安定現象について理解するため思考実験を行う．図 10.10(a) における加算器を同図 (b) のように単極双投スイッチに置き換える．初期状態ではスイッチはⓐの位置にあり，電圧は $A\cos(\omega_1 t)$ である．$LG(j\omega_1) = -1$ であるから，定常状態でのⓑにおける電圧も同じく $A\cos(\omega_1 t)$ である．したがって，スイッチをⓑに切り換えたとしても，ⓒでの電圧は変わらない．すなわち，このシステムはスイッチの状態にかかわらず周波

数 $\omega_1$ で発振を継続する.

次に,ループ利得が 1 より大きく,その位相遅れが $180°$ である場合について考える. 図 10.11(b) においてスイッチが ⓐ の状態にあるときの ⓑ における信号は ⓐ に比べ 12.5 倍となり, ⓐ, ⓑ, ⓒ における信号波形は図 10.11 においてグレーで表した部分に相当する. この状態でループを閉じると正弦波の振幅はどんどん大きくなっていくと思うかもしれない. ループを 1 回まわる毎に 12.5 倍の増幅が行われるから,最終的には振幅は無限大に発散しそうだが,一方で我々はそのような結果が生じないことを知っている. ではこれまでの議論の何処に誤りが存在するのであろうか?

ここでポイントとなるのは, $LG(j\omega_1) = 12.5 \angle 180°$ という意味を理解することである. この表現は,オープンループシステムに対し周波数 $\omega_1$ の正弦波を印加した場合に「定常状態での」出力が $-12.5$ 倍に増幅されることを表してい

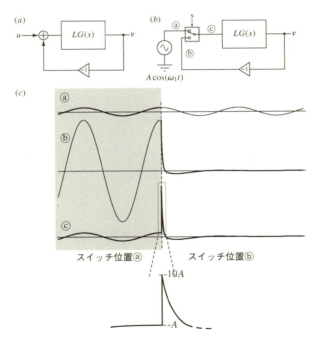

図 10.11 (a) フィードバックシステム (b) 初期状態でループは開放されており, $|LG(j\omega_1)| = 12.5$, $\angle LG(j\omega_1) = 180°$ となる周波数 $\omega_1$ で駆動されている. 次にスイッチを切り換えてループを閉じると,ループは「抑制状態」となる. (c) ⓐ, ⓑ, ⓒ における波形. $|LG(j\omega_1)| \gg 1$ かつ $\angle LG(j\omega_1) = 180°$ であっても,速いフィードバック経路が十分に強ければシステムは安定である

る．冗長な言い方になるが，この表現は出力が瞬時に $-12.5 \times$ 入力となることを示しているわけではない．図 10.11 の例では，スイッチを ⓑ に切り換えると ⓒ 点での信号は（$A$ から $10A$ に）ステップ状にジャンプする．切り換え直後の信号は伝達関数 $2.5/s$ で示される 1 次の応答が支配的である．したがって，スイッチ切り換え後の出力は図 10.11(c) に示すように振動せずに減少する．もしスイッチ切り換え後定常状態に瞬時に復帰したとすれば出力は増加するはずであるが，実際の動作はこれとは逆の応答を示すことに注意してほしい．増幅器出力の減少は入力側にフィードバックされるから，安定システムの零入力応答と同様にループを回る正弦波が「抑制」されゼロに近づく．このような安定方向への高速なフィードバックは，ループ利得における 1 次の経路が高い利得を有する結果である．1 次の経路の利得が十分に高くない場合には（スイッチを ⓑ に切り換えた後の）振幅の抑制が不十分となり，ループは振動状態となる．この現象を周波数領域で考えると，$1/s$ の経路の利得が低下することで位相余裕が減少し不安定動作となることに相当する．

## 10.5 素子からの熱雑音

ループフィルタを構成する素子，すなわち抵抗とトランジスタは熱雑音（と $1/f$ 雑音）を発生し，連続時間 $\Delta\Sigma$ 変調器に影響を与える．ここではまず，ループフィルタの中の積分器について考察する．図 10.12 に 1 段 OTA を用いたアクティブ RC 積分器における雑音源を示す．OTA の出力電流雑音のスペクトル密度は $4kT\gamma G_m$ で表される．ただし $\gamma$ は設計依存の定数である．積分器入力換算雑音のスペクトル密度は，

$$S_v(f) \approx 4kT\left(R + \frac{\gamma}{G_m}\right) \tag{10.10}$$

と求まる．適切に設計された積分器では $G_m R \gg 1$ であるから $S_v \approx 4kTR$ である．後述するように，考慮すべきは信号帯域内に存在する雑音である．積分器の帯域内熱雑音を 3 dB 低減するには $R$ を 1/2 に減らす必要がある．$R$ を減らす前

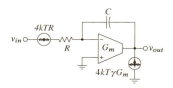

図 10.12　1 段 OTA を用いたアクティブ RC 積分器における雑音源

と同等の特性を得るためには $G_m$ と $C$ はともに 2 倍にする必要があるから，全てのノードのインピーダンスが 1/2 に減少し，電力損失は 2 倍となる．

図 10.13 に示した 2 次 CIFF 連続時間 $\Delta\Sigma$ 変調器を用いて，ループフィルタの雑音が信号帯域内 SNR に及ぼす影響について考える．図中のアクティブ RC 積分器には 1 段 OTA を用いている．また，DAC は抵抗型と仮定する．全ての雑音源からの影響は変調器の入力電圧に換算することができ，そのスペクトル密度を $S_{eq}(f)$ で表す．さらに，量子化雑音の影響についても考慮すると，変調器は図 10.14 の等価モデルで表すことができる．ここで，STF の dc 利得は 1 であり，連続時間 $\Delta\Sigma$ 変調器のアンチエイリアス特性から $f_s$ の整数倍の周波数において STF は 0 である．また，CIFF ループフィルタを用いたことで STF にはピークが生じている．

図 10.15 は図 10.14 のさまざまな点での雑音スペクトル密度である．ⓐ点では $S_{eq}(f)$ は STF によりシェイピングされるから，雑音スペクトル密度は

$$S_a(f) = S_{eq}(f)|STF(f)|^2 \tag{10.11}$$

となる．ⓐ点での連続時間信号をサンプリングすることでⓑ点でのシーケンスが得られるから，$v[n]$ における熱雑音成分は

$$S_b(f) = f_s \sum_{k=-\infty}^{\infty} S_a(f - kf_s) \tag{10.12}$$

と求められる．帯域外雑音はデシメーションフィルタで除去されるから，信号帯域内の雑音密度のみが考慮の対象である．図 10.15 に示すように，ⓐ点での雑音

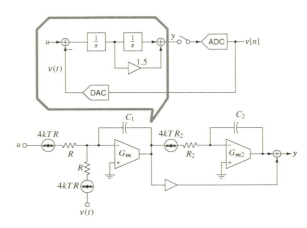

図 10.13　雑音源を考慮した 2 次 CIFF 連続時間 $\Delta\Sigma$ 変調器．NRZ 抵抗 DAC を仮定している

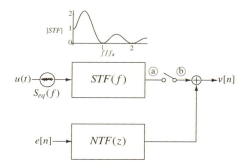

図 10.14 熱および量子化雑音を考慮した連続時間 ΔΣ 変調器の等価モデル．$S_{eq}(f)$ はループフィルタおよびフィードバック DAC が発生する雑音を入力換算したときのスペクトル密度を示す

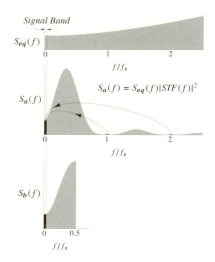

図 10.15 図 10.14 のさまざまな点での雑音スペクトル密度

のうち $f_s$ の整数倍近傍の周波数成分は ⓑ 点でのサンプリングによって信号帯域内に折り返してくる．しかしながら連続時間 ΔΣ 変調器に固有のアンチエイリアス効果により $f_s$ の整数倍近傍で STF は 0 であるから，サンプリングに伴う折り返しにより帯域内雑音が増加することはない．したがって熱雑音に関しては $S_{eq}(f)$ の信号帯域内成分だけを考慮すればよい．

前記とは逆に，STF が $f_s$ 近傍で 0 でないならば信号帯域に折り返す雑音を考慮しなければならない．スイッチドキャパシタ型 DAC を用いる場合がこの

ような状況に相当し，ループフィルタが時変となるために STF が $f_s$ 近傍で利得を持つ．

次に，具体例として図 10.13 のような CIFF 構成の連続時間 $\Delta\Sigma$ 変調器について，低周波での入力換算雑音スペクトル密度について求める（OTA の雑音は無視する）と，

$$S_{eq}(f) \approx \underbrace{8kTR}_{\substack{\text{入力抵抗および}\\\text{DAC 抵抗}}} + \underbrace{4kTR_2(2\pi fRC_1)^2}_{\substack{\text{2 段目積分器の雑音が}\\\text{初段積分器利得により}\\\text{シェイピングされたもの}}} \tag{10.13}$$

となる．初段積分器は信号帯域内で高い利得を有するから，2 段目の積分器が発生する雑音は変調器入力に換算すると無視できるレベルとなる．したがって，2 段目以降は帯域内雑音に影響を与えることなくインピーダンススケーリングでき，低消費電力化が可能である．すなわち，インピーダンススケーリングにより消費電力をほとんど増やすことなく NTF の次数を増加させることができる．

ループフィルタ後段での（信号帯域内）雑音は入力換算では初段積分器の利得分だけ抑圧されることから，CIFB 構成よりも CIFF または CIFF–B 構成の方が雑音（および歪み）の観点で有利である．

### 10.5.1 熱雑音と量子化雑音との比率

連続時間 $\Delta\Sigma$ 変調器での帯域内 2 乗平均雑音は，熱雑音 $N_{th}$ と（シェイピングされた）量子化雑音 $N_q$ とで構成される．オーバーサンプリングを行うことから，（$1/f$ 雑音を無視すれば）$N_{th}$ は信号帯域内でほぼ平坦である．ここで，連続時間 $\Delta\Sigma$ 変調器において所望のピーク SNR を得るための条件について考える．NTF の形状と量子化レベル数とで決まる最大信号振幅を MSA（maximum signal amplitude）[1] とすると，正弦波入力に対するピーク SNR は，

$$SNR_{max} = \frac{(MSA^2/2)}{N_{th} + N_q} \tag{10.14}$$

と表される．（10.14）より，同じピーク SNR を得る場合の $N_{th}$ と $N_q$ の比率には自由度が存在することがわかる．図 10.16 は熱雑音と量子化雑音との比率に関する 3 つの例である．A は量子化雑音が支配的，B では両者が等しく，C は熱雑音が支配的な例である．A～C のうちどれが最も低消費電力かを調べるため，A をスタートとして $N_{th}$ と $N_q$ との比率を変化させてみる．インピーダンススケーリングにより $N_{th}$ を 2 倍とし，消費電力を半分にした場合，$N_q$ をどのよう

---

[1] 訳注：原文ではこのように記述されているが，MSA は他では maximum stable amplitude（最大安定振幅）の略語として使用されている．ここでも，それと同義と考えたほうが良い．

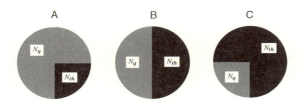

図 10.16 所望のピーク SNR を達成するための熱および量子化雑音の割り振り

に削減するかについてはいくつかの方法が考えられる．たとえば，NTF の帯域外利得をより高く設定することでより積極的なシェイピング特性としてもよいし，OSR あるいは NTF 次数を（若干）増加させてもよい．前者は消費電力の増加を伴わず，後者もわずかな増加で実現可能である．すなわち，$N_{th}$ を 2 倍とすることで連続時間 $\Delta\Sigma$ 変調器の消費電力はほぼ半減する．このような考え方から，熱雑音を多く（量子化雑音を少なく）割り当てることが合理的な設計である．消費電力を最小化するためには量子化雑音の削減が困難となる点まで熱雑音を増加（75%程度）させればよい．$N_q$ の目安は熱雑音に対し $-12\,\mathrm{dB}$ 程度である．

下記に示すように，$N_{th} \gg N_q$ とすべき別の理由も存在する．

- $N_{th}$ は再現性が良いが，マルチビット量子化における $N_q$ は条件により変化する．このため $N_q$ が支配的となるとコンパレータのキャリブレーションや各部のマージン設計が必要となる．
- $N_q$ には雑音だけではなく歪み成分も含まれる．

## 10.6 量子化器の設計

量子化器に使用される ADC は様々な方式で実現が可能である．$\Delta\Sigma$ ループでは強い負帰還がかかっていることを考慮すると，最も適している ADC はフラッシュ型である．フラッシュ ADC では並列構成が採られており，回路規模と消費電力を犠牲にすることで高速動作を実現している．図 10.17 を用いてフラッシュ ADC の動作原理について説明する．複数のコンパレータに対し入力信号 $y$ を与え，各コンパレータは抵抗ラダーにより生成したそれぞれ異なる参照電圧と $y$ とを比較する．比較動作はクロックに同期する．各コンパレータの論理出力 $t$ は，$y$ が（サンプリングタイミングにおいて）参照電圧よりも高い場合に 1，低い場合に 0 となる．$M$ ステップのフラッシュ ADC は $M$ 個のコンパレータで構成され，$M$ 個のコンパレータが出力するコードは温度計コードとよばれ

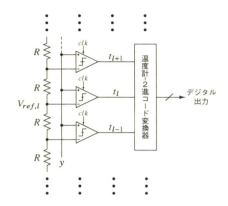

図 10.17　フラッシュ ADC のブロック図

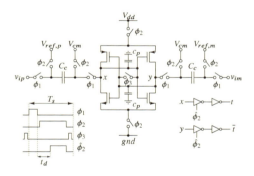

図 10.18　センスアンプ構成のコンパレータ

る．温度計コードは ADC の後段でバイナリコードに変換され変調器出力となる．なお，図 10.17 では簡単のためシングルエンド構成の図を示したが，実際には全差動構成の回路が用いられる．

　フラッシュ ADC で基本となる回路はクロック動作コンパレータである．いくつかの回路構成が存在するが，例としてセンスアンプ構成を図 10.18 に示す．入出力が互いに接続された 2 つのクロック動作 CMOS インバータは，互いに重複しない 3 つのクロック信号により動作する．$C_c$ は参照電圧を保持するコンデンサであり，$c_p$ はノード $x$ および $y$ とグラウンドとの間に付く寄生容量である．$\phi_1$ のサンプリングフェーズにおいて，$C_c$ は $v_{ip}$ または $v_{im}$ と直列に接続される．このときすべてのトランジスタはオフである．ノード $x$，$y$ 間に生ずる差電圧を求めると，

$$v_{xy} = \frac{C_c}{C_c + c_p} \left[ (v_{ip} - v_{im}) - (V_{ref,p} - V_{ref,m}) \right] \tag{10.15}$$

となる．コンパレータのサンプリングタイミングは $\phi_1$ の立ち下がりエッジに同期する．リジェネレーションは $\phi_2$ の区間であり，$\phi_2$ の最後にはノード $x$, $y$ の電圧はそれぞれ $V_{dd}$ と $gnd$ に達する．$\phi_2$ においては $C_c$ のリセット動作も行われる．$\phi_3$ は短い期間であり，この間にノード $x$ と $y$ とをショートすることでラッチの記憶をリセットしヒステリシスを防止する．ここまでで比較動作を完了し，次の比較サイクルとなる．$\phi_2$ の後半でロジックレベルにまで達した電圧は $\widehat{\phi_2}$ クロックで動作する CMOS インバータにより保持され出力 $t$ となる．コンパレータの遅延時間は $\phi_1$ の立ち下がりエッジと $\widehat{\phi_2}$ の立ち上がりエッジとの時間差で決まる．

実際の回路ではリジェネレーションを行うインバータ対の MOS トランジスタには閾値電圧のばらつきがあるため，コンパレータに静的なオフセットを生じさせる．また，ノード $x$ と $y$ に付く寄生容量の差は動的オフセットの原因となり，多くの場合静的オフセットよりもはるかに大きな値となる．動的オフセットはノード $x$, $y$ の同相電圧とリジェネレーションを行うインバータ対の閾値に依存するので，センスアンプ形式のコンパレータでは $V_{cm}$ およびインバータ対の素子サイズを適切に設計することが重要である．

センスアンプ形式のコンパレータのデメリットは複数のクロックを生成，分配する点であり，特に高速動作するコンパレータではクロック分配に大きな電力が要求される．

簡易なクロックで動作可能なコンパレータの例として，図 10.19 にストロングアームラッチ型コンパレータを示す．定常状態では参照電圧を保持するコンデンサ $C_c$ の両端電圧は $(V_{ref,p} - V_{cm})$ および $(V_{ref,m} - V_{cm})$ である．したがって，

$$v_a - v_b = (v_{ip} - v_{im}) - (V_{ref,p} - V_{ref,m}) \tag{10.16}$$

となる．7.9 節で述べたように $clk$ がローのときのノード $x$, $y$ の電圧は $V_{dd}$ である．$clk$ がハイとなるとリジェネレーションが開始され，$x$, $y$ の電圧はロジックレベルにまで変化する．比較結果は RS ラッチにより 1 周期の間保持される．$C_x$ は $C_c$ よりもかなり小さい値であり，$C_c$ 両端に保持された参照電圧をリフレッシュする働きをする．$\phi_1$, $\phi_2$ は互いに重ならないクロックであり，比較動作のクロックよりも遅い周波数とすることもできる．$C_x$ により $C_c$ をリフレッシュする構成の利点は，高速な信号経路にスイッチを用いずに済むことである．$C_x \ll C_c$ であるから $\phi_1$, $\phi_2$ で駆動されるスイッチのサイズは小さくてよ

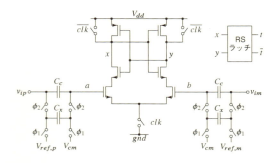

図 10.19　ストロングアームラッチを用いたコンパレータ

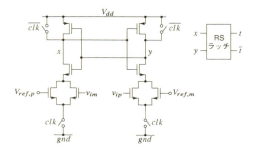

図 10.20　ストロングアーム型ラッチを用いたコンパレータの別の例

く, $a$, $b$ 点での寄生容量は小さい.

　ストロングアーム構造におけるサンプリングタイミングは曖昧ではあるが, clk がハイとなった直後にサンプリングが行われると考えてよい. センスアンプ構造と比較してクロック信号が簡易であること, 参照電圧の減算が容易であるというメリットがある一方, 動的オフセットは大きくなる. 以下にこの理由について説明する. clk がハイとなると, 直前まで $V_{dd}$ であった $x$, $y$ の同相電圧は低下し始める. このとき, $x$, $y$ に付く寄生容量にミスマッチがあると $x$, $y$ 間に差動電圧が生じ, コンパレータオフセットの原因となる.

　図 10.20 はストロングアーム型コンパレータの別の例である. この構成では, 入力トランジスタと並列に接続されたトランジスタにより参照電圧の減算を行う. ストロングアーム型にはこの他にもたくさんの変形例がある.

　前章でも述べたように, コンパレータのオフセットはシングルビット変調器では問題とならない. マルチビット連続時間 $\Delta\Sigma$ 変調器ではオフセットにより量子化器の伝達特性が変化するから, 帯域内量子化雑音および最大安定振幅に影響を与える.

図 10.21 は，コンパレータオフセットを変化させた場合の 3 次変調器における帯域内 SNDR のシミュレーション結果である．量子化器は 15 レベル，$OSR = 64$ であり，NTF は帯域外利得 2.5 の最大平坦特性である．入力信号は信号帯域内のシングルトーンであり，信号レベルは $-6\,\mathrm{dBFS}$ である．コンパレータのオフセットはガウス分布に従うと仮定しており，標準偏差 $\sigma_{off}$ は目標ステップサイズで規格化された値である．$\sigma_{off}$ の各値に対して 200 回のモンテカルロシミュレーションを行った．図 10.21 より，$\sigma_{off}$ が大きいときには SNDR は顕著に（約 20 dB）悪化しており，コンパレータのオフセットを小さく保つことが重要であることがわかる．図 10.21 の例では $\sigma_{off} = 0.05$ 程度であれば SNDR の低下は最小限に抑えられる．

図 10.22 は $\sigma_{off}$ を変化させた場合の連続時間 $\Delta\Sigma$ 変調器における MSA である．SNDR ほどではないが，MSA もコンパレータオフセットの影響を受ける．

フラッシュ ADC における誤差はフィードバック DAC の非理想要因ほどは重要ではないものの，これまでの議論からわかるとおりコンパレータのオフセッ

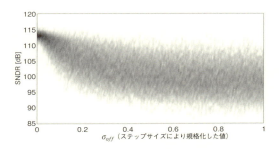

図 10.21　コンパレータの閾値にランダムなオフセットが存在する場合の 3 次 15 レベル連続時間 $\Delta\Sigma$ 変調器における帯域内 SNDR

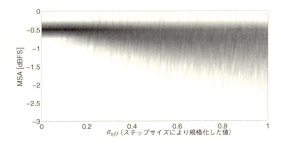

図 10.22　$\sigma_{off}$ を変化させた場合の連続時間 $\Delta\Sigma$ 変調器における MSA（最大安定振幅）

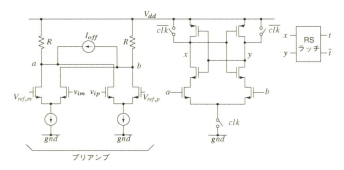

図 10.23 プリアンプとストロングアーム型ラッチを用いたコンパレータでのオフセットキャンセル方法

トはある程度小さい値に抑える必要がある．このため，オフセット補正の技術が用いられることがある．図 10.23 に一例を示す．ストロングアームラッチを駆動するプリアンプ出力 $(v_a - v_b)$ は，差信号 $(v_{ip} - v_{im}) - (V_{ref,p} - V_{ref,m})$ を増幅した信号である．プリアンプ出力ノード $a$，$b$ 間に（デジタル的に）制御可能な電流源 $I_{off}$ を接続することでプリアンプの入力換算オフセットを調整できる．$I_{off}$ はたとえば電源投入時に，コンパレータのオフセットを最小限に抑えるように設定する．

## 10.7 フィードバック DAC の設計

負帰還システムの閉ループ伝達関数は，フィードバック経路の特性に大きく依存する．連続時間 ΔΣ 変調器においても同様であり，帯域内 SNDR はフィードバック DAC の雑音と直線性に強く影響される．以降，このような性質を念頭に DAC を実装するさまざまな方法とそのメリットについて説明する．

### 10.7.1 抵抗型 DAC

前述のとおりループフィルタを構成する積分器の実現方法として OTA-RC 型は有力な候補である．図 10.24(a) のように，OTA-RC 積分器とともに用いる DAC では OTA の仮想接地を利用することができる．ただし実際の連続時間 ΔΣ 変調器では差動構成を採ることが多いから，図 10.24(b) に示す回路がより現実的な姿である．量子化ステップ数を $M$ とすると，ADC 出力は $M$ ビット温度計コードである．各温度計ビット $t$ は抵抗値 $M \cdot R$ を持つ 1 対（2 つ）の抵抗からなる「差動単位素子」を駆動する．$t_l$ の状態（$l$ 番目の温度計ビット出力）に応じて，抵抗は正または負の参照電圧 $(V_{ref,p}/V_{ref,m})$ に接続される．$t_l$

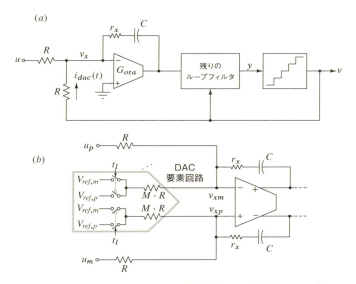

図 10.24 (a) 抵抗型 DAC を用いた連続時間 ΔΣ 変調器のシングルエンド回路図 (b) OTA-RC 積分器に接続された差動 DAC

がクロック期間全体にわたって保持されると，NRZ パルス形状が得られる．このような DAC は，スイッチト・レジスタ DAC とも呼ばれる．

ここで電源電圧を $V_{dd}$ とし，オペアンプ入力の同相電圧を $0.5\,V_{dd}$ と設定する．最大の信号振幅を得るためには $V_{ref,p} = V_{dd}$, $V_{ref,m} = 0$ とすればよいから，DAC 出力のフルスケール差動電流は $V_{dd}/R$ である．一方，電流雑音のスペクトル密度は $8kT/R$ である．この雑音を変調器入力電圧に換算すると，電圧スペクトル密度は $8kTR$ となる．

このような抵抗型 DAC のメリットは，与えられたフルスケール電流に対する熱雑音が小さいことである．すなわち抵抗型 DAC を用いた変調器では低消費電力化が可能となる．また，単位素子の構成が単純であるためにレイアウトが容易である．

一方，抵抗型 DAC のデメリットは，仮想接地点と AC グラウンドとの間に接続された抵抗の影響により OTA まわりのループゲインが減少することである．抵抗型 DAC を接続することにより ΔΣ 変調器入力に換算した OTA 起因の雑音は DAC がない場合の 2 倍となる．さらに，ループゲインの減少は積分器の線型性に影響を与えるから，OTA の設計には注意が必要となる．

IC 上で抵抗を実装する際には製造プロセスの制約により高抵抗のポリシリコ

ン抵抗が使用できないことが多い．その結果，特に低帯域の変調器を設計する際に抵抗の物理的サイズが大きくなってしまう．この結果抵抗に付く寄生容量が大きくなり遅延が生じる．この遅延は他の箇所で生じる遅延よりも大きくなる場合もあるが，9章にて説明した過剰遅延補償により対応可能である．

マルチビット変調器では単位素子としての抵抗のミスマッチが帯域内 SNR を劣化させる．この問題についてはダイナミックエレメントマッチング（DEM）技術により対処すればよく，6章にて詳しく説明した．

非理想要因による影響はシングルビットの抵抗型 DAC においても生じる．これについては9章にて RZ DAC の有用性とともに考察した．その際，シングルビット DAC 波形での誤差要因として信号遷移時の誤差について考えたが，この現象は一般的にはシンボル間干渉（inter-symbol interference, ISI）として知られるものである．ISI は NRZ 波形の立ち上がり特性と立ち下がり特性との差により生じ，DAC においてはプルアップ，プルダウンスイッチの抵抗とタイミングの誤差に起因する．図 10.25 のように DAC に使用するスイッチの抵抗を $r_m$, $r_p$，寄生容量を $c_p$ とする．OTA は理想動作を仮定する．まず，シングルエンド電流 $i_m$ について考える．理想的には図 10.25 中に示したように $i_m$ は $\pm I_o$, $I_o = V_{dd}/2R$ である．しかしながらスイッチの抵抗により立ち上がり時間と立ち下がり時間は異なる値となり，それぞれ $\tau_p = r_p c_p$, $\tau_m = r_m c_p$ となる．理想電流と実際の電流との差である $i_{err}(t)$ は，図示したように指数的に減少するパルス波形の列となる．下記に示す信号列について考えると，その値は立ち上がり，立ち下がりエッジにおいてそれぞれ 2, $-2$ であり，それ以外の場合は 0 である．

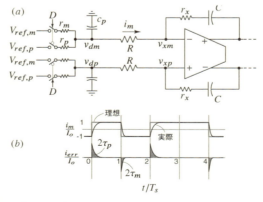

図 10.25 (a) プルアップスイッチ，プルダウンスイッチの抵抗が異なる場合のシングルビット抵抗切替型 DAC. $c_p$ は寄生容量を表す．(b) 電流波形

$$t_{up}[n] = 0.5(v[n] - v[n-1] + |v[n] - v[n-1]|)$$
$$t_{dn}[n] = 0.5(v[n] - v[n-1] - |v[n] - v[n-1]|)$$

また，立ち上がり，立ち下がり時の DAC 出力波形と理想波形との差 $p_r(t)$，$p_f(t)$ はそれぞれ $p_r(t) = 2\exp(-t/\tau_p)$，$p_f(t) = 2\exp(-t/\tau_m)$ であるから，誤差電流は

$$
\begin{aligned}
i_{err}(t) &= I_o \sum_n t_{up}[n]p_r(t-nT_s) + t_{dn}[n]p_f(t-nT_s) \\
&= \frac{I_o}{2}\sum_n \underbrace{\{v[n] - v[n-1]\}}_{\text{線形}}(p_r(t-nT_s) + p_f(t-nT_s)) \\
&\quad + \frac{I_o}{2}\sum_n \underbrace{\{|v[n] - v[n-1]|\}}_{\text{非線形}}(p_r(t-nT_s) - p_f(t-nT_s))
\end{aligned}
\tag{10.17}
$$

と表される．（10.17）より，シングルエンド電流 $i_m$ の誤差成分には $|v[n] - v[n-1]|$ なる非線形成分と，立ち上がり $p_r$，立ち下がり $p_f$ との差成分が含まれる．1 周期毎に DAC により注入される非線形電荷は，理想 DAC が出力する電荷で正規化すると

$$\alpha = \frac{\tau_m - \tau_p}{T_s} \tag{10.18}$$

となる．

2 値量子化を行う変調器においては，入力信号 $u$ が小さいとき出力 $v$ は $-1$ と 1 との間を頻繁に遷移し，$u$ が大きいときには遷移があまり起こらない（図 9.23 を参照）．$u$ が正弦波のときは $u$ がゼロを横切る際に ISI が大きく，$u$ のピーク付近では ISI は小さい．図 10.26 は 3 次連続時間 $\Delta\Sigma$ 変調器に $-6\,\text{dBFS}$ の信号を入力した際の(a)入力信号と，(b)出力変化密度である．ここで，出力変化密度とは，ある点 $n$ から 16 個前までのデータで何回の遷移が生じたかを示す．(b)より，ISI は 2 次の高調波成分を多く含んでいることがわかる．図 10.27 の PSD（$\alpha = 10^{-3}$ とした）においても大きな 2 次高調波が確認できる．

上記の議論では，ISI によりシングルエンド DAC 電流に歪みが生じるため，NRZ DAC を使用する変調器では性能が大幅に劣化すると考えた．しかしながら，次に述べるように差動構成の採用によりこの影響は緩和できる．図 10.25 では，積分器に用いる 2 つの抵抗は等しいと仮定している．DAC 電流の非線形成分は同相成分であるから，差動構成の対称性により除去される．実際には差動間のミスマッチやタイミング誤差により ISI は完全には抑圧できずにある程度漏れ出てくる．

次にマルチビット DAC の場合について考察する．各単位素子で生じる誤差

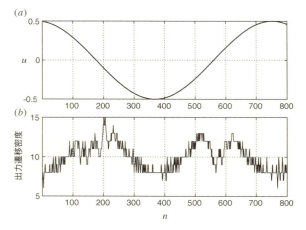

図 10.26 (a) 3次2値変調器に対する入力波形 (b) 16サンプル前までの出力における遷移回数

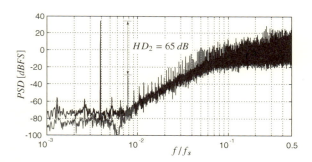

図 10.27 ISI がある場合とない場合での3次シングルビット連続時間 ΔΣ 変調器における PSD. $\alpha = 10^{-3}$ の NRZ DAC を仮定している

の計算には (10.17) が使用できる. DAC の各素子が温度計コードで直接駆動される場合には ISI 起因の誤差は $|v[n] - v[n-1]|$ に比例するから, 帯域内雑音や歪みの見積が可能である. ただし6章で述べたようなダイナミックエレメントマッチングを用いる場合には遷移回数が変わるから誤差電流の出方も変わってくると考えられる.

最後に, 参照電圧の供給について考える. 参照電圧に雑音があると変調器入力換算でも抑圧されずそのまま現れるから, 参照電圧の設計は慎重に行う必要がある. 一方, 単位素子が全て同一でオペアンプのオフセットがない場合には, 参照電圧 $V_{ref.p}/V_{ref.m}$ から出力される電流は変調器出力 $v$ の値にかかわらず常に一

定となる.

### 10.7.2 リターンゼロ (RZ) 型とリターンオープン (RTO) 型 DAC

NRZ DAC は ISI の影響を強く受けるため,ここではリターンゼロ DAC の使用について考える.図 10.28 にリターンゼロ DAC の基本構成を示す.$t_l$ は温度計コードの $l$ ビット目を示す.クロック位相 $\phi_1$ では,抵抗の一端が $t_l$ に応じて $V_{ref,p}$ または $V_{ref,m}$ に接続される.$\phi_2$ では 2 つの抵抗を短絡(または両者とも $V_m$ に接続)することで DAC 出力電流は 0 となるから RZ 波形が得られる.RZ 波形はすべてのクロック周期中に($t_l$ とは関係なく常に)立ち上りエッジと立ち下りエッジを持つため,立ち上がり時間と立ち下がり時間との差による非線形性を生じない.RZ DAC において NRZ DAC と同じ電荷を出力するためには抵抗値を半分にしなければならないから,OTA は大きな電流を取り扱うこととなる.このため OTA での歪みの増加には注意が必要である.

RZ DAC では抵抗値が小さくなることから,NRZ DAC と比較して入力換算雑音のスペクトル密度は 2 倍となる.このことは,$\phi_2$(クロック周期の後半)において DAC は信号を出力せず雑音のみを発生することからも理解できる.

リターンオープン(return-to-open:RTO)型 DAC は,図 10.28 に示した $\phi_2$ スイッチを省くことでこの問題を改善する.これにより,抵抗は $\phi_2$ における雑音の発生に寄与しなくなり,平均入力換算雑音のスペクトル密度は NRZ DAC の場合と同じ $8kTMR$ となる.しかしながら,抵抗を周期的にスイッチングすることで OTA 周りのループ利得が変調されることから,積分器が時変システムになる.これにより変調器のエイリアス除去性能が低下し OTA の高周波雑音が信号帯域に折り返すというデメリットを生ずる.

まとめると,RZ および RTO DAC は NRZ DAC における ISI の影響を緩和する方式である.デメリットとして OTA の線形性,熱雑音(RZ の場合),

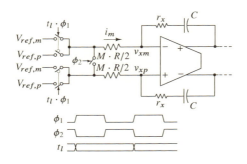

図 10.28 差動リターンゼロ DAC における単位素子

およびエイリアス除去性能の劣化（RTO の場合）が生じる．また，9 章で述べたようにジッタの影響も大きくなる．さらに，基準電圧源はパルス状の電流を供給しなければならないため，より強力なバッファが必要となる．

### 10.7.3 電流切替型 DAC

OTA の仮想接地を使用する抵抗型 DAC とは別の方式として，電流源によって生成された電流を切り替えて出力する DAC がある．これが電流切替型 DAC の基本であり，単位セルの回路図を図 10.29 に示す．$M_1$ と $M_2$ とでカスコード電流源を構成し，その電流 $2I_o$ は信号 $D$ に応じて $v_{xm}$ または $v_{xp}$ から引かれる．$V_{dd}$ 側に接続された電流源 $I_o$ は $M_{1,2}$ により引かれる電流によりずれる同相電流をバランスさせるために使用している．

電流切替型 DAC が好まれる理由の第 1 として，OTA の仮想接地ノードに対し（少なくとも原理的には）負荷とならないという点が挙げられる．この特性は 2 つのメリットをもたらす．すなわち OTA 雑音から出力までの利得が 1 倍となること（抵抗型 DAC では 2 倍）と，OTA 周りのループゲインが高く保たれることにより積分器の線型性が向上することである．さらに，電流切替型 DAC のフルスケール，すなわち ADC のフルスケールが電圧 $v_{bn}$ により可変できるメリットもある．高ダイナミックレンジを要求されるアプリケーションでは可変利得増幅器（VGA）が用いられることが多いが，電流切替型 DAC の採用によ

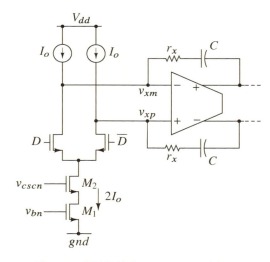

図 10.29　電流切替型 DAC における単位素子

り VGA を省略できる．

さらに，バイアス電圧 $v_{bn}$ はトランジスタのゲート電圧であるから，バイアス電圧に生ずる雑音は単純な RC 回路によりフィルタリングできるというメリットもある．数 MΩ の抵抗と 100 pF 程度の容量により kHz 単位のローパスフィルタができるから，これをバイアス電圧における雑音の除去に使用する．

図 10.29 から分かるとおり，積分コンデンサに流れ込む電流は $\pm I_o$ である．この電流は $2I_o$ から $I_o$ を減算することで得ているから，必要以上に多くの雑音を発生させていることになる．この問題を解決するため，相補動作する電流源を用いた DAC を図 10.30 に示す．ただし図 10.30 の構成であっても同じ差動電流を出力する抵抗切替型 DAC に比べ雑音は大きい．この理由を理解するため，各素子のオーバードライブ電圧について考える．電源電圧が $V_{dd}$ であるから，相補動作する各電流源のオーバードライブ電圧は最大でも $V_{dd}/2$ である．楽観的に考えれば，電源電圧を全て $M_1/M_3$ に印加すれば雑音は最小となる．このとき，各電流源が発生する雑音電流のスペクトル密度は，

$$S_{Io}(f) = 4kT\gamma \frac{2I_o}{V_{dd}/2} \tag{10.19}$$

と表される．$\gamma$ は先端プロセスでは 1〜2 の値である．一方，同じ信号電流を抵抗で生成する場合の雑音電流は

$$S_{Io}(f) = 4kT \frac{I_o}{V_{dd}/2} \tag{10.20}$$

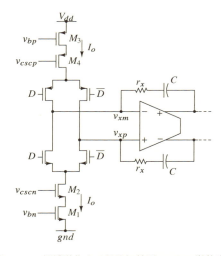

図 10.30　相補動作する電流切替型 DAC の単位素子

であるから，電流切替型 DAC では抵抗切替型 NRZ DAC と比較して少なくとも 3 dB 雑音が増加する．実際には $M_1/M_2$ に印加するオーバードライブ電圧は $V_{dd}/2$ よりも小さいから，電流切替型 DAC の雑音はさらに悪化する．

電流切替型 DAC が抵抗切替型 DAC と異なる点として，スイッチの特性も挙げられる．抵抗切替型ではスイッチは 3 極管領域で用いられるが，電流切替型では飽和領域で動作させる．この結果，電流切替型の方がスイッチのサイズをかなり小さくできる．一方，電流切替型に用いられるスイッチではゲート駆動電圧 ($V_{on}$) に注意が必要となる．例えば，NMOS スイッチを飽和領域で動作させるためには $V_{on} < V_{cm} + V_T$ でなければならない．$V_{on} = V_{dd}$，$V_{cm} = V_{dd}/2$ であれば，$V_T > V_{dd}/2$ であり閾値電圧に制約が生じる．この条件を全 PVT で満たせない場合には適切な $V_{on}$ を生成する回路が別途必要となる．

抵抗切替型の DAC におけるスイッチのミスマッチは静的誤差と動的 (ISI) 誤差の両方に影響するが，電流出力型では電流源がハイインピーダンスであることからあまり影響を受けない．

ジッタに対する耐性は電流出力型と抵抗切替型とでほぼ同じである．ジッタに対する感度はタイミングの非対称性による ISI と同じである．

### 10.7.4 スイッチドキャパシタ型 DAC

9 章において，スイッチドキャパシタ (SC) 型フィードバック DAC は連続時間 ΔΣ 変調器におけるジッタの影響を緩和するために有効であることを示した．図 10.31(a) に SC DAC を 1 次シングルビット連続時間 ΔΣ 変調器に適用した例を示す．サンプリング周波数と周期はそれぞれ $f_s$，$T_s$ である．積分器は OTA-RC 型であり，抵抗 $r_x$ により零点をキャンセルしている．$r_x$ は通常 $1/G_{ota}$ に設定する．クロック位相 $\phi_1$ においてキャパシタ $C_d$ は電圧 $v$ に充電さ

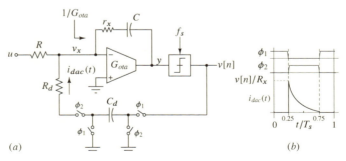

図 10.31 (a) スイッチドキャパシタ型フィードバック DAC を用いた 1 次連続時間 ΔΣ 変調器と，(b) その波形

れ，続く $\phi_2$ において $C_d$ に充電された電荷は OTA の仮想接地点に流れ込む．理想的な OTA（$G_{ota} \to \infty$）を用いると $i_{dac}$ は $\phi_2$ のはじめに $v[n]/R_d$ であり，その後時定数 $R_d C_d$ で指数関数的に減少する．時定数を $T_s/2$ よりも十分小さく設定すれば，$C_d$ は $\phi_2$ の終わりまでに放電するから，クロック1周期あたりフィードバック DAC から出力される電荷は $C_d v[n]$ である．$R_d C_d \ll T_s/2$ であれば，クロックにジッタがあっても1周期あたりの電荷は一定であるから，9.4 節でも述べたとおり SC DAC はジッタの影響をあまり受けない．

SC DAC が出力する電流は指数関数的に減少するパルス波形であり，そのピーク電流値は $v[n]/R_d$，平均電流は $v[n]C_d/T_s$ である．したがってピークと平均との比は $T_s/R_d C_d$ となり，比較的高い値である．このことから，スイッチドキャパシタ型 DAC ではジッタに対する耐性を獲得する代わりに OTA に対し高い線型性を要求する．

ここで，$G_{ota}$ が無限大と仮定した場合に，STF の dc 利得を1倍とするための条件について考える．キャパシタを流れる電流の平均値は0であり，OTA が理想（すなわち $v_x = 0$）であるから，

$$\underbrace{\frac{\bar{u}}{R}}_{u \text{による平均電流}} - \underbrace{\frac{\bar{v}C_d}{T_s}}_{DAC \text{平均出力電流}} = 0 \tag{10.21}$$

が成り立つ．したがって，$STF(0) = 1$ とするためには $C_d f_s = 1/R$ とすればよい．この条件は，スイッチドキャパシタで構成した「フィードバック抵抗」が入力抵抗に等しくなるための条件と解釈できる．

次に，NTF を $(1 - z^{-1})$ とするための $C$ の設定方法について考える．出力 $v$ からループフィルタ出力 $y$ のサンプル値までの伝達関数である $L_1(z)$ は $z^{-1}/(1 - z^{-1})$ とならなけばならない．一方図 10.31 の構成では $v$ から $y$ のサンプリング値までは $(C_d/C)z^{-1}/(1 - z^{-1})$ であるから，$C$ は $C_d$ と等しくすればよいことがわかる．

入力信号として周波数 $f_s$ の成分を入力した場合は，キャパシタを流れる平均電流が0であるという性質を再度用いて，

$$\underbrace{\frac{\overline{\cos(2\pi f_s t)}}{R}}_{=0} - \underbrace{\frac{\bar{v}C_d}{T_s}}_{DAC \text{平均出力電流}} = 0 \tag{10.22}$$

が成り立つ．すなわち $\bar{v} = 0$ であり，$f_s$ から dc に折り返す成分が存在しないことを示す．

まとめると，理想 OTA を使用した場合には図 10.31 に示した変調器は dc 利

得が 1，$NTF = (1 - z^{-1})$ であり，アンチエイリアス特性を有し，クロックジッタの影響が小さいという特徴を示す．次に，OTA のトランスコンダクタンスが有限である場合について考察する．

図 10.32(a) は SC DAC と積分器の部分の回路図である．ここでは，DAC についての考察を行うため，積分器を図 10.32(b) のようなテブナン等価回路で置き換える．$RG_{ota} \gg 1$ とすると（積分器の性能としても必要な条件である）テブナン等価回路の電圧と抵抗はそれぞれ $u/(RG_{ota})$，$1/G_{ota}$ である．図 10.32(b) より DAC キャパシタの放電時定数は $(R_d + 1/G_{ota})C_d$ であるが，この時定数はジッタ耐性を得るためには $0.5 T_s$ より十分小さくする必要がある．

STF の dc 利得を求めるため，次のような手順で考える．まず，1 V の dc を変調器に与える．図 10.32(a) において $\overline{i_c(t)}/ = 0$ である．一方 $i_c(t) = -G_{ota}v_x(t)$ であるから，$\overline{v_x(t)}/ = 0$ である．したがって入力端子から引かれる電流の平均は

$$\overline{i_{in}(t)} = \overline{\frac{u - v_x(t)}{R}} = \frac{1}{R} \tag{10.23}$$

となり，$\overline{i_{dac}(t)}$ は $-1/R$ となる必要がある．$\overline{i_{dac}(t)}$ と $\overline{v}$ との関係について，図 10.32(b) と (c) を用いて考える．クロック位相 $\phi_1$ のとき $C_d$ は電圧 $v[n]$ に充電され，このとき $i_{dac}(t) = 0$，ノード $x$ の電位は $1/(RG_{ota})$ である．$\phi_2$ では

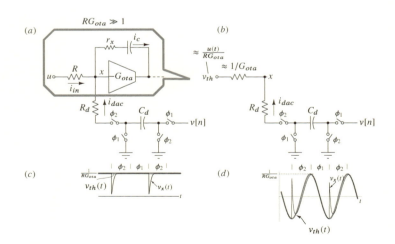

図 10.32 (a) スイッチドキャパシタ型フィードバック DAC と積分器，(b) テブナン等価回路により入力抵抗と OTA を置き換えた回路図，(c) dc 入力時の $v_{th}(t)$ と $v_x(t)$，(d) サイン波入力時の $v_{th}(t)$ と $v_x(t)$

10 章　連続時間 $\Delta\Sigma$ 変調器の回路設計　　**359**

$C_d$ は極性反転ののち $R_d$ を介してノード $x$ につなげる．この結果，$\phi_2$ のはじめに $v_x$ は低下する．$\phi_2$ の終わりには $C_d$ に充電された電荷がほぼ放電され，$v_x$ は図 10.32(c) のように $1/(RG_{ota})$ となる．このような動作から，クロックの 1 周期間に DAC から出力される電荷は

$$Q_{dac}[n] = \underbrace{-C_d v[n]}_{\text{初期電荷}} - \underbrace{\frac{C_d}{RG_{ota}}}_{\text{最終電荷}} \tag{10.24}$$

であるから，

$$\overline{i_{dac}(t)} = f_s C_d \left( -\bar{v} - \frac{1}{RG_{ota}} \right) \tag{10.25}$$

となる．$\overline{i_{dac}(t)} = 1/R$，$f_s C_d = 1/R$ であるから，

$$\frac{\bar{v}}{u} = STF(0) = \left( 1 - \frac{1}{RG_{ota}} \right) \tag{10.26}$$

である．(10.26) より STF の dc 利得は「ほぼ」1 倍であり，$1/(RG_{ota})$ の分だけ 1 倍からずれることがわかる．

周波数 $f_s$ でのエイリアス除去性能について求めるには，サンプリング周波数に等しい周波数の信号が変調器に入力された場合の応答を調べればよい．このため $u(t) = \cos(2\pi fst)$ とする．入力端子から引かれる電流の平均値は

$$\overline{i_{in}(t)} = \overline{\frac{\cos(2\pi f_s t) - v_x(t)}{R}} = 0 \tag{10.27}$$

である．$\overline{i_c(t)}$ と $\overline{i_{in}(t)}$ は 0 であるから，$\overline{i_{dac}(t)}$ もまた 0 となる必要がある．ここで $\overline{i_{dac}(t)}$ と $\bar{v}$ との関係を求めるため図 10.32(b) を用いる．$v_{th}$ は振幅 $1/(RG_{ota})$ の正弦波である．クロック位相 $\phi_1$ のとき $i_{dac}(t) = 0$ であり，$C_d$ は $v[n]$ に充電される．クロック位相 $\phi_2$ のとき $C_d$ は $R_x$ を介してノード $x$ に接続される．このとき図 10.32(d) に示すように仮想接地端子にはグリッチが生じる．DAC キャパシタの放電時定数は $T_s/2$ よりも十分小さい（ジッタ耐性のために必要な条件）から，$C_d$ 両端の電圧は $\phi_2$ の後半で $v_{th}$ に等しくなり $\phi_2$ の最後で $1/(RG_{ota})$ に達する．このような動作からクロック 1 周期の間に DAC から出力される電荷は，

$$Q_{dac}[n] = \underbrace{-C_d v[n]}_{\text{初期電荷}} - \underbrace{\frac{C_d}{RG_{ota}}}_{\text{最終電荷}} \tag{10.28}$$

となる. これより,

$$\overline{i_{dac}(t)} = f_s C_d \left( -\overline{v} - \frac{1}{RG_{ota}} \right) \tag{10.29}$$

である. $\overline{i_{dac}(t)}$ は 0 である必要から,

$$\overline{v} = STF(j2\pi f_s) = -\frac{1}{RG_{ota}} \tag{10.30}$$

と求まる. (10.30) より, 実際の OTA の性能を考慮した場合, 連続時間 $\Delta\Sigma$ 変調器におけるアンチエイリアス効果は劣化することがわかる[3]. この現象は, DAC キャパシタが OTA の仮想接地電圧をサンプリングしていると考えると理解しやすい. $G_{ota}$ は有限であるから, その仮想接地点の電圧には入力周波数成分が含まれており, サンプリングによって信号帯域に折り返す. エイリアス除去比は OTA のトランスコンダクタンスを増やすことにより $RG_{ota}$ を増加させれば改善するが, たとえば 20 dB の改善のためには OTA の消費電力を 10 倍としなければならない.

OTA を多段化すれば ($G_{ota}$ が増加するから) エイリアス除去性能を向上させることが可能なように思えるかもしれないが, 実際はそうではない. 連続時間 $\Delta\Sigma$ 変調器に周波数 $f_s$ の信号を入力した場合, 仮想接地点の電圧振幅は「周波数 $f_s$ での」OTA トランスコンダクタンスに依存する. この章の前半で見たとおり, 多段 OTA は低周波での利得を増加させるのみであり, エイリアス除去性能の向上には寄与しない.

これまで「平均電流」を用いた議論により, 変調器に周波数 $f_s$ の信号を入力した場合のエイリアス除去性能について調べてきた. 入力周波数が $f_s$ から若干ずれた場合においても直感的にはエイリアス除去比は $1/(RG_{ota})$ となることが期待されるが, より詳細な解析が必要である. この際, 鍵となるポイントは, ループフィルタが線形時変 (linear periodically time varying:LPTV) システムとなることであり, これによりエイリアス除去比は劣化する. 詳細は付録 C で述べる.

まとめると, SC フィードバック DAC はジッタによる影響を緩和させるために有効な方法ではあるが, 実装上の問題も存在する. そのひとつとして挙げられるのは, フィードバック波形のピークと平均との比が大きいために積分器の線型性に対する要求が厳しくなることである. また, 連続時間 $\Delta\Sigma$ 変調器に固有のアンチエイリアス特性については 20 dB 程度に制限されてしまう.

## 10.8 基本ブロックの統合化

これまでの議論で，NTF および量子化レベル数の選択により所望の帯域内 SQNR を達成する方法について考察した．また，ループフィルタの選択や積分器設計の方法についても述べた．そこでは，熱雑音と量子化雑音との割り振りについて理解した．つぎのステップとして，OTA（アクティブ RC 積分器を想定），ADC，DAC などの要素回路を設計し，変調器に組み上げた．ADC の閾値電圧における誤差は補正されるか，入力換算雑音としてモデル化される．DAC の誤差については特に注意が必要であることを 6 章で述べた．NTF に対する影響について考えるときは，量子化器は単に遅延としてモデル化される．さらに，OTA の有限利得および帯域幅がループの NTF に与える影響を理解すること，これらの影響を緩和することが重要であることを学んだ．

有限の dc ゲインと帯域幅のために，ループフィルタの積分器は理想的ではない．さらに，負荷の影響により，ループフィルタ伝達関数は所望値からずれる．したがって，実際の NTF は，所望 NTF とは異なる．このような特性により，以下のような問題が提起される．

・所望値からずれた NTF を元の特性に復元することは可能か？
・可能な場合，どのようすればよいのか？

上記の質問に対し，図 10.33 に示す 2 次 CIFF 連続時間 ΔΣ 変調器を例にして考察する．ここで，サンプリング周波数を 1 Hz としても一般性を失わない．DAC のパルス形状と過剰ループ遅延はそれぞれ $p(t)$，$t_d$ である．利得 $k_0$ のダイレクト経路により $t_d$ を補償する．

所望の NTF を達成するための連続時間ループフィルタ係数の決定に際しては，8 章で述べたように連続時間ループのサンプリングされたパルス応答と離散時間プロトタイプのインパルス応答とを一致させればよい．後者を $l[n]$ とし，

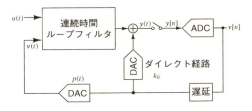

図 10.33　係数調整について説明するための 2 次 CIFF 連続時間 ΔΣ 変調器の例

そのz変換を $L(z)$ とする．連続時間フィルタのパルス応答を決定するには，図 10.34 に示すようにループを開き，過剰ループ遅延 $t_d$ だけ遅れた DAC パルスで駆動すればよい．これにより，$l_0(t)$, $l_1(t)$, $l_2(t)$ とそのサンプリングした信号を得ることができる．理想積分器を使用し NRZ パルスを想定した場合，

$$l_0[n] = \begin{bmatrix} 0 & 1 & 0 & \cdots \end{bmatrix}^T$$
$$l_1[n] = \begin{bmatrix} 0 & 1-t_d & 1 & \cdots \end{bmatrix}^T$$
$$l_2[n] = \begin{bmatrix} 0 & 0.5(1-t_d)^2 & 1.5-t_d & \cdots \end{bmatrix}^T$$

である．$k_0$, $k_1$, $k_2$ をそれぞれダイレクト経路，1つめの積分器からの経路，2つめの積分器からの経路における利得とし，$K = [k_0 \ k_1 \ k_2]^T$ とすれば，

$$\begin{bmatrix} l_0[n] & l_1[n] & l_2[n] \end{bmatrix} K = l[n], \ n \in [0, N] \tag{10.31}$$

と書ける．8章にて示したように3つの未知数を含む $(N+1)$ 個の式により，解はNにかかわらず一意に求まる．このように $l_0$, $l_1$, $l_2$ の z 変換や $L(z)$ を用いずに数値的に解くことの利点は，それぞれの値が回路シミュレータにおける過渡解析により容易に得られることにある．しかしながら，この手法を用いるためには連続時間システムの極について正確に知っていなければならない．実際には

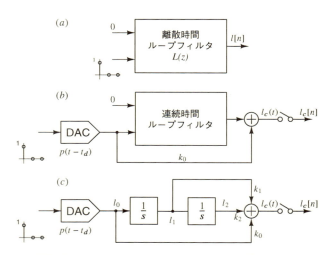

図 10.34 (a) 離散時間ループフィルタ．(b) DAC パルスで連続時間ループフィルタを駆動する．(c) $k_0$, $k_1$, $k_2$ を調整することにより，連続時間ループフィルタのインパルス応答と離散時間プロトタイプのインパルス応答とを一致させる

積分器は高次システムとなるため極を求めることは簡単な作業ではない．

係数の決定後は，8.8 節で説明したように理想 OTA を仮定したダイナミックレンジスケーリングを実行する．9 レベルの量子化器を用い，$NTF = (1 - z^{-1})^2$ とした 2 次連続時間 $\Delta\Sigma$ 変調器における係数を図 10.35 に示す．次のステップは OTA の設計である．OTA にはいくつかの性能上のメリットを有するフィードフォワード補償の 2 段構成を採用する．OTA のマクロモデルを図 10.36 に示す．このモデルを用いて実際の OTA を用いた場合の NTF を求めることができる．図 10.37 に示したように，得られた NTF は理想特性から大きく乖離している．NTF の極のうちいくつかは単位円近くに移動しており，振幅応答にピークを生じている．NTF 劣化の原因は，OTA 特性の影響で積分器に余分な遅延が発生したためである．

OTA により劣化した NTF を元の形に戻すための 1 つの方法は高速な OTA を用いることであるが，消費電力の増加を伴う．別の方法として，所望の NTF が得られるようパラメータを調整することが考えられる．ここでは図 10.35 にお

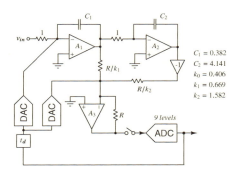

図 10.35 理想的な OTA を仮定したダイナミックレンジスケーリングを行った後の連続時間 $\Delta\Sigma$ 変調器における係数値

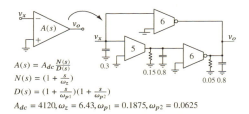

図 10.36 2 段フィードフォワード補償型 OTA のマクロモデル．（トランス）コンダクタンス（ジーメンス）および容量（ファラド）の数値を示す

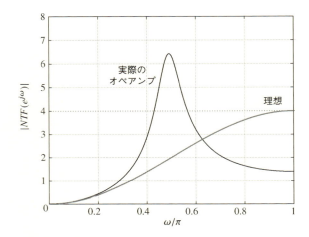

図 10.37　理想的な OTA と実際の OTA での NTF の比較

表 10.1　異なる $n$ に対して式（10.32）を解いて得た変調器の係数

| $n$ | 5 | 15 | 25 |
|---|---|---|---|
| $k_0$ | 0.8803 | 0.9670 | 1.2136 |
| $k_1$ | 0.7579 | 0.7000 | 0.5350 |
| $k_2$ | 1.8707 | 1.9308 | 2.0348 |

ける 2 次の例について，$k_0$, $k_1$, $k_2$ の調整により NTF を $(1-z^{-1})^2$ に可能な限り近づけることを考える．

　$K$ を決定するための方法として（誤りであるが）魅力的なアプローチは以下のとおりである．前述した方法と同じように，実際の OTA を使用した場合のダイレクト経路，初段積分器出力，および 2 段目積分器出力をそれぞれサンプリングしたパルス応答を求める．これらの値を得るにはレイアウト寄生抽出後に過渡シミュレーションを行えばよい．$K$ は，次式のように連続時間ループフィルタ出力のサンプリング値と，プロトタイプフィルタの応答とが一致する条件から求める．

$$\underbrace{\begin{bmatrix} l_0[n] & l_1[n] & l_2[n] \end{bmatrix}}_{\text{（回路図または寄生抽出結果の）シミュレーションにより求める}} K = l[n] \tag{10.32}$$

　式（10.32）を見ると，前回同様 3 つの未知数に対し $(n+1)$ 個の式がある．理想積分器を仮定した場合には $K$ の解は $n$ に関わらず一意に求められる．しかしながら実際の OTA では，表 10.1 に示すように，$n$ の取り方により $K$ の値は異な

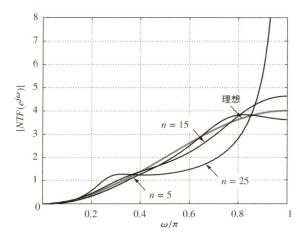

図 10.38 式 (10.32) において $n = 5, 15, 25$ とした場合の $K$ から計算した NTF

る.この結果図 10.38 に示したように $n$ によって NTF も変化する.結局のところこの方法では適切な $K$ を求めることはできない.

$K$ が一意に決まらない原因は,OTA が有限利得であるばかりでなく内部の寄生素子に起因する複数の極や零点を持つためである.これにより例として挙げた2次のループフィルタは実際には高次システムとなる.(10.32) は連続時間フィルタのパルス応答を離散時間プロトタイプに合わせるための式であるが,ループフィルタの高次化により (10.32) では近似解しか得られない.また,$K$ を一意に決めることもできない.さらに,(10.32) は悪条件であり,その結果 $K$ は $N$ によって大きく変化することからこの式を用いることは適切ではない.この手法の問題は,次に述べる閉ループフィッティング法[4]によって解決される.

### 10.8.1 閉ループフィッティング

閉ループフィッティングは,連続時間フィルタの開ループインパルス応答を $l[n]$ に合わせるのではなく,$NTF(z)(1 + L(z))$ を 1 になるべく近づける方法である.連続時間 $\Delta\Sigma$ 変調器の NTF は,等価的な離散時間ループフィルタの伝達関数 $L(z)$ と以下の関係にある.

$$\underbrace{NTF(z)}_{h[n]} = \frac{1}{1 + \underbrace{L(z)}_{k_0 l_0[n] + k_1 l_1[n] + k_2 l_2[n]}} \tag{10.33}$$

(10.33) を時間領域で表すと,

$$h[n] + (k_0 l_0[n] + k_1 l_1[n] + k_2 l_2[n]) * h[n] = \delta[n] \tag{10.34}$$

となる．ただし $h[n]$ は NTF のインパルス応答に相当し，$*$ は畳み込み演算を示す．$h_0[n] = l_0[n] * h[n]$, $h_1[n] = l_1[n] * h[n]$, $h_2[n] = l_2[n] * h[n]$ と置くと，前式は

$$h[n] + k_0 h_0[n] + k_1 h_1[n] + k_2 h_2[n] = \delta[n] \tag{10.35}$$

と書き直せる．したがって，

$$\begin{bmatrix} h_0 & h_1 & h_2 \end{bmatrix} K = \delta[n] - h[n] \tag{10.36}$$

と書ける．(10.36) に示された方程式の組を用いて $K$ を求めることができる．異なる $N$ において求めた $K$ を表 10.2 に示す．

図 10.39 は (10.36) において $N = 5, 15, 25$ として求めた係数から NTF 振

表 10.2 (10.36) を異なる $N$ において解いて得られた変調器係数

| $N$ | 5 | 15 | 25 |
|---|---|---|---|
| $k_0$ | 0.9023 | 0.9003 | 0.8988 |
| $k_1$ | 0.7420 | 0.7423 | 0.7425 |
| $k_2$ | 1.9093 | 1.9010 | 1.8951 |

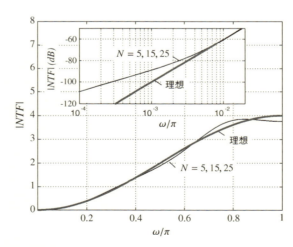

図 10.39 NTF の大きさ：理想 NTF と，(10.36) において $N = 5, 15, 25$ として求めた係数から導いた NTF．図中拡大部分は信号帯域内におけるチューニング後の NTF と理想 NTF との比較である．$\omega/\pi \approx 0.005$ 以下におけるチューニング後の NTF は，積分器有限利得の影響により 1 次のシェイピング特性となっている

幅特性を導いた結果である．それぞれの結果はほぼ重なっており，かつ所望特性に近い．したがってここでの手法が所望 NTF を得るために有効であることがわかる．図中拡大部分は信号帯域内におけるチューニング後の NTF と理想NTF（40 dB/dec）との比較である．$\omega/\pi \approx 0.005$ 以下におけるチューニング後の NTF は，積分器有限利得の影響により 1 次のシェイピング特性となっている．

ここで，開ループでフィッティングした結果がほとんど使い物にならないのに対し，閉ループで求めた結果が安定的な理由について考える．$L(z)$ の極は単位円近くにあり，$l_0[n]$, $l_1[n]$, $l_2[n]$ は $L(z)$ の極の位置の変化にきわめて敏感である．たとえば，理想積分器では $n$ が大きくなると $l_2[n] \propto n$ となるのに対し，有限利得の積分器では $l_2[n] \rightarrow 0$ となる．（10.32）において最小自乗法で $[l_0\ l_1\ l_2]K - 1$ のノルムを最小化するとき，有限利得によって $l_2$ に生ずる誤差は $n$ とともに大きくなるから，$k_2$ も $N$ とともに増加する（表 10.1 でもこの傾向が見られる）．$n$ が大きいときの（大きな $k_2$ による）誤差を軽減するためには $k_1$ と $k_0$ も $n$ とともに変化する必要がある．すなわち（10.32）から求めた係数の不確かさは単位円に近い極の位置に対する $l_0$, $l_1$, $l_2$ の感度に起因しているといえる．

（10.36）における $h_0$, $h_1$, $h_2$ は，以下に述べるような理由により $l_0$, $l_1$, $l_2$ の変化にそれほど敏感ではない．簡単のため，NTF の零点は全て $z = 1$ に存在すると仮定する．理想積分器では NTF の零点と $L_i(z)$ の極とがキャンセルするため $h_i[n] = l_i[n] * h[n]$ は FIR 特性である．単位円付近にある $L_i(z)$ の極が $\Delta z$ だけずれた場合にはこのキャンセルが完全には行われないが，（$l_i$ が大きな影響を受けたとしても）$h_i$ に対する影響は無視できるレベルである．図 10.34 に示した 2 次変調器において，OTA の dc 利得が無限大と 35 の場合における $l_2$ と $h_2$ を図 10.40 に示す．$l_2$ は OTA 利得によって大きな差があるが，$h_2$ はほとんど一致している．

ここまでの議論をまとめる．ループフィルタ OTA における有限帯域の影響により NTF は所望値から大幅にずれ，場合によっては変調器を不安定にする．この影響を軽減するために，ループフィルタのパルス応答のサンプリング値が離散時間プロトタイプに一致するように係数チューニングを行う．この際，OTA の有限利得を考慮した上でループフィルタ応答を求める．（10.36）に示した係数チューニングは扱いやすくロバストな方法である．$l_i[n]$ は短時間のトランジェントシミュレーションから求めることができ，レイアウト寄生成分を含むネットリストを用いれば寄生素子や DAC パルス形状を考慮した解析ができる．$l_i$ と $h$ との畳み込みを利用したことによりフィルタ係数は（10.36）における最小自乗法のサンプル数にあまり影響されない．これらの特徴から，（10.36）による係数

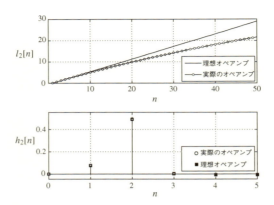

図 10.40　理想オペアンプと実際のオペアンプにおける $l_2[n]$ と $h_2[n]$．オペアンプの非線形性により $l_2[n]$ は大きな影響を受けるが，$h_2[n]$ はほとんど変化しない

チューニングでは所望 NTF に近い特性が得られる．また，この手法は積分器負荷による $l_i$ への影響も $k_0$，$k_1$，$k_2$ のチューニングにより緩和できる．この影響は 2 次的なものであるが，チューニングを反復的に行うことで対応可能である．

係数チューニングにより OTA 有限帯域の影響を緩和できるのであれば，わざと OTA を遅くするとこで連続時間 ΔΣ 変調器の消費電力を削減できるのではないかという興味が出てくる．このような設計手法は不可能ではないものの，やりすぎると主に 2 つのデメリットを生ずる．1 つめは NTF が OTA 帯域の変動に対しより敏感になることである．この結果は，NTF が寄生容量に対して高い感度を有することを意味する．アクティブ RC 積分器では OTA 仮想接地ノードの電圧がゼロであるときにのみ寄生キャパシタンスに不感であるが，有限帯域 OTA ではこの利点が失われてしまう．2 つめの問題は，歪みの増加である．10.9 節で述べるように OTA から流れ出る非線形電流は内部ノード電圧の 3 乗に比例する．OTA 帯域の減少により仮想接地ノード振幅（と他の内部ノード振幅）が増加するから，ループフィルタの歪みが増加し，結果として信号帯域内雑音が増加する．したがって OTA の帯域は消費電力と歪みとのトレードオフの関係を考慮し決めなければならない．もちろん技術者であればこのようなトレードオフの解決は日常茶飯事である．

## 10.9　ループフィルタの非線形性

これまでの議論ではループフィルタは完全に線形であると仮定していたが，実

際のループフィルタには弱い非線形性が存在する．図 10.41 はループフィルタの非線形性を考慮した場合の連続時間 ΔΣ 変調器モデルである．このモデルでは量子化器部分を量子化雑音の加算としてモデル化している．本節では，ループフィルタの非線形性が変調器の特性をどの程度劣化させ，その劣化の影響を軽減するためにはどのような方法を用いればよいのかについて考察する．

ここで，詳細な議論に入る前にループフィルタにおいて非線形性がどのように現れるかについて考える．OTA は図 10.42 に示したようにトランスコンダクタを用いて構成される．弱い非線型性を有する完全差動構成では，トランスコンダクタ出力電流は以下のように表される．

$$i = G(v) = \begin{cases} g_m v - g_3 v^3 & , \ |v| \leq \sqrt{\frac{g_m}{3g_3}} \\ \pm i_{max} & , \ 上記以外の場合 \end{cases}$$

「弱い」非線形性という意味は，それぞれのトランスコンダクタ入力電圧が小さく，3 次歪み成分 $g_3 v^3$ が $|g_3 v^3| \ll |g_m v|$ であることを示す．これらの仮定は簡

図 10.41　ループフィルタに弱い非線形性が存在する場合の連続時間 ΔΣ 変調器モデル

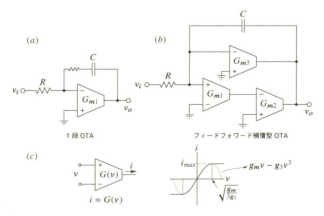

図 10.42　弱い非線形性を有する（a）1 段 OTA（b）フィードフォワード補償型 OTA．（d）弱い非線形性を有するトランスコンダクタの簡易モデル

単化のために行ったものであるが，非線形性が存在する変調器の性能を調べるのに十分である．ここでの目標は，ループフィルタを構成するそれぞれのトランスコンダクタにおける $g_m$, $g_3$ が与えられたとき，連続時間 $\Delta\Sigma$ 変調器の信号帯域内 SQNR を求めることである．複雑な計算によらず直感的な理解を得るために図 10.43(a) に示す 1 次の変調器について考える．積分器は 1 次の OTA を用いて構成されており，OTA の利得は有限である．また，図 10.43(b) に示すように OTA の入出力には寄生容量 $c_m$ と $c_o$ が存在する．

図 10.43 に示したシステムは入力信号 $u(t)$ と $e[n]$ により駆動される弱非線形システムである．このシステムにおける出力 $v[n]$ を得るため，ループフィルタの動作を記述する接点方程式を求める．内部ノードの電圧を $x_1$, $x_2$, $x_3$ とすると，

$$\overbrace{\begin{bmatrix} c_m & 0 & 0 \\ 0 & c_1 & -c_1 \\ 0 & -c_1 & c_1+c_o \end{bmatrix}}^{C\dot{x}} \begin{bmatrix} \dot{x}_1 \\ \dot{x}_2 \\ \dot{x}_3 \end{bmatrix} + \overbrace{\begin{bmatrix} (2g+g_m) & -g_m & 0 \\ -g_m & g_m & 0 \\ g_m & 0 & g_o \end{bmatrix}}^{Gx} \begin{bmatrix} x_1 \\ x_2 \\ x_3 \end{bmatrix} + \overbrace{\begin{bmatrix} 0 & 0 & 0 \\ 0 & 0 & 0 \\ -g_3 & 0 & 0 \end{bmatrix}}^{G_3 x^3} \begin{bmatrix} x_1^3 \\ x_2^3 \\ x_3^3 \end{bmatrix}$$

$$= \underbrace{\begin{bmatrix} g & g \\ 0 & 0 \\ 0 & 0 \end{bmatrix}}_{[F_1 \quad F_2]} \begin{bmatrix} u(t) \\ v(t) \end{bmatrix}$$

$$v(t) = \underbrace{\sum_n y[n]p(t-nT_s)}_{y_{dac}(t)} + \underbrace{\sum_n e[n]p(t-nT_s)}_{e(t)}$$

となる．上式を行列形式で書き直すと

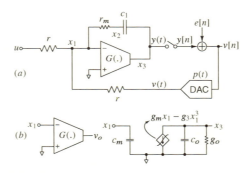

図 10.43 (a) 弱い非線形性を持つ積分器を用いた CT-MOD1 (b) OTA のモデル

10 章　連続時間 $\Delta\Sigma$ 変調器の回路設計　　371

$$C\dot{x} + Gx + G_3x^3 = \begin{bmatrix} F_1 & F_2 \end{bmatrix} \begin{bmatrix} u(t) & v(t) \end{bmatrix}^T$$
$$v(t) = y_{dac}(t) + e(t) \tag{10.37}$$

である．ただし，下記のような条件がある．

- $x$ はループフィルタのノード電圧を示す縦ベクトル
- $C$ はキャパシタンス行列，$G$ と $G_3$ はコンダクタンス行列，$F_1$ と $F_2$ は入力行列
- $x^3$ はノード電圧の 3 乗を示す縦ベクトル
- $y_{dac}(t) = \sum_n y[n]p(t - nT_s)$，$e(t) = \sum_n e[n]p(t - nT_s)$．今回の例では $y[n] = x_3[nT_s]$ であるが一般的には $y[n]$ は他のノード電圧にも依存する．

（10.37）は非線形微分方程式の集合であり，$u(t)$ および $e(t)$ によって励起されるシステムとしての変調器の動作を記述している．非線形性は $G_3$ によって表されるが，この項があるために方程式を解くことは困難である．しかしながら，$G_3x^3$ が $G_x$ や $C_x$ に比べ十分小さいという弱い非線形性を仮定することで近似的な解法が適用できる．以下に近似解法の直感的な説明を示す．

はじめに，利得 $k_1$ を持つ線形増幅器の入力に信号 $u$ を印加した場合について考える．このとき，増幅器出力 $y$ は $y = k_1u$ である．ここで，増幅器入力を $\alpha$ 倍して $\alpha u$ とした場合の出力は $\alpha y = \alpha k_1u$ となる．次に，増幅器が弱い非線形性を有し，伝達特性が $y = k_1u + k_3u^3$ で表される場合に $\alpha u$ を印加すると増幅器出力 $\hat{y}$ は，

$$\hat{y} = \underbrace{\alpha k_1u}_{\text{線形成分}} + \underbrace{\alpha^3 k_3u^3}_{\text{3次成分}} \tag{10.38}$$

と表される．この式より，$\hat{y}$ は $\alpha$ 倍にスケーリングされた線形項と，（非線形性により）$\alpha^3$ 倍にスケーリングされた項との和で表されることが分かる．一般的に，飽和が穏やかであり奇数次の非線形性を有する増幅器では，$u$ が十分小さければ 4 次以上の高次の項が無視でき，その特性は（10.38）で十分に表現できる．

このような前提に立って CT-MOD1 について考えると，$x(t)$（ノード電圧ベクトル）は次式のように線形成分と非線形成分との和で近似できる．

$$x(t) \approx \underbrace{x^{(1)}(t)}_{\text{線形成分}} + \underbrace{x^{(3)}(t)}_{\text{3次非線形成分}} \tag{10.39}$$

OTA が 3 次の非線形性を有するから，$G_3$ の項から得られた非線形項 $x^{(3)}(t)$ で

は3次の歪み成分が支配的である．ここでの解析で重要な点は，システムの入力（$u$ と $e$）が $\alpha$ 倍にスケーリングされた場合に $v$ がどのような値となるかを調べることである．ループフィルタが完全に線形であれば $x$ と $v$ は単純に $\alpha$ 倍にスケーリングされる．しかしながら，ループフィルタに非線形性がある場合線形成分は $\alpha$ 倍にスケーリングされる一方，3次歪み成分は $\alpha^3$ 倍にスケーリングされる．したがって，

$$x(t) \approx \alpha x^{(1)}(t) + \alpha^3 x^{(3)}(t) \tag{10.40}$$

と書ける．(10.37) においてスケーリングされた入力信号 $\alpha u$ と $\alpha e$ を与えると，

$$C\left[\alpha \dot{x}^{(1)} + \alpha^3 \dot{x}^{(3)}\right] + G\left[\alpha x^{(1)} + \alpha^3 x^{(3)}\right] + G_3\left[\alpha x^{(1)} + \alpha^3 x^{(3)}\right]^3$$
$$= \begin{bmatrix} F_1 & F_2 \end{bmatrix} \begin{bmatrix} \alpha u(t) & \alpha y_{dac}^{(1)}(t) + \alpha^3 y_{dac}^{(3)}(t) + \alpha e(t) \end{bmatrix}^T$$

となるから，$\alpha$ の1次と3次の成分が両辺において等しくなる条件から，

$$C\dot{x}^{(1)} + Gx^{(1)} = \begin{bmatrix} F_1 & F_2 \end{bmatrix} \begin{bmatrix} u(t) & y_{dac}^{(1)}(t) + e(t) \end{bmatrix}^T \tag{10.41}$$

$$C\dot{x}^{(3)} + Gx^{(3)} + G_3(x^{(1)})^3 = \begin{bmatrix} F_1 & F_2 \end{bmatrix} \begin{bmatrix} 0 & y_{dac}^{(3)}(t) \end{bmatrix}^T \tag{10.42}$$

が得られる．(10.41), (10.42) はどちらも線形な方程式である．(10.41) は OTA が線形である場合の式であり，図 10.44(a) に示したように $g_3 = 0$ とすることで得られる．(10.41) より $x^{(1)}(t)$, $y_{dac}^{(1)}$, $v^{(1)}[n]$ が求められる．すなわち，

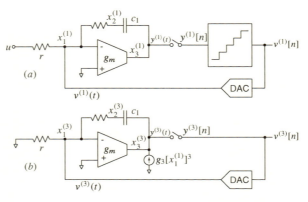

図 10.44 (a) ループフィルタの非線形性がない場合の CT-MOD1 (b) $u = 0$ とし，量子化器をバイパスさせ，非線形電流を注入した CT-MOD1

$v^{(1)}[n]$ はCT-MOD1 において入力に $u(t)$ を印加し，ループフィルタの非線形性をオフとしたときの変調器出力に相当する．

（10.42）も同様に CT-MOD1 に関する線形方程式であるが，$u$ と $e$ がゼロである点が（10.41）とは異なる．$u$ と $e$ により励起する代わりに，CT-MOD1 は図 10.44 (b) に示すように OTA 出力部に接続された電流源で励起される．電流源の電流値は，$x^{(1)}(t)$ が入力されたときにループフィルタの 3 次の非線形性により発生する電流である．$x^{(1)}(t)$ は線形 OTA を用いた CT-MOD1 におけるノード電圧であり既知の値である．図 10.44 (b) について解析することで $x^{(3)}(t)$ と $v^{(3)}[n]$ を求めることができ，$v^{(3)}$ は $[x^{(1)}]^3$ の関数となる．また，$x^{(1)}$ は $u$ と $e$ の線形結合で表される．したがって，$[x^{(1)}]^3$ は信号の歪み成分，シェイピングされた量子化雑音が変調されることで生じるノイズフロアの上昇分，および $u \cdot e^2$，$u^2 \cdot e$ などの混変調成分を含む．

ここまでの議論により図 10.41 に示した弱非線形システムの出力は

$$v[n] \approx v^{(1)}[n] + v^{(3)}[n] \tag{10.43}$$

と表される．ここで $v^{(1)}[n]$ と $v^{(3)}[n]$ はそれぞれ図 10.44 (a) と (b) から求められる．以上の結果は非線形 OTA を用いた CT-MOD1 を仮定して導いたものであるが，同様の議論は高次連続時間 $\Delta\Sigma$ 変調器にも適用可能である．

まとめると，連続時間 $\Delta\Sigma$ 変調器におけるループフィルタに弱い非線形性が存在する場合，その影響は次のような手順で求められる[5]．

a．非線形性が存在しない場合における連続時間 $\Delta\Sigma$ 変調器の出力シーケンス $v^{(1)}[n]$ を求める．すなわち全ての非線形素子において $g_3 = 0$ として変調器出力を求める．

b．入力 $u$ をゼロ，量子化器をバイパスし，非線形電流 $g_3[x_1^{(1)}]^3$ を「線形変調器」に注入する．このときの変調器出力シーケンス $v^{(3)}[n]$ を求める．

c．$v^{(1)}[n] + v^{(3)}[n]$ の PSD（パワースペクトル密度）を求め，信号帯域 SNR を見積もる．これにより，量子化雑音とループフィルタの非線形性の両方を考慮した SNR が求まる．

このような手順により，$v^{(1)}[n]$ は理想変調器の出力信号に一致し，$v^{(3)}[n]$ はループフィルタの非線形性による誤差成分に一致することがわかる．$v^{(3)}[n]$ は CT-MOD1 に非線形電流を注入することで得られるから，ここでの手法は「電流注入法」と呼ばれる．

図 10.45 (a) はサンプリング周波数 6.144 MHz で動作する 3 次 9 値 CIFF 連続時間 $\Delta\Sigma$ 変調器である．この変調器での OTA は 2 段構成であり，フィード

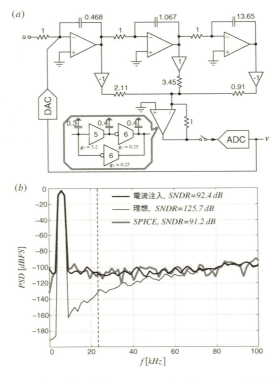

図 10.45 (a) サンプリング周波数 1 Hz，インピーダンス 1 Ω で規格化した 3 次 CIFF 連続時間 ΔΣ 変調器 (b) 非線形性のない理想変調器，非線形性のある場合の SPICE シミュレーションおよび電流注入法によるスペクトルの比較

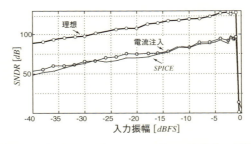

図 10.46 弱い非線形性を有するループフィルタを用いた変調器と理想変調器での SNDR の比較．電流注入法は SPICE シミュレーションとよく一致している

フォワード補償を用いている．図中各素子のパラメータはサンプリング周波数 1 Hz，積分抵抗 1 Ω で規格化した値である．同図 (b) に示したスペクトルでは 24 kHz 帯域での SNDR は 125 dB である．これに対し弱い非線形性を有する OTA を用いた場合 SNDR は 91 dB まで低下する．SPICE による解析と電流注入法による結果はよく一致している．同様に SNDR プロット（図 10.46）でも両者はほぼ一致している．

### 10.9.1 ループフィルタの線型性を改善するための回路設計手法

この節の前半では，ループフィルタの非線形性を介して入力信号と量子化雑音とが相互作用し，連続時間 ΔΣ 変調器の SNDR を低下させるメカニズムについて述べた．低歪み動作の鍵は，ループフィルタを構成するトランスコンダクタによって注入される非線形電流を低減することである．非線形電流の低減方法についてはいくつか考えられるが，最も直接的な方法はトランスコンダクタンスの大きな（多段）OTA を用いることである．大きなトランスコンダクタンスにより OTA 内部ノードの電圧振幅が減少するため，非線形電流が軽減され非線形性に起因する雑音を減少させることができる．

非線形性に起因する歪みを軽減するための別の方法としてフィードフォワードを用いることもできる．この手法を説明するため，OTA-RC 積分器をシングルビット連続時間 ΔΣ 変調器の入力部に使用した例を図 10.47 に示す．はじめに，図中「補助回路」と書かれた部分がないものとして考える．抵抗切替型 NRZ DAC の出力電圧が電源・グラウンド間の振幅を持つとする．このとき，OTA が理想的（$G_{ota} \to \infty$）であれば仮想接地ノードの電圧はゼロであり積分容量に流れ込む電流は $(u+v)/R$ である．この電流は OTA が全て吸収する．実際には OTA は有限利得であるから $v_x$ はある程度の振幅を持つ．また，OTA の帯域も無限ではないので仮想接地ノードの電圧振幅はさらに大きくなる．このように仮想接地ノードの振幅が大きくなると，電流注入法の原理から分かるとおり非線形電流が増加するから連続時間 ΔΣ 変調器の線型性を悪化させる．

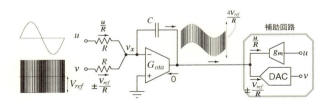

図 10.47　補助回路を用いたオペアンプ積分器

前記仮想接地ノードでの電圧振幅は以下に示すような方法により削減できる．フィードバック信号 $v$ と変調器入力信号は既知であるから OTA が吸収すべき電流も予測できる．したがって $(u + v)/R$ なる電流は図 10.47 の右側に示した「補助回路」によっても吸収させることができる．すなわち補助回路中のトランスコンダクタ $g_m = 1/R$ は入力信号成分 $u/R$ を生成し，電流出力型 DAC がフィードバック DAC 成分 $v/R$ を生成する．これにより OTA が吸収すべき電流が補助回路により吸収されることになるから，OTA に流れ込む電流はゼロとなる[6]．これにより $v_x$ はゼロであるから積分器における速度と歪みの問題が解決できる．なお実際には入力電流と補助回路電流は完全には一致しないため，これらの差分を OTA が吸収する．

補助回路が発生する雑音や歪み成分については，OTA 出力部に加算される．このためこれらの誤差成分は入力 $u$ に換算すれば $1/RG_{ota}$ に減衰するから大きな問題とはならない（$RG_{ota}$ は適切に設計された積分器では大きい値を取るはずである）．

図 10.47 において $u$ と $v$ をゼロと置くと補助回路が除去されるから，積分器の極配置は補助回路がない場合と同じである．したがって補助回路を用いたことによる安定性への影響はない．最後に，補助回路を追加したことによる消費電力の増加について考える．シングルビット変調器の場合は補助回路の働きによりオペアンプは大きな電流（入力電流とフィードバック電流の差分）を扱う必要がなくなることから全体として電力はあまり増加しない．一方マルチビット変調器または FIR DAC を用いた変調器の場合には補助回路を用いない場合のオペアンプの消費電力よりも補助回路の消費電力の方が大きくなり得る．

## 10.10　16 ビットオーディオ用 ΔΣ 変調器の設計事例

本節では 16 ビット分解能を有する 24 kHz 帯域の連続時間 ΔΣ 変調器の設計事例について述べる[7]．使用するプロセスは 180 nm CMOS であり，電源電圧は 1.8 V である．設計のはじめに決定すべきは変調器アーキテクチャである．180 nm プロセスは 24 kHz 帯域を実現するためには十分に高速なプロセスであり，$OSR = 128$ としても $f_s = 6.144\,\mathrm{MHz}$ であるから速度的な問題はない．アーキテクチャを決定する上では次数，サンプリング周波数，量子化レベルなどたくさんのパラメータを考慮する必要があるが，それらを決定することは容易ではない．以下で述べる方法は測定結果によって正当性を担保されたひとつのやり方である．

これまでは，高解像度連続時間 ΔΣ 変調器は多値量子化器を用いて実現することが一般的であった．この理由は以下のような特徴に基づく．

a．低いサンプリング周波数：
　所望の帯域内 SQNR を達成するために必要なサンプリング周波数は，量子化レベルの多値化により減少する．また，多値化により NTF をより急峻にすることができるから，サンプリング周波数をさらに低下させることができる．
b．クロックジッタに対する感度の低下：
　多値化によりフィードバック波形のステップサイズが小さくなる（NRZ DAC パルスを仮定）ため，9.5 節で説明したようにクロックジッタに対する感度が低下する．
c．ループフィルタにおける線型性の向上：
　多値 DAC の場合，入力波形とフィードバック波形の差は小さくなる．これによりループフィルタによって処理される信号のピーク振幅が小さくなるから，消費電力を増加させることなく線型性を改善することができる．

　確かに，上記の特徴は有用である．しかしながら，マルチビット量子化器のデメリットについても考慮しなければならない．まず，フラッシュ ADC を使用してループフィルタ出力をデジタル化する場合，回路規模がビット数とともに指数関数的に増加する．また，図 10.21 において説明したとおり，コンパレータ内のランダムオフセットをステップサイズよりも十分値小さくしなければならない．このため何らかの形でオフセット補正を行う必要があり，消費電力や設計の複雑度が増加する．さらに，量子化器を構成するコンパレータが低消費電力で動作するとしても，クロック生成と分配のために大きな電力を消費する場合もあり，これらの影響をアーキテクチャ設計の段階で見積もることは困難である．フィードバック DAC においてはマルチビット化により素子ミスマッチが帯域内 SNDR に影響するようになり，キャリブレーションやダイナミックエレメントマッチング（DEM）を使用する必要が生じる．すなわち，さらなる消費電力の増加，設計複雑性の増加をもたらす．一方，シングルビット量子化器を用いる場合にはフィードバック DAC は本質的に線形であり，量子化器設計は非常に簡単になる．コンパレータオフセットの影響もほとんどない．また，シングルビット構成では出力シーケンスにかかわらずループフィルタ出力をスケーリングできるから，コンパレータを駆動する積分器の設計も容易である．シングルビット構成のデメリットは，２値のフィードバックが常にフルスケール電圧振幅で行われることであり，ループフィルタの線型性に対する要求が高いこととジッタに対する感度が高いことである．
　ここまでの考察により，マルチビットループではループフィルタ設計を単純化

する代わりに複雑な量子化器を要求することが分かる．シングルビットの場合はこの逆が成り立つ．これらの特徴から，近年ではシングルビット構成で線型性とジッタ耐性を向上させる研究が行われている．ひとつのアプローチとしては前述した補助回路付きオペアンプによる積分器であるが，これだけではジッタ耐性の向上はできない．

別の方法として考えられるのは，FIR フィードバック DAC の採用である．9.5 節で述べたとおり，FIR DAC によりジッタ耐性と線型性の両方を向上させることができる．9.31(b) のようなデジタル回路をベースとした FIR DAC は素子ミスマッチの影響を受けることなく本質的に線形である．また，量子化器はシングルビットであるから，ADC は容易に設計でき消費電力も小さい．したがってシングルビット量子化器と FIR DAC との組み合わせはシングルビット構成，マルチビット構成の両者の利点を有すると言える．FIR フィードバックにはディレイが存在し変調器を不安定にする可能性があるが，前章で述べたように適切な補償を施すことで所望の NTF が実現できる．

以上の検討から，今回の設計では FIR フィードバックを用いたシングルビット変調器を採用する．また，アイドルトーン防止のためループ次数は 3 次とする．NTF は帯域外利得 1.5 倍の最大平坦特性であり，OSR を 128 としたときの SQNR は 110 dB である．このような構成を前提とし，次にループフィルタ構成の選択を行う．

FIR 連続時間 ΔΣ 変調器を設計するためのプロトタイプは図 10.48 に示すようなシングルループ構成である．NTF に複素零点を持たせるために $I_1$, $I_3$ の周りで弱いフィードバックを行っているが，図には示していない．3 次のループフィルタは縦続接続された積分器にフィードフォワードとフィードバックを施す（CIFF-B）ことで実装している．このようなループフィルタ構成には 8 章で述べたとおりいくつかの利点がある．すなわち CIFB 構成と同様に量子化器の周りの高速パス（$DAC_2$, $I_1$）と，高ゲインパス（$I_1$, $I_2$, $I_3$）はそれぞれ独立に最

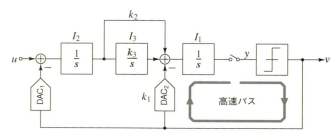

図 10.48　$f_s = 1\,Hz$ で正規化したシングルループ変調器プロトタイプ

適化できる．また，フィードフォワードにより $I_2$ 出力には入力信号周波数成分がほとんど含まれないため，（ダイナミックレンジスケーリング後の）$I_2$ の低周波利得を高く設定できる．これにより，CIFF 構成と同様に後段の誤差成分が入力換算では大幅に軽減される．すなわち，CIFF-B 構成は CIFF, CIFB 両方の利点を持つ．$v$ から $y$ までのループフィルタ利得は，

$$L_{1,ct}(s) = \frac{k_1}{s} + \frac{k_2}{s^2} + \frac{k_3}{s^3} \tag{10.44}$$

である．

図 10.49 に示したとおり，図 10.48 に示すプロトタイプにおける最外周のフィードバック DAC を伝達関数 $F(z)$ の $N$ タップ FIR DAC に置き換える．レイアウトを簡単にするため FIR フィルタの全てのタップ係数は等しくする．また，信号帯域内 STF を 1 とするために $F(z)$ の dc 利得を 1 とする．$F(z)$ による遅延を補償するための補償用 FIR DAC の伝達関数は $F_c(z)$ であり，補償用 DAC 出力は $I_1$ 入力部に加算される．図 10.48 と 10.49 の NTF を等しくするためには 9 章で示した手法により以下のようにすればよい．

a. $\hat{k}_3 = k_3$
b. $\hat{k}_2 = k_2 + \frac{k_3}{2}(N-1)$
c. $F_c(z)$ は $N$ タップ FIR フィルタ

ただし ^ の付く係数は FIR DAC を用いた変調器における係数を示す．

上式のように $k_2$ を調整し，$F_c(z)$ 出力を $I_1$ 入力に加算することによりプロトタイプ NTF と全く等しい NTF が得られる．$F_c$ の係数は解析的に求めるか，

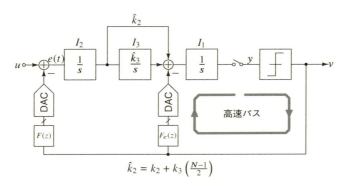

図 10.49 FIR DAC を用いた連続時間 $\Delta\Sigma$ 変調器プロトタイプの正規化表現．$F_c(z)$ は補償 DAC を示す．全てのタップ係数は等しいと仮定している

10.8節での数値解析により求めればよい．

### 10.10.1 FIR DACにおけるタップ数

FIR DACのタップ数を増やせば量子化雑音に対するフィルタリング特性が向上するため，タップ数は可能な限り多くしたくなるかもしれない．タップ数$N$を増やせば誤差信号$e(t)$（図10.49）は減少し，ループフィルタでの電圧振幅が削減され，線型性が向上するものと考えられる．このような傾向は$N$が小さければ成り立つ．しかしながら$N$がある程度以上大きくなると，以下に述べるような理由により$|e(t)|$が減らなくなる．前節で述べたように$\hat{k}_2$と$F_c(z)$はどちらも$N$ともに増加する．$\hat{k}_2$の増加により信号伝達関数にピークが生じるから，$v(t)$における信号周波数成分が大きくなり，さらにその位相は$u(t)$からずれる．したがって，確かに$N$の増加で量子化雑音は軽減されるものの，ある点を境に$|e(t)|$は増加に転じる．また，$F_c(z)$におけるdc利得の増加は補償DAC出力における信号周波数成分の増加を意味するから，ダイナミックレンジスケーリングのために$I_3$のユニティゲイン周波数を下げなければならないことになる．さらに，タップ数を増やすことでクロック生成・分配に要する消費電力が増加するというデメリットも生じる．

したがって，FIR DACで使用されるタップ数の最適値は，ループフィルタトポロジ（STFに影響する）と入力信号周波数に依存する．CIFF-B設計では，STFピークの許容量，タップ数増加による消費電力の増加，$F_c(z)$でのdc利得の増加による$I_3$設計へのインパクト，の3つの項目間にトレードオフが存在する．図10.50はCIFBとCIFF-Bにおける$e(t)$（FIRフィルタを用いない場合の値で規格化している）のシミュレーション結果である．この図より，前記

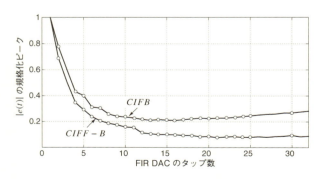

図10.50 CIFBおよびCIFF-Bアーキテクチャの場合における，ループフィルタ入力のピーク振幅とタップ数との関係

トレードオフの最適解が 12 タップ近辺であることがわかる.

### 10.10.2　FIR DAC を用いた変調器での状態空間モデルとシミュレーション

本項では，ΔΣ ツールボックスにおいて FIR DAC 型連続時間 ΔΣ 変調器をモデル化，シミュレーションする方法について述べる．この目的のため，ループフィルタ部分を図 10.51 のように書き換える．概念的には，ループフィルタはメイン FIR フィルタ $F(z)$ の出力 $v_1$ と補償 FIR フィルタ $F_c(z)$ の出力 $v_2$ により駆動される連続時間システムを含む．図 10.51 における連続時間ループフィルタの状態空間表現は以下のように書ける．

$$A_c = \begin{bmatrix} 0 & \hat{k}_2 & \hat{k}_3 \\ 0 & 0 & 0 \\ 0 & 1 & 0 \end{bmatrix}, \quad B_c = \begin{bmatrix} 0 & 0 & -1 \\ 1 & -1 & 0 \\ 0 & 0 & 0 \end{bmatrix}$$

$$C_c = \begin{bmatrix} 1 & 0 & 0 \end{bmatrix}, \quad D_c = \begin{bmatrix} 0 & 0 & 0 \end{bmatrix}$$

ループフィルタと DAC とで構成されるシステムは離散システムとしての表現が可能であり，すでに述べたように $x$, $A_d$, $B_d$, $C_d$, $D_d$ により記述する．

次に，FIR フィルタの部分について考える．2 つの FIR フィルタはどちらも $N$ タップであるから，$(N-1)$ 個の状態が新たに追加される．図 10.52 のように 2 つの FIR DAC を 1 入力 2 出力システムとして表すと，その状態は

$$x_{fir} = \begin{bmatrix} x_{f1} & \cdots & x_{f,(N-1)} \end{bmatrix}^T \tag{10.45}$$

と表現できる．これより，状態空間表現は

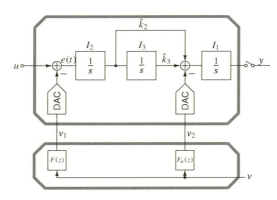

図 10.51　ループフィルタと FIR DAC を複合システムとして取り扱う場合のブロック図

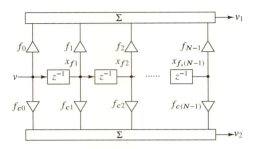

図 10.52 主および補償用 FIR DAC の状態空間表現

$$x_{fir}[n+1] = \underbrace{\begin{bmatrix} 0 & 0 & \cdots & 0 & 0 \\ 1 & 0 & \cdots & 0 & 0 \\ 0 & 1 & \cdots & 0 & 0 \\ \vdots & \vdots & & \vdots & \vdots \\ 0 & 0 & \cdots & 1 & 0 \end{bmatrix}}_{A_{fir}} x_{fir}[n] + \underbrace{\begin{bmatrix} 1 \\ 0 \\ \vdots \\ 0 \\ 0 \end{bmatrix}}_{B_{fir}} v[n] \qquad (10.46)$$

$$\begin{bmatrix} v_1[n] \\ v_2[n] \end{bmatrix} = \underbrace{\begin{bmatrix} f_1 & f_2 & \cdots & f_{N-2} & f_{N-1} \\ f_{c1} & f_{c2} & \cdots & f_{c,(N-2)} & f_{c,(N-1)} \end{bmatrix}}_{C_{fir}} x_{fir}[n] + \underbrace{\begin{bmatrix} f_0 \\ f_{c0} \end{bmatrix}}_{D_{fir}} v[n]$$

となる.

ループフィルタと FIR DAC とを合わせると,全体として大きな離散時間システムが構成され,その状態空間表現は個々の状態空間行列を用いて表すことができる.以下にその手順を示す.

ループフィルタの離散時間表現は,

$$\begin{aligned} x[n+1] &= A_d x[n] + B_{d1} u + B_{d23} \begin{bmatrix} v_1 \\ v_2 \end{bmatrix} \\ y[n] &= C_d x[n] \end{aligned} \qquad (10.47)$$

である.ただし $B_{d1}$ は $B_d$ の 1 列目を,$B_{d23}$ は $B_d$ の 2,3 列目をそれぞれ示す.式 (10.46) と (10.47) から,図 10.51 に示したシステム全体の状態方程式を求めると,

$$\begin{bmatrix} x[n+1] \\ x_{fir}[n+1] \end{bmatrix} = \begin{bmatrix} A_d & B_{d23}C_{fir} \\ 0 & A_{fir} \end{bmatrix} \begin{bmatrix} x[n] \\ x_{fir}[n] \end{bmatrix} + \begin{bmatrix} B_{d1} & B_{d23}D_{fir} \\ 0 & B_{fir} \end{bmatrix} \begin{bmatrix} u \\ v \end{bmatrix}$$
$$y[n] = \begin{bmatrix} C_d & 0 \end{bmatrix} \begin{bmatrix} x[n] \\ x_{fir}[n] \end{bmatrix}$$
(10.48)

と求まる．なお行列中のゼロは，適切な次数のサブ行列である．このようにループフィルタの状態空間表現を使用することで，ΔΣ ツールボックス内の simulateDSM ルーチンを利用できるようになる．

#### 10.10.3 時定数ばらつきの影響

FIR DAC を用いた連続時間 ΔΣ 変調器での懸念は，時定数がばらついた場合の NTF および最大安定振幅（maximum stable amplitude：MSA）への影響である．これらについて調べるため，FIR DAC を用いた場合と用いない場合（NRZ DAC）とで変調器のシミュレーションを行った．どちらの変調器も，時定数ばらつきがない場合の NTF は帯域外利得が 1.5 倍の最大平坦特性である．シミュレーションでは，全ての時定数を定常値から ±15％ ばらつかせて特性を確認した．図 10.53 に FIR DAC と NRZ DAC での NTF と MSA 特性を示す．高域での NTF 利得は FIR DAC の有無にかかわらずほぼ同じである．一

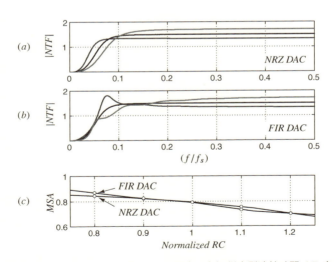

図 10.53 時定数が 25％ ばらついた場合の (a) 従来型連続時間 ΔΣ 変調器の NTF（b) 12 タップ FIR DAC を用いた連続時間 ΔΣ 変調器の NTF．(c) 時定数ばらつきに対する最大安定振幅

般的に MSA は高域での NTF 利得の影響を強く受けるが，図 10.53 (a) (b) のように高域での NTF 利得がほぼ等しいことから，MSA は同図 (c) のようにほとんど変わらない．したがって，FIR DAC を用いた連続時間 ΔΣ 変調器における時定数ばらつきの影響は NRZ DAC の場合とほとんど同じであるといえる．

### 10.10.4 変調器アーキテクチャ

今回設計する連続時間 ΔΣ 変調器の NTF は，リーの法則にしたがって帯域外利得 1.5 の最大平坦特性とする．フルスケール電圧は 3.6 V（差動ピーク・ピーク）であり，1.8 V の外部参照電圧を用いる．シミュレーションにより確認した最大安定振幅は $-3$ dBFS 程度である．

図 10.54 に，今回設計した 3 次連続時間 ΔΣ 変調器をシングルエンド形式で簡単化した回路を示す．前述したとおり，ループフィルタは CIFF-B 型である．図中マイナスの抵抗値は差動接続を反転することを示す．積分器には低雑音と高い線型性を有するアクティブ RC 型を採用した．FIR DAC は参照電圧に比例した電流をオペアンプの仮想接地ノードに注入する．DAC には低雑音動作の抵抗型を用いる．メイン FIR DAC（$FIR_1$）のタップ係数は全て等しく，単位抵抗値は $12R_1$ である．$R_1$ および $FIR_1$ に起因する（差動ループフィルタの）入力換算雑音は 7 μV (rms) である．2 段目，3 段目積分器のインピーダンスは 1 段目よりも高くしても帯域内雑音に影響しないから，図 10.54 に示したとおり $R_2$, $R_3$ は $R_1$ に対してそれぞれ 32 倍，16 倍としている．これに伴い $A_2$, $A_3$ もインピーダンススケーリングすることで，$A_2$, $A_3$ の消費電力を削減している．

入力信号は $R_f$ を介して $A_3$-$R_3$-$C_3$ によって形成された第 3 の積分器入力に加算している．もしこの $R_f$ がなければ $A_2$ 出力は $v_{in}$ に比例した成分を含むが，

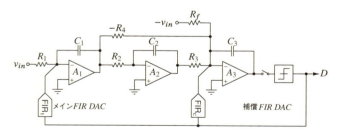

$R_1 = 30KΩ, R_2 = 1MΩ, R_3 = 500KΩ, R_4 = 1.02MΩ, R_f = 400KΩ$
$C_1 = 10.4pF, C_2 = 3.8pF, C_3 = 1.25pF$

図 10.54　変調器をシングルエンド形式で簡易的に表現した回路図

10章　連続時間 $\Delta\Sigma$ 変調器の回路設計　　385

$R_f$ によるフィードフォワードにより $FIR_c$ の低周波成分をキャンセルすることで $C_2$ を大幅に削減できる．また，$A_3$ 出力から $A_2$ 反転入力に大きな抵抗を接続（図 10.54 には示されていない）することで $A_2$，$A_3$ の周りに弱いフィードバックを施し，NTF の 2 つの零点を dc からずらしている．この際，大きな抵抗を使用する代わりに $A_3$ の CMFB 検出抵抗を共用する T 型回路を用いている．

　シングルビット構成としたことにより，出力シーケンスに影響を与えずにループフィルタの出力をスケーリングできる．これによりオペアンプ（$A_3$）出力は大きな振幅を扱う必要がなくなり，回路設計上有利である．

　RC 時定数のばらつきに対応するために，すべての抵抗とコンデンサは切り替え可能なバンクとして実装する．オペアンプは 2 段フィードフォワード補償構成である．使用したプロセスの性能と比べて低い周波数での動作であるため，過剰遅延の影響は無視できる．FIR DAC はデジタル回路と同様な回路により実現でき，本質的に線形である．すなわち，抵抗ミスマッチは FIR フィルタの伝達特性にのみ関係し，変調器の性能には事実上影響を及ぼさない．以降，個々の回路ブロックについての詳細を述べる．

## 10.10.5　オペアンプの設計

　ループフィルタ初段に使用するオペアンプの雑音と線型性は重要である．$A_1$ のブロック図と回路図を図 10.55 (a)，(b) にそれぞれ示す．高い dc 利得と広いユニティゲイン帯域を得るため利得段を 2 段としフィードフォワード補償を用いている．初段の信号経路はトランジスタ $M_{1.a} - M_{1.d}$ により構成されており，これらのトランジスタはバイアス電流を共有することで消費電力あたりの雑音を軽減している．入力素子のサイズは $1/f$ 雑音を考慮して決定する．利得段 $G_{m2}$ は $M_{2a.b}$ で，$G_{m3}$ は $M_{3a.b}$ にて構成されている．

　12 タップ FIR DAC の採用によりオペアンプにおける線型性に対する要求は大きく緩和されるため，2 段目利得段の電流を削減することができる．2 段目のバイアス電流は $G_{m2}$ と $G_{m3}$ とで共有している．それぞれの利得段出力での同相電圧は別々のループで安定化する．$C_1$，$C_2$ は同相電圧フィードバック（common-mode feedback：CMFB）ループの補償容量である．

　設計段階で OTA の安定性を解析する際のフィードバック係数の決め方について考察する．今回設計する変調器では OTA は図 10.56 (a) のように積分器の一部である．OTA 入力部の寄生容量は無視できないため $c_p$ として表している．この章の前半で述べたように積分器のユニティゲイン周波数（$\approx 1/RC$）は OTA のユニティゲイン周波数よりも十分に低い．したがって OTA 周りのフィードバックループについて検討する際，OTA のユニティゲイン周波数近辺

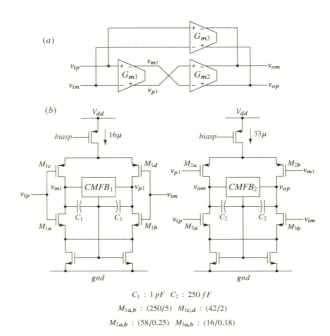

$C_1 : 1\,pF \quad C_2 : 250\,fF$
$M_{1a,b} : (250/5) \quad M_{1c,d} : (42/2)$
$M_{2a,b} : (58/0.25) \quad M_{3a,b} : (16/0.18)$

図 10.55　初段積分器に使用されている 2 段フィードフォワード補償型 OTA (a) マクロモデル (b) 簡単化した回路図

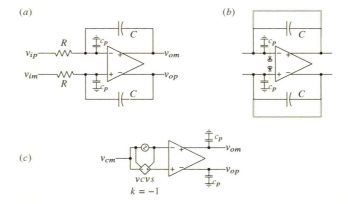

図 10.56　(a) OTA 入力での寄生容量 $c_p$ を考慮した場合の OTA-RC 積分器 (b) 積分器ユニティゲイン周波数よりも十分高い周波数でのループ利得を調べる方法 (c) OTA 利得をシミュレーションするための回路

では図 10.56 (b) のように積分容量 $C$ は短絡と考えることができる．同様に高周波でのループ利得に対する抵抗の影響も無視できる．これより，OTA の安定性は全量帰還条件にて調べればよい．

入力寄生容量 $c_p$ は OTA の 2 段目利得段の負荷となる．ループ利得を調べるため，図 10.56 (b) のようにループを $c_p$ の右側で切断し，図 10.56 (c) の回路によりシミュレーションする．図 10.55 の回路では $c_p \approx 0.5\,\mathrm{pF}$ である．

シミュレーションによって得られた OTA の利得と位相特性を図 10.57 に示す．dc 利得は約 70 dB，ユニティゲイン周波数は約 89 MHz である．位相余裕は 60° を確保している．この OTA を積分器に適用すると寄生成分による高域の極が 89 MHz に現れる．この極は等価的に $1/(2\pi \cdot 89\,\mathrm{MHz}) \approx 1.8\,\mathrm{ns}$ の遅延

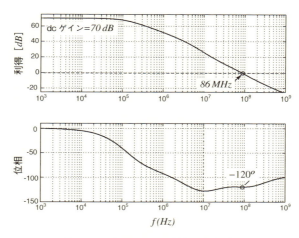

図 10.57　初段 OTA の利得と位相特性

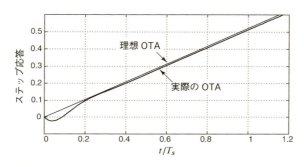

図 10.58　初段積分器のステップ応答．比較のため理想 OTA での応答も示す

に相当する.

前述のOTAを用いて積分器を構成した場合の単位ステップ応答を図10.58に示す.比較のため理想OTAを用いた場合の応答もプロットしている.実際のOTAでは積分容量$C$によるフィードフォワードにより積分器伝達関数に右半面零点を生ずるから,ステップ応答にアンダーシュートが起きている.理想積分器に対する遅延量は約2 nsであり,OTAのユニティゲイン周波数89 MHzから予想した値とほぼ一致している.

### 10.10.6 ADCとFIR DACの設計

ループフィルタ出力を1ビット量子化するコンパレータにはセンスアンプ構成を用いる.回路構成は図10.18に示したものとほぼ同じであるが,1ビット構成なので参照電圧を保持する容量$C_c$とそれに伴うスイッチは不要である.FIR DACのデジタル回路部分は$C^2$MOSフリップフロップを使用し,フリップフロップはメインDACと補償DACとで共用している.

FIR DACは抵抗型であり,デジタル回路にて構成される.立ち上がり,立ち下がりの非対称性はシンボル間干渉(inter-symbol-interference:ISI)を引き起こし,NRZ DACの場合と同様に偶数次歪みを発生させる.この歪みはFIRフィルタで取り除くことはできない.図10.59はメインFIR DACの1タップ分における差動片側の回路図である.10.7.1節で説明したように,ISIは主にプルアップトランジスタとプルダウントランジスタの抵抗のミスマッチに起因す

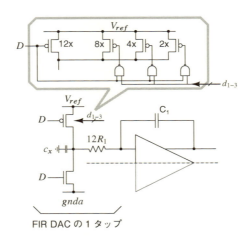

図10.59 デジタル制御によりサイズを可変にしたPMOS素子により立ち上がり・立ち下がりの非対称性に起因する歪みを削減する構成

る. この ISI により DAC 単位素子によって出力される電流に偶数次の歪みを生じる. 偶数次歪みは差動構成ではキャンセルされるが, 実際にはミスマッチによりわずかに差動出力に漏れ出てくる. 今回の設計では非常に低いレベルの歪みが要求されるにもかかわらず抵抗マッチングに関する信頼できる情報が欠如していた. これより, 差動構成による歪みのキャンセルに過度に依存せず, シングルエンドでの DAC 電流波形歪みをなるべく低減するような設計方針とする. このため, 公称条件にてプルアップおよびプルダウン素子のオン抵抗がほぼ一致するよう設計した上で, プロセスばらつきに対しては図 10.59 のように PMOS スイッチを 3 ビットバンクとすることで対応する.

### 10.10.7 デシメーションフィルタ

デシメーションフィルタのブロック図を図 10.60 に示す. 出力ビット幅は 20 ビット, 出力レートはナイキストレート (48 kHz) である. 初段は 4 次 32 タップの CIC フィルタであり, Hogenauer 構成である (14 章参照). この後に 2 つのハーフバンド FIR ローパスフィルタが続き, それぞれの出力を 1/2 にダウンサンプルする. ローパスフィルタの次数はそれぞれ 16 次と 60 次である. デシメーションフィルタの 20 ビット出力信号は SPI (serial peripheral interface) によりチップ外に出力する. デシメータは 1.8 V 動作, 消費電力は 100 μW である.

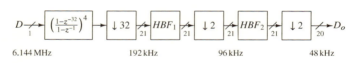

図 10.60 デシメーションフィルタのブロック図

## 10.11 測定結果

連続時間 ΔΣ 変調器, デシメーションフィルタ, SPI インターフェース (チップ外との信号のやりとりのために実装) を 0.18 μm CMOS プロセスにより作製した. デシメータを含むチップ面積は 1.25 mm × 1 mm である.

図 10.61 にピーク SNDR 時の変調器出力でのパワースペクトル密度を示す. ピーク SNR, SNDR, ダイナミックレンジ (DR) はそれぞれ 98.9 dB, 98.2 dB, 103 dB である. オーディオ応用でよく用いられる指標である A 特性での SNR と SNDR はそれぞれ 102.3 dB, 101.5 dB となる. 3 次歪みは −106 dB である. デシメーションフィルタ出力での性能も前記数値とほとんど差はなく, デシメータは正常に動作している.

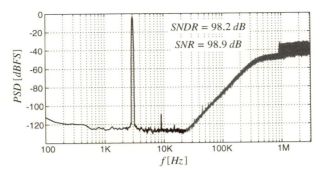

図 10.61 ピーク SNDR 時の変調器出力パワースペクトル密度

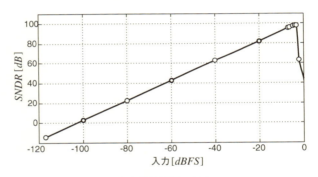

図 10.62 入力信号振幅に対する SNDR

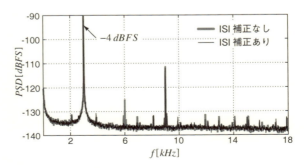

図 10.63 ISI 補正の有無に対するパワースペクトル密度

図 10.62 に入力振幅に対する SNDR 特性を示す．変調器は 1.8 V で動作し，消費電力は 280 uW である．これより，Schreier の FoM を求めると 182.3 dB となる．

図 10.63 は ISI 補正がある場合とない場合でのスペクトルである．入力振幅は $-4$ dBFS とした．補正により $HD_2$ は明らかに減少している．補正がない場合の $HD_2$ も十分に小さいことから今回使用したプロセスにおける抵抗マッチングが良好であることがわかる．

## 10.12 まとめ

この章では，連続時間 $\Delta\Sigma$ 変調器の回路設計について説明した．はじめに，ループフィルタを構成する積分器の実現方法について検討した結果，初段積分器には OTA を用いたアクティブ RC 型の構成が最適であることを示した．Gm-C 型積分器は高速ではあるが線型性に劣るため，2 段目以降の積分器（のみ）に適する．OTA の回路としてフィードフォワード補償を施した多段構成とすれば消費電力を増大させることなく広帯域が実現できる．

次に，連続時間 $\Delta\Sigma$ 変調器の熱雑音について調べた．ループフィルタが時不変である場合，変調器の入力換算帯域内（熱）雑音スペクトル密度はループフィルタの帯域内雑音スペクトル密度と実質的に同じである．この理由は連続時間 $\Delta\Sigma$ 変調器が「固有のアンチエイリアシング」特性を有するためである．

連続時間 $\Delta\Sigma$ 変調器の帯域内雑音は，2 つの独立した成分，すなわち，シェイピングされた量子化誤差と熱雑音とに起因する．量子化誤差は熱雑音よりも少ない「コスト」で低減できるから，電力効率を考慮すると連続時間 $\Delta\Sigma$ 変調器における雑音は熱雑音が支配的となるようにすればよい．経験則から導かれた帯域内量子化雑音の最適値は帯域内熱雑音に対し $-10 \sim -12$ dB である．

コンパレータにおいては，特に SQNR-SNR マージンが小さい場合オフセットが問題になることがある．このような場合オフセット補正のための追加の回路が必要である．

次の議論のテーマはフィードバック DAC の設計であった．ここでは様々な DAC パルス形状のメリットとそれらを実装する方法を紹介し，特に抵抗型および電流切替型 DAC における特性間のトレードオフについて考察した．スイッチトキャパシタ型フィードバック DAC については，帰還波形のピーク対平均比が高いために変調器の直線性を劣化させるだけでなく，エイリアス除去性能を大幅に低下させることを見出した．

変調器を実際の回路により実現した場合，NTF は本来意図した形状とは異なる．幸い，これは係数を調整することで改善できる．これを実現する方法とし

て，数値計算により NTF を補正するためのロバストな方法について紹介した．

次に，ループフィルタの弱い非線形性が連続時間 ΔΣ 変調器に及ぼす影響と，それらに対処する方法について説明した．最後に，24 kHz 帯域幅で 16 ビット精度を実現する 3 次シングルビット構成のオーディオ用連続時間 ΔΣ 変調器の設計例を示した．12 タップの FIR DAC によってフィードバック経路を構成し，98.2 dB のピーク SNDR を得た．使用したプロセスは 180 nm CMOS であり，電源電圧 1.8 V，消費電力 280 μW，FoM$_s$ 182.3 dB である．

## 【参考文献】

[1] G. Mitteregger, C. Ebner, S. Mechnig, T. Blon, C. Holuigue, and E. Romani, "A 20 mW 640 MHz CMOS continuous-time ADC with 20 MHz signal bandwidth, 80 dB dynamic range and 12 bit ENOB," *IEEE Journal of Solid-State Circuits*, vol. 41, no. 12, pp. 2641–2649, 2006.

[2] M. Ortmanns, F. Gerfers, and Y. Manoli, "A continuous-time ΣΔ modulator with reduced sensitivity to clock jitter through SCR feedback," *IEEE Transactions on Circuits and Systems I: Regular Papers*, vol. 52, no. 5, pp. 875–884, 2005.

[3] S. Pavan, "Alias rejection of continuous-time modulators with switched-capacitor feedback DACs," *IEEE Transactions on Circuits and Systems I: Regular Papers*, vol. 58, no. 2, pp. 233–243, 2011.

[4] S. Pavan, "Systematic design centering of continuous-time oversampling converters," *IEEE Transactions on Circuits and Systems II: Express Briefs,*, vol. 57, no. 3, pp. 158–162, 2010.

[5] S. Pavan, "Efficient simulation of weak nonlinearities in continuous-time oversampling converters," *IEEE Transactions on Circuits and Systems I: Regular Papers*, vol. 57, no. 8, pp. 1925–1934, 2010.

[6] S. Pavan and P. Sankar, "Power reduction in continuous-time delta-sigma modulators using the assisted opamp technique," *IEEE Journal of Solid-State Circuits*, vol. 45, no. 7, pp. 1365–1379, 2010.

[7] A. Sukumaran and S. Pavan, "Low power design techniques for single-bit audio continuous-time delta sigma ADCs using FIR feedback," *IEEE Journal of Solid-State Circuits*, vol. 49, no. 11, pp. 2515–2525, 2014.

# 11章 バンドパス/直交 $\Delta\Sigma$ 変調器

　前章までは信号の最高周波数がサンプルレートに対して十分小さい場合の $\Delta\Sigma$ 変換器を説明した．この章では，信号周波数がサンプリングレートに対して十分小さくない場合でも，狭帯域信号であれば $\Delta\Sigma$ 変換器でデジタル化できることを示す．ここで説明するバンドパス型変換器と直交バンドパス型変換器は，通常の低域通過 $\Delta\Sigma$ 型変換器の多くの利点を引き継いでいて，特に無線受信機システムにおいて魅力的な方式である．

## 11.1　バンドパス型変換器の必要性

　5つのデジタル受信機方式を図11.1に示す．スーパーヘテロダイン方式では，入力 RF 信号に対してフィルタ処理，増幅，ダウンコンバージョン処理を繰り返し行い，その後にデジタル変換し，デジタル信号処理プロセッサ（DSP）に信号を送る．この方式では，後段に進むにつれて次第に低い周波数でフィルタ処理を繰り返すため，高いQ値を持つフィルタを使わずとも高い選択性を実現できる．また無線受信機においては不要信号が所望信号よりもかなり大きい可能性があるが，デジタル変換の前に不要信号が除去され，さらに所望信号が低い周波数領域に存在するため，ADC に求められる要求性能はそれほど高くはない．これらの利点を得るために支払うコストは構成の複雑化である．すなわち，この受信機では，アナログ/デジタル変換の前に，普通，複数段のアナログフィルタ処理とミキシング処理が必要となる．

　図11.1(b)に示されるダイレクトコンバージョンシステムの方式は直交ミキサが必要であるがダウンコンバージョン処理が一度だけのため，スーパーヘテロダイン方式よりもかなり単純な構成にすることができる．この方式の欠点としては，ミキサの不完全な直交性と後段のベースバンド回路の特性不揃いにより，局部発振器（LO）の周波数よりも低い周波数に位置する信号と高い周波数に位置する信号とを区別することに限界がある点がある．さらに他の欠点としては，この受信機は所望信号がベースバンドに存在するため，dc オフセット，$1/f$ 雑音，偶数次歪によってベースバンドに生じる不要な成分に対して脆弱である点があ

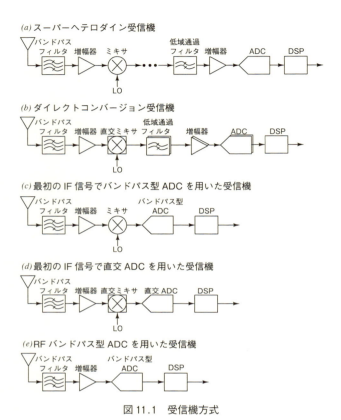

図 11.1　受信機方式

る．適応デジタル信号処理を用いて，数 kHz の帯域を失うことになるが dc オフセットを除去することや，70-80 dB の定常的なイメージ信号除去を達成するために十分な精度で I/Q ミスマッチを補正することは可能である．しかし，広帯域の I/Q ミスマッチ補正に伴う信号処理は複雑であり，$1/f$ 雑音や偶数次歪の問題は解決できずに残ることになる．

バンドパス型 ADC（図 11.1(c)）もしくは直交バンドパス型 ADC（図 11.1(d)）を使用すれば，最初の IF（中間周波数）信号をデジタルに変換することで，適応デジタル信号処理に関わる消費電力や複雑さのペナルティを受けることなく，スーパーヘテロダイン方式の複雑さをダイレクトコンバージョン受信機と同程度まで軽減できる．さらに，信号は IF に位置するため，$1/f$ 雑音や dc オフセットは問題とならず，偶数次歪の影響も抑止できる．

最後に極限まで単純化した構成を図 11.1(e) に示す．この方式はアナログ回路

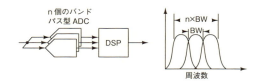

図 11.2　周波数インターリーブ

でのダウンコンバージョンを全く行わず，RF バンドパス型 ADC を使用して，RF 信号を直接デジタルに変換する．構成を単純化できる上，一般的に，バンドパス型 ADC の設定変更は LO 周波数変更よりも高速で行えるため，この方式は高速周波数ホッピングを可能とする．バンドパス ADC を受信機として使用する上で最も高い障壁は変換器の中心周波数範囲である．数 GHz レンジの中心周波数をもつバンドパス型 ADC が文献[1]-[4]で報告されているが，現在の商用で使われているバンドパス型 ADC の限界は 450 MHz であるため[5]，現在，バンドパス型変換は RF 周波数よりも IF 周波数のデジタル化により適している．しかし，最近 10 年間で技術は進歩しつつあり，商用でも GHz の RF 信号のデジタル化が可能な製品が間もなく登場するものと思われる．

　バンドパス型変換器の最後の適用事例として，図 11.2 に示す周波数インターリーブ方式を考えてみよう．複数の低速 ADC のサンプリング時間をずらすことにより広帯域動作する時間インターリーブ ADC と同じように，複数のバンドパス型 ADC の中心周波数をずらすことにより，周波数インターリーブ ADC は広帯域の信号をデジタルに変換する．時間，周波数の両方のインターリーブ方式において，要素 ADC 間のミスマッチが全体性能に影響を及ぼすが，その影響は定性的に異なる．時間インターリーブ ADC における ADC 間のミスマッチはスプリアスや雑音の増加を引き起こす．一方で，周波数インターリーブ ADC では（もし各々の帯域が重なりあっていなければ）ミスマッチの影響は少なく，単に周波数応答が平坦でなくなるだけである．受信機においては線形性とスプリアスフリー・ダイナミックレンジの確保が最重要項目であり，伝達関数の平坦性の優先順位はそれほど高くない．このような理由から，周波数インターリーブ方式は広帯域受信機の ADC を構成する上で非常に有利な手法である．

## 11.2　バンドパス型 ADC の構成

　図 11.3 はバンドパス $\Delta\Sigma$ 型 ADC システムと重要な信号のスペクトルを示す．この図が示す通り，ADC の入力は IF または RF 信号で，ADC の出力はシェイピングされた量子化雑音で両側が囲まれた所望信号を含む．バンドパス変

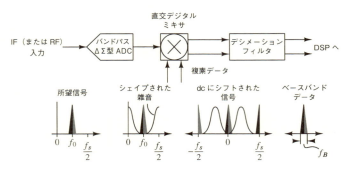

図 11.3 バンドパス ΔΣ 型 ADC システム

調器のデジタル出力はデジタル直交ミキサにより dc にミキシングされる．その後，低域のみがフィルタを通過し，直交低域通過デジタルデシメーションフィルタで間引かれ，ベースバンドの複素デジタルデータが生成される．

バンドパス型 ADC のオーバサンプリング比は，標準的な（低域通過型）の ADC と同じように次のように定義される．

$$OSR = \frac{f_s}{2f_B} \tag{11.1}$$

$f_s$ はサンプリング周波数，$f_B$ は所望信号の帯域である．中心周波数 $f_0$ は式 (11.1) に表れず，例え $f_s/f_0$ の比が大きくなくともオーバサンプリング比を大きくすることが可能である点に注意が必要である．

図 11.3 に示すように出力信号が複素数であることから，$f_B$ の帯域を確保するための出力データレートもまた $f_B$ である．このようにバンドパス型 ADC システムにおいては，低域通過型に使われる OSR ではなく，2・OSR の値で出力サンプルレートを下げることが可能である．

バンドパス変調器が入力の狭帯域性を利用しているように，直交 ΔΣ 変調器は直交信号に含まれる付加的な情報を利用できる[1]．図 11.4 に直交 ΔΣ 型 ADC システム内の主な信号処理を示す．直交ミキサ出力のような直交信号を直交 ΔΣ 変調器に入力すると，所望信号とシェイピングされた量子化雑音を含んだデジタル直交出力が生成される．注目すべき直交 ΔΣ 変調器の特徴は，量子化雑音の阻止帯域が正（または負）の周波数領域にだけ存在することである．入力の負の

---
[1] 直交信号は 2 つの実信号で構成される．一般的に同位相の信号に対して $I$，直交位相に対して $Q$，または実数に $re$，虚数に対して $im$ のどちらかで示す．実信号と違い，直交信号のスペクトルは虚軸に対して対称である必要はなく，正と負の周波数は区別される．11.6 で直交信号と直交フィルタの詳細について述べる．

11章 バンドパス/直交 ΔΣ 変調器     397

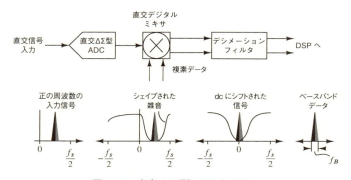

図 11.4 直交 ΔΣ 型 ADC システム

周波数成分のデジタル化に電力を消費しないことから，ある意味で，直交変換器はバンドパス型変換器よりもエネルギー効率が良いといえる．バンドパス型 ADC システムのように，直交変調器の出力はデジタル直交ミキサでベースバンドにダウンコンバージョンされ，その後，ナイキストレートのベースバンド信号を生成するために直交デシメーションフィルタで処理される．

直交信号系のナイキスト帯域は $[-f_s/2, f_s/2]$ であり，全ての情報が含まれる帯域は $f_s$ である．オーバサンプリングを行わないことを $OSR = 1$ で表すと，直交信号システムのオーバサンプリング比は次のように定義される．

$$OSR = \frac{f_s}{f_B} \tag{11.2}$$

言い換えれば，与えられた信号帯域とサンプリングレートでは直交変調器の OSR は実信号を取り扱う変調器の 2 倍となる．OSR を 2 倍にすることは ΔΣ 変調器の SQNR を劇的に改善するため，直交バンドパス ΔΣ 変調器は実信号変調器に対して SQNR を大きく改善できる．最後に注目すべき点は，最小出力データレートが $f_B$ であるため，$OSR$ 倍でデシメーションすることが直交信号系に適していることである．

ここまでバンドパスと直交バンドパス ΔΣ 型 ADC システムの概要を説明した．これからそれぞれの変調器について詳細を説明していく．設計手順の本質は低域通過変調器と同じである．NTF，量子化レベル数を選択し，トポロジーを選択した後，それに基づき NTF を実現する．次にダイナミックレンジのスケーリングを行い，最後に各々のブロックをトランジスタの回路に変換する．以下の節では，最初にバンドパス変調器を，次に直交変調器について，低域通過変調器と何が異なるかを説明する．その後，最新の高速連続時間バンドパス型

ADC の回路の詳細と測定結果を述べ，これらの説明に関する理解を深める．

## 11.3　バンドパス雑音伝達関数

図 11.5(a) に代表的なバンドパス変調器の NTF を示す．通過帯域に $n$ 個の零点を持つために負の周波数にも $n$ 個の零点を持つ必要があることに注目すべきである．このように $2n$ 次バンドパス変調器は $n$ 次低域通過変調器と似ている．安定性についての Lee の法則は 1 ビットの低域通過変調器と同じように 1 ビットのバンドパス変調器についても有効である．零点の最適化は低域通過 NTF と同じようにバンドパス NTF についても有用である．

$\Delta\Sigma$ ツールボックスの synthesizeNTF 関数に零ではない任意の $f_0$ を引数に代入することで，1 つの信号経路で信号が入力される場合に STF 特性が最大限平坦になるように極が配置されたバンドパス NTF が生成される．simulateDSM 関数は与えられた入力と量子化レベル数での変調器動作のシミュレーションを行う．以下の部分コードはこれらの動作を記述したものである．

```
% Create bandpass NTF
osr = 32;
f0 = 1/6;
ntf = synthesizeNTF(6,osr,1,[],f0);
% Realize it with the CRFB topology
form = 'CRFB';
[a,g,b,c] = realizeNTF(ntf,form);
% Use a single feed-in
b(1) = abs( b(1) + b(2)/c(1)*(1-exp(-2i*pi*f0)) );
b(2:end) = 0;
ABCD = stuffABCD(a,g,b,c,form);
% Simulate the modulator
M = 16;
N = 2^15;
ftest = round((f0+0.25/osr)*N)/N;
u = undbv(-1)*M*sin(2*pi*ftest*(0:N-1));
v = simulateDSM(u,ABCD,M);
```

図 11.6 は入力信号と出力データの一部をプロットしたものであり，図 11.7 は出力データのスペクトルを示す．低域通過変調器のように時間領域の入力と出力は，良く見ても荒く一致している程度であるが，周波数領域では $1/10^5$ と極めて高い変換精度であることがわかる．バンドパス型システムの他のツールボックスの関数の適用方法についてはウェブサイト（目次の最終頁：xii ページ参照）にさらに情報を掲載しているので，ご参考頂きたい．

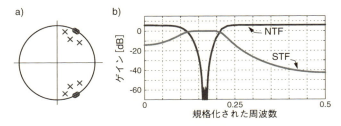

図 11.5 (a) 極,零点配置と(b) $f_s/6$ に信号帯域を持つバンドパス変調器の NTF/STF のゲイン線図

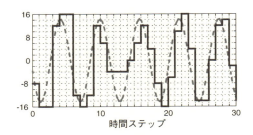

図 11.6 バンドパス変調器の入出力データ例

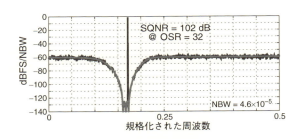

図 11.7 バンドパス変調器の出力スペクトル

## 11.3.1 N経路変換

タイムインターリーブ方式で動作する 2 つの同一の線形時不変システム $H(z)$ を図 11.8(a) に示す.任意の時刻におけるインパルス入力に対する応答を調べれば分かる通り,構成されたシステムは時不変であり,$H'(z) = H(z^2)$ の伝達関数を持つ.元のシステムを$N$個複製し,インターリーブ動作させることで伝達関数は $H'(z) = H(z^N)$ となる.このような$z$から$z^N$への変換は$N$経路変換と呼ばれる.

同じように,2経路の入力と出力の極性を交互に変える構成を図 11.8(b)に示

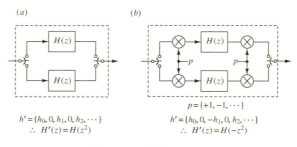

図 11.8　2 経路システム

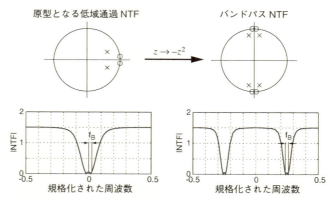

図 11.9　2 経路構成を用いた低域通過 NTF からの変換 ($z \to -z^2$)

す．入力切り替えと極性反転という時変性があるにも関わらず，構成されたシステムは時不変となり，伝達関数は $H'(z) = H(-z^2)$ となる．元のシステムを $N$ 個複製し，入力と出力の各経路で交互に極性を変えてインターリーブ動作させることで，伝達関数は $H'(z) = H(-z^N)$ となる．$z \to -z^N$ の形の変換も $N$ 経路変換と考えられる．

　$z \to -z^2$ の置換により，低域通過 NTF（$n$ 個の零点が $z = 1$ 近傍に位置する）は，$n$ 個の零点が $z = j$ 近傍に，$n$ 個の零点が $z = -j$ 近傍に存在するバンドパス NTF に変換される．図 11.9 に周波数特性を示すように，この $2n$ 次 NTF は周波数軸で 1/2 に圧縮されたことを除いて元の低域通過 NTF と同じゲイン − 周波数特性を持つ．この NTF が 2 経路変換で得られることから，図 11.10 に示すように，結果として得られるバンドパス変調器は，2 つの複製された元の低域通過変調器を使用し，交互に極性を変化させてサブサンプルされたデータに基づき動作する構成と正確に等価である．

11章 バンドパス/直交 ΔΣ 変調器　401

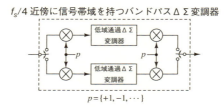

図 11.10　システムレベルでの $z \to -z^2$ の変換

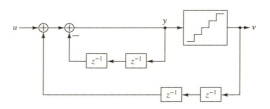

図 11.11　MOD1 に直接 $z \to -z^2$ の変換を適用した例

　この等価性は，$z \to -z^2$ の変換を通して $n$ 次低域通過変調器から生成された $2n$ 次バンドパス変調器が，同じ OSR で動作する低域通過変調器と全く同じ安定性と SNR 特性を持つことを意味する．さらに，$f_s/4$ の周波数の正弦波を入力した際のバンドパス変調器のリミットサイクル特性は，$A$ を正弦波の振幅，$\phi$ をサンプリングクロックに対する位相差とすると，$A\cos\phi$ と $A\sin\phi$ の dc 入力を持った 2 つの低域通過変調器をインターリーブ動作した際のリミットサイクルの特性と一致する．

　$z \to -z^2$ の変換を行うことで低域通過変調器の NTF から得られたバンドパス NTF は第 4 章に示したどの構成でも実現可能である．その他の方法は，ブロック図レベルの低域通過変調器に $z \to -z^2$ の変換を直接適用することで，それぞれの遅延素子を 2 クロック遅延素子で置き換え，極性反転することで実現する．例として，図 11.11 は MOD1 で $f_s/4$ 近傍に信号帯域を持つバンドパス型構成を示す．積分器はフィードバック経路に 2 クロック遅延素子と極性反転を含む．一方で，量子化器からのフィードバック経路もまた 2 クロック遅延素子を含み，通常，初段の加算部に存在する極性反転はない．この構成は第 4 章で示したどの汎用構成で NTF を実現した場合よりも実際に単純である．

　$N$ 経路変換を良く調べてみると，この変換はノイズシェイピングのループだけでなく，ミスマッチシェイピングのロジックにも適用可能であることがわかる．例えば，$MTF = 1 + z^{-1}$ のミスマッチ伝達関数を実現するために，6.2 項で述べた回転方式に $z \to -z$ の変換を行うことで図 11.12(a) に示すような素子使用

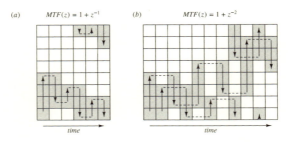

図 11.12　N経路ミスマッチシェイピングの使用パターン

パターンとなる．このシステムでは，それぞれのサンプリングにおける 1 のブロックを，最後に 1 を選択した素子から始まり，最後に 1 を選択した素子群に向かって戻る方向に進むように選ぶ．この素子使用パターンはフラッシュ ADC の出力である温度計コードを交互に反転することで生成できるほか，シフト制御信号からバイナリコードを交互に加減算することでも生成できる．$MTF = 1 + z^{-2}$ を実現するためには，このアルゴリズムを 2 つ複製し，インターリーブ動作させることが必要となり，図 11.12(b) に示すような素子使用パターンとなる．

## 11.4　バンドパス変調器の構成

### 11.4.1　トポロジー選択

低域通過変調器と同じようにバンドパス変調器にも多用な方式があり，また異なる方式間のトレードオフも本質的には同じである．例えば，バンドパス変調器は単一ループや縦続接続形式で実現でき，安定性の改善と，係数誤差や有限のオペアンプのゲインなどのアナログの非理想性に対する感度の改善との間のトレードオフも似ている．同じように，バンドパス変調器のループフィルタは，低域通過型で従来から使われるフィードバック，フィードフォワード，ハイブリッド構成のどの方式でも構成可能であり，内部ノードのダイナミックレンジと STF の特性の間には類似のトレードオフが存在する．

図 11.13 は低域通過型で対極の構成であるフィードバックとフィードフォワードのトポロジーを対比させている．フィードバックトポロジーでは量子化器の出力信号がループフィルタの全ての積分器の入力にフィードバックされる．一方，フィードフォワードトポロジーでは全ての積分器の出力信号が量子化器の入力にフィードフォワードされる．もし係数とタイミングが適切に選択されるならば，積分器は複数の連続時間積分器（例えば Gm-C 積分器や能動型 RC 積分器）の組み合わせ，または離散時間積分器（遅延有り，遅延無し，または半クロック遅

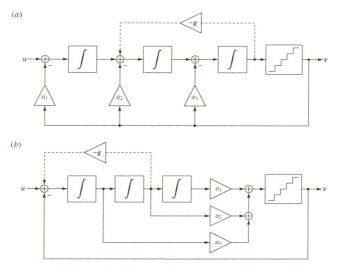

図 11.13　低域通過型の基本ループのトポロジー　(a) フィードバック　(b) フィードフォワード

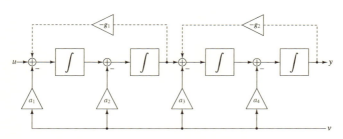

図 11.14　標準的なフィードバックトポロジーを使用した 4 次バンドパス変調器のループフィルタ

延スイッチトキャパシタ積分器）の組み合わせでよい．ループフィルタの極を dc 以外の周波数に移動するためには，図 11.13(a) の点線が示すような内部のフィードバック経路を追加することで十分である．これらのループフィルタのトポロジーはバンドパス変調器の構成にも容易に適用可能である．例として，フィードバックのトポロジーを持つ 4 次のバンドパス変調器のループフィルタの構成を図 11.14 に示す．

中心周波数 $f_0$ がサンプリングレートに比較的近い場合，図 11.15 に示すように，共振器の出力を初段の積分器から得る構成もありえる．便宜上，この図の積

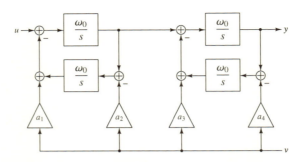

図 11.15 バンドパス型共振器にフィードバックのトポロジーを使用した4次バンドパス変調器のループフィルタ

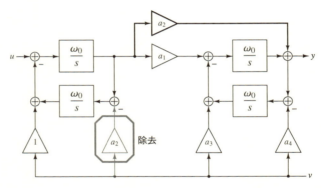

図 11.16 フィードフォワード経路を追加することでフィーバック DAC を削除した例

分器は連続時間ブロックで示してある．二段目の積分器よりも初段の積分器から共振器の出力を取り出すことで，共振器の伝達特性を低域通過型の $\omega_0^2/(s^2+\omega_0^2)$ からバンドパス型の $s\omega/(s^2+\omega_0^2)$ に変更できる．バンドパス型の応答はdc に零点を持つことから，低域通過変調器がこれらのバンドパス共振器を利用することはできないが，バンドパス変調器では可能である．$n$ 次バンドパス変調器に存在する $n/2$ 個の共振器は低域通過型またはバンドパス型のどちらかで構成されることから，（フィードバック，フィードフォワード，ハイブリッド構成の）それぞれのループフィルタのトポロジーに対して $2^{n/2}$ 通りの低域通過/バンドパス共振器の組み合わせが存在する．

図 11.16 は，バンドパス変調器において，フィードフォワード経路を追加し，初段共振器の出力を次段共振器の両方の積分器に接続することで，フィードバック係数の一つ（言い換えればフィードバック DAC の一つ）を削除できること

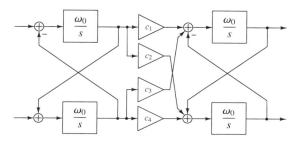

図 11.17 バンドパス変調器のためのより一般的なループフィルタの内部構成

を示す．図 11.16 の $v$ から $y$ への伝達関数は図 11.15 の $v$ から $y$ への伝達関数と同じであるため，図 11.16 のループフィルタを使用した変調器の雑音伝達関数は図 11.15 のループフィルタを使用した変調器の雑音伝達関数と同じとなる（しかしながら信号伝達関数は同じでない）．この変換は，最後の共振器を除いてそれぞれの共振器に適用可能であり，必要とされる DAC 数を約 50％程度削減できる．11.5 節で示すように，この変換は 1 つ以上の LC タンクを使用したバンドパス変調器を構成する際に有益である．

図 11.17 は全ての種類を包括するループフィルタの一部分を示している．それぞれの共振器は 4 つの任意ゲインブロックを通して次段と接続される．バンドパス型ではなく低域通過型にするためには 1 つを除いて残りの 3 つの係数を零にすれば良い．図 11.17 にフィードバック DAC は示していないが，フィードバック，フィードフォワード，ハイブリッドのいずれかの構成に合わせて，フィードバック DAC を任意の積分器または全ての積分器の加算接続部分に追加することができる．

### 11.4.2　共振器の実装

低域通過変調器とバンドパス変調器を実現する上で最も大きな違いは，低域通過型が特性の良い積分器を必要とし，バンドパス型は特性の良い共振器を必要とすることである．バンドパス変調器で共振器の有限 $Q$ 値が原因で性能が劣化する現象は，低域通過変調器で積分器の有限 dc ゲインが原因で性能が劣化する現象とよく似ている．両者とも SQNR が減少し，トーンの影響を受けやすくなる．SQNR の劣化は $Q$ 値が $f_0/f_B$ よりも小さくなるときに顕著である．したがって，大きな OSR の恩恵を十分に活用するためには，それぞれの共振器の $Q$ 値を高くする必要がある．逆に信号が特に狭帯域でなければ，言い換えれば $f_0/f_B$ がそれほど大きくなければ，ほぼ理想的な動作に必要な $Q$ 値の要求条件は緩和される．同様な理由で共振器の共振周波数は正確でなければならない．$f_0$ の誤差が

$f_B$ に対してある程度大きければ，例えば 20% であれば，通常非常に大きな問題となる．この項ではバンドパス ΔΣ 型 ADC を構成するために使用される複数の共振器回路について紹介し，それぞれについて正確でかつ高い Q 値を持った共振の実現性について述べる．

図 11.18(a) は無損失離散積分器（LDI：lossless discrete integrator）ループを示す．図 11.18(b) に示すようにスイッチトキャパシタ回路で実現できる．この回路構成では極が次の特性式の根である．

$$1 + \frac{gz}{(z-1)^2} = 0 \tag{11.3}$$

(11.3) の根は $z_p = \sigma \pm j\sqrt{1-\sigma^2}$ である．ここで，$\sigma = 1 - g/2$ である．明らかに $|\sigma| < 1$（言い換えれば $0 \leq g \leq 4$）に対して，LDI ループの極は単位円上に存在し，共振器の Q 値は無限大と理想的である．有限のオペアンプゲインが Q 値を制限するが，一般的なオペアンプのゲインであれば 100 よりも高い Q 値を容易に得られるため，これは通常問題にならない．

共振周波数は $\omega_0 = \cos^{-1}(\sigma) = \cos^{-1}(1 - g/2)$ で与えられ，明らかに $\omega_0$ は容量比に依存する．容量比誤差に対する $\omega_0$ の感度は $\omega_0$ の増加関数であるが，比較的大きい $\omega_0 = \pi/2$ であっても，1% の容量比誤差は $\omega_0$ の 0.6% の誤差になるだけである．一般的な容量マッチングは 1% よりもかなり良いことから，LDI を使用した共振器の $\omega_0$ の精度は通常十分確保できる．

スイッチトキャパシタ回路を使用して共振器を実現する上で，LDI ループは良い方法ではあるが，2 つのオペアンプを使用する必要がある．共振器の周波数が $f_s/4$ のとき，11.3.1 項で記載されている 2 経路変換を用いると図 11.19 で示される回路が得られ，1 つのオペアンプで共振器を実現できる．特別な容量比を

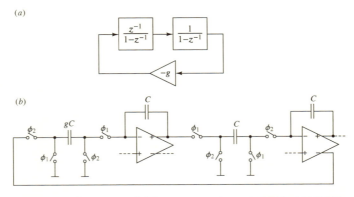

図 11.18　(a) LDI ループ　(b) スイッチトキャパシタ回路での実現例

11章 バンドパス/直交 ΔΣ 変調器　　407

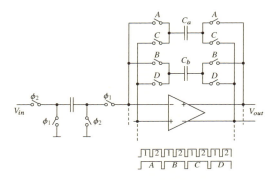

図 11.19　2 経路のスイッチトキャパシタ回路で実現した $f_s/4$ 共振器

使うのではなく，トポロジーを利用して所望の中心周波数を実現していることから，容量誤差が中心周波数の誤差に変換されないことに注目すべきである.

　図 11.19 に示される回路の中心周波数は容量比に敏感でないが，2 つ経路にミスマッチ（特に $C_a$ と $C_b$ の容量）があると，回路は時不変ではなく周期的時変系となる．時変特性のため，$f_s/4$ とその高調波成分によるミキシングが起こる．特に，$f_s/2$ 信号とのミキシングの結果，$f_0$ を中心とする信号を周波数反転したイメージ信号が現れることになる．この回路のもう一つの難しさは $f_s/4$ の周波数のクロックを使用することに起因する．この大きな振幅のクロックは信号帯域に漏れる可能性があり，信号帯域の中心にトーンを発生させる．

　図 11.20 に示す回路によりこれらの問題のかなりの部分を回避できる．この回路の経路にある容量 $C_a$ と $C_b$ は電荷を蓄えるためだけに使われ，電荷から電圧への変換は（経路に依存しない）容量 $C_o$ で行われるため，回路の時変性は本質的に隠される（実際は，オペアンプのゲインを十分大きくして，十分な電荷転送効率を確保しなければならない）．またこの回路は $f_s/4$ のクロックを使っていないため，スプリアス発生の問題がない．

　図 11.21 に Gm-C 共振器の構成を示す．中心周波数は $\omega_0 = g_m/C$ であり，オンチップの容量とトランスコンダクタンスで実現する $g_m/C$ の値は一般的に 30% 変動するため，調整手段がなければ，Gm-C 共振器の中心周波数は正確には制御できない．一般的な Gm-C フィルタの調整方法は，参照用フィルタが所望の応答になるまで，すべての Gm 素子を調整することである[7]-[9]．しかし，共振器は僅かな量の正帰還で発振器に変わる可能性があることから，共振器自身の発振周波数を計測し，$g_m$（または $C$）を直接調整することで十分であることが多い．この調整はオフラインで行わなければならず，設計者は調整後の温度変化による $g_m$ のドリフトが十分小さいことを確認しておかねばならない．もしド

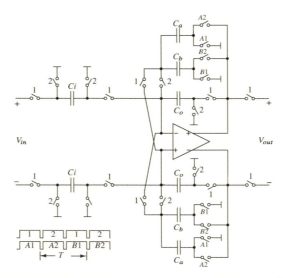

図 11.20 容量ミスマッチの感度を減らした 2 経路の共振器[6]

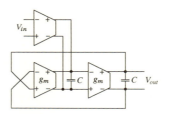

図 11.21 Gm-C 共振器

リフトを十分小さくすることができなければ，（縮尺を変えた）共振器の複製を利用して常時調整することが次善の選択肢である．

共振周波数調整に関する問題が解決できれば，次の課題は共振器の Q 値に関するものである．トランスコンダクタの有限出力インピーダンスや零でない位相シフトなどの非理想的要因は共振器の Q 値を制限する．カスコード接続で出力インピーダンスを高くできる一方，広帯域の $g_m$ を使用することで位相シフトを小さくしたり，小さい抵抗を容量と直列に付加することで位相シフトを補償することが可能である．

図 11.22 は能動型 RC 共振器の構成を示す．中心周波数は $\omega_0 = 1/(RC)$ となり，ここでもまた RC 積が大きく変動するため，調整機能が必要である．中心

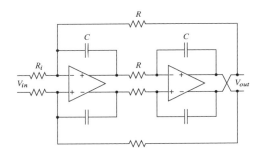

図 11.22　能動型 RC 共振器

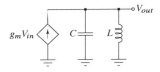

図 11.23　LC タンクを使用した共振器

周波数の調整は，$R$ を（MOS 素子を用いて連続的に，もしくは抵抗アレイを用いて離散的に）調整するか，$C$ を（最も現実的には容量アレイを用いて）調整するか，もしくはそれらを組み合わせることで実現できる．ここでもまた，発振器として共振器を利用することが最も単純であり，レプリカ回路も必要ないが，変換器がオフラインのときのみ調整可能である．

最後の共振器の例として，図 11.23 のように電流源で LC タンクを駆動する構成を考える．この共振器にはバンドパス型変換器で使用する上で極めて有利な3つの特徴がある．第一に，インダクタと容量は無雑音であることに注意する．LC タンクを使った共振器はこれまでの共振器の回路よりも雑音をかなり低くすることが，消費電力を増加せずに可能であることに注目すべきである．第二に，インダクタと容量が一般的に極めて線形であることから LC タンクは歪が小さい．第三に，インダクタは電圧ヘッドルームを無駄使いすることなく，利用可能な信号振幅を最大化できる．ノイズ，歪，消費電力の観点で同時に有利な設計が可能になることはほとんど無いが，LC タンクを使用したバンドパス $\Delta\Sigma$ 型 ADC ではそれが可能となる．

バンドパス $\Delta\Sigma$ 変調器内に LC タンクを使用する場合も欠点はあるが，これまで述べた利点は欠点が問題にならないほど大きい．第一の欠点はインダクタの実装が難しいことである．オンチップインダクタは数 nH 程度のインダクタンスであり，1 GHz よりも高い周波数で有効である．より低い周波数には外付け

のインダクタが必要となる．バンドパス型 ADC では，ノイズと歪に関して優れた性能が最も要求される初段共振器にのみ LC タンクが良く使用される．外付けインダクタに対する許容誤差がここでも問題になる可能性があるが，この問題はタンクの共振周波数を調整可能とするオンチップの容量アレイを採用することで容易に解決できる．

第二の欠点は設定可変性に関係する．インダクタンスを電気的に調整することは現実的でなく，LC を使用したバンドパス変調器は一般的に 2 倍を超える調整は難しい．より広い調整範囲を確保するには複数のタンクが必要となる．

LC タンクを使用したバンドパス変調器に関する第三の欠点は LC タンクが 2 次のシステムであり，制御には 2 つの自由度が必要なことである．フィードバックトポロジーでは，容量と並列に電流 DAC を，インダクタと直列に電圧 DAC を使用することが望ましい．高い出力抵抗を持つ電流 DAC は現実的であるが，低い出力抵抗を持つ電圧 DAC は現実的でない．1Ω の抵抗でもタンクの $Q$ 値が大きく減少するためである．同様に，もしフィードバックトポロジーの代わりにフィードフォワードトポロジーを使用するのであれば，容量電圧とインダクタ電流を検出して後段に伝達する必要がある．ここでもまた，容量電圧を検出することは容易であるが，タンクの $Q$ 値を劣化させることなくインダクタ電流を検出することは難しい．以下では，この制御と検出の課題を克服するために提案された 3 つの方法についてまとめて述べる．

最も洗練された方法は図 11.16 のブロック図で既に示したものである．図 11.24 は 3 つの共振器を使用したフィードバックシステムを回路図レベルで表現したものである．2 つのフロントエンドタンクから最終段の能動型 RC 共振器の 2 番目の積分器へのフィードフォワード経路を追加することで，電圧モード DAC を持たないために失われた 2 つの自由度を補償する 2 つの自由度が得られる．

第二の方法（図 11.25）では，失われた自由度を取り戻すために異なったタイミングで動作する DAC 対を使用する．ΔΣ ツールボックス（https://www.

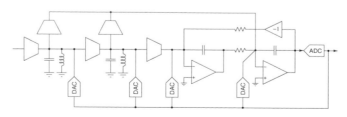

図 11.24 後段の能動型 RC 共振器にフィードフォワード経路を持つ LC を使用したバンドパス型 ADC[10]

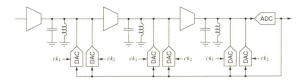

図 11.25 複数のフィードバック DAC を使用することで LC を使用した
バンドパス型 ADC の NTF を完全に制御可能とした例[11]

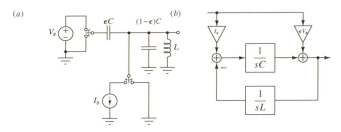

図 11.26 LC タンクへの電圧フィードバック (a) 回路 (b) モデル[2]

maruzen-publishing.co.jp/info/n19700.html）の表記では $[0, 0.5] + [0.5, 1]$（"return-to-zero" と "delayed return-to-zero"）のようなタイミングが提案されている[11]．

より最近のアプローチを図 11.26 に示す．この構成では電圧 DAC に接続されるのがタンクの容量の僅か一部だけのため，零ではない電圧 DAC の出力抵抗が大きな問題にならない．

## 11.5 バンドパス変調器の設計事例

図 11.27 は中心周波数が dc から 1 GHz で帯域が 100 MHz までの信号をデジタルに変換可能な 65 nm CMOS IC のブロック図である[1]．入力信号が低雑音増幅器（LNA）または設定変更可能な減衰器のどちらかを通過するように決めることができる．LNA は 12 dB のゲイン範囲を持ち，一方，減衰器は 27 dB のゲイン調整が可能である．両ブロックとも，使うときは 50 Ω で終端される．LNA/減衰器の出力は，設定を大きく変更可能な連続時間低域通過型/バンドパス型 ADC でデジタル信号に変換され，そのデジタル出力に対してはオンチップのデジタルブロックでダウンコンバージョンとフィルタ処理が施される．この IC は 2~4 GHz の ADC クロック信号を生成するシンセサイザも搭載している．

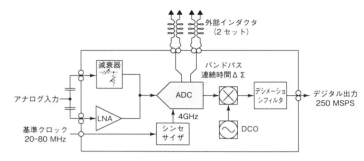

図 11.27 設定を大きく変更可能な $\Delta\Sigma$ 型 ADC が搭載された IC[1]

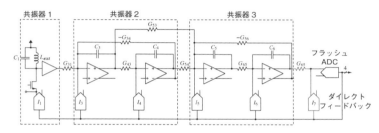

図 11.28 バンドパス型モードの簡易化した ADC 構成

図 11.28 にバンドパスモード ADC の構成を示す. ADC は 16 レベル量子化とフィードバック経路を含む 6 次連続時間フィードバックトポロジーを使用している[1,2]. 初段共振器は LC タンクであり, 残りの 2 つの共振器は能動型 RC 共振器である. $G_{53}$ 素子は失われた自由度を補完し, 5 つのフィードバック DAC とともに 6 次の任意の NTF の設定を可能とする. フィードバック DAC ($I_7$) に付加された抵抗（強調表示された $G_{65}$ [訳者注：図 11.28 で $G_{65}$ が 2 つあるが右側のフラッシュ ADC と接続されているもの]）は, 選択された DAC のタイミングを補償するために必要な量子化器への直接のフィードバックを実現する.

広範囲のクロックレート, 中心周波数と信号帯域に対応するために, この ADC は高度な設定変更可能性が必要である. 設定変更可能なパラメータは DAC の LSB 電流, フラッシュ ADC の LSB の大きさ, 全ての容量とコンダクタンスである. これらのパラメータはそれぞれ 8 ビット分解能で制御される. インダクタも接続用カスコード素子を経由して, 2 対から 1 つを選択することができる. 図 11.28 に示したバンドパス型トポロジーのほかに, LC タンクを能動型 RC 共振器に置き換えることで ADC を 6 次の低域通過変調器に変形可能で

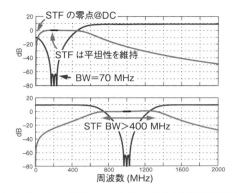

図 11.29　$f_0 = 200$ MHz，1 GHz 時の NTF/STF の例

ある．低域通過モードでは中心周波数が dc から 200 MHz まで使用可能で，バンドパスモードでは一方のインダクタ対を 200〜500 MHz 用に，他方のインダクタ対を 500〜1000 MHz 用に，それぞれ使用する．

図 11.29 は中心周波数が 200 MHz と 1 GHz のときの理論的な NTF と STF を示す．それぞれの場合で，70 MHz の帯域で量子化雑音の減衰量が 65 dB となるように帯域外ゲインが選択されている．帯域外 NTF ゲインが 16 レベル量子化で 10 dB 程度の結果は妥当である．LC タンクのインダクタのために STF は dc に零点を持つ．中心周波数が低いときは，この零点のため STF を平坦にするような NTF/STF の極配置が難しくなる．上段の図は $f_0$ が $f_s/20 = 200$ MHz 程度に低い場合にも許容可能な STF が得られたことを示す．下段の図は $f_0 = f_s/4 = 1$ GHz の時に STF が極めて平坦で広帯域であることを示す．広帯域で平坦な STF の応答は群遅延の変動を小さくするため好ましい．

### 11.5.1　LNA

図 11.30 に簡易化した LNA の回路図を示す．LNA は 50 Ω 整合のために共通ゲート（CG：common-gate）トランジスタを使用し，12 dB のゲイン範囲を持つようにゲート幅調整可能なソース接地（CS：common-source トランジスタを使用している．この LNA トポロジーはノイズキャンセルの原理[12][13]を利用している．

この回路の雑音キャンセルの仕組みを理解するために，CG と CS トランジスタのトランスコンダクタンスを同じ $1/R_s$ の値を持つとして，ゲインを 6 dB に設定した回路の動作を考えよう．図 11.31 に示すように CG トランジスタのソースのインピーダンスは $1/g_m$ であり，また $R_s = 1/g_m$ のため，CG トラン

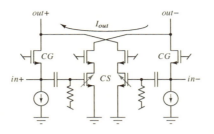

図 11.30 ゲインを可変可能なノイズキャンセル LNA

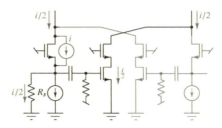

図 11.31 6 dB のゲイン設定時の共通ゲートトランジスタからの雑音解析

ジスタのソースに注入される雑音電流 $i$ の半分は $R_s$ を通ってグラウンドに流れ，負荷を通って $out+$ 端子に戻ってくる．一方，雑音電流の残りの半分は CG トランジスタを通して再循環する．6 dB のゲイン設定時に CS トランジスタのトランスコンダクタンスは $1/R_s$ であり，CS トランジスタのゲート電圧は $R_s i/2$ であるため，CS トランジスタもまた $i/2$ の電流が流れ，出力端子から $i/2$ の電流を引き込むことになる．このように 6 dB のゲイン設定では CG トランジスタの雑音はコモンモード信号として表れ，後段の回路で除去されるが，当然ながら CS トランジスタの雑音はキャンセルされない．通常のノイズキャンセル回路と異なり，CG トランジスタのノイズキャンセルは 6 dB のゲイン設定の時のみ有効となる．

### 11.5.2 減衰器

減衰器（図 11.32）はカスコードトランジスタによる仮想接地を利用して広帯域で設定変更を可能にし，入出力でインピーダンス整合する減衰器よりも優れた雑音特性をもつ．図 11.33 の簡易化した回路図で理由を考える．$0 \leq x \leq 1$ は出力ノードに接続される設定変更可能なコンダクタンス割合を示す．$V_s$ から $I_{out}$ への伝達関数が $xG/2$ なので，信号源のコンダクタンス $G$ による $I_{out}$ の雑音密度は次のようになる．

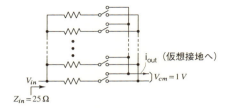

図 11.32　設定変更可能な減衰器

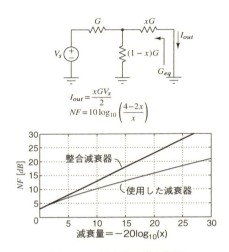

図 11.33　減衰器の雑音指数

$$n_s = \left(\frac{4kT}{G}\right)\left(\frac{xG}{2}\right)^2 = kTGx^2 \tag{11.4}$$

出力から見たコンダクタンスは $xG$ と $(2-x)G$ の直列コンダクタンス

$$G_{eq} = \frac{xG(2-x)G}{2G} = x(1-x/2)G \tag{11.5}$$

である．回路は受動素子で構成したため，$I_{out}$ の全雑音密度は $4kTG_{eq}$ であり，雑音指数は次のようになる．

$$F = \frac{4kTG_{eq}}{n_s} = \frac{4-2x}{x} \tag{11.6}$$

一方，マッチング抵抗で整合を取って終端した減衰器の雑音指数は次のようになる．

$$F_{\text{matched}} = \frac{2}{x^2} \tag{11.7}$$

図 11.33 はこれらの 2 つの雑音特性を比較したものである．0 dB の減衰時では両方の構成で雑音指数は 3 dB である．しかし，整合を取った構成では 1 dB の減衰に対して 1 dB だけ雑音指数が増加する．一方，本 IC に搭載された減衰器の雑音指数はそれほど急に増加しない．12 dB の減衰で整合減衰器では $NF =$ 15 dB だが，このように IC 化された減衰器の雑音指数は 11.5 dB である．図が示すように，より大きな減衰設定で差異は顕著になる．IC 化された減衰器は一般的な事例であり，ADC への信号経路をさらに追加することで，基本的なパラメータである雑音指数と減衰特性との間で従来構成よりも良いトレードオフを得ることが可能である．

0 dB の LNA のゲイン設定時または 0 dB の減衰器の減衰設定時では入力から仮想接地までの（トランス）コンダクタンスは 1/50 Ω である．最初のフィードバック DAC は最大のフルスケール設定で 4 mA とすると，ADC のフルスケールは 4 mA·50 Ω = 200 mV$_\text{p}$ すなわち $-4$ dBm となり，一般的な商用の ADC の 1/5 の値である．最初のフィードバック DAC のフルスケールを小さくする，もしくは LNA の設定を変えることでさらに ADC の実用上のフルスケールを小さくすることが可能である．

### 11.5.3　増幅器

要求される増幅器の性能は変調器のループ内の増幅器の場所に依存する．例えば低域通過モードの初段能動型 RC 共振器で使用される増幅器は最も重要な場所であるため，高いゲインと大きな信号振幅が必要となる．それ以降の段のゲインと振幅に対する要求は初段と比較すると厳しくない．しかし，初段の能動型 RC 共振器は 250 MHz までの信号を処理するだけであるのに対して，後段は 1 GHz までの信号を処理しなければならないことから，後段の増幅器は初段の増幅器よりも広い帯域が必要である．これらの異なる要求を満たすために 2 種類の増幅器が設計された．低域通過モードで初段共振器の増幅器 A1 は dc から 250 MHz までで少なくとも 60 dB のゲインが必要である．一方，2 段目，3 段目の共振器で使われる増幅器 A3 は dc から 1 GHz までで 40 dB のゲインが必要である．増幅器 A1 は大きな振幅を供給するために 2.5 V の IO 電源を使用している．一方，増幅器 A3 は 1 V のコア電源で動作している．両方の増幅器はフィードフォワード補償を使う．

図 11.34 は 5 次増幅器 A1 の構成を示す．フィードフォワード増幅器の設計指針に沿って，1 次，2 次，3 次，4 次そして 5 次の経路で入力を出力に接続する．この複数の経路のユニティゲイン周波数は，大きな位相遅れを持つ 5 次の

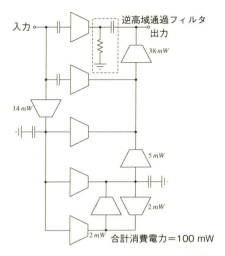

図 11.34　A1 の 5 次のフィードフォワード増幅器の構成

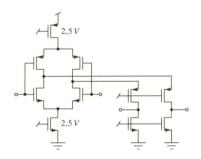

図 11.35　A1 の入力 $g_m$

ロールオフから 180° よりも十分に小さい位相遅れを持つほぼ 1 次のロールオフまで，なめらかに遷移するように設計される．増幅器の低周波ゲインは最も長い経路のゲインで決定されるため，増幅器の低周波雑音はその経路の初段の $g_m$ の雑音によって支配される．一方で負荷を駆動する役割はその経路の最終段のアンプが受け持つ．図 11.34 に示されるように，これらの 2 つのブロックは 100 mW の増幅器の消費電力のおおよそ半分を消費する．このように増幅器は複雑な構成でありながら，電力効率はかなり良い．

　A1 内部で使われている $g_m$ 段のトランジスタレベルの実現例として，入力 $g_m$ 段で使われているトポロジーを図 11.35 で示す．2.5 V 電源で動作する相補

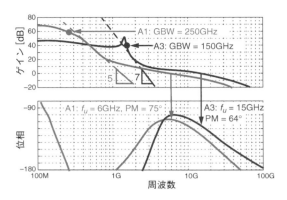

図 11.36　増幅器の周波数応答

的差動対がフォールディング段に接続されている．相補的差動対は $g_m/I_{bias}$ 比を最大化し，フォールディング段は 1 V で動作する後段とのインターフェースの役割を果たす．

図 11.36 は 5 次の A1 の増幅器の周波数応答と 7 次の A3 の増幅器の周波数応答を比較している．この図が示すように，A1 は 60 dB のゲインを 250 MHz まで維持し，利得帯域幅積は 250 GHz である．高次のロールオフのおかげで実際のユニティゲイン周波数は現実的な $f_u = 6$ GHz であり，位相余裕は 75° である．これに対してより高い周波数の A3 増幅器は約 40 dB のゲインを 1.5 GHz まで維持し（言い換えれば約 150 GHz の GBW と等価である），$f_u = 15$ GHz で 64° の位相余裕を持つ．これらのシミュレーション結果は，非現実的な高いユニティゲイン周波数を要求せずとも，広帯域にわたって高いゲインを実現するためにフィードフォワード手法が有効であることを示している．

### 11.5.4　測定結果

図 11.37 は 3 GHz のクロック周波数と 75 MHz の帯域で $f_0$ の設定をいくつか変えて測定された STF と雑音スペクトル密度（NSD：noise spectral density）である．まず，STF が極めて平坦で広帯域であることに注目すべきである．測定結果は STF の変動が 100 MHz にわたって 0.5 dB 以下であることを示す．NSD は ADC の特性が柔軟に調整可能なことを示す．$L = 43$ nH では ADC の中心周波数を 150 MHz から 220 MHz まで調整可能であり，$L = 20$ nH では中心周波数が 220 MHz から 380 MHz まで変化可能である．インダクタの大きさが一定だとすると，帯域内雑音（IBN：in-band noise）は中心周波数が高くなるにつれて減少する傾向を示す．中心周波数が高くなるにつれて

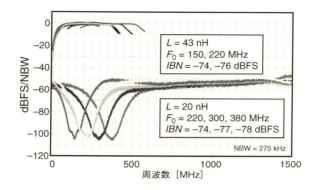

図 11.37 複数の $f_0$ の設定で測定された STF と雑音スペクトル密度

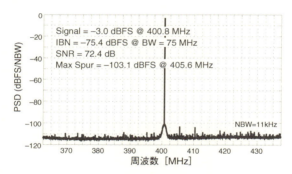

図 11.38 $f_0 = 400$ MHz のシングルトーン・スペクトル

LC タンクはより高いゲインとなり，後段の雑音をより減衰させることができるためである．LC タンクの電圧振幅も同時に増加するため，所定のインダクタンスで動作可能な中心周波数には上限が存在する．U字型の帯域内 NSD は LC タンクのゲインが通過帯域の端で小さくなるためであり，全体の雑音への後段の雑音の寄与は通過帯域の端で大きくなる．U字型の深さは ADC の構成に依存する．$BW = 75$ MHz では通過帯域で観測された NSD の変動は約 5 dB である．図 11.37 で $NBW = 275$ kHz であるため，縦軸の単位から dBFS/Hz への変換は $10\log_{10}(NBW) = 53$ dB を減算すれば良く，図 11.37 の NSD の最小値は $-103 - 53 = -158$ dBFS/Hz である．最適化された設定（減衰量 $= 12$ dB, $f_0 = 350$ MHz, $BW = 50$ MHz, $L = 20$ nH など）では $-161$ dBFS/Hz の低い NSD が得られている．

図 11.38 は約 400 MHz, $-3$ dBFS 入力でダウンコンバージョン, デシメー

ション後に観測された帯域内スペクトルを示す．良好なスペクトル（最大のスプリアスは $-100$ dBc のレベル）が観測されており，信号周波数が 400 MHz にも関わらず，75 MHz の帯域で 72 dB の SNR が得られていることは注目すべきである．

バンドパスシステムにおいて適切に線形性を実証するためには2トーンテストが必要である．図 11.39 は2トーンテストの結果で，IMD3（3次の相互変調歪成分）項は $-87$ dBc 以下である．$FS = -4$ dBm で $-8$ dBFS の歪レベルから入力換算の3次のインタセプトポイントを計算すると $IIP3 = -12 + 87/2 = +31$ dBm となる．

最後の ADC の性能評価として，図 11.40 にゲインコントロール有りの場合と無しの場合のシングルトーン入力時の SNR を入力パワーの関数として示す．12 dB 減衰に固定すると，ADC の瞬時ダイナミックレンジは 80 dB，75 MHz 帯域でのピーク SNR は 74 dB である．LNA を使用することで入力下限を

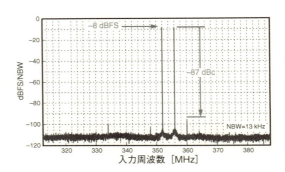

図 11.39　$f_0 = 350$ MHz 時の 2 トーンスペクトル

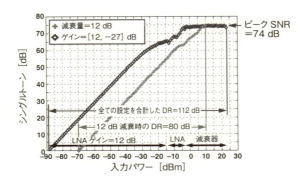

図 11.40　SNR 対入力パワー（$BW = 75$ MHz，$f_0 = 400$ MHz，$f_s = 4$ GHz）

表 11.1 ADC の特性概要

| パラメータ | 値 | 備考 |
|---|---|---|
| $Z_{in}$ | 50 Ω | |
| $f_0$ | 200-400 MHz | |
| $f_s$ | 2-4 GHz | |
| フルスケール | −16 to +23 dBm | |
| BW | 100 MHz まで | <3dB NSD 劣化 |
| NSD | < −157 dBFS/Hz | BW = 75 MHz; 12dB 減衰時 |
| 電流 | 110, 620, 20 mA | 2.5, 1.0, −2.5 V 電源 |
| 消費電力 | 1 W | デジタルフィルタを含む |
| プロセス | 65 nm CMOS | |

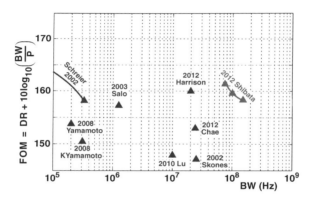

図 11.41 バンドパス型 ADC の性能指数 FoM (figure-of-merit) プロット

18 dB だけ拡大できる．また，減衰量を増加させることで入力上限をさらに 14 dB だけ拡大でき，全体として 112 dB のダイナミックレンジを確保できる．

表 11.1 は ADC の特性の一覧を示しており，図 11.41 はこの ADC の FoM (figure-of-merit) を他のバンドパス型変換器の値と比較してプロットした．図が示すように，この ADC は最先端の信号帯域で満足すべき FoM (159 dB) を達成している．

## 11.6 直交信号

次の直交 ΔΣ 変調器の節の準備として，この節では直交信号処理を振り返る．まもなくより詳しく説明するように直交信号は直交ミキサによって生成される．直交ミキサはそれ自身がイメージ除去機能を持つため有益である．

直交信号 $v$ は 2 つの実信号 $v_x$, $v_y$ で構成される抽象的な信号であり，単一の複素信号 $v = v_x + jv_y$ で表される[2]．直交信号は零でない虚数部分を持つので，

フーリエ変換は零周波数に対して対称である必要がない. 言い換えれば, 直交信号は正の周波数と負の周波数で独立の情報を含んでいる.

### 11.6.1 直交ミキシング

直交ミキシングは直交アナログ信号を生成する最も一般的な方法である. 直交ダウンコンバージョンミキサでは, 実信号 (もしくは直交信号) に LO (局部発振器出力信号) と呼ぶ直交信号 $e^{-j\omega_{LO}t}$ が掛けられる. 図 11.42 が示すように LO は 2 つの実信号 $\cos\omega_{LO}t$ と $-\sin\omega_{LO}t$ で構成される. ミキサへの入力が実信号 $u(t) = A\cos((\omega_{LO} + \omega_{IF})t)$ とすれば, ミキサの出力は

$$
\begin{aligned}
v(t) &= A\cos(\omega_{LO} + \omega_{IF})t \times e^{-j\omega_{LO}t} \\
&= A\left[\frac{e^{j(\omega_{LO}+\omega_{IF})t} + e^{-j(\omega_{LO}+\omega_{IF})t}}{2}\right]e^{-j\omega_{LO}t} \\
&= \frac{A}{2}e^{j\omega_{IF}t} + \frac{A}{2}e^{-j(2\omega_{LO}+\omega_{IF})t}
\end{aligned} \tag{11.8}
$$

となる. 上記の 2 番目の項は低域通過型フィルタで除去され, 元の信号が周波数シフトされた中心角周波数 $\omega_{IF}$ のものだけが残る.

直交ダウンコンバージョンミキサは, 従来のミキサでは不可能な LO よりも高い周波数と低い周波数を区別できる周波数変換動作を行うため有益である. 実際は, 2 つの実ミキサ間のミスマッチと LO の 2 つの成分の不完全な直交性のために, 直交ミキサの LO から正と負で同じ量の周波数オフセットを区別する能力が制限される. イメージ除去比 (IRR: image-rejection ratio) は $\omega_{LO} + \omega_{IF}$ の周波数の入力の結果として $-\omega_{IF}$ に表れる信号パワーに対する $\omega_{IF}$ に表れる信号パワーの比である. 小さな誤差に対して, $IRR$ はおおよそ次のようになる[14].

$$
IRR = 6 - 10\log_{10}\left[\left(\frac{\Delta A}{A}\right)^2 + (\Delta\phi)^2\right] \tag{11.9}
$$

ここで, $\Delta A/A$ は相対的な振幅の不均等を表す誤差を示し, $\Delta\phi$ は位相誤差

---

2 このテキストは回路を強く意識しているため, $I$ と $Q$ で直交信号成分を表現すると混乱を招く可能性がある. $I$ は電流を表す一方で $Q$ は $Q$ 値もしくは電荷を表現する可能性があるからである. 変換を取り扱う際に成分を $re$ と $im$ と示すことも同様に混乱を引き起こす可能性がある (直交信号のラプラス変換の虚数部分は直交信号の虚数部分のラプラス変換ではない). 上記の 2 つの広く知れ渡っている表記を使う代わりに, (複素数のデカルト座標表記をまねて) 我々は直交信号 $v$ を $v = v_x + jv_y$ で表現し, $v$ の成分をそれぞれ $x$ 成分と $y$ 成分と呼ぶことにする. このとき, $v$ のラプラス変換は $V = V_x + jV_y$ であり, $V_x$ と $V_y$ は $v$ の $x$ 成分と $y$ 成分のラプラス変換である.

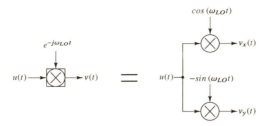

図 11.42　直交ミキシング

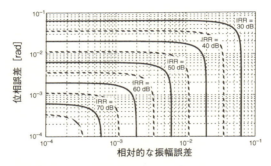

図 11.43　振幅誤差と位相誤差を関数としてプロットしたイメージ除去比

(ラジアン表示) を示す. 図 11.43 は 2 ％ (0.17 dB) の振幅誤差もしくは 0.02 ラジアン (1.1 度) の位相誤差が IRR を 40 dB に制限するために十分であることを示す. より高いイメージ抑止には, それに比例してより高い振幅精度と位相精度が要求される.

### 11.6.2　直交フィルタ

直交信号は直交フィルタを使って処理できる. 実数フィルタの伝達関数と異なり, 直交フィルタの伝達関数 ($H$) の極と零点が複素共役対となる必要はない. つまり $H$ は非対称な周波数応答を持つ可能性がある. 抽象的な伝達関数を形式的に取り扱うのは容易であるが, 直交フィルタを実現するのはより複雑である. 直交フィルタ $H$ を実現する一つの方法は $H$ を $H = H_x + jH_y$ のように分解することから始めることである. ここで, $H_x$ と $H_y$ は実数の伝達関数である. このフィルタの出力は,

$$
\begin{aligned}
V &= HU \\
&= (H_x + jH_y)(U_x + jU_y) \\
&= (H_x U_x - H_y U_y) + j(H_x U_y + H_y U_x) \\
&= V_x + jV_y
\end{aligned}
\quad (11.10)
$$

である．直交フィルタは図 11.44 に示されるように格子構造で実装できることを上記の式は示している．この図は 2 入力/2 出力の線形システムを示しており，入力 $U_x$ から出力 $V_x$ までの伝達関数は $U_y$ から $V_y$ への伝達関数と同じである．一方で $U_x$ から $V_y$ への伝達関数は $U_y$ から $V_x$ への伝達関数を負にしたものである．実際の回路ではこれらの対称性は正確ではなく，読者はそのような不完全性を持った場合にどの程度インパクトがあるかと思われるだろう．

この問いに答えるために，図 11.45(a) に任意の 2 入力/2 出力の実数線形システムを示す．入力と出力は直交信号とする．図 11.45(b) に示す通り，このシステムは 2 つの複素フィルタで表現される．元の信号 $U$ が伝達関数 ($H$) を通過し，共役 $U^*$ の信号が他の伝達関数 ($H_i$) を通過する．等価性を導出するために，展開した形で 2 番目のシステムの出力を簡単に書き出すと次のようになる．

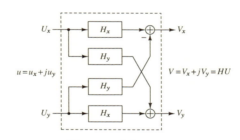

図 11.44　直交フィルタ

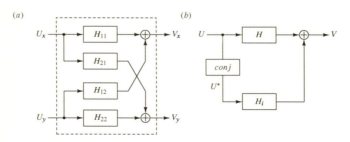

図 11.45　イメージの応答を生成する直交フィルタのミスマッチ

右上: 11 章 バンドパス/直交 $\Delta\Sigma$ 変調器    425

$$
\begin{aligned}
V &= HU + H_iU^* \\
&= (H_xU_x - H_yU_y) + j(H_xU_y + H_yU_x) + (H_{i,x}U_x + H_{i,y}U_y) + j(-H_{i,x}U_y + H_{i,y}U_x) \\
&= (H_x + H_{i,x})Ux + (H_{i,y} - H_y)U_y + j((H_y + H_{i,y})Ux + (H_x - H_{i,x})U_y)
\end{aligned}
\tag{11.11}
$$

したがって,

$$
\begin{bmatrix} H_{11} & H_{12} \\ H_{21} & H_{22} \end{bmatrix} = \begin{bmatrix} H_x + H_{i,x} & -H_y + H_{i,y} \\ H_y + H_{i,y} & H_x - H_{i,x} \end{bmatrix}
\tag{11.12}
$$

もしくは逆に

$$
\begin{bmatrix} H_x & H_y \\ H_{i,x} & H_{i,y} \end{bmatrix} = \frac{1}{2} \begin{bmatrix} H_{11} + H_{22} & H_{21} - H_{12} \\ H_{11} - H_{22} & H_{21} + H_{12} \end{bmatrix}
\tag{11.13}
$$

と示すことが可能である.

(11.11-11.13) の結論は, 経路ミスマッチ ($H_{11} \neq H_{22}$ かつ/もしくは $H_{12} \neq -H_{21}$) により直交フィルタの出力に, イメージ伝達関数 $H_i = H_{i,x} + jH_{i,y}$ が掛かった入力の共役が含まれる, ということである. ここで $H_{i,x} = H_{11} - H_{12}$, $H_{i,y} = H_{12} + H_{21}$ である. 入力の共役を取ることは $f = 0$ を中心にフーリエ変換を鏡のように周波数の極性を変えて映すことを意味し (言い換えれば $x(t) \leftrightarrow X(f)) \Rightarrow (x^*(t) \leftrightarrow X^*(-f))$, イメージ伝達関数は正の周波数から負の周波数へ信号エネルギーを伝達することを表現する. 逆もまた同様である. 我々はすぐにこの鏡のような振る舞いが直交 $\Delta\Sigma$ 変調器において極めて有害であることを知ることになる.

ここで, 2つの例を考えることが助けになる. 最初に我々は次の伝達関数を直交フィルタで実装したいと仮定する.

$$
H(s) = \frac{\omega_0}{s - j\omega_0}
\tag{11.14}
$$

これは1つの極を持った1次の伝達関数であるので, 結果としてフィルタは正の周波数の共振器である. $H$ の $H_x$ と $H_y$ の成分は分子と分母の両方に分母の複素共役を掛けることにより得られる.

$$
H(s) = \frac{\omega_0}{s - j\omega_0} \left( \frac{s + j\omega_0}{s + j\omega_0} \right) = \frac{\omega_0 s + j\omega_0^2}{s^2 + \omega_0^2}
\tag{11.15}
$$

したがって, 必要とされるフィルタは,

$$
H_x(s) = \frac{\omega_0 s}{s^2 + \omega_0^2} \quad \text{and} \quad H_y(s) = \frac{\omega_0^2}{s^2 + \omega_0^2}
\tag{11.16}
$$

となる．これらの2つの2次フィルタは (11.10) の計算と同様に図 11.46 で示されるように2つの実数の積分器のみで実装できる．

2番目の直交フィルタの例として，図 11.47(a) に示す直交差動回路を考える．我々の目標は $u$ から $v$ への複素伝達関数を見つけることである．力任せの方法は，全て出力ノードに関する4つの KCL 方程式（キルヒホッフ電流法則）を書くことから始める．

$$(G + sC)V_{xp} = GU_{xp} + sCU_{yp}$$
$$(G + sC)V_{yp} = GU_{yp} + sCU_{xn}$$
$$(G + sC)V_{xn} = GU_{xn} + sCU_{yn}$$
$$(G + sC)V_{yn} = GU_{yn} + sCU_{xp}$$
(11.17)

次に直交差動信号の定義を使用する．

$$V = (V_{xp} - V_{xn}) + j(V_{yp} - V_{yn}) \tag{11.18}$$

(11.17) の4つの方程式を1つに変換すると，

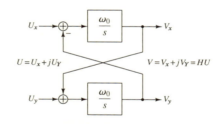

図 11.46　直交共振器，$H(s) = \omega_0/(s - j\omega_0)$

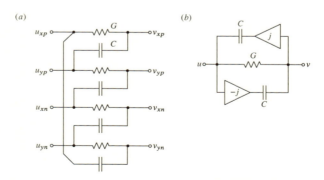

図 11.47　(a) ポリフェーズフィルタと (b) 四半等価直交回路

$$(G + sC)V = (G - jsC)U \tag{11.19}$$

が得られ，上記から伝達関数は次式のように求まる．

$$H = \frac{G - jsC}{G + sC} \tag{11.20}$$

より直接的な方法は四半等価直交回路を解析することである．4方向対称を持つ回路から四半回路を構成する規則は以下の通りである．

a. もし4つの同じ値を持つ素子が2つの信号を同じ位相で接続するならば（例えば図11.47(a)のコンダクタンス$G$），それらの素子は直交信号を接続する1つの素子として表現される．
b. もし素子が90度ずれた位相を接続するならば（例えば容量$C$），それらの素子は図11.47(b)で示すように±$j$倍電圧バッファによって1対の素子として表現される．$j$バッファは，それを付加した信号の正$x$位相が他の信号の正$y$位相と結合するように接続される（図11.47(a)の$v$）．$-j$バッファは他の位相に接続する．
c. もし素子が180度オフセットした位相を接続するのならば，それらの素子は$-1$倍電圧バッファによって駆動される1対の素子，もしくは，差動半回路を構成する際にしばしば使用されるように1つの負素子で表現される．

キルヒホッフ電流法則を図11.47(b)に示す回路の出力ノードに適用することで，

$$G(U - V) + sC(-jU - V) = 0 \tag{11.21}$$

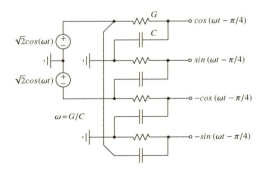

図11.48 直交信号を生成するためにポリフェーズフィルタを使用した例

この式から (11.20) が導出できる．慣れれば，四半等価直交回路は明示的に描かなくても思い浮かべることが可能で，すばやく解析できる．

$H$ は負の周波数 $s = -j\omega$ $(\omega = G/C)$ に零点を持つので，図 11.48 に示される回路に実信号 $u = \sqrt{2}(e^{j\omega t} + e^{-j\omega t})$ を入力すると正の周波数だけの出力信号が得られる．この回路は差動正弦波から直交ミキサのための直交 LO 位相を生成するときによく使用される．直交性は 1 つの周波数のみで完全に保たれるため，周波数範囲を広げるために複数のポリフェーズフィルタを縦続接続できる．

## 11.7　直交 $\Delta\Sigma$ 変調

他のタイプの変調器と同様に直交変調器で最初に設計するのは NTF である．因果関係の制約 ($h(0) = 1$) は実数の変調器と同じであり，最適化された零点も実数システムと同じように直交システムでも有益である．帯域外の NTF ゲインに表れる安定性上の制約も実数システムと直交システムで類似している．唯一の実質的な違いは直交変調器の NTF の極と零点の配置が実数軸について対称である必要はないことである（予想される通りだが）．図 11.49(a) は $f_0 = f_s/4$, $OSR = 32$ の例について直交変調器の NTF の極と零点を図示したものである．NTF の零点が正の周波数の通過帯域のみに存在していることを確認してほしい．図 11.49(b) はその時の NTF のゲイン線図を示す．周波数応答は低域通過変調器の特性を $f_s/4$ だけ周波数をずらしたものに似ている．実際，直交変調器の NTF を得るための一つの方法は，低域通過変調器の NTF から始めて，$e^{j2\pi f_0}$ を掛けることで極と零点を回転させることである．

入力が $-3\,\mathrm{dBFS}$ の直交正弦波としたとき，このような変調器から得られる直交出力のシミュレーション結果を図 11.50 に示す．バンドパス変調器の例と同様に，時間領域では入力と出力との対応関係が荒く見えるが，図 11.51 に示した周波数領域では明確な描像が得られており，約 100 dB の SQNR が得られている．

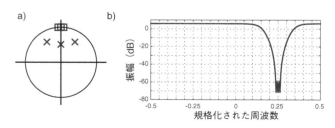

図 11.49　(a) 極と零点　(b) $OSR = 32$ の時の直交変調器の NTF のゲイン線図

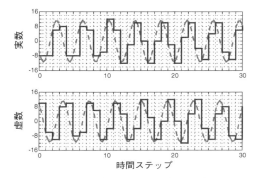

図 11.50　16 ステップの量子化器を含む直交変調器からの出力データの実数（I）と虚数（Q）成分

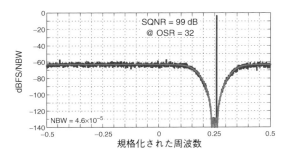

図 11.51　シミュレーションで得られた直交変調器の出力スペクトル

　共振器の有限 $Q$ 値や共振周波数のずれなどの非理想性による劣化度合いは，実数システムで見られたものと同様の数値レベルであり，通常は問題にならない．しかしながら，2 つの信号経路のミスマッチに起因する直交誤差は深刻な性能劣化の原因になる．これを理解するために，図 11.51 のスペクトルで通過帯域（$f_s/4$ 付近）の量子化雑音のレベルは，イメージ帯域（$-f_s/4$ 付近）の量子化雑音のレベルよりも約 65 dB 低いことに注目してほしい．経路ミスマッチ（例えば直交変調器の初段共振器にフィードバックする DAC のフルスケール出力のミスマッチが原因で生じる）が 0.1% 程度であっても，イメージ帯域の雑音が通過帯域に反映され SQNR が 6 dB 以上劣化してしまう．性能劣化を無視するためには大変厳しいマッチング精度が必要となるため，経路ミスマッチは直交変調器の主な誤差原因と容易になり得る．
　経路ミスマッチの問題を解決するための 2 つの方法が文献に記載されている．第一の方法はイメージ帯域に表れる雑音を減らすために 1 つもしくはそれ以上の

イメージ帯域の零点（そして対応するイメージ帯域の極）を NTF に追加することである．イメージのノッチの深さは経路ミスマッチに対する所望の耐性を達成するために調整する．ハードウェアの複雑さが増加することに加えて，この方法でミスマッチ感度を減らすことで量子化雑音の抑止量が減るという代償を払わなければならない．第二の方法は DAC のミスマッチだけに適用可能であり，直交ミスマッチシェイピングを使用することである[15]．

単一ループ直交変調器の構成は，ループフィルタに量子化器が接続され，量子化器の出力が DAC を通してループフィルタにフィードバックされる実数変調器の構成と同じである．ループフィルタは図 11.46 で示したような直交共振器で構成される．単一ループや多重ループ方式と同様に，通常のフィードバックやフィードフォワードなど様々なトポロジー全てが直交変調器に適用可能である．例えば，フィードバックトポロジーは図 11.52 のように示され，フィードフォワードトポロジーは文献[16]に記述されている．図 11.52 の構成はそれぞれのフィードバック経路で 1 組の DAC の使用を示し，それぞれのフィードバック係数は実数であると想定している．2 組の DAC を必要とする複素フィードバック係数は，$e^{j\phi}$ を係数に乗算することで回転させ，さらに，入力および出力の中間段の結合係数にそれぞれ $e^{j\phi}$，$e^{-j\phi}$ を乗算することで実数にできる．中間段の複素係数は複素 DAC を実装するよりも通常問題にならないため，この操作は一般にループフィルタを簡略化する．

NTF がイメージ帯域に零点を含むならば，イメージ共振器は一般に帯域内の信号を減衰させるため，正周波数の共振器の縦続接続の最後にイメージ共振器を

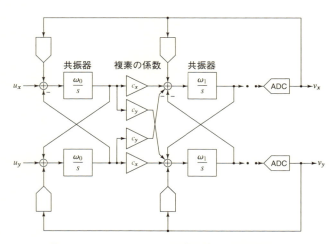

図 11.52　フィードバック構成を使った直交変調器

取り付けるのは勧められない．より実用的なトポロジーは図 11.53 に示され，イメージ周波数の共振器は帯域内の周波数の共振器と並列に接続される．このトポロジーではイメージ帯域に STF の零点を配置するという利点も追加される．

図 11.52 で示されたように，直交変調器の DAC は独立した 1 組の実数 DAC で実装される．図 11.54 はこの実装と，4 方向のスイッチング素子で構成される電流モード DAC との比較である．図 11.54 に（DAC 電流の合計は同じとなるように）2 つの素子を使った場合のコンスタレーションを示す．最初の方式では，片方の DAC が $x$ 成分に，もう一方が $y$ 成分に使用される．2 番目の方式では，両方が $x$ 成分と $y$ 成分に寄与し，それによって最初の方式よりも信号振幅が 3 dB 高くなる．この拡張された信号範囲は DAC にとって 3 dB の FOM の改善と等価である．

直交変調器の量子化器は 1 対の実数の量子化器で実装される．この例では，1 対のフラッシュ ADC によって生成される 1 進法符号（unary code）が，図

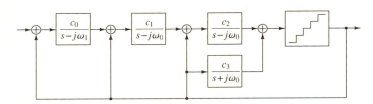

図 11.53 イメージ周波数の共振器のために並列に経路を持った直交変調器

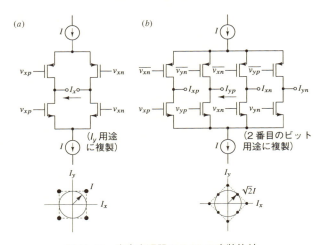

図 11.54 直交変調器の DAC の実装比較

11.54(a) に示す1セットの2方向 DAC に入力される．1セットの4方向素子と接続するためには，図 11.55 に示す配置が使用できる．ここでは1組の実数量子化器に信号の和と差が入力され，それらの1進法符号出力 $a$ と $b$ がそれぞれの DAC 素子を駆動する信号を生成するためにデコードされる．例えば，図 11.55 の $M = 1$ に対して示されるように，必要とされるデコードは下記のようになる．

$$\begin{aligned} x_p &= a \cdot b \\ y_p &= \overline{a} \cdot b \\ x_n &= \overline{a} \cdot \overline{b} \\ y_n &= a \cdot \overline{b} \end{aligned} \tag{11.22}$$

任意の $M$ に対しても $a$ と $b$ の信号からビットをデコードするには式 (11.22) を使用することで十分である．1進法符号のビットを対にして順序を入れ替えることは重要であり，信号によりビットが組み替えられることに注目すべきである．読者は図 11.55 の図を使って $M = 2$ についてもこれまでの説明について確かめたくなるかもしれない．

11.4.2 項でバンドパス型 ADC 内に LC タンクを使用したときに得られる重要な利点について記載した．残念ながら直交等価 LC タンクは存在していない．直交型 ADC は実数 ADC の自然な拡張であることがしばしば示されてきたにも関わらず，受動直交共振器はそもそも存在していないようだ．この落胆する事実を埋め合わせるものとして，図 11.56 を使用して，能動型 RC 共振器が直交共振器を実現するうえで特に魅力的な方法であることを示す．通常，能動型 RC 共振器に使用される増幅器は高い $Q$ 値の共振を確保するために共振周波数で高いゲインを必要とする．増幅器は抵抗と容量の両方を駆動しなければならないた

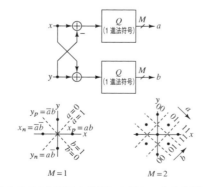

図 11.55　4 方向 DAC 素子を使用した場合の直交変調器の量子化器

11章 バンドパス/直交 ΔΣ 変調器　433

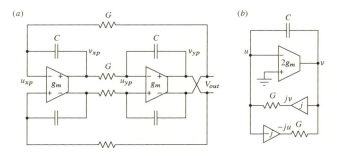

図 11.56　高い Q 値を持った直交変調器の共振器 (a) 差動回路, (b) 1/4 にした等価である直交回路

め，能動型 RC 共振器で高いゲインを実現することは難しく，一般的にはそのような場合，増幅器は低出力インピーダンスであることが必要であった．しかし，これから示すように図 11.56 の回路は簡単なトランスコンダクタを使用することで高い Q 値を持つ共振器を実現できる．

キルヒホッフの電流法則を図 11.56(b) の直交 1/4 回路の U と V のノードに適用することで下記の式を得る．

$$(sC + G)U = (sC + jG)V \tag{11.23}$$

$$(sC + G)V = (sC - jG - 2g_m)U \tag{11.24}$$

U を消去して次式を得る．

$$\begin{align}
(sC + G)^2 V &= (sC - jG - 2g_m)(sC + G)U \\
(sC + G)^2 V &= (sC - jG - 2g_m)(sC + jG)V \\
((sC)^2 + 2sCG + G^2)V &= ((sC)^2 - jG(sC) - 2g_m(sC) + jG(sC) + G^2 + 2jg_m G)V \\
(2sC(G + g_m) - 2jg_m G)V &= 0
\end{align} \tag{11.25}$$

このようにして，我々はシステムの極が次の場所にあることがわかる．

$$s = \frac{jG}{C(1 + G/g_m)} \tag{11.26}$$

これは $j\omega$ 軸に極があることを意味する．言い換えれば $g_m$ の値に関わらず無限の Q 値を持っているということになる．有限の $g_m$ の唯一の影響は理想の極の場所からずれるということである．それなりの $g_m$ の値であれば，この極のずれは G もしくは C のどちらかを調整すれば修正可能である．この解析は記載するに値するいくつかの仮定を含んでいる．すなわちトランスコンダクタの位相シフトは

無視できるほど小さく，後段の負荷の影響も無視できるほど小さく，入力信号は電流として与えられているという仮定である．設計者がこれらの仮定を満たすことができなければ，その劣化が許容可能かどうかを確認する必要がある．

## 11.8 ポリフェーズ信号処理

直交信号処理がどのようにミキサにイメージ除去の機能を与え，$\Delta\Sigma$ 型 ADC の帯域を増加させるかを見て，直交表現を拡張すればさらに利点が得られるかと読者は思うかもしれない．直交信号処理の概念を拡張する一つの方法は，直交信号が2つの位相で構成されることに注目することであり，それ故，$a$, $b$ と $c$ という3つの位相で構成される1つの信号を考えることである．我々は3つの位相を次の式に従って組み合わせることにする．

$$z = a + qb + q^2 c \tag{11.27}$$

ここで $q$ は次の通りになる．

$$q = e^{j\phi}, \phi = \frac{2\pi}{3} \tag{11.28}$$

これで我々は複素信号を3つの実数の信号で表現する方法を得る．ここで，我々は2つのとても有益な特性がこの一般化により現れることを示す．矩形波のミキサにおいて 3LO の項が除かれること，および，3次歪が除去されていることである．

ここで図 11.57 に示される3つの位相を持つ LO 信号を考える．LO のそれぞれの位相は他の2つの位相と重なることは無く，どの LO の位相が有効かにより，それぞれの位相の出力に入力信号を切り替える受動ミキサによってミキサ動作を実現する．合成した LO 信号についてフーリエ変換を行うことで，スペクトルには所望の $e^{j\omega_{LO} t}$ の基本波の成分とその両側に $6\omega_{LO}$ の倍数だけ離れたと

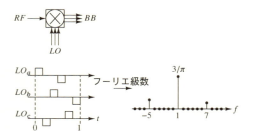

図 11.57　3つの位相を使ったミキシング

ころに成分が存在する．このように LO 信号はイメージ（$-LO$）と $\pm 3LO$ 成分を含む多くのスプリアスがなくなっており，ミキサに先立って必要な RF フィルタリングを緩和できる．直交ミキサと比較して 3 つの位相を使ったミキシングの派生的な利点は，基本波について $3/\pi$ の大きさを持ち，LO 信号の合計パワーから $0.4\,\mathrm{dB}$ だけ小さいことである．このように LO の基本波でない成分に対応する雑音ペナルティは小さい．対称的に矩形波を使った直交ミキシングは $1\,\mathrm{dB}$ のペナルティを伴う．

2 番目の 3 位相信号処理の大きな利点は歪キャンセルに関係する．我々は差動回路が 2 次歪を除去することを知っている．3 つの位相を使った回路は 3 次歪を除去するということが以下で分かる．理由を知るために 3 次の非線形性を考える．

$$f(x) = 4x^3 - 3x \tag{11.29}$$

正弦波 $\cos(\omega t + \theta)$ にこの非線形を与えるということは単に偏角を 3 倍するということになり[3]，歪の項である $\cos(3\omega t + 3\theta)$ が生じる．この非線形性の操作を下記の 3 つの位相の信号

$$
\begin{aligned}
a &= \cos(\omega t) \\
b &= \cos(\omega t - \phi) \\
c &= \cos(\omega t + \phi)
\end{aligned}
\tag{11.30}
$$

に適用すると，下記の歪の項が生じる．

$$
\begin{aligned}
a_3 &= \cos(3\omega t) \\
b_3 &= \cos(3\omega t - 3\phi) \\
c_3 &= \cos(3\omega t + 3\phi)
\end{aligned}
\tag{11.31}
$$

$3\phi = 2\pi$ であるので，（11.27）を使うと，

$$z_3 = a_3 + q b_3 + q^2 c_3 = (1 + q + q^2)\cos(3\omega t) = 0 \tag{11.32}$$

が得られる．したがって，複素信号が形成されたときに 3 次歪の項は同相信号として現れ，除去される．

2 トーンテストの変調歪に関する同様の解析は，和成分（$3\omega_1$, $2\omega_1 + \omega_2$, $\omega_1 + 2\omega_2$ と $3\omega_2$）は相殺されるが，残念ながら差成分（$2\omega_1 - \omega_2$ と $2\omega_2 - \omega_1$）は相殺されないことを示している．結果として多位相信号処理は（11.32）から

---

[3] この便利な特性は $f(x)$ がチェビシェフ多項式であることに由来している．単純な多項式よりも非線形性をチェビシェフ多項式の重み付け和に展開することで高調波歪の解析が簡単になる．

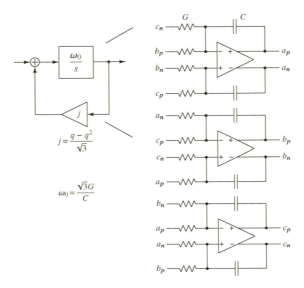

図 11.58　6 つの位相の信号で構成された共振器

分かるかもしれないが，歪に対して万能薬ではない．それにも関わらず，大きな妨害波が一つ存在する状況での受信機構成では多位相信号処理が事態を緩和する．

　多位相回路は直交信号処理の自然な拡張であり，マッチングの良い素子が複製できるという VLSI 回路の強みの一利用形態である．差動信号処理や直交信号処理と同じように一次近似の下での多位相信号処理の利点は電力ペナルティを伴わないことである．6 位相正周波数共振器を示した図 11.58 から分かるとおり，その回路は見た目にも美しいものである．このような回路は多位相バンドパス $\Delta\Sigma$ 型 ADC のループフィルタでも使用できる．

## 11.9　まとめ

　この章で説明した $\Delta\Sigma$ 型 ADC は，狭帯域のバンドパス信号および狭帯域の直交信号をデジタル信号に変換するために使用される．バンドパス型 ADC のように特別な周波数帯域で分解能を高めることが可能な ADC アーキテクチャは他に存在しない．ロバスト性や高い線形性などの標準的な $\Delta\Sigma$ 変調器の利点，また，接続の容易性，固有のアンチエイリアス特性，小面積，フルスケール調整の容易性などの連続時間 $\Delta\Sigma$ 変調器の利点に加えて，バンドパス変調器の利点

は下記を含む.

a．スーパーヘテロダイン受信機の簡素な実現
b．完全な I/Q バランス
c．dc オフセットと $1/f$ 雑音に対する耐性
d．帯域内の信号の偶数次歪の帯域外への排除
e．（近い将来）アナログミキシングなしの RF 信号デジタル化

　特に LC タンクのような物理的共振器を使ってループフィルタを構成すると
き，高性能バンドパス型 ADC の効率的な実現が可能である．バンドパス型
ADC は中心周波数が数百 MHz まで対応しているものが現在商用で入手可能だ
が，その一方で直交バンドパス型 ADC 単体そのものは手に入る状況ではない．

## 【参考文献】

[1] H. Shibata , R. Schreier, W. Yang, A. Shaikh, D. Paterson, T. Caldwell, D. Alldred, and P.W. Lai, "A DC-to-1 GHz tunable RF ΔΣ ADC achieving DR = 74 dB and BW =150 MHz at $f_0$ = 450 MHz using 550 mW," *IEEE Journal of Solid-State Circuits*, vol. 47, no. 12, pp. 2888–2897, Dec. 2012.

[2] J. Harrison, M. Nesselroth, R. Mamuad, A. Behzad, A. Adams, and S. Avery, "An LC bandpass ΔΣ ADC with 70 dB SNDR over 20MHz bandwidth using CMOS DACs," *International Solid-State Circuits Conference Digest of Technical Papers*, pp. 146–148, Feb. 2012.

[3] J. Ryckaert, J. Borremans, B. Verbruggen, L. Bos, C. Armiento, J. Craninckx, and G. Van der Plas, "A 2.4 GHz low-power sixth-order RF bandpass ΔΣ converter in CMOS," *IEEE Journal of Solid-State Circuits*, vol. 44, no. 11, pp. 2873–2880, Nov. 2009.

[4] L. Luh, J. Jensen, C. Lin, C. Tsen, D. Le, A. Cosand, S. Thomas, and C. Fields, "A 4 GHz 4th-order passive LC bandpass Delta-Sigma modulator with IF at 1.4 GHz," *Symposium on VLSI Circuits Digest of Technical Papers*, pp. 168–169, Feb. 2006.

[5] *AD6676 Wideband IF receiver subsystem datasheet*, Analog Devices, Norwood, MA, Nov. 2014.

[6] A. Hairapetian, "An 81 MHz IF receiver in CMOS," *IEEE Journal of Solid-State Circuits*, vol. 31, no. 12, pp. 1981–1986, December 1996.

[7] D. Senderowicz, D. A. Hodges, and P. R. Gray, "An NMOS integrated vector-locked loop," *Proceedings IEEE International Symposium on Circuits and Systems*, pp. 1164–1167, 1982.

[8] H. Khorramabadi, and P. R. Gray, "High-frequency CMOS continuous-time filters," *IEEE Journal of Solid-State Circuits*, vol. 19. pp. 939–948, Dec. 1984.

[9] F. Krummenacher and N. Joehl, "A 4-MHz CMOS continuous-time filter with on-chip automatic tuning," *IEEE Journal of Solid-State Circuits*, vol. 23. pp. 750–758, June 1988.

[10] J. Van Engelen and R. Van De Plassche, *Bandpass sigma delta modulators-stability analysis,*

*performance and design aspects*, Norwell, MA: Kluwer Academic Publishers 1999.

[11] O. Shoaei and, W. M. Snelgrove, "A multi-feedback design for LC bandpass delta-sigma modulators," *IEEE International Symposium on Circuits and Systems*. vol. 1, pp. 171–174, May 1995.

[12] F. Bruccoleri, E. A. M. Klumperink, and B. Nauta, "Wide-band CMOS low-noise amplifier exploiting thermal noise canceling," *IEEE Journal of Solid-State Circuits*, vol. 39, pp. 275–282, Feb. 2004.

[13] R. Bagheri, A. Mirzaei, S. Chehrazi, M. E. Heidari, M. Lee, M. Mikhemar, W. Tang, and A. A. Abidi, "An 800-MHz,6-GHz software-defined wireless receiver in 90-nm CMOS," *IEEE Journal of Solid-State Circuits*, vol. 41, no. 12, pp. 2860–2876, Dec. 2006.

[14] B. Razavi, *RF Microelectronics*, Englewood Cliffs, NJ: Prentice-Hall, 1997.

[15] R. Schreier, "Quadrature mismatch-shaping," *Proceedings, IEEE International Symposium on Circuits and Systems*, vol. 4, pp. 675–678, May 2002.

[16] K. Philips, "A 4.4 mW 76 dB complex $\Sigma\Delta$ ADC for Bluetooth receivers," *International Solid-State Circuits Conference Digest of Technical Papers*, pp. 64–65, Feb. 2003.

[17] H. Chae, J. Jeong, G. Manganaro, and M. Flynn, "A 12 mW low power continuous-time bandpass $\Delta\Sigma$ modulator with 58 dB SNDR and 24 MHz bandwidth at 200 MHz IF," *International Solid-State Circuits Conference Digest of Technical Papers*, pp. 148–149, Feb. 2012.

[18] C. Y. Lu, J. F. Silva-Rivas, P. Kode, J. Silva-Martinez, and F. S. Hoyos, "A sixth-order 200 MHz IF bandpass Sigma-Delta modulator with over 68 dB SNDR in 10 MHz bandwidth," *IEEE Journal of Solid-State Circuits*, vol. 45, no. 6, pp. 1122–1136, Jun. 2010.

[19] T. Yamamoto, M. Kasahara, and T. Matsuura, "A 63 mA 112/94 dB DR IF bandpass $\Delta\Sigma$ modulator with direct feedforward compensation and double sampling," *IEEE Journal of Solid-State Circuits*, vol. 43, pp. 1783–1794, Aug. 2008.

[20] K. Yamamoto, A. C. Carusone, and F. P. Dawson, "A Delta-Sigma modulator with a widely programmable center frequency and 82-dB peak SNDR," *IEEE Journal of Solid-State Circuits*, vol. 43, pp. 1772–1782, July 2008.

[21] T. Salo, S. Lindfors, and K. A. I Halonen, "A 80-MHz bandpass $\Delta\Sigma$ modulator for a 100-MHz IF receiver," *IEEE Journal of Solid-State Circuits*, vol. 37, no. 7, pp. 1798–1808, July 2002.

[22] M. Inerfield, W. Skones, S. Nelson, D. Ching, P. Cheng, and C. Wong, " High dynamic range InP HBT delta-sigma analog-to-digital converters," *IEEE Journal of Solid-State Circuits*, vol. 38, pp. 1524–1532, Sept. 2003.

# 12章 インクリメンタル ADC

本書で議論してきた他の全ての変換器と異なり，この章で説明するインクリメンタル ADC（IADC）はナイキスト型である．出力されたデジタルコードはその変換期間内のアナログ入力信号のみによって決まり，それ以外の期間での入力信号は何の影響も及ぼさない．IADC 内にある $\Delta\Sigma$ 変調器をリセットすることによってこの特徴はもたらされる．IADC は通常，狭帯域の信号を非常に高い精度で変換するのに用いられる．計測や測定装置だけでなく，生体医療応用でもしばしば用いられる．

## 12.1　目的と得失

多くの計測や測定応用では，アナログのセンサ出力をデジタル信号処理へと引き渡すために，センサインタフェース集積回路が必要である．デジタル電圧計，イメージセンサ，生体センサなどが典型的な応用例である．イメージセンサや脳波計のような場合，多くのセンサで一つのインタフェースを共有しなければならない．また，これらのセンサはしばしばバッテリ駆動であるため，インタフェース回路における消費電力が非常に重要である．通常，インタフェースには低ノイズアンプ，ノイズを抑圧するアンチエイリアスフィルタ，そして ADC が必要である．典型的な用途では，ADC は以下の仕様を 1 つ以上含む：

a．高い絶対精度（20 ビット以上）
b．小さいオフセットとゲイン誤差（数 $\mu$V）
c．低出力ノイズ（数 $\mu$V）
d．高い線形性（16 ビット以上）
e．低消費電力（数 $\mu$W）
f．複数センサ使用に伴う多重入力の容易性

このような高精度要求に対応できる ADC はデュアルスロープ積分方式のナイキスト型変換器か $\Delta\Sigma$ 変調器である．しかし，デュアルスロープ積分方式は

非常に低速である．出力を得るのに多くのクロック周期を要する．すなわち，$N$ビット精度実現には $2^{N+1}$ のクロック周期が必要となる．$\Delta\Sigma$ 型 ADC はデュアルスロープ積分方式よりもずっと高速ではあるがより複雑である．後段のデジタルフィルタが必要になるし，一般的にゲインやオフセット誤差を持つ．アイドルトーンや不安定性の問題もある．$\Delta\Sigma$ 型 ADC はアナログとデジタル両方のメモリを用いて高い精度を実現するため，メモリ要素が多数並列化されなければ複数センサ間で共有することができない．複雑なデジタルフィルタがあるためにアナログ入力とデジタル出力の間に大きな遅延も生じる．

$\Delta\Sigma$ 型 ADC のノイズシェイピングアルゴリズムを，ナイキスト型のような1対1サンプル対応の動作に対してのみ適用した新たな A/D 変換方式がこの章で議論するインクリメンタル ADC（IADC）である．IADC は上記の6つの要求を満たすのに向いている．図 12.1 は IADC の基本的なブロック図である．

IADC の構成は 1 段 $\Delta\Sigma$ 型 ADC と似ている．スタートアップや過大入力に反応した場合だけでなく，変換毎にリセットスイッチがオンとなる点が主な違いである．IADC ではリセットスイッチは全てのメモリ素子（$\Delta\Sigma$ 変調器内の容量素子，デシメーションフィルタ内の保持レジスタ）を放電あるいはリセットす

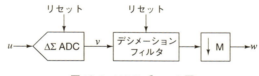

図 12.1　IADC ブロック図

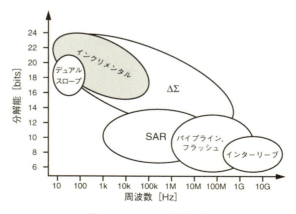

図 12.2　ADC の適用領域

る．このことにより，ADC の動作は連続的ではなく，断続的に動作する．これによって入力多重化が容易となり，消費電力低減のためのスリープモードも使えるようになり，速度と電力のトレードオフを容易にする．他の ADC 方式と比べた IADC の典型的な適用領域を図 12.2 に示す．

## 12.2　1 段 IADC の解析と設計

積分器を $M$ クロック周期ごとにリセットするスイッチを付加して IADC に変えた 3 次 $\Delta\Sigma$ 型 CIFF 構成 ADC を図 12.3 に示す．ここでは，ADC 入力を量子化器入力に加えてユニティゲインのフィードフォワード経路を用いている．このような接続には 2 つの良い効果がある．$\Delta\Sigma$ 型 ADC でも議論したようにループフィルタは量子化誤差のみを処理することになる．これによりアンプの線形性に対する仕様が緩和される．また，入力信号がループ出力にほぼ即座に現れるようになる．後で示すように，ループ後のデジタルフィルタではループ出力 $v[k]$ に対して減衰する重み付けを行うため，これは変換器の SNR を改善する．

時間領域での解析により，$M$ クロック周期後の 3 段目の積分器の出力信号は

$$x_3[M] = bc_1c_2 \sum_{n=2}^{M} \sum_{l=1}^{n-1} \sum_{k=0}^{l-1} (u[k] - v[k] \cdot V_{ref}) \tag{12.1}$$

となる．ここで $v[k]$ は $k$ 番目のクロック周期後のデジタル出力，$V_{ref}$ はフィードバック DAC の参照電圧である．$u$ が全 $M$ クロック間で一定だとすると

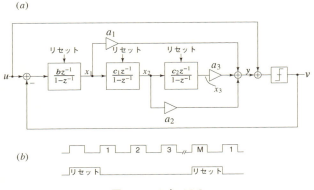

図 12.3　3 次 IADC

$$\frac{M(M-1)(M-2)}{6} \frac{u}{V_{ref}} - \sum_{n=2}^{M} \sum_{l=1}^{n-1} \sum_{k=0}^{l-1} v[k] = \frac{1}{bc_1c_2} \frac{x_3[M]}{V_{ref}} \tag{12.2}$$

が得られる. $\Delta\Sigma$ 型 ADC の安定化のためには, $|x_3| < V_{ref}$ が必要である. そうすると式 (12.2) の右辺は左辺よりもずっと小さくなるため, 近似的に

$$\frac{u}{V_{ref}} \approx G \sum_{n=2}^{M} \sum_{l=1}^{n-1} \sum_{k=0}^{l-1} v[k] \tag{12.3}$$

が $u$ の推定値として使える. ここで

$$G = \frac{6}{M(M-1)(M-2)} \approx \frac{6}{M^3} \tag{12.4}$$

である. 推定誤差は LSB 電圧

$$V_{LSB} = G \frac{2}{bc_1c_2} V_{ref} \tag{12.5}$$

に相当する. 故に ADC の有効ビット数は $ENOB = \log_2(2V_{ref}/V_{LSB})$ で与えられる. 式 (12.2-12.5) より, 3 次 IADC の設計は以下のようなプロセスになる:

a. $\Delta\Sigma$ ツールボックスを用いて 3 次の低歪 $\Delta\Sigma$ 型 CIFF 形式 ADC を設計する. 積分器と量子化器の過大入力を防ぐようにダイナミックレンジの規格化を行う. これによって経路の係数 $a_1$, $a_2$, $a_3$ 及び積分器の係数 $b$, $c_1$, $c_2$ が決まる.

b. 式 (12.4) と (12.5) を用いて SQNR の仕様を満たす最小の $M$ の値を見つける. 以前の章で議論されたように, $SQNR \gg SNR_{spec}$ とすべきである. 電力効率の観点から, ノイズの内訳の大半を熱雑音に充てなければならないからである.

c. 式 (12.3) が示すように, $u/V_{ref}$ のデジタル推定値は 3 つのデジタル積算器と 1 つの乗算器を用いることで得られる.

内部量子化器の精度は積 $bc_1c_2$ を通して, 誤差公式 (12.5) に間接的にしか表れない. ダイナミックレンジを規格化した後ではこの係数は量子化器のステップ幅に逆比例し, より高精度の量子化器によりより小さな $V_{LSB}$ が予想通り得られるからである.

$z$ 領域でも同様の解析を行うことができる. ループの出力は

$$V(z) = STF(z) \cdot U + NTF(z) \cdot E(z) \tag{12.6}$$

なので，$H(z) = 1/NTF(z)$ となるようにデジタルデシメーションフィルタの伝達関数を選ぶと，全体のデジタル出力 $W(z)$ は

$$W(z) = H(z) \cdot V(z) = STF(z) \cdot \frac{U}{NTF(z)} + E(z) \tag{12.7}$$

となる．"最大限に平坦"なノイズ伝達関数 $NTF(z) = (1 - z^{-1})^3$ を持つ低歪 $\Delta\Sigma$ 型 ADCの場合，伝達関数 $H(z)$ は3つの縦続接続された積分器によって実現される．$H$ の dc ゲインを1に保つため，式（12.4）で定義された規格化係数 $G$ も含めなければならない．これにより

$$w[M] = \frac{u}{V_{ref}} + G \cdot e[M] \tag{12.8}$$

となる．したがって，デジタルフィルタからの最後の出力 $w[M]$ は $u/V_{ref}$ の推定値となっている．この推定値の誤差は $G \cdot e[M]$ である．ここで $e[M]$ は内部量子化器の量子化誤差の最後の値であり，$\Delta$ を量子化ステップ量とすると，$|e[M]| < \Delta/2$ を満たす．式（12.5）と異なり，誤差公式（12.8）によって，ブロックレベルでの $\Delta\Sigma$ 型 ADC のループ設計を完了する前に，オーバーサンプリング比 $M$ を見出すことができる．

## 12.3　1段 IADC のためのデジタルフィルタ設計

1段 IADC のアナログループ設計手順は基本的には1段 $\Delta\Sigma$ 型 ADC と同じである．しかし，デシメーションフィルタの設計は異なっており，実際，ずっと単純な場合が多い．12.2節で，3次 IADC において $u/V_{ref}$ のデジタル推定値は量子化器出力の3重加算に $G = 6/[M(M-1)(M-2)]$ を掛けることによって得られることを示した．一般的な $L$ 次 IADC の場合，$L$ 重加算が必要となり，規格化係数は $G = L!/[M(M-1)(M-2)(M-L+1)]$ となる．入力ダイナミックレンジを改良するため，規格化係数を $1/M$，$2/(M-1)$，$3/(M-2)$ に分割し，それぞれを各加算器に割り当てることができる．これらの係数に必要な複雑な除算を避けるため，$n$ を整数として $M = 2^n$ となるように選択し

$$\frac{1}{M-k} \approx \frac{1 + \frac{k}{M} + \left(\frac{k}{M}\right)^2 + \left(\frac{k}{M}\right)^3 + \cdots}{M} \quad , \quad k = 1,2 \tag{12.9}$$

という近似を用いることもできる．ここで $1/M = 2^{-n}$ の積算はバイナリ小数点を $n$ だけシフトするだけなので全ての係数を容易かつ安価に見出せる．必要なければ，$(k/M)^2$ や $(k/M)^3$ の高次の項は近似として無視することもできる．

ループの出力列 $\{v[k]\}$ とフィルタの有限インパルス応答 $\{h[k]\}$ の $M$ 個の値

との有限長の畳み込み積分によってもデシメーションフィルタを実現することができる[8]. インパルス応答 $\{h[k]\}$ はデジタルフィルタの伝達関数 $H(z)$ の逆 $z$ 変換であり, 入力シーケンス $\{1, 0, 0, \cdots\}$ を既知のフィルタ構成 (ここでは縦続接続累算器) に入力することで容易に得られる. $L = 1$ の場合, 全ての $M$ 個の値 $k = 0, 1, 2, \cdots, (M-1)$ に対して $h[k] = 1$ となる. $L = 2$ の場合は $h[k] = k + 1$ となり, $L = 3$ の場合は $h[k] = (k+1)(k+2)/2$ となる. $h[k]$ の総和を 1 とする (故に $H[1] = 1$) ための規格化係数も含める必要がある.

熱雑音と量子化雑音の重み付き総和を最小化できる, より洗練されたデジタルフィルタの設計手法が [8] に説明されている. 熱雑音は二乗平均値 $\gamma k_B T / C_{in}$ で白色と仮定される. ここで, $k_B$ はボルツマン定数, $T$ は絶対温度, $\gamma$ は回路の入力経路によって決まる係数であり[1], 通常 $\gamma \approx 5$ である. このとき, 出力熱雑音の二乗平均値は

$$P_t = \frac{\gamma k_B T}{C_{in}} h^T S^T S h \tag{12.10}$$

となることが示されている[8]. ここで, $h$ は $M$ 個の要素を持ち, デシメーションフィルタのインパルス応答の $k$ 番目の値 $h[k]$ を $k$ 番目の要素とする列ベクトルである. $S$ は, $M \times M$ の下三角ベクトル

$$S = \begin{bmatrix} s[0] & 0 & 0 & \cdots & 0 \\ s[1] & s[0] & 0 & \cdots & 0 \\ \vdots & \vdots & \vdots & \ddots & \vdots \\ s[M-1] & s[M-2] & s[M-3] & \cdots & s[0] \end{bmatrix} \tag{12.11}$$

である. ここで, $s[k]$ はループの入力から出力に至る信号経路のインパルス応答の $k$ 番目の値である. 低歪ループでは $S$ は単位行列であり, 故に $P_t = (\gamma k_B T / C_{in}) |h|^2$ となる. 熱雑音を最小化するためには, デジタルフィルタの dc ゲインが 1 になる条件の下で $P_t$ を最小化するように $h[k]$ を選べば良い. この条件は

$$e \cdot h = 1 \tag{12.12}$$

と書ける. ここで $e = [1\ 1\ 1\ \cdots\ 1]^T$ は $M$ 個の要素からなる列ベクトルである. これは, 低歪の場合, $k = 0, 1, 2, \cdots, (M-1)$ に対して $h[k] = 1/M$ とすることで, $P_t$ が最小化できることを意味する. すなわち, 低歪構成を用いた場合には, 熱雑音を最小化するために最適化されたデシメーションフィルタのタップ係数は全て等しくなる.

出力における量子化誤差の寄与に関しても熱雑音同様に見積もれる. $e[k]$ は平均値 0 で無相関かつ二乗平均値 $\Delta^2/12$ の信号と仮定される. ここで $\Delta$ は量子

化器のステップ幅である（この仮定が成り立つためには量子化雑音が十分にランダムである必要があり，時にはループ内にディザ信号を使用する必要がある）．量子化器からループ出力までの量子化雑音のインパルス応答を $\{n[k]\}$ とする．これは，ループのノイズ伝達関数 $NTF(z)$ の逆変換に，リセットパルスで窓を掛けたものである．$S$ が $s[k]$ から生成されたのと同じように，$n[k]$ から生成される $M \times M$ 行列 $N$ を定義すると，出力量子化雑音 $P_q$ は

$$P_q = \frac{\Delta^2}{12} h^T N^T N h \tag{12.13}$$

となる．

　出力量子化雑音電力を最小化するには，式 (12.12) の制約の下で，式 (12.13) で与えられる $P_q$ を最小化しなければならない．これはラグランジュの未定乗数法[8]を用いて解析的に行うことができる．その結果として得られるデシメーションフィルタの最適インパルス応答は

$$h_{opt} = \frac{Re}{e^T Re} \tag{12.14}$$

で与えられる．ここで，$R = [N^T N]^{-1}$ であり，$e$ は先に定義された単位ベクトルである．$N$ の構造から考えて行列 $N^T N$ は特異ではないので，$R$ は常に存在する．他の方法として市販のソフトウェア（例えば MATLAB 関数 `quadprog`）を用いて，$h_{opt}$ を見出すこともできる．$L$ 次ループに対して，$h_{opt}$ の最初の $L$ 個の要素は 0 か非常に小さいと予想される．最後の $L$ 個のループ出力サンプルに含まれる量子化誤差サンプルは，以降のサンプルによって相殺されることがないためである．故に，最適解において，これらは小さな重み付けを持つ．

　量子化雑音と熱雑音の両方に対するデジタルフィルタ伝達関数 $H(z)$ の最適化は，一定のフィルタの dc 利得（ゲイン）の下で $P_t$ と $P_q$ の和を最小化することで得られる．以前と同じように $H(1) = 1$ として行列

$$O = \frac{\gamma k_B T}{C_{in}} S^T S + \frac{\Delta^2}{12} N^T N \tag{12.15}$$

を定義すると，$e \cdot h = 1$ という条件の下で

$$\min_h (P_t + P_q) = \min_h (h^T O h) \tag{12.16}$$

を満たす $h$ を見つければよいことになる．このような一般的な場合でも，$P_q$ の最小化の手順を同様に適用することができ，$h_{opt}$ は同様に式 (12.14) で与えられる．ただし，この場合，$R = [O^T O]^{-1}$ であり，$O$ は式 (12.15) で与えられる．デジタルフィルタの最適インパルス応答 $\{h[k]\}$ は上述した 2 つの場合の中間である．例として，[8]にある MATLAB 記述は以下の通りであり，その結果

として図 12.4 が得られる.

```
%% Modulator description from [8]
M = 230;        % Decimation factor
Cin = 2e-12;    % Input capacitance
Vref = 1;       % Reference voltage
Vfs = sqrt(2);  % Full-scale input voltage

nlev = 5;       % Number of quantization levels
% Coefficients for low-distortion CIFF topology
a = [1.0398 0.4870 0.0967];
g = 0;
b = [1 0 0 1];
c = [1 1];

%% Calculation of optimal impulse response
ABCD = stuffABCD(a,g,b,c,'CIFF');
[ntf stf] = calculateTF(ABCD);
n = impulse(ntf,M); s = impulse(stf,M);
N = zeros(M,M);      S = zeros(M,M);
for i = 1:M
    N(i:M+1:M*(M+1-i)) = n(i);
    S(i:M+1:M*(M+1-i)) = s(i);
end
delta = 2*Vref/(nlev-1);
gamma = 5;
k = 1.38e-23;        % Boltzmann constant
T = 300;
t2 = gamma*k*T/Cin;
q2 = delta^2/6;      % Assumes 1 LSB of dither
O = t2*(S'*S) + q2*(N'*N);
R = inv(O'*O);
e = ones(M,1);
% Optimal impulse response
h_opt = R*e / (e'*R*e);
% Optimal impulse response for quantiztion noise only
h_q = inv(N'*N)*S*e;
h_q = h_q/sum(h_q);
% Optimal impulse response for thermal noise only
h_t = e'/M;
```

　この図の曲線はそれぞれ熱雑音電力 $P_t$（破線），量子化雑音電力 $P_q$（点線），合計ノイズ電力 $P_t$（実線），を最小化するために最適化された応答 $\{h[k]\}$ を示す．これらの 3 つの曲線の下側の面積は全て等しいが，既に議論してきたようにそれぞれの特性が異なる．予想通り，熱雑音出力を最小化するための応答は一定であり，量子化雑音出力を最小化するための応答は 2 次放物線に似ている．合計

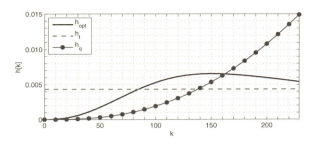

図 12.4　3次 IADC のデジタルフィルタの最適インパルス応答

雑音が最適化されたとき応答曲線の最初の方では量子化雑音の応答に近い．この部分が変換の最後の雑音を決めるためである．その後には熱雑音の応答に近づく．

これまで議論してきたように，デシメーションフィルタ DF はループの出力データ $\{v[k]\}$ と FIR インパルス応答 $\{h[k]\}$ との畳み込みを行う．それは小さいコストで実装される必要がある．DF の出力 $w$ は $M$ でダウンサンプリングされるため，畳み込みの最後の結果のみを計算すればよい．$M$ 個の係数 $h[k]$, $k = 0, 1, \cdots, (M-1)$ は記憶でき，$w$ の計算には単純な積和（MAC）段を用いればよい．IADC の量子化器は通常低分解能なので，ループ出力は小さな整数値であり MAC 演算は簡単である．

用途によっては，デシメーションフィルタが様々な干渉雑音（例えば電源雑音）を抑制する必要がある．このためには，干渉雑音とその高調波成分の周波数において，伝達関数が零点を持つ必要がある．単純な縦続接続積分器を用いたデシメーションフィルタでは $f_S/M$ の整数倍でしかノッチを持たない．したがってそのような場合には，sinc 関数に基づいて設計することで，任意の周波数において伝達関数の零点を設けることができる[6]．12.5.1 項の図 12.11 はそのような応答の例を示す．

## 12.4　多段 IADC と拡張計数型 ADC

$\Delta\Sigma$ 型 ADC の場合と同じように，IADC の SQNR は様々な方法によって改善することができる．すなわち，次数 $L$ やオーバーサンプリング比 $M$ を上げたり，内部量子化器の分解能を上げたりすることで SQNR が改善できる．しかし，これらの方法はいずれも現実的な要因で制約を受ける．広帯域 ADC においては，アンプの帯域や許容消費電力のため，オーバーサンプリング比 $M$ をあまり高くできない．さらに，オーバーサンプリング比が低いと，ループフィルタ

の次数を上げても SQNR はあまり改善できない．量子化器の分解能を高めることにも限界がある．

OSR を高くできない場合の課題は，5 章で議論した多段（MASH）構成を用いて解決することができる．そこでは，初段の量子化誤差 $e_1$ はアナログ信号として得られ，2 段目の出力と相殺される．同様にして 2 段目の誤差 $e_2$ は 3 段目の出力と相殺され，以降も同様に続く．全ての段のデジタル出力は，誤差相殺フィルタ $H_1$, $H_2$, ⋯ を用いて合成される．このようにして，各段では低次のループを用いながらも，高次のノイズシェイピングが得られる．また，初段ループに多ビットの量子化器を用いれば，回路のフルスケールよりも誤差 $e_1$ は小さくなる．そうすると，$e_1$ は 2 段目に入力される前にゲイン $A > 1$ で増幅することができ，2 段目出力を $1/A$ に減衰できるので，最終的な誤差はより小さくなる．

MASH は元々 $\Delta\Sigma$ 型 DAC や $\Delta\Sigma$ 型 ADC のために開発されたものであるが，IADC にも同様に適用することができる．文献[3]では，2 段目を $(M + 1)$ 番目のクロック周期まで常時動作させる 2 段 MASH IADC が説明されている．多くの IADC 段を縦続接続することもできる．[7]では，8 段の 12 ビット IADC について述べられており，そのオーバーサンプリング比は僅か 3 である！

式（12.8）が示すように，デジタルフィルタ後の全変換誤差が，ループで発生した最終的な量子化誤差 $e[M]$ をスケーリングしたもので与えられることを考えることで，経済的な MASH IADC を実現できる．一般的には，$e[M]$ を求めるには初段の量子化器の出力から入力を差し引く必要がある．しかし，最大限に平坦な $NTF(z)$ を持つ低歪構成では，式（12.2）が示すように，単純に初段ループの最後の積分器の出力 $x_3[M]$ から $e[M]$ が得られる．したがって，MASH IADC を効率化するために，2 段目を $(M - 1)$ クロック周期までは休止させ，その後に $x_3[M]$ を変換し，さらにスケーリングする一方で，初段出力をデシメーションフィルタ処理すればよい．この 2 段目は全体の出力の中の下位 $N_{LSB}$ ビット分を出力する．2 段目をナイキスト ADC（例えば逐次比較 ADC）で実現することもでき，$N_{LSB} < (M - 1)$ ならば動作を全てパイプライン化することもできる．この章で説明したような原理に基づく多段 IADC[9][12]はしばしば拡張レンジあるいは拡張計数型 ADC と呼ばれる．例えば，図 12.5 は[12]で述べられている拡張計数型 ADC のブロック図である．低歪 2 次 IADC を初段として用い，SAR ADC を 2 段目として用いている．帯域は 0.5 MHz であり SNDR $> 86$ dB を達成している．

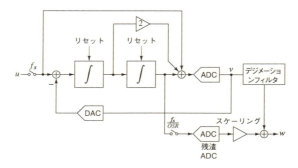

図 12.5　2-0 拡張計数型 ADC[12]

## 12.5　IADC 設計事例

### 12.5.1　3 次 1 ビット IADC

1段 IADC の設計例として，[6] で述べられた 22 ビットのデータ変換器について説明する．既に図 12.3 においてそのノイズシェイピングループのブロック図を示してある．スイッチトキャパシタ回路を用いた実装を図 12.6 に示す．多ビット DAC における動的および静的な非理想的効果を避けるため，1 ビット量子化器が用いられている．係数は $a = [1.4\ 0.99\ 0.47]$, $b = [0.5674]$, $c = [0.5126\ 0.3171]$ と選ばれた．

図 12.7 は，$M = 1024$ のときの，$V_{ref}$ で規格化した入力信号 $u$ の関数としての量子化雑音の二乗平均値を示している．予期した通り，$|u|$ が $V_{ref}$ に近づくと量子化器は飽和して雑音が増大する．しかしながらアイドルトーンは存在しない．リセット動作が長い周期を持った周期信号の発生を抑え，デジタルフィルタ

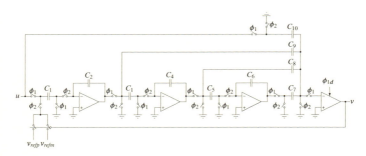

図 12.6　図 12.3 構成のシングルエンドスイッチドキャパシタ回路図[6]

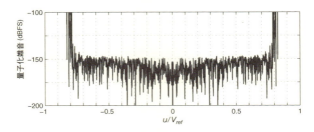

図 12.7 $M = 1024$ のときの $u/V_{ref}$ の関数としての量子化雑音電力

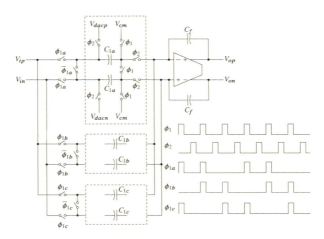

図 12.8 入力回路の容量ローテーション．点線で囲われた部分は $C_{1a}$ を含む回路のレプリカも含んでいる

が高周波のトーンを抑えるためである．

$|u| = V_{ref}$ 付近の大きな入力信号を許容するため，入力段には 2/3 倍の減衰器を含んでいる．ミスマッチによらず，このゲイン係数を正確にするため，動的要素マッチングが使用された．この回路を図 12.8 に示す．クロック一周期で，6つの入力容量が DAC 出力 $V_{dac}$ に比例する電荷転送に使われるが，その内の 4つだけが $C_1 \cdot u$ の電荷を転送する．これは $u$ に対するスケーリング係数 2/3 と等価である．容量の役割をローテーションすることで，ミスマッチ誤差は帯域外の周期的雑音に変換される．

オフセットを相殺するため，フラクタルシーケンスと呼ばれる，強化されたチョッピングが用いられている．ここで用いられているような積分器のカスケード回路では，単純なチョッピングが不適切であることに注意が必要である．この

ことを説明するため，例えば最初の積分器に 1 mV のオフセットが存在し，3つの積分段のゲインが 1 だとする．そうすると最初の積分器の出力は mV 単位で $\{1, -1, 1, -1, \cdots\}$ となり，2 段目の出力は $\{1, 0, 1, 0, \cdots\}$，そして 3 段目の出力は $\{1, 1, 2, 2, 3, 3, \cdots\}$ となって時間と共に発散していく．フラクタルシーケンスでは制御信号 INV（訳者注：図 12.9 を参照のこと）によって，$M$ のオーバーサンプリング周期後には最後の積分器出力においてオフセットが相殺されるように入力オフセットがトグルされる一方，入力信号は常に同じ符号で積分される．

単純なチョッピング $\{+ - + - \cdots\}$ のシーケンスは $S_1 = (+-)$ である．ここで+は信号を反転しないことを表し，−は反転することを表し，括弧はこのパターンが永遠に繰り返されることを表す．フラクタルシーケンス $S_k$ は $S_{k+1} = [S_k, -S_k]$ の再帰反復によって作られる．故に，単純チョッピングのシーケンス $S_1 = (+-)$ より，以下の（12.17）で示すように高次のシーケンスが得られる．$L$ を縦続接続積分器の数とすると，IADC に必要なシーケンスは $S_L$ である．この例では $L = 3$ である．

$$
\begin{aligned}
S_1 &= (+-) \\
S_2 &= [S_1, -S_1] = (+--+) \\
&\vdots \\
S_{k+1} &= [S_k, -S_k]
\end{aligned}
\quad (12.17)
$$

図 12.9 にフラクタルシーケンスを用いた入力積分器を示す．INV と $\overline{\text{INV}}$ のスイッチはフラクタルシーケンス $S_3$ で動作する．正しい積分極性を維持するため，INV が low のときは $\phi_a = \phi_1$ および $\phi_b = \phi_2$ であり，INV が high のときは $\phi_a = \phi_2$ および $\phi_b = \phi_1$ である．フラクタルシーケンスに用いられるチョッピング周波数は IADC のクロックの分数倍の周波数である．図 12.10 は，$f_{chop} = f_s/64$ のフラクタルシーケンスを用いた場合の規格化された積分器出力

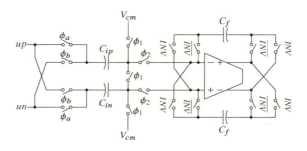

図 12.9　フラクタルシーケンスを用いたオフセット補償

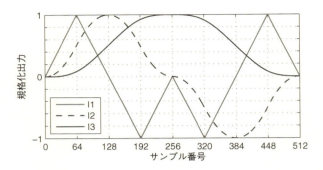

図 12.10 フラクタルシーケンス後の積分器出力電圧

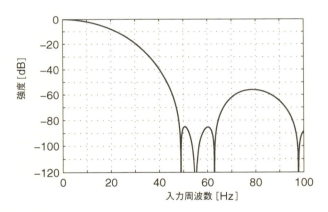

図 12.11 デシメーションフィルタのゲイン特性

を示している．

デジタルフィルタは修正 sinc 関数

$$H(z) = \prod_{i=1}^{4} \frac{1 - z^{-M_i}}{M_i(1 - z^{-1})} \tag{12.18}$$

を使用した．ここで $M = \{512, 512, 512 - 2^6, 512 + 2^6,\}$ である．これによって電源周波数付近に広帯域のノッチができている（図 12.11）．これらのノッチにより，クロック周波数や電源周波数の変動があったとしても，電源周波数の雑音は抑制される．

## 12.5.2　2ステップ IADC

2番目の例は2段2ステップの IADC である．このインクリメンタル ADC は低帯域で微小電力のセンサインタフェース回路として提案されたものである．2ステップ動作により，$N$次 IADC の回路のままで，次数が$N$から$(2N-1)$に拡張される．図 12.12 が2ステップ動作時の回路のブロック図である．ステップ1で，回路は$M_1$クロック周期の2次フィードフォワード型 IADC である．このステップの最後で2段目の積分器は，量子化誤差のアナログ値である$x_2[M_1]$を保持する．ステップ2において回路は再構成され，2段目の積分器が今度は S/H 入力段として動作し，回路の他の部分は1次 IADC1 となって$x_2[M_1]$をデジタル値へと変換する．

図 12.13 は，単純化したスイッチトキャパシタで実装したステップ1における回路を表す．合計クロック周期$M = M_1 + M_2$が与えられたとして，$M_1 = (2/3)M$および$M_2 = (1/3)M$の時に量子化雑音が最適化されることを容易に示すことができる[1]．実装された IADC では$M = 192$であり，故に$M_1 = 128$，$M_2 = 64$である．

実装された3次の IADC では，250 Hz 帯域で$2.2 V_{pp}$の入力に対して，99.8 dB のダイナミックレンジと 91 dB の SNDR が観測された．65 nm

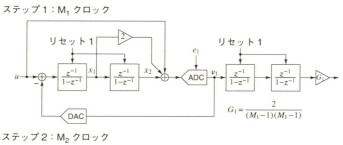

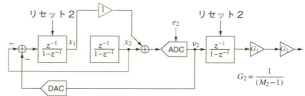

図 12.12　2ステップ IADC のブロック図

---

[1] $M = M_1 + M_2$の下で$1/M_1^2 + 1/M_2$を最小化する．

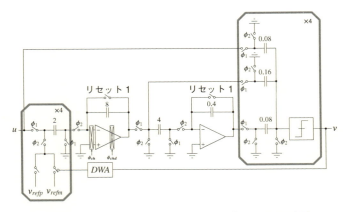

図 12.13　ステップ 1 における 2 ステップ IADC の回路図

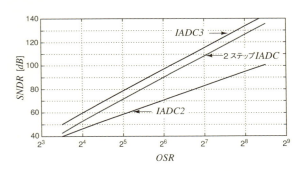

図 12.14　IADC の SQNR 対 OSR 特性

CMOS で作製され，IADC のコア面積は 0.2 mm² で消費電力は僅か 10.7 μW であった．FOM は 0.76 pJ/conv·step 及び 173.5 dB であり，いずれも過去の報告例の中で最も良い部類に入る．

図 12.14 は実装された 2 ステップ IADC2 の SQNR 対 OSR 特性を 1 ステップ IADC2 と IADC3 と比較したものである．IADC3 よりもオペアンプが一つ少ないにも関わらず，同じ合計クロック周期では 2 ステップ回路は IADC3 とほぼ同じ分解能である．一般的に 2 ステップ動作は，僅か $N$ 個のアンプでほぼ $(2N-1)$ 次 IADC を実現する．

図 12.15 が示すように，使用するオペアンプの dc 利得にはそれほど敏感ではない．最後に，図 12.16 に入力信号強度の関数として SNR と SNDR を示す．

12章 インクリメンタル ADC    455

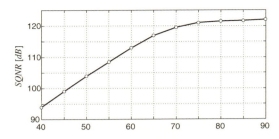

図12.15 2ステップIADCのSQNR対オペアンプのdc利得

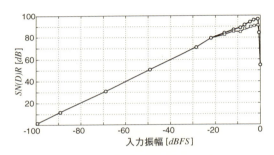

図12.16 2ステップIADCのSNRとSNDR対入力信号強度

## 12.6 まとめ

$\Delta\Sigma$型ADCの全ての記憶素子を周期的にリセットすることで，$\Delta\Sigma$型ADCはナイキスト型に変更できる．その結果がインクリメンタルA/D変換器（IADC）である．リセット間のクロック周期の数がオーバーサンプリング比である．$\Delta\Sigma$型ADCと比べると，IADCのSNRは低いが，容易に入力多重化が可能で，遅延が小さく，必要なデジタルフィルタは大幅に簡素化できる．アイドルトーンや不安定性に対しても強い．これらの理由から，センサインタフェース用途にとってIADCはしばしば最適な選択となる．

$\Delta\Sigma$型ADCと同様にIADCも多段化や多ステップ化が可能で，微小電力インタフェース用適した高い電力効率を実現できる．

### 【参考文献】

[1] R. J. van de Plassche, "A sigma-delta modulator as an A/D converter," *IEEE Transactions on Circuits and Systems*, vol. 25, no. 7, pp. 510–514, July 1978.

[2] J. Robert, G. C. Temes, V. Valence, R. Dessoulavy, and P. Deval, "A 16-bit low voltage A/D converter," *IEEE Journal of Solid-State Circuits*, vol. 22, no. 2, pp. 157–163, April 1987.

[3] J. Robert and P. Deval, "A second-order high-resolution incremental A/D converter with offset and charge injection compensation," *IEEE Journal of Solid-State Circuits*, vol. 23, no. 3, pp. 736–741, March 1988.

[4] J. Márkus, "Higher-order incremental delta-sigma analog-to-digital converters," Ph.D. thesis, Budapest University of Technology and Economics, 1999.

[5] J. Márkus, J. Silva, and G. C. Temes, "Theory and applications of incremental delta sigma converters, " *IEEE Transactions on Circuits and Systems-I*, vol. 51, no. 4, pp. 678–690, April 2004.

[6] V. Quiquempoix, P. Deval, A. Barreto, G. Bellini, J. Márkus, J. Silva, and G. C. Temes, "A low-power 22-bit incremental ADC," *IEEE Journal of Solid-State Circuits*, vol. 41, no. 7, pp. 1562–1571, July 2006.

[7] T. C. Caldwell, "Delta-sigma modulators with low oversampling ratios," Ph.D. thesis, University of Toronto, 2010.

[8] J. Steensgaard, Z. Zhang, W. Yu, A. Sárhegyi, L. Lucchese, D. I. Kim, and G. C. Temes, "Noise-power optimization of incremental data converters," *IEEE Transactions on Circuits and Systems I*, vol. 55, no. 5, pp. 1289–1296, June 2008.

[9] R. Harjani and T. A. Lee, "FRC: A method for extending the resolution of Nyquist-rate converters using oversampling," *IEEE Transactions on Circuits and Systems-II*, vol. 45, no. 4, pp. 482–494, April 1998.

[10] P. Rombouts, W. de Wilde, and L. Weyten, "A 13.5-b 1.2-V micropower extended counting A/D converter," *IEEE Journal of Solid-State Circuits*, vol. 36, no. 2, pp. 176–183, Feb. 2001.

[11] J. De Maeyer, P. Rombouts, and L. Weyten, "A double-sampling extended-counting ADC," *IEEE Journal of Solid-State Circuits*, vol. 39, pp. 411–418, March 2004.

[12] A. Agah, K. Vleugels, P. B. Griffin, M. Ronaghi, J. D. Plummer, and B. A. Wooley, "A high-resolution low-power incremental $\Sigma\Delta$ ADC with extended range for biosensor arrays," *IEEE Journal of Solid-State Circuits*, vol. 45 , pp. 1099–1110, June 2010.

[13] W. Yu, M. Aslan, and G. C. Temes, "82 dB SNDR 20-channel incremental ADC with optimal decimation filter and digital correction," *IEEE Custom Integrated Circuits Conference*, pp. 1–4, Sept. 21, 2010.

[14] C.-H. Chen, J. Crop, J. Chae, P. Chiang, and G. C. Temes, "A 12-Bit, 7 $\mu$W/channel, 1 kHz/channel incremental ADC for biosensor interface circuits," *IEEE International Circuits and Systems Symposium*, May 2012.

[15] C.-H. Chen, Y. Zhang, T. He, P. Y. Chiang, and G. C. Temes, "A micro-power two-step incremental analog-to-digital converter," *IEEE Journal of Solid-State Circuits*, vol. 50, no. 8, pp. 1796–1808, Aug. 2015.

# 13章 ΔΣ 型 DAC

前章まで，オーバーサンプリングとノイズシェイピングの概念について ADC を中心に展開してきており，デジタル － アナログコンバータ（DAC）については触れてこなかった．実際，ΔΣ 型 DAC は，それら基本概念を語るうえにおいては ADC ほど重要ではないとしても，応用部品として重要な商品でありその実装設計は ADC と同じくらい難しいことがよくある．したがって，この章では ΔΣ 型 DAC の設計に関連する特定の問題について説明する．

D/A 変換でノイズシェイピングを使用する動機は，A/D 変換と同じである．フルスケールが 3 V で分解能が 18 ビットの DAC の場合，LSB 電圧はわずか約 12 μV である．したがって，DAC 出力レベルの理想値からの許容偏差も 12 μV 程度となる．この性能は高価なトリミング技術や極端に長い変換時間なしでは，従来の DAC では達成できない．したがって，前述した ΔΣ 型 ADC におけるトレードオフと同様に，オーバーサンプリングを適用し，いくつかのデジタル機能のハードウェア追加することによって，堅牢でしかもシンプルなアナログ回路を使用できることは，高精度 DAC にも魅力的である．このトレードオフを実行する実際の構造について次に説明する．

## 13.1　ΔΣ 型 DAC のシステムアーキテクチャ

図 13.1 に DAC の基本システム図を示す．図に示されているように，フロントエンド（デジタル内挿フィルタ〔訳注：内挿フィルタは補間フィルタとも呼ばれる〕とノイズシェイピングループを含む）はデジタル回路を含み，出力段（内部 DAC と再構成フィルタ）はアナログ回路である．

システムによって処理された信号のスペクトルを図 13.2 に示す．入力信号 $u_0[n]$ は，ナイキストレート $f_N$ 付近でサンプリングされたワード長 $N_0$（通常 15～24 ビット）のマルチビットデータストリームである．そのスペクトルを図 13.2(a)に示す．内挿フィルタ（IF）には 2 つの役割がある．

・サンプリング周波数を $OSR \cdot f_N$ に上げ，それによってその後のノイズシェ

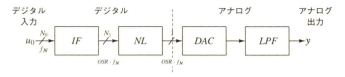

IF: 内挿フィルタ DAC: D/A 変換器
NL: ノイズシェイピングループ LPF: ローパスフィルタ

図 13.1 $\Delta\Sigma$ 型 DAC のブロック図

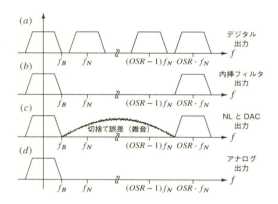

図 13.2 $\Delta\Sigma$ 型 DAC の信号と雑音のスペクトル

イピングを可能にする.
- $f_N, 2f_N, \cdots, (OSR-1)f_N$ をそれぞれ中心とするスペクトルの複製サイドバンドを抑制する.

このサイドバンド抑制の目的は，ベースバンド信号スペクトルに影響を与えずに，ノイズシェイピングループの入力の帯域外電力をデジタル的に削減することである．これにより，より大きな信号に対応できるため，ノイズシェイピングループのダイナミックレンジが向上する．また，アナログ出力フィルタは，より低減された帯域外雑音を抑えるだけで良いので，回路構成は簡単になる．したがって，相互変調され信号帯域に落ち込む帯域外雑音量を低減できるため，フィルタの直線性要件はいくらか緩和される．一方，ノイズシェイピングループで生成される再量子化誤差は，とにかくその同じ周波数範囲に発せられる不要雑音となるので，その抑制はそれほど正確である必要はない．図 13.2(b) に，IF 出力信号の理想スペクトルを示す．この信号のワード長は，入力データ $u_0[n]$ の

ワード長とほぼ同じにすることができる.

ノイズシェイピングループは，その入力信号のワード長を数ビット（1―6）に減らす. 1ビット NL（noise-shaping loop）出力を使用する場合は（ΔΣ 型 ADC の内部 DAC について第2章で説明したように），NL に続く DAC の直線性要件が緩和される. 出力データがマルチビットの場合は，第6章で説明した手法を使用して避けることのできない DAC 要素間の非線形性誤差を除去またはキャンセルし，線形変換を実現する（マルチビット DAC ループを使用することの長所と短所については，13.3項で説明する）. いずれにせよ，NL 出力は，ベースバンドにおける入力信号 $u_0[n]$ の忠実な再生を目指さなければならないが，それはまた，ループ内のワード長の減少によって引き起こされるフィルタリングされた丸め誤差雑音を含むことになる. NL 出力信号のスペクトルを図 13.2(c)に模式的に示す. システムの次のブロックは内蔵 DAC である. 上述したように，それは1ビット入力を使用してもよく，その場合その出力は2レベルアナログ信号となる. このような1ビット DAC の構造は非常に単純で，その直線性は理論的には完璧である（ただし，優れた直線性を達成するにはいくつかの実用的な注意が必要である）. ただし，1ビット DAC 出力信号のスルーレートを高くする必要があり，その信号に含まれる大量の帯域外雑音電力のために，後続のアナログ平滑化フィルタ（LPF）の設計が困難になる.

これとは対照的に，マルチビット DAC の場合，DAC の非線形性誤差をフィルタリングまたはキャンセルするために追加の回路が必要になり，結果としてより複雑な DAC になる. しかしながら，DAC 出力信号のスルーレートと帯域外雑音電力の低減が可能となり，アナログ平滑化フィルタの性能要件が緩和され，実装が簡素化される. その結果通常，複雑さ，チップ面積，および消費電力のトレードオフの観点から，マルチビット構造を用いることが好まれる.

理想的には，DAC は入力のデジタル信号を歪みなくアナログ形式で再生する. したがって，DAC の出力スペクトルは，DAC の基準電圧または基準電流に対応する定数係数（および0次ホールドの周波数応答に対応する $\mathrm{sinc}(fT_s)$ 周波数依存係数）を除いて，ノイズシェイピングループの出力信号である図 13.2(c)と同じである.

最後に，アナログ平滑化または再構成フィルタの役割は，その入力信号に含まれているほとんどの帯域外雑音電力を抑制することである. したがって，その出力信号の理想的なスペクトルは，図 13.2(d)のようになる. すでに述べたように，マルチビット DAC 出力信号に歪みを追加しないで良好な雑音抑制を達成することは比較的簡単であるが，1ビット信号の場合，その作業は通常非常に困難である. アナログポストフィルタの設計はセクション 13.5.2で詳しく説明する.

## 13.2 ΔΣ 型 DAC のループ構成

ΔΣ 型 ADC の場合と同様に，ΔΣ 型 DAC の設計者にも利用可能な多種多様なループアーキテクチャがある．ループの機能は，ΔΣ 型 ADC のノイズシェイピングループの機能と似ている，すなわち信号処理プロセス内の帯域内スペクトラムに大きな影響を与えることなく，入力信号の分解能を数ビットに減らすことができる．ワード長が短くなるということは，量子化または切捨て誤差が生じることを意味するので，ループは信号帯域内のこの追加された雑音のパワースペクトルを抑制しなければならない．ADC ループと DAC ループの唯一の大きな違いは以下の通りである．DAC ループでは，すべての信号がデジタルであるため，内部でのデータ変換は不要である．同じ理由で，ループ内の信号を非常に正確に処理することができ，ループの実際の動作を予測するときにアナログのような不完全性を考慮する必要はない．したがって，これから見ていくように，これは ADC ループにとっては実用的でなかった，いくつかの効率的なループ構成が使用可能になることを意味する．次に，いくつかの典型的なループ構成について説明する．

### 13.2.1 シングルステージ ΔΣ 型ループ

4.7 節で ADC について説明したすべてのループアーキテクチャは，ΔΣ 型 DAC にも適用できる．したがって，図 4.26 に示すように，分布帰還と入力結合を持つ縦続フィードバック付き積分器構造（CIFB）；図 4.27 に示すフィードバックを有する共振器の縦続構造（CRFB）；また，図 4.28 と図 4.30 にそれぞれ示す，フィードフォワードを有する積分器または共振器の縦続構造（CIFF）も同様に ΔΣ 型 DAC ループで使用できる．もちろん，コンポーネントブロックはアナログ積分器ではなくデジタル・アキュムレータとなり，また，ADC ループのオペアンプ，キャパシタ（コンデンサ），およびスイッチ類は，デジタル加算器および乗算器によって実装される．

ここで，設計者はアナログループに関して遭遇したのと同じ問題（例えば，安定性の問題）のいくつか，およびいくつかの新しい問題に依然として直面することになる．ループの適切な構成と次数を求め，必要な係数を計算するには，ノイズシェイピングと信号伝達の仕様を満たす必要があり，予想されるすべての条件下で安定性を確認する必要がある．また，最適なダイナミックレンジの条件を満たし，いかなるブロックのオーバーフローあるいはアンダーフローを回避する必要がある．最後に，すべての係数および演算のワード長は，一方でも信号伝達および雑音抑圧において要求される精度が維持され，他方では回路の複雑さがこれらの精度条件に対して最小化されるように，慎重に決定されるべきである．

定性的には，ここで発生する誤差について，素子マッチング誤差および有限のオペアンプ利得効果ではなく，デジタル演算の係数切捨てや丸め誤差（加算と乗算）によるものであることを除いて，ADC ループについて説明した感度の考慮事項は DAC ループにも有効である．したがって，係数と丸め誤差は入力ノードに接続するすべての信号経路で小さく保たれなければならないが，信号がループの出力に向かって伝播するにつれてそれらは次第に増大するものと考えられる．したがって，必要とされるワード長はループ内のブロックの位置を考慮するとかなり変化する可能性がある．

ハードウェア的には，各係数が 2 の整数乗である少数の項だけを含む単純な数にすることによって，その面積を節約することもできる．これは信号と雑音の伝達関数（STF と NTF）をわずかに変えるかもしれないが，その影響は通常小さく，STF の場合は，多くの場合，ループの前後のブロックによって修正することができる．例えば，第 4 章で説明した低歪みアーキテクチャの信号伝達関数は，その他の競合するアーキテクチャよりも係数切捨ての影響を受けにくい傾向がある．

### 13.2.2　エラーフィードバック構造

ADC ループには実用的ではないが，1 ビットループの場合において DAC には非常に効率的な構成を図 13.3 に示す．ここでは，13.2.1 節で説明した ΔΣ 型ループで行ったような出力信号に保持されている MSB をフィードバックするのではなく，破棄された LSB（切捨て誤差 $e[n]$ を表す）をフィルタリングして入力にフィードバックする．$e[n]$ をフィルタ処理するために使用されたループフィルタ $H_e$ は，フィードバックパスに配置されている．

ADC ループでのこの構造は，$e[n]$ を生成するのに必要なアナログループフィルタとアナログ減算回路における不完全性に対して極めて敏感である．それはどちらかの回路で発生した誤差が直接入力端子に入る構造だからである．したがって，このアーキテクチャは ADC では決して使用されない．しかしながら，デジタル実現においては，十分な精度が $H_e$ フィルタに対して確保される場合この回路構造はうまく機能する．線形解析による出力値は次の式によって与えられ

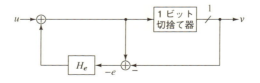

図 13.3　エラーフィードバック構造

る．

$$V(z) = U(z) + [1 - H_e(z)]E(z) \tag{13.1}$$

ここで STF は 1 であり，NTF は $[1 - H_e(z)]$ となる．

低次ループの場合，エラーフィードバックループは通常非常に簡単に実現できる．一次ループでは，雑音伝達関数 NTF $= 1 - z^{-1}$，したがって誤差関数は $H_e(z) = z^{-1}$，つまり単なる遅延となる．NTF が dc に 2 つの零点をもつ 2 次ループの場合の誤差関数は以下の式で与えられる，

$$H_e(z) = 1 - (1 - z^{-1})^2 = z^{-1}(2 - z^{-1}) \tag{13.2}$$

その結果，ループは 2 つの遅延，係数 2 を実装するための 2 進小数点のシフト，および 2 つの加算器により実現できる（図 13.4）．

高次のエラーフィードバック・ループも，安定性を考慮して，もちろん容易に設計することができる．$\Delta\Sigma$ 型 ADC ループのように，不安定性は量子化器（ここでは切捨て器）の入力信号 $y[n]$ がデジタル論理の動作範囲を超えることによって増大する．使用される算術演算に依存して，これは表現可能な最大値で $y[n]$ の飽和を引き起こすか，またはオーバーフローで $y[n]$ の増加と共に出力 $v[n]$ が突然減少するラップアラウンド（wrap around）を引き起こす可能性がある．飽和は通常許容可能であるが，ラップアラウンドは大きな誤差の原因となるため，防止する必要がある[1]．例えば，ループ内において，トランケータ（切捨て器）の入力にデジタルリミッタを含めるなどが有効である（図 13.5）．

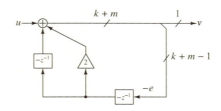

図 13.4　2 次のエラーフィードバックノイズシェイピングループ

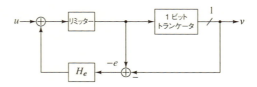

図 13.5　リミッターによるエラーフィードバック

これによりオーバーフローが発生する前に，リミッターは出力を飽和させることになる．

### 13.2.3 カスケード（MASH）構造

高次ループの設計には固有の安定性の問題があるが，その安定性の問題を避けることができるノイズシェイピングの構成方法として，カスケード構造というものがDACとADCの両方に使用することができる[2]（実際には，カスケードDACステージはカスケードADCステージよりも前に提案された）．図13.6は，2ステージ・カスケードDACのアーキテクチャを示す．典型的な構造では，2段両方のステージが2次ループフィルタを含み，2次ループの堅牢な安定性を維持しながら，全体として4次ノイズシェイピングを実現する．

MASH ADCでは発生しないが，カスケードDACでは発生する設計上の問題は，構造における内蔵DACの最適な配置に関するものである．まず図13.6の構造内のすべての信号処理がデジタル方式で実行されると仮定する．5.2節の議論で説明したように，ポストフィルタ $H_1$ は通常第2ステージの信号伝達関数 $STF_2$ を複製する．多くの場合，$STF_2$ は単なる単一または複数の遅延要素であり，したがって，$H_1$ は，第1ステージ出力 $v_1$ のワード長 $n_1$ を増加させることなくデジタル的に容易に実現することができる．これとは対照的に，$H_2$ は通常第1ステージの雑音伝達関数を再現するため，デジタルで実装した場合，そのワード長は第2ステージ出力 $v_2$ のワード長 $n_2$ を増加させる．デジタルで $H_1 \cdot V_1$ と $H_2 \cdot V_2$ を加算すると，出力ワード長がさらに長くなる．したがって，そのような構造はマルチビット出力 $v[n]$ を生成し，それはより複雑になる内蔵マルチビットDACにより正確に変換される必要がある．

別の方法としては，図13.7に示すように，各ステージに別々のDACを使用し，アナログ回路を使用してそれらの出力を結合することである．これにより，それほど複雑ではないDACを使用することができる．アナログ誤差によって

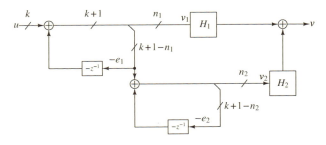

図13.6　2次ノイズシェイピングループのカスケード構造

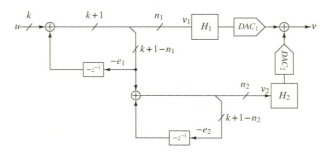

図 13.7　アナログ再結合を使用したカスケード DAC

引き起こされる2つの経路間の利得の不一致は，第1ステージの打切り誤差によるリーク成分をもたらすが，その不一致は，信号変換の線形性に影響を与えず，それは，第1ステージ DAC の線形性によってのみ制限されることになる．

　$DAC_2$ を $H_2$ フィルタの前に配置することも可能で，その場合はアナログ回路で実現する必要がある．これには2つの利点がある．まず，$DAC_2$ の解像度を下げることができる．これは語調の長い $H_2 \cdot V_2$ ではなく $V_2$ を変換するだけでよくなるためである．実際には，$n_1 = n_2 = 1$ に対して，両方の DAC を1ビットにすることができる．マルチビット DAC の場合，$H_2$ は，$DAC_2$ の固有の非線形性によって発生する雑音を，第2ステージのトランケーション（切捨て）雑音とともにシェイピングすることになる．この修正方式の不利な点は，$H_2$ がアナログ回路実装となるために，デジタルフィルタができるほどには正確な雑音伝達関数 $NTF_1$ を再現できないことである（ただし，信号経路に直列キャパシタを接続することで，dc での $H_2$ のゼロを非常に正確に実現することはできる）．

　もう1つの選択肢は，$H_2$ ブロックを $DAC_2$ より前のデジタル段とそれに続くアナログ段に分割することである．この方法により，大きなトランケーション雑音は $NTF_2$ と $H_2$ による完全なシェイピングを受け，$DAC_2$ 誤差による非常に小さな雑音は $H_2$ のアナログ部分によってのみシェイピングされる．この方式は完全アナログの $H_2$ ができるよりも正確に $NTF_1$ の必要なレプリカを実現することできる．

## 13.3　マルチビット内蔵 DAC を用いた ΔΣ 型 DAC

　ΔΣ 型 DAC で使用されるデジタルノイズシェイピングループのパラメータは，ΔΣ 型 ADC で必要とされるアナログループのパラメータよりもはるかに正確に制御される．そして，ADC でマルチビット量子化を使用するための基本的

な引数（オペアンプスルーレート，消費電力，非直線性，クロックジッタなどに基づくものなど）は DAC ループにおいては無関係なものとなる．それにもかかわらず，4.1 節に示した安定性に関する考慮事項は依然として有効であり，さらにマルチビット動作有用性の強力な理由として，内蔵 DAC に接続されるアナログ平滑化フィルタ LPF に対する要件が緩和されることがあげられる．1ビット DAC の場合，このフィルタの入力信号は 2 レベルの高スルーレートを必要とするアナログ信号（通常は電圧）であり，その電力の大部分は大きな高周波量子化雑音の中に含まれている．この高速信号は，ほとんどすべての高周波雑音が除去されるように，ローパスフィルタでフィルタリングされる必要がある．このフィルター動作は，信号や帯域外雑音さえも歪めることなく実行されなければならない（雑音を歪めると，大きな雑音スペクトルが $fs/2$ 付近の領域から信号帯域に折り畳まれることになる）．さらに，2 レベルアナログ信号の急勾配のため，クロックジッタはフィルタの出力において，かなり大きな振幅雑音として現れる．結論として，$\Delta\Sigma$ 型 ADC のノイズシェイピングループに見られる 1ビットトランケーションによるアナログ的な問題は，$\Delta\Sigma$ 型 DAC においても無くなることはなく，それらは単にアナログポストフィルタにシフトされただけである！

初期の 1 ビットでの実装は[3]，これらの問題を克服するために，平滑化フィルタは，高次スイッチトキャパシタ（SC）フィルタ，SC バッファ段，および連続時間後置フィルタのカスケード結合として実現されていた．それには，かなりのチップ面積と dc 電力が必要であった．しかし，1 ビットシステムにおいてこのようなコストを支払うことの動機は，マルチビット内蔵 DAC の固有の非線形性を回避するためであった．

近年になって，DAC の非線形性の影響を低減するためにさまざまな手法（デュアル量子化，ミスマッチエラーシェイピング，およびデジタル補正）が利用可能になっているため，マルチビット DAC 構造は従来と違って 1 ビットのものよりも好まれている．これらの DAC の線形化方法は，第 6 章で説明した ADC で使用されているものと似ている．次の節では，これらの方式について詳細に述べていく．

### 13.3.1 2 重量子化 DAC の構造

2 重量子化 DAC の一般的な原理は，2 重量子化 ADC のそれと似ている．信号の D/A 変換に 1 ビット量子化器（1 ビット切捨て）を使用し，量子化誤差のみが変換されるマルチビット量子化器（切捨て回路）を使用するというものである．4.5.1 節の Leslie-Singh 構造に似た簡単な実装は図 13.8[4]に示されている．図示されるように，信号 $u[n]$ は，ノイズシェイピングループにおいて単

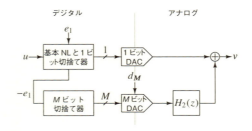

図 13.8　デュアルトランケーション DAC システム

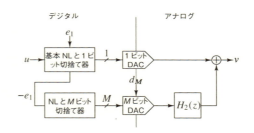

図 13.9　デュアルトランケーション MASH 構造

一ビットのデータストリームに縮小される．これは 1 ビット DAC で線形的に変換することができる．大きな打ち切り誤差 $-e_1$ は $M$ ビット（$M > 1$）で切捨てられ，$M$ ビットの内部 DAC において変換される．それは次にフィルタリングされた後，1 ビット DAC の出力に追加されて $e_1[n]$ がキャンセルされる．$M$ ビット DAC の非線形誤差 $d_M$ のスペクトルは，1 ビットループの NTF を複製しその帯域内電力を抑制するアナログフィルタ $H_2(z)$ によってシェイピングされる．

より洗練された図 13.9 に示す効果的な構造では，両方のステージにノイズシェイピングループを使用し，第 1 ステージに 1 ビットの切捨て，第 2 ステージにおいて M ビットの切捨て回路を使用する．

この構造に基づく 3 次 DAC の実装を図 13.10 に示す[4]．この構造図では，$C_1$ を含むスイッチキャパシタ分岐が 1 ビット DAC を実現し，$C_2$, $C_3$, $C_4$, およびそれらのスイッチがアナログフィルタ $H_2(z)$ として機能する．どちらのループもエラーフィードバックを使用する．最初のループは安定性を向上させるために $z = 0.5$ に極を持つ 2 次ループフィルタを持ち，2 番目のループは単純な 1 次フィルタを使う．

シングルステージ・2 重量子化 DAC を実現することも可能である（図

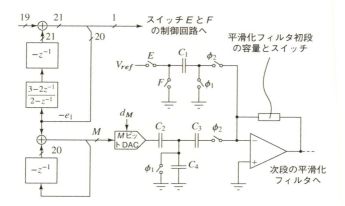

図13.10　3次のデュアルトランケーション MASH ノイズシェイピングステージ

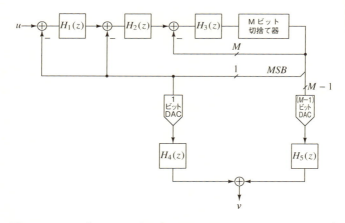

図13.11　シングルステージのデュアルトランケーション D/A ループ

13.11）．これは Hairapetian ADC 構造に似ている[5]．1 ビット出力は 1 ビット DAC に供給され，さらにカスケード接続された積分器の最後のステージを除くすべてのステージにもフィードバックされる．$M$ ビット出力も生成され；これはマルチビット DAC で変換され，最後の積分器にも入力される．この構造の入力信号は潜在的に線形である 1 ビット DAC によって変換されるが，$M$ ビット回路は出力 $v[n]$ の大きな 1 ビットトランケーションエラーをキャンセルし，それをより小さな $M$ ビットエラーに置き換えるために使用される．アナログフィルタ $H_4$ および $H_5$ からなるエラーキャンセルロジックがこの動作を実行す

る．これらのフィルタの利得が一致しないと，１ビットの切捨て誤差の相殺がうまくいかず，したがって SNR が低下するが，非線形の信号歪みは発生しない．

## 13.3.2　ミスマッチエラーシェイピングを使用したマルチビット $\Delta\Sigma$ 型 DAC

　前述のように，第６章で説明したミスマッチエラーシェイピング手法（データ加重平均，個別レベル平均，ベクトルベースのミスマッチシェイピング，ツリー構造要素選択）は，マルチビット D/A 変換器の内蔵 DAC にも適用できる．しかし，やはり，$\Delta\Sigma$ 型 DAC には考慮すべき新しい可能性とトレードオフがある．

　マルチビット $\Delta\Sigma$ 型 ADC では，出力に使用されるビット数$N$は一般に約４に制限される．なぜなら $N = 5$ の場合，内蔵 ADC はすでに 32 個のコンパレータとその関連回路を備えるために，それに見合った電源とチップ面積を必要とするからである．$N = 2 \sim 4$ の場合 ADC 自体の複雑さ，および必要なミスマッチシェイピングを実装するデジタル回路の複雑さはどちらも比較的低く，それらを単純化するために特別な方式は必要ない．

　対照的に，マルチビット $\Delta\Sigma$ 型 DAC では，内蔵 ADC は必要とされず，したがって，４より大きい$N$が可能となる．しかしながら，実際のところは DAC およびその誤り訂正回路の複雑さが$N$と共に指数関数的に増大するので，それらに対してあまりにも多くのチップ面積およびバイアス電力を必要とすることになる．そこで複雑度の指標として $2^N$ を使うことがある．一般に，$N > 4$ については，その値は実用的とは言えないくらいに高まる．次に，この問題とその解決方法について，２次の６ビット $\Delta\Sigma$ 型 DAC について説明する．

　DAC 入力信号のビット数が多すぎる（ここでは６ビット）場合の明らかな解決策は，セグメンテーションを使用することである．つまり，６ビット入力データストリームを２つの３ビットセグメント（MSB 信号と LSB 信号）に分割する．次に，２つのセグメントを別々にサーモメータ・コードにエンコードし，スクランブルをかけ，アナログ信号に変換することができる（図 13.12）．

　２つのアナログ出力の加重合計が全体の出力信号を提供する．このシステムの実効的な複雑度指数は $2 \cdot 2^3 = 16$ であり，これは６ビット DAC を直接実現した場合の $2^6 = 64$ よりも低い値となる（４倍）．

　この方法の問題点は，MSB と LSB の両方のセグメントに大きな歪み成分が含まれていることである．２つが正確に再結合されると，理想的には相殺される．ただし，この係数が不正確な場合，MSB と LSB の出力に含まれるフィルタ処理されていない量子化雑音と歪み成分は完全には相殺されず，これは直線性と SNR 性能を大幅に低下させる．雑音はすでにスクランブラ入力BおよびCに

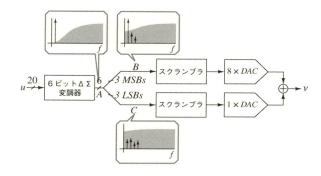

図 13.12　セグメンテーション

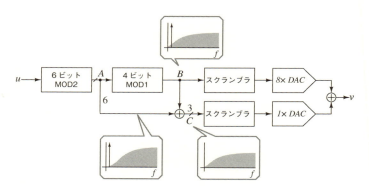

図 13.13　ノイズシェイプセグメンテーション

含まれており，内蔵 DAC によって生成されないため，両方のパスのスクランブラがミスマッチ・シェイピングを使用していても，この性能低下が発生する．

この精度の問題を克服する方法を図 13.13 に示す[6]．追加の 1 次 $\Delta\Sigma$ ループがメイン変調器とカスケード接続され，6 ビット入力 A のワード長を 4 ビットに圧縮する．MOD1 の NTF を $H_1$，量子化誤差を $E_1$ とすると，2 つのセグメント化された信号は，1 次ループの 4 ビット出力 $B = A + H_1 E_1$，および 3 ビットの量子化誤差の符号を反転した $C = -H_1 E_1$ となる．3 ビット量子化誤差 C は，入力 A から MOD1 の出力 B を減算することによって生成される．両方の信号 B および C は，次に温度計コード化，スクランブル，D/A 変換された後に，C が温度計コード化されている場合の 2 進小数点のシフトを補うために，B に対するスケールファクタ 4 を用いて加算される．理想的には，アナログ出力は要求通り $B + C = A$ となる．複雑度指数は $2^4 + 2^3 = 24$ であり，これはセグメン

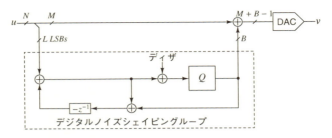

図 13.14　ディザ付きのハードウェア削減一次変調器

ト化していないシステムにおける値 $2^6 = 64$ よりもずっと低い値となる.

図 13.13 のシステムでは，$B$ と $C$ の両方がノイズシェイプ信号であるため，アナログスケールファクタ 4 にエラーがあり，$C$ が完全にキャンセルされない場合，結果の出力エラーは追加のシェイピング雑音のみとなる. 十分に高いオーバーサンプリング比（例えば 128）の場合, 1 % の DAC 要素のマッチング誤差は依然として 110 dB の SNR を可能にすると考えられる[6].

$\Delta\Sigma$ 型 DAC の別のセグメンテーション方式を図 13.14 に示す[7]. ここで, 入力データストリームの $L$ 個の LSB は, エラーフィードバック・ノイズシェイピングループによってより短い（$B$ ビット, $B < L$）ワードに圧縮され，デジタル加算器に供給される. これとは対照的に, $M$ ビットの MSB は直接加算器に入力される. 加算はデジタルなので, 非常に正確になる. 6 ビット入力の場合, 4 つの LSB を 2 ビットに圧縮し, 2 ビットの MSB と組み合わせると 4 ビット DAC 回路になる. 十分に大きいオーバーサンプリングレート OSR の場合, 精度は満足できるものであり得る（このシステムは単なる 1 次変調器であることに注意. 図 13.13 のシステムのように, データを MSB ストリームとノイズシェイピングした LSB ストリームに分割するわけではない）.

### 13.3.3　マルチビット $\Delta\Sigma$ 型 DAC のデジタル補正

6.1 節で述べたように, パワーアップ・キャリブレーションはマルチビット DAC で容易に利用できる. キャリブレーション方式のブロック図を図 13.15 に示す.

RAM には, 可能なすべての入力コードに対する DAC の実際のアナログ出力のデジタル等価値が格納されている. フィードバックループは RAM 出力の帯域内スペクトル成分をデジタル入力 $u[N]$ に追従させる. RAM と DAC の入力は同じであるため, DAC の出力は RAM のそれに追従する. 結論として, DAC 出力信号の帯域内成分は, 入力信号 $u[n]$ のアナログバージョンになる.

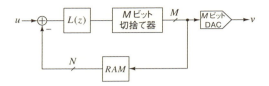

図 13.15　デジタル補正された M ビット DAC

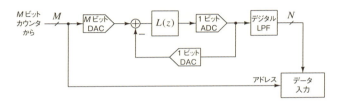

図 13.16　デジタル補正のためのキャリブレーションスキーム

　6.1 節で説明したように，キャリブレーション（すなわち，RAM への適切な数値の格納）は，補助 1 ビット $\Delta\Sigma$ 型 ADC を使用して，電源投入時に実行できる（図 13.16）．キャリブレーションプロセスでは，デジタルカウンタが DAC のすべての入力コードを順次生成する．$M$ ビット DAC の場合，カウンタは $2^M$ までカウントする．カウンタからの各コードは少なくとも $2^N$ クロック周期の間 DAC 入力に保持される．ここで $N$ は必要な DAC の直線性（ビット単位）である．DAC 出力は ADC によって 1 ビットのデータストリームに変換され，その dc 平均値は DAC 出力と線形的に関連している．デジタルローパスフィルタがこの dc 値を回復し，カウンタ出力で指定されたアドレスの RAM に保存される．

　バックグラウンド・キャリブレーションも可能である．電流スイッチング DAC 用に実装された古典的な方式[9]では，DAC は変換に必要なものより 2 つ多い単位電流源を含んでいる．1 つは参照として使用される．各クロック周期で，キャリブレーションのために新しい単位ソースが選択され，その中に基準電流がコピーされ，残りのソースがデータ変換を実行する．したがって，循環的な方法でキャリブレーション済みのソースを選択することで，各 $2^M$ クロック周期ですべてのソースを再キャリブレーションできる．

　電流モード DAC のもう 1 つのバックグラウンド・キャリブレーション方式が[10]に記載されている．ここでは，補助 DAC と 1 ビットの $\Delta\Sigma$ 型 ADC を使用して，電流源を測定し，この電流源を基準ソースに対して調整する．

　原理的には[9]と似ているが，スイッチトキャパシタ DAC に適した電荷ベー

スのキャリブレーション手法が[11]に記載されている．ここで，単位要素素子であるキャパシタによって供給される電荷は，すべての電荷が固定基準電荷と一致するまで，各要素素子に対して可変基準電圧を使用して順次調整される．この手法もまた追加の単位要素を必要とする．

### 13.3.4 1ビットとマルチビットの $\Delta\Sigma$ 型 DAC の比較

シングルステージ $\Delta\Sigma$ 型 DAC における，1ビットまたはマルチビットの内部量子化を比較すると，2つの方式の相対的な利点は次のとおりである．

1ビット量子化：サーモメータコーディング，ユニットエレメント，およびデジタルミスマッチシェイピング・ロジックを必要とせずに，はるかに単純な内蔵 DAC 構造を使用できる．

マルチビット量子化：次のようないくつかの利点がある．

1. より積極的なNTFを使用することができ，かつトランケーション雑音が少なくとも $N$-1 ビット低減されるので，より簡単なデジタルノイズシェイピングループを組むことができる．
2. トーンが生成される可能性が低く，そして一般的にディザリングの振幅が約 1/2 LSB であり，これがマルチビット量子化器では小さいので，ディザリングが少ない（またはない）と言える．
3. DAC 出力の立ち上がり立ち下がり特性と帯域外雑音がともに低減されるため，はるかにシンプルなアナログ平滑化フィルタを用いることができる．また，DAC 出力信号のステップサイズが小さいため，クロックジッタに対する感度も低下する．

一般に，マルチビット量子化の利点は1ビット量子化の利点を上回る．したがって，マルチビット内蔵 DAC を使用して $\Delta\Sigma$ 型 DAC を設計することが推奨される．

例として，参考文献[3]の1ビット内蔵トランケーションを使用した $\Delta\Sigma$ 型オーディオ DAC および[8]のそれに匹敵する性能を持つ5ビット DAC について，簡単に説明する．1ビット DAC には5次のノイズシェイピングループが必要だが5ビット DAC に必要なのは3次ループだけとなっている．1ビット DAC は，4次スイッチトキャパシタ（SC）フィルタを含むアナログ平滑化フィルタと，それに続く SC バッファ段と2次連続時間アクティブフィルタを使用している．対照的に，5ビットシステムでは，SC アナログフィルタは DAC 自体と効果的に統合されていて，追加のオペアンプは不要となっている．ただし，5ビット DAC に適用されるミスマッチ・シェイピングには，かなり

複雑なデジタル回路が必要となっている.

## 13.4 ΔΣ 型 DAC におけるインタポレーション（内挿）フィルタリング

ノイズシェイピングループ（図 13.1）の前段デジタル内挿フィルタ（IF）を効率的に実装するには，通常，多段構造が必要である．次に，一般的なアーキテクチャと個々のフィルタ段の役割について説明する．例として，古典的な 18 ビットオーディオ DAC の IF を使用する[3]．DAC のブロック図を図 13.17 に，IF の構造を図 13.18 に示す．

IF には，3 つのカスケード接続された有限インパルス応答（FIR）フィルタステージとそれに続くデジタル・サンプルホールド・レジスタが含まれている．図 13.19 は，個々の IF ステージの入力と出力，および DAC の最終出力に現れる信号のスペクトラムを示している．

13.1 節で説明したように，IF の目的は，増加したクロック周波数を利用し，ベースバンドと $f_s/2$ の間に発生する信号スペクトルの不要なレプリカ（複製）をすべて抑制することである．これにより，ノイズシェイピングループのダイナミックレンジを改善し，アナログ出力フィルタの選択性と直線性の要件を緩和する．13.1 節でも述べたように，ノイズシェイピングループ NL において量子化雑音は不要なサイドバンドのいずれかの領域に作り出されるので，不要なサイドバンドをすべて消去する必要はない．

原則的に，サンプリング周波数を直ちに $OSR \cdot f_s$ に上げ，このクロックレートを使って，すべてのフィルタリングを実行することが可能である．しかしながら，これは全てのデジタル回路が高速で機能することを必要とするので，不必要

図 13.17　18 ビット D/A コンバータのアーキテクチャ

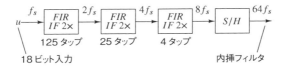

図 13.18　内挿フィルタのアーキテクチャ

474

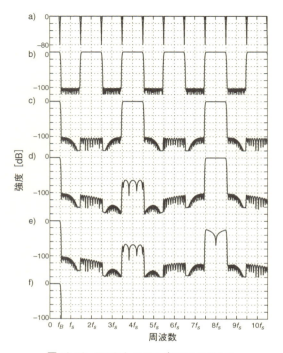

図 13.19　DAC システム内のスペクトル

に大量の電力を消費することになる．それはまた，より多くのデジタル回路を活性化させ，必要以上に多くのデジタル雑音を発生させることにもなる．したがって，まず初めの信号処理を低いクロック周波数で実行し，続いてクロック周波数を段階的に上昇させるフィルタリング処理を実行することが好ましいと考えられる．

　フィルタの第 1 ステージは $2f_s$ で動作し（図 13.18），奇数次のイメージ雑音を抑制するために使用される．したがって，ベースバンドの最初のレプリカである $f_B$ から $3f_B$ までの範囲と 3 番目のレプリカである $5f_B$ と $7f_B$ そして四つ目までのレプリカを同様に削除する．その動作を図 13.19(a) と (b) に示す．最初の曲線はナイキストでサンプリングされた入力信号のスペクトルを示し，2 番目の曲線は 1 段目の出力の目的のスペクトルを示す．このステージの要件は非常に厳しいことに注意が必要である．$0 \sim f_B$ の周波数範囲で非常に小さい（ここでは，約 0.001 dB）ゲイン変動を持つフラットな通過帯域と，隣接するイメージを抑制するための非常に鋭いカットオフが必要であるが，相互にかなり近い周波数に

位置している．参考文献[3]で説明しているフィルタでは，このステージは125タップのハーフバンド FIR フィルタによって実現されていた（ハーフバンドフィルタは FIR 構造で，タップの重み（中央のものを除く）を1つおきにゼロにできるため，非常に経済的である．しかし，ハーフバンドフィルタでは，図13.20 に示すように，$f_s/4$ の中点を中心にスキュー対称性を持つ周波数応答しか実現できない．その結果，通過帯域と阻止帯域の限界周波数は対称的に配置し，2つの帯域でリップルは同じにする必要がある．これらの制限は通常，ここで実行される2倍内挿フィルタ処理では許容される）．

IF の第2ステージのクロック周波数は $4f_s$ である．その役割は，図 13.19(c) に示すように，$3f_B$ と $5f_B$ の間，$11f_B$ と $13f_B$ の間などのイメージを削除することである．そのカットオフ特性は，初段階のカットオフ特性よりも急峻である必要はない．[3]に記載されたシステムでは，この作業は 24 タップハーフバンド FIR フィルタを用いている．$8f_s$ で動作する第3ステージは，4タップハーフバンド FIR フィルタであり，残りのイメージを減少させる（図 13.19(d)）．

最後に，サンプリングレートを単に $64f_s$ に上げて，3番目の IF 段の各出力サンプルを8回繰り返すことによって，デジタル・サンプルアンドホールド動作を実行する．この S/H 操作は，$8f_s$，$16f_s$，$24f_s$ などに零点をもった sinc 関数特性をもつため，図 13.19(e)に示すように，追加回路なしでわずかではあるがフィルタリング効果に寄与する．最終的な $OSR$ は 64 となる．

IF は信号帯域のすぐ上の周波数域から，その雑音抑制特性が働くように設計されていることに注意．DAC に続くアナログフィルタでこのように信号帯域から急激に雑音を除去することは極めて困難である．IF に続くノイズシェイピングループ NL では，残った帯域外雑音にトランケーション雑音が追加される（図 13.19 には示されていない）．理想的には，得られたスペクトルが DAC 出力で正確に再現され，最後にすべての雑音がアナログ LPF によって除去され，

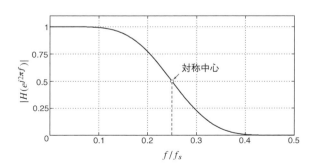

図 13.20　ハーフバンドフィルタの周波数応答

図 13.19(f) に示す出力スペクトルが得られることになる．IF のデータに使用されるワード長は 18 ビットである．定数係数には 19 ビット精度が使用される．全体的な量子化雑音は，フルスケールの正弦波信号電力より 107 dB 低く，約 18 ビットの性能と一致している．

FIR フィルタは $\Delta\Sigma$ 型システムにおいては，一般的に使用されていることに注意．その理由は，これらのフィルタは完全にフラットな群遅延を持つことができ，また入力および出力データレートの低い方のクロックで必要なハードウェアを動作させられるためである．IIR フィルタはあまり一般的ではないが，与えられたハードウェアの複雑さの中でより大きな阻止帯域減衰特性を提供できるという利点がある．

## 13.5 $\Delta\Sigma$ 型 DAC 用のアナログ後置フィルタ

前述したように，DAC のポストフィルタの設計では，難しいアナログ回路の問題が発生する可能性がある．このフィルタは，図 13.19 に示すように，内蔵DAC の出力信号の帯域外の雑音をすべて除去する必要がある．その際，本質的に信号に検知可能な非線形歪みが生じてはいけない．振幅の大きな 2 レベルのアナログ信号がポストフィルタに入ることになる 1 ビット DAC の場合，この処理は特に困難なものとなる．

応用システムによっては，ポストフィルタが正確にまたはほぼ線形の位相特性が必要なこともある．あるいは，ある程度は非線形な位相特性で設計されることも許容され，また位相誤差はデジタル内挿フィルタで補償されることも許容される場合もある．

この節では，1 ビット DAC とマルチビット DAC でそれぞれ発生するポストフィルタの設計上の問題について個別に議論し，市販のチップの例を使って説明する．

### 13.5.1 1 ビット $\Delta\Sigma$ 型 DAC のアナログ後置フィルタ

1 ビット DAC 用の一般的な後置フィルタのブロック図を図 13.21 に示す．次に，各ブロックの機能について説明する．上述のように，1 ビット DAC における後置フィルタの入力信号 $x(t)$ は，大きな 2 レベル信号である．$x(t)$ の最小振幅は，帯域内成分（すなわち，有用な信号）が，フィルタ回路自体が発する熱雑音および外部より混入する雑音よりも十分に大きい必要があるという条件によって制限される．DAC 出力信号のほとんどの電力は帯域外成分なので，これには大きな振幅が必要であることを意味する．したがって，この信号を従来のアクティブフィルタに入力する場合，そのアクティブ部品（オペアンプまたはト

図13.21　1ビットDAC用のポストフィルタと関連信号

ランスコンダクタンス）のスルーレートが十分な値でない場合，その値で制限され高調波歪みを発生させることになるので，アクティブ部品には実用的とは言えないほどの値が必要になる．

　より微妙な直線性の問題は，スルーレートが制限されたスロープと入力信号 $x(t)$ 自体の波形の不完全な立ち上がりと立ち下がり特性の対称性によるものであり，これは内蔵 DAC の不完全性に起因する．正確な波形形状もその直前の値に依存する．したがって，入力信号 $x(t)$ の周期的サンプル信号 $x(nT)$ は有用な信号を正確かつ線形に再現することができるが，D/A 変換した連続時間 $x(t)$ のフーリエ変換は通常高調波成分を含むことになる．

　両方の問題を軽減するために，通常はポストフィルタの入力段としてスイッチトキャパシタフィルタ（SCF）段を使用する．サンプリングされたデータの入力と出力を用いる SCF は，その入力信号として $x(t)$ のサンプル $x(nT)$ だけを必要とし，そして SCF はその信号から高周波電力の大部分を除去することができ（その結果波形のステップサイズを減少させることができる），オペアンプのスルーレートを高くする必要はない．波形のステップサイズが十分に小さくなり，必要なスルーレートが線形連続時間（CT）処理に許容できるほど低くなると，CT アクティブフィルタでフィルタ処理できる．

　CT フィルタと SC フィルタのスルーレート要件の基本的な違いを理解するために，図 13.22 に示す SC 積分器を考察する．フェーズ $\phi_1$ の間，入力電圧 $x(t)$ はキャパシタ $C_1$ を充電する．スイッチが適切に設計されていれば，$n$ 番目のクロック位相 $\phi_1$ の終わりにチャージされた電荷は正確に $C_1 \cdot x[nT]$ に等しくなる．同時に，$C_3$ はオペアンプの出力電圧 $y(t)$ をサンプリングする．$\phi_2$ がハイになると，この電圧は急激に変化する．その過程は図 13.22(b) に（誇張して）示されているように，スルー状態に続きセトリング状態を経る．$\phi_1$ の間もセトリングは継続する．オペアンプとスイッチが適切に設計されていれば，最終値 $y(nT)$ は理論値 $y(nT - T) + (C_1/C_2)x(nT - T)$ に非常に近くなり，$C_3$ の電荷も $C_3 \cdot y(nT)$ まで非常に近くなる．したがって，サンプリングされた信号処理は，基本的に，オペアンプのスルーイングおよび（おそらく非線形の）セトリングによってもたらされる非線形効果には影響されない．したがって，そのスルーレートは割り当てられた期間内に $y(t)$ を正確に安定させるのに十分な

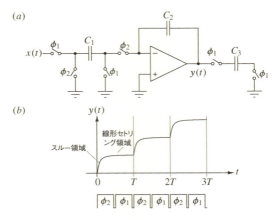

図 13.22 SC インテグレータ

だけ高くする必要があるが,それほど高くする必要はない.これにより,SCFはサンプリングされた信号を連続時間信号に変換する方法として適したものになる.

$\Delta\Sigma$ 型 DAC の SC フィルタの S/N 比は非常に高くなければならないことが多いため,内部雑音源の影響は重要な設計要素である.したがって,SCF のアーキテクチャとしては普段用いないようなものを選択する必要も出てくるかもしれない.次に説明するように,一般的に使用されているバイカッドのカスケード構成は,雑音利得特性が劣る.図 13.23(a) に雑音源 $n_{ij}$ と共に示しているそういったフィルタのブロック図を考えてみよう.明らかに,$n_{11}$ は出力に対して入力と同じゲインを持つ.雑音 $n_{12}$ を入力換算すると,その電力は $|I_{11}|^2$ で除算される.ここで,$I_{11}$ は初段の積分器の伝達関数である.この除算は,雑音を微分(ハイパスフィルタリング)することと同等であるため,$n_{12}$ によって導入される帯域内雑音が減少する.

今,$i$ 番目のバイクワッドの第 1 の雑音源 $n_{i1}$ を考える.その雑音に対して入力換算すると,その電力は係数 $|H_1 H_2 \cdots H_{i-1}|^2$ で除算される.ここで,$H_k$ は $k$ 番目のバイクワッドの伝達関数である.ダイナミックレンジスケーリングは $|H_1 H_2 \cdots H_{i-1}| \leq 1$ となるので,雑音 $n_{i1}$ を入力換算すると,その帯域内電力は減少しない.雑音 $n_{i2}$ の電力利得は $n_{i1}$ の利得の $1/|I_{11}|$ 倍となり,それによって一次のノイズシェイピングがかかる.結論として,高いオーバーサンプリング比の場合,入力換算雑音電力は,SCF 内のすべてのバイクワッドのシェイピングされていない入力雑音電力の重み付き合計(1 以上の重み係数を持つ)となり,これは明らかに望ましくない状況である.

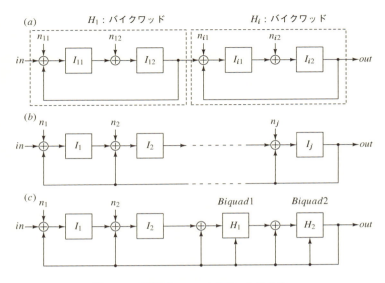

図 13.23　再構成フィルタのアーキテクチャ

対照的に，図 13.23(b) と (c) に示されている構造を考えてみよう．最初のものを単純に分析すると（「逆追跡リーダー（inverse follow-the-leader）」構造と呼ばれることもある），入力に雑音源 $n_j$ を換算することは，その雑音電力に $1/|I_1\,I_2\cdots I_{j-1}|^2$ を乗算することと同じである．したがって，$n_1$ を除くすべての雑音源はシェイピングされるので，高い OSR の場合雑音は $n_1$ によって支配されることになり，他のすべての雑音源は帯域内雑音電力に対してはごくわずかな影響しかない．

図 13.23(c) の構造では，解析の結果，$n_1$ はシェイピングされず $n_2$ は 1 次シェイピングされ，その他のすべての雑音源は 2 次または 3 次シェイピングによって抑制される．その結果，やはり $n_1$ が全体の雑音を支配することになり，非常に良好な雑音特性をもたらす（図 13.23(a) の構造のように，しかし図 13.23(b) の構造とは異なり，図 13.23(c) では有限の伝達零点の実現が可能になり，その選択性が向上する）．

結論として，高精度 DAC では，図 13.23(b) と (c) のアーキテクチャが図 13.23(a) のアーキテクチャ，または他の一般的に使用されている SCF 構造よりも好ましいと考えられる（注意事項として，ここでの議論は要素値の変動に対するさまざまな構成の感度の違いは無視している．しかし要素値の変動は小さくなる傾向があり，それに対する正確な応答特性はそれほど重要ではないため，これ

らは通常この文脈の上においてあまり重要ではない).

図 13.24～図 13.27 は，同じ伝達関数を実現する 2 つのベッセル SCF 回路の実現方法とノイズシェイピング特性を比較したものである[12]．図 13.24 にバイカッドの実現例を示し，図 13.25 にソースから出力への雑音伝達関数を示す．図 13.26 と図 13.27 は，逆追跡リーダー構造についても同様に示す．特性曲線から，後者のアーキテクチャのノイズシェイピング特性が優れていることが読み取

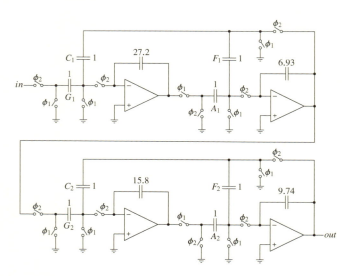

図 13.24 カスケードのバイカッドを使って実装された 4 次のベッセルフィルター

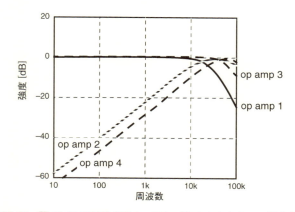

図 13.25 図 13.24 の回路の各オペアンプ入力から出力への雑音利得

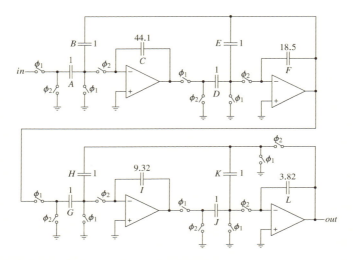

図 13.26 逆追跡リーダートポロジーで実装された 4 次のベッセルフィルター

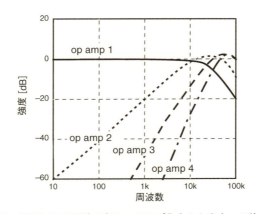

図 13.27 図 13.26 の回路の各オペアンプ入力から出力への雑音利得

れる．

　十分なフィルタリングの後，SCF 波形のステップサイズは大幅に減少する．ただし，出力波形にはまだオペアンプ起因の非線形歪みを表す過渡特性が見られる．したがって，SCF のサンプル出力 $y(nT)$ によって駆動され，そのような過渡現象のない波形を提供するバッファ段を使用することが必要となる．これは，直接電荷転送（DCT）ステージを使用することによって達成できる[13]．ローパス DCT ステージを図 13.28(a) に示す．位相 $\phi_1$ の終わりに入力信号

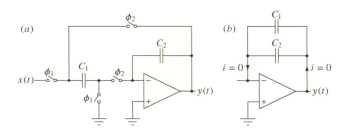

図 13.28 直接電荷転送 (DCT) ステージ

$x(t)$ をサンプリングし，それを $C_1$ に記憶させる．$\phi_2$ がハイになると，$C_1$ が $C_2$ の両端で切り替わり，2 つのキャパシタが電荷を共有する (図 13.28(b))．この時点で並列結合の左端子はフローティング状態になっているので，電荷転送中に外部電荷が分岐に入ることはない．特に，オペアンプはスイッチングに伴う大きなインパルス電流の流れに対しては寄与する必要はまったくない．したがって，この過渡現象は単純な一次微分方程式によって決定され，スイッチのオン抵抗と容量 $C_1 + C_2$ によって時定数が決まる．このようにして，オペアンプが通常示すようなスルーイングおよび非線形セトリング動作が関わることなく，高速でクリーンなトランジェントを得ることができる．

この時点で，バッファ段の出力は CT フィルタに供給することができる．このフィルタは，$f_B$ を超える残留雑音を除去する必要がある．通常，これは 2 次または 3 次のアクティブ RC 回路で，多くの場合 Sallen-Key 構成を使用して実現することができる[14]．

### 13.5.2 マルチビット $\Delta\Sigma$ 型 DAC におけるアナログ後置フィルタリング

マルチビット $\Delta\Sigma$ 型 DAC の場合，後置フィルタの設計作業は 1 ビットに比較してはるかに簡単になる．ステップサイズが小さいため，帯域外雑音電力が減少する．切捨て (量子化) 後に保持されたビット数 $N$ と共に残余電力は指数関数的に減少する．したがって，SCF における簡略化は，$N$ にも大きく依存することになる．

マルチビット DAC 用のポストフィルタの設計を説明するために，2 つの例を示す．最初のもの[8]では，$N \approx 5$ (31 レベル) が DAC 要素として使用される．単一の SC ステージ (図 13.29) が内蔵 DAC と SCF の機能を実現している．

この回路は直接電荷転送回路であるので，追加の SC-CT 変換ステージは不要となる．したがって，1 ビット DAC に 5～6 個のオペアンプを必要とする

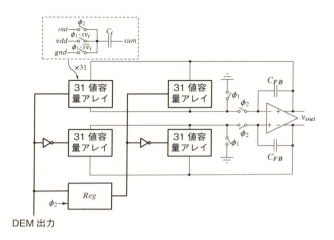

図 13.29 マルチビット DAC 用の DAC, DCT, およびフィルタの組み合わせ[8]

DAC, SCF, およびバッファ機能はすべて, 5 ビットシステム用の 1 つのオペアンプによって処理される. 図 13.29 の回路では, 4 つのキャパシタアレイ内の $4 \times 31$ 個の小型キャパシタの一部を $V_{DD}$ にプリチャージし, その他を放電することによって, $\phi_1$ の間に DAC 動作が実行される. 同じキャパシタアレイを追加し, 遅延デジタル信号で二次アレイを駆動することによって, 一次（2 タップ）FIR フィルタ機能も実現している. $\phi_2$ の間, DCT 動作ではすべてのキャパシタが帰還キャパシタ CFB と並列に接続される.

フルスケール出力に正規化された, デジタル入力と出力信号のサンプル間の総合伝達関数は次式で表される.

$$H(z) = \frac{1}{2}\left(\frac{1+z^{-1}}{1+r-rz^{-1}}\right) \tag{13.3}$$

ここで,

$$r = \frac{C_{FB}}{2(C_1 + C_2 + \cdots + C_{31})} \tag{13.4}$$

この単純な一次 IIR フィルタは, オフチップの Sallen-Key フィルタによって実行される CT フィルタリング用の信号を準備するのに十分なものとなる.

もう 1 つの SCF は, 3 次チェビシェフフィルタである. 図 13.30 ではシングルエンド回路として示されている（実際の実装は完全差動となる）. DAC の動作は, 入力アレイ $C_{IN}$ 内の 12 個のキャパシタを $V_{DD}$ に充電するか放電するこ

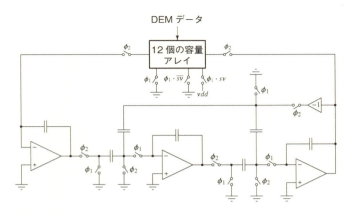

図 13.30 DAC, DCT および SCF フィルタ機能を統合した別の DAC[15]

とによって, $\phi_1$ の間に実行される. $\phi_2$ の間, 回路は 3 次の逆追従リーダー SC フィルタとして構成され, $\phi_1$ の間に $C_{IN}$ によって取得された電荷が入力信号となる. CT フィルタ処理と差動からシングルエンドへの変換の両方を実行するために, 単純な 1 次のアクティブ RC 段が使用されている.

## 13.6 まとめ

ΔΣ 型 DAC の設計に関するこの章では, 一般的な原理と基本的な DAC アーキテクチャについて説明し, その後, それらのノイズシェイピングループを実現するために利用可能なさまざまな構造について説明した. 全デジタルループによって可能になった高精度 ΔΣ 型 DAC には (ADC ループには実用的ではない) いくつかの新しいループアーキテクチャが存在する. これらについて, DAC 固有の従来型 MASH 構成に対するいくつかの変形アーキテクチャとともに紹介した.

ADC の場合と同様に, ΔΣ 型 DAC では, 1 ビットまたはマルチビットの内部量子化を使用することができる. これら 2 つの選択肢に対して相対的な利点を比較し, マルチビット内部 DAC における不可避な非線形性によってもたらされるエラー信号については, どのようにフィルタリングまたは補償すべきか, そのさまざまな方法について説明した. 繰り返すが, これらの方式のいくつかは, 第 6 章で前述したように, マルチビット ADC に適用可能な方式と似ている. それ以外のものは特に ΔΣ 型 DAC を対象としたものであり, 本章で説明した.

次に, デジタル内挿フィルタの設計上の問題について論じ, 例を挙げて説明し

た．選択された例は，市販の 18 ビットオーディオ $\Delta\Sigma$ 型 DAC で使用される効率的な多段フィルタである．最後に，$\Delta\Sigma$ 型 DAC で使用されるアナログ後置フィルタの設計について説明した．1 ビットとマルチビットのトランケーションで発生する 2 つの異なる状況を対比し，いくつかの典型的な例とともにフィルタ設計手法について，両方のシステムを説明した．

## 【参考文献】

[1] P. J. Naus, E. C. Dijkmans, E. F. Stikvoort, A. J. McKnight, D. J. Holland, and W. Brandinal, "A CMOS stereo 16-bit D/A converter for digital audio," *IEEE Journal of Solid-State Circuits*, vol. 22, pp. 390–395, June 1987.

[2] J. C. Candy and A. Huynh, "Double integration for digital-to-analog conversion," *IEEE Transactions on Communications*, vol. 34, no. 1, pp. 77–81, Jan. 1986.

[3] N. S. Sooch, J. W. Scott, T. Tanaka, T. Sugimoto, and C. Kubomura, "18-bit stereo D/A converter with integrated digital and analog filters," presented at the 91st convention of the Audio Engineering Society, New York, Oct. 1991, preprint 3113.

[4] X. F. Xu and G. C. Temes, "The implementation of dual-truncation $\Sigma\Delta$ D/A converters," *Proceedings of the IEEE International Symposium on Circuits and Systems*, pp. 597–600, May 1992.

[5] A. Hairapetian, G. C. Temes, and Z. X. Zhang, "A multi-bit sigma-delta modulator with reduced sensitivity to DAC nonlinearity," *Electronics Letters*, vol. 27, no. 11, pp. 990–991, May 23 1991.

[6] R. Adams, K. Nguyen, and K. Sweetland, "A 113 dB SNR oversampling DAC with segmented noise-shaped scrambling," *IEEE Journal of Solid-State Circuits*, vol. 33, no. 12, pp. 1871–1878, Dec. 1998.

[7] S. R. Norsworthy, D. A. Rich, and T. R. Viswanathan, "A minimal multi-bit digital noise-shaping architecture," *Proceedings of the IEEE International Symposium on Circuits and Systems*, pp. I-5–I-8, May 1996.

[8] I. Fujimori, A. Nogi, and T. Sugimoto, "A multi-bit $\Delta\Sigma$ audio DAC with 120 dB dynamic range," *IEEE Journal of Solid-State Circuits*, vol. 35, pp. 1066–1073, August 2000.

[9] D. Groeneveld, H. J. Schouwenaars, H. A. Termeer, and C. A. Bastiaansen, "A self-calibration technique for monolithic high-resolution D/A converters," *IEEE Journal of Solid-State Circuits*, vol. 24, pp. 1517–1522, Dec. 1989.

[10] A. R. Bugeja and B.-S. Song, "A self-trimming 14-b 100 MS/s CMOS DAC," *IEEE Journal of Solid-State Circuits*, vol. 35, pp. 1841–1852, Dec. 2000.

[11] U. K. Moon, J. Silva, J. Steensgaard, and G. C. Temes, "Switched-capacitor DAC with analogue mismatch correction," *Electronics Letters*, vol. 35, pp. 1903–1904, Oct. 1999.

[12] M. Rebeschini and P. F. Ferguson, Jr., "Analog Circuit Design for $\Delta\Sigma$ DACs," *in S. Norsworthy, R. Schreier and G.C. Temes, Delta-Sigma Data Converters*, Sec. 12.2.3, IEEE Press, 1997.

[13] J.A.C. Bingham, "Applications of a direct-transfer SC integrator," *IEEE Transactions on Cir-*

*cuits and Systems*, vol. 31, pp. 419–420, April 1984.

[14] R. Schaumann and M. E. Van Valkenburg, *Design of Analog Filters*, pp. 161–163, Oxford University Press, 2001.

[15] M. Annovazzi, V. Colonna, G. Gandolfi, F. Stefani, and A. Baschirotto, "A low-power 98-dB multi-bit audio DAC in a standard 3.3-V 0.35-$\mu$m CMOS technology," *IEEE Journal of Solid-State Circuits*, vol. 37, pp. 825–834, July 2002.

# 14章 内挿と間引き

この本の大部分は ADC/DAC システム内部の ΔΣ 変調器を扱っているが，この章では視点を変え，ΔΣ 変調器とともに使われるデジタル内挿フィルタおよびデジタル間引きフィルタの設計を扱う．内挿フィルタは ΔΣ DAC システム内で，低レートのデータをデジタル ΔΣ 変調器用にオーバーサンプルされたデータに変換するために利用される．逆に，間引きフィルタは ΔΣ ADC システム内で，アナログ ΔΣ 変調器からの高レート，低分解能で量子化された出力を高分解能の低レートのデータに変換するために利用される．アナログ/デジタル ΔΣ 変調器とデジタル間引き/内挿フィルタを組み合わせることで，ADC/DAC システム全体が完成する．

図 14.1 に示すように，内挿フィルタは低レートの入力をアップサンプリング後，その結果得られる高レートのデータにローパスフィルタ処理を行ってイメージ信号のない高レートの出力を生成する．図 14.2 に示す間引きフィルタは逆の処理を行う．高レートの入力データをローパスフィルタ処理した後，ダウンサンプリングし，量子化雑音や不要な帯域外信号のエイリアシングを最小限に抑えて，入力信号の低周波成分を含む低レートのデータを生成する．この章で考察するように，この双対性は単なる演算の反転よりもさらに深い意味がある．間引きフィルタの伝達関数は内挿フィルタでも使用でき，ブロック図上での信号の向きを変えることで間引きフィルタを内挿フィルタに変換できる．このため，内挿または間引きのいずれかにのみ関心がある読者も，他方から理解することでもう一

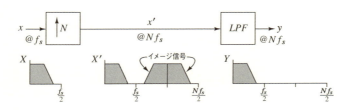

図 14.1 内挿フィルタ

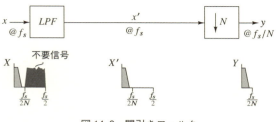

図 14.2 間引きフィルタ

方の理解を深めることができる．多くの概念は内挿の方が理解しやすいため内挿から説明を始める．間引きにだけ興味がある読者も，内挿について理解することを勧める．

## 14.1 内挿フィルタ

図 14.3 は，$N = 4$ 倍の内挿処理における時間領域の各信号を示している．入力データは $N - 1$ 個のゼロ詰めによってサンプルレートが$N$倍になり，結果として得られた高レートのデータをローパスフィルタ処理してゼロ詰めによるイメージ信号を除去する．ローパスフィルタ LPF は高出力レートで動作し，多くのゼロ値のサンプルを処理しなければならないため，この直接的な実装は実際には非効率である．

データ内のゼロを活用するために，$N = 4$ の場合の LPF 出力の$N$個の連続サンプルを以下のように書き表す．

$$
\begin{aligned}
y[4n] &= h[0]x[n] + h[4]x[n-1] + h[8]x[n-2]\ldots \\
y[4n+1] &= h[1]x[n] + h[5]x[n-1] + h[9]x[n-2]\ldots \\
y[4n+2] &= h[2]x[n] + h[6]x[n-1] + h[10]x[n-2]\ldots \\
y[4n+3] &= h[3]x[n] + h[7]x[n-1] + h[11]x[n-2]\ldots
\end{aligned}
\tag{14.1}
$$

これらの式では，$h[n]$ は LPF のインパルス応答，$x[n]$ は低レートの入力データを表わす．ゼロ詰めデータ $x'[n]$ でのゼロ値は削除されている．これら$N$個の式は本質的には図 14.4 に示すポリフェーズ分解の数学的記述となっている．$M$タップを持つ FIR フィルタを 4 倍のレートで動作させる代わりに，ポリフェーズ構成では 1 倍のサンプルレートで 4 つの $(M/4)$ タップ数を持つ FIR フィルタを動作させる．これにより，計算レートを 4 分の 1 に減少させる．

図 14.5 に示すように，入力がわずかにオーバーサンプリングされている場合

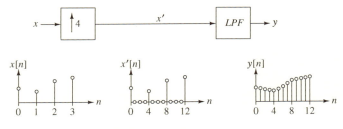

図 14.3　4 倍内挿フィルタ

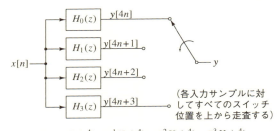

図 14.4　内挿フィルタ $H(z)$ のポリフェーズ分解

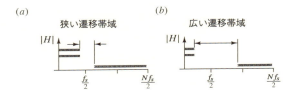

図 14.5　(a) $OSR_{low} \approx 1$ の場合と (b) $OSR_{low} \gg 1$ の場合の LPF に対する要求特性

には，LPF 遷移帯域は狭くなるが，$OSR_{low}$（低レート入力のオーバーサンプリング比）が大きいと遷移帯域ははるかに広くなる．したがって，$OSR_{low} \approx 1$ の場合は LPF が複雑になり，$OSR_{low} \gg 1$ の場合には LPF がはるかに単純になる．

　最も簡単な内挿フィルタはゼロ次ホールド（ZOH）で，低レートの入力データをゼロ詰めして高レートのデータを生成する代わりに，低レートの各サンプルデータを単純に高レートにおいて $N$ サンプルの間保持する．信号処理において，ゼロ次ホールドはゼロ値詰め後に下記の矩形インパルス応答によりフィルタ処理する操作と等価である．

$$h[n] = \begin{cases} 1, & 0 \leq n \leq (N-1) \\ 0, & \text{上記以外の場合} \end{cases} \tag{14.2}$$

　図 14.6 に示すこのフィルタの周波数応答は，$OSR_{low}$ がそれほど高くない限りイメージ信号の減衰がそれほど大きくないことを示している．例えば，$OSR_{low}$ が約 50 以下の場合，ゼロ次ホールドによるイメージ信号の減少は 40 dB 以下である．
　式（14.2）の $z$ 変換

$$H(z) = \frac{1 - z^{-N}}{1 - z^{-1}} \tag{14.3}$$

は，フィルタ

$$H(z) = \left( \frac{1 - z^{-N}}{1 - z^{-1}} \right)^2 \tag{14.4}$$

を使用するとエイリアスの低減が 2 倍になることを示唆している．このフィルタは dc 利得（ゲイン）を 1 にするために $1/N$ でスケーリングされており，1 次ホールド（FOH）特性と呼ばれる．時間応答では入力サンプル間を線形補間することと等価となる．図 14.6 に $N = 4$ の場合の FOH の周波数応答を示す．
　図 14.7 に FOH の実装の一例を示す．この例では，低レートのデータが最初に差分化および $1/N$ にスケーリングされ，次に高レートの $N$ クロック周期の

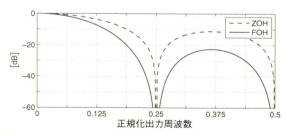

図 14.6　（dc 利得に対して正規化した）ゼロ次ホールド特性と 1 次ホールド特性の周波数特性

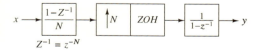

図 14.7　1 次ホールド特性の効率的な実装

間，保持され積分される．この構成が FOH を実装していることは，下式に示すように図 14.7 のブロック図の各伝達関数を乗算することで理解できる．

$$H(z) = \left(\frac{1 - Z^{-1}}{N}\right)\left(\frac{1 - z^{-N}}{1 - z^{-1}}\right)\left(\frac{1}{1 - z^{-1}}\right)$$
$$= \frac{1}{N}\left(\frac{1 - z^{-N}}{1 - z^{-1}}\right)^2 \tag{14.5}$$

上記の式と図 14.7 の両方で，低レートのデータの $z$ 変換変数として大文字の $Z$ が使用されている．したがって，$Z^{-1}$ は低レートのクロック 1 周期の遅延を表し，低レートの 1 クロック周期は高レートの $N$ クロック周期と等価である．つまり $Z^{-1} = z^{-N}$ となる．

この実装は非常に効率的だが，注意深く初期化を行う必要がある．特に，微分器と積分器の初期値は同じである必要がある（通常は両方をゼロに初期化する）．そうでないと入力と出力の間に dc オフセットが生じる．ほかの方法として，積分器の状態を $N$ サイクル毎に入力値に設定してもよい．後者の方法が好ましいのは，内挿器のふるまいが算術誤差または丸め誤差に対してロバストになるからである．

ここで，読者に内挿フィルタのスケーリングについて説明する必要があるだろう．ZOH の入力に定数値を与えると，出力にも同じ定数値が生成されるため，ZOH の dc 利得は明らかに 1 である．しかし，（14.3）で与えられる伝達関数 $H(z)$ の dc 利得は $N$ である．$1/N$ 倍の要素はゼロ詰めによるものである（これは dc 成分を $N$ 倍に減らす）が，インパルスが内挿フィルタの入力に与えられるときは，この係数は明示的ではない．そのため，インパルス応答を，内挿フィルタの伝達関数に変換するためには，$1/N$ でスケーリングする必要がある．

より高次のフィルタを使用することによってイメージ低減のさらなる改善を得ることができる．図 14.8 は，低レートで動作する $M - 1$ 個の微分器と高レートで動作する同数の積分器の間にゼロ次ホールドを挟むことで，$M$ 次の $\mathrm{sinc}_N$ フィルタ

$$SINC_N^M(z) = \frac{1}{N^M}\left(\frac{1 - z^{-N}}{1 - z^{-1}}\right)^M \tag{14.6}$$

を実装できることを示している[1]．各微分器での $1/N$ によるスケーリングは，省略されるか，または低レートの入力を $1/N^{M-1}$ でスケーリングすることによって置き換えられることが多い．システム状態の初期化はこの場合においても重要であり，さらなる対策を講じない限り算術誤差の影響を受けやすいことに注意する．

図 14.8 sinc$_N^M$ 内挿フィルタの Hogenauer による実装

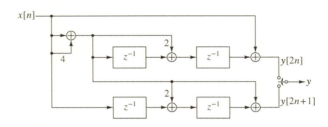

図 14.9 sinc$_2^5$ フィルタのポリフェーズ内挿による実装

図 14.8 の構造は，$1/N^{M-1}$ によるスケーリングを省略した場合に，低レートでの $M-1$ 回の加算，高レートでの $M-1$ 回の加算で sinc$_N^M$ 内挿器を実装できることを示している．この構造は，$N$ が可変の場合を実現する場合に非常に役立つが，固定値の $N$ だけが必要な場合は，他の構成を使用する方がより効率的である．

$N=2$ の場合については，ZOH と $(1+z^{-1})$ を実装する $M-1$ 個のブロックを縦続接続する直接的な実装よって sinc$_2^M$ が得られる．この実装は，2倍レートで $M-1$ 回の加算だけで sinc$_2^M$ 内挿を実現する．ポリフェーズによる実装はさらに効率的になる．例えば，図 14.9 に示す sinc$_2^5$ 内挿器をポリフェーズで実装すると1倍レートで5回の加算が必要であり，直接的な実装で必要となる2倍レートで4回の加算よりも少ない．読者は，図 14.9 に示されているフィルタのインパルス応答が $(1+z^{-1})^5$，すなわち $\{1, 5, 10, 10, 5, 1\}$ に等しいことを検証すると良い．sinc$_2^M$ 段の実装は非常に経済的に実行できるため，2つの2倍内挿の縦続接続は通常1つの4倍内挿よりも効率的である．このため，内挿器は通常，内挿倍率をできるだけ細かく分解して実装される．

## 14.2 内挿フィルタの例

この節では $OSR_{low}=2$ を持つ低レートの信号を 64 倍に内挿し，通過帯域ゲイン変動を 0.5 dB 以下に抑え，かつ 60 dB のイメージ低減を実現する内挿フィルタを設計する．計算量を最小限に抑えるために，内挿フィルタは6段の2倍内挿フィルタ（I1 段から I6 段）で構成され，可能な限り sinc フィルタを使

用する.

1次 $\text{sinc}_N$ フィルタによって実現できるイメージ低減の最小値は

$$|H_1(e^{j2\pi f_i/N})| = \left|\frac{1-e^{-j2\pi f_i}}{N(1-e^{-j2\pi f_i/N})}\right| = \left|\frac{\sin(\pi f_i)}{N\sin(\pi f_i/N)}\right| \tag{14.7}$$

によって与えられる. ここで, $f_i = 1 - 1/(2OSR_i)$, および $OSR_i$ は $i$ 段目の
フィルタへの低レートの入力に対するオーバーサンプリング比である. 最終段
(I6) では $N = 2$ かつ $OSR_i = 64$ となる. 1次の $\text{sinc}_2$ フィルタで実現される
エイリアス低減の最小値は

$$|H_1(e^{j2\pi f_i/N})| = -38\,\text{dB} \tag{14.8}$$

である. したがって, I6 段では 60 dB 以上のイメージ低減を実現するために2
次の $\text{sinc}_2$ フィルタが必要になる.

I6 段の場合, 通過帯域端 $f_p = 1/(2OSR_i)$ での $\text{sinc}_2^2$ フィルタの利得の落ち
込みはわずか 0.001 dB なので無視できる. ただし, 一般には必要な sinc フィ
ルタ次数は通過帯域でのドループ(利得の落ち込み)を考慮する必要がある. し
たがって, 下記の $A_1$ として与えられる, 通過帯域のドループに対する一次
sinc フィルタによって実現される最小の減衰量を計算する必要がある.

$$A_1 = |H_1(e^{j2\pi f_i/N})|/|H_1(e^{j2\pi f_p/N})| \tag{14.9}$$

表 14.1 に, 6つの段すべてについて $A_1$ の値とその結果得られるフィルタ次
数を示す. 必要なフィルタ次数は $\left\lceil \dfrac{60}{20}\log_{10}(A_1) \right\rceil$ となる.

表 14.1 は, 2次または3次の sinc フィルタを I3 段から I6 段に使用できる
こと, および, これらの段が 0.5 dB の通過帯域におけるドループが仕様を満た
していることを示している. ただし, I1 段と I2 段の場合, sinc フィルタの次
数ははるかに高く, フィルタは許容範囲を超えるドループがある. この問題に対
する2つの解決策を比較する. I1 段の前に補償フィルタ COMP 段を追加する
方法と, FIR フィルタによって I1 段を実装し, そこに I2 段から I6 段のドルー

表 14.1 内挿フィルタ例での sinc フィルタの次数

| 段 | $OSR_i$ | $A_1$ (dB) | $\text{sinc}_2$ 次数 | ドループ (dB) |
|----|---------|-----------|---------------------|---------------|
| I6 | 64 | 38.2 | 2 | 0.001 |
| I5 | 32 | 32.2 | 2 | 0.005 |
| I4 | 16 | 26.2 | 3 | 0.03 |
| I3 | 8 | 20.1 | 3 | 0.1 |
| I2 | 4 | 14.0 | 5 | 0.8 |
| I1 | 2 | 7.7 | 8 | 5.5 |

プ補償特性も含める方法である．以下のコードは，COMP 段の補償フィルタを設計するために，MATLAB™ の firpm パークス・マクセラン・フィルタ設計関数を使用する[1].

```
%% Design FIR compensator
order = [8 5 3 3 2 2];
fp = 0.25;                        % passband edge
% Evaluate freq response of IF for npb passband bands
npb = 20;
f = linspace(0,fp,npb*2);
H = ones(size(f));
for i=1:6
    H = H .* zinc(f/2^i,2,order(i));
end
% Assemble arguments for firpm
comp_order = 4;        % Determined by trial and error
wt = abs(H(1:2:end));
[b err] = firpm(comp_order,2*f, 1./abs(H),wt)
% Want 1+err/1-err < 0.5dB, i.e. err < 0.029
```

これにより下記が得られる．

```
b =  0.1633   -0.8711    2.4243   -0.8711    0.1633
err =  0.0087
```

補償フィルタの次数 comp_order = 4 は，コードに示されているように，err を目標値 0.029 より小さくするために選択される．

図 14.10 は，I3 段から I6 段の周波数応答に加え，フィルタ全体の周波数応答を示している（簡略化のために I1 段と I2 段の応答は省略した）．この図が示すように，出力データレートが 64 倍である I6 段は $f = 32$ 付近のイメージを減衰させる．同様に I5 段は $f = 16$ 付近，I4 段と I3 段は，それぞれ $f = 8$, 24 と $f = 4$, 12, 20, 28 の付近のイメージを低減する．I2 段と I1 段はそのほかのイメージを低減している．

図 14.10 は全体像を表わすのに適しているが，図 14.11 (a) の折り返し周波数応答は，入力周波数に対する伝達関数の振幅値を表わすのに適している．この図では，横軸は入力周波数であり，多数の曲線はすべてのイメージ項に対する伝達関数を表している．この図は，通過帯域 [0, 0.25] の周波数において出力がほ

---

[1] コード片で使用されている firpm の 4 つの引数は次のとおりである．1) FIR フィルタの次数，2) 各周波数帯の通過帯域内の終点，3) 各点における所望の振幅特性，4) 各周波数帯での重み．firpm は「考慮しない」領域で区切られた一連の周波数帯域にわたって周波数応答を合わせこむことを目的としているため，上のコード片は firpm を多少，異なる目的で利用している．npb が大きい場合には，結果として得られる FIR フィルタは sinc フィルタと縦続接続されると等リップル特性を示す．

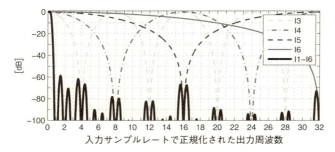

図 14.10 内挿フィルタ全体での周波数特性

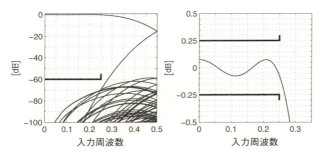

図 14.11 折り返しと通過帯域での周波数特性

とんど減衰しないことと，イメージ項の振幅が 70 dB 未満であることを示している（ほとんどのイメージ項の振幅がすべての周波数で 60 dB の仕様を下回っているという事実は偶然である．実際，$OSR_{low} = 2$ が仕様として与えられているため，イメージの低減は $[0, 0.25]$ の通過帯域内で仕様を満たせばよく，すべて周波数で仕様を満たす必要はない）．図 14.11(b) の拡大図は，通過帯域におけるリップルが 0.2 dB と十分に仕様の範囲内であることを示している．

次に，I1 段で補償を行うことを試みる．今回も firpm を使用するが，$[0.75, 1.0]$ の範囲で 60 dB 減衰するという要求を満たすための仕様を追加する．

```
%% Design FIR interpolator with compensation
order = [8 5 3 3 2 2];
fp = 0.25;                    % passband edge
% Evaluate freq response of I2-I6 for npb passband bands
% and nsb stopband bands
npb = 20;   nsb = 10;
f = [linspace(0,fp,npb*2) linspace(1-fp,1,nsb*2)];
```

```
H = ones(size(f));
for i=2:6
    H = H .* zinc(f/2^i,2,order(i));
end
% Assemble remaining arguments for firpm
I1_order = 8;
a = [1./abs(H(1:2*npb)) zeros(1,2*nsb)];
rwt = (undbv(0.25)-1)/undbv(-60);
wt = [ abs(H(1:2:2*npb)) abs(H(2*npb+1:2:end))*rwt ];
[b err] = firpm(I1_order,2*f/2,a,wt)   % Want err < 0.029
```

上記のコードにより下記が得られる.

```
b(1:5) =   -0.0215   -0.0718    0.0141    0.3131    0.5041 ...
err = 0.0280
```

以前の方法と同様に，フィルタの次数 I1_order = 8 が繰り返しによって決定される．図 14.12 は，この設計も仕様をかろうじて満たしていることを示している．実際には，係数の量子化のための余裕を残さなければならないが，この懸念を無視して 2 つの設計の計算量の比較を進める．

この設計で使われている I1 段での 9 タップのポリフェーズ実装には，1 倍レートで動作する 5 タップおよび 4 タップ FIR フィルタが必要である．対照的に，最初の設計では，1 倍レートで動作する 5 タップ FIR フィルタと $\text{sinc}_2^5$ 内挿フィルタを使用する．図 14.9 に示すように，$\text{sinc}_2^5$ 内挿器のポリフェーズによる実装は 1 倍レートでの 5 回の加算しか必要としないため，2 回の乗算と 3 回の加算を必要とする 4 タップ FIR フィルタよりも少ない計算量で済む．正確な係数は，おもに阻止帯域減衰仕様を達成するために必要とされるが，COMP 段にはそのような制約がない．そのため COMP 段の係数は I1 段の係数よりも，さらに量子化できるので COMP 段の計算量はさらに削減される．実際，次のように COMP 段の係数を 2 つまたは 3 つの CSD（canonical signed digit）項に量子化しても

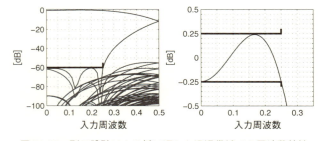

図 14.12　別の設計による折り返しと通過帯域での周波数特性

0.5
0.25
0
−0.25
−0.5
[dB]
0
0.1
0.2
0.3
入力周波数

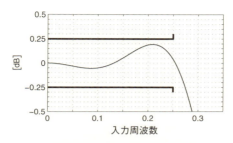

図 14.13　COMP 段の係数を量子化し場合の通過対域内での周波数特性

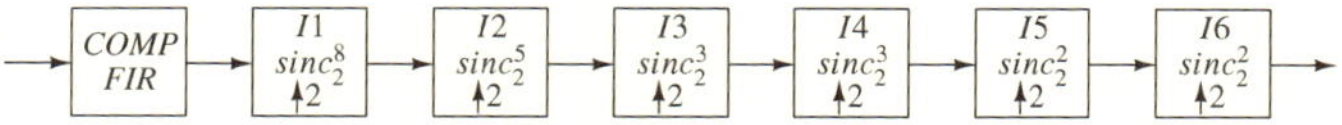

COMP FIR
I1 sinc$^8_2$ ↑2
I2 sinc$^5_2$ ↑2
I3 sinc$^3_2$ ↑2
I4 sinc$^3_2$ ↑2
I5 sinc$^2_2$ ↑2
I6 sinc$^2_2$ ↑2

| | | | | | | | |
|---|---|---|---|---|---|---|---|
| 入力レート | 1 | 1 | 2 | 4 | 8 | 16 | 32 |
| 加算器数 | 7 | 12 | 5 | 3 | 3 | 1 | 1 |
| 加算レート | 7 | 12 | 10 | 12 | 24 | 16 | 32 |

図 14.14　内挿フィルタの構成と各段における計算量

$$
\begin{aligned}
b_0 &= 2^{-3} + 2^{-5} \\
b_1 &= -2^{0} + 2^{-3} \\
b_2 &= 2^{1} + 2^{-1} - 2^{-4} \\
b_3 &= b_1 \\
b_4 &= b_0
\end{aligned}
\tag{14.10}
$$

通過帯域リップル要件を満たすのに十分な精度が得られ（図 14.13 参照），したがって補償フィルタは入力サンプルあたり 7 加算を実行するだけで済む．図 14.14 は COMP 段を用いた設計の構成を表わし，各段の入力サンプルあたりに必要な加算数を示す．1 倍レートで合計 113 の加算が必要で，乗算は必要とされない．したがって，計算量は出力サンプルあたり 2 回の加算未満である．

フィルタの構成と係数を選択したため，次のステップは要求される雑音性能に基づいてワード幅を決めることである．このステップは，切り捨てが行われる場所を選択し，次に切り捨て器フィルタ出力への伝達関数を計算することによって行われる．各ワード幅は切り捨て器の間の雑音割り当てにしたがって決定される．この操作は簡単だが特に有益ではないため，ここでは解説を省略する．

## 14.3 間引きフィルタ

導入部で説明したように間引きフィルタ処理は，カットオフが $f_s/(2N)$ にあるローパスフィルタで高レートの入力データをフィルタ処理し，次にフィルタの出力から $N$ 個のサンプルごとに 1 つを選択することによって実現できる．内挿の場合と同様にそのような直接的な実装は非効率的である．なぜならローパスフィルタは高い（入力）レートで動作し，不必要な計算を実行するからである．

ポリフェーズによる分解では，間引き係数 $N = 4$ に対して図 14.15 に示される構造を採用することで計算量を軽減することができる．$n = 0$ でのインパルスに対するこのフィルタの応答は

$$h_0 = \{h[0], h[4], h[8], \ldots\} \tag{14.11}$$

であり，一方，$n = -1, -2$, よび $-3$ におけるインパルス応答は

$$h_1 = \{h[1], h[5], h[9], \ldots\} \tag{14.12}$$
$$h_2 = \{h[2], h[6], h[10], \ldots\} \tag{14.13}$$
$$h_3 = \{h[3], h[7], h[11], \ldots\} \tag{14.14}$$

となる．したがって，システムはインパルス応答が

$$h = \{h[0], h[1], h[2], \ldots\} \tag{14.15}$$

であるフィルタを使用してフィルタ処理し，そのフィルタの出力を 4 倍でダウンサンプリングするのと同じ処理を行うが，計算量は約 1/4 になる．

式（14.11）から（14.14）は，やや直観に反する間引きフィルタの性質を示している．伝達関数 $H(z)$ を有する線形時不変システムとして，上記のシステムを説明したが，間引きフィルタは厳密に言えば時変である．この周期的な時変シ

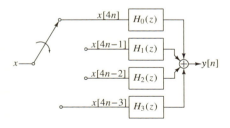

$$H(z) = H_0(z^4) + z^{-1}H_1(z^4) + z^{-2}H_2(z^4) + z^{-3}H_3(z^4)$$

図 14.15　ポリフェーズによる間引きフィルタの実装（$N = 4$）

ステムとしての振舞いのため，エイリアスとしても知られているミキシングが発生する．

内挿フィルタ処理と同様に，間引きフィルタ処理は段階的に実行するのが効率的である．14.2 節の内挿フィルタの例では，

$$H(z) = COMP(z^{64})I_1(z^{32})I_2(z^{16})I_3(z^8)I_4(z^4)I_5(z^2)I_6(z) \tag{14.16}$$

を図 14.14 として実装した．ここでは 64 倍の間引きフィルタを実現するために，図 14.14 のフィルタの入出力を逆向きにして図 14.16 とする．この間引きフィルタのエイリアス低減性能と通過帯域性能は，内挿フィルタのイメージ低減性能と通過帯域性能と同じになる．内挿フィルタへの入力としては 2 倍オーバーサンプリングされた信号を仮定した．そのため，ここで設計した間引きフィルタの出力信号も 2 倍オーバーサンプリングされている信号である．したがって，ΔΣ 型 ADC システムで使用するには，おそらく，さらなるフィルタ処理が必要となる．

これまで，内挿と間引きフィルタ処理の類似点を強調してきた．言及に値する重要な違いは，ΔΣ 型 ADC における間引きフィルタと sinc フィルタとの関連である．ゼロ次ホールドによる内挿に対応する間引き器は，図 14.17 に示す累積

| | | | | | | | |
|---|---|---|---|---|---|---|---|
| 出力レート | 1 | 1 | 2 | 4 | 8 | 16 | 32 |
| 加算器数 | 7 | 12 | 5 | 3 | 3 | 1 | 1 |
| 加算レート | 7 | 12 | 10 | 12 | 24 | 16 | 32 |

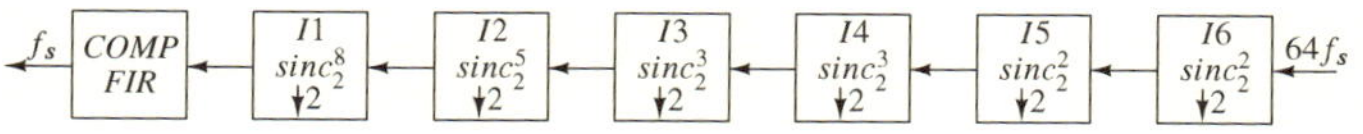

図 14.16　図 14.14 に対応する間引きフィルタ

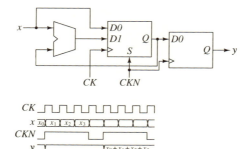

図 14.17　累積ダンプ（AAD）法による間引き段

ダンプ (AAD) 間引き器である．このブロックは，下式の $N$ 倍でスケーリングされた 1 次の sinc 関数

$$H(z) = \frac{1 - z^{-N}}{1 - z^{-1}} \tag{14.17}$$

を，$N$ サイクルの間入力を累積し，そして結果を保持，かつ積分器をリセットする動作により実装している．このブロックと ZOH の違いの一つは，AAD 段では演算が必要であるのに対し，ZOH では演算が必要ないことである．図 14.18 に示す $\text{sinc}_N^M$ 間引き器には，さらに 2 つの違いがある．入力に接続された開ループ積分器では，dc 入力によって積分値が無限に上昇するのを妨げるものは何もないことに注意する．ただし，積分器と微分器の組み合わせは利得 $N^M$ を持つため，入力 $x$ が $K$ 以下の非負整数からなると仮定できれば，図 14.18 に示すすべての算術演算を $KN^M$ より大きい任意の整数をモジュロとして実装すると，正しい結果が得られる．したがって，積分器がラップ可能で（飽和なしで）十分なビット数が使用されていれば，積分器は実装できる．2 つ目の違いは，このフィルタ内の算術エラーは有限長の過渡現象を起こすだけであるため，積分器と微分器のメモリ要素が不適切に初期化されていたとしてもシステムが動作することである．

　間引きと内挿の間の最後の指摘すべき違いは $\Delta\Sigma$ システムでどのように使用されるかに関係している．第 1 に，$\Delta\Sigma$ 型 ADC 出力のワード幅は通常 1 から 4 ビットと非常に狭いため，信号処理の前半部におい大きな倍率で間引きをすることが好ましい．第 2 に，間引きフィルタの減衰仕様は通常，内挿フィルタの減衰仕様よりはるかに厳しい．その理由を理解する例として無線システムを考える．無線受信機システムでは，間引きフィルタは帯域外信号を除去する役割を果たし，帯域外信号は通常，適切な選択性を実現するために 100 dB 程度，減衰させる必要がある．大きな帯域外信号がない場合でも，$N - 1$ 個のエイリアス帯からの雑音の合計を信号帯域内の量子化雑音よりも小さくする必要があり，これは 80 dB を超えるエイリアス低減が必要となる．これに対して内挿フィルタでは 60 dB のイメージ低減で十分であることが多い．

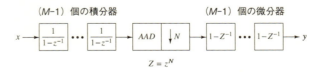

図 14.18　$\text{sinc}_N^M$ 間引き器

## 14.4 間引きフィルタの例

ここでは，64倍のオーバーサンプリング比で動作するADC用の間引きフィルタを設計する．間引きフィルタの仕様は，100dBのエイリアス低減と0.1dBの通過帯域変動とする．まずは5つの2倍間引き段を従属接続した，32倍の間引きフィルタを設計する．手順は，内挿の例で使用されていた手順とほぼ同様である．具体的には，各段について，1次の$\mathrm{sinc}_N$フィルタ

$$A_1 = \frac{|H_1(e^{j2\pi f_p/N})|}{|H_1(e^{j2\pi f_i/N})|} = \left|\frac{\sin(\pi f_p)\sin(\pi f_i/N)}{\sin(\pi f_p/N)\sin(\pi f_i)}\right| \tag{14.18}$$

によって実現される最小エイリアス低減を計算する．ここで，$f_p = 1/(2OSR_i)$は通過帯域の上端，$f_i = 1 - 1/(2OSR_i)$は阻止帯域の下端，$OSR_i$は$i$段目の出力におけるオーバーサンプリング比であり，各段は2倍で間引きするため$N = 2$である．必要な$\mathrm{sinc}_2$の次数は$\lceil 100/(20\log_{10}A_1)\rceil$で与えられ，ここで$\lceil x \rceil$は$x$以上の最小の整数を意味する．結果を表14.2に示す．

この表は，D5段の通過帯域ドループが非常に大きいことを示している．それでもなお，内挿フィルタの例と同じ方法を使用すると，係数

```
b = [ 0.0709 −0.4964 1.8350 −4.495 7.1722  −4.495 ...]
```

の対称8次FIR補償フィルタは，十分な余裕で0.1dBの通過帯域変動仕様を満たす．さらに係数を以下のように量子化した場合でも通過帯域のリップル仕様を満たす．

$$
\begin{aligned}
b_0 &= 2^{-4} + 2^{-7} \\
b_1 &= -2^{-1} + 2^{-8} \\
b_2 &= 2^1 - 2^{-3} - 2^{-5} - 2^{-7} \\
b_3 &= -2^2 - 2^{-1} + 2^{-8} \\
b_4 &= 2^3 - 2^0 + 2^{-2} - 2^{-4} - 2^{-6}
\end{aligned}
\tag{14.19}
$$

ここで係数$b_5$から$b_8$は係数$b_3$から$b_0$と同じである．

表14.2　間引きフィルタ例での最初の5段のsinc関数の次数

| 段 | $OSR_i$ | $A_1$ (dB) | $\mathrm{sinc}_2$ 次数 | ドループ(dB) |
|---|---|---|---|---|
| D1 | 32 | 32.2 | 4 | 0.010 |
| D2 | 16 | 26.2 | 4 | 0.042 |
| D3 | 8 | 20.1 | 5 | 0.210 |
| D4 | 4 | 14.0 | 8 | 1.348 |
| D5 | 2 | 7.7 | 14 | 9.628 |

図 14.19 と図 14.20 は，D1 段から D5 段に補償器を加えたフィルタの全周波数応答と折り返し周波数応答を図示したものである．図 14.19 に，D1 段から D4 段の個々の応答を示し，これらの段が周波数応答全体にどのように寄与しているかを示す（見やすさのために D5 段の応答は省略している）．これらの図は，終段での補正付き sinc による間引きによって，出力 OSR = 2 までの間引きを達成できることを示している．

ここまでの間引きフィルタの計算量を集計する．$\text{sinc}_2^M$ 間引き器を直接実装するには，最後の $(1+z^{-1})$ ブロックがサブサンプリングされるため，2 倍レートでは $M-1$ 回の加算が，または 1 倍レートで $2M-1$ 回の加算がある．これは $\text{sinc}_2^M$ 内挿器の直接実装が，2 倍レートで $M-1$ 回の加算，または 1 倍レートで $2M-2$ 回の加算を必要とするのと同様である．表 14.3 に，これらの数に加え，最適化されたポリフェーズによる実装の $M=10$ までの 1 倍レー

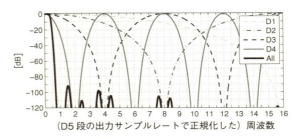

図 14.19 D1 段から COMP 段の周波数特性

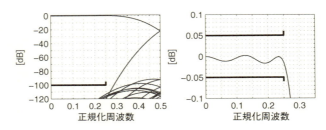

図 14.20 D1 段から COMP 段の折り返し特性

表 14.3 最適化された $\text{sinc}_2^M$ 内挿・間引きの低レートでの加算数

| $M$ | 1 | 2 | 3 | 4 | 5 | 6 | 7 | 8 | 9 | 10 |
|---|---|---|---|---|---|---|---|---|---|---|
| 直接実装型内挿器 | 0 | 2 | 4 | 6 | 8 | 10 | 12 | 14 | 16 | 18 |
| ポリフェーズ実装型内挿器 | 0 | 1 | 3 | 4 | 5 | 8 | 9 | 9 | 12 | 14 |
| 直接実装型間引き器 | 1 | 3 | 5 | 7 | 9 | 11 | 13 | 15 | 17 | 19 |
| ポリフェーズ実装型間引き器 | 1 | 2 | 5 | 5 | 7 | 9 | 13 | 11 | 17 | 16 |

トでの加算数を示す.

　この表は，内挿については一般にポリフェーズによる実装が直接実装よりも効率的であり，特に $M = 5$ および 8 の場合に特に大きな節約が得られることを示している．間引きの場合はポリフェーズ実装の利点は小さくなるが，$M = 4$，5，8 の場合では約 20％の節約になる．そのため D1 段から D4 段ではポリフェーズによる実装が良い．D5 段の場合，ポリフェーズでは $\mathrm{sinc}_2^{14}$ を実装するのに，出力サンプル当たり 26 回の加算を必要とする一方，間引きなしの $\mathrm{sinc}_2^6$ とポリフェーズによる $\mathrm{sinc}_2^8$（D4 段で使用されるのと同じブロック）の縦続接続では $12 + 11 = 23$ 回の加算を必要とし，わずかに効率的となる．最後に，小計が必要でない場合，COMP 段は出力サンプルごとに 19 回の加算を必要とする．しかし，2 のべき乗に関連した項を括りだすことによって，つまり $b_1$ と $b_3$ の $-2^{-1} + 2^{-8}$ 項，$b_2$ と $b_4$ の $-2^{-5} - 2^{-7}$ 項と $-2^{-4} - 2^{-6}$ 項を整理することで，加算器数を 17 に減らすことができる．

　これらの最適化により，合計の計算量は出力サンプルあたり 210 回の加算であり，これは内挿フィルタ例のほぼ 2 倍である．この増加の主な理由は，より厳しい阻止帯域仕様である．この問題を緩和する一つの要素は，入力ワード幅が通常わずか数ビットであるため，最初の（最高レート）段での加算のほうが後続段の加算よりも消費電力へ影響が低いことである．この設計では，最初の段階が全加算率の 38％を占めているため，ワード幅が狭くなることによる節約は大きい．特にシングルビット変調器の場合，ルックアップテーブルを使用して最初の数個の間引き段を実装することは特に効率的となる．

　汎用 ADC では多くの場合，データをナイキストレートの 2 倍以内に間引きするだけで十分である．その理由は 2 つある．第 1 に，チャネルフィルタ処理の仕様はアプリケーション依存なので，ユーザはデータをさらにフィルタ処理することが多いからである．第 2 に，ユーザがフィルタ処理する可能性がある周波数に対して，急な遷移帯域を実装することは電力を不要に消費し，不必要なレイテンシが加わる．したがって，D1 段から D5 段と COMP 段からなる間引きフィルタは現実的なシステムといえる．設計を完成させるために次節でハーフバンドフィルタ（HBF）を追加するが，ここでは HBF が設計されたとして，フィルタの完全な構成（図 14.21）と各段階でのスペクトラム例（図 14.22）を示す．

　間引きフィルタでは，出力サンプルあたり約 700 回の加算が必要である（乗算は CSD 項の数に基づいて加算に変換される）．これらの演算の約 40％は，間引きの最終段で行われている．この段は非常に高次（200 次以上）であり，かつ広いワード数で動作するため，フィルタの面積もまた最後の段が支配的となる．そのため，この段を省略したい理由は明白である．

　図 14.22 で，最初に示されているのは，3 次 5 レベル $\Delta\Sigma$ 変調器の出力スペ

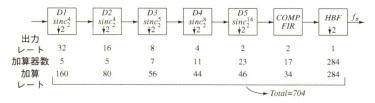

図14.21 間引きフィルタ全体の構成

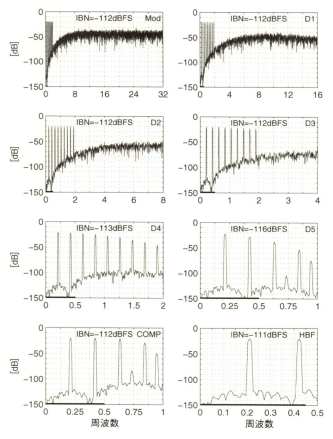

図14.22 各間引き段におけるシミュレーションによるスペクトラム

クトラムである．変調器には入力信号として信号帯域以上の広がりを持つ等間隔に配置された9つの −20 dBFS の振幅を持つトーン信号が与えられている．間引きの各段階によってサンプルレートが減少するにつれて，入力トーンの束は周波数軸のより広い部分を占めるようになる．D5 段の出力では，間引きフィルタは入力信号の束の高周波側の3つの周波数成分を除去している．このスペクトラムの [0, 0.5] 領域を見ると，2番目の帯域内トーンがいくらか減衰しているが，エイリアストーンは見られない．[0.5, 1.0] では，$f = 0.93$ と 0.7 のエイリアストーンが存在するが，これらはハーフバンドフィルタによって他の帯域外トーンとともに除去される．最後の2番目の図を見ると，COMP 段により2番目の信号帯域内のトーンの振幅が復元されていることがわかる．HBF 段により信号帯域内トーンだけが最後の図に残る．

間引きフィルタの動作をさまざまな周波数のテスト信号で観察することに加えて，間引きフィルタが変調器の量子化雑音を十分に低減させることを確認することも重要である．このため，図 14.22 では帯域内雑音（IBN）も示している．これらの図が示すように，帯域内雑音は D5 段までほとんど変わらず，D5 段のあとで 4 dB 減少する．この IBN の減少は，通過帯域の上側領域の D5 段での減衰によるものであり，SQNR が真に変化しているわけではない．そのため，COMP 段によって等化された後に IBN は元の値に戻る．間引きの処理後に IBN は 1 dB しか劣化しないため，このシミュレーションにおいて間引きフィルタが変調器の量子化雑音を適切に低減していることが確認できる．

## 14.5 ハーフバンドフィルタ

ハーフバンドフィルタは，2倍の間引きまたは内挿に適した特殊な部類のフィルタである．このようなフィルタの周波数応答は，インパルス応答サンプルのほぼ半分をゼロにする対称条件

$$H(e^{j2\pi(0.25-f)}) = 1 - H(e^{j2\pi(0.25+f)}) \tag{14.20}$$

を満たす．図 14.23 に，80％の通過帯域と阻止帯域で 32 dB の阻止帯域減衰を実現する 15 タップのハーフバンドフィルタのインパルス応答と周波数応答を示す．すべての奇数タップは重みが 0.5 の中間タップを除いてゼロである．したがって，15 個のタップのうちの7個については計算不要である．対称性により，通過帯域リップルは `dbv(1+undbv(-32))` $= 0.2$ dB となる．

80％の通過帯域と 80 dB の阻止帯域の減衰量（0.001 dB 未満の通過帯域リップル）を仕様として設計されたハーフバンドフィルタの計算量を，一般的なFIR フィルタの計算量と比較してみよう．Matlab の `firflafband` 関数を使用

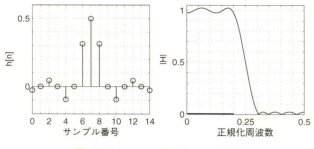

図 14.23　ハーフバンドフィルタ例

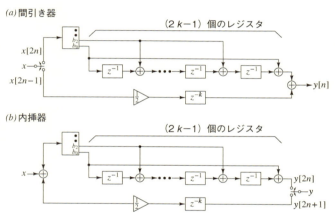

図 14.24　ハーフバンドフィルタによる間引きと内挿フィルタの実装例

すると，47 タップのハーフバンドフィルタが仕様を満たすこと，およびこのフィルタには 24 個の非ゼロタップがあることがわかる．同様の阻止帯域仕様を持ち，通過帯域リップルが 0.1 dB に緩和された FIR フィルタは，34 の非ゼロタップを持つ．この場合，通過帯域変動の非常に小さいハーフバンドフィルタは，はるかに大きい通過帯域変動を有する FIR フィルタよりも計算量が少ない．しかし，ハーフバンドフィルタはより多くのレジスタを必要とし，レイテンシが長くなる．

ここでは 2 倍の間引き，または内挿にハーフバンドフィルタを使用することに関心があるため，図 14.24 に間引きおよび内挿ハーフバンドフィルタのポリフェーズ実装を示す．インパルス応答が交代にゼロになっているため，各ポリフェーズによる実装の 1 つの枝が純粋な遅延になり，計算量とレジスタの両方が

節約される．部分積の再利用を容易にするために，各図は転置フィルタ構成を使用し，各入力データサンプルに対して一度にすべての係数乗算を実行するブロックを含んでいる．

### 14.5.1 サラマキ・ハーフバンドフィルタ

ハーフバンドフィルタを利用すると通常の FIR フィルタに比べて計算量がかなり節約できる．しかし，特に遷移帯域が狭く，阻止帯域の減衰量が大きい場合は，それでも計算量がかなり多くなる可能性がある．通常，大きな阻止帯域減衰量は正確な係数を必要とし，各係数に対して多くの CSD 項が必要になるが，サラマキ（Saramäki）によって提案された非常に効率的なハーフバンドフィルタ構造は，わずか数個の CSD 項のみで高い減衰量を実現する[2]．設計プロセスはやや複雑だが，幸いなことに，ΔΣ ツールボックスの関数 designHBF（目次の最終頁：xiiページ参照）によってこの手順がカプセル化されている．

この関数を使って，間引きフィルタの最終段階を設計しよう．引き続き 100 dB の阻止帯域減衰量を仕様とするが，通過帯域周波数の割合を 100% 未満に減らす必要がある．通過帯域の割合を 90% にすると，0 から $0.9 \times f_{s,out}/2$ の周波数では振幅の変化はなくエイリアスの影響も非常に小さいが，$0.9 \times f_{s,out}/2$ から $f_{s,out}/2$ の周波数では振幅が減衰しエイリアスによる影響もうける．後者の周波数範囲は，チャネルフィルタ処理仕様に従って，ユーザが除外する必要があり得る．以下のコードは，標準的な方法とサラマキ法を使用して，90%の通過帯域と 100 dB の阻止帯域を持つハーフバンドフィルタを作成する．

```
hbf1 = firhalfband('minorder',0.9*0.5,undbv(-100));
[f1,f2,info] = designHBF(0.9*0.25,undbv(-100),0);
```

firhalfband 関数では，31 回の乗算と 62 個のレジスタおよび加算を必要とする 123 タップのフィルタが設計される．一方，designHBF 関数では，約 200 個

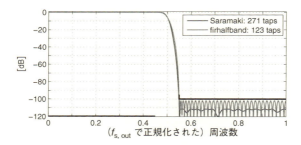

図 14.25 間引きフィルタ例のハーフバンド段での周波数特性

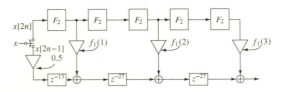

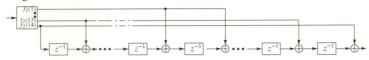

図 14.26　サラマキ・ハーフバンドフィルタ・間引きフィルタの構成

表 14.4　$F_1$ と $F_2$ の係数

| $n$ | $f_1(n)$ | CSD | $f_2(n)$ | CSD |
|---|---|---|---|---|
| 1 | 0.9453 | $2^0 - 2^{-4} + 2^{-7}$ | 0.6249 | $2^{-1} + 2^{-3} - 2^{-13}$ |
| 2 | −0.6406 | $-2^{-1} - 2^{-3} - 2^{-6}$ | −0.2031 | $-2^{-2} + 2^{-5} + 2^{-6}$ |
| 3 | 0.1953 | $2^{-2} - 2^{-4} + 2^{-7}$ | 0.1177 | $2^{-3} - 2^{-7} + 2^{-11}$ |
| 4 | | | −0.0791 | $-2^{-4} - 2^{-6} - 2^{-10}$ |
| 5 | | | 0.0566 | $2^{-4} - 2^{-8} - 2^{-9}$ |
| 6 | | | −0.0410 | $-2^{-5} - 2^{-7} - 2^{-9}$ |
| 7 | | | 0.0311 | $2^{-5} - 2^{-13} - 2^{-15}$ |
| 8 | | | −0.0232 | $-2^{-6} - 2^{-7} + 2^{-12}$ |
| 9 | | | 0.0168 | $2^{-6} + 2^{-10} + 2^{-12}$ |
| 10 | | | −0.0122 | $-2^{-6} + 2^{-8} - 2^{-11}$ |
| 11 | | | 0.0085 | $2^{-7} + 2^{-10} - 2^{-12}$ |
| 12 | | | −0.0058 | $-2^{-8} - 2^{-9} + 2^{-14}$ |
| 13 | | | 0.0037 | $2^{-8} - 2^{-12} + 2^{-15}$ |
| 14 | | | −0.0032 | $-2^{-8} + 2^{-10} - 2^{-12}$ |

のレジスタを必要とし，284 回の加算だけで乗算なしのフィルタが設計される．図 14.25 に示す周波数応答は，サラマキ法によるフィルタは標準フィルタのような阻止帯域に多数のノッチがないことを示している．しかも，阻止帯域の大部分にわたって 110 dB 以上の減衰がある．このフィルタの実現例を図 14.26 に示し，係数とその CSD 展開を表 14.4 に示す．

## 14.6　バンドパス型 ADC の間引きフィルタ

　バンドパス ADC の間引きは図 14.27 に示すように実装できる．この構成で

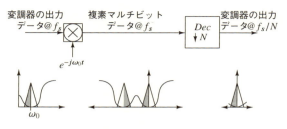

図 14.27　バンドパス間引き

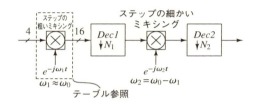

図 14.28　周波数ステップの粗い・細かいミキシング

は，変調器の粗い量子化出力に複素指数関数 $e^{-j\omega_0 t}$ を掛けて所望の帯域を dc にミキシングする．得られた複素数データはさらに1対の実間引きフィルタによって処理される．

　変調器が動作している高レートでの複素乗算は計算量が多くなるため，ミキシング周波数を例えば $f_s/64$ の倍数に制限することで，サインおよびコサインの特定の16個の値で乗算することにし，乗算を表の参照操作で置き換えることができる．部分的な間引きの後は，データレートが低下しているために大きな消費電力なしで，細かいミキシング操作により通過帯域を dc の中心に正確に合わせることができる．図 14.28 にその構成を示す．粗いミキシングの粒度は，細かいミキシングの前に実行できる間引きの量を制限し，したがって，粗いミキシング動作の消費電力と細かいミキシング動作の消費電力との間にはトレードオフがある．例えば，粗いミキシングが $f_s/64$ の分解能を有する場合，急峻なフィルタ特性を必要とせずに16以下の係数による間引きを実行することができる．$f_s/16$ で動作する乗算器の消費電力が妥当な場合は，粗いミキシングの分解能で十分といえる．そうでなければ，粗いミキシングにおいてより細かい分解能を実現する必要がある．

　中心周波数が $f_s/4$ に固定されている場合，サイン波とコサイン波は周期4の数列，つまり $\{0, 1, 0, -1\}$ と $\{1, 0, 0, -1\}$ となるため，ミキシング操作は簡単になる．この場合，図 14.29 の構成を使用して，$f_s/4$ によるダウンコン

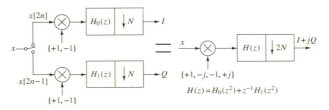

図14.29　$f_0 = f_s/4$ でのバンドパス間引き

バージョンと伝達関数 $H(z)$ を $H(z) = H_0(z^2) + z^{-1}H_1(z^2)$ に分解してフィルタ処理を行うことができる．ミキシング周波数が $f_s$ の単純な分数比になっている場合にも同様の構成が使用できる．

## 14.7　分数レート変換

これまでのところ整数倍の内挿または間引きについてのみ検討した．有理数倍 $M/N$ による間引きは，原則として，$M$ で内挿してから $N$ で間引くことで実行できる[3]．このアプローチは，$M$ が小さければ実行可能だが，$M$ が大きいと実現が困難になる．ここでは $M$ が小さい場合を最初に考え，次に任意の分数要素による間引きを考える．

### 14.7.1　1.5倍の間引き

1.5倍の間引きを行う構成例を図14.30に示す．図に示すように入力レートでフィルタ処理を行うと，高レートのフィルタ $H$ の遷移帯域が広がるため，フィルタ $G$ を省略してフィルタ $H$ ですべてのフィルタ処理を行うよりも効率的であると考えられる．フィルタ $H$ は2位相の内挿器構成を用いたアップサンプラと合成されるか，または3位相の間引き構成を用いたダウンサンプラと併合されるか，どちらかが考えられる．しかし，もしフィルタ $H$ がアップサンプラと併合されるな

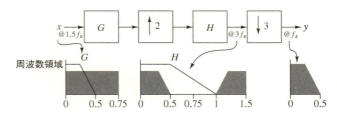

図14.30　1.5倍の間引きを行うシステム

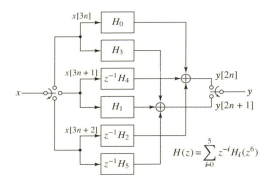

図 14.31 ポリフェーズによる 1.5 倍の間引き

らば，計算されたサンプルの 2/3 は単に捨てられるため，この構成は非常に非効率的である．同様に，フィルタ $H$ がダウンサンプラと併合されると，位相フィルタが作用するデータの半分はゼロになる．これらの非効率性を排除するために，図 14.31 に示すポリフェーズ構成を用いることができる．読者は，このシステムが図 14.30 のアップサンプリング，フィルタ処理，およびダウンサンプリング操作を行うことを確認すると良いだろう[2]．

例として，フィルタ $G$ の有無による間引きを比較する．設計目標は 90% の通過帯域での 0.1 dB のリップルと，すべてのエイリアスとイメージ項に対して少なくとも 100 dB の減衰とする．2 つの設計を行うためのコードを以下に示す．その結果の周波数応答を図 14.32 と図 14.33 に示す．前例と同様に，このコードに示されているフィルタの次数（113 次と 23 次）は試行錯誤によって決定された．

```
%% Single-stage filter
A_min = 100;   % dB
pbr = 0.1;     % passband ripple
pbf = 0.9;     % passband fraction
f = [[0 0.5*pbf 0.5]/3 0.5];
a = [1 1 0 0];
w = [1/(undbv(pbr)-1) undbv(A_min)];
[b0 err] = firpm(223,f*2,a,w);
%% G prefilter
k = 0.75; % fraction of pbr allocated to prefilter
f = [0 0.5*pbf 0.5 0.75]/1.5;
```

---
[2] ヒント：図 14.30 のアップサンプラの入力に時間 0, 1, および 2 のインパルスを適用すると，列 $\{h[0], h[3], h[6], h[9],...\}$, $\{0, h[1], h[4], h[7],...\}$ および $\{0, 0, h[2], h[5],...\}$ が出力 $y$ にそれぞれ出力される．次に，図 14.31 の図が同様に動作することを確認すればよい．

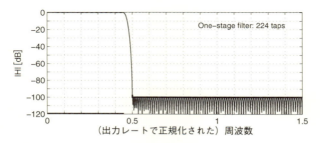

図 14.32 単一段による 1.5 倍の間引きの周波数応答

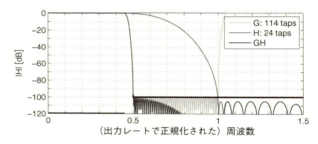

図 14.33 縦続接続による 1.5 倍の間引きの周波数応答

```
a = [1 1 0 0];
w = [1/(undbv(k*pbr)-1) undbv(A_min)];
[g err] = firpm(113,f*2,a,w);
%% H
f = [[0 0.5*pbf 1]/3 0.5];
a = [1 1 0 0];
w = [1/(undbv((1-k)*pbr)-1) undbv(A_min)];
[h err] = firpm(23,f*2,a,w);
```

この例は，前置フィルタ $G$ が存在する場合，フィルタ $H$ がかなり簡単になることを示している（24 タップ対 224 タップ）．フィルタ $G$ 内のタップ数（114 タップ）は単一段設計における $H$ の約半分であるため，一見，縦続接続設計は単段設計よりもはるかに少ない計算量しか必要としないようにみえる．よく見ると，フィルタ $G$ は 1.5 倍のレートでデータに対して作用し，フィルタ $H$ は 0.5 倍の実効レートで作用しているため（$H$ は 6 つの部分に分割され，そのうち 3 つが出力サンプルを生成するために使用される），単一段設計の方が好ましい．さらによく見ると，フィルタ $G$ は係数対称性により乗算数が半分になるが，フィルタ $H$ の係数対称性は限定されていて，$H_0$ と $H_3$，$H_1$ と $H_4$，または $H_2$ と $H_5$ によって

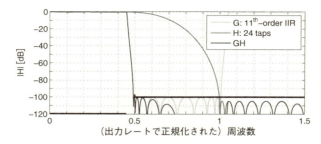

図 14.34 前置 IIR を使った 1.5 倍の間引きフィルタの周波数特性

共有される係数のみが簡単化に寄与するためあまり有用ではない．これらすべての要因を考慮すると，単一段構成では出力サンプルあたり 94 回の乗算が必要であるが，縦続接続構成では 95.5 回が必要であるため，前置フィルタを含めることは結局，役に立たない．

フィルタ $G$ が FIR フィルタの場合，上記の結論は有効である．対称型 FIR フィルタは線形位相を持ち，ポリフェーズ構成は FIR フィルタに対してのみ可能であるため，FIR フィルタが好ましい．しかし，フィルタ $G$ はアップサンプラの後でもダウンサンプラの前でもないため，ポリフェーズ構成を利用することができず，したがって，FIR フィルタを使用することを好む理由の 1 つが減る．ここで，次のように IIR フィルタを設計する．

```
%% IIR prefilter
[gn wp] = ellipord(pbf*0.5/1.5*2, 0.5/1.5*2, 2*k*pbr, A_min);
[gb ga] = ellip(gn, 2*k*pbr, A_min ,wp);
```

11 次の IIR フィルタは仕様を満たし，出力サンプルあたり合計 23.5 回の乗算で済む．したがって，フィルタ $G$ に IIR フィルタを使用できれば，前置フィルタの計算量は大きく削減される．図 14.34 にこの設計の周波数応答を示す．

### 14.7.2　サンプルレート変換

最後のトピックは任意の係数による間引きと内挿である．この動作は，あるレートで動作するデータ変換器をそれとは無関係のレートで動作する DSP に接続する場合，または同期していないデジタルシステム間を接続する場合に不可欠である．使用している信号処理モデルを図 14.35 に示す．この概念システムでは，入力列 $x[m]$ は最初に

$$x(t) = \sum_m x[m]\delta(t - mT_{in}) \tag{14.21}$$

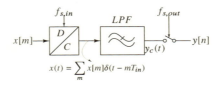

図 14.35　サンプルレート変換の概念図

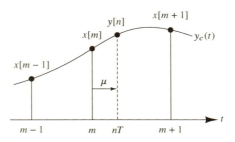

図 14.36　サンプルレート変換器の入力・出力サンプル点

で与えられるディラック・インパルスからなる連続時間信号に変換される．次にこれはローパスフィルタによってフィルタリングされる．その役割は $f_{s,in}$ の倍数の周りの $x(t)$ のイメージ信号を取り除くことである．LPF のインパルス応答は $h_c(t)$ によって表される．その後，フィルタ出力の連続時間信号 $y_c(t)$ が出力サンプリングレートでリサンプリングされ，列 $y[n]$ が得られる．ローパスフィルタの帯域幅は，エイリアシングを防ぐために $f_{s,in}/2$ と $f_{s,out}/2$ の両方より小さくなければならない．また，フィルタの阻止帯域の減衰量は，イメージとエイリアスを許容レベルに抑えるのに十分でなければならない．

　ここでの目標は，デジタル信号処理のみを用いて図 14.35 のシステムの動作を模倣することである．入力サンプルレートが 1 Hz であると仮定すると $y_c(t)$ は

$$y_c(t) = \sum_{m=-\infty}^{\infty} x[m] h_c(t-m) \tag{14.22}$$

で与えられる．この式から $t = nT$ での $y_c(t)$ を計算しなければならない．ここで $T$ は出力でのサンプリング周期とする．図 14.36 に示すように，$m = \lfloor nT \rfloor$ と $\mu = nT - \lfloor nT \rfloor$ と定義する．ここで $\lfloor nT \rfloor$ は $nT$ 以下の最大の整数を意味し，したがって

$$y[n] = y_c(nT) = \sum_{k=-\infty}^{\infty} x[m-k] h_c(k+\mu) \tag{14.23}$$

となる.

ここで，$h_c(k+\mu)$ とそのすべての微分が区間 $[k, k+\mu]$ にわたって連続の場合，$h_c(k+\mu)$ は

$$h_c(k+\mu) = h_c(k) + \left.\frac{dh_c(t)}{dt}\right|_{t=k} \mu + \frac{1}{2!}\left.\frac{d^2 h_c(t)}{dt^2}\right|_{t=k}\mu^2 + \frac{1}{3!}\left.\frac{d^3 h_c(t)}{dt^3}\right|_{t=k}\mu^3 + \cdots \tag{14.24}$$

のように $k$ の近傍でテイラー級数展開できる．ここで

$$h_c(k) = c_0[k]$$
$$\frac{1}{n!}\left.\frac{d^n h_c(t)}{dt^n}\right|_{t=k} = c_n[k]$$

と表記すると，(14.23) を

$$y[n] = \sum_{k=-\infty}^{\infty} x[m-k] \left\{ c_0(k) + \mu c_1[k] + \mu^2 c_2[k] + \cdots \right\} \tag{14.25}$$

と書き換えることができる．これから得られるブロック図を図 14.37 に示す．したがって，$y[n]$ は，$c_0[k]$，$c_1[k]$，$\cdots$ によって与えられるインパルス応答を有するフィルタバンクを用いて $x[m]$ をフィルタ処理し，バンク出力を重みづけ加算によって決定することができる．前述のように，バンク内の $M$ 番目のフィルタのインパルス応答は $h_c(t)$ の $M$ 階導関数をサンプルしたものを $1/M!$ 倍したものである．

式 (14.24) のテイラー展開は一般に無限の項を持ち，そのためフィルタバンクに無限個のフィルタが必要となる．しかし，$h_c(t)$ が $t$ の $M$ 次多項式であるように選ばれた場合，(14.24) の右辺は $(M+1)$ 項のみを有することになる．さらに，$h_c(k+\mu)$ を $\mu \in [0, 1)$ について評価することのみに関心があるた

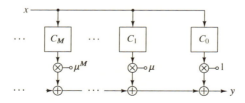

図 14.37　$y[n]$ は $x[m]$ で駆動されるバンクフィルタの出力を重み付けすることで得られる

め，$h_c(t)$ が区分的に定義された多項式であれば十分である．例えば，$h_c(t)$ は，$0 \leq t < 1$ に対してある$M$次多項式，$1 \leq t < 2$ に対してまた別の$M$次多項式として表すことができる．この自由度の増加は，$h_c(t)$ の設計に役立つ．

さらに，計算を簡単にするために，$h_c(t)$ を入力クロックの$N$周期だけ持続するように制限する．$h_c(t)$ はまた区分化多項式（でもあるので，そのすべての導関数も$N$入力クロックサイクルの間持続する．図 14.37 のバンク内のすべてのフィルタのタップは，$h(t)$ のサンプリングされた導関数によって計算さるため，これらのフィルタは$N$個のタップを持つことになる．

図 14.37 を見ると，$[0, N]$ にわたって$N$個の単位幅$M$次の区分化された多項式からなる $h(t)$ は，

$$h_c(k+\mu) = \begin{cases} c_0[k] + c_1[k]\mu + \ldots c_M[k]\mu^M, & 0 \leq k < N \\ 0, & k \geq N \end{cases} \quad (14.26)$$

と表すことができる．$h_c(t)$ の例を図 14.38 に示す．$c_i[k]$ 係数は，対称性（群遅延が一定の場合），$x[m]$ 個のサンプル点が連続と離散で一致すること，連続性，滑らかさなどにより制約される．ただし，以下の例では，対称性と連続性のみが必要とされる．

図 14.37 のブロック図は，図 14.39 に示されている構成に等価に変換できる．

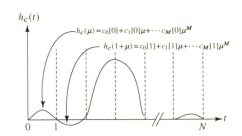

図 14.38　区分化された多項式により構成された $h_c(t)$

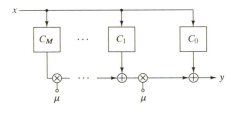

図 14.39　ファロー構成

ファローフィルタと呼ばれるこの構造[7]は，(14.23) の効率的な実装である．図 14.37 のように，$(M+1)$ 個のブロック $C_0 \cdots C_M$ は $N$ タップ FIR フィルタである．フィルタ $C_i$ のインパルス応答は，$\{c_i[0], C_i[1], \cdots, C_i[N-1]\}$ である．これらの $(M+1)$ 個のフィルタは同じ入力列 $x$ に作用し，したがって，同じサンプルメモリを使用できる．プロセッサベースの実装では，入力サンプルを RAM 内の循環バッファに書き込み，次にサンプルを読み出して，入出力レートの小さい方でフィルタ計算を実行するのが効率的である．もちろん，$\mu$ による乗算は出力レートで発生させる必要がある．ハードウェア実装では，係数が事前に決定されている FIR フィルタでは固定係数の乗算器でよいが，$\mu$ による乗算には自由係数の乗算器が必要である．

図 14.40 は，単位矩形を 4 回畳み込むことによって得られる $h_c(t)$ の例である．得られた 5 つの 4 次区分の係数は，5 行 5 列の行列に下記のように書き表すことができる．

$$C = \frac{1}{24} \begin{bmatrix} 0 & 0 & 0 & 0 & 1 \\ 1 & 4 & 6 & 4 & -4 \\ 11 & 12 & -6 & -12 & 6 \\ 11 & -12 & -6 & 12 & -4 \\ 1 & -4 & 6 & -4 & 1 \end{bmatrix} \tag{14.27}$$

この行列の行は各区分の多項式係数で，列は FIR フィルタの係数である．例えば，2 番目のセグメントに関連する多項式は

$$h_c(1+\mu) = \frac{1}{24} + \frac{\mu}{6} + \frac{\mu^2}{4} + \frac{\mu^3}{6} - \frac{\mu^4}{6} \tag{14.28}$$

で，$C_1$ フィルタのインパルス応答（これはすべての 5 区分の要素に対して $\mu^1$ 多項式項〔訳注：$\mu$ の 1 次項〕を実装する）は

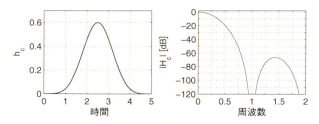

図 14.40　(a) 単位矩形の繰り返し畳み込みにより得られた $h_c(t)$，(b) フーリエ変換結果

$$\{c_1[k];\ k = 0, 1, 2, 3, 4\} = \left\{0, \frac{1}{6}, \frac{1}{2}, -\frac{1}{2}, -\frac{1}{6}\right\} \tag{14.29}$$

となる.

係数を 24 倍にスケーリングすると単純な整数が得られるため，FIR フィルタでの乗算は，少ない加算数で実装できる（24 倍のスケーリングは入力または出力で実行する）．残念ながら，図 14.40 に図示されたフーリエ変換が示すように，このフィルタによって実現されるイメージとエイリアスの減衰特性はそれほど良くはなく，入力がオーバーサンプリングされない限りドループも大きくなる．ドループは前置フィルタで補償できるが，100 dB のエイリアス低減が必要な場合は，入力を少なくとも 5.5 倍オーバーサンプリングする必要がある.

より積極的なフィルタ処理を実現する係数は，ハンター法[8] による $\Delta\Sigma$ ツールボックスの関数 designPBF（目次の最終頁：xii ページ参照）によって計算することができる．図 14.41 に，10 セグメント 5 次多項式フィルタのインパルス応答とそのフーリエ変換を示す．このフィルタは，わずか 2 の入力オーバーサンプリング比で，0.1 dB の通過帯域リップルで 100 dB のイメージ減衰を実現する．このフィルタの $C$ 行列は以下のとおりである.

```
%C matrix obtained by designPBF.
% Use mu-0.5 as the polynomial argument.
C = [
-0.001345 -0.007276 -0.013868 -0.007952  0.008608  0.011467
-0.012460  0.016669  0.074003  0.038627 -0.042437 -0.039262
 0.042131 -0.025342 -0.246761 -0.140367  0.134082  0.118809
-0.144527 -0.015873  0.677698  0.517909 -0.219522 -0.254117
 0.610687  1.112924 -0.491399 -1.063063  0.120475  0.375982
 0.610687 -1.112924 -0.491399  1.063063  0.120475 -0.375982
-0.144527  0.015873  0.677698 -0.517909 -0.219522  0.254117
 0.042131  0.025342 -0.246761  0.140367  0.134082 -0.118809
-0.012460 -0.016669  0.074003 -0.038627 -0.042437  0.039262
-0.001345  0.007276 -0.013868  0.007952  0.008608 -0.011467
];
```

入力サンプルレートに対する出力サンプルレートの比率 $T$ が正確に分かっている場合，ファロー構成は，各出力サンプルについて $m$ と $\mu$ を決定するブロックを追加するだけで十分である．比率が正確に分からない場合，または入力クロックと出力クロックが非同期の場合は，図 14.42 に示すような $T$ を推定するブロックが必要である．このシステムでは，入力データは RAM の書き込みポートを使ってサンプルメモリに書き込まれ，ファローフィルタは読み取りポートからサンプルを読み出する．レート比推定器は，各出力サンプルについて $m$ と $\mu$ を決定するためにファローフィルタに $T$ の推定値を供給する．$T$ は，入力周波数と出

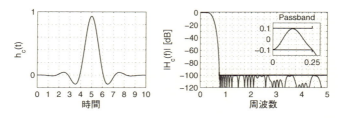

図 14.41 (a) designPBF により得られる $h_c(t)$. (b) フーリエ変換結果

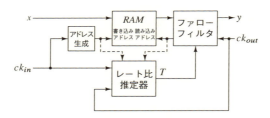

図 14.42 非同期サンプルレート変換器

力周波数の変化に追従するために十分な頻度で更新する必要があるが，大幅にフィルタ処理する必要もある．読み出しアドレスが書き込みアドレスを上書きしないようにするために，レート比推定器は推定プロセスの一部として書き込みおよびベースの読み出しアドレスを使用できる．

## 14.8 まとめ

この章では，$\Delta\Sigma$ 型 DAC システムのための内挿フィルタと $\Delta\Sigma$ 型 ADC システムのための間引きフィルタについて説明した．2つの操作の間に多数の類似点があり，そして間引きフィルタと内挿フィルタは相互に変換可能であることが分かった．内挿前または間引き後のオーバーサンプリング比が2以上の場合，等価器と組み合わされた sinc フィルタの縦続接続が効率的なシステムとなることを明らかにした．1に近いオーバーサンプリング比に間引く，またはそれから内挿することは，ハーフバンドフィルタによって最も効率的に実行された．サラマキ構成を用いて数個の CSD 項でハーフバンドフィルタを実現した．さらに，ファローフィルタ構造を用いた分数比および非同期サンプルレート変換による間引きと内挿について簡単に説明した．

## 【参考文献】

[1] E. Hogenauer, "An economical class of digital filters for decimation and interpolation," *IEEE Transactions on Acoustics, Speech and Signal Processing*, vol. 29, no. 2, pp.155–162, Apr. 1981.

[2] T. Saramäki, "Design of FIR filters as a tapped cascaded interconnection of identical subfilters," *IEEE Transactions on Circuits and Systems*, vol. 34, no. 9, pp. 1011–1029, Sep. 1987.

[3] R. E. Crochiere and L. Rabiner, "Interpolation and decimation of digital signals– A tutorial review," *Proceedings of the IEEE* , vol. 69, no. 3, pp. 300-331, Mar. 1981.

[4] R. E. Crochiere and L. R. Rabiner, *Multirate Digital Signal Processing*. Prentice-Hall, Englewood Cliffs, 1983.

[5] A. Y. Kwentus, Z. Jiang, and A. N. Wilson, "Application of filter sharpening to cascaded integrator-comb decimation filters," *IEEE Transactions on Signal Processing*, vol. 45, no. 2, pp. 457–467, 1997.

[6] A. V. Oppenheim and R. W. Schafer, *Discrete-Time Signal Processing*. Prentice-Hall, Englewood Cliffs, 1989.

[7] C. W. Farrow, "A continuously variable digital delay element," *IEEE International Symposium on Circuits and Systems*, pp. 2641-2645, June 1988.

[8] M. T. Hunter, "Design of polynomial-based filters for continuously variable sample rate conversion with applications in synthetic instrumentation and software defined radio," *Ph.D. thesis*, University of Florida, 2008.

# 付録A スペクトル評価

　付録Aの目的は，高速フーリエ変換（FFT）[1]を用いて $\Delta\Sigma$ 変調器のデータを解析する手順について，分かりやすく述べることにある．$\Delta\Sigma$ 変調器のパワースペクトルを評価するとき FFT が広く用いられるが，間違って使われていることもある．$\Delta\Sigma$ 変調器のデータ解析のために FFT を用いるとき，例えば，窓掛け，スケーリング，雑音帯域幅，平均化など，重要な概念を $\Delta\Sigma$ 設計者は正しく理解しておかねばならない．この付録ではこれらを順に説明する．実際の例に適用した結果を説明した後に，数学的な背景についても述べる．

　FFT は長さ$N$の数列 $x[n]$ のフーリエ変換

$$X[f] = \sum_{n=0}^{N-1} x[n] \exp(-j2\pi f n) \tag{A.1}$$

を高速で計算するためのアルゴリズムである．ここで $x[n]$ は，周波数に相当する FFT ビンと呼ばれる$N$個の点 $(0, 1/N, 2/N, \cdots, (N-1)/N)$ における値である[1]．周期$N$の数列は直流成分，周波数 $f_1 = 1/N$ の基本波およびその高調波を含む．正弦波数列

$$x[n] = A \cos\left(2\pi \frac{i}{N} n + \phi\right) \tag{A.2}$$

のフーリエ変換強度 $|X[f]|$ は

$$X[k] = \begin{cases} \frac{A}{2}N, & k = i \\ 0, & \text{上記以外の場合} \end{cases}$$

で与えられる．ただし，$i \neq 0, N/2$ である．周期$N$の数列の $i$ 番目の高調波の強度は $2|X[f_i]|/N$ で与えられることから，周期信号のパワースペクトルは FFT を用いて容易に計算することができる．しかし，$\Delta\Sigma$ 変調器で扱うデータは周期的ではないため，無造作に FFT を適用することは賢明ではない．

　$\Delta\Sigma$ 変調器における雑音はランダム信号，より専門的に呼ぶならストカス

---

[1] 前と同様にサンプリングレートは $1\,\mathrm{Hz}$ を仮定している．また，$f$は離散値であり，$X[f]$ は数列である．

ティック過程[2]，のように取り扱われる．もし測定で得たデータなら，必ず雑音が含まれているので，この想定は妥当なものである．これに対して，シミュレーションで得たデータに含まれる雑音は決定論的な過程で生じたものであり，これをランダム信号として取り扱うことは厳密に言えば正しくない．しかし，その過程が複雑で，非線形で，カオス的でもあるため，決定論的であることの影響は，実際には殆どない．

## A.1 窓掛け

FFT を行う前に，解析しようとする信号に窓関数 $w[n]$ を掛けることを窓掛けと呼ぶ．この操作によって信号のスペクトルが変化し，好ましくないのではないかと思うかもしれない．確かにスペクトルが変化するのは事実であるが，変調器から無限に長い信号を取り出せるわけではないから，何らかの窓掛けは必要である．我々にできることは，有限長 $N$ の信号を対象にすることである．これは変調器出力に矩形窓関数

$$w_{rect}[n] = \begin{cases} 1, & 0 \le n \le (N-1) \\ 0, & \text{上記以外の場合} \end{cases} \tag{A.3}$$

を掛けることに他ならない．窓掛けによるスペクトル変化はこの時点ですでに発生している．すなわち，問題は「窓掛けをするか？」ではなく「どのように窓掛けをするか？」なのである．

元の信号と窓掛けした信号のスペクトルの違いを調べることにより，この問いかけに対する答えが得られる．時間領域での乗算は周波数領域の畳み込み（コンボルーション）に相当するため，窓掛けされた信号のスペクトルは元の信号と窓関数のスペクトルの畳み込みで表される．正確なスペクトルを得るためには，畳み込みに起因する誤差が十分に小さくなるように窓関数を選ぶ必要がある．

図 A.1 に示す 3 つの窓関数を考えよう．表 A.1 では，それぞれの定義とこの付録で説明するパラメタについてまとめた．矩形窓は両端で不連続性を持つが，Hann 窓と Hann² 窓は，それぞれ 2 階導関数および 4 階導関数が連続である．このため，矩形窓は他と比べ多くの高周波成分を含んでいるものと予測できる．図 A.2 に示された窓関数のフーリエ変換からこのことを確認できる．

$$W(f) = \sum_{n=0}^{N-1} w[n] \exp\left(-j2\pi f n\right) \tag{A.4}$$

それぞれの窓関数について dc ゲイン $W(0)$ で規格化した．また，$N = 32$ とした．

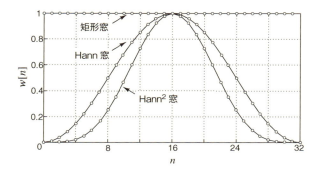

図A.1 矩形窓，Hann窓，Hann² 窓

表A.1 図A.1に図示した3つの窓関数の性質

| 窓 | 矩形 | Hann | Hann² |
|---|---|---|---|
| $w[n], n = 0, 1, \cdots, N-1$ | 1 | $\frac{1}{2}\left[1 - \cos\left(\frac{2\pi n}{N}\right)\right]$ | $\frac{1}{4}\left[1 - \cos\left(\frac{2\pi n}{N}\right)\right]^2$ |
| $\|w_2\|^2$ | $N$ | $\frac{3}{8}N$ | $\frac{35}{128}N$ |
| ゼロでない FFT ビン数 | 1 | 3 | 5 |
| $W[0]$ | $N$ | $\frac{1}{2}N$ | $\frac{3}{8}N$ |
| $NBW$ | $\frac{1}{N}$ | $\frac{3}{2N}$ | $\frac{35}{18N}$ |

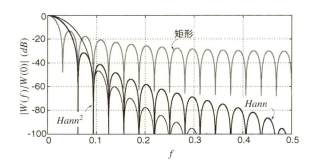

図A.2 矩形，Hann and Hann² 窓のフーリエ変換強度

　図 A.2 で示したように，矩形窓のスペクトルに現れる高周波側ローブのピークは（$1/N$ に比例する）一定値に近づく．これに対して，Hann 窓と Hann² 窓では，それぞれ $-60\,[\mathrm{dB}]/\mathrm{dec}$ および $-90\,[\mathrm{dB}]/\mathrm{dec}$ の傾きで減少し続ける．高周波領域での窓関数の振る舞いは，畳み込みに起因する誤差の大きさを決めるうえで重要である．

　畳み込みに関わる問題の例として，ノイズシェイピングのデータのスペクト

ル，および，256点の矩形窓のフーリエ変換，窓掛けしたときのフーリエ変換を図 A.3 に示す．この図の楕円で示す領域，すなわち，信号帯域外の高周波雑音と矩形窓関数の裾野が畳み込まれた結果，シェイピングされた dc 付近のくぼみが埋まり，SNR が大幅に低下したように見える．

ΔΣ 変調器の設計者は，このような「雑音リーク」を実際の帯域内雑音より十分小さくしなければならない．とくに高分解能 ΔΣ 変調器では，帯域外雑音と帯域内雑音の差が 80 [dB] 以上になることもある．図 A.3 では帯域内外の差は 23 dB ほどである．$N$ を増やせば状況は好転するが，倍にしても 3 dB しか改善できない．この傾向を考慮すれば，矩形窓を使う限り，80 dB の差を確認するためには $10^8$ 点以上が必要になる．

このような訳で，ΔΣ 変調器の設計者は簡単な矩形窓関数ではなく，別の窓関数を探さねばならないことになる．多くの窓関数が知られているが（例えば[3][4]を参照のこと），ΔΣ 変調器を扱うときに最も重要なのは，窓関数スペクトルの高周波での減衰量である．Hamming 窓のような，高周波での減衰量が有限にとどまるものではなく，高周波成分が限なく減衰する窓関数が望ましい．特に，Hann 窓では $N = 512$ で 80 [dB] の差を実現できる．Hann$^2$ 窓では $N = 256$ でよい．十分な周波数分解能を得るためには数千個のデータ点を取るのが普通であり，Hann 窓を使用することで雑音リークの問題を解決できる．

ΔΣ 変調器のデータを解析する上で，その他に大切なことは「信号リーク」である．測定でもシミュレーションでも，入力としては正弦波を使う場合が多い．このとき，正弦波の周波数を正確に FFT ビンに一致させる必要がある．そうでないと信号パワーが周辺の周波数領域に広がってしまう．この現象を図 A.4 に示す．周波数が異なる2つの正弦波について 512 点の FFT 結果を示した．一つは周波数が 75/512 と FFT ビンに一致している場合で，もう一つは周波数が 2/7 で FFT ビン上にはない．コヒーレントと呼ばれる前者では，正弦波のパ

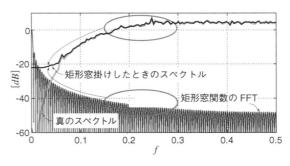

図 A.3　矩形窓掛けにより不確かになるゼロ付近の雑音

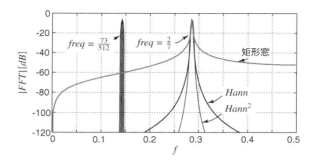

図 A.4　コヒーレントと非コヒーレントな正弦波の FFT（$N = 512$）

ワーが狭い領域に集中して分布している．矩形窓なら FFT ビン 1 個分，Hann 窓と Hann$^2$ 窓ではそれぞれ 3 個分と 5 個分の領域である．インコヒーレントと呼ばれる後者では，正弦波のパワーが FFT ビン全体に広がっている．広がる度合いは，最近接の FFT ビンからどの程度離れているか，また，窓関数の裾野がどの程度広がっているか，で決まる．雑音リークの場合と同じで，矩形窓の裾野が最も広がっていることから，信号リークも最も顕著である．

シミュレーションでは信号周波数を FFT ビン上に合わせることは容易で，信号リークを完全に抑えることができる．$x[n] = \cos(2\pi f n/N)$ などの計算では，$\pi$ として正確な値を使用する必要がある．Hann 窓では 4 桁までとれば全リーク量を $-84\,\mathrm{dB}$ に抑えることができる．矩形窓ではリーク量は 18 dB 高くなる．測定では位相ロック発振器を使い，周波数を正確に合わせることで，信号リークを最小にできる．周波数を FFT ビンに合わせられない場合は，裾広がりを抑えるために窓掛けが使える．別の方法としては，信号周波数と振幅，位相を求め，それを用いて信号リーク量を測定データから差し引くことで，雑音を評価できる．

窓掛けに関する最後の話題として，$\Delta\Sigma$ 変調器の SNR を正しく評価するために必要な窓の長さについて取り上げる．SNR を計算するための最も簡単な方法は，信号ビンのパワーと雑音ビンのパワーの比を計算することである．普通，信号周波数は信号帯域内に設定され，信号帯域内ビンのいくつかを占める．SNR 評価への影響を小さく抑えるためには，例えば 1 dB 以下にするためには，信号帯域にある全てのビンの数に対して信号部分が占めるビンの数の割合を小さく（20%以下）する必要がある．Hann 窓を使うとすれば，信号が 3 つのビンを占めるため，信号帯域には少なくとも 15 個のビンが含まれる必要がある．したがって，$OSR$ をオーバーサンプリング比とすれば，全体のビン数としては $N \geq 30 \cdot OSR$ が必要である．

信号帯域で雑音フロアが平坦であると仮定すると，信号により隠された雑音パワーを考慮に入れるには，雑音パワーを $1/(1-a)$ 倍すればよい．ここで，$a$ は信号帯域ビンの内で信号が占める割合である．少なくともシミュレーションでは雑音は $NTF$ に従って分布するため，雑音フロアは平坦でない．そのため，信号成分に隠れた雑音パワーを見積もる別の方法としては，あらかじめ評価しておいた信号成分を，FFT の前あるいは後に差し引くことが考えられる．

SNR 測定の再現性に関して，必要となるデータ長について考察しよう．ランダムな信号を FFT すると，その結果もランダムになるため，FFT で評価した信号帯域内の雑音パワーもランダム値となる．数値計算によれば，$N = 30 \cdot OSR$ としたとき，SNR 評価値の標準偏差は 1.4 dB 程度である．$N = 64 \cdot OSR$ にすると，標準偏差は 1.0 dB 程度である．0.5 dB にしたいときは，$N = 256 \cdot OSR$ が必要になる．実際には，例えば入力振幅を変化させながら多数回の測定を行う場合が多いため，個々の測定でそれほど多くの点を取る必要はない．$N = 64 \cdot OSR$ で十分であろう．

最後に，スプリアスフリー・ダイナミックレンジ（SFDR）を評価するときに必要なデータ点数について考えよう．十分な信頼性を以って SFDR を評価するには $N = 64 \cdot OSR$ で十分な場合が多い．通常，SNR より 10 dB 程度高い値になる．信号帯域の全雑音パワーより 10 dB 以下の小さいピークを検知するためには，$N$ を大きくする必要がある．$N$ を 2 倍にすれば，SFDR の検知感度は 3 dB だけ改善できる．

## A.2 スケーリングと雑音バンド幅

データ列に含まれる正弦波成分を表すスペクトルピークの高さは，窓関数の種類と窓の幅に依存する．多くの窓関数では $\max|W(f)| = W(0)$ が成り立つ．すなわち窓関数のスペクトルは dc にピークを持つ．したがって，振幅 $A$ の正弦波のスペクトルのピーク高さは $(A/2)W(0)$ である．

慣習として，フルスケールの正弦波のピークが 0 dB になるようにスペクトルを描く．フルスケールを $FS$ とすれば，フルスケールの正弦波の振幅は $A = FS/2$ と書けるため，FFT 結果をスケーリングして表すと

$$\hat{S}'_x(f) = \left| \frac{1}{(FS/4)W(0)} \sum_{n=0}^{N-1} w[n]\exp(-j2\pi fn) \right|^2 \tag{A.5}$$

となる．$\hat{S}'_x(f)$ がパワースペクトル密度（PSD）となるよう，2 乗していることに注意する．したがって，フルスケール正弦波を基準にしたときの信号パワーは $10\log\hat{S}'_x(f)$ と書くことができる．ここで $f$ は信号周波数である．基準とし

てフルスケール正弦波パワーを用いていることを明確に示す目的で，このときの単位を dBFS で表すことが多い．しかし，すぐ後で述べるように，この表記は重要な細部を省略している．記号 $\hat{S}'_x(f)$ における ⌢（キャレット，ハットともいう）は上記の式が PSD の推定値であることを意味し，ダッシュ（プライム）は正弦波信号を基準にスケールされている（正弦波スケーリング）ことを示す．

　このようなスケーリングは正弦波信号を解析するときには有用であるが，雑音を含む信号の解析にはあまり便利とは言えない．図 A.5 は 0 dBFS の正弦波と同じパワーの白色雑音からなる信号の $\hat{S}'_x(f)$ をプロットしたときの問題点を示している．長さの異なる矩形窓を用いている（$\hat{S}'_x(f)$）の凹みに注目しているのではないので，矩形窓を使っても問題ない）．異なる $N$ に対して正弦波のピーク高さに変化はないが，雑音フロアの平均は $N$ を倍にするごとに 3 dB だけ下がる．どの場合も雑音パワーは 0 dBFS であることを考えれば，雑音フロアの位置だけでは我々が知りたい情報が得られない．

　正弦波スケーリングにおける問題は，雑音パワーが FFT ビンに一様に分布しているのに対して，正弦波は数個のビンに局在していることに起因する．正弦波スケーリングでは，正弦波成分のパワーはスペクトルから直接読み取ることができるが，雑音パワーを知るにはすべてのビンの値を足し合わせる必要がある．

　一般的な信号処理の教科書には，別のスケール方法も書かれている．それは雑音密度を校正するように FFT をスケールする方法である．この場合に使われるスケール係数は $1/\|w\|_2^2$ である．ここで

$$\|w\|_2^2 = \sum_{n=0}^{N-1} |w[n]|^2 \tag{A.6}$$

は窓エネルギーと呼ばれる[2]．このスケーリングを用いると，PSD の推定値は

$$\hat{S}_x(f) = \left| \frac{1}{\|w\|_2} \sum_{n=0}^{N-1} w[n] \exp(-j2\pi f n) \right|^2 \tag{A.7}$$

となる．窓の種類や長さとは無関係に，単位パワーの白色雑音が単位（0 dB）密度として表せる．ただし，残念なことに，このように雑音に対してスケーリングすると，正弦波のピーク高さが窓の種類や長さに依存することになる．

　このようなスケーリングにおけるジレンマに対して，測定に用いるスペクトルアナライザでは解決策が用意されている．スペクトルアナライザでは，正弦波の

---

[2] 記号 $\|w\|_2$ は 2-ノルムを意味する．一般的に p-ノルムは $\|w\|_p = \left[ \sum_{n=0}^{N-1} |w[n]|^p \right]^{\frac{1}{p}}$ で表される．

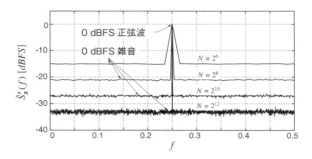

図 A.5 正弦波でスケールしたときの白色雑音を含む正弦波の FFT

ような周期的信号のスペクトルと，雑音のような広帯域信号のスペクトル密度を同時に表示しなければならない．そこでは，ゲインや帯域などは同じで，中心周波数だけが違う一連のフィルタが準備され，それを用いて信号が処理される．すなわち，それらのフィルタからの出力パワーを測定し，中心周波数に対してそのパワーをプロットする．

　正弦波入力に対しては，ピーク位置は入力周波数に等しく，ピーク高さは入力パワーに等しく表示される．これは正弦波スケーリングの FFT に似ている．雑音に対しては，それぞれのフィルタ幅内にある雑音パワーを表示する．言い換えれば，雑音のような信号に対しては，雑音密度とフィルタの「雑音帯域幅」の積が表示される．

　理想的に急峻な特性を持つフィルタの場合，雑音帯域幅（NBW）はフィルタの帯域幅に等しい．一方，単一極のフィルタでは 3 dB 周波数帯域に $2/\pi$ を掛けた値が NBW になる．一般には，実際のフィルタに対して白色雑音が入力されたとき，その出力パワーと同じ値を出力し，その中心周波数におけるゲインと同じ値のゲインをもつ理想的なレンガ壁フィルタを考えて，その理想フィルタの帯域幅を NBW とする．このように，スペクトルアナライザは，NBW を考えることでスケーリングに関わる問題を解決し，それにより，ディスプレイ上に示された電力を電力密度に変換するために必要な情報を設計者に提供している．NBW は周波数レンジやスペクトルプロットの分解能などをきめるスペクトルアナライザの設定に依存する．

　正弦波スケールされた FFT から求めた PSD の場合にはスケール問題の解決は簡単である．NBW の値を示すだけで良い．表 A.1 には，この付録で述べた 3 種類の窓関数の NBW を示した．いずれの場合も，NBW は $N$ に反比例し，$N$ を 2 倍にすると見かけの雑音レベルは 3 dB だけ下がる．NBW を用いて全雑音パワーを計算するには次のようにする．図 A.5 の一番上の線の雑音フロアは

$-15\,\mathrm{dBFS}$ で，これは帯域幅 $NBW = 1/N = 2^{-6}$ 内のパワーである．したがって，ナイキスト帯域 $[0, 0.5]$ 全パワーは $0.5/NBW = 2^5$ と $-15\,\mathrm{dBFS}$ の積で，これは $0\,\mathrm{dBFS}$ となり正しい値となる．

正弦波スケーリングされた FFT に対しては，NBW，またはそれを計算するために必要な $N$ と窓関数の型，を常に示す必要がある．また，そのような FFT がパワースペクトル密度を示していることを明示するために，縦軸の単位は単位帯域幅当たりのパワーとすべきである．すなわち，縦軸の単位は dBFS/NBW [3] となる．

## A.3 平均化

FFT をスペクトル解析に使うときの説明の最後に平均化を取り上げる．ランダム波形の FFT 結果がランダム量にあることはすでに述べた．強度も位相もランダムになるが，ここではパワーが問題なので強度だけを取り上げる．ある FFT 周波数ビンにおける強度はランダムであり，平均と標準偏差を考える必要がある．FFT 強度の期待値 [4] は（窓関数で畳み込んだ）実際の PDS に一致するが，標準偏差が大きい．実際のところ，標準偏差は期待値と同程度である．そのため，1 回の FFT 結果では，図 A.6 に示すように，ばらつきが大きいスペクトルとなる．ここでは，データ長 64 の 3 個の FFT 結果が示されている．$0\,\mathrm{dBFS}$ の白色雑音を想定しているので $-15\,\mathrm{dBFS}$ の直線になるはずであるが，ばらつきが大きく，そのようには読み取れない．

全ての FFT ビンでパワーの総和を取り雑音パワーを計算すると，十分な数のビンを対象にすれば，個別のビン間でのバラつきの問題はなくなる．しかし，スペクトル密度を描こうとすると，図 A.7 に示すような大きな変動を含むグラフになる．$20\,\mathrm{dB}$ 程度の幅を持つ黒い帯が広がり，スムーズな曲線のはずの雑音密度が隠されている．解決策としては，平均化と積分の 2 つがある．平均化には多数回の FFT 結果を平均する方法と，近接する FFT ビンの間で平均する方法がある．

複数の FFT 結果を平均するためには，複数のデータ列が必要である．データ

---

[3] dBFS/NBW または dBm/Hz はよく使われるが注意が必要である．$1\,\mathrm{dBm/Hz}$ は帯域 $1\,\mathrm{Hz}$ で $1\,\mathrm{dBm}$ のパワーを意味する．しかし，帯域 $2\,\mathrm{Hz}$ で考えたときパワーは $2\,\mathrm{dBm}$ ではない！帯域を 2 倍にしたときパワーも 2 倍（$3\,\mathrm{dB}$ 増加）になるため，$4\,\mathrm{dBm}$ になる．このような誤解を避けるためには，dBm/Hz が $1\,\mathrm{Hz}$ 当たりの $1\,\mathrm{mW}$ を基準とした dB 表示である，と理解すべきである．同様に，dBFS/NBW も NBW 当たりのフルスケール正弦波を基準とした dB 表示である．

[4] 期待値とは平均値の言い換えである．

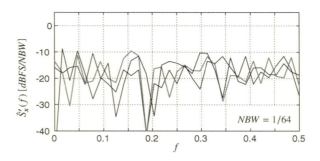

図 A.6　0 dBFS の白色雑音の 3 つの FFT（長さ 64）

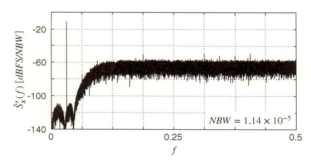

図 A.7　平均化しないときの長さ $2^{17}$ の FFT

　長が十分長ければ，重なってもよいから，それをいくつかの部分に分けて FFT を実行することが考えられる．このようにして得られた FFT 結果の二乗平均をとることで，標準偏差は小さくなり，見やすいスペクトルプロットが得られる（実は図 A.3 と図 A.5[5] は，見やすいように，このような平均化処理を行った結果であった）．同様に，隣り合う FFT ビン間で平均をとることでスムーズな曲線が得られる．これは，実効的なフィルタ掛けをしていることに相当する．その例は次節で示す．
　スペクトルを見やすくする第 2 の方法は，$1/(N \cdot NBW)$ でスケールした値を累積してプロットするものである．dc からその周波数までパワーを積分した値をその周波数の値としてプロットするもので，雑音パワーを求めるための簡便な方法といえる．もちろん，信号が含まれるビンは，積分を行う前に空にする必要がある．また，バンドパス型ノイズシェイピングでは別の方法を考えなければな

---

[5]（訳者注）改訂版の原文では A.7 となっているが，初版では A.5 となっているのでこれを採用した．

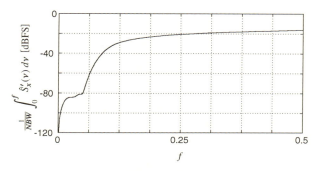

図 A.8　図 A.7 の雑音スペクトルを積分した結果

らない．図 A.8 は図 A.7 に示した FFT 結果にこの方法を適用したもので，その有効性が確認できる（スムージングが効きすぎて，元の FFT 結果に含まれていた高周波トーンを隠してしまう可能性があることに注意する）．

## A.4　事例紹介

FFT を用いて正弦波スケールの PSD を計算するための注意点を説明してきたので，ここでは実際の例に適用してみる．ΔΣ 変調器出力データを MATLAB で生成し，上述した手順に従って解析を進めてみよう．

```
% Compute modulator output and actual NTF
%
OSR = 32;
ntf0 = synthesizeNTF(5,OSR,1);
N = 64*OSR;
fbin = 11;
u = 1/2*sin(2*pi*fbin/N*[0:N-1]);
[v tmp1 tmp2 y] = simulateDSM(u,ntf0);
k = mean(abs(y)/mean(y.^2))
ntf = ntf0 / (k + (1-k)*ntf0);
%
% Compute windowed FFT and NBW
%
w = hann(N); % or ones(1,N) or hann(N).^2
nb = 3; % 1 for Rect; 5 for Hann^2
w1 = norm(w,1);
w2 = norm(w,2);
NBW = (w2/w1)^2
```

```
V = fft(w.*v)/(w1/2);
%
% Compute SNR
%
signal_bins = fbin + [-(nb-1)/2:(nb-1)/2];
inband_bins = 0:N/(2*OSR);
noise_bins = setdiff(inband_bins,signal_bins);
snr = dbp(sum(abs(V(signal_bins+1)).^2)/sum(abs(V(noise_bins+1)).^2
%
% Make plots
%
figure(1); clf;
semilogx([1:N/2]/N,dbv(V(2:N/2+1)),'b','Linewidth',1);
hold on;
[f p] = logsmooth(V,fbin,2,nb);
plot(f,p,'m','Linewidth',1.5)
Sq = 4/3 * evalTF(ntf,exp(2i*pi*f)).^2;
plot(f,dbp(Sq*NBW),'k--','Linewidth',1)
figureMagic([1/N 0.5],[],[], [-140 0],10,2);
```

このコードで最初のブロックは5次 NTF を合成し，1ビット ΔΣ 変調器の出力コードを生成し，量子化器のゲインを評価して実際の NTF を計算する．次のブロックでは，NBW と，スケールされ窓掛けされた FFT を計算する．残りの2つのブロックで SNR を計算し，図 A.9 に示すプロットが出力される．

オーバーサンプリング比は $OSR = 32$ で，NTF のゼロ点は最適化されている．FFT 点数 $N$ は A.1 節で述べた通り $N = 64 \cdot OSR = 2048$ とした．フルスケールの半分の信号を用い，周波数は FFT ビンに正確に合わせている（ビン11である）．入力データに繰り返し部分が含まれないように FFT ビンを奇数に選ぶことも多いが，必須ということではない．ナイキスト型では，多くのコードを得るために繰り返し部分が含まれないように入力データを選ぶほうが良いが，

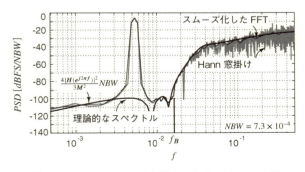

図 A.9　MATLAB コードを用いて生成した PSD の例

付録A スペクトル評価 533

ΔΣ 変調器にある内部状態が変化するため，出力が周期的になることはない．

2 番目のブロックで示されているように，別の窓関数で試すことができる．こ
こでは Hann 窓を使った．信号に対してゼロでないビンの数は $nb = 3$ である．
窓関数から NBW を計算でき，その妥当性は次節で述べる．表 A.1 で示したよ
うに，Hann 窓では $NBW = 1.5/N = 7.3 \times 10^{-4}$ である．2 番目のブロック
の最後の行で FFT を計算し，正弦波スケーリングを行うために窓関数の dc ゲ
インの半分でスケールする．

3 番目のブロックでは，信号ビンと雑音ビンのそれぞれの中の全パワーの比と
して SNR を求めている．このシミュレーションでは $SNR = 81\,\mathrm{dB}$ である．
Hann 窓の代わりに矩形窓を用いると，窓関数の裾野の減衰が不十分で，信号帯
域のスペクトルが乱され，SNR 劣化につながる．この例では 23\,dB と大幅に低
下した．

4 番目のブロックでは，スムージングする前後の PSD を比較しながら図示す
る．元の PSD は多くの誤差を含むため，シミュレーション結果が妥当なものか
どうか判定できない．スムージングは ΔΣ ツールボックス関数 logsmooth で
行う．この関数は複数のビンでパワーを平均することで PSD の変動を抑え，対
数軸で均一に分布するようにプロットを間引く．このようなほぼ等間隔のプロッ
トは，ユーザが指定した周波数を超えたときに等比級数的に増加する多数のビン
を使うことで実現する（入力周波数の 3 倍がデフォルトになっている）．詳細は
logsmooth のヘルプ情報を参照していただきたい．この関数を使うことで，数
百万点のシミュレーション結果でも，それだけ多くの点数を使わないスペクトル
表示が可能になる．図 A.9 で示したように，シミュレーション結果は理論的に
予測される値とよく一致する．PSD の理論予測値の計算は次節で説明する．

最後の例として，図 A.9 に示した PSD のプロットを使って，手計算で SNR
を求めてみよう．信号パワーはグラフから $-6\,\mathrm{dBFS}$ と読み取れる．雑音パ
ワーは雑音密度と帯域幅の積として求まる．dB 表示では dB 表示の雑音パワー
に $10\log(BW/NBW)$ を加えることで求まる．$OSR = 32$ なので，$BW = 0.5/OSR = 1.6 \times 10^{-2}$ である．また，$NBW = 7.3 \times 10^{-4}$ であるから，平均
雑音パワーから全雑音パワーに変換するには $10\log(BW/NBW) = 13\,\mathrm{dB}$ を加
えればよい．信号帯域の平均雑音密度は $-100\,\mathrm{dBFS/NBW}$ なので，結局，
SNR は $-6 - (-100 + 13) = 81\,\mathrm{dB}$ と求まる．

## A.5 数学的背景

これまでは，数学的な説明は最小限に抑え，ΔΣ 変調器から得られる出力信号
のスペクトルを評価するときの FFT の使い方に焦点を当ててきた．スペクトル

評価に関係する数学的な理論には，確率過程を記述するための多くの概念が含まれていて，その説明のために一つの章を割り当てる価値がある．ここでは，それを十分に説明することはできないので，重要な結果を列挙し，十分な説明なしにこれまで用いてきた式の正当性を示すことにする．詳細は文献[2]を参照していただきたい．

定常的[6]な離散時間ランダム過程 $x$ の自己相関関数は

$$r_x[k] = E\{x[n]x[n+k]\} \tag{A.8}$$

と定義される．ここで $E$ は期待（平均）値を意味する．この $z$ 変換を

$$R_x(z) = \sum_{n=-\infty}^{\infty} r_x[n]z^{-n} \tag{A.9}$$

とする．パワースペクトル密度 $S_x(f)$ は

$$S_x(f) = R_x(\exp(j2\pi f)) \tag{A.10}$$

と定義される．言い換えると，PSD は自己相関関数のフーリエ変換として定義される．この定義と，より直感的な定義，すなわち周波数 $f$ と $f+df$ の間に存在するパワーを $df$ で割った量，との関係は，次の2つの性質から説明できる．

a．$P_x = \int_0^1 S_x(f)df$，ここで $P_x = E[|x[n]|^2]$ は $x$ のパワーである．

b．伝達関数 $H(z)$ の線形システムの入力を $x$，出力を $y$ としたとき，$S_y(f) = |H(e^{j2\pi f})|^2 S_x(f)$ が成り立つ．

a はパワースペクトルを周波数で積分すれば全信号パワーとなることを示す．b はフィルタを通過後の信号は，元の信号スペクトルにフィルタの伝達関数の強度の2乗を掛けたものであることを意味する．$S_x(f)$ の直観的な定義は，周波数 $f$，帯域幅 $df$ における理想フィルタ $H$ を考慮することに起因する．

a の性質は $S_x$ が区間 $[0, 1]$ で積分できることを前提にしている．実数の信号のスペクトルは対象なので区間 $[0, 0.5]$ を使うことが普通で，

$$P_x = \int_0^{0.5} 2S_x(f)\,df \tag{A.11}$$

と書くことができる．区間 $[0.5, 1]$ は区間 $[-0.5, 0]$ と等価であり，連続時間信号のときの片側スペクトル密度と似ている．

---

[6] 定常的とは，平均，分散などの統計的な性質が時間に依存しないことを意味する．

次に，$S_x$ の推定値

$$\hat{S}_x(f) = \left| \frac{1}{\|w\|_2} \sum_{n=0}^{N-1} w[n] \exp\left(-j2\pi fn\right) \right|^2 \tag{A.12}$$

について考える．この式は式（A.7）の再掲である（$f_i = i/N$ における $\hat{S}_x(f_i)$ は，窓関数 $w$ を用いたデータ長 $N$ の FFT により求めることができる）．

この推定値には次のような性質がある．

a．$E\left[\hat{S}_x(f)\right] = S_x(f) * \dfrac{S_w(f)}{\|w\|_2^2}$，ここで $S_w(f) = |W(f)|^2$ で，$*$ は循環畳み込みを意味する．

b．$E\left\{ \sum\limits_{i=0}^{N-1} \dfrac{\hat{S}_x(i/N)}{N} \right\} = P_x$

c．$Var[\hat{S}_x(f)] \approx [S_x(f)]^2$　ここで $Var[y]$ は統計量の分散を意味する．

a は，$\hat{S}_x(f)$ が $S_x(f)$ の「バイアスされた」推定値であること，すなわち，$\hat{S}_x(f)$ の期待値が $S_x(f)$ の真の値ではないことを意味する．例えば，矩形窓を使うとき，PSD の推定値は実際の PSD と

$$\frac{S_w(f)}{\|w\|_2^2} = \frac{1}{N} \left( \frac{\sin\left(N\pi f\right)}{\sin\left(\pi f\right)} \right)^2 \tag{A.13}$$

の畳み込みである．

b は，FFT に含まれる $\hat{S}_x(f_i)$ の総和を取り（実効的には $\hat{S}_x(f)$ を $[0, 1]$ で積分し）$N$ で割ると，パワーの期待値が得られることを意味する．この性質は，FFT 結果の中の信号ビンに含まれるパワーの総和を取ることで信号帯域の雑音パワーが見積もれることを保証する．

c は，推定値の標準偏差が推定値自身と同程度に大きい，すなわち，PSD の推定値が大きくバラつくことを示す．したがって，A.3 節で述べたように，平均化の処理が必要となる．

上述の結果を踏まえて，窓関数 $w$ を使った正弦波スケール FFT の NBW を求めてみよう．$|W(f)|$ が $f = 0$ でピークを持ち，フルスケール範囲が $[-1, 1]$ であると仮定する．式（A.5）から正弦波スケール PSD の推定値は

$$\hat{S}_x'(f) = \left| \frac{1}{W(0)/2} \sum_{n=0}^{N-1} w[n] \exp\left(-j2\pi fn\right) \right|^2 \tag{A.14}$$

である．したがって，$\hat{S}'_x(f)$ は式（A.12）で与えられた $\hat{S}_x(f)$ と

$$\hat{S}'_x(f) = \frac{\hat{S}_x(f)\|w_2\|^2}{|W(0)/2|^2} \tag{A.15}$$

の関係にある．$\hat{S}'_x(f)$ を積分して，（0.5 である）フルスケール正弦波のパワーに対する相対値としての $x$ のパワーを求めたい．そのために，以下の式を満足する NBW の値を知る必要がある．

$$E\left[\int_0^{0.5} \frac{\hat{S}'_x(f)}{NBW} df\right] = \frac{P_x}{0.5} \tag{A.16}$$

ここで $E\left[\int_0^{0.5} 2\hat{S}_x(f) df\right] = P_x$ であるから

$$NBW = \frac{\|w\|_2^2}{|W(0)|^2} \tag{A.17}$$

が成り立つ．表 A.1 で示した 3 つの窓関数の NBW は，この式を用いて得られた値であった．$w[n] \geq 0$ を仮定すれば，$|W(0)| = \|w\|_1$ であるから，

$$NBW = \frac{\|w\|_2^2}{\|w\|_1^2} \tag{A.18}$$

という簡潔な結果を得る．これは図 A.9 を描くときに用いた．式（A.16）における $\hat{S}'_x(f)$ と参照パワーはともにフルスケール範囲に比例するため，NBW はフルスケール範囲とは無関係である．

$\Delta\Sigma$ 変調器のシェイピングされた量子化雑音の PSD の期待値に対する公式を説明することが最後に残っている．これも図 A.9 を描くときに使われた．量子化ステップ幅を $\Delta$ としたとき，量子化雑音パワーは $\Delta^2/12$ であるから，ステップ幅 $\Delta = 2$ で $M$ ステップ量子化器に対する量子化雑音は，フルスケール正弦波のパワー $M^2/2$ で規格化すると，$2/(3M^2)$ である．したがって，シェイピングされた雑音の PSD は

$$S_q(f) = \frac{4|H(e^{j2\pi f})|^2}{3M^2} \tag{A.19}$$

となる．$\hat{S}'_x(f)$ のプロットと一致させるためには $S_q(f)$ に NBW を掛ける必要がある．

付録A　スペクトル評価　　537

## 【参考文献】

[1] E. O. Brigham, *The Fast Fourier Transform and its Applications*. Prentice Hall, 1988.

[2] A. Papoulis and S. U. Pillai, *Probability, Random Variables, and Stochastic Processes*. Tata McGraw-Hill Education, 2002.

[3] A. V. Oppenheim, R. W. Schafer, and J. R. Buck, *Discrete-Time Signal Processing*. Prentice-Hall, 1989.

[4] F. J. Harris, "On the use of windows for harmonic analysis with the discrete Fourier transform," *Proceedings of the IEEE*, vol. 66, no. 1, pp. 51–83, 1978.

# 付録B 線形周期時変システム

　はじめに線形性と時（不）変性に関する概念を復習する．つづいて線形周期時変（LPTV；linear periodically time-varying）システムと呼ばれる重要なクラスのシステムと，そのいくつかの性質について議論する．LPTV システムは我々の $\Delta\Sigma$ ワールドへの旅にとても関係深いことが分かる．

## B.1　線形性および時変性（時不変性）

　はじめは静止しているシステム（全ての初期条件がゼロ）を仮定し，$x_1(t)$ と $x_2(t)$ による励振がそれぞれ出力 $y_1(t)$ と $y_2(t)$ を生ずるものとする．このシステムが線形であるとは，それが重ね合わせに従うことをいう．すなわち，入力 $\alpha x_1(t) + \beta x_2(t)$ は出力 $\alpha y_1(t) + \beta y_2(t)$ を生ずる．

$$
\begin{aligned}
x_1(t) &\rightarrow y_1(t), \\
x_2(t) &\rightarrow y_2(t), \\
\alpha x_1(t) + \beta x_2(t) &\rightarrow \alpha y_1(t) + \beta y_2(t)
\end{aligned}
$$

　あるシステムが線形時不変（LTI；linear time-invariant）であるとは，上記の制約に加えて，入力を $\tau$ 遅らせると出力も $\tau$ だけ遅れることをいう．すなわち，

$$
x_1(t - \tau) \rightarrow y_1(t - \tau) \tag{B.1}
$$

LTI システムは，そのインパルス応答 $h(t)$，すなわち最初静止状態にあったシステムに入力された $\delta(t)$ による出力によって特徴付けられる．時不変性によって，$h(t)$ はまた，任意の観測時刻 $t_1$ に先立つ時刻 $t$ において印加されたインパルスによって $t_1$ に生じた応答，すなわち時刻 $(t_1 - t)$ に印加されたインパルスに対する応答と解釈することも出来る．

　このシステムは任意の入力 $x(t)$ に対してどのような応答をするだろうか？

---

※訳注：原書の付録Bを割愛したため原書の付録Cを本翻訳書では付録Bとしている．

これを決定するために，入力を幅が $d\tau$ で高さが $x(t-\tau)$ の細切れの和として表そう（図 B.1）．時刻 $t$ における細切れの応答は $x(t-\tau)d\tau \cdot h(\tau)$ で与えられる．$x(t)$ による出力は全部の細切れによる応答の和として得られ，これはおなじみの畳み込み積分で与えられる．

$$y(t) = \int_0^\infty \underbrace{x(t-\tau)d\tau}_{\substack{(t-\tau)\text{に与えられた}\\ \text{インパルズのサイズ}}} \underbrace{h(\tau)}_{\substack{\tau\text{だけ前に印加された}\\ \text{インパルスに対する応答}}} = \int_0^\infty h(\tau)x(t-\tau)\,d\tau \tag{B.2}$$

複素指数関数は線形システムの研究において特に重要である．LTI システムが $x(t) = e^{j2\pi ft}$ で励振されているとき，上の畳み込み積分を使って次式が得られる．

$$y(t) = \int_0^\infty h(\tau)e^{j2\pi f(t-\tau)}\,d\tau = e^{j2\pi ft}\underbrace{\int_0^\infty h(\tau)e^{-j2\pi f\tau}\,d\tau}_{H(f)} \tag{B.3}$$

このようにして，LTI システムが複素指数関数で励振されているときの応答は，単純に入力信号をスケーリングしたものであることが分かる．この「利得」は入力の周波数に依存する複素数 $H(f)$ である．

上で見たように，$H(f)$ はインパルス応答 $h(t)$ のフーリエ変換であり，このことは次のように考えられる[1]：

$$H(f) = \frac{e^{j2\pi ft}\text{に対する応答}}{e^{j2\pi ft}} \tag{B.4}$$

したがって，周波数 $f$ における複素指数関数の値は定常状態（steady-state）における出力であって，入力を複素数 $H(f)$ でスケーリングしたものである．逆に，たまたまある LTI システムの出力が周波数 $f$ の複素正弦波だったならば，その入力も $f$ の正弦波でなければならないことが結論される．回路シミュレータでは，周波数応答 $H(f)$ は .AC 解析を走らせることで得られる．

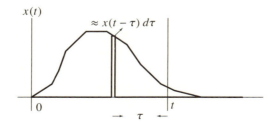

図 B.1　入力 $x(t)$ に対する LTI システムの時刻 $t$ における応答

540

現実に使用される回路網の多くは非線形である．さらに，それらは時不変の動作点（operating point）周辺において，それらへの入力自身が小信号（small signal）と呼ばれる状態で使われることが多い．ある時不変な動作点において非線形回路網を線形化すると，時不変な線形回路網が得られる．したがって，回路シミュレータでは，小信号周波数応答はまず.OP 解析を走らせて動作点とその点における小信号 LTI 回路網を求め，その後に.AC 解析が行われる．

## B.2 線形時変システム

図 B.2 は利得が時間によって変化するシステムの例である．このシステムは線形である．なぜなら

$$x_1(t) \rightarrow g(t)x_1(t)$$
$$x_2(t) \rightarrow g(t)x_2(t)$$
$$\alpha x_1(t) + \beta x_2(t) \rightarrow g(t)(\alpha x_1(t) + \beta x_2(t))$$

であるから．しかし，これは時不変ではない：

$$x_1(t) \rightarrow g(t)x_1(t)$$
$$x_1(t - t_1) \rightarrow g(t)x_1(t - t_1) \neq g(t - t_1)x_1(t - t_1) \tag{B.5}$$

このようなシステムは線形時変（LTV；linear time-varying）として扱うのがよい．LTI の場合同様，LTV システムはインパルス応答によって特徴付けられる——しかし，読者もよく分かっているとおり，このインパルス応答は入力のインパルスがどの時点で印加されたかに依存して変わる．時刻 $t - \tau$ において入力されたインパルスに対する LTV システムの時刻 $t$ における応答は $h(t, \tau)$ と表記される[1]：

$$\text{インパルス応答} = h(\underbrace{t}_{\substack{\text{観測する} \\ \text{時刻}}}, \underbrace{\tau}_{\substack{\text{観測する時刻より}\tau\text{だけ} \\ \text{前にインパルスを印加}}}) \tag{B.6}$$

繰り返すと，インパルス応答の最初の変数は観測する時刻を表している．第2の変数は，このシステムを観測した時刻よりも $\tau$ だけ前にインパルスが印加されたことを示している．

したがって，LTV システムの応答は，それを観測する時刻よりもインパルスがどれくらい前に印加されたかだけでなく，観測する時刻そのものにも依存する．このことを，観測する時刻のどれくらい前にインパルスが印加されたかだけ

---

[1] LTI システムでは，時刻 $t - \tau$ におけるインパルスによって励振されたときの，時刻における システムの出力は単に $h(t, \tau)$ である．

付録B　線形周期時変システム　541

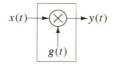

図 B.2　時変の線形システムの例

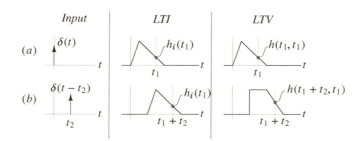

図 B.3　LTI システムと LTV システムのインパルス応答

に依存する LTI システムと対比してみよ．したがって，LTI システムは，インパルス応答が $h(t, \tau) = h(\tau)$ であるような，LTV システムの特別の場合だと考えられる．

インパルスに対する LTI システムと LTV システムの応答を図 B.3 に描いた．同図の (a) の部分はインパルスが $t = 0$ に印加された場合の，例題の LTI および LTV システムの応答である．前者の出力は $h_i(t)$ であり，ここで，$h_i$ はインパルス応答である．観測時刻が $t_1$ のとき，出力は $h_i(t_1)$ である．

LTV システムの出力は $h(t, t)$ であり，$h$ はインパルス応答を表している．観測時刻が $t_1$ のときは，出力は $h(t_1, t_1)$ である．これは，観測時刻よりも $t_1$ だけ前に印加されたインパルス——つまり，入力は $\delta(t - (t_1 - t_1)) = \delta(t)$ である——による観測時刻 $t_1$ における出力と解釈される．

図 B.3(b) に示されるように，入力が $t_2$ だけ遅れた場合，LTI システムの出力は $h_i(t - t_2)$ で与えられる．したがって，観測の時刻が $t_2$ から $t_1 + t_2$ へ移動した場合，出力は $h_i(t_1 + t_2 - t_2) = h_i(t_1)$ で変わらない．それでは LTV の場合はどうなるだろうか？　$t_1 + t_2$ において観測した場合，出力は $h(t_1 + t_2, t_1)$ に見えるだろう．これは（必ずしも）$h(t_1, t_1)$ に等しくない．なぜなら，LTV システムの出力は観測時刻と入力時刻の時間差だけでなく，その出力を観測する時刻自体にも依存するからである．

では，LTV システムは複素正弦波 $x(t) = e^{j2\pi ft}$ に対してどのように応答するのだろうか？　LTI の場合にやったのと同様にして，次式を得る．

$$y(t) = \int_0^\infty h(t,\tau)e^{j2\pi f(t-\tau)}\,d\tau = e^{j2\pi ft}\underbrace{\int_0^\infty h(t,\tau)e^{-j2\pi f\tau}\,d\tau}_{H(f,t)} \tag{B.7}$$

したがって，時不変の場合と同様，入力の正弦波は複素数 $H(t,\tau)$ でスケーリングされることが分かる．しかし，正弦波に対する「利得」は周波数だけ（これは LTI の場合と同様）でなく，時間の関数でもある．さらに，（時変の）周波数応答は時不変の場合と同様，次のように解釈できる．

$$H(f,t) = \frac{e^{j2\pi ft} に対する応答}{e^{j2\pi ft}} \tag{B.8}$$

## B.3　線形周期時変（LPTV）システム

次に図 B.4 に示すシステムを考えよう．ここで，利得 $g(t)$ は時間に関して周期的に変化するものとする．すなわち，$g(t) = g(t+T_s)$ とする．これは線形周期時変（LPTV；linear periodically time-varying）システムである．これは LTV システムのある特別な場合であって，そのインパルス応答が次式を満足する．

$$h(t,\tau) = h(t+T_s,\tau) \tag{B.9}$$

言い換えると，この応答の形は出力の観測時刻 ($t$) とシステムが励振された時刻 ($t_1$) を両方ともに $T_s$ だけずらしても変わらない，ということだ．この $T_s$ はシステムに固有の特性であり，LPTV システムの周期と呼ばれる．

図 B.5 はインパルスで励振されたときの，LTV システムと LPTV システムの応答を比較している．LPTV の場合，システムが「この特別な」$T_s$ だけ遅れて励振されたとき，システムの出力はインパルスが $t=0$ にて生じた場合の出力を単に遅延させたものになることがわかる．実際，図 B.5 の最初の行と 3 番目の行だけを見ると，LPTV システムを時不変システムと見間違えるかもしれ

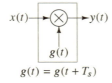

図 B.4　周期的に時変である線形システムの一例

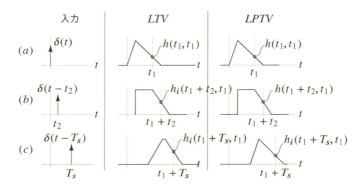

図 B.5　LTV と LPTV システムのインパルス応答

ない！　このような意味で，LPTV システムは一般の時変システムに比べると LTI システムに「より近い」と考えられる．

LPTV システムは入力 $x(t) = e^{j2\pi ft}$ に対してどのように応答するだろうか？ (B.7) より，出力は次のようになることがわかる．

$$y(t) = H(f, t)e^{j2\pi ft}$$

(B.9) が成り立つので，次がわかる．

$$\begin{aligned} H(f, t) &= \int_0^\infty h(t, \tau) e^{-j2\pi f\tau} \, d\tau \\ &= \int_0^\infty h(t + T_s, \tau) e^{-j2\pi f\tau} \, d\tau \\ &= H(f, t + T_s) \end{aligned} \quad (B.10)$$

したがって，LPTV システムの周波数応答 $H(f, t)$ は $T_s$ を周期とする周期関数である．これが意味するところは，$e^{j2\pi ft}$ で励振されている LPTV システムの出力は，時間に関して周期的に変化する利得でもう一度スケーリングされた $e^{j2\pi ft}$ だと看做すことができる，ということである．システムが周期的に変化しているのだからこれも直観的に満足のゆく結果である．

図 B.6 は正弦波入力で励振されている LTI, LTV, LPTV システムの例を説明している．同図の (a) の部分では，$R$ と $C$ が固定されている．キャパシタの電圧は正弦波で包絡線が一定値である．同図 (b) では，抵抗は線形であるが時間によって変化する．この出力信号の包絡線は時間によって変化し，抵抗値が小さいと大きくなる．図 B.6(c) の抵抗は時間によって周期的に変化する．結果として，包絡線の形から明らかなように，入力トーンの利得も時間に対して周期的に

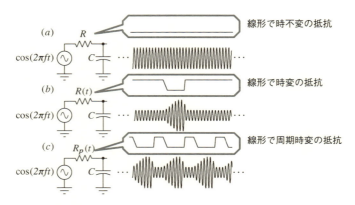

図 B.6 正弦波入力に対する RC 回路の応答. (a) 線形で時不変な抵抗の場合, (b) 線形で時変な抵抗の場合, (c) 線形で周期時変な抵抗の場合

変化する.

LPTV システムの $H(f,t)$ は周期を $T_s$ とする時間の周期関数なので, 次式のように $t$ に関するフーリエ級に数展開できる.

$$H(f,t) = \sum_{k=-\infty}^{\infty} H_k(f)e^{j2\pi f_s kt}, \quad f_s = 1/T_s \tag{B.11}$$

フーリエ級数の係数 $H_k(f)$ は調波伝達関数 (harmonic transfer function) と呼ばれており, 次のようにして簡単に求められる.

$$H_k(f) = \frac{1}{T_s} \int_0^{T_s} H(f,t)e^{-j2\pi f_s kt} \, dt \tag{B.12}$$

したがって, LPTV システムの $e^{j2\pi ft}$ に対する応答は次のように与えられる.

$$H(f,t)e^{j2\pi ft} = \sum_{k=-\infty}^{\infty} \underbrace{H_k(f)}_{\text{調波伝達関数}} \underbrace{e^{j2\pi (f+kf_s)t}}_{\substack{\text{周波数}\\f+kf_s}} \tag{B.13}$$

LPTV システムを周波数領域で解析する機能がある回路シミュレータでは, 多くの場合周期 AC 解析 (.PAC 解析) と呼ばれるものによって $H_k(f)$ を得ることができる. シミュレータの用語では, $H_k(f)$ はしばしば $k$ 次のサイドバンド応答 ($k$-th side-band response) と呼ばれる.

次のような観察がされる.

a. 周波数 $f$ の正弦波で駆動される LPTV システム ($f_s$ で周期的に変化している) の出力は, $f$, $f \pm f_s$, $f \pm 2f_s$, 等々の周波数成分から成っている. $H_k(f)$ は入力 (周波数 $f$) から出力 (周波数 $f \pm kf_s$) までの利得を表す (図 B.7 参照).
b. 同じ理由により, LPTV システム ($f_s$ で周期的に変化している) の出力が周波数 $f$ の正弦波であれば, これは, 一般には入力の $f$, $f \pm f_s$, $f \pm 2f_s$, 等々の周波数成分から来ている.

図 B.4 の LPTV システムに対して, これまで学んだテクニックを使ってみよう. このシステムの時変インパルス応答は次式で与えられる.

$$h(t,\tau) = g(t-\tau)\delta(t-(t-\tau)) = g(t-\tau)\delta(\tau) \tag{B.14}$$

したがって, このシステムの時変周波数応答は次式である.

$$H(f,t) = \int_0^\infty h(t,\tau)e^{-j2\pi f\tau}\,d\tau = \int_0^\infty g(t-\tau)\delta(\tau)e^{-j2\pi f\tau}\,d\tau = g(t) \tag{B.15}$$

$g(t)$ は周期的であるから, 次式のようにフーリエ級数展開できる.

$$g(t) = \sum_k g_k e^{j2\pi kf_s t} \tag{B.16}$$

したがって, 調波伝達関数は $H_k(f) = g_k$ によって与えられる.

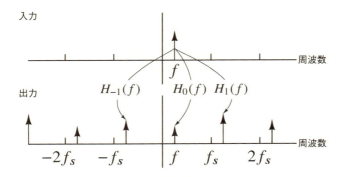

図 B.7 $f_s$ で変化している LPTV 回路が周波数 $f$ で励振されているとき, 出力は周波数が $f + kf_s$ のトーンから成っている. ここで, $k$ は整数である. $H_k(f)$ は周波数が $f$ の入力から周波数が $f + kf_s$ である出力までの利得である

## 例題 1

図 B.4 のシステムを考え，$g(t) = A_{Lo}\cos(2\pi f_s t)$ および $x(t) = A_{rf}\cos(2\pi f t)$ とする．

$$y(t) = \frac{1}{2}A_{LO}A_{rf}\cos(2\pi(f - f_s)t) + \frac{1}{2}A_{LO}A_{rf}\cos(2\pi(f + f_s)t)$$

(B.17)

周波数が $f$ の入力トーンは出力に $f \pm f_s$ のトーンを発生させる．調波伝達関数は $H_{\pm 1}(f) = (A_{Lo}/2)$ および $H_{\pm k}(f) = 0$ $(k \neq \pm 1)$ である．

次に，逆の質問をしよう：たとえば出力 $y$ が周波数 $f$ におけるシングルトーンだったとせよ．このとき $x$ は何であったか？ $H_k(f)$ は $k = \pm 1$ のときに限りゼロでないから，その入力は $(f \pm f_s)$ にある（2つの）トーンでなければならない．

どうやって回路シミュレータで LPTV の調波伝達関数を求めればよいだろうか？ LTI 回路で使われる .AC 解析に似たもので，LPTV システムを解析するための .PAC 解析と呼ばれるものをシミュレータは備えている．ここで，PAC は周期的 AC（periodic AC）のことである．

多くの実用的な回路は非線形で，周期的時変の動作点の周辺で使われる．その入力はそれ自身が小信号（small signals）と呼ばれている．非線形なシステムを周期時変の動作点に関して線形化すると，LPTV 回路ができる．回路シミュレータの中では，最初に .PSS 解析[2] を走らせて周期的な動作点と小信号 LPTV 回路を作り，そのあとに .PAC 解析を行って小信号周波数応答が計算される．

読者は上記の理論が CTΔΣ 変調器の研究に何の関係があるのか，不思議に思うかもしれない．これを知るため，量子化誤差が加法的であるという仮定（図 B.8）をした純粋主義者の CTΔΣ 変調器モデルを考えよう．ループフィルタの出力をサンプリングすることは，$y(t)$ にディラックのデルタ関数列を乗算することと等価である．量子化雑音はランダムな振幅を持つインパルス列でモデル化されている．出力はインパルス列であるが，DAC のパルス $p(t)$ でフィルタされたあとにフィードバックされる．したがって，CTΔΣ 変調器は 2 つの入力（$u$ と $e$）および 1 つの出力 $v$ を持ち，周波数 $f_s$（時間周期 $T_s$）で変化している LPTV システムである．

周期時変であることを別にしても，CTΔΣ 変調器にはもうひとつの際立った性質がある．これは関心のある出力（この場合では $e$ で汚染された $y$）をサンプ

---

[2] PSS は周期定常状態（periodic steady state）の略記．

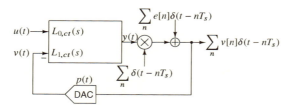

図 B.8　LPTV システムとしての CT$\Delta\Sigma$ 変調器

リングした LPTV システムである．さらに，$y$ は周波数 $f_s$ でサンプリングされているが，これは LPTV システムが変化する周波数でもある．このことは次に示すように，基本的かつ重要な帰結であることがわかる．

## B.4　サンプルされた出力を有する LPTV システム

図 B.9 に示す，周期 $T_s$ で変化する LPTV システムを考える．このシステムは複素指数関数 $x(t) = e^{j2\pi ft}$ によって励振されている．同図に示すように，出力 $y(t)$ は同じ周期 $T_s$ でサンプリングされている．前節の議論から，CT$\Delta\Sigma$ 変調器はこのタイプのシステムである．

このシステムは LPTV であるから，次が成り立つ．

$$y(t) = \sum_{k=-\infty}^{\infty} H_k(f) e^{j2\pi(f+kf_s)t} \tag{B.18}$$

$y(t)$ のサンプルは次式で与えられる．

$$y(nT_s) = \sum_{k=-\infty}^{\infty} H_k(f) e^{j2\pi(f+kf_s)nT_s} = e^{j2\pi fnT_s} \sum_{k=-\infty}^{\infty} H_k(f) \tag{B.19}$$

次に図 B.10 のシステムを考える．これは周波数応答 $H_{eq}(f)$ が $\sum_k H_k(f)$ と

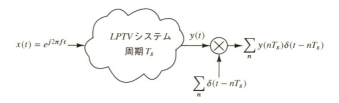

図 B.9　出力が $f_s$ でサンプルされている LPTV（$f_s$ で変化）システム

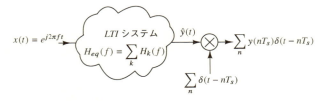

図 B.10　LTI システムの出力を $f_s$ でサンプルしたものは図 B.9 のシステムと同じ系列を発生する

なるように選ばれた線形時不変システムであり，$H_k(f)$ は図 B.9 の LPTV システムの調波伝達関数である．この LTI システムが $e^{j2\pi ft}$ で励振されているならば，その出力は次式である．

$$\hat{y}(t) = e^{j2\pi ft} \sum_{k=-\infty}^{\infty} H_k(f) \tag{B.20}$$

これをサンプリングレート $f_s = 1/T_s$ でサンプルすると，次式を得る．

$$\hat{y}(nT_s) = e^{j2\pi nfT_s} \sum_{k=-\infty}^{\infty} H_k(f) \tag{B.21}$$

(B.19) と (B.20) から，出力サンプルに関する限り，出力を $f_s$ でサンプルした LPTV システムは出力を $f_s$ でサンプルした LTI システムと等価である．この等価な LTI フィルタは次の周波数応答を持つ[2]．

$$H_{eq}(f) = \sum_{k=-\infty}^{\infty} H_k(f) \tag{B.22}$$

　フーリエ変換によって任意の入力 $x(t)$ を複素指数関数の和として表すことができるから，LPTV システムの出力サンプル（サンプリングレートがこのシステムの変化する周波数と等しいとき）は LTI フィルタを $x(t)$ で励振した出力を $f_s$ のレートでサンプリングしたものだと考えることができる．

　上で導いた結果は次のような直感的意味がある．ある LPTV システムが $f$ のトーンで励振されているとき，その出力は周波数が $f + kf_s$ のトーン達から成っている．ここで $k$ は整数である．$f_s$ でサンプリングすると，$f_s$ よりも高い周波数成分は $f$ に折り返してくる．したがって，システムの出力だけに関心がある場合なら，周波数 $f$ の入力トーンに対して動作する LTI フィルタを適切に選べば同じ出力が得られるはずだ．この等価性はサンプルについてだけ成り立つことであり，波形については成り立たないことを強調しておく．図 B.9 と B.10 を

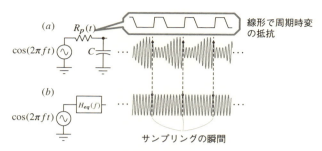

図 B.11 (a) 正弦波で励振される周波数 $f_s$ で変化している LPTV システム．出力は $f_s$ でサンプルされている．(b) $f_s$ でサンプルされた，等価な LTI システムの出力

参照すると，$y(nT_s) = \hat{y}(nT_s)$ であるが，$y(t)$ は必ずしも $\hat{y}(t)$ と同じではないことが分かるであろう．

上記の結果と議論を CTΔΣ 変調器の文脈ではどのように解釈すればよいだろうか？ 第 8 章において，シェイピングされた量子化雑音を無視すれば，図 B.8 に示したような種類の CTΔΣ 変調器の出力が，まず入力を次の伝達関数

$$STF(f) = L_{0,ct}(j2\pi f) NTF(e^{j2\pi f}) \tag{B.23}$$

をもつ時不変の連続時間フィルタでフィルタリングし，次に得られた波形を $f_s$ のレートでサンプリングしたものだと考えられる，という結論を得たことを思い出そう．このことは，解析がしやすいように変調器のシグナルフローグラフを「連続時間部分」と「離散時間部分」に分けて操作することによって示された．しかし，いつもこのようなやり方で変調器を分けられるとは限らない．そのよい例はスイッチトキャパシタによるフィードバック DAC を有する CTΔΣ 変調器（図 B.12(a) に示す）の場合で，これは第 9 章と第 10 章で出会ったものである．この DAC はスイッチング動作するのが特徴なので，$Y(s)$ を $L_{0,ct}U(s) - L_{1,ct}V(s)$ と表すことができない．

しかし，(B.22) の結果が提供するのは，出力がサンプリングされる LTI フィルタを用いて CTΔΣ 変調器の入出力経路をモデル化できるのだということに対する基本的な根拠である．図 B.12(a) の変調器の文脈では，ループフィルタの出力が $L_{0,ct}U(s) - L_{1,ct}V(s)$ と表現できなくても，変調器に対するモデルは依然として図 B.12(b) に示したものである．すなわち，信号を処理する CT フィルタ（STF）の出力がサンプルされ，量子化誤差を処理する DT フィルタ（NTF）の出力と加算されるようなものとしてモデル化できる．したがって，我々の CTΔΣ 変調器に対するモデルははるかに基本的なものであることがわかる．

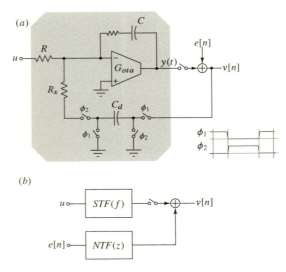

図 B.12 (a) スイッチトキャパシタによるフィードバック CAD を
有する 1 次の CTΔΣ 変調器. $Y(s)$ は $L_{0,ct}U(s) - L_{1,ct}V(s)$
と表現することができない. (b) CTΔΣ 変調器のモデル

　では，与えられた LPTV システムに等価な LTI システムの伝達関数 $H_{eq}(f)$ をどうやって決めれば良いのか？ ひとつのやり方は LPTV システムの $H_k(f)$ を決定して，次に (B.22) を使う方法である．しかし，多くの場合，図 B.13 で説明したように，時間領域で進めるほうが簡単である．

　等価な LTI フィルタのインパルス応答は $h_{eq}(t)$ と表記してある．この LPTV システムをインパルス $\delta(t + \Delta t)$ で励振して，その出力 $y(t)$ をサンプリングすると得られるのが $y_{\Delta t}(nT_s)$ と表記してあるものである．LTI フィルタの出力（入力はインパルス $\delta(t + \Delta t)$）は，これをサンプリングした場合系列 $h_{eq}(nT_s + \Delta t)$ となる．ここまで議論してきた等価性の原理によって，図 B.13 (c) からわかるように次式が成り立たなければならない．

$$h_{eq}(nT_s + \Delta t) = y_{\Delta t}(nT_s) \tag{B.24}$$

したがって，入力が $\delta(t + \Delta t)$ のときの LPTV システムの出力の系列は，等価な LTI フィルタのサンプルである $h_{eq}(nT_s + \Delta t)$ となる．$\Delta t$ を 0 から $T_s$ まで十分細かく動かすことにより，$h_{eq}(t)$ の全体が構築できるはずである．

　NRZ 型 DAC を有する 1 次の CTΔΣ 変調器の STF を決定することで，この手法をデモンストレーションしよう（図 B.14）．変調器のサンプリングレート

付録B 線形周期時変システム 551

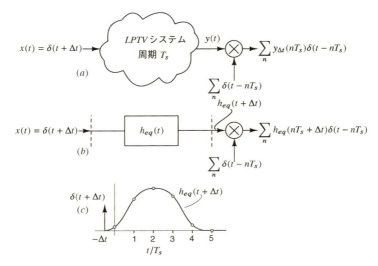

図 B.13 サンプリングされた出力をもつ LPTV システムに対応した，等価な LTI フィルタのインパルス応答を決定する．(a) LPTV システムを $-\Delta t$ におけるインパルスで励振する．得られたサンプリング後の出力の系列は $y_{\Delta t}(nT_s)$ と表記する．(b) 等価な LTI フィルタを $\delta(t+\Delta t)$ で励振すると $h_{eq}(nT_s+\Delta t)$ が得られる．(c) 等価な LTI フィルタの概念的な出力，およびそのサンプル

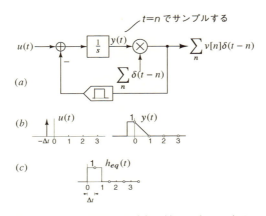

図 B.14 (a) CT-MOD1. (b) $u(t) = \delta(t+\Delta t)$ と，それに対する $y(t)$，および (c) $h_{eq}(t)$ の構築

は 1 Hz で，関心のある出力の系列は $y(t)$ を 1 秒の整数倍の時刻でサンプルしたものである．上で議論したように，STF に対応したインパルス応答を構築するには変調器を $u(t) = \delta(t + \Delta t)$ で励振して，系列 $y[n]$ を「測定」する．$y(t)$ は $t = -\Delta t$ において 1 となる階段状のものである．これは $t = 0$ においてサンプルされて，インパルス応答が NRZ パルスであるようなフィルタを介してフィードバックされる．したがって，$y(t)$ は図 B.14(b) のように直線的にゼロへ向かい，$t = 1$ 以降はずっとゼロである．$y_{\Delta t}[n]$ のサンプルたちは 1, 0, 0, … で与えられる．$y_{\Delta t}[n]$ が $0 < \Delta t < 1$ に対して 1, 0, 0, … であることは容易に分かる．よって，$h_{eq}(t)$ は同図 (c) に示すような矩形パルスである．こうして，$STF(f) = e^{-j\pi f} \text{sinc}(f)$ であり，これは第 8 章で得られた結果と一致する．

等価な LTI のインパルス応答を決定するのに，図 B.13 で示すような次々に進むインパルスを印加して決定する方法は役には立つが時間がかかる．幸いなことに，相互相反性（inter-reciprocity）の概念を使うことによって，$h_{eq}(t)$ は一発で求めることができる．このことを可能にするキーとなる結果を図 B.15 の助けを借りて説明しよう．同図 (a) の部分は，LPTV 回路網 $\mathcal{N}$ が $t = t_i$ における電流インパルスで励振されている様子を示している．関心のある出力 $v_2(t)$ は $t_o$ だけオフセットを持って $f_s = 1/T_s$ でサンプルされた電圧，すなわち，$v_2[nT_s + t_o]$ という系列である．同じ周期 $T_s$ で次のような性質を持つもうひとつの LPTV 回路網が存在して，相互相反回路網（inter-reciprocal network）あ

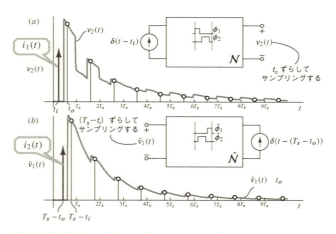

図 B.15 相互相反（随伴）回路網を利用して，サンプリングされた出力を有する LPTV システムに対応する等価な LTI フィルタのインパルス応答を決定する

るいは随伴回路網（adjoint network）と呼ばれ，$\hat{N}$で表される（図 B.15(b)）.

随伴回路網の出力にポートに対してインパルス電流が時刻 $(T_s - t_o)$ に印加されるものとしよう．入力ポートの電圧 $\hat{v}_1(t)$ は，タイミングずれ $(T_s - t_i)$ でサンプリングされたとき，正確に $v_2[nT_s + t_o]$ と同じ系列を生ずる．すなわち，

$$\hat{v}_1[nT_s + T_s - t_i] = v_2[nT_s + t_o] \tag{B.25}$$

となる．$\hat{N}$ は周期が $T_s$ の LPTV 回路網であるから，それを時刻 $T_s - t_o$ で励振してその応答を時刻 $(nT_s + T_s - t_i)$ で観測することは，それを時刻 $-t_o$ で励振して応答を時刻 $(nT_s - t_i)$ で観測するのと等価である．$t_i$ と $t_o$ は図 B.15(a)の実験において $-t_i$ と $-t_o$ に変わっており，さらに時変素子を制御する信号も時間の方向がひっくり返っているので，図 B.15(b)の随伴回路網に関連して「時間反転」という用語がよく使われる．

随伴回路網 $\hat{N}$ は $N$ と同一のグラフを持ち，表 B.1 に示す素子から素子への置き換えルールを適用して導くことができる：

a．$N$ の枝が線形の抵抗，キャパシタ，インダクタであれば，$\hat{N}$ でも変わらずそのままにする．

b．$N$ の周期的に動作するスイッチで制御信号 $\phi(t)$ によって制御されるものは，$\hat{N}$ では $\phi(-t)$ で制御されるスイッチに置き替える．

c．$N$ の線形制御電源は，$\hat{N}$ では適切な線形制御電源で置き替える．例えば，$N$ の CCCS は $\hat{N}$ では制御ポートと被制御ポートを交換した VCVS に置き替える（表 B.1 参照）.

d．$N$ がシグナルフローグラフで表現されているときは，$N$ における信号の加算点と取り出し点を $\hat{N}$ ではそれぞれ取り出し点と加算点に入れ替える．

e．$N$ の時変の利得 $g(t)$ は，$\hat{N}$ では別の時変利得 $g(-t)$ に置き替える．

随伴回路網は以下に述べるように，$N$ の $h_{eq}(t)$ を決定するプロセスを著しく簡単化する．以下では，関心のある出力系列が $v_2(nT_s)$ であるものと（言い換えれば，$t_o = 0$ と）仮定する．等価な LTI フィルタのインパルス応答を $h_{eq}(t)$ と表わす．前に議論したように，$h_{eq}(nT_s + \Delta t)$ を得るためには，図 B.16(a)に示すように $N$ は $\delta(t + \Delta t)$ で励振されていなくてはならず，$v_2(t)$ は $t = nT_s$ においてサンプリングされなければならない．相互相反回路網において，このことは，随伴回路網 $\hat{N}$ を「出力」ポートから $\delta(t)$ で励振するが，$\hat{v}_1(t)$ はタイミングのオフセットを $-(-\Delta t) = \Delta t$ としてサンプリングすることに対

表 B.1　線形制御電源，加算点，取り出し点，乗算器，周期的に動作するスイッチを $N$ から $\hat{N}$ へ変換する規則

| $N$ | $\hat{N}$ |
|---|---|
| $v_1$ $\diamondsuit$ $\mu v_1$ | $\mu i_2$ $\diamondsuit$ $i_2$ |
| $i_1$ $\diamondsuit$ $\mu i_1$ | $\mu v_2$ $\diamondsuit$ $v_2$ |
| $v_1$ $\diamondsuit$ $g_m v_1$ | $g_m v_2$ $\diamondsuit$ $v_2$ |
| $i_1$ $\diamondsuit$ $Ri_1$ | $Ri_2$ $\diamondsuit$ $i_2$ |
| $x \longrightarrow \oplus \longrightarrow z$, $y$ | $x \longleftarrow \bullet \longleftarrow z$, $y$ |
| $z \longrightarrow \bullet \longrightarrow x$, $y$ | $z \longleftarrow \oplus \longleftarrow x$, $y$ |
| $x \longrightarrow \otimes \longrightarrow z$, $g(t)$ | $x \longleftarrow \otimes \longleftarrow z$, $g(-t)$ |
| $\downarrow \phi(t)$ | $\downarrow \phi(-t)$ |

応する．言い換えれば，$h_{eq}(nT_s + \Delta t) = v_2(nT_s) = \hat{v}_1(nT_s + \Delta t)$ である．

　次のステップでは $h_{eq}(nT_s + 2\Delta t)$ を求める．これは図 B.16(b) に示すように，$N$ を電流 $\delta(t + 2\Delta t)$ で駆動して $v_2(t)$ を $t = nT_s$ でサンプリングすれば達成できる．随伴回路網では，(図 B.16(a) に示すように) 出力ポートを電流 $\delta(t)$ で駆動しなければならないが，今度は $\hat{v}_1(t)$ をタイミングのオフセットを $-(-2\Delta t) = 2\Delta t$ としてサンプリングしなければならない．これを $0 \le \Delta t < T_s$ に対して繰り返すと，$h_{eq}(t)$ は $\hat{N}$ の「出力」ポートが $t = 0$ で励振されたときの $\hat{N}$ の「入力」ポート $\hat{v}_1(t)$ の波形であることが分かる．したがって，$N$ から $h_{eq}(t)$ を決定するために必要であった，それぞれがインパルスで励振された多数の実験は不要である――単に随伴回路網を 1 回だけ励振すれば十分である．

付録B 線形周期時変システム 555

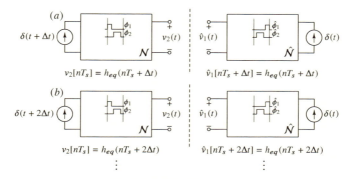

図B.16 (a) 元の回路網と随伴回路網を用いて $h_{eq}(nT_s + \Delta t)$, および (b) $h_{eq}(nT_s + 2\Delta t)$ を求めること

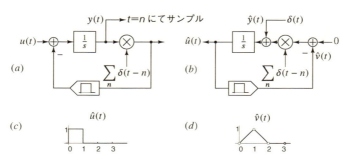

図B.17 随伴シグナルフローグラフを用いて CT-MOD1 の $h_{eq}(t)$ を決定する: (a) CT-MOD1 (b) CT-MOD1 に対する随伴系は「出力」ポートからインパルスで励振される. (c) $\hat{u}(t)$ すなわち STF に対応するインパルス応答と, (d) $\hat{v}(t)$

このことは, 例題で説明するのが最もわかりやすい. 図B.17(a)に示す CT-MOD1 に対する $h_{eq}(t)$ を (再び) 見つけよう. この出力は, $t = n$ でサンプリングされた $y(t)$ のサンプルである. このプロセスの最初のステップは, 随伴シグナルフローグラフを描くことである (図B.17(b)). CT-MOD1 の入力は, 随伴システムにおける適切な出力である. 積分器の向きと, DAC (矩形のインパルス応答を有するフィルタのように振舞う) の向きは反転されている. ディラックデルタ関数の列も時間反転している; このインパルスは1秒の整数倍に現れるから, 反転はこの波形に何も影響しない. この随伴シグナルフローグラフの「出力」ポートは $t = 0$ のインパルスで励振されなければならない. 随伴系の積分器の出力は $\hat{u}$ と表記されているが, 図B.17(c)で示すように $t = 0$ に段差がある. この段差は NRZ DAC パルスと畳み込まれたあとでフィードバッ

クされ，結果としてはじめは単位ランプのフィードバック波形となる．このランプ波は $t = 1$ においてサンプリングされて積分器へ入力される．$\hat{v}(1) = 1$ なので，$t = 1$ 以降は $\hat{u}(t)$ がゼロとなる．その結果，$\hat{v}(t)$ は下向きの直線的なランプとなって $t = 2$ で値がゼロになり，図 B.17(d) で示すように，その後はゼロの値を保つ．したがって，STF に対応するインパルス応答は，期待したとおり単位矩形関数である．

### B.4.1 複数の入力がある場合

図 B.18 は我々の結果を，複数の入力信号を持つ LPTV 回路網に対して拡張したものである．関心のある出力は（一般性を失うことなく）タイミングのオフセット $t_o$ でサンプルされた $v_o(t)$ であると仮定する．$r$ 個の入力は電圧源であっても電流源であってもよい．このシステムの出力は図 B.18(b) のように表すことができる．ここで，$h_{eq,1\cdots r}(t)$ はそれぞれ LTI フィルタのインパルス応答を表している．相互相反性のおかげで，随伴回路網を時刻 $-t_o$ におけるインパルス電流で励振することにより，全部のインパルス応答が図 B.18(c) のように1回の時間領域解析で決定できる．

#### B.4.1.1 雑音
図 B.18(a) における複数の入力が雑音源であったとすると，図 B.18(b) のモデルを使えば出力系列における個々の雑音源の寄与とトータルの雑音スペクトル密度の評価が簡単になる．$l$ 番目の雑音プロセスに対する自己相関

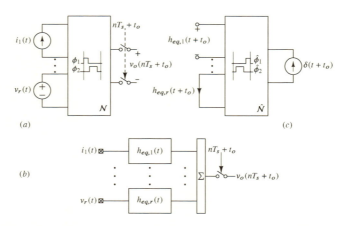

図 B.18　(a) タイミングのオフセット $t_o$ でサンプルされた，複数の入力とひとつの出力を有するオリジナルの回路網．(b) LTI フィルタによる等価モデルおよび (c) 随伴回路網を用いた $h_{eq,1\cdots r}(t)$ の決定

関数を $R_{n,l}(\tau)$ で表すと，等価な LTI フィルタの出力の自己相関関数は

$$R_l(\tau) = R_{n,l}(\tau) * h_{eq,l}(\tau) * h_{eq,l}(-\tau) \tag{B.26}$$

で与えられる．ここで，$*$ は畳み込み（convolution）を表す．サンプリングされたあとの自己相関関数は次式で与えられる．

$$R_l[m] = R_l(mT_s) \tag{B.27}$$

$l$ 番目の雑音源による出力系列のパワースペクトル密度は，単に（B.27）の系列 $R_l[m]$ をフーリエ変換したものである．各雑音源は独立なので，サンプルされた出力の自己相関関数は

$$R[m] = \sum_l R_l(mT_s) \tag{B.28}$$

で与えられる．

## B.4.2　連続時間デルタ–シグマ変調器における折り返し除去再訪

　LPTV システムを攻略するために必要な兵器で武装したところで，次は時変ループフィルタを有する CTΔΣ 変調器を取り扱う番だ．そのような変調器の例はスイッチトキャパシタを用いたものや，リターン–トゥー–オープン（return-to-open）[3] 型の DAC を用いるものである．図 B.8 の変調器を参照して説明したように，関係 $STF(f) = L_{0.ct}(j2\pi f)NTF(e^{j2\pi f})$ が成り立つのはループフィルタが時不変であるときに限る．ループフィルタが図 B.19(a)のように時変である場合に STF を求めるにはどうすればよいか？

　量子化器はループフィルタの出力 $y(t)$ をサンプルしており，その $y(t)$ がサンプルされるレートはループフィルタが変化するレートと同じである．このような状況下では，本節で議論してきたように $u(t)$ で励振されたとき，$u(t)$ が入力された時変ループフィルタが本来出力するであろう $y[n]$ を出力するような，等価な時不変伝達関数 $L_{eq.ct}(s)$ を見つけることができる．$l_{eq}(t)$ が $L_{eq.ct}(s)$ に対応するインパルス応答を表すものとしよう．$l_{eq}(t)$ を決定するためには，ΔΣループを切って $\nu$ をゼロに設定し（図 B.19(b)），得られる LPTV システムの随伴システムを使えばよかった．

　この手順は例題で説明するのがいちばん分かりやすい．スイッチトキャパシタ DAC を有する CIFF CTΔΣ 変調器のループフィルタを考えよう．ループが切れていて $\nu$ がゼロに設定されているとき，回路網は図 B.20(a)のようになる．入力の積分器はアクティブ-RC タイプであるとし，1 段構成の OTA を使うもの

---

[3] 訳注）Return-to-zero タイプの DAC で，ゼロを出力する代わりに DAC の出力がオープンとなるタイプの DAC.

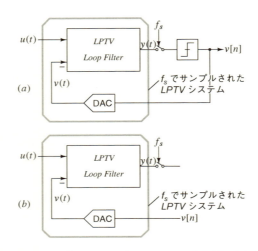

図 B.19 (a) 時変ループフィルタを有する CTΔΣ 変調器. (b) 出力が $f_s$ で
サンプリングされている LPTV ループフィルタは, 随伴手法を
使って決定される等価な LTI システムとして取り扱うことができる

とする. ループフィルタの残りの部分は時不変であると仮定し, それを $L_2(s)$ で表す. $L_2$ の出力は $\phi_s$ のエッジでサンプルする.

随伴回路網を図 B.20(b) に示す. オリジナルの回路網の OTA (これは VCCS である) は, 入力と出力のポートを交換した OTA に置き換える. スイッチの制御信号は時間反転する——言い換えれば, オリジナルの回路網で $\phi(t)$ であったなら, 随伴回路網ではそれを $\phi(-t)$ に置き換える. $l_{eq}(t)$ は随伴回路網を電流インパルス $\delta(t)$ で「出力」ポートを励振し, $R$ を流れる電流波形を観測することにより $v_x(t)/R$ として得られる.

随伴回路網の $v_x(t)$ を見つけるには, 次のように進める. OTA と入力の抵抗 $R$ を, SC DAC から見込んだテブナン等価回路に置き換える (図 B.21(a)). $v_{th}(t)$ は大きさが $1/C$ のステップ関数である. DAC がなければ $v_x(t)$ と $v_{th}(t)$ は等しかったはずである——そして, $l_{eq}(t)$ すなわち $v_x(t)/R$ は時不変ループフィルタのインパルス応答であったはずである. そこで, $(1/R)v_{th}(t)$ のことを $l_{ideal}(t)$ と書き表すことにしよう.

DAC のキャパシタ $C_d$ は $\hat{\phi}_2$ の間 ($R_d$ を介して) $x$ に接続されている. このことで $v_x$ は瞬間的に低下する. つづいて OTA は $C(R_d + 1/G_{ota})$ の時定数で $C_d$ を $v_{th}(t)$ まで充電する. $\hat{\phi}_2$ の終わりには $v_x$ が $v_{th}$ に到達する. 次のクロックサイクルには同じ順序の出来事が繰り返される. 結果として得られる $v_x$ を図 B.21(b) に示すが, 便宜上 $v_{th}(t)$ も示す. ジッタに対する耐性を良くするため,

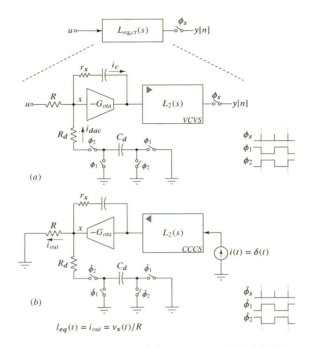

図 B.20 (a) スイッチトキャパシタ DAC を有する CIFF CTΔΣ 変調器のループフィルタ.
(b) 随伴回路網を使って等価な時不変フィルタのインパルス応答を決定する

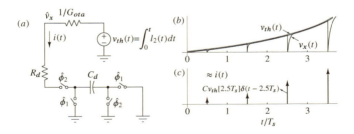

図 B.21 (a) テブナン等価回路で起きられた OTA. (b) $\hat{v}_x$ と $v_{th}(t)$, および (c) $i(t)$ のインパルスによる近似

$0.5C/G_{ota} \ll T_s$ とする.これは DAC のキャパシタが殆ど瞬時に $v_{th}(t)$ に充電されることを意味している.したがって,DAC の電流は次のようなインパルス列で近似できる.

$$i(t) \approx f_s C \sum_{n=0}^{\infty} v_{th}((n+0.5)T_s) \cdot \delta(t-(n+0.5)T_s) \tag{B.29}$$

$l_{eq}(t) = v_x(t)/R$ かつ $v_x(t) = v_{th}(t) - (i(t)/G_{ota})$ であるから，次式を得る．

$$l_{eq}(t) \approx \underbrace{\frac{v_{th}(t)}{R}}_{l_{ideal}(t)} - \frac{C}{RG_{ota}} v_{th}(t) \sum_{n=0}^{\infty} \delta(t-(n+0.5)T_s) \tag{B.30}$$

上式の右辺（RHS）の最初の項は $l_{ideal}(t)$ である．2 番目の項は SC DAC のせいで生じた項であって，$v_{th}$ と周波数 $f_s$ のディラックデルタ関数列の積である．これは $v_x$ のサンプリングが $f_s$ のレートで起こっていることを示している．仮想接地の節点がクロック周期ごとにサンプルされているので，これは理にかなっている．したがって，$l_{eq}(t)$ のフーリエ変換は次のようになることがわかる．

$$L_{eq}(j2\pi f) \approx L_{ideal}(j2\pi f) - \underbrace{\frac{f_s C}{G_{ota}} \sum_k L_{ideal}(j2\pi(f-kf_s))}_{E(j2\pi f)} \tag{B.31}$$

図 B.22 は $L_{ideal}(j2\pi f)$ と $E(j2\pi f)$ の代表的な振幅応答である．$E$ は $f_s$ で周期的である．STF を得るためには，$L_{eq}(=L_{ideal}-E)$ に NTF を乗ずればよい．(B.31) から分かるように，$(\Delta f + k f_s)$ の形の周波数に対して，$L_{eq}(j2\pi f) \approx (f_s C/G_{ota}) L_{ideal}(j2\pi \Delta f)$ である．ただし，$\Delta f \ll f_s$ である．こうして

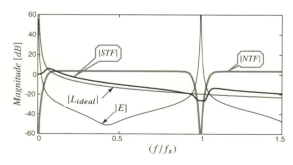

図 B.22 スイッチトキャパシによるタフィードバック DAC を有する 3 次の CIFF CTΔΣ 変調器に対する $L_{ideal}$, $E(j2\pi f)$, NTF, STF の振幅プロット

$$|STF(f + \Delta f)| \approx \frac{f_s C}{G_{ota}} = \frac{1}{G_{ota}R} \tag{B.32}$$

を得る．したがって，SC DAC を使用すると，図 B.22 から分かるように，変調器の折り返し除去に重大な劣化をもたらす．このことは，第 10 章の「平均」における議論に基づいた 1 次の解析結果と一致している．

**【参考文献】**

[1] L. A. Zadeh, "Frequency analysis of variable networks," *Proceedings of the IRE*, vol. 38, no. 3, pp. 291–299, 1950.

[2] S. Pavan and R. S. Rajan, "Interreciprocity in linear periodically time-varying networks with sampled outputs," *IEEE Transactions on Circuits and Systems II: Express Briefs*, vol. 61, no. 9, pp. 686–690, 2014.

# 初版への「推薦のことば」


　情報通信機器のデジタル化の進展は近年とどまることを知らないが，自然界に存在する物理量，例えば音声，映像，その他はほとんどすべてアナログ量である．そこで両者をつなぐ架け橋として，アナログ/デジタル（A/D）変換機というインターフェースが必要不可欠となる．A/D 変換の方法には昔から種々の方式が提案されているが，最近では高精度の A/D 変換方式としてデルタシグマ（ΔΣ）変調に基づく方式が主流となりつつあり，CD をはじめ各種オーディオ機器，携帯電話などの通信機器で広く使用され，その利用は映像機器にまで拡がろうとしている．この方式がこのように最近脚光を浴びているのは，ほかの方式と比べて，回路内で制度を要するアナログ的な部分がきわめて少なく，集積回路（LSI）化しやすいことになる．

　本書の 2 人の原著者（R. Schreier, G. C. Temes）はこのデルタシグマ A/D 変換方式の進展に貢献された著名な研究者であり，また，訳者はその高速化に関する研究者として知られた方である．本書ではデルタシグマ A/D 変換方式の原理から最近の発展までが体系的にわかりやすく記述されており，この方面の技術者，学生，研究者にとって格好の参考書である．

　筆者は現在この A/D 変換方式の研究者というわけではないが，この方式の基本をなすデルタシグマ変調の創案者であり，この機会にデルタシグマ変調の創案やその名称付与をめぐる経緯を説明し，読者のご参考に供したい．

　今から四十数年前のことであるが，筆者は東大の故猪瀬博教授の研究室に大学院博士課程の学生として在籍していた．当時はデジタル通信の黎明期で，PCM 通信を中心に活発な研究が行われていた．そのような背景のもとで，猪瀬教授はタイムスロット入れ替え方式というその後のデジタル電話交換の基本原理を創案され，その原理に基づく世界初の全デジタル時分割電子交換機の試作研究を米国のベル電話研究所から委託され，研究室をあげてその遂行に当たった．当時は真空管からトランジスタへの移行期で，デジタル回路は現在からは想像できないほど高価であり，かつ性能も貧弱であった．そこでこの試作交換機では通話方式として，PCM ではなく回路が簡単でかつフレーム繰り返し周期が短いデルタ変調を用いることになり，私がその担当者となった．

　デルタ変調は予測符号化方式の一種であり簡単な回路で構成できるのが利点であったが，問題点も当時指摘されていた．すなわちデルタ変調は入力信号の微分値を運んでいるから，受信パルス列を積分することによって原信号を再現する．このために伝送の途中で誤りがあると，後々までそれが影響するという問題であ

る．1960年の秋，猪瀬先生から我々大学院学生に対して，新しい卒論生に与える研究テーマを考えるよう指示があり，私はデルタ変調のこの欠点を避ける方法をあれこれ考えているうちにふと思いついたのがこの方式であった．すなわち，あらかじめ入力信号を積分してからデルタ変調すれば，その出力パルス列は入力信号の振幅値そのものに対応し，受信側では積分操作は不要となるはずではないか．この考えは一見もっともらしかったが，このままでは実現できないことにすぐ気がついた．直流成分をもった入力信号がくると積分器がすぐ飽和してしまい，以後回路が動作不能におちいるのである．この困難に対しては，一両日の間に解決方法を見つけた．この積分器をデルタ変調器のフィードバックパスに存在する積分器と一緒にして差分器直後のフォワードパス内に挿入すれば元の回路と等価な回路ができる．この効果は絶大であった．変復調合わせて2個の積分器が1個で済むだけではなく，入力信号と出力パルス列の積分値の差が常に零レベルとなるようにフィードバック制御される結果，入力信号の直流分による飽和が防げるとともに，安定度が高く，積分器の直線性など精度に対する要求条件が緩やかとなる利点が生じた．また，デルタ変調では入力信号のダイナミックレンジがその周波数に逆比例するのに対して，この方式では入力信号の周波数によらずダイナミックレンジが一定となる．私には村上純造氏（元東芝，故人）が卒論生としてついたが，同氏は大変有能で半年という短い期間に回路を組み立て，実験データを手際よくとって所期の性能を確かめてくれた．

この成果はまず電気通信学会誌（符号化変調による一通信方式—Δ-Σ変調：（猪瀬，安田，村上），Vol. 44, No. 11, 1961.11）に掲載され，さらにIREのトランザクション（A Telemetering System by Code Modulation — Δ・Σ Modulation: (H. Inose, Y. Yasuda, J. Murakami), IRE Trans. on SET, Vol. 8, No. 3, pp. 205-209, 1962.9）に，さらに発展型がIEEEのプロシーディングス（A Unity Bit Coding Method by Negative Feedback: (H. Inose, Y. Yasuda), Proc. IEEE, Vol. 51, No. 11, pp. 1524-1535, Nov. 1963）に掲載された．この中でIREのTrans. on Space Electronics and Telemetryへ投稿したのは，この方式のきわめて優れたA/D変換機能が計測に向いているとの認識をもっていたからである．しかしながら当時はこの方式を広く実用化するための背景技術が育っておらず，大きな発展には至らなかった．それから相当な年月が経って，この方式はまず米国で注目され，半導体集積回路技術やデジタル信号処理技術の進歩とともに世界中でA/D変換機の主役として育てられた．したがって我々はデルタシグマ変調の生みの親ではあるが育ての親ではない．

ところで，この方式は一般にデルタシグマ変調とシグマデルタ変調という2つの名称が使われている．しかもそれぞれの名称を支持するグループ間でどちらの名称がよいか論争まで行われていた．生みの親であり，デルタシグマ変調の名付

け親でもある私はこの様子を横目で眺めて，勝手なことを言うものだと苦笑を禁じえなかった．すでに述べたようにこの方式の原点はデルタ変調の前に積分器を置くというものであった．その限りではシグマデルタ変調に違いない．しかし，それでは現実的な方式とはならない．デルタ変調器の回路内に手を突っ込んで，積分器をフィードバックパスからフォワードパスへ移したことによってすべてが始まったのである．このことを強調するために，わざわざシグマデルタ変調ではなくデルタシグマ変調と命名したのである．創案者が付与した名称を尊重するのが，技術者・研究者の当然とるべきエチケットと言うべきであろう．最近では本書をはじめ，デルタシグマ変調あるいはデルタシグマ・データ変換方式というのが主流になりつつあるのはその意味で喜ばしいことである．

2007年6月

東京大学名誉教授
早稲田大学名誉教授

安田　靖彦

# 監訳者あとがき

　本書は，John Wiley & Sons 社から 2005 年に出版された，R. Schreier 博士と G. Temes 教授の著書 "Understanding Delta-Sigma Modulators"（日本語訳：和保，安田監訳『ΔΣ 型アナログ/デジタル変換器入門』丸善出版，2007 年）の第 2 版を翻訳したものである．初版は，ΔΣ 型アナログ/デジタル（A/D）変換器を初学者向けに分かりやすく解説した入門書として，多くの回路設計者に受け入れられた．ところが，その後も CMOS 微細化技術の進展は目覚ましく，多くの高性能プロセッサや大容量メモリが開発された．A/D 変換器の中でもデジタル信号処理の比重が高い ΔΣ 型 A/D 変換器へのインパクトも大きく，回路や方式に関する新しいアイデアも採用することで性能が著しく改善された．第 2 版は，このような最新の技術動向を反映させたものである．

　言うまでもなく A/D 変換器は，自然界のアナログ信号をコンピュータが処理できるデジタル値に変換する装置である．デジタル LSI 性能の飛躍的向上に伴い，自然界に存在するアナログ信号は一旦デジタル化され，高性能プロセッサでデジタル処理される方式が一般化した．そのため，近年，A/D 変換器の重要性がとみに高まっている．従来の A/D 変換器の多くは，オペアンプ，比較器（コンパレータ）などのアナログ回路から構成され，高性能化にはトランジスタや抵抗，容量などの特性変動を極力抑える必要があった．これに対して，ΔΣ 型 A/D 変換器では，高速デジタル技術の採用により，アナログ部品精度に対する厳しい要求条件が緩和され，その結果，従来にない高性能 A/D 変換が実現されている．

　今回の改訂で特筆すべき点は，超高速化と低消費電力/高分解能化に関する記述が充実したことにある．前者に関しては，広帯域無線通信応用を指向した GHz 級連続時間（CT）ΔΣ 型 A/D 変換器の説明が，3 つの章を使って詳細になされている．後者に関しては，センサネットワークや IoT などへの応用を目指したインクリメンタル A/D 変換器を説明した章が新たに設けられた．また，素子特性ばらつきによる変換誤差の低減化対策としてのミスマッチシェイピングの章が追加された．このように，第 2 版の目指すところは初版と変わりないものの，最新の研究成果が随所に盛り込まれ，ページ数も大幅に増加した．初学者だけではなく，すでに ΔΣ 変調の一分野に通じている技術者がさらにレパートリィを広げる上でも重宝するものと思われる．

　第 2 版で共著者として加わった Pavan 教授は，この分野の第一人者の一人で，学会のチュートリアル講演などでも活躍しておられる．先日の国際会議で翻訳企

画についてお話ししたところ大変喜んで下さった．また，Schreier 博士は「ドクター $\Delta\Sigma$」と自他共に認める専門家で，MATLAB ツールボックスの制作者としても著名な研究者である．早朝の空き時間を使って第2版の執筆に携わったとのエピソードを伺っている．Temes 教授も数々のアナログ回路，特にスイッチトキャパシタ回路の研究開発で著名な方である．90 歳を超えた現在も，国際会議や学生指導に活躍されており，いつも我々を勇気づけてくれる．

最近は，機械翻訳技術の進歩により，英文をかなりこなれた日本語に変換することも可能になった．しかし，内容を熟知した専門家による，まとまった分量の翻訳には，依然として，それなりの価値があると思われる．学生や若手研究者が実際に国内外で研究開発成果を発表できるレベルまでポテンシャルアップするのに，本書が役立つことを期待している．訳語や記号については各章間で可能な限り統一するよう注意を払ったが，限られた時間での作業であり，見落とした部分があるかもしれない．また，不明な点は原著者に確認したが，思わぬ誤解があるかもしれない．ご容赦いただければ幸いである．初版と同様に，原著で付録となっている $\Delta\Sigma$ ツールボックスに関する記述は割愛した．公開されているウェブサイト（https://www.maruzen-publishing.co.jp/info/n19700.html）を参照していただきたい．

初版の出版に当たって，$\Delta\Sigma$ 変調器の創始者のお一人であり，原著書でも最初に引用されている論文の著者の安田靖彦先生には，貴重な「推薦のことば」（前ページに再掲）をお寄せ頂きました．本書を出版するにあたり，再度，掲載させていただくとともに，改めて，訳者一同感謝の意を表します．また，初版に引き続き，丸善出版の小林秀一郎氏をはじめ多くの方々からご支援を頂きました．最後になりましたが，ご支援に深謝いたします．

2019 年 11 月

訳者を代表して

和保　孝夫
安田　　彰

# 監訳者・訳者一覧

〔監訳者〕

和保　孝夫　　上智大学理工学部情報理工学科〔序言，1章，3章，8章，付録A〕

安田　　彰　　法政大学理工学部電気電子工学科〔2章，6章〕

〔訳　者〕

谷本　　洋　　北見工業大学名誉教授〔4章，付録B〕

柴田　　肇　　Analog Devices, Inc.〔5章，14章〕

大浦　崇央　　(株)Trigence Semiconductor〔7章〕

上野　武司　　(株)東芝 研究開発センター〔9章，10章〕

松本　智宏　　ソニーセミコンダクタソリューションズ(株)〔11章〕

植野　洋介　　ソニーセミコンダクタソリューションズ(株)〔12章〕

濱﨑　利彦　　広島工業大学情報学部情報工学科〔13章〕

（※掲載は翻訳章順）

# 索　　引

## A–Z

AAD（accumulate-and-dump）499

A-DWA（advancing data-weighted averaging）163

ADC（analog-to-digital converter）1

Bi-DWA（bi-directional data-weighted averaging）164

CDF（cumulative distribution function）157

CG（common-gate）413

CIFB（cascade of integrators with feedback）116,268

CIFF-B（cascade of integrators with feedforward-B）127,271

CMFB（common-mode feedback）203

CRFB（cascade of resonators with distributed feedback）125,272

CRFF（cascade of resonators with feedforward）127

CS（common-source）413

CSD（canonical signed digit）496

CT（continuous-time）244

CT-MOD1（continuous-time first-order noise-shaped converter）244,249

CT-MOD2（continuous-time second-order noise-shaped converter）254

DAC（digital-to-analog converter）1

DCT（direct current transfer）481

DWA（data-weighted averaging）158

ENOB（effective number of bits）2

ESL（element selection logic）158

FFT（fast Fourier transform）521

FFT ビン（FFT bin）521

FOH（first-order hold）490

FoM（figure of merit）22

FS（full scale）35

Gm-C 積分器（Gm-C integrator）330

Hann 窓（Hann window）522

Hann² 窓（Hann² window）522

Hogenauer 492

IBN（in-band noise）418

IF（intermediate frequency）394,457,487

IMD3（Intermodulation distortion 3）420

INL（integral non-linearity）2

IRR（image-rejection ratio）422

ISI（inter-symbol interference）350

LDI（lossless discrete integrator）406

LNA（low noise amplifier）411

LPTV（linear periodically time-varying）542

LTI（linear time-invariant）538

LTV（linear time-varying）540

MASH（multi-stage noise-shaping）変調器 14,134

MNP（mismatch noise power）157

MOD1（first-order noise-shaped converter）51

MSA（maximum stable amplitude）100

MTF（mismatch transfer function）167

$N$経路変（$N$-path transformation）399

NRZ（non return to zero）245

NSD（noise spectral density）418

NTF（noise transfer function）11,49

NL（noise-shaping loop）459

OBG（out-of-band gain）107

OSR（oversampling ratio）11

OTA（operational transconductance amplifier）190,329

OTA-RC 積分器（OTA-RC integrator）329

$p$-ノルム（$p$-norm）527

PSD（power spectral density）11,526

QTC（quantizer transfer curve）78

RHP（right-half plane）330

RTO（return-to-open）353

RZ（return to zero）245

SC（switched capacitor）186

SCF（switched-capacitor filter）477

Schreier の FoM　22

SFDR（spurious-free dynamic range）526

SNR (signal-to-noise ratio) 3
SPI (serial peripheral interface) 389
SQNR (signal-to-quantization-noise ratio) 22
STF (signal transfer function) 14,49
UGF (unity-gain frequency) 204
VQ (vector quantizer) 168
Walden の FoM 22
ZOH (zero-order hold) 17

## あ行
アイドルトーン (idle tone) 61,63
アクティブ RC 積分器 (active-RC integrator) 328
アナログ/デジタル変換器 (ADC: analog-to-digital converter) 1
アンチエリアシング (anti-aliasing) 18
位相雑音 (phase noise) 308
1 次連続時間 $\Delta\Sigma$ 変調器 (CT-MOD1) 244,249
1 次ノイズシェイプ変換 (first-order noise-shaped converter) 51
1 次ホールド (FOH: first-order hold) 490
1-ノルム (1-norm) 97
イメージ除去比 (IRR: image-rejection ratio) 422
インクリメンタル ADC (incremental ADC) 20,439
インコヒーレント (incoherent) 525
インパルス応答 (impulse response) 53
インパルス不変性 (impulse invariance) 253
エラーフィードバック構成 (error-feedback structure) 6,26
エラーフィードバック変調器 (error-feedback modulator) 68
オーバーサンプリング比 (OSR: oversampling ratio) 11,33
折り返し除去フィルタ (anti-alias filter) 34

## か行
改良型データ重み付け平均化 (A-DWA:

advancing data-weighted averaging) 163
過剰ループ遅延 (excess loop delay) 284
過負荷 (overload) 41
慣性モーメント (moment of inertia) 263
感度関数 (sensitivity function) 110
疑似乱数信号 (pseudo-random signal) 65
逆追跡リーダー (inverse follow-the-leader) 479
共振器 (resonator) 405
共通ゲート (CG: common-gate) 413
切捨て誤差 (truncation error) 461
矩形窓 (rectangular window) 522
クロスカップリング (cross coupling) 147
クロックジッタ (clock jitter) 298
高速フーリエ変換 (FFT: fast Fourier transform) 521
誤差蓄積型 (error-accumulating structure) 6
誤差フィードバック構成 (error-feedback structure) 86
コヒーレント (coherent) 525
コモンモードフィードバック (CMFB: common-mode feedback) 203
固有のアンチエイリアシング特性 (inherent anti-aliasing property) 252
固有の線形性 (inherent linearity) 16,58
コンパレータオフセット (comparator offset) 347

## さ行
最大安定振幅 (MSA: maximum stable amplitude) 100
雑音結合型 MOD2 (noise-coupled MOD2) 87
雑音スペクトル密度 (NSD: noise spectral density) 418
雑音帯域幅 (NBW: noise bandwidth) 528
雑音伝達関数 (NTF: noise transfer function) 11,49
雑音リーク (noise leakage) 138,524
サラマキ法 (Saramaki method) 507
自己相関関数 (autocorrelation function) 534

索　　引　　571

実効分解能（ENOB：effective number of bits）　2
質量（mass）　263
時不変（time-invariant）　18
時変（time-varying）　18
重心（center of mass）　263
周波数インターリーブ方式（frequency-interleaved system）　395
循環シャッフラ（rotational shuffler）　162
状態空間行列（state-space matrix）　129
信号対雑音比（SNR：signal-to-noise ratio）　3
信号伝達関数（STF：signal transfer function）　14,49
信号リーク（signal leakage）　524
シンボル間干渉（ISI：inter-symbol interference）　350
スイッチトキャパシタ（SC：switched capacitor）　186
スイッチドキャパシタ型 DAC（switched-capacitor DAC）　356
スイッチトキャパシタフィルタ（SCF：switched-capacitor filter）　477
随伴回路網（adjoint network）　553
スカラー積（scalar product）　40
ストカスティック過程（stochastic process）　522
ストロングアームラッチ（StrongARM latch）　345
スプリアスフリー・ダイナミックレンジ（SFDR：spurious-free dynamic range）　526
スルーレート（slew rate）　198
スターディ MASH（sturdy MASH）　142
スーパーヘテロダイン方式（superheterodyne architecture）　393
正弦波スケーリング（sine-wave scaling）　527
性能指標（FoM：figure of merit）　22
積分線形性（INL：integral non-linearity）　2
0 次ホールド（ZOH：zero-order hold）　17
ゼロ詰め（zero-stuffing）　488
遷移誤差（transition error）　177
線形時不変（LTI：linear time-invariant）　538
線形時変（LTV：linear time-varying）　540
線形周期時変（LPTV：linear periodically time-varying）　542
相互相反回路網（inter-reciprocal network）　552
相互相反性（inter-reciprocity）　552
双対性（duality）　487
ソース接地（CS：common-source）　413
双方向データ重み付け平均化（Bi-DWA：bi-directional data-weighted averaging）　164
素子循環選択法（rotational element selection）　156
素子選択論理回路（ESL：element selection logic）　158

## た行

帯域外利得（OBG：out-of-band gain）　107
帯域内雑音（IBN：in-band noise）　418
ダイナミックレンジ・スケーリング（dynamic-range scaling）　119,277
ダイレクトコンバージョン（direct conversion）　393
多段変調器（multi-stage modulator）　134
ダブルサンプリング積分器（double-sampling integrator）　229
中間周波数（IF：intermediate frequency）　394
調波伝達関数（harmonic transfer function）　544
直接電荷転送（DCT：direct current transfer）　481
直交信号（quadrature signal）　421
直交バンドパス型 ADC（quadrature bandpass ADC）　394
直交フィルタ（quadrature filter）　423
ツリー構造 ESL（tree-structured ESL）　164
抵抗型 DAC（resistive DAC）　349
ディザ（dither）　64
低雑音増幅器（LNA：low noise amplifier）　411

ディラックのデルタ列（Dirac delta train）
32
デジタル/アナログ変換器（DAC：digital-
to-analog converter）1
デジタル補正（digital correction）151
デシメーションフィルタ（decimation filter）
11, 47
データ重み付け平均化（DWA：data-
weighted averaging）158
デッドゾーン（dead zone）67, 82
デュアル RZ DAC（dual-RZ DAC）307
Δ変調（delta modulation）24
電流型 DAC（current-steering DAC）354
電流注入法（method of current injection）
373
トランスコンダクタアンプ（OTA：opera-
tional transconductance amplifier）190,
329

### な行

ナイキスト条件（Nyquist condition）2
ナイキストレート（Nyquist rate）33
内挿フィルタ（IF：interpolation filter）
394, 457, 487
2次連続時間 ΔΣ 変調器（CT-MOD2）
254
2次 ΔΣ 変調器（second-order ΔΣ modula-
tor）70
2-ノルム（2-norm）527
熱雑音（thermal noise）193, 339
ノイズカップリング（noise-coupling）144
ノイズシェイピング（noise shaping）26
内積（inner product）40

### は行

バイポーラ入力（bipolar input）34
バタフライシャッフラ（butterfly shuffler）
162
パターン雑音（pattern noise）63
ハーフバンドフィルタ（halfband filter）
505
パワースペクトル密度（PSD：power spec-
tral density）11, 526
反転型積分器（inverting integrator）327
バンドパス型 ADC（bandpass ADC）394

非過負荷入力範囲（no-overload input
range）35
ビジー信号（busy signal）36
ファローフィルタ（Farrow filter）517
フィードバック付き縦続積分器（CIFB：
cascade of integrators with feedback）
116, 268
フィードバックを有する共振器の縦続
（CRFB：cascade of resonators with dis-
tributed feedback）125, 272
フィードフォワードを有する共振器の縦続
（CRFF：cascade of resonators with feed-
forward）127
フラクタルシーケンス（fractal sequence）
451
フラッシュ ADC（flash ADC）344
フルスケール（FS：full scale）35
ブロッカ（blocker）24
平均化（averaging）529
ベクトル量子化器（VQ：vector quantizer）
168
飽和（saturate）41
ボードの感度積分（Bode sensitivity inte-
gral）112
ポリフェーズフィルタ（polyphase filter）
428

### ま行

窓エネルギー（energy of the window）527
窓掛け（rectangular window）522
窓関数（window function）522
間引きフィルタ（decimation filter）487
右半平面（RHP：right-half plane）330
ミスマッチ雑音電力（MNP：mismatch
noise power）157
ミスマッチシェイピング（mismatch shap-
ing）16
ミッドトレッド型（mid-tread characteris-
tic）35
ミッドライズ型（mid-rise characteristic）
35
ミラー補償（Miller compensation）331
無限大ノルム（infinity-norm）114
無損失離散積分器（LDI：lossless discrete
integrator）406

索　引　573

メタスタビリティ（metastability）　319
モーメント（moment）　262

### や行
ユニティゲイン周波数（UGF：unity-gain
　frequency）　204
予測符号化器（predictive encoder）　26

### ら行
離散時間 $\Delta\Sigma$ 変調器（discrete-time $\Delta\Sigma$
　modulator）　17
リターンオープン（RTO：return-to-open）
　353

リーの規則（modified Lee's rule）　114
リミットサイクル（limit cycle）　63
量子化器曲線（QTC：quantizer transfer
　curve）　78
累積ダンプ（AAD：accumulate-and-
　dump）　499
累積分布関数（CDF：cumulative distribu-
　tion function）　157
ループフィルタ（loop filter）　9
連続時間 $\Delta\Sigma$ 変調器（continuos-time $\Delta\Sigma$
　modulator）　17
連続時間ループフィルタ（continuous-time
　loop-filter）　244

$\overset{\text{デルタシグマ}}{\Delta\Sigma}$ 型アナログ/デジタル変換器入門 第 2 版

令和元年 12 月 31 日　発　行

監訳者　　和　保　孝　夫
　　　　　安　田　　　彰

発行者　　池　田　和　博

発行所　　丸善出版株式会社

〒101-0051　東京都千代田区神田神保町二丁目17番
編集：電話(03)3512-3264／FAX(03)3512-3272
営業：電話(03)3512-3256／FAX(03)3512-3270
https://www.maruzen-publishing.co.jp

© Takao Waho, Akira Yasuda, 2019

組版印刷・創栄図書印刷株式会社／製本・株式会社 星共社

ISBN 978-4-621-30472-3　C 3055　　　　Printed in Japan

本書の無断複写は著作権法上での例外を除き禁じられています.